Nagel Alves Costa
Flávio Luiz Honorato da Silva
Josilene de Assis Cavalcante
Sharline Florentino de Melo Santos

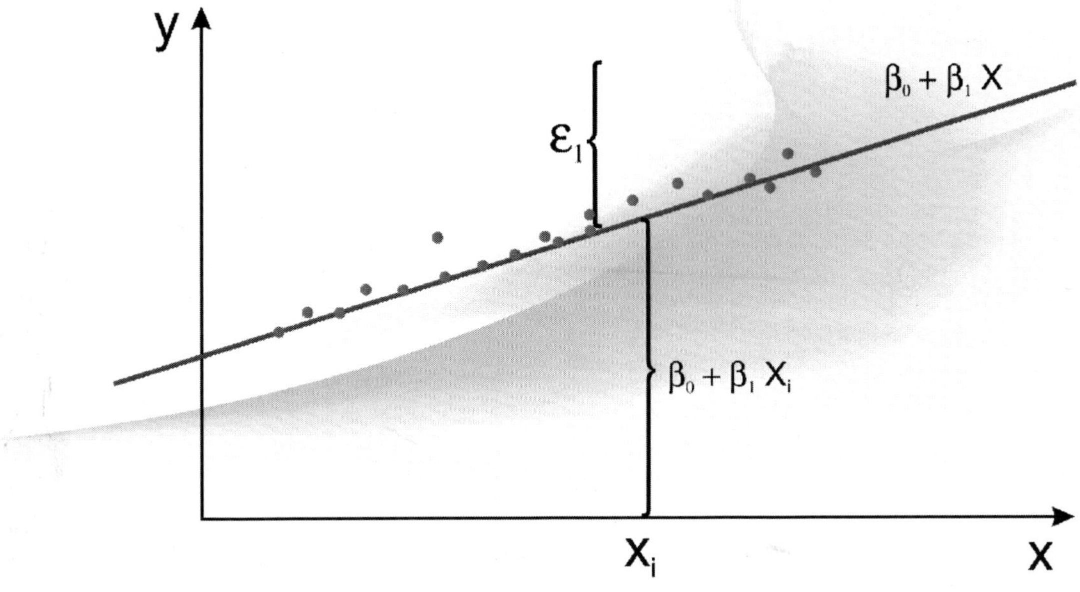

MÉTODO DOS MÍNIMOS QUADRADOS COM APLICAÇÕES EM ENGENHARIA

EDITORA CIÊNCIA MODERNA

Método dos Mínimos Quadrados com Aplicações em Engenharia

Editor: Paulo André P. Marques
Produção Editorial: Dilene Sandes Pessanha
Capa: Daniel Jara
Diagramação: Lucia Quaresma
Copidesque: Vivian Sbravatti

FICHA CATALOGRAFICA

COSTA, Nagel Alves et al.

Método dos Mínimos Quadrados com Aplicações em Engenharia

Rio de Janeiro: Editora Ciência Moderna Ltda., 2021.

1. Matemática 2. Engenharia
I — Título

ISBN: 978-85-399-0950-6 CDD 510
620

Editora Ciência Moderna Ltda.
R. Alice Figueiredo, 46 – Riachuelo
Rio de Janeiro, RJ – Brasil CEP: 20.950-150
Tel: (21) 2201-6662/ Fax: (21) 2201-6896
E-MAIL: LCM@LCM.COM.BR
WWW.LCM.COM.BR **07/21**

SUMÁRIO

Capítulo 1

MÉTODO DOS MÍNIMOS QUADRADOS

INTRODUÇÃO

O método dos mínimos quadrados é uma técnica de desenvolvimento de modelos matemáticos capaz de representar medidas experimentais. A hipótese básica é a informação sobre o comportamento dos dados experimentais (sujeito a erros de medidas) que é obtida por meio de um diagrama de dispersão. A partir do conhecimento do comportamento, propõe-se um modelo g_i que tenha melhor ajuste a um determinado conjunto de dados experimentais, ou seja, que a soma quadrática da diferença entre os valores experimentais e os fornecidos pelo modelo proposto seja mínima.

O modelo polinomial de grau N é representado por:

$$g_i = \sum_{k}^{N} c_k x_i^k \tag{1.1}$$

Dois casos são pertinentes:

- Modelo polinomial com constante diferente de zero (não passa pela origem): Neste caso, o limite inferior do somatório é igual a zero e os coeficientes dos polinômios são c_0, c_1, c_2,..., c_N. Assim:

$$g_i = \sum_{k=0}^{N} c_k x_i^k = c_0 + c_1 x_i + c_2 x_i^2 + \cdots + c_N x_i^N \tag{1.2}$$

- Modelo polinomial passando pela origem: Neste caso, o limite inferior do somatório é igual à unidade e os coeficientes dos polinômios são c_1, c_2, c_3, ..., c_N. Assim:

$$g_i = \sum_{k=1}^{N} c_k x_i^k = c_1 x_i + c_2 x_i^2 + \cdots + c_N x_i^N \tag{1.3}$$

Nos dois casos, os valores experimentais y_i podem ser escritos como:

$$y_i = g_i + \varepsilon_i \tag{1.4}$$

sendo ε_i o resíduo do ponto experimental *i*, ou seja, a diferença entre o valor experimental, y_i, e o valor fornecido pelo modelo polinomial proposto, g_i.

A partir do estabelecimento do modelo, determinam-se os coeficientes c_k que melhor ajustam os pontos experimentais. No método dos mínimos quadrados, o critério é a minimização da soma quadrática dos resíduos entre os pontos experimentais e os calculados pelo modelo proposto,

$$S_R = \sum_{i=1}^{m} (y_i - g_i)^2 = \sum_{i=1}^{m} \varepsilon_i^2 \tag{1.5}$$

sendo *m* a quantidade de pontos experimentais e o resíduo $\varepsilon_i = y_i - g_i$.

Substituindo a Equação (1.1) no critério dos mínimos quadrados fornecido pela Equação (1.5), encontra-se que:

$$S_R = \sum_{i=1}^{m} \varepsilon_i^2 = \sum_{i=1}^{m} \left(y_i - \sum_{k}^{N} c_k x_i^k \right)^2 \tag{1.6}$$

Os valores de c_j que minimizam a Equação (1.6) são dados por:

$$\left(\frac{\partial S_R}{\partial c_j}\right)_{c_n \neq c_j} = \frac{\partial}{\partial c_j}\left(\sum_{i=1}^{m} \varepsilon_i^2\right)_{c_n \neq c_j} = 2\sum_{i=1}^{m} \varepsilon_i \left(\frac{\partial \varepsilon_i}{\partial c_j}\right)_{c_n \neq c_j} = 0 \quad (1.7)$$

Para o modelo polinomial com constante diferente de zero, j e n assumem os seguintes valores 0, 1, 2, 3,..., N. Para o modelo que passa pela origem, j e n assumem os seguintes valores 1, 2, 3,..., N. A derivada parcial da soma dos resíduos com relação ao coeficiente c_j é efetuada, mantendo-se os coeficientes $c_n \neq c_j$ constantes.

A derivada parcial $\left(\frac{\partial \varepsilon_i}{\partial c_j}\right)_{c_n \neq c_j}$ é dada por:

$$\left(\frac{\partial \varepsilon_i}{\partial c_j}\right)_{c_n \neq c_j} = \frac{\partial}{\partial c_j}\left(y_i - \sum_{k=0}^{N} c_k x_i^k\right)_{c_n \neq c_j} = \left(\frac{\partial y_i}{\partial c_j}\right)_{c_n \neq c_j} - \frac{\partial}{\partial c_j}\left(\sum_{k=0}^{N} c_k x_i^k\right)_{c_n \neq c_j} \quad (1.8)$$

As derivadas parciais envolvidas na Equação (1.8) são dadas por:

- **Primeira derivada parcial:** Os valores y_i, para i = 1, 2,..., m, são os valores experimentais não sendo funções dos coeficientes do polinômio de grau N. Assim:

$$\left(\frac{\partial y_i}{\partial c_j}\right)_{c_n \neq c_j} = 0 \quad (1.9)$$

- **Segunda derivada parcial:** Todas as derivadas parciais são iguais a zero, exceto para $k = j$, que, neste caso, é igual à unidade.

$$\frac{\partial}{\partial c_j}\left(\sum_{k=0}^{N} c_k x_i^k\right)_{c_n \neq c_j} = \sum_{k}^{N} x_i^k \left(\frac{\partial c_k}{\partial c_j}\right)_{c_n \neq c_j} \quad (1.10)$$

Para o modelo polinomial com constante diferente de zero, a Equação (1.10) pode ser escrita como:

$$\sum_{k=0}^{N} x_i^k \left(\frac{\partial c_k}{\partial c_j}\right)_{c_n \neq c_j} = \left(\frac{\partial c_0}{\partial c_j}\right)_{c_n \neq c_j} + x_i^1 \left(\frac{\partial c_1}{\partial c_j}\right)_{c_n \neq c_j} + \cdots + x_i^j \left(\frac{\partial c_j}{\partial c_j}\right)_{c_n \neq c_j} + \cdots + x_i^N \left(\frac{\partial c_N}{\partial c_j}\right)_{c_n \neq c_j} = x_i^j \quad (1.11)$$

Para o modelo polinomial que passa pela origem,

$$\sum_{k=1}^{N} x_i^k \left(\frac{\partial c_k}{\partial c_j}\right)_{c_n \neq c_j} = x_i^1 \left(\frac{\partial c_1}{\partial c_j}\right)_{c_n \neq c_j} + x_i^2 \left(\frac{\partial c_2}{\partial c_j}\right)_{c_n \neq c_j} + \cdots + x_i^j \left(\frac{\partial c_j}{\partial c_j}\right)_{c_n \neq c_j} + \cdots + x_i^N \left(\frac{\partial c_N}{\partial c_j}\right)_{c_n \neq c_j} \quad (1.12)$$
$$= x_i^j$$

Nos dois casos, $\sum_{k}^{N} x_i^k \left(\frac{\partial c_k}{\partial c_j}\right)_{c_n \neq c_j} = x_i^j$, para $k = j$, com o limite inferior assumindo zero ou um. Os valores de x_i para $i = 1, 2,..., m$ são as variáveis independentes, não sendo funções dos coeficientes do polinômio de grau N.

Os resultados fornecidos pelas Equações (1.9) e (1.11) ou (1.12) permitem escrever a Equação (1.8) como:

$$\left(\frac{\partial \varepsilon_i}{\partial c_j}\right)_{c_n \neq c_j} = -x_i^j \quad (1.13)$$

A substituição da Equação (1.13) na Equação (1.7) fornece:

$$\left(\frac{\partial S_R}{\partial c_j}\right)_{c_n \neq c_j} = -2\sum_{i=1}^{m} \varepsilon_i x_i^j = -2\sum_{i=1}^{m}\left(y_i - \sum_{k}^{N} c_k x_i^k\right) x_i^j = 0 \quad (1.14)$$

Efetuando as operações aritméticas,

$$\left(\frac{\partial S_R}{\partial c_j}\right)_{c_n \neq c_j} = 2\left(-\sum_{i=1}^{m} y_i x_i^j + \sum_{i=1}^{m}\sum_{k}^{N} c_k x_i^k x_i^j\right) = 0 \quad (1.15)$$

O valor mínimo da função é aquele para o qual $\left(\frac{\partial S_R}{\partial c_j}\right)_{c_n \neq c_j} = 0$. Logo, a Equação (1.15) pode ser escrita como:

$$\sum_{i=1}^{m}\sum_{k}^{N} c_k x_i^k x_i^j = \sum_{i=1}^{m} y_i x_i^j \quad (1.16)$$

MODELO POLINOMIAL COM CONSTANTE DIFERENTE DE ZERO

Para o modelo com constante diferente de zero, o limite inferior do somatório interno k é igual a zero. Portanto, a Equação (1.16) pode ser escrita como:

$$\sum_{i=1}^{m}\sum_{k=0}^{N} c_k x_i^k x_i^j = \sum_{i=1}^{m}\left(c_0 + c_1x_i + c_2x_i^2 + c_3x_i^3 + c_4x_i^4 + \cdots + c_Nx_i^N\right)x_i^j = \sum_{i=1}^{m} y_i x_i^j \quad (1.17)$$

As equações normais são obtidas fazendo o sobrescrito j variar no intervalo de 0 até N. Assim:

- Para $j = 0$: $\sum_{i=1}^{m} c_0 + c_1x_i + c_2x_i^2 + c_3x_i^3 + c_4x_i^4 + \cdots + c_Nx_i^N\big) = \sum_{i=1}^{m} y_i$, desenvolvendo,

$$mc_0 + c_1\sum_{i=1}^{m} x_i + c_2\sum_{i=1}^{m} x_i^2 + c_3\sum_{i=1}^{m} x_i^3 + \cdots + c_N\sum_{i=1}^{m} x_i^N = \sum_{i=1}^{m} y_i \quad (1.18)$$

- Para $j = 1$: $\sum_{i=1}^{m} c_0 + c_1x_i + c_2x_i^2 + c_3x_i^3 + c_4x_i^4 + \cdots + c_Nx_i^N\big)x_i = \sum_{i=1}^{m} y_i x_i$, desenvolvendo,

$$c_0\sum_{i=1}^{m} x_i + c_1\sum_{i=1}^{m} x_i^2 + c_2\sum_{i=1}^{m} x_i^3 + c_3\sum_{i=1}^{m} x_i^4 + c_4\sum_{i=1}^{m} x_i^5 + \cdots + c_N\sum_{i=1}^{m} x_i^{N+1} = \sum_{i=1}^{m} y_i x_i \quad (1.19)$$

- Para $j = 2$: $\sum_{i=1}^{m} c_0 + c_1x_i + c_2x_i^2 + c_3x_i^3 + c_4x_i^4 + \cdots + c_Nx_i^N\big)x_i^2 = \sum_{i=1}^{m} y_i x_i^2$, desenvolvendo,

$$c_0\sum_{i=1}^{m} x_i^2 + c_1\sum_{i=1}^{m} x_i^3 + c_2\sum_{i=1}^{m} x_i^4 + c_3\sum_{i=1}^{m} x_i^5 + c_4\sum_{i=1}^{m} x_i^6 + \cdots + c_N\sum_{i=1}^{m} x_i^{N+2} = \sum_{i=1}^{m} y_i x_i^2 \quad (1.20)$$

- Para $j = N$: $\sum_{i=1}^{m} c_0 + c_1x_i + c_2x_i^2 + c_3x_i^3 + c_4x_i^4 + \cdots + c_Nx_i^N\big)x_i^N = \sum_{i=1}^{m} y_i x_i^N$, desenvolvendo,

$$c_0\sum_{i=1}^{m} x_i^N + c_1\sum_{i=1}^{m} x_i^{N+1} + c_2\sum_{i=1}^{m} x_i^{N+2} + c_3\sum_{i=1}^{m} x_i^{N+3} + c_4\sum_{i=1}^{m} x_i^{N+4} + \cdots + c_N\sum_{i=1}^{m} x_i^{2N} = \sum_{i=1}^{m} y_i x_i^N \quad (1.21)$$

As Equações (1.18 a (1.21) podem ser escritas na forma matricial,

$$\begin{bmatrix} m & \sum_{i=1}^{m} x_i & \sum_{i=1}^{m} x_i^2 & \sum_{i=1}^{m} x_i^3 & \cdots & \sum_{i=1}^{m} x_i^N \\ \sum_{i=1}^{m} x_i & \sum_{i=1}^{m} x_i^2 & \sum_{i=1}^{m} x_i^3 & \sum_{i=1}^{m} x_i^4 & \cdots & \sum_{i=1}^{m} x_i^{N+1} \\ \sum_{i=1}^{m} x_i^2 & \sum_{i=1}^{m} x_i^3 & \sum_{i=1}^{m} x_i^4 & \sum_{i=1}^{m} x_i^5 & \cdots & \sum_{i=1}^{m} x_i^{N+2} \\ \sum_{i=1}^{m} x_i^3 & \sum_{i=1}^{m} x_i^4 & \sum_{i=1}^{m} x_i^5 & \sum_{i=1}^{m} x_i^6 & \cdots & \sum_{i=1}^{m} x_i^{N+3} \\ \vdots & \vdots & \vdots & \vdots & \ddots & \vdots \\ \sum_{i=1}^{m} x_i^N & \sum_{i=1}^{m} x_i^{N+1} & \sum_{i=1}^{m} x_i^{N+2} & \sum_{i=1}^{m} x_i^{N+3} & \cdots & \sum_{i=1}^{m} x_i^{2N} \end{bmatrix} \begin{bmatrix} c_0 \\ c_1 \\ c_2 \\ c_3 \\ \vdots \\ c_N \end{bmatrix} = \begin{bmatrix} \sum_{i=1}^{m} y_i \\ \sum_{i=1}^{m} y_i x_i \\ \sum_{i=1}^{m} y_i x_i^2 \\ \sum_{i=1}^{m} y_i x_i^3 \\ \vdots \\ \sum_{i=1}^{m} y_i x_i^N \end{bmatrix} \quad (1.22)$$

Conforme os Exemplos 1.1, 1.2 e 1.3, a Equação pode ser escrita como:

$$\left(\mathbf{X}^T\mathbf{X}\right)\mathbf{C} = \left(\mathbf{X}^T\mathbf{y}\right) \quad (1.23)$$

Os coeficientes $C = (c_0, c_1, c_2, ..., c_N)^T$ são obtidos pela multiplicação de ambos os membros da Equação (1.23) pela matriz inversa de $(\mathbf{X}^T\mathbf{X})$. Assim:

$$\left(\mathbf{X}^T\mathbf{X}\right)^{-1}\left(\mathbf{X}^T\mathbf{X}\right)\mathbf{C} = \left(\mathbf{X}^T\mathbf{X}\right)^{-1}\left(\mathbf{X}^T\mathbf{y}\right) \quad (1.24)$$

Sabendo que $\left(\mathbf{X}^T\mathbf{X}\right)^{-1}\left(\mathbf{X}^T\mathbf{X}\right) = \mathbf{I}$, a Equação (1.24) pode ser escrita como:

$$\mathbf{C} = \left(\mathbf{X}^T\mathbf{X}\right)^{-1}\left(\mathbf{X}^T\mathbf{Y}\right) = \mathbf{B}\mathbf{X}^T\mathbf{Y} \quad (1.25)$$

A partir dos pares de valores experimentais (x_i, y_i), para $i = 1, 2, 3, ..., m$, as etapas para calcular os coeficientes $c_0, c_1, c_2, ..., c_N$ que minimizam a Equação (1.5) são as seguintes:

- Calcular as somas envolvidas na Equação (1.22);
- Cálculos dos coeficientes $c_0, c_1, c_2, ..., c_N$; utilizando um algoritmo de resolução de sistemas lineares.
- Verificar a qualidade do ajuste.

Exemplo 1.1

Represente o modelo polinomial de grau *N*, para cada ponto experimental, em uma forma compacta $\mathbf{y} = \mathbf{X}\mathbf{c} + \boldsymbol{\varepsilon}$. Em seguida, escreva os vetores ($\mathbf{y}$, $\boldsymbol{c}$ e $\boldsymbol{\varepsilon}$) e a matriz $\mathbf{X}$.

Solução: Para o modelo polinomial que não passa pela origem,

$$y_i = c_0 + c_1 x_i + c_2 x_i^2 + \cdots + c_N x_i^N + \varepsilon_i \tag{1.26}$$

Escrevendo a Equação para cada ponto experimental,

$$\begin{aligned} y_1 &= c_0 + c_1 x_1 + c_2 x_1^2 + \cdots + c_N x_1^N + \varepsilon_1 \\ y_2 &= c_0 + c_1 x_2 + c_2 x_2^2 + \cdots + c_N x_2^N + \varepsilon_2 \\ y_3 &= c_0 + c_1 x_3 + c_2 x_3^2 + \cdots + c_N x_3^N + \varepsilon_3 \\ &\vdots \\ y_m &= c_0 + c_1 x_m + c_2 x_m^2 + \cdots + c_N x_m^N + \varepsilon_m \end{aligned} \tag{1.27}$$

A forma matricial da Equação (1.27) é dada por:

$$\begin{bmatrix} 1 & x_1 & x_1^2 & \cdots & x_1^N \\ 1 & x_2 & x_2^2 & \cdots & x_1^N \\ 1 & x_3 & x_3^2 & \cdots & x_3^N \\ \vdots & \vdots & \vdots & \ddots & \vdots \\ 1 & x_m & x_m^2 & \cdots & x_m^N \end{bmatrix} \begin{bmatrix} c_0 \\ c_1 \\ c_2 \\ \vdots \\ c_N \end{bmatrix} + \begin{bmatrix} \varepsilon_1 \\ \varepsilon_2 \\ \varepsilon_3 \\ \vdots \\ \varepsilon_m \end{bmatrix} = \begin{bmatrix} y_1 \\ y_2 \\ y_3 \\ \vdots \\ y_m \end{bmatrix} \tag{1.28}$$

Em uma forma compacta,

$$\mathbf{y} = \mathbf{X}\mathbf{c} + \boldsymbol{\varepsilon} \tag{1.29}$$

em que $\boldsymbol{y} = \begin{bmatrix} y_1 \\ y_2 \\ y_3 \\ \vdots \\ y_m \end{bmatrix}$, $\mathbf{X} = \begin{bmatrix} 1 & x_1 & x_1^2 & \cdots & x_1^N \\ 1 & x_2 & x_2^2 & \cdots & x_1^N \\ 1 & x_3 & x_3^2 & \cdots & x_3^N \\ \vdots & \vdots & \vdots & \ddots & \vdots \\ 1 & x_m & x_m^2 & \cdots & x_m^N \end{bmatrix}$, $\mathbf{c} = \begin{bmatrix} c_0 \\ c_1 \\ c_2 \\ \vdots \\ c_N \end{bmatrix}$ e $\boldsymbol{\varepsilon} = \begin{bmatrix} \varepsilon_1 \\ \varepsilon_2 \\ \varepsilon_3 \\ \vdots \\ \varepsilon_m \end{bmatrix}$

Exemplo 1.2

Mostre que $\mathbf{X}^T\mathbf{X} = \begin{bmatrix} m & \sum_{i=1}^{m} x_i & \sum_{i=1}^{m} x_i^2 & \cdots & \sum_{i=1}^{m} x_i^N \\ \sum_{i=1}^{m} x_i & \sum_{i=1}^{m} x_i^2 & \sum_{i=1}^{m} x_i^3 & \cdots & \sum_{i=1}^{m} x_i^{N+1} \\ \sum_{i=1}^{m} x_i^2 & \sum_{i=1}^{m} x_i^3 & \sum_{i=1}^{m} x_i^4 & \cdots & \sum_{i=1}^{m} x_i^{N+2} \\ \vdots & \vdots & \vdots & \ddots & \ddots \\ \sum_{i=1}^{m} x_i^N & \sum_{i=1}^{m} x_i^{N+1} & \sum_{i=1}^{m} x_i^{N+2} & \cdots & \sum_{i=1}^{m} x_i^{2N} \end{bmatrix}$.

SOLUÇÃO: A matriz transposta de **X** é dada por:

$$\mathbf{X}^T = \begin{bmatrix} 1 & 1 & 1 & \cdots & 1 \\ x_1 & x_2 & x_3 & \cdots & x_m \\ x_1^2 & x_2^2 & x_3^2 & \cdots & x_m^2 \\ \vdots & \vdots & \vdots & \ddots & \vdots \\ x_1^N & x_2^N & x_3^N & \cdots & x_m^N \end{bmatrix} \tag{1.30}$$

O produto $\mathbf{X}^T\mathbf{X} \Leftrightarrow [\ N+1)\times m][m\times(N+1)] = [(N+1)\times(N+1)]$. Assim,

$$\mathbf{X}^T\mathbf{X} = \begin{bmatrix} 1 & 1 & 1 & \cdots & 1 \\ x_1 & x_2 & x_3 & \cdots & x_m \\ x_1^2 & x_2^2 & x_3^2 & \cdots & x_m^2 \\ \vdots & \vdots & \vdots & \ddots & \vdots \\ x_1^N & x_2^N & x_3^N & \cdots & x_m^N \end{bmatrix} \begin{bmatrix} 1 & x_1 & x_1^2 & \cdots & x_1^N \\ 1 & x_2 & x_2^2 & \cdots & x_1^N \\ 1 & x_3 & x_3^2 & \cdots & x_3^N \\ \vdots & \vdots & \vdots & \ddots & \vdots \\ 1 & x_m & x_m^2 & \cdots & x_m^N \end{bmatrix} \tag{1.31}$$

Desenvolvendo,

$$\mathbf{X}^T\mathbf{X} = \begin{bmatrix} 1+\cdots+1 & x_1+\cdots+x_m & x_1^2+\cdots+x_m^2 & \cdots & x_1^N+\cdots+x_m^N \\ x_1+\cdots+x_m & x_1^2+\cdots+x_m^2 & x_1^3+\cdots+x_m^3 & \cdots & x_1^{N+1}+\cdots+x_m^{N+1} \\ x_1^2+\cdots+x_m^2 & x_1^3+\cdots+x_m^3 & x_1^4+\cdots+x_m^4 & \cdots & x_1^{N+2}+\cdots+x_m^{N+2} \\ \vdots & \vdots & \vdots & \ddots & \vdots \\ x_1^N+\cdots+x_m^N & x_1^{N+1}+\cdots+x_m^{N+1} & x_1^{N+2}+\cdots+x_m^{N+2} & \cdots & x_1^{2N}+\cdots+x_m^{2N} \end{bmatrix} \tag{1.32}$$

Somando cada elemento da matriz fornecida pela Equação (1.32), encontra-se,

$$\mathbf{X}^T\mathbf{X} = \begin{bmatrix} m & \sum_{i=1}^{m} x_i & \sum_{i=1}^{m} x_i^2 & \cdots & \sum_{i=1}^{m} x_i^N \\ \sum_{i=1}^{m} x_i & \sum_{i=1}^{m} x_i^2 & \sum_{i=1}^{m} x_i^3 & \cdots & \sum_{i=1}^{m} x_i^{N+1} \\ \sum_{i=1}^{m} x_i^2 & \sum_{i=1}^{m} x_i^3 & \sum_{i=1}^{m} x_i^4 & \cdots & \sum_{i=1}^{m} x_i^{N+2} \\ \vdots & \vdots & \vdots & \ddots & \vdots \\ \sum_{i=1}^{m} x_i^N & \sum_{i=1}^{m} x_i^{N+1} & \sum_{i=1}^{m} x_i^{N+2} & \cdots & \sum_{i=1}^{m} x_i^{2N} \end{bmatrix} \quad (1.33)$$

Exemplo 1.3

Partindo de $\mathbf{X}^T = \begin{bmatrix} 1 & 1 & 1 & \cdots & 1 \\ x_1 & x_2 & x_3 & \cdots & x_m \\ x_1^2 & x_2^2 & x_3^2 & \cdots & x_m^2 \\ \vdots & \vdots & \vdots & \ddots & \vdots \\ x_1^N & x_2^N & x_3^N & \cdots & x_m^N \end{bmatrix}$ e $\mathbf{y} = \begin{bmatrix} y_1 \\ y_2 \\ y_3 \\ \vdots \\ y_m \end{bmatrix}$, mostre que $\mathbf{X}^T\mathbf{y} = \begin{bmatrix} \sum_{i=1}^{m} y_i \\ \sum_{i=1}^{m} x_i y_i \\ \sum_{i=1}^{m} x_i^2 y_i \\ \vdots \\ \sum_{i=1}^{m} x_i^N y_i \end{bmatrix}$.

SOLUÇÃO: O produto $\mathbf{X}^t y \Leftrightarrow [(N+1)\times m][m\times 1] = [(N+1)\times 1]$. Assim,

$$\mathbf{X}^T\mathbf{y} = \begin{bmatrix} 1 & 1 & 1 & \cdots & 1 \\ x_1 & x_2 & x_3 & \cdots & x_m \\ x_1^2 & x_2^2 & x_3^2 & \cdots & x_m^2 \\ \vdots & \vdots & \vdots & \ddots & \vdots \\ x_1^N & x_2^N & x_3^N & \cdots & x_m^N \end{bmatrix} \begin{bmatrix} y_1 \\ y_2 \\ y_3 \\ \vdots \\ y_m \end{bmatrix} = \begin{bmatrix} y_1 + y_2 + y_3 \cdots + y_m \\ x_1 y_1 + x_2 y_2 + \cdots + x_m y_m \\ x_1^2 y_1 + x_2^2 y_2 + \cdots + x_m^2 y_m \\ \vdots \\ x_1^N y_1 + x_2^N y_2 + \cdots + x_m^N y_m \end{bmatrix} = \begin{bmatrix} \sum_{i=1}^{m} y_i \\ \sum_{i=1}^{m} x_i y_i \\ \sum_{i=1}^{m} x_i^2 y_i \\ \vdots \\ \sum_{i=1}^{m} x_i^N y_i \end{bmatrix} \quad (1.34)$$

MODELO POLINOMIAL PASSANDO PELA ORIGEM

Para o modelo que passa pela origem, o limite inferior do somatório é igual a um; logo, o somatório interno da Equação (1.16) pode ser escrito como:

$$\sum_{i=1}^{m}\sum_{k=1}^{N} c_k x_i^k x_i^j = \sum_{i=1}^{m} (c_1 x_i + c_2 x_i^2 + c_3 x_i^3 + c_4 x_i^4 + \cdots + c_N x_i^N \quad x_i^j = \sum_{i=1}^{m} y_i x_i^j \tag{1.35}$$

As equações normais são obtidas fazendo o sobrescrito j variar no intervalo de 1 até N. Assim:

- Para $j = 1$: $\sum_{i=1}^{m} \; c_1 x_i + c_2 x_i^2 + c_3 x_i^3 + c_4 x_i^4 + \cdots + c_N x_i^N \quad x_i = \sum_{i=1}^{m} y_i x_i$, desenvolvendo,

$$c_1 \sum_{i=1}^{m} x_i^2 + c_2 \sum_{i=1}^{m} x_i^3 + c_3 \sum_{i=1}^{m} x_i^4 + c_4 \sum_{i=1}^{m} x_i^5 + \cdots + c_N \sum_{i=1}^{m} x_i^{N+1} = \sum_{i=1}^{m} y_i x_i \tag{1.36}$$

- Para $j = 2$: $\sum_{i=1}^{m} \; c_1 x_i + c_2 x_i^2 + c_3 x_i^3 + c_4 x_i^4 + \cdots + c_N x_i^N \quad x_i^2 = \sum_{i=1}^{m} y_i x_i^2$, desenvolvendo,

$$c_1 \sum_{i=1}^{m} x_i^3 + c_2 \sum_{i=1}^{m} x_i^4 + c_3 \sum_{i=1}^{m} x_i^5 + c_4 \sum_{i=1}^{m} x_i^6 + \cdots + c_N \sum_{i=1}^{m} x_i^{N+2} = \sum_{i=1}^{m} y_i x_i^2 \tag{1.37}$$

- Para $j = 3$: $\sum_{i=1}^{m} \; c_1 x_i + c_2 x_i^2 + c_3 x_i^3 + c_4 x_i^4 + \cdots + c_N x_i^N \quad x_i^3 = \sum_{i=1}^{m} y_i x_i^3$, desenvolvendo,

$$c_1 \sum_{i=1}^{m} x_i^4 + c_2 \sum_{i=1}^{m} x_i^5 + c_3 \sum_{i=1}^{m} x_i^6 + c_4 \sum_{i=1}^{m} x_i^7 + \cdots + c_N \sum_{i=1}^{m} x_i^{N+3} = \sum_{i=1}^{m} y_i x_i^3 \tag{1.38}$$

- Para $j = N$: $\sum_{i=1}^{m} \; c_1 x_i + c_2 x_i^2 + c_3 x_i^3 + c_4 x_i^4 + \cdots + c_N x_i^N \quad x_i^N = \sum_{i=1}^{m} y_i x_i^N$, desenvolvendo,

$$c_1 \sum_{i=1}^{m} x_i^{N+1} + c_2 \sum_{i=1}^{m} x_i^{N+2} + c_3 \sum_{i=1}^{m} x_i^{N+3} + c_4 \sum_{i=1}^{m} x_i^{N+4} + \cdots + c_N \sum_{i=1}^{m} x_i^{2N} = \sum_{i=1}^{m} y_i x_i^N \tag{1.39}$$

A forma matricial das Equações (1.36) a (1.39) é dada por:

$$\begin{bmatrix} \sum_{i=1}^{m} x_i^2 & \sum_{i=1}^{m} x_i^3 & \sum_{i=1}^{m} x_i^4 & \cdots & \sum_{i=1}^{m} x_i^{N+1} \\ \sum_{i=1}^{m} x_i^3 & \sum_{i=1}^{m} x_i^4 & \sum_{i=1}^{m} x_i^5 & \cdots & \sum_{i=1}^{m} x_i^{N+2} \\ \sum_{i=1}^{m} x_i^4 & \sum_{i=1}^{m} x_i^5 & \sum_{i=1}^{m} x_i^6 & \cdots & \sum_{i=1}^{m} x_i^{N+3} \\ \vdots & \vdots & \vdots & \ddots & \vdots \\ \sum_{i=1}^{m} x_i^{N+1} & \sum_{i=1}^{m} x_i^{N+2} & \sum_{i=1}^{m} x_i^{N+3} & \cdots & \sum_{i=1}^{m} x_i^{2N} \end{bmatrix} \begin{bmatrix} c_1 \\ c_2 \\ c_3 \\ \vdots \\ c_N \end{bmatrix} = \begin{bmatrix} \sum_{i=1}^{m} y_i x_i \\ \sum_{i=1}^{m} y_i x_i^2 \\ \sum_{i=1}^{m} y_i x_i^3 \\ \vdots \\ \sum_{i=1}^{m} y_i x_i^N \end{bmatrix} \quad (1.40)$$

Conforme os Exemplos 1.4, 1.5 e 1.6, a Equação (1.22) pode ser escrita como:

$$\left(\mathbf{X}^t\mathbf{X}\right)\mathbf{C} = \left(\mathbf{X}^t\mathbf{y}\right) \quad (1.41)$$

Os coeficientes $C = (c_1, c_2, c_3, \ldots, c_N)^T$ são obtidos pela multiplicação de ambos os membros da Equação (1.41) pela matriz inversa de $(\mathbf{X}^T\mathbf{X})$. Assim:

$$\mathbf{X}^T\mathbf{X}\big)^{-1}\left(\mathbf{X}^T\mathbf{X}\right)\mathbf{C} = \left(\mathbf{X}^T\mathbf{X}\right)^{-1}\left(\mathbf{X}^T\mathbf{y}\right) \quad (1.42)$$

Sabendo que $\left(\mathbf{X}^T\mathbf{X}\right)^{-1}\left(\mathbf{X}^T\mathbf{X}\right) = \mathbf{I}$, a Equação (1.42) pode ser escrita como:

$$\mathbf{C} = \ \mathbf{X}^T\mathbf{X}\big)^{-1}\left(\mathbf{X}^T\mathbf{Y}\right) = \mathbf{B}\left(\mathbf{X}^T\mathbf{Y}\right) \quad (1.43)$$

A partir dos pares de pontos experimentais (x_i, y_i), para $i = 1, 2, 3, \ldots, m$, as etapas para calcular os coeficientes $c_1, c_2, c_3, \ldots, c_N$ que minimizam a Equação (1.5) são as seguintes:

Calcular as somas envolvidas na Equação (1.40);

Calcular os coeficientes $c_1, c_2, c_3, \ldots, c_N$, utilizando um algoritmo de resolução de sistemas lineares.

Verificar a qualidade do ajuste.

Exemplo 1.4

Represente o modelo polinomial de grau N passando pela origem, para cada ponto experimental, em uma forma compacta $\mathbf{y} = \mathbf{Xc} + \boldsymbol{\varepsilon}$ e, em seguida, escreva os vetores ($\mathbf{y}$, $\boldsymbol{c}$ e $\boldsymbol{\varepsilon}$) e a matriz $\mathbf{X}$.

SOLUÇÃO: Para o modelo polinomial que passa pela origem,

$$y_i = c_1 x_i + c_2 x_i^2 + \cdots + c_N x_i^N + \varepsilon_i \tag{1.44}$$

Escrevendo a Equação para cada ponto experimental,

$$\begin{aligned} y_1 &= c_1 x_1 + c_2 x_1^2 + \cdots + c_N x_1^N + \varepsilon_1 \\ y_2 &= c_1 x_2 + c_2 x_2^2 + \cdots + c_N x_2^N + \varepsilon_2 \\ y_3 &= c_1 x_3 + c_2 x_3^2 + \cdots + c_N x_3^N + \varepsilon_3 \\ &\vdots \\ y_m &= c_1 x_m + c_2 x_m^2 + \cdots + c_N x_m^N + \varepsilon_m \end{aligned} \tag{1.45}$$

Na forma matricial,

$$\begin{bmatrix} x_1 & x_1^2 & x_1^3 & \cdots & x_1^N \\ x_2 & x_2^2 & x_2^3 & \cdots & x_2^N \\ x_3 & x_3^2 & x_3^3 & \cdots & x_3^N \\ \vdots & \vdots & \vdots & \ddots & \vdots \\ x_m & x_m^2 & x_m^3 & \cdots & x_m^N \end{bmatrix} \begin{bmatrix} c_1 \\ c_2 \\ c_3 \\ \vdots \\ c_N \end{bmatrix} + \begin{bmatrix} \varepsilon_1 \\ \varepsilon_2 \\ \varepsilon_3 \\ \vdots \\ \varepsilon_m \end{bmatrix} = \begin{bmatrix} y_1 \\ y_2 \\ y_3 \\ \vdots \\ y_m \end{bmatrix} \tag{1.46}$$

Em uma forma compacta,

$$\mathbf{y} = \mathbf{Xc} + \boldsymbol{\varepsilon} \tag{1.47}$$

em que $y = \begin{bmatrix} y_1 \\ y_2 \\ \vdots \\ y_m \end{bmatrix}$, $\mathbf{X} = \begin{bmatrix} x_1 & x_1^2 & x_1^3 & \cdots & x_1^N \\ x_2 & x_2^2 & x_2^3 & \cdots & x_2^N \\ \vdots & \vdots & \vdots & \ddots & \vdots \\ x_m & x_m^2 & x_m^3 & \cdots & x_m^N \end{bmatrix}$, $\mathbf{c} = \begin{bmatrix} c_1 \\ c_2 \\ \vdots \\ c_N \end{bmatrix}$ e $\boldsymbol{\varepsilon} = \begin{bmatrix} \varepsilon_1 \\ \varepsilon_2 \\ \vdots \\ \varepsilon_m \end{bmatrix}$

Exemplo 1.5

Mostre que $\mathbf{X}^T\mathbf{X} = \begin{bmatrix} \sum_{i=1}^{m} x_i^2 & \sum_{i=1}^{m} x_i^3 & \sum_{i=1}^{m} x_i^4 & \cdots & \sum_{i=1}^{m} x_i^{N+1} \\ \sum_{i=1}^{m} x_i^3 & \sum_{i=1}^{m} x_i^4 & \sum_{i=1}^{m} x_i^5 & \cdots & \sum_{i=1}^{m} x_i^{N+2} \\ \sum_{i=1}^{m} x_i^4 & \sum_{i=1}^{m} x_i^5 & \sum_{i=1}^{m} x_i^6 & \cdots & \sum_{i=1}^{m} x_i^{N+3} \\ \vdots & \vdots & \vdots & \ddots & \vdots \\ \sum_{i=1}^{m} x_i^{N+1} & \sum_{i=1}^{m} x_i^{N+2} & \sum_{i=1}^{m} x_i^{N+3} & \cdots & \sum_{i=1}^{m} x_i^{2N} \end{bmatrix}$.

Solução: A matriz transposta de **X** é dada por:

$$\mathbf{X}^T = \begin{bmatrix} x_1 & x_2 & x_3 & \cdots & x_m \\ x_1^2 & x_2^2 & x_3^2 & \cdots & x_m^2 \\ x_1^3 & x_2^3 & x_3^3 & \cdots & x_m^3 \\ \vdots & \vdots & \vdots & \ddots & \vdots \\ x_1^N & x_2^N & x_3^N & \cdots & x_m^N \end{bmatrix} \tag{1.48}$$

O produto $\mathbf{X}^T\mathbf{X} \Leftrightarrow N \times m][m \times N] = [N \times N]$. Assim,

$$\mathbf{X}^T\mathbf{X} = \begin{bmatrix} x_1 & x_2 & x_3 & \cdots & x_m \\ x_1^2 & x_2^2 & x_3^2 & \cdots & x_m^2 \\ x_1^3 & x_2^3 & x_3^3 & \cdots & x_m^3 \\ \vdots & \vdots & \vdots & \ddots & \vdots \\ x_1^N & x_2^N & x_3^N & \cdots & x_m^N \end{bmatrix} \begin{bmatrix} x_1 & x_1^2 & x_1^3 & \cdots & x_1^N \\ x_2 & x_2^2 & x_2^3 & \cdots & x_2^N \\ x_3 & x_3^2 & x_3^3 & \cdots & x_3^N \\ \vdots & \vdots & \vdots & \ddots & \vdots \\ x_m & x_m^2 & x_m^3 & \cdots & x_m^N \end{bmatrix} \tag{1.49}$$

Desenvolvendo,

$$\mathbf{X}'\mathbf{X} = \begin{bmatrix} x_1^2 + \cdots + x_m^2 & x_1^3 + \cdots + x_m^3 & x_1^4 + \cdots + x_m^4 & \cdots & x_1^{N+1} + \cdots + x_m^{N+1} \\ x_1^3 + \cdots + x_m^3 & x_1^4 + \cdots + x_m^4 & x_1^5 + \cdots + x_m^5 & \cdots & x_1^{N+2} + \cdots + x_m^{N+2} \\ x_1^4 + \cdots + x_m^4 & x_1^5 + \cdots + x_m^5 & x_1^6 + \cdots + x_m^6 & \cdots & x_1^{N+3} + \cdots + x_m^{N+3} \\ \vdots & \vdots & \vdots & \ddots & \vdots \\ x_1^{N+1} + \cdots + x_m^{N+1} & x_1^{N+2} + \cdots + x_m^{N+2} & x_1^{N+3} + \cdots + x_m^{N+3} & \cdots & x_1^{2N} + \cdots + x_m^{2N} \end{bmatrix} \tag{1.50}$$

O somatório de cada elemento da matriz fornecida pela Equação (1.50) oferece:

$$\mathbf{X}^T\mathbf{X} = \begin{bmatrix} \sum_{i=1}^{m} x_i^2 & \sum_{i=1}^{m} x_i^3 & \sum_{i=1}^{m} x_i^4 & \cdots & \sum_{i=1}^{m} x_i^{N+1} \\ \sum_{i=1}^{m} x_i^3 & \sum_{i=1}^{m} x_i^4 & \sum_{i=1}^{m} x_i^5 & \cdots & \sum_{i=1}^{m} x_i^{N+2} \\ \sum_{i=1}^{m} x_i^4 & \sum_{i=1}^{m} x_i^5 & \sum_{i=1}^{m} x_i^6 & \cdots & \sum_{i=1}^{m} x_i^{N+3} \\ \vdots & \vdots & \vdots & \ddots & \vdots \\ \sum_{i=1}^{m} x_i^{N+1} & \sum_{i=1}^{m} x_i^{N+2} & \sum_{i=1}^{m} x_i^{N+3} & \cdots & \sum_{i=1}^{m} x_i^{2N} \end{bmatrix} \quad (1.51)$$

Exemplo 1.6

Partindo de $\mathbf{X}^T = \begin{bmatrix} x_1 & x_2 & x_3 & \cdots & x_m \\ x_1^2 & x_2^2 & x_3^2 & \cdots & x_m^2 \\ x_1^3 & x_2^3 & x_3^3 & \cdots & x_m^3 \\ \vdots & \vdots & \vdots & \ddots & \vdots \\ x_1^N & x_2^N & x_3^N & \cdots & x_m^N \end{bmatrix}$ e $\mathbf{y} = \begin{bmatrix} y_1 \\ y_2 \\ y_3 \\ \vdots \\ y_m \end{bmatrix}$, mostre que $\mathbf{X}^t\mathbf{y} = \begin{bmatrix} \sum_{i=1}^{m} x_i y_i \\ \sum_{i=1}^{m} x_i^2 y_i \\ \sum_{i=1}^{m} x_i^3 y_i \\ \vdots \\ \sum_{i=1}^{m} x_i^N y_i \end{bmatrix}$.

SOLUÇÃO: O produto $\mathbf{X}^t y \Leftrightarrow [N\times m][m\times 1] = [N\times 1]$. Assim,

$$\mathbf{X}^T\mathbf{y} = \begin{bmatrix} x_1 & x_2 & x_3 & \cdots & x_m \\ x_1^2 & x_2^2 & x_3^2 & \cdots & x_m^2 \\ x_1^3 & x_2^3 & x_3^3 & \cdots & x_m^3 \\ \vdots & \vdots & \vdots & \ddots & \vdots \\ x_1^N & x_2^N & x_3^N & \cdots & x_m^N \end{bmatrix} \begin{bmatrix} y_1 \\ y_2 \\ y_3 \\ \vdots \\ y_m \end{bmatrix} = \begin{bmatrix} x_1y_1 + x_2y_2 + \cdots + x_my_m \\ x_1^2y_1 + x_2^2y_2 + \cdots + x_m^2y_m \\ x_1^3y_1 + x_2^3y_2 + \cdots + x_m^3y_m \\ \vdots \\ x_1^Ny_1 + x_2^Ny_2 + \cdots + x_m^Ny_m \end{bmatrix} = \begin{bmatrix} \sum_{i=1}^{m} x_i y_i \\ \sum_{i=1}^{m} x_i^2 y_i \\ \sum_{i=1}^{m} x_i^3 y_i \\ \vdots \\ \sum_{i=1}^{m} x_i^N y_i \end{bmatrix} \quad (1.52)$$

Exemplo 1.7

Escreva a Equação (1.40) para o polinomial de grau um.

Solução: Para um polinômio de grau um, o modelo é representado por $g_i = c_1 x_i$ com a equação normal fornecida pela Equação (1.40) escrita como:

$$c_1 \sum_{i=1}^{m} x_i^2 = \sum_{i=1}^{m} y_i x_i \tag{1.53}$$

Exemplo 1.8

Escreva a Equação (1.40) para o polinomial de grau dois.

Solução: Para um polinômio de grau dois, o modelo é representado por $g_i = c_1 x_i + c_2 x_i^2$ com a equação normal fornecida pela Equação escrita como:

$$\begin{bmatrix} \sum_{i=1}^{m} x_i^2 & \sum_{i=1}^{m} x_i^3 \\ \sum_{i=1}^{m} x_i^3 & \sum_{i=1}^{m} x_i^4 \end{bmatrix} \begin{bmatrix} c_1 \\ c_2 \end{bmatrix} = \begin{bmatrix} \sum_{i=1}^{m} y_i x_i \\ \sum_{i=1}^{m} y_i x_i^2 \end{bmatrix} \tag{1.54}$$

O sistema resultante é dado por:

$$\begin{aligned} c_1 \sum_{i=1}^{m} x_i^2 + c_2 \sum_{i=1}^{m} x_i^3 &= \sum_{i=1}^{m} y_i x_i \\ c_1 \sum_{i=1}^{m} x_i^3 + c_2 \sum_{i=1}^{m} x_i^4 &= \sum_{i=1}^{m} y_i x_i^2 \end{aligned} \tag{1.55}$$

Exemplo 1.9

Escreva a Equação (1.40) para o polinomial de grau três.

SOLUÇÃO: Para um polinômio de grau dois, o modelo é representado por $g_i = c_1 x_i + c_2 x_i^2 + c_3 x_i^3$, com a equação normal fornecida pela Equação escrita como:

$$\begin{bmatrix} \sum_{i=1}^{m} x_i^2 & \sum_{i=1}^{m} x_i^3 & \sum_{i=1}^{m} x_i^4 \\ \sum_{i=1}^{m} x_i^3 & \sum_{i=1}^{m} x_i^4 & \sum_{i=1}^{m} x_i^5 \\ \sum_{i=1}^{m} x_i^4 & \sum_{i=1}^{m} x_i^5 & \sum_{i=1}^{m} x_i^6 \end{bmatrix} \begin{bmatrix} c_1 \\ c_2 \\ c_3 \end{bmatrix} = \begin{bmatrix} \sum_{i=1}^{m} y_i x_i \\ \sum_{i=1}^{m} y_i x_i^2 \\ \sum_{i=1}^{m} y_i x_i^3 \end{bmatrix} \quad (1.56)$$

O sistema resultante é dado por:

$$\begin{aligned} c_1 \sum_{i=1}^{m} x_i^2 + c_2 \sum_{i=1}^{m} x_i^3 + c_3 \sum_{i=1}^{m} x_i^4 &= \sum_{i=1}^{m} y_i x_i \\ c_1 \sum_{i=1}^{m} x_i^3 + c_2 \sum_{i=1}^{m} x_i^4 + c_3 \sum_{i=1}^{m} x_i^5 &= \sum_{i=1}^{m} y_i x_i^2 \\ c_1 \sum_{i=1}^{m} x_i^4 + c_2 \sum_{i=1}^{m} x_i^5 + c_3 \sum_{i=1}^{m} x_i^6 &= \sum_{i=1}^{m} y_i x_i^3 \end{aligned} \quad (1.57)$$

QUALIDADE DO AJUSTE POLINOMIAL COM CONSTANTE DIFERENTE DE ZERO

O procedimento utilizado para avaliar o desempenho de um modelo polinomial de grau N com constante diferente de zero é a decomposição do resíduo do ponto experimental i em relação à média global da amostra. Esta decomposição é obtida somando e subtraindo a média global da amostra. Assim:

$$y_i - g_i) = y_i - g_i - \bar{y} + \bar{y} = (y_i - \bar{y}) - (g_i - \bar{y}) \quad (1.58)$$

ou

$$y_i - \bar{y}) = (y_i - g_i) + (g_i - \bar{y}) \tag{1.59}$$

As diferenças descritas na Equação (1.59) representam:

- $(y_i - g_i)$ é o resíduo da observação experimental i, ou seja, a diferença entre o valor experimental, y_i, e o predito pelo modelo proposto, g_i;
- $y_i - \bar{y})$ é o desvio entre o valor observado y_i em relação à média global da amostra.
- $g_i - \bar{y})$ é o desvio entre o valor predito pelo modelo proposto em relação à média global da amostra.

Elevando-se a Equação (1.59) ao quadrado, encontra-se que:

$$y_i - \bar{y})^2 = \left[(y_i - g_i) + (g_i - \bar{y})\right]^2 = (y_i - g_i)^2 + 2(y_i - g_i)(g_i - \bar{y}) + (g_i - \bar{y})^2 \tag{1.60}$$

Somando a Equação (1.60) sobre todos os pontos experimentais,

$$\begin{aligned}\sum_{i=1}^{m} y_i - \bar{y})^2 &= \sum_{i=1}^{m}\left[(y_i - g_i)^2 + 2(y_i - g_i)(g_i - \bar{y}) + (g_i - \bar{y})^2\right] \\ &= \sum_{i=1}^{m}(y_i - g_i)^2 + 2\sum_{i=1}^{m}(y_i - g_i)(g_i - \bar{y}) + \sum_{i=1}^{m}(g_i - \bar{y})^2\end{aligned} \tag{1.61}$$

Definindo um parâmetro auxiliar λ, tal que: $\lambda = \sum_{i=1}^{m} y_i - g_i)(g_i - \bar{y})$. Sua substituição na Equação (1.61) fornece:

$$\sum_{i=1}^{m} y_i - \bar{y})^2 = \sum_{i=1}^{m}(y_i - g_i)^2 + 2\lambda + \sum_{i=1}^{m}(g_i - \bar{y})^2 \tag{1.62}$$

A substituição da Equação (1.2) no segundo termo do somatório do parâmetro λ fornece:

$$\lambda = \sum_{i=1}^{m} y_i - c_0 - c_1 x_i - c_2 x_i^2 - \cdots - c_N x_i^N)\left(c_0 + c_1 x_i + c_2 x_i^2 + \cdots + c_N x_i^N - \bar{y}\right) \tag{1.63}$$

Efetuando as multiplicações,

$$\lambda = \left[\begin{array}{l} c_0 \sum_{i=1}^{m} \left(y_i - c_0 - c_1 x_i - c_2 x_i^2 - \cdots - c_N x_i^N \right) + \\ c_1 \sum_{i=1}^{m} \left(y_i - c_0 - c_1 x_i - c_2 x_i^2 - \cdots - c_N x_i^N \right) x_i + \\ c_2 \sum_{i=1}^{m} \left(y_i - c_0 - c_1 x_i - c_2 x_i^2 - \cdots - c_N x_i^N \right) x_i^2 + \\ \quad \vdots \\ c_N \sum_{i=1}^{m} \left(y_i - c_0 - c_1 x_i - c_2 x_i^2 - \cdots - c_N x_i^N \right) x_i^N - \\ \bar{y} \sum_{i=1}^{m} \left(y_i - c_0 - c_1 x_i - c_2 x_i^2 - \cdots - c_N x_i^N \right) \end{array}\right] \tag{1.64}$$

A relação de recorrência para a obtenção das equações normais é fornecida pela Equação (1.17). Assim:

$$\sum_{i=1}^{m} y_i x_i^j - \sum_{i=1}^{m} \; c_0 + c_1 x_i + c_2 x_i^2 + c_3 x_i^3 + c_4 x_i^4 + \cdots + c_N x_i^N \big) x_i^j = 0 \tag{1.65}$$

ou

$$\begin{aligned} 0 &= \sum_{i=1}^{m} \left[y_i x_i^j - \left(c_0 + c_1 x_i + c_2 x_i^2 + c_3 x_i^3 + c_4 x_i^4 + \cdots + c_N x_i^N \right) x_i^j \right] \\ &= \sum_{i=1}^{m} \left(y_i - c_0 - c_1 x_i - c_2 x_i^2 - c_3 x_i^3 - c_4 x_i^4 - \cdots - c_N x_i^N \right) x_i^j \end{aligned} \tag{1.66}$$

Variando o sobrescrito *j* no intervalo de 0 até *N*, obtêm-se:

- Para *j* = 0: $\sum_{i=1}^{m} \; y_i - c_0 - c_1 x_i - c_2 x_i^2 - c_3 x_i^3 - c_4 x_i^4 - \cdots - c_N x_i^N \big) = 0$
- Para *j* = 1: $\sum_{i=1}^{m} \left(y_i - c_0 - c_1 x_i - c_2 x_i^2 - c_3 x_i^3 - c_4 x_i^4 - \cdots - c_N x_i^N \right) x_i = 0$
- Para *j* = 2: $\sum_{i=1}^{m} \; y_i - c_0 - c_1 x_i - c_2 x_i^2 - c_3 x_i^3 - c_4 x_i^4 - \cdots - c_N x_i^N \big) x_i^2 = 0$

- Para $j = 3$: $\sum_{i=1}^{m}\left(y_i - c_0 - c_1x_i - c_2x_i^2 - c_3x_i^3 - c_4x_i^4 - \cdots - c_Nx_i^N\right)x_i^3 = 0$

- Para $j = N$: $\sum_{i=1}^{m} y_i - c_0 - c_1x_i - c_2x_i^2 - c_3x_i^3 - c_4x_i^4 - \cdots - c_Nx_i^N\big)x_i^N = 0$

Aplicando estes resultados na Equação (1.64), obtém-se $\lambda = 0$. Portanto, a Equação (1.62) pode ser escrita como:

$$\sum_{i=1}^{m}\left(y_i - \bar{y}\right)^2 = \sum_{i=1}^{m}\left(y_i - g_i\right)^2 + \sum_{i=1}^{m}\left(g_i - \bar{y}\right)^2 \tag{1.67}$$

As somas quadráticas envolvidas na Equação (1.67) são denominadas de:

- $S_T = \sum_{i=1}^{m} y_i - \bar{y}\big)^2$ é a soma quadrática total em torno da média global;

- $S_R = \sum_{i=1}^{m}\left(y_i - g_i\right)^2$ é a soma quadrática residual;

- $S_{\text{Re}} = \sum_{i=1}^{m} g_i - \bar{y}\big)^2$ é a soma quadrática da regressão em torno da média.

Utilizando estas definições na Equação (1.67), encontra-se que:

$$S_T = S_R + S_{\text{Re}} \tag{1.68}$$

Em geral, o número de graus de liberdade da soma quadrática residual, S_R, é a diferença entre a quantidade de dados experimentais e o número de parâmetros estimados. Assim: $G_L^R = m - p$, sendo p o número de parâmetros, ou seja, o grau do polinômio mais um ($p = N + 1$).

Para a determinação do grau de liberdade da soma quadrática devido à regressão, $S_{\text{Re}} = \sum_{i=1}^{m} g_i - \bar{y}\big)^2$, parte-se do modelo polinomial de grau N. Assim:

$$g_i = c_0 + c_1x_i + c_2x_i^2 + \cdots + c_Nx_i^N \tag{1.69}$$

O coeficiente c_0 é dado pela divisão da Equação (1.18) pelo número de observações, m. Assim:

$$c_0 + c_1\frac{\sum_{i=1}^{m} x_i}{m} + c_2\frac{\sum_{i=1}^{m} x_i^2}{m} + c_3\frac{\sum_{i=1}^{m} x_i^3}{m} + \cdots + c_N\frac{\sum_{i=1}^{m} x_i^N}{m} = \frac{\sum_{i=1}^{m} y_i}{m} \tag{1.70}$$

Escrevendo a Equação (1.70) explícita em c_0,

$$c_0 = \frac{\sum_{i=1}^{m} y_i}{m} - c_1 \frac{\sum_{i=1}^{m} x_i}{m} - c_2 \frac{\sum_{i=1}^{m} x_i^2}{m} - c_3 \frac{\sum_{i=1}^{m} x_i^3}{m} - \cdots - c_N \frac{\sum_{i=1}^{m} x_i^N}{m} \qquad (1.71)$$

A substituição da Equação (1.71) na Equação (1.69) fornece:

$$g_i = \left(\frac{\sum_{i=1}^{m} y_i}{m} - c_1 \frac{\sum_{i=1}^{m} x_i}{m} - c_2 \frac{\sum_{i=1}^{m} x_i^2}{m} - \cdots - c_N \frac{\sum_{i=1}^{m} x_i^N}{m} \right) + c_1 x_i + c_2 x_i^2 + \cdots + c_N x_i^N)$$

Desenvolvendo,

$$g_i = \bar{y} + c_1 \left(x_i - \bar{x} \right) + c_2 \left(x_i^2 - \frac{1}{m} \sum_{i=1}^{m} x_i^2 \right) + \cdots + c_N \left(x_i^N - \frac{1}{m} \sum_{i=1}^{m} x_i^N \right) \qquad (1.72)$$

ou

$$g_i - \bar{y} = c_1 \; x_i - \bar{x}) + c_2 \left(x_i^2 - \frac{1}{m} \sum_{i=1}^{m} x_i^2 \right) + \cdots + c_N \left(x_i^N - \frac{1}{m} \sum_{i=1}^{m} x_i^N \right) \qquad (1.73)$$

O quadrado da Equação (1.73) é dado por

$$\left(g_i - \bar{y} \right)^2 = \left[c_1 \left(x_i - \bar{x} \right) + c_2 \left(x_i^2 - \frac{1}{m} \sum_{i=1}^{m} x_i^2 \right) + \cdots + c_N \left(x_i^N - \frac{1}{m} \sum_{i=1}^{m} x_i^N \right) \right]^2 \qquad (1.74)$$

Somando a Equação (1.74) sobre todas as m observações,

$$\sum_{i=1}^{m} \; g_i - \bar{y})^2 = \sum_{i=1}^{m} \left[c_1 \left(x_i - \bar{x} \right) + c_2 \left(x_i^2 - \frac{1}{m} \sum_{i=1}^{m} x_i^2 \right) + \cdots + c_N \left(x_i^N - \frac{1}{m} \sum_{i=1}^{m} x_i^N \right) \right]^2 \qquad (1.75)$$

Para facilitar o entendimento da obtenção do grau de liberdade da soma quadrática devido à regressão, a Equação (1.75) pode ser escrita para:

- **Polinômio de grau um:** escrevendo a Equação para $N = 1$,

$$S_{Re} = \sum_{i=1}^{m} \left(g_i - \bar{y} \right)^2 - c_1 \sum_{i=1}^{m} \left(x_i - \bar{x} \right)^2 \qquad (1.76)$$

Os valores de x_i são independentes das observações experimentais, sendo conhecidos para o experimento; logo, o somatório $\sum_{i=1}^{m}(x_i-\bar{x})^2$ está completamente fixado. O conhecimento do coeficiente c_1 permite determinar o valor de S_{Re}. Portanto, o grau de liberdade do somatório S_{Re} é igual à unidade, $G_L^{Re} = 1$.

- **Polinômio de grau dois:** escrevendo a Equação (1.75) para $N = 2$,

$$\sum_{i=1}^{m}(g_i-\bar{y})^2=\sum_{i=1}^{m}\left[c_1(x_i-\bar{x})+c_2\left(x_i^2-\frac{1}{m}\sum_{i=1}^{m}x_i^2\right)\right]^2 \tag{1.77}$$

Como os valores de x_i são independentes das observações experimentais, sendo conhecidos para o experimento, o conhecimento dos coeficientes c_1 e c_2 permitem determinar o valor de S_{Re}. Portanto, o grau de liberdade de S_{Re} é igual a dois, $G_L^{Re} = 2$.

- **Polinômio de grau três:** escrevendo a Equação (1.75) para $N = 3$:

$$\sum_{i=1}^{m}(g_i-\bar{y})^2=\sum_{i=1}^{m}\left[c_1(x_i-\bar{x})+c_2\left(x_i^2-\frac{1}{m}\sum_{i=1}^{m}x_i^2\right)+c_3\left(x_i^3-\frac{1}{m}\sum_{i=1}^{m}x_i^3\right)\right]^2 \tag{1.78}$$

Os valores de x_i são independentes das observações experimentais, sendo conhecidos para o experimento. O conhecimento dos coeficientes c_1, c_2 e c_3 permite determinar o valor de S_{Re}. Portanto, o grau de liberdade de S_{Re} é igual a três, $G_L^{Re} = 3$.

Em geral, para um polinômio de grau N, o grau de liberdade da soma quadrática da regressão é igual a N, $G_L^{Re} = N$.

O grau de liberdade da soma quadrática em torno da média é obtido a partir da expressão $S_T = S_R + S_{Re}$, escrita como:

$$G_L^T = G_L^R + G_L^{Re} = (m-p) + N = m-(N+1) + N = m-1 \tag{1.79}$$

Para um modelo polinomial de grau N, os parâmetros são $c_0, c_1, c_2, \ldots, c_N$, ou seja, $p = N + 1$. Portanto, os graus de liberdades podem ser escritos como:

- Grau de liberdade total: $G_L^T = m - 1$;
- Grau de liberdade da regressão: $G_L^{Re} = N = p - 1$;
- Grau de liberdade dos resíduos: $G_L^R = m - p = m - (N+1)$.

A média quadrática é definida como sendo a razão entre a soma quadrática e o grau de liberdade. Assim:

- Média quadrática residual: $M_R = S_R/G_L^{R}$
- Média quadrática da regressão: $M_{Re} = S_{Re}/G_L^{Re}$

O desvio padrão populacional (erro padrão da estimativa) mede a variabilidade dos valores experimentais da variável independente em relação aos valores previstos pelo modelo proposto.

$$s = \sqrt{M_R} \tag{1.80}$$

A Figura 1.1 mostra a variabilidade da tensão superficial da água em função da temperatura em torno da linha de previsão do modelo. O erro padrão da estimativa, calculado no Exemplo 3.15 do Capítulo 3, é igual a 0,003099. Este resultado indica que ocorre grande concordância entre os valores experimentais e os preditos pelo modelo. Portanto, quanto menor o erro padrão da estimativa, melhor o ajuste, pois ocorrem maiores concordâncias (ou proximidades) entre os valores preditos pelo modelo proposto com os valores experimentais.

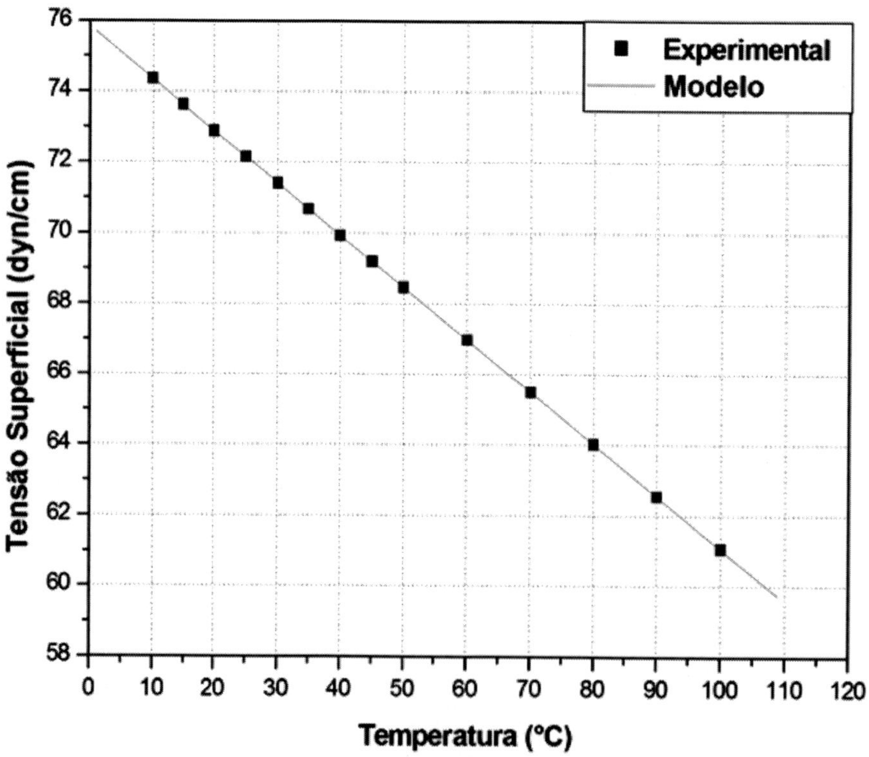

Figura 1.1 – Linha de previsão do modelo linear

A variância populacional s^2 é definida por:

$$s^2 = M_R \tag{1.81}$$

O coeficiente de determinação (R^2) é definido como:

$$R^2 = 1 - \frac{S_R}{S_T} = \frac{S_{\text{Re}}}{S_T} \tag{1.82}$$

Segundo Montgomery e Runger (1999 e 2003), um valor próximo da unidade de R^2 não implica necessariamente que o modelo de regressão seja bom, pois a adição de uma variável ao modelo sempre aumentará R^2, independente de a variável ser ou não estatisticamente significativa.

O coeficiente de correlação é definido como a raiz quadrada do coeficiente de determinação, $R = \sqrt{R^2}$.

Outro critério utilizado para análise de regressão é o coeficiente de determinação ajustado (R^2 ajustado), sendo definido para refletir tanto o número de variáveis independentes no modelo quanto o tamanho da amostra. Assim:

$$R^2_{aj} = 1 - \frac{\left(\dfrac{S_R}{G_L^R}\right)}{\left(\dfrac{S_T}{G_L^T}\right)} = 1 - \left(\frac{S_R}{S_T}\right)\left(\frac{G_L^T}{G_L^R}\right) = 1 - \ 1 - R^2\Big)\left(\frac{G_L^T}{G_L^R}\right) \tag{1.83}$$

Análises de Variâncias e Erros Padrões

A matriz de covariância é definida por:

$$\mathbf{V} = \ \mathbf{X}^T\mathbf{X}\Big)^{-1} s^2 \tag{1.84}$$

sendo s^2 a variância populacional. A demonstração da relação fornecida pela Equação (1.84) é apresentada nos Capítulos 2, 3 e 4.

Os elementos da matriz de covariância são:

$$\mathbf{V} = \begin{bmatrix} V_{11} = \mathrm{Var}(c_0 & V_{12} = \mathrm{Cov}\ c_0, c_1 & \cdots & V_{1N+1} = \mathrm{Cov}\ c_0, c_N \\ V_{21} = \mathrm{Cov}\ c_1, c_0 & V_{22} = \mathrm{Var}\ c_1 & \cdots & V_{2N+1} = \mathrm{Cov}\ c_1, c_N \\ V_{31} = \mathrm{Cov}\ c_2, c_0 & V_{32} = \mathrm{Cov}\ c_2, c_1 & \cdots & V_{3N+1} = \mathrm{Cov}\ c_2, c_N \\ \vdots & \vdots & \ddots & \vdots \\ V_{N+1,1} = \mathrm{Cov}\ c_N, c_0 & V_{N+1,2} = \mathrm{Cov}\ c_N, c_1 & \cdots & V_{N+1,N+1} = \mathrm{Var}\ c_N \end{bmatrix} \quad (1.85)$$

Definindo uma matriz auxiliar **B**, tal que: $\mathbf{B} = (\mathbf{X}^T\mathbf{X})^{-1}$, esta relação pode ser escrita como:

$$\mathbf{B} = \begin{bmatrix} m & \sum_{i=1}^{m} x_i & \sum_{i=1}^{m} x_i^2 & \sum_{i=1}^{m} x_i^3 & \cdots & \sum_{i=1}^{m} x_i^N \\ \sum_{i=1}^{m} x_i & \sum_{i=1}^{m} x_i^2 & \sum_{i=1}^{m} x_i^3 & \sum_{i=1}^{m} x_i^4 & \cdots & \sum_{i=1}^{m} x_i^{N+1} \\ \sum_{i=1}^{m} x_i^2 & \sum_{i=1}^{m} x_i^3 & \sum_{i=1}^{m} x_i^4 & \sum_{i=1}^{m} x_i^5 & \cdots & \sum_{i=1}^{m} x_i^{N+2} \\ \vdots & \vdots & \vdots & \vdots & \ddots & \vdots \\ \sum_{i=1}^{m} x_i^N & \sum_{i=1}^{m} x_i^{N+1} & \sum_{i=1}^{m} x_i^{N+2} & \sum_{i=1}^{m} x_i^{N+3} & \cdots & \sum_{i=1}^{m} x_i^{2N} \end{bmatrix}^{-1} \quad (1.86)$$

Os erros padrões dos coeficientes c_i para $i = 0, 1, 2, ..., N$, é dado por:

$$E_{ci} = \sqrt{\mathrm{Var}(c_i} \quad (1.87)$$

A demonstração da Equação (1.87) é realizada para os seguintes casos:

- Linear com constante igual a zero – Capítulo 2.
- Linear com constante diferente zero – Capítulo 3.
- Quadrática: Capítulo 4.

INTERVALOS DE CONFIANÇA DOS COEFICIENTES

Admitindo que ocorra uma distribuição normal dos erros (εi), as estimativas dos intervalos de confiança dos coeficientes do modelo são obtidas, para i = 0, 1, ..., N, por:

$$c_i \pm tE_{ci} \quad (1.88)$$

sendo E_{ci} o erro padrão do coeficiente *i*, *t* o valor crítico da distribuição *t* de Student a uma probabilidade acumulada de cauda superior igual a Ø = 1 - α/2 com $G_L^R = m - p$ graus de liberdade, *p* o número de parâmetros (c_0, c_1, ..., c_N), e *m* a quantidade de dados experimentais.

Segundo Levine *et al.* (2012), o nível de significância (α) é a probabilidade de cometer um erro do Tipo 1 (ocorre se você rejeita a hipótese nula, H_0, quando ela é verdadeira e não deve ser rejeitada). O nível de significância (α) comumente utilizado é: 0,01, 0,05 e 0,10. O nível de confiança (NC) de um teste de hipótese é representado por $NC = 100\ \ 1-\alpha$. Por exemplo, para um nível de confiança de NC = 95%, o nível de significância é α = 0,05 e a probabilidade acumulada de cauda superior é Ø = 0,975.

Inferências Relacionadas aos Coeficientes de Regressão

O teste de hipótese para verificar se um determinado coeficiente do polinômio exerce um efeito significativo sobre os dados fornecidos pelo modelo é o seguinte (ver Figura 1.2):

$$\begin{array}{ll} H_0 : c_j = 0 \text{ para } j = 0,1,2,\ \cdots, N & \text{se } t_{Estat}\big|_{cj} \le t \\ H_1 : c_j \ne 0 \text{ para } j = 0,1,2,\ \cdots, N & \text{se } t_{Estat}\big|_{cj} > t \end{array}$$

A estatística do teste de hipótese é igual à razão entre o coeficiente c_j e o erro padrão do coeficiente *j*, E_{cj} para *j* = 0, 1, 2, ..., *N*.

$$t_{Estat}\big|_{cj} = \frac{c_j}{E_{cj}} \tag{1.89}$$

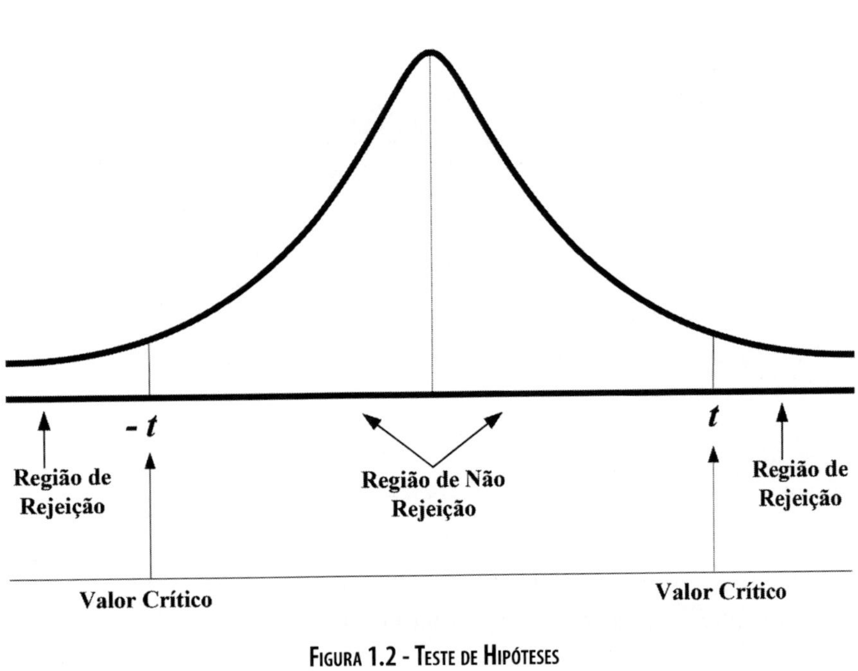

Figura 1.2 - Teste de Hipóteses

O valor crítico da distribuição t de Student é avaliado pelo roteiro de cálculo descrito no anexo A ou, alternativamente, pela função de biblioteca do Microsoft EXCEL 2007 denominada de INVT. O procedimento para a utilização da função INVT é descrito no Anexo A e sua sintaxe é a seguinte:

Célula da Planilha Excel

= INVT α; GL

sendo α o nível de significância (probabilidade associada à distribuição t de Student bi-caudal) e GL o grau de liberdade do resíduo, $G_L^R = m - (N + 1)$.

Outra forma de inferências relacionadas aos coeficientes de regressão é o valor-p de um determinado coeficiente. O teste de hipótese é o seguinte:

$$\begin{array}{ll} H_0 : c_j = 0 \text{ para } j = 0,1,2, \cdots, N & \text{se valor-p} \geq \alpha \\ H_1 : c_j \neq 0 \text{ para } j = 0,1,2, \cdots, N & \text{se valor-p} < \alpha \end{array}$$

Este teste de hipótese indica que:

- Se o valor-p for maior ou igual ao nível de significância α, o coeficiente j não é significativo para o valor final da variável dependente, ou seja, não deve-se rejeitar a hipótese nula.
- Se o valor-p for maior ou igual ao nível de significância α, o coeficiente j não é significativo para o valor final da variável dependente, ou seja, não se deve rejeitar a hipótese nula.

O valor-p utilizado na inferência do coeficiente c_j é avaliado pela função de biblioteca do Microsoft EXCEL denominada de DISTT. O procedimento para a utilização da função DISTT é descrito no Anexo A e sua sintaxe é a seguinte:

Célula da Planilha Excel

= DISTT t_{Estat}; GL;cauda

sendo t_{Estat} a estatística do teste de hipótese definida pela Equação, GL o grau de liberdade do resíduo, $G_L^R = m - (N + 1)$ e a cauda o número de caudas específico da distribuição: a) cauda = 1 → DISTT retornará a distribuição unicaudal e b) cauda = 2 → DISTT retornará a distribuição bicaudal.

Teste de Significância do Modelo de Regressão

Segundo Levine et al. (2012), o teste F é utilizado para determinar se existe uma relação significativa entre a variável dependente e o conjunto inteiro de variáveis independentes. Tendo em vista que existem várias variáveis independentes, o teste de hipótese é o seguinte:

$$\begin{array}{|ll|}\hline H_0 : \text{modelo não significativo} & \text{se } F_{Estat} \leq F \\ H_1 : \text{modelo significativo} & \text{se } F_{Estat} > F \\ \hline\end{array}$$

Sendo F o valor crítico da distribuição F.

- A estatística de teste de hipótese F_{Estat} é dada por:

$$F_{Estat} = \frac{M_{\text{Re}}}{M_R} = \frac{S_{\text{Re}} / G_L^{\text{Re}}}{S_{\text{R}} / G_L^{\text{R}}} \tag{1.90}$$

em que $G_L^{Re} = N$ é o grau de liberdade da regressão e $G_L^R = m - (N + 1)$ é o grau de liberdade dos resíduos. N e m são, respectivamente, o grau do polinômio e a quantidade de dados experimentais.

O valor crítico da distribuição F é avaliado pela função de biblioteca do Microsoft EXCEL denominada de INVF. O procedimento para a utilização da função INVF é descrito no Anexo A e sua sintaxe é a seguinte:

$$\begin{array}{c}\text{Célula da Planilha Excel} \\ \boxed{= \text{INVF}\ \ \alpha;\ \text{GL1};\ \text{GL2})}\end{array}$$

em que α é o nível de significância (probabilidade associada à distribuição F). GL1 e GL2 são, respectivamente, os graus de liberdade do numerador, $G_L^{Re} = N$ e do denominador, $G_L^R = m - (N + 1)$ da Equação (1.90).

Outra forma de avaliar se existe relação significativa entre a variável dependente e o conjunto inteiro de variáveis independentes é a probabilidade valor-p (F de significância). O teste de hipótese é o seguinte:

$$\begin{array}{|ll|}\hline H_0 : \text{modelo não significativo} & \text{se } F_{\text{significância}} \geq \alpha \\ H_1 : \text{modelo significativo} & \text{se } F_{\text{significância}} < \alpha \\ \hline\end{array}$$

O teste de hipóteses acima indica que:

- Se o valor-p for maior ou igual ao nível de significância α, não existe relação entre a variável dependente e as variáveis independentes, ou seja, não deve-se rejeitar a hipótese nula.
- Se o valor-p for maior ou igual ao nível de significância α, não existe relação entre a variável dependente e as variáveis independentes, ou seja, não se deve rejeitar a hipótese nula.

O valor-p ($F_{\text{significância}}$) utilizado na inferência do coeficiente c_j é avaliado pela função de biblioteca do Microsoft EXCEL denominada de DISTF. O procedimento para a utilização da função DISTF é descrito no Anexo A e sua sintaxe é a seguinte:

Célula da Planilha Excel
$= \text{DISTF} \ F_{Estat}; \text{GL1;GL2}$

em que F_{Estat} é a estatística do teste de hipótese definida pela Equação. GL1 e GL2 são, respectivamente, os graus de liberdade do numerador ($G_L^{Re} = N$) e do denominador ($G_L^{R} = m - N - 1$) da Equação (1.90).

Roteiro de Cálculo

O procedimento computacional para a regressão com constante diferente de zero é apresentado na Tabela 1.1.

Tabela 1.1 – Regressão polinomial com coeficiente diferente de zero

1. Entrada de dados: m, y_i, x_i para $i = 1, 2, ..., m$
2. Nível de confiança em %: NC
3. Cálculos dos valores utilizados na regressão: $x_i^2, x_i^3, x_i^4, ..., x_i^{2N}, x_i y_i, x_i^2 y_i, ..., x_i^N y_i$
4. Cálculos das somas e das médias

- Somatórios dos valores de x e de y: $S_X = \sum_{i=1}^{m} x_i$ e $S_Y = \sum_{i=1}^{m} y_i$
- Somatórios dos valores das potências de x:

$$S_{X2} = \sum_{i=1}^{m} x_i^2 \, , \ S_{X3} = \sum_{i=1}^{m} x_i^3 \, , \ S_{X4} = \sum_{i=1}^{m} x_i^4 \, , ..., \ S_{X2N} = \sum_{i=1}^{m} x_i^{2N}$$

- Somas dos produtos entre x e y:

$$S_{XY} = \sum_{i=1}^{m} x_i y_i \, , \ S_{X2Y} = \sum_{i=1}^{m} x_i^2 y_i \, , \ S_{X3Y} = \sum_{i=1}^{m} x_i^3 y_i \, , ..., \ S_{X4Y} = \sum_{i=1}^{m} x_i^4 y_i \, , \ S_{XNY} = \sum_{i=1}^{m} x_i^N y_i$$

- Médias dos valores de x e de y: $\overline{x} = S_X / m$ e $\overline{y} = S_Y / m$

Tabela 1.1 – Regressão polinomial com coeficiente diferente de zero

5. Matriz ($\mathbf{X}^T\mathbf{X}$): $\mathbf{X}^T\mathbf{X} = \begin{bmatrix} m & S_X & S_{X2} & S_{X3} & \cdots & S_{XN} \\ S_X & S_{X2} & S_{X3} & S_{X4} & \cdots & S_{XN+1} \\ S_{X2} & S_{X3} & S_{X4} & S_{X5} & \cdots & S_{XN+2} \\ \vdots & \vdots & \vdots & \vdots & \ddots & \vdots \\ S_{XN} & S_{XN+1} & S_{XN+2} & S_{XN+3} & \cdots & S_{X2N} \end{bmatrix}$

6. Cálculo do produto $\mathbf{X}^T\mathbf{y}$: $\mathbf{X}^T\mathbf{y} = [S_Y \quad S_{XY} \quad S_{X2Y} \quad \cdots \quad S_{XNY}]^T$

7. Cálculo da matriz inversa **B**: $\mathbf{B} = \begin{bmatrix} m & S_X & S_{X2} & S_{X3} & \cdots & S_{XN} \\ S_X & S_{X2} & S_{X3} & S_{X4} & \cdots & S_{XN+1} \\ S_{X2} & S_{X3} & S_{X4} & S_{X5} & \cdots & S_{XN+2} \\ \vdots & \vdots & \vdots & \vdots & \ddots & \vdots \\ S_{XN} & S_{XN+1} & S_{XN+2} & S_{XN+3} & \cdots & S_{X2N} \end{bmatrix}^{-1}$

8. Cálculos dos coeficientes: $\mathbf{C} = \mathbf{B}(\mathbf{X}^t\mathbf{y}) = [c_0 \quad c_1 \quad c_2 \quad \cdots \quad c_N]^T$

9. Qualidade do ajuste:

- Valores fornecidos pelo modelo: $g_i = c_0 + c_1x_i + c_2x_i^2 + ... + c_Nx_i^N$ para $i = 1, 2, ..., m$
- Soma dos resíduos: $\varepsilon = \sum_{i=1}^{m} \varepsilon_i = \sum_{i=1}^{m} (y_i - g_i)$
- Soma quadrática residual (variação não explicada): $S_R = \sum_{i=1}^{m} (y_i - g_i)^2$
- Soma quadrática da regressão (variação explicada): $S_{Re} = \sum_{i=1}^{m} (g_i - \bar{y})^2$
- Soma quadrática total: $S_T = \sum_{i=1}^{m} (y_i - \bar{y})^2$
- Grau de liberdade total: $G_L^T = m - 1$;
- Grau de liberdade da regressão: $G_L^{Re} = N$
- Grau de liberdade dos resíduos: $G_L^R = m - (N + 1)$
- Coeficiente de determinação (R^2): $R^2 = 1 - S_R/S_T$
- Coeficiente de determinação ajustado: $R^2aj = 1 - (S_R/S_T)(G_L^T/G_L^R)$
- Média quadrática residual: $M_R = S_R/G_L^R$

TABELA 1.1 – REGRESSÃO POLINOMIAL COM COEFICIENTE DIFERENTE DE ZERO

- Média quadrática da regressão: $M_{Re} = S_{Re}/G_L^{Re}$
- Variância populacional s^2: $s^2 = M_R$
- Desvio padrão populacional s (erro padrão): $s = \sqrt{M_R}$
- Matriz de covariâncias: $\mathbf{V} = \mathbf{B}s^2$

$$\mathbf{V} = \begin{bmatrix} V_{11} = \mathrm{Var}(c_0) & V_{12} = \mathrm{Cov}(c_0, c_1) & \cdots & V_{1N+1} = \mathrm{Cov}(c_0, c_N) \\ V_{21} = \mathrm{Cov}(c_1, c_0) & V_{22} = \mathrm{Var}(c_1) & \cdots & V_{2N+1} = \mathrm{Cov}(c_1, c_N) \\ V_{31} = \mathrm{Cov}(c_2, c_0) & V_{32} = \mathrm{Cov}(c_2, c_1) & \cdots & V_{3N+1} = \mathrm{Cov}(c_2, c_N) \\ \vdots & \vdots & \ddots & \vdots \\ V_{N+1,1} = \mathrm{Cov}(c_N, c_0) & V_{N+1,2} = \mathrm{Cov}(c_N, c_1) & \cdots & V_{N+1,N+1} = \mathrm{Var}(c_N) \end{bmatrix}$$

- Erros padrões dos coeficientes: $E_{ci} = \sqrt{\mathrm{Var}\ c_i)}$ para i = 0, 1, 2, 3, ..., N
- Inferência sobre os coeficientes do modelo:
  - Cálculo do nível de significância: α = 1 - NC/100
  - Cálculo da probabilidade acumulada: Ø = 1 - α/2

PRIMEIRA INFERÊNCIA

- Cálculo do valor crítico da distribuição t de Student:

  Escreva o comando =INVT(α; G_L^R) em uma célula do EXCEL
- Cálculos das estatísticas dos coeficientes c_j: $t_{Estat}|_{cj} = c_j/E_{cj}$, para j = 0, 1, ..., N

  Teste de hipótese:

  Se $t_{Estat}|_{cj} > t$, o coeficiente c_j é significativo. Caso contrário, descartar o coeficiente c_j, pois não é estatisticamente significativo.

SEGUNDA INFERÊNCIA

- Cálculo da distribuição t de Student para cada coeficiente, valor-p$|_{cj}$:

  Escreva o comando =DISTT($t_{Estat}|_{cj}$; G_L^R; 2) em uma célula do EXCEL

  Teste de hipótese:

  Se valor-p$|_{cj}$ < α, o coeficiente c_j é significativo. Caso contrário, descartar o modelo proposto, pois não é estatisticamente significativo.

- Inferência sobre os coeficientes do modelo:

PRIMEIRA INFERÊNCIA

- Cálculo do valor crítico da distribuição F:

TABELA 1.1 – REGRESSÃO POLINOMIAL COM COEFICIENTE DIFERENTE DE ZERO

Escreva o comando =INVF(α; G_L^{Re}; G_L^{R}) em uma célula do EXCEL

- Cálculo da estatística de teste de hipótese F_{Estat}: $F_{Estat} = M_{Re}/M_R$

  Teste de hipótese:

  Se $F_{Estat} > F$, o modelo proposto é estatisticamente significativo. Caso contrário, deve-se descartar o modelo proposto.

SEGUNDA INFERÊNCIA

- Cálculo da distribuição F, valor-p = $F_{significância}$:

  Escreva o comando =DISTF(F_{Estat}; G_L^{Re}; G_L^{R}) em uma célula do EXCEL

  Teste de hipótese:

  Se $F_{significância} < \alpha$, o modelo proposto é significativo. Caso contrário, deve-se descartar o modelo proposto, pois não existe relação entre a variável dependente e as variáveis independentes.

▶ Intervalos de confiança para os coeficientes: $c_j \pm tE_{cj}$ para j= 0, 1, 2, 3, ..., N

QUALIDADE DO AJUSTE POLINOMIAL PASSANDO PELA ORIGEM

O procedimento utilizado para avaliar o desempenho do modelo polinomial passando pela origem parte do desenvolvimento da Equação para obter:

$$\sum_{i=1}^{m}\left(y_i - g_i\right)^2 = \sum_{i=1}^{m}\left(y_i^2 - 2y_ig_i + g_i^2\right) \tag{1.91}$$

A Equação (1.91) pode ser escrita como:

$$\sum_{i=1}^{m}\left(y_i - g_i\right)^2 = \sum_{i=1}^{m} y_i^2 - 2\sum_{i=1}^{m} y_ig_i + \sum_{i=1}^{m} g_i^2 = \sum_{i=1}^{m} y_i^2 - 2\lambda + \sum_{i=1}^{m} g_i^2 \tag{1.92}$$

sendo $\lambda = \sum_{i=1}^{m} y_ig_i$.

Substituindo a Equação (1.3) no parâmetro auxiliar λ e, em seguida, desenvolvendo:

$$\lambda = \sum_{i=1}^{m} y_i g_i = \sum_{i=1}^{m} y_i \left(c_1 x_i + c_2 x_i^2 + \cdots + c_N x_i^N \right) \tag{1.93}$$

Os Exemplos 1.10, 1.11 e 1.12 mostram que, para qualquer grau do polinômio, o parâmetro auxiliar λ é dado por $\lambda = \sum_{i=1}^{m} g_i^2$. A substituição desse resultado na Equação (1.92) fornece:

$$\sum_{i=1}^{m} \left(y_i - g_i \right)^2 = \sum_{i=1}^{m} y_i^2 - 2\sum_{i=1}^{m} g_i^2 + \sum_{i=1}^{m} g_i^2 = \sum_{i=1}^{m} y_i^2 - \sum_{i=1}^{m} g_i^2 \tag{1.94}$$

Simplificando,

$$\sum_{i=1}^{m} \left(y_i - g_i \right)^2 = \sum_{i=1}^{m} y_i^2 - \sum_{i=1}^{m} g_i^2 \tag{1.95}$$

Os somatórios envolvidos na Equação (1.95) são denominados de:

- $S_R = \sum_{i=1}^{m} \left(y_i - g_i \right)^2$ é a soma quadrática residual;
- $S_T = \sum_{i=1}^{m} y_i^2$ é a soma quadrática total;
- $S_{\text{Re}} = \sum_{i=1}^{m} g_i^2$ é a soma quadrática da regressão.

Utilizando estas definições na Equação (1.95), encontra-se que:

$$S_T = S_R + S_{\text{Re}} \tag{1.96}$$

Para a constante igual a zero, o número de graus de liberdade da soma quadrática residual, S_R, é a diferença entre a quantidade de dados experimentais e o grau do polinômio. Assim: $G_L^R = m - N$.

Para a determinação do grau de liberdade da soma quadrática devido à regressão, $S_{\text{Re}} = \sum_{i=1}^{m} g_i^2$, parte-se do modelo representado pela Equação (1.3) escrito como:

$$g_i = c_1 x_i + c_2 x_i^2 + \cdots + c_N x_i^N \tag{1.97}$$

Os valores de x_i são independentes das observações experimentais, sendo conhecidos para o experimento. O conhecimento dos coeficientes c_i, para i = 1, 2, ..., N, permite determinar o valor de S_{Re}. Portanto, o grau de liberdade do somatório S_{Re} é igual à unidade, $G_L^{Re} = N$.

O grau de liberdade da soma quadrática em torno da média é obtido a partir da expressão $S_T = S_R + S_{Re}$, escrita como:

$$G_L^T = G_L^R + G_L^{\text{Re}} = (m - N) + N = m \tag{1.98}$$

Em resumo,

- Grau de liberdade total: $G_L^T = m$;
- Grau de liberdade da regressão: $G_L^{Re} = N$
- Grau de liberdade dos resíduos: $G_L^R = m - N$
- Média quadrática residual: $M_R = \dfrac{S_R}{G_L^R} = \dfrac{\sum_{i=1}^{m}(y_i - g_i)^2}{m - N}$
- Média quadrática da regressão: $M_{\text{Re}} = \dfrac{S_{\text{Re}}}{G_L^{\text{Re}}} = \dfrac{\sum_{i=1}^{m} g_i^2}{N}$
- Desvio padrão populacional (erro padrão da estimativa): $s = \sqrt{M_R}$
- Variância populacional s²: $s^2 = M_R$
- Coeficiente de determinação (R^2): $R^2 = 1 - S_R/S_T = S_{\text{Re}}/S_T$
- Coeficiente de correlação: $R = \sqrt{R^2}$
- Coeficiente de determinação ajustado: $R_{aj}^2 = 1 - (1 - R^2)(G_L^T/G_L^R)$

Exemplo 1.10

Calcule λ para um modelo polinomial de grau um.

SOLUÇÃO: Para um polinômio de grau um, o modelo é dado por $g_i = c_1 x_i$. Substituindo esta relação na Equação (1.93), obtém-se:

$$\lambda = \sum_{i=1}^{m} y_i g_i = c_1 \sum_{i=1}^{m} y_i x_i \tag{1.99}$$

Conforme o Exemplo 1.7, a equação normal para um modelo de grau um, $c_1\sum_{i=1}^{m} x_i^2 = \sum_{i=1}^{m} y_i x_i$. Substituindo esta relação na Equação, encontra-se que:

$$\lambda = \sum_{i=1}^{m} y_i g_i = c_1\left(c_1 \sum_{i=1}^{m} x_i^2\right) = \sum_{i=1}^{m} c_1^2 x_i^2 = \sum_{i=1}^{m} g_i^2 \qquad (1.100)$$

Exemplo 1.11

Calcule λ para um modelo polinomial de grau dois.

SOLUÇÃO: Para um polinômio de grau dois, o modelo é dado por $g_i = c_1 x_i + c_2 x_i^2$. Substituindo esta relação na Equação (1.93), obtém-se:

$$\lambda = \sum_{i=1}^{m} y_i g_i = \sum_{i=1}^{m} y_i \big(c_1 x_i + c_2 x_i^2 = c_1 \sum_{i=1}^{m} y_i x_i + c_2 \sum_{i=1}^{m} y_i x_i^2 \qquad (1.101)$$

Conforme o Exemplo 1.8, as equações normais para um modelo de grau dois são definidas por:

$$c_1 \sum_{i=1}^{m} x_i^2 + c_2 \sum_{i=1}^{m} x_i^3 = \sum_{i=1}^{m} y_i x_i \qquad (1.102)$$

e

$$c_1 \sum_{i=1}^{m} x_i^3 + c_2 \sum_{i=1}^{m} x_i^4 = \sum_{i=1}^{m} y_i x_i^2 \qquad (1.103)$$

Substituindo as Equações (1.102) e (1.103) na Equação (1.100), obtém-se:

$$\begin{aligned}\lambda &= c_1\left(c_1 \sum_{i=1}^{m} x_i^2 + c_2 \sum_{i=1}^{m} x_i^3\right) + c_2\left(c_1 \sum_{i=1}^{m} x_i^3 + c_2 \sum_{i=1}^{m} x_i^4\right) \\ &= \left(\sum_{i=1}^{m} c_1^2 x_i^2 + \sum_{i=1}^{m} c_1 c_2 x_i^3\right) + \left(\sum_{i=1}^{m} c_1 c_2 x_i^3 + \sum_{i=1}^{m} c_2^2 x_i^4\right)\end{aligned} \qquad (1.104)$$

Simplificando,

$$\lambda = \sum_{i=1}^{m} c_1^2 x_i^2 + 2c_1 c_2 x_i^3 + c_2^2 x_i^4) \quad (1.105)$$

Elevando ao quadrado o modelo $g_i = c_1 x_i + c_2 x_i^2$, obtém-se:

$$g_i^2 = c_1 x_i + c_2 x_i^2)^2 = c_1^2 x_i^2 + 2(c_1 x_i)(c_2 x_i^2) + c_2^2 x_i^4 = c_1^2 x_i^2 + 2c_1 c_2 x_i^3 + c_2^2 x_i^4 \quad (1.106)$$

A comparação entre as Equações (1.105) e (1.106) fornece:

$$\lambda = \sum_{i=1}^{m} g_i^2 \quad (1.107)$$

Exemplo 1.12

Calcule λ para um modelo polinomial de grau três.

SOLUÇÃO: Para um polinômio de grau três, o modelo é dado por $g_i = c_1 x_i + c_2 x_i^2 + c_3 x_i^3$. Substituindo esta relação na Equação (1.93), obtém-se:

$$\lambda = \sum_{i=1}^{m} y_i g_i = \sum_{i=1}^{m} y_i \; c_1 x_i + c_2 x_i^2 + c_3 x_i^3) = c_1 \sum_{i=1}^{m} y_i x_i + c_2 \sum_{i=1}^{m} y_i x_i^2 + c_3 \sum_{i=1}^{m} y_i x_i^3 \quad (1.108)$$

Conforme o Exemplo 1.9, o sistema de equações normais para o modelo de grau dois é dado por:

$$\begin{aligned} c_1 \sum_{i=1}^{m} x_i^2 + c_2 \sum_{i=1}^{m} x_i^3 + c_3 \sum_{i=1}^{m} x_i^4 &= \sum_{i=1}^{m} y_i x_i \\ c_1 \sum_{i=1}^{m} x_i^3 + c_2 \sum_{i=1}^{m} x_i^4 + c_3 \sum_{i=1}^{m} x_i^5 &= \sum_{i=1}^{m} y_i x_i^2 \\ c_1 \sum_{i=1}^{m} x_i^4 + c_2 \sum_{i=1}^{m} x_i^5 + c_3 \sum_{i=1}^{m} x_i^6 &= \sum_{i=1}^{m} y_i x_i^3 \end{aligned} \quad (1.109)$$

Substituindo as relações fornecidas pela Equação (1.109) na Equação (1.108), obtém-se:,

$$\lambda = \begin{bmatrix} c_1\left(c_1\sum_{i=1}^{m}x_i^2 + c_2\sum_{i=1}^{m}x_i^3 + c_3\sum_{i=1}^{m}x_i^4\right) + c_2\left(c_1\sum_{i=1}^{m}x_i^3 + c_2\sum_{i=1}^{m}x_i^4 + c_3\sum_{i=1}^{m}x_i^5\right) + \\ c_3\left(c_1\sum_{i=1}^{m}x_i^4 + c_2\sum_{i=1}^{m}x_i^5 + c_3\sum_{i=1}^{m}x_i^6\right) \end{bmatrix} \tag{1.110}$$

Desenvolvendo a Equação (1.110),

$$\lambda = \begin{bmatrix} \left(\sum_{i=1}^{m}c_1^2x_i^2 + \sum_{i=1}^{m}c_1c_2x_i^3 + \sum_{i=1}^{m}c_1c_3x_i^4\right) + \left(\sum_{i=1}^{m}c_1c_2x_i^3 + \sum_{i=1}^{m}c_2^2x_i^4 + \sum_{i=1}^{m}c_2c_3x_i^5\right) + \\ \left(\sum_{i=1}^{m}c_1c_3x_i^4 + \sum_{i=1}^{m}c_2c_3x_i^5 + c_3^2\sum_{i=1}^{m}x_i^6\right) \end{bmatrix} \tag{1.111}$$

A Equação (1.111) pode ser escrita como:

$$\begin{aligned} \lambda &= \sum_{i=1}^{m}\left[\left(c_1^2x_i^2 + c_1c_2x_i^3 + c_1c_3x_i^4\right) + \left(c_1c_2x_i^3 + c_2^2x_i^4 + c_2c_3x_i^5\right) + \left(c_1c_3x_i^4 + c_2c_3x_i^5 + c_3^2x_i^6\right)\right] \\ &= \sum_{i=1}^{m}\left(c_1^2x_i^2 + c_2^2x_i^4 + c_3^2x_i^6 + 2c_1c_2x_i^3 + 2c_1c_3x_i^4 + 2c_2c_3x_i^5\right) \end{aligned} \tag{1.112}$$

O quadrado do modelo $g_i = c_1x_i + c_2x_i^2 + c_3x_i^3 = \alpha + \beta$, em que $\alpha = c_1x_i$ e $\beta = c_2x_i^2 + c_3x_i^3$, é dado por:

$$g_i^2 = (\alpha + \beta)^2 = \alpha^2 + 2\alpha\beta + \beta^2 = c_1^2x_1^2 + 2c_1x_i\left(c_2x_i^2 + c_3x_i^3\right) + \left(c_2x_i^2 + c_3x_i^3\right)^2 \tag{1.113}$$

Desenvolvendo a Equação (1.113),

$$\begin{aligned} g_i^2 &= c_1^2x_1^2 + 2c_1c_2x_i^3 + 2c_1c_3x_i^4 + c_2^2x_i^4 + 2c_2c_3x_i^5 + c_3^2x_i^6 \\ &= c_1^2x_1^2 + c_2^2x_i^4 + c_3^2x_i^6 + 2c_1c_2x_i^3 + 2c_1c_3x_i^4 + 2c_2c_3x_i^5 \end{aligned} \tag{1.114}$$

A comparação entre as Equações (1.112) e (1.114) fornece:

$$\lambda = \sum_{i=1}^{m}g_i^2 \tag{1.115}$$

ANÁLISES DE VARIÂNCIAS E ERROS PADRÕES

A matriz de covariância é definida por:

$$\mathbf{V} = \left(\mathbf{X}^T\mathbf{X}\right)^{-1} s^2 \tag{1.116}$$

em que s^2 é a variância populacional sendo definida como a razão entre a soma quadrática residual e o grau de liberdade do resíduo.

A matriz definida pela Equação (1.116) é denominada de matriz de covariâncias. Os elementos da matriz de covariâncias são dados por:

$$\mathbf{V} = \begin{bmatrix} V_{11} = \mathrm{Var}(c_1) & V_{12} = \mathrm{Cov}(c_1, c_2) & \cdots & V_{1N} = \mathrm{Cov}(c_1, c_N) \\ V_{21} = \mathrm{Cov}(c_2, c_1) & V_{22} = \mathrm{Var}(c_2) & \cdots & V_{2N} = \mathrm{Cov}(c_2, c_N) \\ \vdots & \vdots & \cdots & \vdots \\ V_{N,1} = \mathrm{Cov}(c_N, c_1) & V_{N,2} = \mathrm{Cov}(c_N, c_2) & \ddots & V_{N,N} = \mathrm{Var}(c_N) \end{bmatrix} \tag{1.117}$$

Ao definir uma matriz **B**, tal que: $\mathbf{B} = (\mathbf{X}^T\mathbf{X})^{-1}$, esta relação pode ser escrita como:

$$\mathbf{B} = \begin{bmatrix} \sum_{i=1}^{m} x_i^2 & \sum_{i=1}^{m} x_i^3 & \sum_{i=1}^{m} x_i^4 & \cdots & \sum_{i=1}^{m} x_i^N \\ \sum_{i=1}^{m} x_i^3 & \sum_{i=1}^{m} x_i^4 & \sum_{i=1}^{m} x_i^5 & \cdots & \sum_{i=1}^{m} x_i^{N+1} \\ \sum_{i=1}^{m} x_i^4 & \sum_{i=1}^{m} x_i^5 & \sum_{i=1}^{m} x_i^6 & \cdots & \sum_{i=1}^{m} x_i^{N+2} \\ \vdots & \vdots & \vdots & \ddots & \vdots \\ \sum_{i=1}^{m} x_i^{N+1} & \sum_{i=1}^{m} x_i^{N+2} & \sum_{i=1}^{m} x_i^{N+3} & \cdots & \sum_{i=1}^{m} x_i^{2N} \end{bmatrix}^{-1} \tag{1.118}$$

Os erros padrões dos coeficientes c_i para $i = 1, 2, ..., N$, é dado por:

$$E_{ci} = \sqrt{\mathrm{var}(c_i)} \tag{1.119}$$

INTERVALOS DE CONFIANÇA DOS COEFICIENTES

Admitindo que ocorra uma distribuição normal dos erros (ε_i), as estimativas dos intervalos de confiança dos coeficientes do modelo são obtidas, para $i = 1, 2, ..., N$, por:

$$c_i \pm tE_{ci} \tag{1.120}$$

sendo E_{ci} o erro padrão do coeficiente *i*, *t* o valor crítico da distribuição *t* de Student a uma probabilidade acumulada de cauda superior igual a Ø = 1 - α/2 com $G_L^R = m - p$ graus de liberdade, *p* o número de parâmetros (c_0, c_1, ..., c_N), e *m* a quantidade de dados experimentais.

INFERÊNCIAS RELACIONADAS AOS COEFICIENTES DE REGRESSÃO

O teste de hipótese para verificar se um determinado coeficiente da série polinomial com constante igual a zero (um polinômio passando pela origem, tem sua constante igual a zero) é idêntico ao descrito no Tópico 1.4.3. O resumo é apresentado na Tabela 1.2,

TABELA 1.2 – INFERÊNCIA SOBRE OS COEFICIENTES DO MODELO PROPOSTO

Teste de hipótese:

$$H_0: c_j = 0 \text{ para } j = 1, 2, \cdots, N \quad \text{se } t_{Estat}\big|_{cj} \le t$$
$$H_1: c_j \ne 0 \text{ para } j = 1, 2, \cdots, N \quad \text{se } t_{Estat}\big|_{cj} > t$$

$$t_{Estat}\big|_{cj} = \frac{c_j}{E_{cj}}$$

Valor crítico da distribuição t de Student

Sintaxe: =INVT(α; G_L^R) em uma célula do EXCEL

Teste de hipótese:

$$H_0: c_j = 0 \text{ para } j = 1, 2, \cdots, N \quad \text{se valor-p} \ge \alpha$$
$$H_1: c_j \ne 0 \text{ para } j = 1, 2, \cdots, N \quad \text{se valor-p} < \alpha$$

valor-p

Sintaxe: =DISTT(t_{Estat}; $G_L^R = m - N$; 2) em uma célula do EXCEL

TESTE DE SIGNIFICÂNCIA DO MODELO DE REGRESSÃO

O teste *F* para determinar se existe uma relação significativa entre a variável dependente e o conjunto inteiro de variáveis independentes é idêntico ao Tópico 1.4.4. O resumo é apresentado na Tabela 1.3.

TABELA 1.3 – INFERÊNCIA SOBRE O MODELO PROPOSTO

Teste de hipótese: $\begin{array}{|ll|} H_0: \text{modelo não significativo} & \text{se } F_{Estat} \leq F \\ H_1: \text{modelo significativo} & \text{se } F_{Estat} > F \end{array}$

$F_{Estat} = \dfrac{M_{Re}}{M_R} = \dfrac{S_{Re}/G_L^{Re}}{S_R/G_L^R}$, em que $G_L^{Re} = N$ e $G_L^R = m - N$

Valor crítico da distribuição t de Student

Sintaxe: =INVF(α;G_L^{Re}; G_L^R) em uma célula do EXCEL

Teste de hipótese: $\begin{array}{|ll|} H_0: \text{modelo não significativo} & \text{se } F_{\text{significância}} \geq \alpha \\ H_1: \text{modelo significativo} & \text{se } F_{\text{significância}} < \alpha \end{array}$

valor-p = $F_{significância}$

Sintaxe: =DISTF(F_{Estat}; G_L^{Re} ; G_L^R) em uma célula do EXCEL

ROTEIRO DE CÁLCULO

O procedimento computacional para a regressão polinomial com constante igual a zero é apresentado na Tabela 1.4.

TABELA 1.4 –REGRESSÃO POLINOMIAL COM CONSTANTE IGUAL A ZERO

1. Entrada de dados: m, y_i, x_i para $i = 1, 2, ..., m$
2. Nível de confiança em %: NC
3. Cálculos dos valores utilizados na regressão: $x_i^2, x_i^3, x_i^4, ..., x_i^{2N}, x_iy_i, x_i^2y_i, ..., x_i^Ny_i$
4. Cálculos das somas e das médias
   - Somatórios dos valores das potências de x:

$$S_{X2} = \sum_{i=1}^{m} x_i^2,\ S_{X3} = \sum_{i=1}^{m} x_i^3, ..., S_{XN+1} = \sum_{i=1}^{m} x_i^{N+1},\ S_{XN+2} = \sum_{i=1}^{m} x_i^{N+2}, ..., S_{X2N} = \sum_{i=1}^{m} x_i^{2N}$$

   - Somas dos produtos entre x e y:

$$S_{XY} = \sum_{i=1}^{m} x_iy_i,\ S_{X2Y} = \sum_{i=1}^{m} x_i^2y_i,\ S_{X3Y} = \sum_{i=1}^{m} x_i^3y_i, ..., S_{X4Y} = \sum_{i=1}^{m} x_i^4y_i,\ S_{XNY} = \sum_{i=1}^{m} x_i^Ny_i$$

Tabela 1.4 – Regressão polinomial com constante igual a zero

5. Matriz $(\mathbf{X}^T\mathbf{X})$: $\mathbf{X}^T\mathbf{X} = \begin{bmatrix} S_{X2} & S_{X3} & S_{X4} & \cdots & S_{XN} \\ S_{X3} & S_{X4} & S_{X5} & \cdots & S_{XN+1} \\ S_{X4} & S_{X5} & S_{X6} & \cdots & S_{XN+2} \\ \vdots & \vdots & \vdots & \ddots & \vdots \\ S_{XN+1} & S_{XN+2} & S_{XN+3} & \cdots & S_{X2N} \end{bmatrix}$

6. Cálculo do produto $\mathbf{X}^T\mathbf{y}$: $\mathbf{X}^T\mathbf{y} = S_{XY} \quad S_{X2Y} \quad S_{X3Y} \quad \cdots \quad S_{XNY}]^T$

7. Cálculo da matriz inversa $\mathbf{B}$: $\mathbf{B} = \begin{bmatrix} S_{X2} & S_{X3} & S_{X4} & \cdots & S_{XN} \\ S_{X3} & S_{X4} & S_{X5} & \cdots & S_{XN+1} \\ S_{X4} & S_{X5} & S_{X6} & \cdots & S_{XN+2} \\ \vdots & \vdots & \vdots & \ddots & \vdots \\ S_{XN+1} & S_{XN+2} & S_{XN+3} & \cdots & S_{X2N} \end{bmatrix}^{-1}$

8. Cálculos dos coeficientes: $\mathbf{C} = \mathbf{B}\ \mathbf{X}^t\mathbf{y}) = [c_1 \quad c_2 \quad c_3 \quad \cdots \quad c_N]^T$

9. Qualidade do ajuste:

- Valores fornecidos pelo modelo: $g_i = c_1x_i + c_2x_i^2 + ... + c_Nx_i^N$ para $i = 1, 2, ..., m$
- Soma dos resíduos: $\varepsilon = \sum_{i=1}^{m} \varepsilon_i = \sum_{i=1}^{m} (y_i - g_i)$
- Soma quadrática residual (variação não explicada): $S_R = \sum_{i=1}^{m} \ y_i - g_i)^2$
- Soma quadrática da regressão (variação explicada): $S_{Re} = \sum_{i=1}^{m} g_i^2$
- Soma quadrática total: $S_T = \sum_{i=1}^{m} y_i^2$
- Grau de liberdade total: $G_L^T = m$
- Grau de liberdade da regressão: $G_L^{Re} = N$
- Grau de liberdade dos resíduos: $G_L^R = m - N$
- Coeficiente de determinação: $R^2 = 1 - S_R/S_T$
- Coeficiente de correlação: $R = \sqrt{R^2}$

TABELA 1.4 – REGRESSÃO POLINOMIAL COM CONSTANTE IGUAL A ZERO

- Coeficiente de determinação ajustado: $R^2_{aj} = 1 - (S_R/S_T)(G_L^T/G_L^R)$
- Média quadrática residual: $M_R = S_R/G_L^R$
- Média quadrática da regressão: $M_{Re} = S_{Re}/G_L^{Re}$
- Variância populacional s^2: $s^2 = M_R$
- Desvio padrão populacional (erro padrão da estimativa): $s = \sqrt{M_R}$
- Matriz de covariâncias: $\mathbf{V} = \mathbf{B}s^2$

$$\mathbf{V} = \begin{bmatrix} V_{11} = \text{Var}(c_1) & V_{12} = \text{Cov}(c_1, c_2) & \cdots & V_{1N} = \text{Cov}(c_1, c_N) \\ V_{21} = \text{Cov}(c_2, c_1) & V_{22} = \text{Var}(c_2) & \cdots & V_{2N} = \text{Cov}(c_2, c_N) \\ \vdots & \vdots & \cdots & \vdots \\ V_{N,1} = \text{Cov}(c_N, c_1) & V_{N,2} = \text{Cov}(c_N, c_2) & \ddots & V_{N,N} = \text{Var}(c_N) \end{bmatrix}$$

- Erros padrões dos coeficientes: $E_{ci} = \sqrt{\text{Var}(c_i)}$ para i = 1, 2, 3, ..., ***N***
- Inferência sobre os coeficientes do modelo:
  - Cálculo do nível de significância: α = 1 – $NC/100$
  - Cálculo da probabilidade acumulada: Ø = 1 - Ø/2

PRIMEIRA INFERÊNCIA

- Cálculo do valor crítico da distribuição t de Student:
- Escreva o comando =INVT(α; G_L^R) em uma célula do EXCEL
- Cálculos de $t_{Estat}|_{cj}$: $t_{Estat}|_{cj} = c_j/E_{cj}$, para j = 0, 1, ..., N

  Teste de hipótese:

  Se $t_{Estat}|_{cj} > t$, o coeficiente c_j é significativo. Caso contrário, deve-se descartar o coeficiente c_j, pois não é estatisticamente significativo.

SEGUNDA INFERÊNCIA

- Cálculo da distribuição t de Student para cada coeficiente, valor-p$|_{cj}$:
- Escreva o comando =DISTT($t_{Estat}|_{cj}$; G_L^R; 2) em uma célula do EXCEL

  Teste de hipótese:

  Se valor-p$|_{cj}$ < α, o coeficiente c_j é significativo. Caso contrário, deve-se descartar o coeficiente c_j, pois não é estatisticamente significativo.

TABELA 1.4 – REGRESSÃO POLINOMIAL COM CONSTANTE IGUAL A ZERO

▶ Inferência sobre os coeficientes do modelo:

PRIMEIRA INFERÊNCIA

- Cálculo do valor crítico da distribuição F:

  Escreva o comando =INVF(α; G_L^{Re}; G_L^{R}) em uma célula do EXCEL

- Cálculo da estatística de teste de hipótese F_{Estat}: $F_{Estat} = M_{Re}/M_R$

  Teste de hipótese:

  Se $F_{Estat}|_j > F$, o modelo proposto é estatisticamente significativo. Caso contrário, deve-se descartar o modelo proposto.

SEGUNDA INFERÊNCIA

- Cálculo da distribuição F, valor-p = $F_{significância}$:

  Escreva o comando =DISTF(F_{Estat}; G_L^{Re}; G_L^{R}) em uma célula do EXCEL

  Teste de hipótese:

  Se $F_{significância} < \alpha$, o modelo proposto é significativo. Caso contrário, deve-se descartar o coeficiente c_j, pois não existe relação entre a variável dependente e as variáveis independentes.

▶ Intervalos de confiança para os coeficientes: $c_i \pm tE_{ci}$, para i = 1, 2, 3, ..., N

REFERÊNCIA BIBLIOGRÁFICA

LEVINE, D. M., STEPHAN, D. F., KREHBIEL, T. C., BERENSON, M. L. **Estatística – Teoria e Aplicações – Usando o Microsoft Excel em Português**. Sexta edição, Editora LTC, 2012.

MICROSOFT EXCEL 2007 (Redmond, WA: Microsoft Corp., 2007)

MONTGOMERY, C. D; RUNGER, G. C; **Applied Statistics and Probability for Engineers**. Second edition, John Wiley & Sons, Inc, 1999.

MONTGOMERY, C. D; RUNGER, G. C; **Estatística Aplicada e Probabilidade para Engenheiros**. Segunda edição, LTC Editora, 2003.

Capítulo 2

REGRESSÃO LINEAR PASSANDO PELA ORIGEM

INTRODUÇÃO

O modelo linear passando pela origem é representado por:

$$g_i = c_1 x_i \tag{2.1}$$

O critério dos mínimos quadrados afirma que a soma dos quadrados dos resíduos entre os valores experimentais e os calculados pelo modelo deve ser mínima. Assim:

$$S_R = \sum_{i=1}^{m} (y_i - g_i)^2 = \sum_{i=1}^{m} (y_i - c_1 x_i)^2 \tag{2.2}$$

O coeficiente angular c_1 que minimiza a Equação (2.2) é aquele para o qual a seguinte relação se cumpre:

$$\frac{\partial S_R}{\partial c_1} = -2\sum_{i=1}^{m} \; y_i - c_1 x_i) x_i = 0 \tag{2.3}$$

O desenvolvimento da Equação (2.3) fornece:

$$\sum_{i=1}^{m} y_i x_i - c_1 \sum_{i=1}^{m} x_i^2 = 0 \tag{2.4}$$

Escrevendo a Equação (2.4) explícita em c_1,

$$c_1 = \frac{\sum_{i=1}^{m} y_i x_i}{\sum_{i=1}^{m} x_i^2} \tag{2.5}$$

QUALIDADE DO AJUSTE DA RETA PASSANDO PELA ORIGEM

O resumo das relações desenvolvidas no Tópico 1.5 do Capítulo 1, para $N = 1$, é apresentado na Tabela 2.1.

TABELA 2.1 – RESUMO PARA A RETA PASSANDO PELA ORIGEM

- Soma quadrática residual: $S_R = \sum_{i=1}^{m} (y_i - g_i)^2$
- Soma quadrática dos valores experimentais: $S_T = \sum_{i=1}^{m} y_i^2$
- Soma quadrática da regressão: $S_{\text{Re}} = \sum_{i=1}^{m} g_i^2$
- Grau de liberdade total: $G_L^T = m$
- Grau de liberdade da regressão: $G_L^{Re} = 1$
- Grau de liberdade dos resíduos: $G_L^R = m - 1$
- Média quadrática residual: $M_R = S_R/G_L^R$
- Média quadrática da regressão: $M_{Re} = S_{Re}/G_L^{Re}$
- Variância populacional s²: $s^2 = M_R$
- Desvio padrão populacional (erro padrão da estimativa): $s = \sqrt{M_R}$

Tabela 2.1 – Resumo para a reta passando pela origem

- Coeficiente de determinação: $R^2 = 1 - S_R/S_T$
- Coeficiente de correlação: $R = \sqrt{R^2}$
- Coeficiente de determinação ajustado: $R^2_{aj} = 1 - \left(1 - R^2\right)\left(\dfrac{G_L^T}{G_L^R}\right)$

INTERVALO DE CONFIANÇA DO COEFICIENTE ANGULAR

Admitindo que ocorra uma distribuição normal dos erros (ε_i), o intervalo de confiança do coeficiente angular do modelo é dado por:

$$c_1 \pm tE_{c1} \tag{2.6}$$

em que E_{c1} é o erro padrão do coeficiente angular do modelo linear passando pela origem, t é o valor crítico da distribuição t de Student a uma probabilidade acumulada de cauda superior igual a $\emptyset = 1 - \alpha/2$ com $n = G_L^R = m - 1$ graus de liberdade, m é o número de dados experimentais e α é o nível de significância. O nível de confiança (NC) de um teste de hipótese é representado por $NC = 100(1 - \alpha)$. Por exemplo, para um nível de confiança de $NC = 95$ %, o nível de significância é $\alpha = 0{,}05$ e a probabilidade acumulada de cauda superior é $\emptyset = 0{,}975$.

Para a obtenção do erro padrão do coeficiente angular, parte-se da Equação (2.5) escrita como:

$$c_1 = \frac{x_1y_1 + x_2y_2 + x_3y_3 + \cdots + x_my_m}{\sum_{i=1}^{m} x_i^2} \tag{2.7}$$

A variância de uma função $f = a_1\beta_1 + a_2\beta_2 + ... + a_m\beta_m$ é dada por:

$$\text{Var}(f) = a_1^2\text{Var}(\beta_1) + a_2^2\text{Var}(\beta_2) + \cdots + a_m^2\text{Var}(\beta_m) \tag{2.8}$$

Supondo que a_i sejam constantes e que a variância de β_i seja definida por $\text{var}(\beta_i) = \sigma^2$, sendo σ^2 a variância dos erros aleatórios ε_i (σ é o desvio padrão dos erros aleatórios ε_i), e desde que esta variância não esteja disponível, utiliza-se a variância populacional $s^2 = M_R$, em que s é o desvio padrão populacional (erro padrão da estimativa). Logo, a Equação (2.8) pode ser escrita como:

$$\mathrm{Var}(\beta = s^2 \; a_1^2 + a_2^2 + a_3^2 + \cdots + a_m^2 \; = s^2 \sum_{i=1}^{m} a_i^2 \tag{2.9}$$

Portanto, a variância de c_1 pode ser escrita como:

$$\mathrm{Var}(c_1 = \mathrm{Var}\left(\frac{x_1 y_1 + x_2 y_2 + \cdots + x_m y_m}{\sum_{i=1}^{m} x_i^2} \right) = \frac{x_1^2 \mathrm{Var}\; y_1 \; + x_2^2 \mathrm{Var}\; y_2 \; + \cdots + x_m^2 \mathrm{Var}\; y_m}{\left(\sum_{i=1}^{m} x_i^2 \right)^2} \tag{2.10}$$

A comparação entre as Equações (2.9) e (2.10) fornece o seguinte resultado:

$$\mathrm{Var}(c_1 = \frac{x_1^2 s^2 + x_2^2 s^2 + \cdots + x_m^2 s^2}{\left(\sum_{i=1}^{m} x_i^2 \right)\left(\sum_{i=1}^{m} x_i^2 \right)} = \frac{s^2 \; x_1^2 + x_2^2 + \cdots + x_m^2}{\left(\sum_{i=1}^{m} x_i^2 \right)\left(\sum_{i=1}^{m} x_i^2 \right)} = \frac{s^2 \sum_{i=1}^{m} x_i^2}{\left(\sum_{i=1}^{m} x_i^2 \right)\left(\sum_{i=1}^{m} x_i^2 \right)} \tag{2.11}$$

A Equação (2.11) pode ser escrita como:

$$\mathrm{Var}(c_1 = \frac{s^2 \sum_{i=1}^{m} x_i^2}{\left(\sum_{i=1}^{m} x_i^2 \right)\left(\sum_{i=1}^{m} x_i^2 \right)} = \frac{s^2}{\sum_{i=1}^{m} x_i^2} \tag{2.12}$$

O erro padrão E_{c1} do coeficiente c_1 é a raiz quadrada da variância,

$$E_{c1} = \sqrt{\mathrm{Var}(c_1} = \frac{s}{\sqrt{\sum_{i=1}^{m} x_i^2}} \tag{2.13}$$

Exemplo 2.1

Represente o modelo linear passando pela origem $y_i = c_1 x_i + \varepsilon_i$, escrito para cada ponto experimental, em uma forma compacta **y = Xc + ε**. Escreva os vetores (**y**, ***c*** e **ε**) e a matriz **X**.

SOLUÇÃO: Conforme o Tópico 1.3 do Capítulo 1, para um modelo linear passando pela origem,

$$y_i = c_1 x_i + \varepsilon_i \tag{2.14}$$

Escrevendo a Equação (2.14) para cada ponto experimental,

$$\begin{aligned} y_1 &= c_1 x_1 + \varepsilon_1 \\ y_2 &= c_1 x_2 + \varepsilon_2 \\ &\vdots \\ y_m &= c_1 x_m + \varepsilon_m \end{aligned} \tag{2.15}$$

Na forma matricial,

$$\begin{bmatrix} x_1 \\ x_2 \\ \vdots \\ x_m \end{bmatrix} c_1 + \begin{bmatrix} \varepsilon_1 \\ \varepsilon_2 \\ \vdots \\ \varepsilon_m \end{bmatrix} = \begin{bmatrix} y_1 \\ y_2 \\ \vdots \\ y_m \end{bmatrix} \tag{2.16}$$

Em uma forma compacta,

$$\mathbf{y} = \mathbf{X}\mathbf{c} + \boldsymbol{\varepsilon} \tag{2.17}$$

Sendo $\boldsymbol{y} = \begin{bmatrix} y_1 \\ y_2 \\ \vdots \\ y_m \end{bmatrix}$, $\mathbf{X} = \begin{bmatrix} x_1 \\ x_2 \\ \vdots \\ x_m \end{bmatrix}$, $\mathbf{c} = [c_1$ e $\boldsymbol{\varepsilon} = \begin{bmatrix} \varepsilon_1 \\ \varepsilon_2 \\ \vdots \\ \varepsilon_m \end{bmatrix}$

Exemplo 2.2

Mostre que $\mathbf{X}^T\mathbf{X} = \sum_{i=1}^{m} x_i^2$.

Solução:

Se **A** é uma matriz $m \times n$ dada por:

$$\mathbf{A} = \begin{bmatrix} a_{11} & a_{12} & \cdots & a_{1n} \\ a_{21} & a_{22} & \cdots & a_{2n} \\ \vdots & \vdots & \ddots & \vdots \\ a_{m1} & a_{m2} & \cdots & a_{mn} \end{bmatrix} \tag{2.18}$$

A transposta da matriz **A** é definida por:

$$\mathbf{A}^T = \begin{bmatrix} a_{11} & a_{21} & \cdots & a_{m1} \\ a_{12} & a_{22} & \cdots & a_{m2} \\ \vdots & \vdots & \ddots & \vdots \\ a_{1n} & a_{2n} & \cdots & a_{mn} \end{bmatrix} \tag{2.19}$$

Portanto, a matriz transposta de **X** é dada por:

$$\mathbf{X}^T = \begin{bmatrix} x_1 & x_2 & \cdots & x_m \end{bmatrix} \tag{2.20}$$

O produto $\mathbf{X}^T\mathbf{X} \Leftrightarrow 1\times m][m\times 1] = [1\times 1]$. Assim:

$$\mathbf{X}^T\mathbf{X} = \begin{bmatrix} x_1 & x_2 & \cdots & x_m \end{bmatrix} \begin{bmatrix} x_1 \\ x_2 \\ \vdots \\ x_m \end{bmatrix} = x_1^2 + x_2^2 + \cdots + x_m^2 = \sum_{i=1}^{m} x_i^2 \tag{2.21}$$

Exemplo 2.3

Considere que a matriz V é definida por $\mathbf{V} = (\mathbf{X}^T\mathbf{X})^{-1}s^2$. Mostre que $\mathbf{V} = \mathrm{Var}(c_1)$.

Solução: A inversa de $(\mathbf{X}^T\mathbf{X})$ é dada por:

$$\mathbf{X}^T\mathbf{X})^{-1} = \frac{1}{\sum_{i=1}^{m} x_i^2} \tag{2.22}$$

Multiplicando a Equação (2.22) pelo desvio padrão populacional s^2, obtém-se:

$$V = \mathrm{Var}(c_1) = (\mathbf{X}'\mathbf{X})^{-1} s^2 = \frac{s^2}{\sum_{i=1}^{m} x_i^2} \tag{2.23}$$

O erro padrão do coeficiente angular c_1 é dado por:

$$E_{c1} = \sqrt{\text{Var}\ c_1} = \frac{s}{\sqrt{\sum_{i=1}^{m} x_i^2}} \qquad (2.24)$$

INFERÊNCIAS RELACIONADAS AOS COEFICIENTES DE REGRESSÃO

O teste de hipótese para verificar se existe uma relação entre a variável dependente e a inclinação é idêntico ao descrito no Tópico 1.5.3. O resumo é apresentado na Tabela 2.2.

Tabela 2.2 – Inferência sobre os coeficientes do modelo proposto

Teste de hipótese:

$H_0 : c_1 = 0$	se $t_{Estat} \leq t$
$H_1 : c_1 \neq 0$	se $t_{Estat} > t$

$$t_{Estat} = \frac{c_1}{E_{c1}}$$

Valor crítico da distribuição t de Student

Sintaxe: =INVT(α; G_L^R), onde $G_L^R = m - 1$

Teste de hipótese:

$H_0 : c_1 = 0$	se valor-$p \geq \alpha$
$H_1 : c_1 \neq 0$	se valor-$p < \alpha$

valor-p

Sintaxe: =DISTT(t_{Estat}; $G_L^R = m - 1$; 2)

TESTE DE SIGNIFICÂNCIA DO MODELO DE REGRESSÃO

A abordagem para verificar a significância do modelo é baseada na análise de variância, sendo equivalente ao teste t para a inferência do coeficiente angular.

TABELA 2.3 – INFERÊNCIA SOBRE O MODELO PROPOSTO

Teste de hipótese: $\begin{array}{|ll|} H_0: \text{modelo não significativo} & \text{se } F_{Estat} \leq F \\ H_1: \text{modelo significativo} & \text{se } F_{Estat} > F \end{array}$

$$F_{Estat} = \frac{M_{\text{Re}}}{M_R} = \frac{S_{\text{Re}}/G_L^{\text{Re}}}{S_{\text{R}}/G_L^{\text{R}}}$$

Valor crítico da distribuição t de Student

Sintaxe: =INVF(α; G_L^{Re}; G_L^{R}) em uma célula do EXCEL

Teste de hipótese: $\begin{array}{|ll|} H_0: \text{modelo não significativo} & \text{se } F_{\text{significância}} \geq \alpha \\ H_1: \text{modelo significativo} & \text{se } F_{\text{significância}} < \alpha \end{array}$

valor-p = $F_{significância}$

Sintaxe: =DISTF(F_{Estat}; G_L^{Re}; G_L^{R}) em uma célula do EXCEL

ROTEIRO DE CÁLCULO

O procedimento computacional para a regressão linear passando pela origem é apresentado na Tabela 2.4.

TABELA 2.4 – ROTEIRO DE CÁLCULO PARA A REGRESSÃO LINEAR PASSANDO PELA ORIGEM

1. Entrada de dados: m, x_i e y_i para i = 1, 2, ..., m
2. Nível de confiança em %: NC
3. Cálculos das somas:
   - ▶ Somatórios dos valores quadráticos de x e de y: $S_{X2} = \sum_{i=1}^{m} x_i^2$ e $S_{Y2} = \sum_{i=1}^{m} y_i^2$
   - ▶ Soma do produto entre x e y: $S_{XY} = \sum_{i=1}^{m} x_i y_i$
4. Cálculo do coeficiente angular: $c_1 = S_{XY}/S_{X2}$

Tabela 2.4 – Roteiro de cálculo para a regressão linear passando pela origem

5. Qualidade do ajuste:

- Calcular os valores fornecidos pelo modelo: $g_i = c_1 x_i$ para i = 1, 2, ..., m
- Soma quadrática residual: $S_R = \sum_{i=1}^{m} (y_i - g_i)^2$
- Soma quadrática dos valores experimentais: $S_T = S_{Y2}$
- Soma quadrática da regressão: $S_{Re} = \sum_{i=1}^{m} g_i^2$
- Coeficiente de determinação (R^2): $R^2 = 1 - S_R/S_T$
- Grau de liberdade total: $G_L^T = m$
- Grau de liberdade da regressão: $G_L^{Re} = 1$
- Grau de liberdade dos resíduos: $G_L^R = m - 1$
- Média quadrática residual: $M_R = S_R/G_L^R$
- Média quadrática da regressão: $M_{Re} = S_{Re}/G_L^{Re}$
- Coeficiente de determinação (R^2): $R^2 = 1 - S_R/S_T$
- Coeficiente de determinação ajustado: $R^2_{aj} = 1 - (S_R/S_T)(G_L^T/G_L^R)$
- Variância populacional s^2: $s^2 = M_R$
- Desvio padrão populacional s (erro padrão da estimativa) $s = \sqrt{M_R}$
- Variância do coeficiente angular: $\mathrm{Var}(c_1) = s^2/S_{X2}$
- Erro padrão do coeficiente angular: $E_{c1} = \sqrt{\mathrm{Var}(c_1)}$
- Inferência sobre os coeficientes do modelo:
  - Cálculo do nível de significância: $\alpha = 1 - NC/100$
  - Cálculo da probabilidade acumulada: $\varnothing = 1 - \alpha/2$

PRIMEIRA INFERÊNCIA

- Cálculo do valor crítico da distribuição t de Student:

Escreva o comando =INVT(α; G_L^R) em uma célula do EXCEL

- Cálculos de $t_{Estat}|c_1$: $t_{Estat}|_{c1} = c_1/E_{c1}$

Teste de hipótese:

Se $t_{Estat}|_{c1} > t$, o coeficiente c_1 é significativo. Caso contrário, deve-se descartar o coeficiente c_1, pois não é estatisticamente significativo.

TABELA 2.4 – ROTEIRO DE CÁLCULO PARA A REGRESSÃO LINEAR PASSANDO PELA ORIGEM

SEGUNDA INFERÊNCIA

- Cálculo da distribuição t de Student para cada coeficiente, valor-p$|_{c1}$:

Escreva o comando =DISTT($t_{Estat}|_{c1}$; G_L^R; 2) em uma célula do EXCEL

Teste de hipótese:

Se valor-p$|_{c1}$ < α, o coeficiente c_1 é significativo. Caso contrário, deve-se descartar o coeficiente c_1, pois não é estatisticamente significativo.

▶ Inferência sobre os coeficientes do modelo:

PRIMEIRA INFERÊNCIA

- Cálculo do valor crítico da distribuição F:

Escreva o comando =INVF(α; G_L^{Re}; G_L^R) em uma célula do EXCEL

- Cálculo da estatística de teste de hipótese F_{Estat}: $F_{Estat} = M_{Re}/M_R$

Teste de hipótese:

Se $F_{Estat} > F$, o modelo proposto é estatisticamente significativo. Caso contrário, deve-se descartar o modelo proposto.

SEGUNDA INFERÊNCIA

- Cálculo da distribuição F, valor-p = $F_{significância}$:

Escreva o comando =DISTF(F_{Estat}; G_L^{Re}; G_L^R) em uma célula do EXCEL

Teste de hipótese:

Se $F_{significância}$ < α, o modelo proposto é significativo. Caso contrário, deve-se descartar o coeficiente c_1, pois não existe relação entre a variável dependente e o coeficiente angular.

▶ Intervalo de confiança para o coeficiente angular: $c_1 \pm t_{\phi,n} E_{c1}$

Exemplo 2.4

Determine a constante Z_{Ra} (fator de compressibilidade de Rackett) para o etileno usando os dados fornecidos por TIMMERMANS (1965).

SOLUÇÃO:

▶ **Modelagem Matemática:** A equação de Rackett-Spencer-Danner é dada por:

$$V_s = V^* Z_{Ra}^{1+\phi} \tag{2.25}$$

em que $\phi = (1 - T_r)^{2/7}$, $V^* = RT_c/P_c$ e Z_{Ra} é uma constante característica de cada espécie química.

A linearização é obtida aplicando logaritmo natural em ambos os membros da Equação (2.25) para fornecer:

$$\ln\left(\frac{V_s}{V^*}\right) = \ln\left(Z_{Ra}^{1+\phi}\right) = (1+\phi)\ln\left(Z_{Ra}\right) \tag{2.26}$$

sendo $\ln(X^A) = A\ln(x)$.

Desde que $V^* > V_s$, é conveniente multiplicar ambos os membros da Equação (2.26) por -1 e, em seguida, escrevendo para o ponto experimental i. Assim:

$$-\ln\left(\frac{V_s}{V^*}\right)_i = -\ln\ Z_{Ra})(1+\phi)_i \tag{2.27}$$

Definindo variáveis, tais que: $y_i = -\ln(V_s/V^*)_i$, $x_i = (1 + ø)_i$ e $c_1 = -\ln(Z_{Ra})$. A Equação (2.27) pode ser escrita como:

$$y_i = c_1 x_i \tag{2.28}$$

▶ Dados experimentais e cálculos iniciais:

1. Propriedades físicas: M = 28,054 g/mol, T_c = 282,4 K e P_c = 50,4 bar
2. Constante universal dos gases: R = 83,144 bar.cm³/mol.K
3. Cálculo do volume característico do etileno: $V^* = RT_c/P_c$ = 465,8703 cm³/mol
4. Dados Experimentais e calculados iniciais: $V_{si} = \hat{V}_i / M$

T_i (K)	$\hat{V}_s$ (cm³/g)	$V_{si} = \hat{V}_i / M$ (cm³/mol)	$T_{ri} = T_i/T_c$	$ø_i = (1 - T_{ri})^{2/7}$
128,08	1,600897	44,911550	0,453541	0,841427
143,25	1,654287	46,409370	0,507259	0,816915
158,46	1,712915	48,054128	0,561119	0,790339
170,14	1,762425	49,443074	0,602479	0,768301
209,74	1,976753	55,455839	0,742705	0,678503
225,00	2,091088	58,663377	0,796742	0,634307
236,02	2,192502	61,508441	0,835765	0,596826
248,82	2,344391	65,769546	0,881091	0,544222
253,95	2,420546	67,905986	0,899256	0,519045
258,97	2,509095	70,390164	0,917033	0,491040

T_i (K)	$\hat{V}_s$ (cm³/g)	$V_{si} = \hat{V}_i / M$ (cm³/mol)	$T_{ri} = T_i/T_c$	$\phi_i = (1 - T_{ri})^{2/7}$
262,22	2,576124	72,270596	0,928541	0,470530
265,45	2,651043	74,372366	0,939979	0,447656
278,99	3,242542	90,966278	0,987925	0,283119
279,65	3,295762	92,459297	0,990262	0,266242

▶ Cálculos dos valores experimentais utilizados na regressão

$x_i = 1 + \phi_i$	$y_i = -\ln\left(\frac{V_s}{V^*}\right)_i$	$x_i y_i$	x_i^2	y_i^2
1,841427	2,33921	4,30749	3,390853	5,471913
1,816915	2,30641	4,19054	3,301179	5,319509
1,790339	2,27158	4,0669	3,205313	5,160071
1,768301	2,24309	3,96645	3,126889	5,03143
1,678503	2,12832	3,57239	2,817372	4,529746
1,634307	2,07209	3,38643	2,670958	4,293565
1,596826	2,02473	3,23315	2,549852	4,099544
1,544222	1,95775	3,0232	2,384621	3,832785
1,519045	1,92578	2,92535	2,307498	3,70864
1,49104	1,88985	2,81785	2,223199	3,571548
1,47053	1,86349	2,74032	2,162459	3,472595
1,447656	1,83482	2,65619	2,095708	3,366575
1,283119	1,63342	2,09587	1,646393	2,668058
1,266242	1,61714	2,04769	1,603369	2,615139

▶ Roteiro de cálculo da Tabela 2.4

1. Quantidade de pontos experimentais: $m = 14$

2. Nível de confiança em %: $NC = 95$ %

3. Cálculos dos somatórios:

$$S_{X2} = \sum_{i=1}^{m} x_i^2 = 35{,}4856635,\ S_{Y2} = \sum_{i=1}^{m} y_i^2 = 57{,}14112347 \text{ e } S_{XY} = \sum_{i=1}^{m} x_i . y_i = 45{,}02981856$$

4. Cálculo do coeficiente angular: $c_1 = S_{XY}/S_{X2} = 1{,}268958055$

5. Fator de compressibilidade de Rackett: Z_{Ra} = exp(-c_1) = 0,281124385

6. Qualidade do ajuste:

$g_i = c_1 x_i$	$\varepsilon_i = y_i - g_i$	$S_{Ri} = \varepsilon_i^2$	$S_{Ti} = y_i^2$	$S_{Rei} = g_i^2$
2,336693602	0,002518451	6,3426E-06	5,471913031	5,46013699
2,305588563	0,000817487	6,68285E-07	5,319508869	5,315738623
2,271864998	-0,000285445	8,14788E-08	5,160073665	5,161370568
2,243900086	-0,000814637	6,63634E-07	5,031432331	5,035087596
2,129949617	-0,001629066	2,65386E-06	4,529748367	4,536685372
2,073866468	-0,001774822	3,14999E-06	4,293563789	4,300922125
2,026304707	-0,001571914	2,47091E-06	4,099542883	4,105910766
1,959552795	-0,001802311	3,24833E-06	3,832786957	3,839847157
1,927604404	-0,001821388	3,31745E-06	3,708640225	3,715658739
1,892066622	-0,002212602	4,89561E-06	3,571548218	3,579916103
1,866041224	-0,002551017	6,50769E-06	3,472595751	3,48210985
1,837014583	-0,00219158	4,80302E-06	3,366575453	3,374622578
1,628223748	0,005194812	2,69861E-05	2,668056194	2,651112575
1,606807989	0,010330761	0,000106725	2,615137736	2,581831913

- Soma dos resíduos: $\varepsilon = \sum_{i=1}^{m} \varepsilon_i = 0{,}002206729$
- Soma quadrática residual: $S_R = \sum_{i=1}^{m} S_{Ri} = 0{,}000172514$
- Soma quadrática dos valores experimentais: $S_T = \sum_{i=1}^{m} y_i^2 = 57{,}14112347$
- Soma quadrática da regressão: $S_{Re} = \sum_{i=1}^{m} g_i^2 = 57{,}14095095$
- Grau de liberdade dos resíduos: $G_L^R = m - 1 = 13$
- Grau de liberdade da regressão: $G_L^{Re} = 1$
- Grau de liberdade total: $G_L^T = m = 14$

- Coeficiente de determinação (R^2): $R^2 = 1 - S_R/S_T = 0{,}999996981$
- Coeficiente de determinação ajustado: $R^2_{aj} = 1 - (S_R/S_T)(G_L^T/G_L^R) = 0{,}999996749$
- Coeficiente de correlação (R): $R = \sqrt{R^2} = 0{,}99999849$
- Média quadrática residual: $M_R = S_R/G_L^R = 1{,}32703E\text{-}05$
- Média quadrática da regressão: $M_{Re} = S_{Re}/G_L^{Re} = 57{,}14095095$
- Variância populacional s^2: $s^2 = M_R = 1{,}32703E\text{-}05$
- Erro padrão da estimativa: $s = \sqrt{M_R} = 0{,}003642839$
- Variância do coeficiente angular: $\text{Var}(c_1) = \dfrac{s^2}{\sum_{i=1}^{m} x_i^2} = 3{,}73962E\text{-}07$
- Erro padrão do coeficiente angular: $E_{c1} = \sqrt{\text{Var}(c_1)} = 0{,}000611524$

- **Inferência sobre o coeficiente angular do modelo:**
  - Cálculo do nível de significância: $\alpha = 1 - NC/100 = 0{,}05$
  - Cálculo da probabilidade acumulada: ø = 1 - a/2 = 0,975

PRIMEIRA INFERÊNCIA

- Cálculo do valor crítico da distribuição t de Student:

$t = \text{INVT}(\alpha; G_L^R) \longrightarrow t = \text{INVT}(0{,}05; 13) \longrightarrow t = 2{,}160368652$

Observação: Esse resultado indica que existe 97,5% de probabilidade acumulada de que uma variável aleatória V, com um grau de liberdade igual a 13, seja menor que o valor crítico da distribuição t igual a 2,160368652; $P(V < 2{,}160368652) = 0{,}975$

- Cálculo de $t_{Estat}|_{c1}$: $t_{Estat}|_{c1} = c_1/Ec1 = 2075{,}07499$
- Teste de hipótese para c_1:

$(t_{Estat}|_{c1} > t)$? → $(2075{,}07499 > 2{,}160368652)$? Sim; então, o coeficiente c_1 é estatisticamente significativo.

SEGUNDA INFERÊNCIA

- Cálculo da distribuição t de Student para cada coeficiente, **valor-p$|_{c1}$**:

valor-p$|_{c1}$ = DISTT($t_{Estat}|_{c1}$; G_L^R; 2) → valor-p$|_{c1}$ = 2,85634E-37

- Teste de hipótese para c_1:

  (valor-p$|_{c1}$ < α)? → (2,85634E-37 < 0,05)? Sim; então, o coeficiente c_1 é estatisticamente significativo.

Inferência sobre os coeficientes do modelo:

PRIMEIRA INFERÊNCIA

- Cálculo do valor crítico da distribuição F:
- Cálculo da estatística F_{Estat}: $F_{Estat} = M_{Re}/M_R = 4305936{,}213$
- Cálculo do valor crítico da distribuição F:

  F = INVF(α; G_L^{Re}; G_L^R) → F = INVF(0,05; 1; 13) ⟶ F = 4,667192714

- Teste de hipótese:

  ($F_{Estat} > F$)? = (4305936,213 > 4,667192714)? Sim; então, o modelo proposto é estatisticamente significativo.

SEGUNDO TESTE DE HIPÓTESE

- Cálculo da distribuição F, valor-p = $F_{significância}$:

  $F_{significância}$ = DISTF(F_{Estat}; G_L^{Re}; G_L^R) → $F_{significância}$ = 2,85634E-37

- Teste de hipótese:

  ($\boldsymbol{F_{significância}}$ < α)? = (2,85634E-37 < 0,05)? Sim; então, o modelo proposto é estatisticamente significativo.

- Intervalo de confiança para o coeficiente angular: $c_1 \pm t_{\phi,n} E_{c1}$

  Variação: Δ = $tEc1$ = 0,001321117

  Limite inferior: c_1 - Δ = 1,267636937

  Central: c_1 = 1,268958055

  Limite superior: c_1 + Δ = 1,270279172

ANÁLISE DE DADOS – EXCEL

O procedimento para utilizar a ferramenta de análise de dados do EXCEL consiste dos seguintes passos: Guia Dados → Análise de Dados → Regressão → OK → Configuração → OK.

Exemplo 2.5

Repita o Exemplo 2.4 usando a opção Análise de Dados - Regressão do Microsoft Excel para determinar a constante Z_{Ra} para o etileno usando os dados fornecidos por TIMMERMANS (1965).

Solução: Os passos utilizados são os seguintes:

1. **Construção da planilha**

▶ Escreva os seguintes textos:

- Célula A1 ⇐ M (g/mol)
- Célula B1 ⇐ Tc (K)
- Célula C1 ⇐ Pc (bar)
- Célula D1 ⇐ R (bar.cm^3/mol.K)
- Célula E1 ⇐ V* (cm^3/mol)

A nova aparência da planilha é a seguinte:

	A	B	C	D	E	F	G
1	M (g/mol)	T_c (K)	P_c (bar)	R (bar.cm^3/mol.K)	V* (cm^3/mol)		
2							
3							

▶ Escreva as seguintes propriedades e parâmetros:

- Massa molar: A2 ⇐ 28,054
- Temperatura crítica: B2 ⇐ 282,4
- Pressão crítica: C2 ⇐ 50,4
- Constante universal dos gases: D2 ⇐ 83,144
- Volume pseudocrítico: E2 ⇐ =D2*B2/C2

A nova aparência da Planilha é a seguinte:

	A	B	C	D	E	F
1	M (g/mol)	T_c (K)	P_c (bar)	R (bar.cm^3/mol.K)	V* (cm^3/mol)	
2	28,054	282,4	50,4	83,144	=D2*B2/C2	
3						

- Mescle e centralize a faixa de células A4:G4 e, em seguida, coloque o texto **Valores utilizados na regressão**
- Escreva os seguintes textos:
    - Célula A5 ⇐ T (K)
    - Célula B5 ⇐ Vs (cm^3/g)
    - Célula C5 ⇐ V (cm^3/mol)
    - Célula D5 ⇐ Tr
    - Célula E5 ⇐ escreva f e, em seguida, marque o f e troque a fonte para symbol. O resultado final é ø
    - Célula F5 ⇐ x
    - Célula G5 ⇐ y

	A	B	C	D	E	F	G
1	M (g/mol)	T_c (K)	P_c (bar)	R (bar.cm^3/mol.K)	V* (cm^3/mol)		
2	28,054	282,4	50,4	83,144	465,8703492		
3							
4	Valores utilizados na regressão						
5	T (K)	Vs (cm^3/g)	V (cm^3/mol)	Tr	ϕ	x	y
6							
7							

- Digite os pares de valores experimentais:
    - Temperaturas: Faixa de célula A6:A19
    - Volumes mássicos: Faixa de célula B6:B19
    - Cálculos dos volumes molares: Na célula C6, escreva: =B6*A$2. Os cálculos dos outros valores são realizados da seguinte forma: a) selecione a célula **C6**, b) mova o cursor do mouse para o canto inferior direito da célula **C6** até que o ponteiro assuma o formato de uma cruz preta (chamada de alça de preenchimento), c) arraste a alça de preenchimento até a célula **C19**.
    - Cálculos das temperaturas reduzidas: Na célula D6, escreva: =A6/B$2. Os cálculos dos outros valores são realizados da seguinte forma: a) selecione a célula **D6**, b) mova o cursor do mouse para o canto inferior direito da célula **D6** até que o ponteiro assuma o formato de uma cruz preta, c) arraste a alça de preenchimento até a célula **D19**.
    - Cálculos dos valores do parâmetro $ø_i = (1 - T_{ri})^{2/7}$: Na célula E6, escreva a expressão: = (1 - D6) ^(2/7). Os cálculos dos outros valores são realizados da seguinte forma: a) selecione a célula **E6**, b) mova o cursor do mouse para o canto inferior direito da

célula **E6** até que o ponteiro assuma o formato de uma cruz preta, c) arraste a alça de preenchimento até a célula **E19**.

- Cálculos dos valores de $x_i = 1 + ø_i$: Na célula F6, escreva: = 1 + E6. Os cálculos dos outros valores são realizados da seguinte forma: a) selecione a célula **F6**, b) mova o cursor do mouse para o canto inferior direito da célula **F6** até que o ponteiro assuma o formato de uma cruz preta, c) arraste a alça de preenchimento até a célula **F19**.

- Cálculos dos valores de $y_i = -\ln(V/V^*)$: Na célula G6, escreva: = -ln(C6/E$2). Os cálculos dos outros valores são realizados da seguinte forma: a) selecione a célula **G6**, b) mova o cursor do mouse para o canto inferior direito da célula **G6** até que o ponteiro assuma o formato de uma cruz preta, c) arraste a alça de preenchimento até a célula **G19**.

A nova aparência da planilha é a seguinte:

	A	B	C	D	E	F	G
1	**M (g/mol)**	**T_c (K)**	**P_c(bar)**	**R (bar.cm³/mol.K)**	**V* (cm³/mol)**		
2	**28,054**	**282,4**	**50,4**	**83,144**	**465,8703492**		
3							
4				**Valores utilizados na regressão**			
5	**T (K)**	**Vs (cm³/g)**	**V (cm³/mol)**	**Tr**	**ϕ**	**x**	**y**
6	128,08	1,600897	44,91156444	0,453541076	0,841426983	1,841426983	2,339212053
7	143,25	1,654287	46,4093675	0,507259207	0,816914716	1,816914716	2,30640605
8	158,46	1,712915	48,05411741	0,56111898	0,790338924	1,790338924	2,271579553
9	170,14	1,762425	49,44307095	0,602478754	0,768301228	1,768301228	2,243085449
10	209,74	1,976753	55,45582866	0,742705382	0,678502776	1,678502776	2,128320551
11	225,00	2,091088	58,66338275	0,79674221	0,634306556	1,634306556	2,072091646
12	236,02	2,192502	61,50845111	0,835764873	0,5968256	1,5968256	2,024732793
13	248,82	2,344391	65,76954511	0,881090652	0,544221882	1,544221882	1,957750484
14	253,95	2,420546	67,90599748	0,899256374	0,519045013	1,519045013	1,925783016
15	258,97	2,509095	70,39015113	0,917032578	0,491039531	1,491039531	1,88985402
16	262,22	2,576124	72,2705827	0,928541076	0,470530265	1,470530265	1,863490207
17	265,45	2,651043	74,37236032	0,939978754	0,447655875	1,447655875	1,834823003
18	278,99	3,242542	90,96627327	0,987924929	0,283118652	1,283118652	1,63341856
19	279,65	3,295762	92,45930715	0,99026204	0,266242003	1,266242003	1,61713875

2. **Segundo Passo:** Na Guia Dados, selecione Análise de Dados e, em seguida, será apresentada a caixa de diálogo com as ferramentas de Análise.

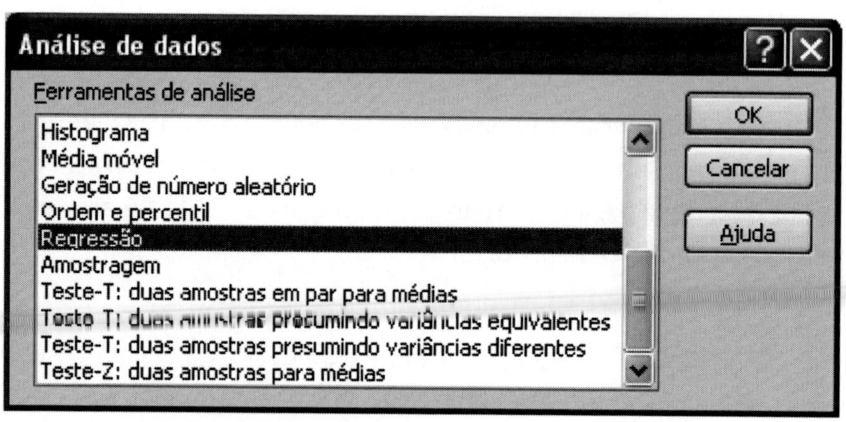

▶ Selecione Regressão, clique no botão OK. Aparecerá a caixa de diálogo com as opções da Regressão:

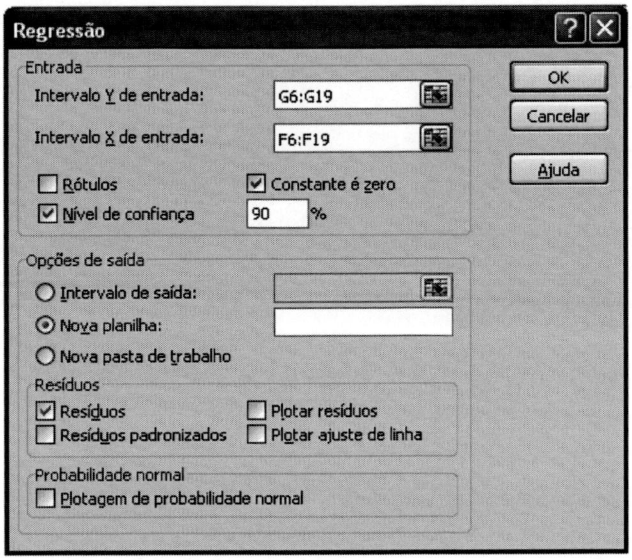

- No quadro entrada - Intervalo Y de entrada: Digite G6:G19
- No quadro entrada - Intervalo X de entrada: Digite F6:F19
- Marque o quadro: Constante é zero (reta passando pela origem)
- Marque a opção Nível de Confiança e Escreva 90%. Além do nível de confiança especificado, a planilha fornece os valores obtidos para o nível de confiança padrão de 95%.
- Escolha a Opção de Saída: Nova Planilha
- Clique no botão OK.

Os resultados fornecidos pela Planilha Excel são mostrados abaixo.

	A	B	C	D	E	F	G	H	I
1	**RESUMO DOS RESULTADOS**								
2	***Estatística de regressão***								
3	**R múltiplo**	0,99999849							
4	**R-Quadrado**	0,999996981							
5	**R-quadrado ajustado**	0,923073904							
6	**Erro padrão**	0,003642839							
7	**Observações**	14							
8									
9	**ANOVA**								
10		*gl*	*SQ*	*MQ*	*F*	*F de significação*			
11	**Regressão**	1	57,14095095	57,140951	4305936,2	1,05679E-34			
12	**Resíduo**	13	0,000172514	1,327E-05					
13	**Total**	14	57,14112347						
14									
15		*Coeficientes*	*Erro padrão*	*Stat t*	*valor-P*	*95% inferiores*	*95% superiores*	*Inferior 90,0%*	*Superior 90,0%*
16	**Interseção**	0	#N/D	#N/D	#N/D	#N/D	#N/D	#N/D	#N/D
17	**Variável X 1**	1,268958055	0,000611524	2075,07499	2,856E-37	1,267636937	1,270279172	1,267875086	1,270041023
18									

REFERÊNCIA BIBLIOGRÁFICA

MICROSOFT EXCEL 2007 (Redmond, WA: Microsoft Corp., 2007)

TIMMERMANS J; **Physico-Chemical Constants of Pure Organic Compounds**. Volume 1. Elsevier Publishing Company, Inc, 1965.

Capítulo 3

REGRESSÃO LINEAR ORDINÁRIA

INTRODUÇÃO

O modelo linear é representado por:

$$g_i = c_0 + c_1 x_i \tag{3.1}$$

Conforme o Tópico 1.2 do Capítulo 1, a forma matricial das equações normais para um modelo linear com a constante diferente de zero é dada por:

$$\begin{bmatrix} m & \sum_{i=1}^{m} x_i \\ \sum_{i=1}^{m} x_i & \sum_{i=1}^{m} x_i^2 \end{bmatrix} \begin{bmatrix} c_0 \\ c_1 \end{bmatrix} = \begin{bmatrix} \sum_{i=1}^{m} y_i \\ \sum_{i=1}^{m} x_i y_i \end{bmatrix} \tag{3.2}$$

As fórmulas fechadas para os coeficientes c_0 e c_1 são obtidas pelo método de Cramer. Assim:

- Determinante:

$$D = \begin{bmatrix} m & \sum_{i=1}^{m} x_i \\ \sum_{i=1}^{m} x_i & \sum_{i=1}^{m} x_i^2 \end{bmatrix} = m\sum_{i=1}^{m} x_i^2 - \left(\sum_{i=1}^{m} x_i\right)^2 \tag{3.3}$$

- Determinante para c_1:

$$D_1 = \begin{bmatrix} m & \sum_{i=1}^{m} y_i \\ \sum_{i=1}^{m} x_i & \sum_{i=1}^{m} x_i y_i \end{bmatrix} = m\sum_{i=1}^{m} x_i y_i - \sum_{i=1}^{m} x_i \sum_{i=1}^{m} y_i \tag{3.4}$$

O coeficiente angular c_1 é dado por:

$$c_1 = \frac{D_1}{D} = \frac{m\sum_{i=1}^{m} x_i y_i - \sum_{i=1}^{m} x_i \sum_{i=1}^{m} y_i}{m\sum_{i=1}^{m} x_i^2 - \left(\sum_{i=1}^{m} x_i\right)^2} \tag{3.5}$$

O coeficiente angular c_0 é obtido pela equação da primeira linha da matriz da Equação (3.2). Assim:

$$mc_0 + c_1\sum_{i=1}^{m} x_i = \sum_{i=1}^{m} y_i \tag{3.6}$$

Dividindo ambos os membros da Equação (3.6) por m,

$$c_0 + c_1\frac{\sum_{i=1}^{m} x_i}{m} = \frac{\sum_{i=1}^{m} y_i}{m} \tag{3.7}$$

Escrevendo a Equação (3.7) explícita no coeficiente c_0,

$$c_0 = \bar{y} - \bar{x}c_1 \tag{3.8}$$

Os resultados fornecidos nos Exemplos 3.2 e 3.3 mostram que a Equação (3.5)pode ser representada em uma forma alternativa:

$$c_1 = \frac{\sum_{i=1}^{m}(y_i - \bar{y})(x_i - \bar{x})}{\sum_{i=1}^{m}(x_i - \bar{x})^2} = \frac{\sum_{i=1}^{m} y_i (x_i - \bar{x})}{\sum_{i=1}^{m}(x_i - \bar{x})^2} \qquad (3.9)$$

Exemplo 3.1

Mostre que a reta $g_i = c_0 + c_1 x_i$ pode ser escrita como $g_i = \bar{y} + c_1 (x_i - \bar{x})$.

Solução: A substituição da Equação (3.8) em $g_i = c_0 + c_1 x_i$ fornece:

$$g_i = (\bar{y} - c_1 \bar{x}) + c_1 x_i = \bar{y} + c_1 (x_i - \bar{x}) \qquad (3.10)$$

Exemplo 3.2

Mostre que $\sum_{i=1}^{m} x_i - \bar{x}) = 0$.

Solução: Desenvolvendo o somatório,

$$\sum_{i=1}^{m}(x_i - \bar{x}) = \sum_{i=1}^{m} x_i - \sum_{i=1}^{m} \bar{x} = \sum_{i=1}^{m} x_i - m\bar{x} = \sum_{i=1}^{m} x_i - \sum_{i=1}^{m} x_i = 0 \qquad (3.11)$$

Exemplo 3.3

Mostre que $\sum_{i=1}^{m} y_i \ x_i - \bar{x}) = \sum_{i=1}^{m}(y_i - \bar{y})(x_i - \bar{x}) = \sum_{i=1}^{m} x_i y_i - \left(\frac{1}{m}\right)\sum_{i=1}^{m} x_i \sum_{i=1}^{m} y_i$

Solução: Desenvolvendo o somatório $\sum_{i=1}^{m} \bar{y}(x_i - \bar{x})$ e utilizando o resultado da Equação (3.10), obtém-se:

$$\sum_{i=1}^{m} \bar{y} \ x_i - \bar{x}) = \bar{y} \overbrace{\sum_{i=1}^{m}(x_i - \bar{x})}^{=0} = 0 \qquad (3.12)$$

O somatório $\sum_{i=1}^{m} y_i\left(x_i-\overline{x}\right)$ pode ser escrito como:

$$\sum_{i=1}^{m} y_i \; x_i-\overline{x})=\sum_{i=1}^{m} y_i\left(x_i-\overline{x}\right)-\sum_{i=1}^{m} \overline{y}\left(x_i-\overline{x}\right)=\sum_{i=1}^{m}\left[y_i\left(x_i-\overline{x}\right)-\overline{y}\left(x_i-\overline{x}\right)\right] \tag{3.13}$$

Logo,

$$\sum_{i=1}^{m} y_i\left(x_i-\overline{x}\right)=\sum_{i=1}^{m}\left(y_i-\overline{y}\right)\left(x_i-\overline{x}\right) \tag{3.14}$$

Exemplo 3.4

Mostre que $\sum_{i=1}^{m} y_i \; x_i-\overline{x})=\sum_{i=1}^{m}\left(y_i-\overline{y}\right)\left(x_i-\overline{x}\right)=c_1\sum_{i=1}^{m}\left(x_i-\overline{x}\right)^2$

SOLUÇÃO: A multiplicação de ambos os membros da Equação (3.9) por $\sum_{i=1}^{m}\left(x_i-\overline{x}\right)^2$ fornece:

$$\sum_{i=1}^{m} \; y_i-\overline{y})\left(x_i-\overline{x}\right)=\sum_{i=1}^{m} y_i\left(x_i-\overline{x}\right)=c_1\sum_{i=1}^{m}\left(x_i-\overline{x}\right)^2 \tag{3.15}$$

Exemplo 3.5

Mostre que $\sum_{i=1}^{m}\left(y_i-\overline{y}\right)^2=\left(\sum_{i=1}^{m} y_i^2\right)-m\overline{y}^2$

SOLUÇÃO: Desenvolvendo o somatório $\sum_{i=1}^{m} \; y_i-\overline{y})^2$, obtém-se:

$$\sum_{i=1}^{m}\left(y_i-\overline{y}\right)^2=\sum_{i=1}^{m}\left(y_i^2-2y_i\overline{y}+\overline{y}^2\right)=\sum_{i=1}^{m} y_i^2-2\sum_{i=1}^{m} y_i\overline{y}+\sum_{i=1}^{m}\overline{y}^2 \tag{3.16}$$

Desde que $\sum_{i=1}^{m} y_i\overline{y}=\overline{y}\sum_{i=1}^{m} y_i$, $\sum_{i=1}^{m}\overline{y}^2=m\overline{y}^2$ e $\sum_{i=1}^{m} y_i=m\overline{y}$, a Equação (3.16) pode ser escrita como:

$$\sum_{i=1}^{m}(y_i-\overline{y}\;^2=\sum_{i=1}^{m} y_i^2-2\overline{y}\sum_{i=1}^{m} y_i+m\overline{y}^2=\sum_{i=1}^{m} y_i^2-2m\overline{y}^2+m\overline{y}^2=\sum_{i=1}^{m} y_i^2-m\overline{y}^2 \tag{3.17}$$

Exemplo 3.6

Mostre que $S_{XX} = \sum_{i=1}^{m} x_i - \bar{x})^2 = \left(\sum_{i=1}^{m} x_i^2\right) - m\bar{x}^2$.

Solução: Desenvolvendo o somatório $\sum_{i=1}^{m}(x_i - \bar{x})^2$, obtém-se:

$$\sum_{i=1}^{m} x_i - \bar{x})^2 = \sum_{i=1}^{m}\left(x_i^2 - 2x_i\bar{x} + \bar{x}^2\right) = \sum_{i=1}^{m} x_i^2 - 2\sum_{i=1}^{m} x_i\bar{x} + \sum_{i=1}^{m}\bar{x}^2 \tag{3.18}$$

Desde que $\sum_{i=1}^{m} x_i\bar{x} = \bar{x}\sum_{i=1}^{m} x_i$, $\sum_{i=1}^{m}\bar{x}^2 = m\bar{x}^2$ e $\sum_{i=1}^{m} x_i = m\bar{x}$, a Equação (3.18) pode ser escrita como:

$$\begin{aligned}\sum_{i=1}^{m} x_i - \bar{x})^2 &= \sum_{i=1}^{m} x_i^2 - 2\bar{x}\sum_{i=1}^{m} x_i + m\bar{x}^2 \\ &= \sum_{i=1}^{m} x_i^2 - 2m\bar{x}^2 + m\bar{x}^2 \\ &= \sum_{i=1}^{m} x_i^2 - m\bar{x}^2\end{aligned} \tag{3.19}$$

Exemplo 3.7

Mostre que $\sum_{i=1}^{m}(g_i - \bar{y})^2 = \left(\sum_{i=1}^{m} g_i^2\right) - m\bar{y}^2$

Solução: Desenvolvendo o somatório $\sum_{i=1}^{m} g_i - \bar{y})^2$, obtém-se:

$$\sum_{i=1}^{m}(g_i - \bar{y})^2 = \sum_{i=1}^{m}\left(g_i^2 - 2g_i\bar{y} + \bar{y}^2\right) = \sum_{i=1}^{m} g_i^2 - 2\bar{y}\sum_{i=1}^{m} g_i + \sum_{i=1}^{m}\bar{y}^2 \tag{3.20}$$

Os valores experimentais y_i são representados por $y_i = g_i + \varepsilon_i$, sendo ε_i o resíduo do ponto experimental *i*. Somando sobre todas as espécies, obtém-se:

$$\sum_{i}^{m} y_i = \sum_{i}^{m}(g_i + \varepsilon_i) = \sum_{i}^{m} g_i + \sum_{i}^{m}\varepsilon_i \tag{3.21}$$

Desde que $\sum_{i}^{m}\varepsilon_i = 0$; logo, $\sum_{i=1}^{m} g_i = \sum_{i=1}^{m} y_i = m\bar{y}$. Assim, a Equação (3.20) torna-se:

$$\sum_{i=1}^{m} g_i - \bar{y}^{\ 2} = \left(\sum_{i=1}^{m} g_i^2\right) - 2m\bar{y}^2 + m\bar{y}^2 = \left(\sum_{i=1}^{m} g_i^2\right) - m\bar{y}^2 \tag{3.22}$$

Exemplo 3.8

Mostre que $\sum_{i=1}^{m}(g_i-\overline{y})^2=c_1^2\sum_{i=1}^{m}(x_i-\overline{x})^2$.

SOLUÇÃO: O Exemplo 3.1 fornece $g_i=\overline{y}+c_1(x_i-\overline{x})$, substituindo esta relação no somatório,

$$\sum_{i=1}^{m}(g_i-\overline{y})^2=\sum_{i=1}^{m}\left[\overline{y}+c_1(x_i-\overline{x})-\overline{y}\right]^2=\sum_{i=1}^{m}\left[c_1(x_i-\overline{x})\right]^2=c_1^2\sum_{i=1}^{m}(x_i-\overline{x})^2 \qquad (3.23)$$

Exemplo 3.9

Mostre que $\sum_{i=1}^{m}g_i^2-m\overline{y}^2=c_1^2\sum_{i=1}^{m}(x_i-\overline{x})^2$.

SOLUÇÃO: O Exemplo 3.1 fornece $g_i=\overline{y}+c_1(x_i-\overline{x})$. Assim:

$$\sum_{i=1}^{m}g_i^2-m\overline{y}^2=\sum_{i=1}^{m}\left[\overline{y}+c_1(x_i-\overline{x})\right]^2-m\overline{y}^2=\sum_{i=1}^{m}\left[\overline{y}^2+2c_1\overline{y}(x_i-\overline{x})+c_1^2(x_i-\overline{x})^2\right]-m\overline{y}^2 \qquad (3.24)$$

Desenvolvendo,

$$\begin{aligned}\sum_{i=1}^{m}g_i^2-m\overline{y}^2&=\sum_{i=1}^{m}\left[2c_1\overline{y}(x_i-\overline{x})+c_1^2(x_i-\overline{x})^2\right]+\sum_{i=1}^{m}\overline{y}^2-m\overline{y}^2\\&=\sum_{i=1}^{m}\left[2c_1\overline{y}(x_i-\overline{x})+c_1^2(x_i-\overline{x})^2\right]+m\overline{y}^2-m\overline{y}^2\\&=\sum_{i=1}^{m}\left[2c_1\overline{y}(x_i-\overline{x})+c_1^2(x_i-\overline{x})^2\right]\end{aligned} \qquad (3.25)$$

A Equação (3.24) pode ser escrita como:

$$\begin{aligned}\sum_{i=1}^{m}g_i^2-m\overline{y}^2&=\sum_{i=1}^{m}2c_1\overline{y}(x_i-\overline{x})+\sum_{i=1}^{m}c_1^2(x_i-\overline{x})^2\\&=2c_1\overline{y}\sum_{i=1}^{m}(x_i-\overline{x})+c_1^2\sum_{i=1}^{m}(x_i-\overline{x})^2\end{aligned} \qquad (3.26)$$

A Equação (3.11) mostra que $\sum_{i=1}^{m}(x_i - \overline{x}) = 0$. Assim:

$$\sum_{i=1}^{m} g_i^2 - m\overline{y}^2 = c_1^2 \sum_{i=1}^{m} (x_i - \overline{x})^2 \tag{3.27}$$

Confirmando a igualdade entre as Equações (3.22) e (3.23). Alternativamente, a Equação (3.27) pode ser escrita como:

$$\left(\sum_{i=1}^{m} g_i^2\right) = c_1^2 \sum_{i=1}^{m} (x_i - \overline{x})^2 + m\overline{y}^2 \tag{3.28}$$

Exemplo 3.10

Mostre que $\sum_{i=1}^{m} y_i g_i = m\overline{y}^2 + c_1 \sum_{i=1}^{m} y_i (x_i - \overline{x})$.

Solução: Substituindo a Equação (3.10) em $\sum_{i=1}^{m} y_i g_i$,

$$\sum_{i=1}^{m} y_i g_i = \sum_{i=1}^{m} y_i \left[\overline{y} + c_1 (x_i - \overline{x})\right] = \sum_{i=1}^{m} y_i \overline{y} + \sum_{i=1}^{m} y_i c_1 (x_i - \overline{x}) \tag{3.29}$$

A Equação (3.29) pode ser escrita como:

$$\sum_{i=1}^{m} y_i g_i = \overline{y} \sum_{i=1}^{m} y_i + c_1 \sum_{i=1}^{m} y_i (x - \overline{x}) = m\overline{y}^2 + c_1 \sum_{i=1}^{m} y_i (x - \overline{x}) \tag{3.30}$$

Uma forma alternativa é obtida por meio da substituição de $\sum_{i=1}^{m} y_i (x - \overline{x})$ da Equação (3.15) na Equação (3.30),

$$\begin{aligned} \sum_{i=1}^{m} y_i g_i &= m\overline{y}^2 + c_1 \left[c_1 \sum_{i=1}^{m} (x_i - \overline{x})^2 \right] \\ &= m\overline{y}^2 + c_1^2 \sum_{i=1}^{m} (x_i - \overline{x})^2 \end{aligned} \tag{3.31}$$

QUALIDADE DO AJUSTE DO MODELO LINEAR

O procedimento utilizado para avaliar o desempenho do modelo $g_i = c_0 + c_1 x_i$ é realizado a partir do desenvolvimento de $S_R = \sum_{i=1}^{m} (y_i - g_i)^2$ para obter:

$$\sum_{i=1}^{m} (y_i - g_i)^2 = \sum_{i=1}^{m} \left(y_i^2 - 2y_i g_i + g_i^2 \right) = \sum_{i=1}^{m} y_i^2 - 2\sum_{i=1}^{m} y_i g_i + \sum_{i=1}^{m} g_i^2 \quad (3.32)$$

Substituindo as Equações (3.28) e (3.31) na Equação (3.32), obtém-se:

$$\sum_{i=1}^{m} (y_i - g_i)^2 = \sum_{i=1}^{m} y_i^2 - 2\left[m\bar{y}^2 + c_1^2 \sum_{i=1}^{m} (x_i - \bar{x})^2 \right] + c_1^2 \sum_{i=1}^{m} (x_i - \bar{x})^2 + m\bar{y}^2 \quad (3.33)$$

Efetuando as operações aritméticas e, em seguida, simplificando,

$$\begin{aligned} \sum_{i=1}^{m} (y_i - g_i)^2 &= \sum_{i=1}^{m} y_i^2 - 2m\bar{y}^2 - 2c_1^2 \sum_{i=1}^{m} (x_i - \bar{x})^2 + c_1^2 \sum_{i=1}^{m} (x_i - \bar{x})^2 + m\bar{y}^2 \\ &= \left[\sum_{i=1}^{m} y_i^2 - m\bar{y}^2 \right] - \left[c_1^2 \sum_{i=1}^{m} (x_i - \bar{x})^2 \right] \end{aligned} \quad (3.34)$$

Os termos envolvidos no membro direito da igualdade da Equação (3.34):

- Primeiro termo $\left[\sum_{i=1}^{m} y_i^2 - m\bar{y}^2 \right]$: Este termo é fornecido pela Equação (3.17) do Exemplo 3.5.
- Segundo termo $\left[c_1^2 \sum_{i=1}^{m} (x_i - \bar{x})^2 \right]$: Este termo é fornecido pela Equação (3.23) do Exemplo 3.7.

Substituindo as Equações (3.17) e (3.23) na Equação (3.34), obtém-se:

$$\sum_{i=1}^{m} (y_i - g_i)^2 = \left[\sum_{i=1}^{m} y_i^2 - m\bar{y}^2 \right] - \left[c_1^2 \sum_{i=1}^{m} (x_i - \bar{x})^2 \right] = \sum_{i=1}^{m} (y_i - \bar{y})^2 - \sum_{i=1}^{m} (g_i - \bar{y})^2 \quad (3.35)$$

Portanto,

$$\sum_{i=1}^{m} (y_i - \bar{y})^2 = \sum_{i=1}^{m} (y_i - g_i)^2 + \sum_{i=1}^{m} (g_i - \bar{y})^2 \quad (3.36)$$

As somas quadráticas envolvidas na Equação (3.36) são denominadas de:

- $S_R = \sum_{i=1}^{m} y_i - g_i)^2$ é a soma quadrática residual (variação não explicada).

- $S_T = \sum_{i=1}^{m} y_i - \overline{y})^2$ é a soma quadrática total.

- $S_{\text{Re}} = \sum_{i=1}^{m} g_i - \overline{y})^2$ é a soma quadrática da regressão (variação explicada).

Utilizando estas definições na Equação (3.36), encontra-se que:

$$S_T = S_R + S_{\text{Re}} \tag{3.37}$$

Em geral, o número de graus de liberdade da soma quadrática residual, S_R, é a diferença entre a quantidade de dados experimentais e o número de parâmetros estimados. Assim, $G_L^R = m - 2$.

Para a determinação do grau de liberdade da soma quadrática devido à regressão, $S_{\text{Re}} = \sum_{i=1}^{m} g_i - \overline{y})^2 = c_1^2 \sum_{i=1}^{m} (x_i - \overline{x})^2$. Logo, os valores de x_i são os independentes das observações experimentais, sendo conhecidos para o experimento; logo, o conhecimento do coeficiente c_1 permite determinar o valor de S_{Re}. Portanto, o grau de liberdade do somatório S_{Re} é igual à unidade, $G_L^{\text{Re}} = 1$.

O grau de liberdade da soma quadrática dos valores experimentais é obtido a partir da expressão $S_T = S_R + S_{\text{Re}}$, escrita como:

$$G_L^T = G_L^R + G_L^{\text{Re}} = \ m - 2) + 1 = m - 1 \tag{3.38}$$

Em resumo,

- Grau de liberdade total: GLT = m – 1
- Grau de liberdade da regressão: GLRe = 1
- Grau de liberdade dos resíduos: GLR = m - 2
- Média quadrática residual: MR = SR/GLR
- Média quadrática da regressão: MRe = SRe/GLRe
- Coeficiente de determinação (R2): R2 = 1 - SR/ST
- Coeficiente de correlação: $R = \sqrt{R^2}$.

- Coeficiente de determinação ajustado: R2aj = 1 – (SR/ST)(GLT/GLR)
- Variância populacional s2: s2 = MR
- Desvio padrão populacional (erro padrão da estimativa): $s = \sqrt{M_R}$. Quanto menor o erro padrão da estimativa, melhor o ajuste, pois ocorrem maiores concordâncias (ou proximidades) entre os valores preditos pelo modelo proposto com os valores experimentais.

ANÁLISE DO COEFICIENTE ANGULAR C_1

O coeficiente angular c_1 é definido pela Equação (3.9),

$$c_1 = \frac{\sum_{i=1}^{m} (x_i - \overline{x})\, y_i}{\sum_{i=1}^{m} (x_i - \overline{x})^2} \tag{3.39}$$

Desenvolvendo o somatório do numerador da Equação (3.39), obtém-se:

$$c_1 = \frac{(x_1 - \overline{x})\, y_1 + (x_2 - \overline{x})\, y_2 + (x_3 - \overline{x})\, y_3 + \cdots (x_m - \overline{x})\, y_m}{\sum_{i=1}^{m} (x_i - \overline{x})^2} \tag{3.40}$$

A variância de uma função $\Lambda = a_1\beta_1 + a_2\beta_2 + \cdots + a_m\beta_m = \sum_{i=1}^{m} a_i\beta_i$ é dada por:

$$\mathrm{Var}(\beta) = a_1^2 \mathrm{Var}(\beta_1) + a_2^2 \mathrm{Var}(\beta_2) + \cdots + a_m^2 \mathrm{Var}(\beta_m) \tag{3.41}$$

Supondo que a_i sejam constantes e que a variância de β_i seja definida por $\mathrm{Var}(\beta_i) = \sigma^2$, sendo σ^2 o desvio padrão dos erros aleatórios ε_i. Desde que este desvio padrão não é disponível, utiliza-se o desvio padrão populacional s^2. Logo, a Equação pode ser escrita como:

$$\mathrm{Var}(\beta) = s^2 (a_1^2 + a_2^2 + a_3^2 + \cdots + a_m^2) = s^2 \sum_{i=1}^{m} a_i^2 \tag{3.42}$$

Utilizando a Equação (3.42) para o coeficiente angular c_1, encontra-se que:

$$\text{Var}\ c_1) = \text{Var}\left[\frac{(x_1-\bar{x})y_1+(x_2-\bar{x})y_2+(x_3-\bar{x})y_3+\cdots+(x_m-\bar{x})y_m}{\sum_{i=1}^{m}(x_i-\bar{x})^2}\right] \tag{3.43}$$

Desenvolvendo,

$$\text{Var}(c_1) = \frac{(x_1-\bar{x})^2\,\text{Var}(y_1)+(x_2-\bar{x})^2\,\text{Var}(y_2)+\cdots+(x_m-\bar{x})^2\,\text{Var}(y_m)}{\left[\sum_{i=1}^{m}(x_i-\bar{x})^2\right]^2} \tag{3.44}$$

As variâncias de y_i são dadas por $\text{Var}(y_i) = s^2$, para $i = 1, 2, ..., m$, sendo s^2 o desvio padrão populacional Assim:

$$\text{Var}\ c_1) = \frac{(x_1-\bar{x})^2 s^2+(x_2-\bar{x})^2 s^2+\cdots+(x_m-\bar{x})^2 s^2}{\left[\sum_{i=1}^{m}(x_i-\bar{x})^2\right]^2} \tag{3.45}$$

Colocando os termos comuns em evidência,

$$\text{Var}(c_1) = \frac{s^2}{\left[\sum_{i=1}^{m}(x_i-\bar{x})^2\right]^2}\left[(x_1-\bar{x})^2+(x_2-\bar{x})^2+\cdots+(x_m-\bar{x})^2\right] \tag{3.46}$$

Fazendo $S_{XX} = \sum_{i=1}^{m} x_i-\bar{x})^2$, a Equação (3.46) pode ser escrita como:

$$\text{Var}(c_1) = s^2\frac{\sum_{i=1}^{m}(x_i-\bar{x})^2}{(S_{XX})^2} = s^2\frac{S_{XX}}{(S_{XX})^2} = \frac{s^2}{S_{XX}} \tag{3.47}$$

O erro padrão E_{c1} do coeficiente c_1 é a raiz quadrada da variância,

$$E_{c1} = \sqrt{\text{Var}\ c_1)} = \frac{s}{\sqrt{S_{XX}}} \tag{3.48}$$

ANÁLISE DO COEFICIENTE LINEAR C_0

O coeficiente linear c_0 é definido pela Equação (3.8),

$$c_0 = \overline{y} - \overline{x}c_1 \tag{3.49}$$

A variância de c_0 é dada por:

$$\text{Var}(c_0) = \text{Var}(\overline{y} - \overline{x}c_1) = \text{Var}(\overline{y}) + \overline{x}^2\,\text{Var}(c_1) \tag{3.50}$$

em que a média de x não é uma variável aleatória.

A média de y é dada por $\overline{y} = \dfrac{y_1 + y_2 + \cdots + y_m}{m}$, cuja variância é:

$$\text{Var}(\overline{y}) = \left(\frac{1}{m}\right)^2 \text{Var}(y_1) + \left(\frac{1}{m}\right)^2 \text{Var}(y_2) + \cdots + \left(\frac{1}{m}\right)^2 \text{Var}(y_m) \tag{3.51}$$

Colocando os termos comuns em evidência,

$$\text{Var}(\overline{y}) = \left(\frac{1}{m}\right)^2 \left[\text{Var}(y_1) + \text{Var}(y_2) + \cdots + \text{Var}(y_m)\right] = \left(\frac{1}{m^2}\right)(s^2 + s^2 + \cdots + s^2) = \frac{s^2}{m} \tag{3.52}$$

sendo que $(s^2 + s^2 + \cdots + s^2) = ms^2$.

Substituindo as Equações (3.47) e (3.52) na Equação (3.50), obtém-se:

$$\text{Var}(c_0) = \frac{s^2}{m} + \frac{\overline{x}^2 s^2}{S_{XX}} \tag{3.53}$$

O erro padrão E_{c0} do coeficiente c_0 é a raiz quadrada da variância,

$$E_{c0} = \sqrt{\text{Var}(c_0)} = s\sqrt{\frac{1}{m} + \frac{\overline{x}^2}{S_{XX}}} \tag{3.54}$$

O resumo da formulação matemática é apresentado na Tabela 3.1.

Tabela 3.1 – Resumo da formulação linear

COEFICIENTE LINEAR	COEFICIENTE ANGULAR
Expressão: $c_0=\bar{y}-\bar{x}c_1$	Expressão: $c_1=\dfrac{mS_{XY}-S_XS_Y}{mS_{X2}-\left(S_X\right)^2}$
Variância: $\text{Var}\left(c_0\right)=\dfrac{s^2}{m}+\dfrac{\bar{x}^2s^2}{S_{XX}}$	Variância: $\text{Var}\left(c_1\right)=\dfrac{s^2}{S_{XX}}$
Erro padrão: $E_{c0}=s\sqrt{\dfrac{1}{m}+\dfrac{\bar{x}^2}{S_{XX}}}$	Erro padrão: $E_{c1}=\dfrac{s}{\sqrt{S_{XX}}}$
$S_{XX}=\sum_{i=1}^{m}\left(x_i+\bar{x}\right)^2$	$S_X=\sum_{i=1}^{m}x_i$
Média de x: $\bar{x}=\dfrac{\sum_{i=1}^{m}x_i}{m}$	$S_Y=\sum_{i=1}^{m}y_i$
Média de y: $\bar{y}=\dfrac{\sum_{i=1}^{m}y_i}{m}$	$S_{XY}=\sum_{i=1}^{m}x_iy_i$
	$S_{X2}=\sum_{i=1}^{m}x_i^2$

Exemplo 3.11

Represente o modelo linear $y_i=c_0+c_1x_i+\varepsilon_i$, escrito para cada ponto experimental, em uma forma compacta **y = Xc + ε**. Escreva os vetores (**y**, ***c*** e **ε**) e a matriz **X**.

Solução: Os dados experimentais para um modelo linear são representados por:

$$y_i=c_0+c_1x_i+\varepsilon_i \tag{3.55}$$

Escrevendo a Equação (3.55) para cada ponto experimental,

$$\begin{aligned} y_1 &= c_0 + c_1 x_1 + \varepsilon_1 \\ y_2 &= c_0 + c_1 x_2 + \varepsilon_2 \\ &\vdots \\ y_m &= c_0 + c_1 x_m + \varepsilon_m \end{aligned} \tag{3.56}$$

Na forma matricial,

$$\begin{bmatrix} 1 & x_1 \\ 1 & x_2 \\ \vdots & \vdots \\ 1 & x_m \end{bmatrix} \begin{bmatrix} c_0 \\ c_1 \end{bmatrix} + \begin{bmatrix} \varepsilon_1 \\ \varepsilon_2 \\ \vdots \\ \varepsilon_m \end{bmatrix} = \begin{bmatrix} y_1 \\ y_2 \\ \vdots \\ y_m \end{bmatrix} \tag{3.57}$$

Em uma forma compacta,

$$\mathbf{y} = \mathbf{Xc} + \boldsymbol{\varepsilon} \tag{3.58}$$

Onde $y = \begin{bmatrix} y_1 \\ y_2 \\ \vdots \\ y_m \end{bmatrix}$, $\mathbf{X} = \begin{bmatrix} 1 & x_1 \\ 1 & x_2 \\ \vdots & \vdots \\ 1 & x_m \end{bmatrix}$, $\mathbf{c} = \begin{bmatrix} c_0 \\ c_1 \end{bmatrix}$ e $\boldsymbol{\varepsilon} = \begin{bmatrix} \varepsilon_1 \\ \varepsilon_2 \\ \vdots \\ \varepsilon_m \end{bmatrix}$

Exemplo 3.12

Mostre que $\mathbf{X}^T\mathbf{X} = \begin{bmatrix} m & \sum_{i=1}^{m} x_i \\ \sum_{i=1}^{m} x_i & \sum_{i=1}^{m} x_i^2 \end{bmatrix}$.

SOLUÇÃO: A matriz transposta de X é dada por:

$$\mathbf{X}^T = \begin{bmatrix} 1 & 1 & \cdots & 1 \\ x_1 & x_2 & \cdots & x_m \end{bmatrix} \tag{3.59}$$

O produto $\mathbf{X}^T\mathbf{X} \Leftrightarrow 2\times m \quad m\times 2 = 2\times 2$. Assim,

$$\mathbf{X}^T\mathbf{X} = \begin{bmatrix} 1 & 1 & \cdots & 1 \\ x_1 & x_2 & \cdots & x_m \end{bmatrix} \begin{bmatrix} 1 & x_1 \\ 1 & x_2 \\ \vdots & \vdots \\ 1 & x_m \end{bmatrix} = \begin{bmatrix} 1+1+\cdots+1 & x_1+x_2+\cdots+x_m \\ x_1+x_2+\cdots+x_m & x_1^2+x_2^2+\cdots+x_m^2 \end{bmatrix} \quad (3.60)$$

ou

$$\mathbf{X}^T\mathbf{X} = \begin{bmatrix} m & \sum_{i=1}^{m} x_i \\ \sum_{i=1}^{m} x_i & \sum_{i=1}^{m} x_i^2 \end{bmatrix} \quad (3.61)$$

Exemplo 3.13

Partindo de $\mathbf{X} = \begin{bmatrix} 1 & x_1 \\ 1 & x_2 \\ \vdots & \vdots \\ 1 & x_m \end{bmatrix}$ e $\boldsymbol{y} = \begin{bmatrix} y_1 \\ y_2 \\ \vdots \\ y_m \end{bmatrix}$, mostre que $\mathbf{X}^T\mathbf{y} = \begin{bmatrix} \sum_{i=1}^{m} y_i \\ \sum_{i=1}^{m} x_i y_i \end{bmatrix}$.

Solução: matriz transposta de **X** é dada por:

$$\mathbf{X}^T = \begin{bmatrix} 1 & 1 & \cdots & 1 \\ x_1 & x_2 & \cdots & x_m \end{bmatrix} \quad (3.62)$$

O produto $\mathbf{X}^T\mathbf{y} \Leftrightarrow [2\times m \quad m\times 1 = 2\times 1$. Assim,

$$\mathbf{X}^T\mathbf{y} = \begin{bmatrix} 1 & 1 & \cdots & 1 \\ x_1 & x_2 & \cdots & x_m \end{bmatrix} \begin{bmatrix} y_1 \\ y_2 \\ \vdots \\ y_m \end{bmatrix} = \begin{bmatrix} y_1+y_2+\cdots+y_m \\ x_1y_1+x_2y_2+\cdots+x_my_m \end{bmatrix} = \begin{bmatrix} \sum_{i=1}^{m} y_i \\ \sum_{i=1}^{m} x_i y_i \end{bmatrix} \quad (3.63)$$

Exemplo 3.14

Considere que a matriz **V** seja definida por $\mathbf{V} = \left(\mathbf{X}'\mathbf{X}\right)^{-1} s^2 = \begin{bmatrix} V_{11} & V_{12} \\ V_{21} & V_{22} \end{bmatrix}$. Mostre que os elementos $V_{11} = Var(c_0)$ e $V_{22} = Var(c_1)$.

SOLUÇÃO: Os passos para determinar os elementos da matriz V são os seguintes:

- Formação da matriz particionada $\left[\left(\mathbf{X}'\mathbf{X}\right)\middle|\mathbf{I}\right]$, em que $\left(\mathbf{X}'\mathbf{X}\right)$ é a matriz 2 × 2 fornecida pela Equação (3.61) e I é a matriz identidade 2 ×2 . Assim:

$$\left[\left(\mathbf{X}'\mathbf{X}\right)\middle|\mathbf{I}\right] = \left[\begin{array}{cc|cc} m & \sum_{i=1}^{m} x_i & 1 & 0 \\ \sum_{i=1}^{m} x_i & \sum_{i=1}^{m} x_i^2 & 0 & 1 \end{array}\right] \tag{3.64}$$

- Realizações das operações elementares sobre as linhas de $\left[\left(\mathbf{X}'\mathbf{X}\right)\middle|\mathbf{I}\right]$ até a formação da matriz particionada $\left[\mathbf{I}\middle|\mathbf{B}\right]$, em que a matriz B é a matriz inversa de $\left(\mathbf{X}'\mathbf{X}\right)$.

$$L_1^{(0)} = \left[m \quad S_X \;\vdots\; 1 \quad 0\right]$$
$$L_2^{(0)} = \left[S_X \quad S_{X2} \;\vdots\; 0 \quad 1\right]$$

sendo que o índice (0) denota a matriz original, $S_X = \sum_{i=1}^{m} x_i$ e $S_{X2} = \sum_{i=1}^{m} x_i^2$.

As operações elementares sobre as linhas são realizadas pelas seguintes expressões:

- Multiplicadores das linhas: $m_{jk} = \dfrac{a_{jk}^{(k-1)}}{a_{kk}^{(k)}}$, em que j e k ($j \neq k$) denotam, respectivamente, a linha e a coluna da matriz.

- Operações sobre as linhas: $L_j^{(k)} = L_j^{(k-1)} - m_{jk} L_k^{(k)}$, em que L_j denota a linha e os sobrescritos: (k-1) linha antiga e (k) nova linha

Primeira coluna, $k = 1$: $j = 2$

- Normalização da linha 1:

$$L_1^{(1)} = \frac{L_1^{(0)}}{m} = \frac{\left[m \quad S_X \;\vdots\; 1 \quad 0\right]}{m} = \left[1 \quad \bar{x} \;\vdots\; 1/m \quad 0\right]$$

- Multiplicador da linha 2: $m_{21} = \dfrac{a_{21}^{(0)}}{a_{11}^{(1)}} = \dfrac{S_X}{1} = S_X$
- Operação elementar sobre a linha 2

$$\begin{aligned} L_2^{(1)} &= L_2^{(0)} - m_{21}L_1^{(1)} \\ &= \left[S_X \quad S_{X2} \mid 0 \quad 1\right] - S_X\left[1 \quad \bar{x} \mid 1/m \quad 0\right] \\ &= \left[S_X - S_X \quad S_{X2} - \bar{x}S_X \mid 0 - S_X/m \quad 1-0\right] \end{aligned}$$

Simplificando,

$$\begin{aligned} L_2^{(1)} &= \left[0 \quad S_{X2} - \bar{x}S_X \mid -\bar{x} \quad 1\right] \\ &= \left[0 \quad S_{XX} \mid -\bar{x} \quad 1\right] \end{aligned}$$

sendo $m\bar{x} = \sum_{i=1}^{m} x_i$ e $S_{XX} = \sum_{i=1}^{m}(x_i - \bar{x})^2 = \sum_{i=1}^{m} x_i^2 - m\bar{x}^2 = S_{X2} - \bar{x}S_X$

A nova matriz torna-se,

$$\left[\begin{array}{cc|cc} 1 & \bar{x} & 1/m & 0 \\ 0 & S_{XX} & -\bar{x} & 1 \end{array}\right] \tag{3.65}$$

Primeira coluna, $k = 2: j = 1$

- Normalização da linha 2:

$$L_2^{(2)} = \frac{L_2^{(1)}}{S_{XX}} = \frac{\left[0 \quad S_{XX} \mid -\bar{x} \quad 1\right]}{S_{XX}} = \left[0 \quad 1 \mid -\bar{x}/S_{XX} \quad 1/S_{XX}\right]$$

- Multiplicador da linha 1: $m_{12} = \dfrac{a_{12}^{(1)}}{a_{22}^{(2)}} = \dfrac{\bar{x}}{1} = \bar{x}$

- Operação elementar sobre a linha 2

$$L_1^{(2)} = L_1^{(1)} - m_{12}L_2^{(2)} = \left[1 \quad \bar{x} \;\middle|\; \frac{1}{m} \quad 0\right] - \bar{x}\left[0 \quad 1 \;\middle|\; \frac{-\bar{x}}{S_{XX}} \quad \frac{1}{S_{XX}}\right]$$

ou

$$L_1^{(2} = \left[1 \quad \bar{x} - \bar{x} \;\middle|\; \frac{1}{m} + \frac{\bar{x}^2}{S_{XX}} \quad -\frac{\bar{x}}{S_{XX}} \right] = \left[1 \quad 0 \;\middle|\; \frac{1}{m} + \frac{\bar{x}^2}{S_{XX}} \quad -\frac{\bar{x}}{S_{XX}} \right]$$

A nova matriz torna-se,

$$\left[\begin{array}{cc|cc} 1 & 0 & \frac{1}{m} + \frac{\bar{x}^2}{S_{XX}} & -\frac{\bar{x}}{S_{XX}} \\ 0 & 1 & \frac{-\bar{x}}{S_{XX}} & \frac{1}{S_{XX}} \end{array} \right] \tag{3.66}$$

A Equação (3.66) pode ser escrita como:

$$\left[\mathrm{I} | \mathrm{B} \right. = \left[\begin{array}{cc|cc} 1 & 0 & \frac{1}{m} + \frac{\bar{x}^2}{S_{XX}} & -\frac{\bar{x}}{S_{XX}} \\ 0 & 1 & \frac{-\bar{x}}{S_{XX}} & \frac{1}{S_{XX}} \end{array} \right] \tag{3.67}$$

A matriz **B** é a matriz inversa de $(\mathbf{X}^T\mathbf{X})$. Assim:

$$\mathbf{B} = \left(\mathbf{X}^T\mathbf{X}\right)^{-1} = \begin{bmatrix} \frac{1}{m} + \frac{\bar{x}^2}{S_{XX}} & -\frac{\bar{x}}{S_{XX}} \\ -\frac{\bar{x}}{S_{XX}} & \frac{1}{S_{XX}} \end{bmatrix} \tag{3.68}$$

A matriz de covariância é dada por $\mathbf{V} = s^2\mathbf{B}$, sendo que s^2 é o desvio padrão populacional. Assim:

$$\mathbf{V} = \mathbf{B}s^2 = \begin{bmatrix} \left(\frac{1}{m} + \frac{\bar{x}^2}{S_{XX}} \right) s^2 & -\frac{\bar{x}s^2}{S_{XX}} \\ -\frac{\bar{x}s^2}{S_{XX}} & \frac{s^2}{S_{XX}} \end{bmatrix} \tag{3.69}$$

As variâncias dos coeficientes são dadas por:

- Coeficiente linear: $\text{Var}\ c_0 \ = \mathbf{V}_{11} = \left(\frac{1}{m} + \frac{\overline{x}^2}{S_{XX}}\right)s^2$
- Coeficiente angular: $\text{Var}\left(c_1\right. \ = \mathbf{V}_{22} = \frac{s^2}{S_{XX}}$
- Covariâncias dos coeficientes: $\text{Cov}\ c_0, c_1 \ = \mathbf{V}_{12} = \mathbf{V}_{21} = -\frac{\overline{x}s^2}{S_{XX}}$

Os erros padrões dos coeficientes são dados por:

- Coeficiente linear: $E_{c0} = \sqrt{\text{Var}\left(c_0\right.} \ = s\sqrt{\frac{1}{m} + \frac{\overline{x}^2}{S_{XX}}}$
- Coeficiente angular: $E_{c1} = \sqrt{\text{Var}\ c_1} \ = \frac{s}{\sqrt{S_{XX}}}$

INFERÊNCIAS RELACIONADAS AOS COEFICIENTES DE REGRESSÃO

O teste de hipótese para verificar a existência de uma relação entre a variável dependente e a inclinação é idêntico ao descrito no Tópico 1.4.3. O resumo é apresentado na Tabela 3.2.

TABELA 3.2 – INFERÊNCIA SOBRE OS COEFICIENTES DO MODELO PROPOSTO

Teste de hipótese:

$H_0 : c_j = 0$ para $j = 0$ e 1	se $t_{Estat}\big|_{cj} \leq t$
$H_1 : c_j \neq 0$ para $j = 0$ e 1	se $t_{Estat}\big|_{cj} > t$

$$t_{Estat}\big|_{c0} = \frac{c_0}{E_{c0}} \text{ e } t_{Estat}\big|_{c1} = \frac{c_1}{E_{c1}}$$

Valor crítico da distribuição t de Student:

Sintaxe: =INVT(α; GLR) em uma célula do EXCEL

Teste de hipótese:

$H_0 : c_j = 0$ para $j = 0$ e 1	se valor-$p\big|_{cj} \geq \alpha$
$H_1 : c_j \neq 0$ para $j = 0$ e 1	se valor-$p\big|_{cj} < \alpha$

valor-p: Sintaxe: =DISTT($_{tEstat}$; G_L^R; 2) em uma célula do EXCEL

TESTE DE SIGNIFICÂNCIA DO MODELO DE REGRESSÃO

A abordagem para verificar a significância do modelo é baseada na análise de variância, sendo equivalente ao teste t para as inferências dos coeficientes do modelo.

TABELA 3.3 – INFERÊNCIA SOBRE O MODELO PROPOSTO

Teste de hipótese:

$$\begin{array}{|ll|} H_0 : \text{modelo não significativo} & \text{se } F_{Estat} \leq F \\ H_1 : \text{modelo significativo} & \text{se } F_{Estat} > F \end{array}$$

$$F_{Estat} = \frac{M_{\text{Re}}}{M_R} = \frac{S_{\text{Re}} / G_L^{\text{Re}}}{S_{\text{R}} / G_L^{\text{R}}}$$

Valor crítico da distribuição t de Student

Sintaxe: =**INVF(α; G_L^{Re}; G_L^{R})** em uma célula do EXCEL

Teste de hipótese:

$$\begin{array}{|ll|} H_0 : \text{modelo não significativo} & \text{se } F_{\text{significância}} \geq \alpha \\ H_1 : \text{modelo significativo} & \text{se } F_{\text{significância}} < \alpha \end{array}$$

valor-p = Fsignificância

Sintaxe: =**DISTF(F_{Estat}; G_L^{Re}; G_L^{R})** em uma célula do EXCEL

INTERVALOS DE CONFIANÇA DOS COEFICIENTES

Admitindo que ocorra uma distribuição normal dos erros (ε_i), os intervalos de confiança dos coeficientes do modelo são obtidos por:

$$c_0 \pm tE_{c0} \tag{3.70}$$

e

$$c_1 \pm tE_{c1} \tag{3.71}$$

sendo que E_{c1} e E_{c2} são os erros padrões dos coeficientes do modelo linear, t é o valor crítico da distribuição t de Student a uma probabilidade acumulada de cauda superior igual a $\phi = 1 - \alpha/2$ com G_L^R = m – 2 graus de liberdade, m é a quantidade de dados experimentais e α é o nível de significância. O nível de confiança (NC) de um teste de hipótese é representado por $NC = 100(1 - \alpha)$. Por exemplo, para um nível de confiança de $NC = 95\%$, o nível de significância é $\alpha = 0{,}05$ e a probabilidade acumulada de cauda superior é $\phi = 0{,}975$.

ROTEIRO DE CÁLCULO

O procedimento computacional para a regressão linear é apresentado na Tabela 3.4.

Tabela 3.4 – Roteiro de cálculo para a regressão linear

1. Entrada de dados: m, x_i e y_i para $i = 1, 2, ..., m$
2. Nível de confiança em %: NC
3. Cálculos das somas e das médias
   - ▶ Somatórios dos valores de x e de y: $S_X = \sum_{i=1}^{m} x_i$ e $S_Y = \sum_{i=1}^{m} y_i$
   - ▶ Soma do produto entre x e y: $S_{XY} = \sum_{i=1}^{m} x_i y_i$
   - ▶ Soma do quadrado dos valores de x: $S_{X2} = \sum_{i=1}^{m} x_i^2$
   - ▶ Médias dos valores de x e de y: $\bar{x} = S_X / m$ e $\bar{y} = S_Y / m$
4. Cálculos dos coeficientes c_0 e c_1:
   - ▶ Coeficiente angular: $c_1 = (mS_{XY} - S_X S_Y)/(mS_{X2} - S_X^2)$
   - ▶ Coeficiente linear: $c_0 = \bar{y} - \bar{x}c_1$
5. Qualidade do ajuste:
   - ▶ Calcular os valores fornecidos pelo modelo: $g_i = c_0 + c_1 x_i$ para $i = 1, 2, ..., m$
   - ▶ Soma dos resíduos: $\varepsilon = \sum_{i=1}^{m} \varepsilon_i = \sum_{i=1}^{m} (y_i - g_i)$
   - ▶ Soma quadrática residual (variação não explicada): $S_R = \sum_{i=1}^{m} y_i - g_i)^2$
   - ▶ Soma quadrática da regressão (variação explicada): $S_{Re} = \sum_{i=1}^{m} (g_i - \bar{y})^2$

TABELA 3.4 – ROTEIRO DE CÁLCULO PARA A REGRESSÃO LINEAR

- Soma quadrática total: $S_T = \sum_{i=1}^{m} (y_i - \bar{y})^2$
- Soma dos valores residuais de x em torno do ponto médio: $S_{XX} = \sum_{i=1}^{m} (x_i - \bar{x})^2$
- Grau de liberdade total: $G_L^T = m - 1$
- Grau de liberdade da regressão: $G_L^{Re} = 1$;
- Grau de liberdade dos resíduos: $G_L^R = m - 2$
- Coeficiente de determinação (R^2): $R^2 = 1 - S_R/S_T$
- Coeficiente de determinação ajustado: $R^2_{aj} = 1 - (S_R/S_T)(G_L^T/G_L^R)$
- Média quadrática residual: $M_R = S_R/G_L^R$
- Média quadrática da regressão: $M_{Re} = S_{Re}/G_L^{Re}$
- Variância populacional s^2: $s^2 = M_R$
- Desvio padrão populacional (erro padrão da estimativa): $s = \sqrt{M_R}$
- Variância do coeficiente linear: $\mathrm{Var}(c_0) = \left(\frac{1}{m} + \frac{\bar{x}^2}{S_{XX}}\right) s^2$
- Variância do coeficiente angular: $\mathrm{Var}(c_1) = s^2 / S_{XX}$
- Covariâncias dos coeficientes: $\mathrm{Cov}(c_0, c_1) = -\frac{\bar{x} s^2}{S_{XX}}$
- Erro padrão do coeficiente linear: $E_{c0} = \sqrt{\mathrm{Var}(c_0)}$
- Erro padrão do coeficiente angular: $E_{c1} = \sqrt{\mathrm{Var}(c_1)}$
- **Inferência sobre os coeficientes do modelo proposto:**
  - Cálculo do nível de significância: $\alpha = 1 - NC/100$
  - Cálculo da probabilidade acumulada: $\phi = 1 - \alpha/2$

  PRIMEIRA INFERÊNCIA

  - Cálculo do valor crítico da distribuição t de Student:

    Escreva o comando =INVT(α; G_L^R) em uma célula do EXCEL

TABELA 3.4 – ROTEIRO DE CÁLCULO PARA A REGRESSÃO LINEAR

- Cálculos de $t_{Estat}|_{cj}$: $t_{Estat}|_{cj} = c_j/E_{cj}$, para $j = 0, 1$

  Teste de hipótese:

  Se $t_{Estat}|_{cj} > t$, o coeficiente c_j é significativo. Caso contrário, deve-se descartar o coeficiente c_j, pois não é estatisticamente significativo.

SEGUNDA INFERÊNCIA

- Cálculo da distribuição t de Student para cada coeficiente, valor-p$/_{cj}$:

  Escreva o comando =DISTT($t_{Estat}|_{cj}$; G_L^R; 2) em uma célula do EXCEL

  Teste de hipótese:

  Se valor-p$|_{cj} < \alpha$, o coeficiente c_j é significativo. Caso contrário, deve-se descartar o coeficiente c_j, pois não é estatisticamente significativo.

▶ **Inferência sobre os coeficientes do modelo:**

PRIMEIRA INFERÊNCIA

- Cálculo do valor crítico da distribuição F:

  Escreva o comando =INVF(α; G_L^{Re}; G_L^R) em uma célula do EXCEL

- Cálculo da estatística de teste de hipótese F_{Estat}: $F_{Estat} = M_{Re}/M_R$

  Teste de hipótese:

  Se $F_{Estat} > F$, o modelo proposto é estatisticamente significativo. Caso contrário, deve-se descartar o modelo proposto.

SEGUNDA INFERÊNCIA

- Cálculo da distribuição F, valor-p = $F_{significância}$:

  Escreva o comando =DISTF(F_{Estat}; G_L^{Re}; G_L^R) em uma célula do EXCEL

  Teste de hipótese:

  Se $\boldsymbol{F_{significância}} < \alpha$, o modelo proposto é significativo. Caso contrário, deve-se descartar o coeficiente c_j, pois não existe relação entre a variável dependente e as variáveis independentes.

▶ Intervalos de confiança para os coeficientes: $c_i \pm tE_{ci}$, para i = 0 e 1

Exemplo 3.15

Utilize os dados da tensão superficial em função da temperatura reportados por Jasper (1972) para determinar os valores ótimos dos coeficientes do modelo linear $\gamma = a + bT$.

Tabela 3.5 – Tensão superficial em função da temperatura (Jasper, 1972)					
i	T (°C)	g (dina/cm)	i	T (°C)	g (dina/cm)
1	10	74,36	8	45	69,18
2	15	73,62	9	50	68,45
3	20	72,88	10	60	66,97
4	25	72,14	11	70	65,49
5	30	71,4	12	80	64,01
6	35	70,66	13	90	62,54
7	40	69,92	14	100	61,06

Solução:

- Valores experimentais utilizados na regressão

$x_i = T_i$	$y_i = g_i$	$x_i y_i$	x_i^2	$(x_i - \overline{x})^2$
10	74,36	743,60	100	1433,163265
15	73,62	1104,3	225	1079,591837
20	72,88	1457,6	400	776,0204082
25	72,14	1803,5	625	522,4489796
30	71,40	2142,0	900	318,877551
35	70,66	2473,1	1225	165,3061224
40	69,92	2796,8	1600	61,73469388
45	69,18	3113,1	2025	8,163265306
50	68,45	3422,5	2500	4,591836735
60	66,97	4018,2	3600	147,4489796
70	65,49	4584,3	4900	490,3061224
80	64,01	5120,8	6400	1033,163265
90	62,54	5628,6	8100	1776,020408
100	61,06	6106,0	10000	2718,877551

- Roteiro de cálculo da Tabela 3.4

1. Quantidade de pontos experimentais: $m = 14$
2. Nível de confiança em %: $NC = 95$ %

3. Cálculos das somas e das médias

- Soma dos valores de *x*: $S_X = \sum_{i=1}^{m} x_i = 670$
- Soma dos valores de *y*: $S_Y = \sum_{i=1}^{m} y_i = 962,68$
- Soma do produto entre *x* e *y*: $S_{XY} = \sum_{i=1}^{m} x_i y_i = 44514,4$
- Soma do quadrado dos valores de *x*: $S_{X2} = \sum_{i=1}^{m} x_i^2 = 42600$
- Média dos valores de *x*: $\bar{x} = S_X / m = 47,85714286$
- Média dos valores de *y*: $\bar{y} = S_Y / m = 68,76285714$
- Soma quadrática de *x* em torno da média: $S_{XX} = \sum_{i=1}^{m} x_i - \bar{x})^2 = 10535,71429$

4. Cálculos dos coeficientes c_0 e c_1:

- Coeficiente angular: $c_1 = \left(mS_{XY} - S_X S_Y\right) / \left(mS_{X2} - S_X^2\right) = -0,147756$
- Coeficiente linear: $c_0 = \bar{y} - \bar{x}c_1 = 75,834034$

5. Qualidade do ajuste:

$g_i = c_0 + c_1 x_i$	$e_i = y_i - g_i$	$(S_R)_i = \varepsilon_i^2$	$(S_T)_i = (y_i - \bar{y})^2$	$S_{Re})_i = (g_i - \bar{y})^2$
74,356475	0,003525	1,2429E-05	31,328008	31,288556
73,617695	0,002305	5,3134E-06	23,591837	23,569450
72,878915	0,001085	1,1767E-06	16,950865	16,941934
72,140136	-0,000136	1,8386E-08	11,405094	11,406010
71,401356	-0,001356	1,8386E-06	6,954522	6,961676
70,662576	-0,002576	6,6372E-06	3,599151	3,608933
69,923797	-0,003797	1,4414E-05	1,338980	1,347780
69,185017	-0,005017	2,5170E-05	0,174008	0,178219
68,446237	0,003763	1,4158E-05	0,097880	0,100248
66,968678	0,001322	1,7478E-06	3,214337	3,219079
65,491119	-0,001119	1,2514E-06	10,711594	10,704273

$g_i = c_0 + c_1 x_i$	$e_i = y_i - g_i$	$(S_R)_i = \varepsilon_i^2$	$(S_T)_i = (y_i - \bar{y})^2$	$(S_{Re})_i = (g_i - \bar{y})^2$
64,013559	-0,003559	1,2669E-05	22,589651	22,555830
62,536000	0,004000	1,6000E-05	38,723951	38,773750
61,058441	0,001559	2,4315E-06	59,334008	59,358033

- Soma dos resíduos: $\varepsilon = \sum_{i=1}^{m} \varepsilon_i = \sum_{i=1}^{m} (y_i - g_i) = 2{,}8422\text{E-}14$
- Soma quadrática residual: $S_R = \sum_{i=1}^{m} (y_i - g_i)^2 = 1{,}1525\text{E-}04$
- Soma quadrática da regressão: $S_{Re} = \sum_{i=1}^{m} (g_i - \bar{y})^2 = 230{,}013770$
- Soma quadrática total: $S_T = \sum_{i=1}^{m} (y_i - \bar{y})^2 = 230{,}013886$
- Grau de liberdade total: $G_L^T = m - 1 = 13$
- Grau de liberdade da regressão: $G_L^{Re} = 1$
- Grau de liberdade dos resíduos: $G_L^R = m - 2 = 12$
- Coeficiente de determinação (R^2): $R^2 = 1 - S_R/S_T = 0{,}999999$
- Coeficiente de determinação ajustado: $R^2_{aj} = 1 - (S_R/S_T)(G_L^T/G_L^R) = 0{,}999999$
- Média quadrática residual: $M_R = S_R/G_L^R = 9{,}6045\text{E-}06$
- Média quadrática da regressão: $M_{Re} = S_{Re}/G_L^{Re} = 230{,}013770$
- Variância populacional s^2: $s^2 = M_R = 9{,}6045\text{E-}06$
- Desvio padrão populacional (Erro padrão da estimativa): $s = \sqrt{M_R} = 0{,}003099$

O erro padrão da estimativa é igual a 0,003099, ocorrendo grande concordância entre os valores experimentais e os preditos pelo modelo. Portanto, quanto menor o erro padrão da estimativa, melhor o ajuste, pois ocorrem maiores concordâncias (ou proximidades) entre os valores preditos pelo modelo com os valores experimentais.

▶ Variância do coeficiente linear: $\text{Var}(c_0) = \left(\frac{1}{m} + \frac{\bar{x}^2}{S_{XX}}\right) s^2 = 2{,}7739\text{E-}06$

▶ Variância do coeficiente angular: $\text{Var}(c_1) = s^2/S_{XX} = 9{,}1162\text{E-}10$

▶ Covariâncias dos coeficientes: $\text{Cov}(c_0, c_1) = -\frac{\bar{x}s^2}{S_{XX}} = -4{,}3627\text{E-}08$

- Erro padrão do coeficiente linear: $E_{c0} = \sqrt{\text{Var } c_0} = 0{,}001666$

- Erro padrão do coeficiente angular: $E_{c1} = \sqrt{\text{Var } c_1} = 3{,}0193\text{E-05}$

- **Inferência sobre os coeficientes do modelo proposto:**

  - Cálculo do nível de significância: $\alpha = 1 - NC/100 = 0{,}05$

  - Cálculo da probabilidade acumulada: $\phi = 1 - \alpha/2 = 0{,}975$

PRIMEIRA INFERÊNCIA

- Cálculo do valor crítico da distribuição t de Student:

- $t = \text{INVT}(\alpha; G_L^R) \rightarrow t = \text{INVT}(0{,}05; 12) \rightarrow t = 2{,}1788$

Observação: Esse resultado indica que existe 97,5% de probabilidade acumulada que uma variável aleatória V, com um grau de liberdade igual a 12, seja menor que o valor crítico da distribuição t igual a 2,1788; $P(V < 2{,}1788) = 0{,}975$

- Cálculo da estatística t para c_0: $t_{Estat}|_{c0} = c_0/E_{c0} = 45532{,}0854$

- Cálculo da estatística t para c_1: $t_{Estat}|_{c1} = c_1/E_{c1} = -4893{,}7197$

- Teste de hipótese para c_0:

  $(t_{Estat}|_{c0} > t)? \rightarrow (45532{,}0854 > 2{,}178813)?$ Sim; então, o coeficiente c_0 é estatisticamente significativo.

- Teste de hipótese para c_1:

  Para $t_{Estat}|_{c1} < 0$ (região esquerda da Figura 3.1):

  $t_{Estat}|_{c1} = -4893{,}7197$ e $t = -2{,}1788$

  $(t_{Estat}|_{c1} < -t)? \rightarrow (-4893{,}7197 < -2{,}1788)?$ Sim; então, o coeficiente c_1 é estatisticamente significativo.

  Para $t_{Estat}|_{c1} > 0$ (região direita da Figura 3.1):

  $t_{Estat}|_{c1} = |-4893{,}7197| = 4893{,}7197$ e $t = 2{,}1788$

  $(t_{Estat}|_{c1} > t)? \rightarrow (4893{,}7197 > 2{,}1788)?$ Sim; então, o coeficiente c_1 é estatisticamente significativo.

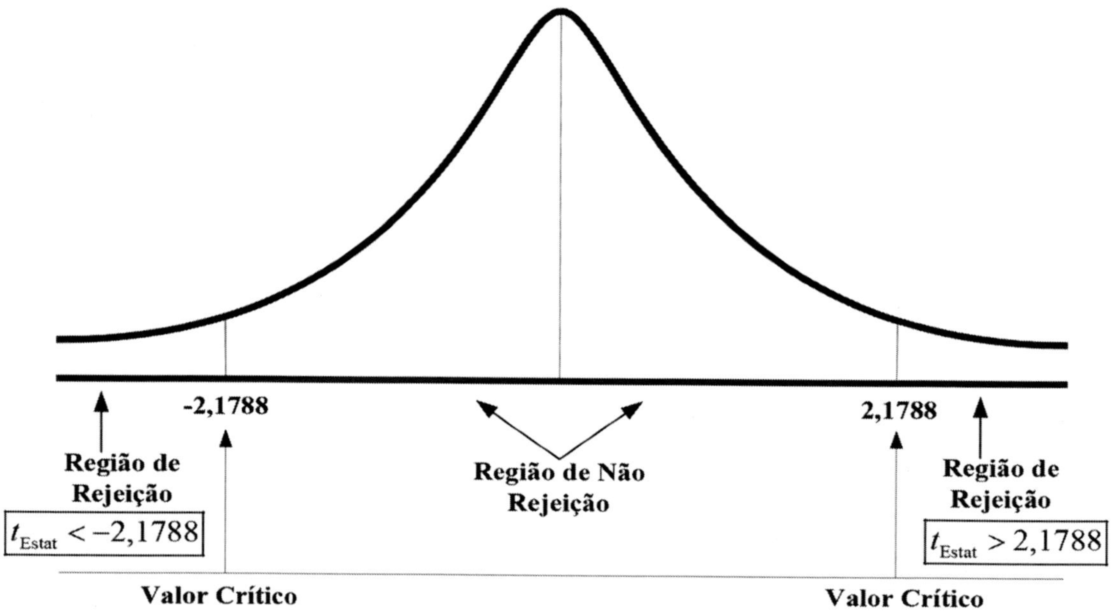

Figura 3.1 – Teste de Hipótese

SEGUNDO TESTE DE HIPÓTESE:

A estatística $t_{Estat}|_{c1}$ é utilizada para o cálculo do valor-p$|_{c1}$ por meio da função DISTT($t_{Estat}|_{c1}$, G_L^R, 2), sendo todos os argumentos positivos. Portanto, a estatística deve ser $t_{Estat}|_{c1}$ = |-4893,7197| = 4893,7197

▶ Cálculo da distribuição t de Student para o coeficiente c_0, valor-p$|_{c0}$:

valor-p$|_{c0}$ = DISTT($t_{Estat}/_{c0}$; G_L^R; 2) → valor-p$|_{c0}$ = 8,4838E-51

▶ Cálculo da distribuição t de Student para o coeficiente c_1, valor-p$|_{c1}$:

valor-p$|_{c1}$ = DISTT($t_{Estat}/_{c1}$; G_L^R; 2) → valor-p$|_{c1}$ = 3,5705E-39

▶ Teste de hipótese para c_0:

(valor-p$|_{c0}$ < α)? → (8,4838E-51< 0,05)? Sim; então, o coeficiente c_0 é estatisticamente significativo.

▶ Teste de hipótese para c_1:

(valor-p$|_{c1}$ < α)? → (3,5705E-39 < 0,05)? Sim; então, o coeficiente c_1 é estatisticamente significativo.

▶ **Inferência sobre o modelo:**

PRIMEIRO TESTE DE HIPÓTESE

- Cálculo da estatística de teste de hipótese F_{Estat}: $F_{Estat} = M_{Re}/M_R$ = 23948492,57

- Cálculo do valor crítico da distribuição F:
- $F = \text{INVF}(\alpha; G_L^{Re}; G_L^{R}) \rightarrow F = \text{INVF}(0{,}05; 1; 12) \rightarrow F = 4{,}747225$
- Teste de hipótese:

  $(F_{Estat} > F)? = (23948492{,}57 > 4{,}747225)?$ Sim; então, o modelo proposto é estatisticamente significativo.

SEGUNDO TESTE DE HIPÓTESE

- Cálculo da distribuição F, valor-p = $F_{significância}$:

  $F_{significância} = \text{DISTF}(F_{Estat}; G_L^{Re}; G_L^{R}) \rightarrow F_{significância} = 3{,}5705\text{E-}39$

- Teste de hipótese:

  $(F_{significância} < \alpha)? = (3{,}5705\text{E-}39 < 0{,}05)?$ Sim; então, o modelo proposto é estatisticamente significativo.

▶ Intervalo de confiança para o coeficiente c_0:

Variação Δ_{c0}: $\Delta_{c0} = tE_{c0} = 0{,}003629$

Limite inferior: $c_0 - \Delta_{c0} = 75{,}830405$

Central: $c_0 = 75{,}834034$

Limite superior: $c_0 + \Delta_{c0} = 75{,}837663$

▶ Intervalo de confiança para o coeficiente c_1:

Variação Δ_{c1}: $\Delta_{c1} = tE_{c1} = 0{,}000066$

Limite inferior: $c_1 - \Delta_{c1} = -0{,}147822$

Central: $c_1 = -0{,}147756$

Limite superior: $c_1 + \Delta_{c1} = -0{,}147690$

▶ **Conclusão:** O modelo proposto é estatisticamente significativo.

Exemplo 3.16

Utilize a regressão linear para determinar os parâmetros de Michaelis-Menten V_{max} e K_m para a reação:

$$\text{uréia} + \text{urease} \underset{K_2}{\overset{K_1}{\rightleftarrows}} \text{uréia} \circ \text{urease} \xrightarrow[-H_2O]{K_3} 2NH_3 + CO_2 + \text{urease}$$

A velocidade de reação em função da concentração de ureia é dada na Tabela 3.6.

TABELA 3.6 - VALORES REPORTADOS POR FOGLER (1999)

$(-r_{uréia})$ (kmol/m^3.s)	$C_{uréia}$ (kmol/m^3)
1,08	0,2
0,55	0,02
0,38	0,01
0,2	0,005
0,09	0,002

A equação de Michaelis-Menten é dada por $-r_S = \dfrac{V_{max} S}{K_m + S}$, sendo *S* a concentração do substrato (uréia). Os valores reportados por Fogler (1999) pelo método gráfico são: Vmax = 1,33 kmol/m^3.s e *Km* = 0,0266 kmol/m^3.

SOLUÇÃO:

▶ A linearização da equação de Michaelis-Menten por:

$$\frac{1}{-r_S} = \frac{K_m + S}{V_{max} S} = \left(\frac{K_m}{V_{max}}\right)\left(\frac{1}{S}\right) + \left(\frac{1}{V_{max}}\right) \tag{3.72}$$

Definindo variáveis, tais que: $y = 1/(-r_s)$, $c_0 = 1/V_{max}$, $c_1 = K_m/V_{max}$ e $x = 1/S$, a Equação (3.72) pode ser escrita como:

$$y = c_0 + c_1 x \tag{3.73}$$

▶ Cálculos dos valores experimentais utilizados na regressão

$x_i = 1/S_i$	$y_i = 1/(-r_s)$	$x_i y_i$	x_i^2	$x_i - \overline{x}\ ^2$
5	0,925925926	4,62962963	25	27556
50	1,818181818	90,90909091	2500	14641
100	2,631578947	263,1578947	10000	5041
200	5,000000000	1000,000000	40000	841
500	11,11111111	5555,555556	250000	108241

▶ Roteiro de cálculo da Tabela 3.4

1. Quantidade de pontos experimentais: $m = 5$

2. Nível de confiança em %: $NC = 95\%$

3. Cálculos das somas e das médias

- Soma dos valores de x: $S_X = \sum_{i=1}^{m} x_i = 855$
- Soma dos valores de y: $S_Y = \sum_{i=1}^{m} y_i = 21{,}4867978$
- Soma do produto entre x e y: $S_{XY} = \sum_{i=1}^{m} x_i y_i = 6914{,}252171$
- Soma do quadrado dos valores de x: $S_{X2} = \sum_{i=1}^{m} x_i^2 = 302525$
- Média dos valores de x: $\overline{x} = S_X / m = 171$
- Média dos valores de y: $\overline{y} = S_Y / m = 4{,}297359561$
- Soma quadrática de x em torno da média: $S_{XX} = \sum_{i=1}^{m} x_i - \overline{x})^2 = 156320$

4. Cálculos dos coeficientes c_0 e c_1:

- Coeficiente angular: $c_1 = mS_{XY} - S_X S_Y)/(mS_{X2} - S_X^2) = 0{,}020726777$
- Coeficiente linear: $c_0 = \overline{y} - \overline{x}c_1 = 0{,}753080731$
- Cálculo de V_{max}: $V_{max} = 1/c_0 = 1{,}327878884$
- Cálculo de K_m: $K_m = c_1 V_{max} = 0{,}027522649$

5. Qualidade do ajuste:

- Valores fornecidos pelo modelo: $g_i = c_0 + c_1 x_i$ para $i = 1, 2, ..., m$
- Valores dos resíduos: $\varepsilon_i = y_i - g_i$ para $i = 1, 2, ..., m$
- Valores quadráticos dos resíduos: $S_{Ri} = \varepsilon_i^2$ para $i = 1, 2, ..., m$
- Valores quadráticos residuais de y_i em torno da média $S_T)_i = (y_i - \overline{y})^2$
- Valores quadráticos residuais do modelo g_i em torno da média: $S_{Re})_i = (g_i - \overline{y})^2$

$g_i = c_0 + c_1 x_i$	$\varepsilon_i = y_i - g_i$	$(S_R)_i = \varepsilon_i^2$	$(S_T)_i = (y_i - \bar{y})^2$	$(S_{Re})_i = (g_i - \bar{y})^2$
0,856714615	0,069211311	0,004790206	11,36656475	11,83803764
1,78941957	0,028762248	0,000827267	6,146322278	6,289762997
2,825758409	-0,194179462	0,037705663	2,774825051	2,165609949
4,898436087	0,101563913	0,010315228	0,493703587	0,361292991
11,11646912	-0,005358011	2,87083E-05	46,42721019	46,50025521

- Soma dos resíduos: $\varepsilon = \sum_{i=1}^{m} \varepsilon_i = \sum_{i=1}^{m} (y_i - g_i) = 1{,}9984\text{E-}15$
- Soma quadrática residual: $S_R = \sum_{i=1}^{m} (y_i - g_i)^2 = 0{,}053667073$
- Soma quadrática da regressão: $S_{Re} = \sum_{i=1}^{m} (g_i - \bar{y})^2 = 67{,}15495879$
- Soma quadrática total: $S_T = \sum_{i=1}^{m} (y_i - \bar{y})^2 = 67{,}20862586$
- Soma dos valores de x em torno do ponto médio: $S_{XX} = \sum_{i=1}^{m} (x_i - \bar{x})^2 = 156320$
- Grau de liberdade total: $G_L^T = m - 1 = 4$
- Grau de liberdade da regressão: $G_L^{Re} = 1$
- Grau de liberdade dos resíduos: $G_L^R = m - 2 = 3$
- Coeficiente de determinação (R^2): $R^2 = 1 - S_R/S_T = 0{,}999201485$
- Coeficiente de determinação ajustado: $R^2_{aj} = 1 - (S_R/S_T)(G_L^T/G_L^R) = 0{,}998935314$
- Média quadrática residual: $M_R = S_R/G_L^R = 0{,}017889024$
- Média quadrática da regressão: $M_{Re} = S_{Re}/G_L^{Re} = 67{,}15495879$
- Variância populacional s^2: $s^2 = M_R = 0{,}017889024$
- Desvio padrão populacional s: $s = \sqrt{M_R} = 0{,}133749857$
- Variância do coeficiente linear: $\text{Var}(c_0) = \left(\frac{1}{m} + \frac{\bar{x}^2}{S_{XX}}\right) s^2 = 0{,}006924101$
- Variância do coeficiente angular: $\text{Var}(c_1) = \frac{s^2}{S_{XX}} = 1{,}14438486\text{E-}07$
- Covariâncias dos coeficientes: $\text{Cov}(c_0, c_1) = -\frac{\bar{x}s^2}{S_{XX}} = -1{,}95689811\text{E-}05$

- Erro padrão do coeficiente linear: $E_{c0} = \sqrt{\text{Var} \;\; c_0)} = 0{,}083211181$

- Erro padrão do coeficiente angular: $E_{c1} = \sqrt{\text{Var}(c_1)} = 0{,}000338288$

▶ Inferência sobre os coeficientes do modelo:

PRIMEIRO TESTE DE HIPÓTESE

- Cálculo do valor crítico da distribuição t de Student:

  t = INVT(α; G_L^R) → t = INVT(0,05; 3) → t = 3,182446305

  Observação: Esse resultado indica que existe 97,5% de probabilidade acumulada que uma variável aleatória V, com um grau de liberdade igual a 3, seja menor que o valor crítico da distribuição t igual a 3,182446305; $P(V < 3{,}182446305) = 0{,}975$

- Cálculo da estatística t para c_0: $t_{Estat}|_{c0} = c_0/E_{c0}$ = 9,050234879

- Cálculo da estatística t para c_1: $t_{Estat}|_{c1} = c_1/E_{c1}$ = 61,26969495

- Teste de hipótese para c_0:

  ($t_{Estat}|_{c0} > t$)? → (9,050234879 > 3,182446305)? Sim; então, o coeficiente c_0 é estatisticamente significativo.

- Teste de hipótese para c_1:

  ($t_{Estat}|_{c1} > t$)? → (61,26969495 > 3,182446305)? Sim; então, o coeficiente c_1 é estatisticamente significativo.

SEGUNDO TESTE DE HIPÓTESE:

- Cálculo da distribuição t de Student para o coeficiente c_0, valor-p$|_{c0}$:

  valor-p$|_{c0}$ = DISTT($t_{Estat}|_{c0}$; G_L^R; 2) → valor-p$|_{c0}$ = 0,002849213

- Cálculo da distribuição t de Student para o coeficiente c_1, valor-p$|_{c1}$:

  valor-p$|_{c1}$ = DISTT($t_{Estat}|_{c1}$; G_L^R; 2) → valor-p$|_{c1}$ = 9,57894E-06

- Teste de hipótese para c_0:

  (valor-p$|_{c0}$ < α)? → (0,002849213 < 0,05)? Sim; então, o coeficiente c_0 é estatisticamente significativo.

- Teste de hipótese para c_1:

  (valor-p$|_{c1}$ < α)? → (9,57894E-06 < 0,05)? Sim; então, o coeficiente c_1 é estatisticamente significativo.

▶ Inferência sobre o modelo:

PRIMEIRO TESTE DE HIPÓTESE

- Cálculo da estatística de teste de hipótese F_{Estat}: $F_{Estat} = M_{Re}/M_R = 3753{,}975519$
- Cálculo do valor crítico da distribuição F:

  $F = \text{INVF}(\alpha;\ G_L^{Re};\ G_L^{R}) \rightarrow F = \text{INVF}(0{,}05;\ 1;\ 3) \rightarrow F = 10{,}12796448$
- Teste de hipótese:

  $(F_{Estat} > F)? = (3753{,}975519 > 10{,}12796448)?$ Sim; então, o modelo proposto é estatisticamente significativo.

SEGUNDO TESTE DE HIPÓTESE

- Cálculo da distribuição F, valor-p = $F_{significância}$:

  $F_{significância} = \text{DISTF}(F_{Estat};\ G_L^{Re};\ G_L^{R}) \rightarrow F_{significância} = 9{,}57894\text{E-}06$
- Teste de hipótese:

  $(F_{significância} < \alpha)? = (9{,}57894\text{E-}06 < 0{,}05)?$ Sim; então, o modelo proposto é estatisticamente significativo.
- Intervalo de confiança para o coeficiente c_0:

  Variação Δ_{c0}: $\Delta_{c0} = tE_{c0} = 0{,}264815115$

  Limite inferior: $c_0 - \Delta_{c0} = 0{,}488265616$

  Central: $c_0 = 0{,}753080731$

  Limite superior: $c_0 + \Delta_{c0} = 1{,}017895846$
- Intervalo de confiança para o coeficiente c_1:

  Variação Δ_{c1}: $\Delta_{c1} = tE_{c1} = 0{,}001076582$

  Limite inferior: $c_1 - \Delta_{c1} = 0{,}019650195$

  Central: $c_1 = 0{,}020726777$

  Limite superior: $c_1 + \Delta_{c1} = 0{,}021803359$

▶ **Conclusão:** O modelo proposto é estatisticamente significativo.

Exemplo 3.17

Utilize regressão linear padrão para determinar as constantes da $\ln P^{sat} = -a_0/T + b$ para o benzeno. Os valores experimentais da pressão de vapor em função da temperatura reportados por Perry e Green (1998) são apresentados na Tabela 3.7.

Tabela 3.7 - Valores experimentais reportados por Perry e Green (1998)

i	T (K)	P^{sat} (bar)	I	T^{sat} (K)	P^{sat} (bar)
1	310	0,2139	13	430	6,6739
2	320	0,3206	14	440	8,0861
3	330	0,4665	15	450	9,7088
4	340	0,6615	16	460	11,451
5	350	0,9162	17	470	13,66
6	360	1,2419	18	480	16,028
7	370	1,6517	19	490	18,685
8	380	2,1588	20	500	21,651
9	390	2,7774	21	510	24,952
10	400	3,5228	22	520	28,613
11	410	4,4091	23	530	32,669
12	420	5,454	24	540	37,161

Solução:

▶ **Modelagem Matemática:** definindo $y = \ln P^{sat}$, $c_0 = b$, $c_1 = -a_0$ e $x = 1/T$, a equação $\ln P^{sat} = b - \dfrac{a_0}{T}$ é transformada em uma reta $y = c_0 + c_1 x$.

▶ Roteiro de cálculo da Tabela 3.4

1. Quantidade de pontos experimentais: $m = 24$
2. Nível de confiança em %: 95

- **Cálculos dos valores de x e y:**

i	$x_i=1/T_i$	$y_i = \ln P_i^{sat}$	I	$x_i=1/T_i$	$y_i = \ln P_i^{sat}$
1	0,003225806	-1,542246663	13	0,002325581	1,898204397
2	0,003125000	-1,137561039	14	0,002272727	2,090146538
3	0,003030303	-0,762497259	15	0,002222222	2,273032691
4	0,002941176	-0,413245295	16	0,002173913	2,438077062

i	$x_i = 1/T_i$	$y_i = \ln P_i^{sat}$	I	$x_i = 1/T_i$	$y_i = \ln P_i^{sat}$
5	0,002857143	-0,087520598	17	0,002127660	2,614471854
6	0,002777778	0,216642465	18	0,002083333	2,774337193
7	0,002702703	0,501805061	19	0,002040816	2,927721063
8	0,002631579	0,769552512	20	0,002000000	3,075051643
9	0,002564103	1,021515238	21	0,001960784	3,216953979
10	0,002500000	1,259256128	22	0,001923077	3,353861160
11	0,002439024	1,483670587	23	0,001886792	3,486426616
12	0,002380952	1,696349284	24	0,001851852	3,615259824

3. Cálculos dos valores individuais utilizados na Regressão

i	$x_i y_i$	x_i^2	Sxx_i
1	-0,004974989	0,000010406	6,517218E-07
2	-0,003554878	0,000009766	4,991230E-07
3	-0,002310598	0,000009183	3,742863E-07
4	-0,001215427	0,000008651	2,731765E-07
5	-0,000250059	0,000008163	1,923956E-07
6	0,000601785	0,000007716	1,290708E-07
7	0,00135623	0,000007305	8,076345E-08
8	0,002025138	0,000006925	4,539684E-08
9	0,00261927	0,000006575	2,119615E-08
10	0,00314814	0,000006250	6,640034E-09
11	0,003618709	0,000005949	4,206927E-10
12	0,004038927	0,000005669	1,410845E-09
13	0,004414429	0,000005408	8,636394E-09
14	0,004750333	0,000005165	2,125365E-08
15	0,005051184	0,000004938	3,853030E-08
16	0,005300168	0,000004726	5,982943E-08
17	0,005562706	0,000004527	8,459606E-08
18	0,005779869	0,000004340	1,123458E-07
19	0,005974941	0,000004165	1,426552E-07
20	0,006150103	0,000004000	1,751536E-07

i	xy_i	x_i^2	Sxx_i
21	0,006307753	0,000003845	2,095161E-07
22	0,006449733	0,000003698	2,454575E-07
23	0,006578163	0,000003560	2,827274E-07
24	0,006694926	0,000003429	3,211055E-07

4. Cálculos das somas

- Soma de x: $S_X = \sum_{i=1}^{24} x_i = 0{,}058044326$
- Soma de y: $S_Y = \sum_{i=1}^{24} y_i = 36{,}769264442$
- Soma do produto xy: $S_{XY} = \sum_{i=1}^{24} x_i y_i = 0{,}074116555$
- Soma quadrática de x: $S_{X2} = \sum_{i=1}^{24} x_i^2 = 0{,}000144358$

5. Médias:

- Média de x: $\bar{x} = \dfrac{S_x}{24} = 0{,}002418514$
- Média de y: $\bar{y} = \dfrac{S_y}{24} = 1{,}532052685$

6. Cálculos dos coeficientes:

- Coeficiente angular: $c_1 = \dfrac{mS_{XY} - S_X S_Y}{mS_{X2} - S_X^2} = -3723{,}632996130$
- Coeficiente linear: $c_0 = \bar{y} - \bar{x}c_1 = 10{,}537709709$

7. Valores do modelo, residuais e quadráticos:

i	$g_i = c_0 + c_1 x_i$	$\varepsilon_i = y_i - g_i$	$S_{Ri} = \varepsilon_i^2$	$S_{Ti} = (y_i - \bar{y})^2$	$S_{\text{Re}i} = (g_i - \bar{y})^2$
1	-1,47400963	-0,06823703	0,00465629	9,45131648	9,03641066
2	-1,09864340	-0,03891764	0,00151458	7,12683743	6,92056191
3	-0,74602664	-0,01647062	0,00027128	5,26495944	5,18964542
4	-0,41415204	0,00090675	0,00000082	3,78418423	3,78771285
5	-0,10124171	0,01372111	0,00018827	2,62301762	2,66765057

i	$g_i = c_0 + c_1x_i$	$\varepsilon_i = y_i - g_i$	$S_{Ri} = \varepsilon_i^2$	$S_{Ti} = (y_i - \bar{y})^2$	$S_{\text{Re}i} = (g_i - \bar{y})^2$
6	0,19428472	0,02235774	0,00049987	1,73030405	1,78962313
7	0,47383675	0,02796831	0,00078223	1,06141017	1,11982097
8	0,73867551	0,03087700	0,00095339	0,58140651	0,62944734
9	0,98993280	0,03158244	0,00099745	0,26064848	0,29389397
10	1,22862722	0,03062891	0,00093813	0,07441796	0,09206701
11	1,45567801	0,02799258	0,00078358	0,00234083	0,00583309
12	1,67191686	0,02443242	0,00059694	0,02699337	0,01956199
13	1,87809809	0,02010631	0,00040426	0,13406708	0,11974742
14	2,07490745	0,01523909	0,00023223	0,31146875	0,29469129
15	2,26296972	0,01006297	0,00010126	0,54905137	0,53423971
16	2,44285537	-0,00477831	0,00002283	0,82088017	0,82956153
17	2,61508631	-0,00061446	0,00000038	1,17163126	1,17296184
18	2,78014097	-0,00580377	0,00003368	1,54327080	1,55772436
19	2,93845870	-0,01073763	0,00011530	1,94789022	1,97797787
20	3,09044372	-0,01539207	0,00023692	2,38084578	2,42858261
21	3,23646854	-0,01951456	0,00038082	2,83889237	2,90503341
22	3,37687702	-0,02301586	0,00052973	3,31898612	3,40337684
23	3,51198708	-0,02556046	0,00065334	3,81957746	3,92014019
24	3,64209305	-0,02683323	0,00072002	4,33975198	4,45227034

- Soma dos resíduos: $\varepsilon = \sum_{i=1}^{m} \varepsilon_i = 2{,}05391260\text{E-}14$
- Soma quadrática dos resíduos: $S_R = \sum_{i=1}^{m} (y_i - g_i)^2 = 0{,}0156136102$
- Soma quadrática em torno da média: $S_T = \sum_{i=1}^{m} (y_i - \bar{y})^2 = 55{,}164149949$
- Soma quadrática da regressão: $S_{\text{Re}} = \sum_{i=1}^{m} (g_i - \bar{y})^2 = 55{,}148536339$
- Graus de liberdade do resíduo: $G_L^R = m - 2 = 22$
- Grau de liberdade total: $G_L^T = m - 1 = 23$
- Grau de liberdade da regressão: $G_L^{\text{Re}} = 1$

- Coeficiente de determinação (R^2): $R^2 = 1 - S_R/S_T = 0{,}999716961$
- Coeficiente de correlação (R): $R = \sqrt{R^2} = 0{,}99985847$
- Coeficiente de determinação ajustado: $R_{aj}^2 = 1 - \left(\frac{S_R}{S_T}\right)\left(\frac{G_L^T}{G_L^R}\right) = 0{,}999986546$
- Média quadrática dos resíduos: $M_R = S_R / G_L^R = 0{,}0007097096$
- Média quadrática da regressão: $M_{Re} = S_{Re} / G_L^{Re} = 55{,}14853634$
- Variância populacional s^2: $s^2 = M_R = 0{,}0007097096$
- Desvio padrão populacional s: $s = \sqrt{M_R} = 0{,}026640375$
- Variância do coeficiente linear: $\mathrm{Var}\ c_0 = \left(\frac{1}{m} + \frac{\overline{x}^2}{S_{XX}}\right)s^2 = 0{,}001073276$
- Variância do coeficiente angular: $\mathrm{Var}(c_1 = \frac{s^2}{S_{XX}} = 178{,}43514619$
- Covariâncias dos coeficientes: $\mathrm{Cov}\ c_0, c_1 = -\frac{\overline{x}s^2}{S_{XX}} = -0{,}43154783$
- Erro padrão da interseção: $E_{c0} = \sqrt{\mathrm{Var}(c_0} = 0{,}032760884$
- Erro padrão da inclinação: $E_{c1} = \sqrt{\mathrm{Var}\ c_1} = 13{,}3579619$

▶ **Inferência sobre os coeficientes do modelo:**

PRIMEIRO TESTE DE HIPÓTESE

- Cálculo do valor crítico da distribuição t de Student:

  t = INVT(α; G_L^R) → t = INVT(0,05; 22) → t = 2,0739

  Observação: Esse resultado indica que existe 97,5% de probabilidade acumulada que uma variável aleatória V, com um grau de liberdade igual a 22, seja menor que o valor crítico da distribuição t igual a 2,0739; $P(V < 2{,}0739) = 0{,}975$.

- Cálculo da estatística t para c_0: $t_{Estat}|_{c0} = c_0/E_{c0} = 321{,}6552314$
- Cálculo da estatística t para c_1: $t_{Estat}|_{c1} = c_1/E_{c1} = -278{,}7575697$
- Teste de hipótese para c_0:

  $(t_{Estat}|_{c0} > t)$? → (321,6552314 > 2,073873)? Sim; então, o coeficiente c_0 é estatisticamente significativo.

- Teste de hipótese para c_1:

  Para $t_{Estat}|_{c1} < 0$ (região esquerda da Figura 3.2):

  $t_{Estat}|_{c1}$ = -278,7575697 e t = -2,0739

  ($t_{Estat}|_{c1} < -t$)? → (-278,75757 < -2,0739)? Sim; então, o coeficiente c_1 é estatisticamente significativo.

  Para $t_{Estat}|_{c1} > 0$ (região direita da Figura 3.2):

  $t_{Estat}|_{c1}$ = |-278,7575697| = 278,7575697 e t = -2,0739

  ($t_{Estat}|_{c1} > t$)? → (278,75757 > 2,0739)? Sim; então, o coeficiente c_1 é estatisticamente significativo.

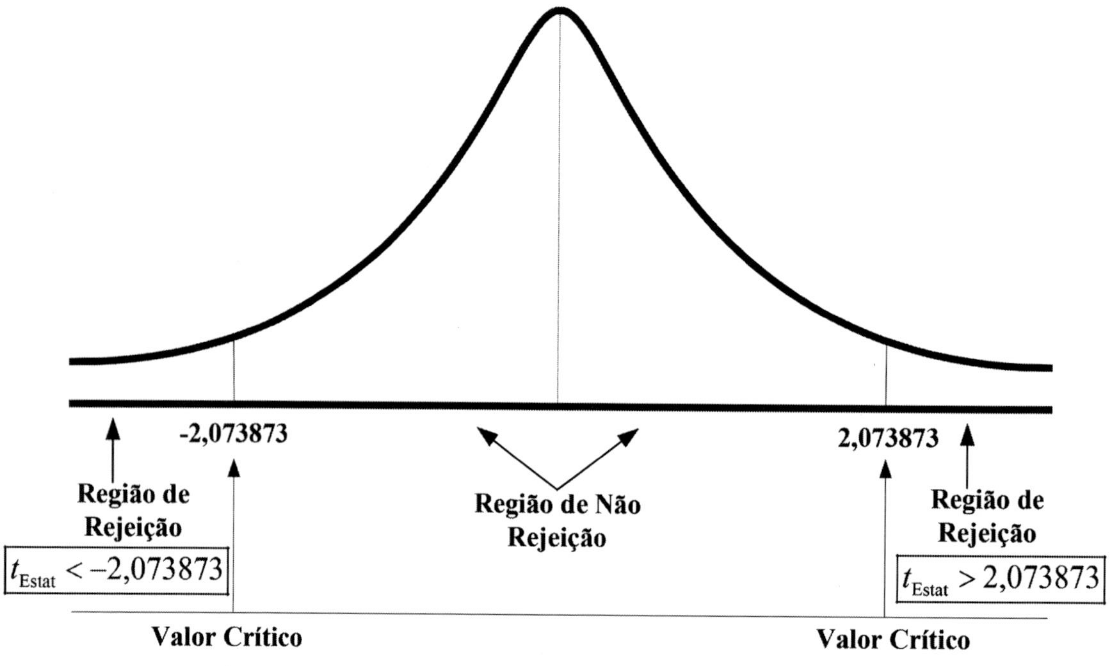

FIGURA 3.2 – TESTE DE HIPÓTESE

SEGUNDO TESTE DE HIPÓTESE:

- Cálculo da distribuição t de Student para o coeficiente c_0, valor-p$|_{c0}$:

  valor-p$|_{c0}$ = DISTT($t_{Estat}/_{c0}$; G_L^R; 2) → valor-p$|_{c0}$ = 6,74338E-42

- Cálculo da distribuição t de Student para o coeficiente c_1, valor-p$|_{c1}$:

  valor-p$|_{c1}$ = DISTT($|t_{Estat}/_{c1}|$; G_L^R; 2) → valor-p$|_{c1}$ = 1,57095E-40

- Teste de hipótese para c_0:

  (valor-p$|_{c0}$ < α)? → (6,74338E-42 < 0,05)? Sim; então, o coeficiente c_0 é estatisticamente significativo.

- Teste de hipótese para c_1:

  (valor-p$|_{c1}$ < α)? → (1,57095E-40 < 0,05)? Sim; então, o coeficiente c_1 é estatisticamente significativo.

▶ **Inferência sobre o modelo:**

PRIMEIRO TESTE DE HIPÓTESE

- Cálculo da estatística de teste de hipótese F_{Estat}: $F_{Estat} = M_{Re}/M_R$ = 77705,78267

- Cálculo do valor crítico da distribuição F:

  F = INVF(α; G_L^{Re}; G_L^R) → F = INVF(0,05; 1; 22) → F = 4,300949462

- Teste de hipótese:

  ($F_{Estat} > F$)? = (77705,78267 > 4,300949462)? Sim; então, o modelo proposto é estatisticamente significativo.

SEGUNDO TESTE DE HIPÓTESE

- Cálculo da distribuição F, valor-p = $F_{significância}$:

  $F_{significância}$ = DISTF(F_{Estat}; G_L^{Re}; G_L^R) → $F_{significância}$ = 1,57095E-40

- Teste de hipótese:

  ($F_{significância} < \alpha$)? = (1,57095E-40 < 0,05)? Sim; então, o modelo proposto é estatisticamente significativo.

- Intervalo de confiança para o coeficiente c_0:

  Variação Δ_{c0}: $\Delta_{c0} = t_{\emptyset,n}E_{c0}$ = 0,067941915

  Limite inferior: $c_0 - \Delta_{c0}$ = 10,469767795

  Central: c_0 = 10,53770971

  Limite superior: $c_0 + \Delta_{c0}$ = 10,605651624

- Intervalo de confiança para o coeficiente c_1:

  Variação Δ_{c1}: $\Delta_{c1} = t_{\emptyset,n}E_{c1}$ = 27,7027173

  Limite inferior: $c_1 - \Delta_{c1}$ = -3751,335713434

Central: c_1 = -3723,632996130

Limite superior: $c_1 + \Delta_{c1}$ = -3695,930278827

Conclusão: O modelo proposto é estatisticamente significativo.

EXCEL – ANÁLISE DE DADOS

O procedimento para utilizar a ferramenta de análise de dados do EXCEL consiste nos seguintes passos: Guia Dados → Análise de Dados → Regressão → OK → Configuração → OK.

Exemplo 3.18

Repita o Exemplo 3.16 reportado por Fogler (1999) usando a ferramenta análise de dados - regressão do EXCEL.

Solução:

1. Linearização da equação de Michaelis-Menten:

$$\frac{1}{(-r_S)}=\left(\frac{K_m}{V_{\max}}\right)\left(\frac{1}{S}\right)+\left(\frac{1}{V_{\max}}\right) \tag{3.74}$$

Definindo variáveis, tais que: $y = 1/(-r_s)$, $c_0 = 1/V_{max}$, $c_1 = K_m/V_{max}$ e $x = 1/S$, a Equação (3.72) pode ser escrita como:

$$y = c_0 + c_1 x \tag{3.75}$$

2. Construção da planilha

▶ Escreva os seguintes textos:

- Célula A1 ⇐ ($-r_{uréia}$) (kmol/m^3.s)
- Célula B1 ⇐ $C_{uréia}$ (kmol/m^3)
- Célula C1 ⇐ $y = 1/(-r_s)$
- Célula D1 ⇐ $x = 1/S$

Na planilha aparecerão as seguintes informações:

	A	B	C	D	E
1	($-r_{uréia}$) (kmol/m³.s)	$S_{uréia}$ (kmol/m³)	$y = 1/(-r_s)$	$x = 1/S$	
2					
3					

▶ Digite os pares de valores experimentais:

- Velocidade de consumo da ureia: Faixa de célula **A2:A6**
- Concentração de ureia: Faixa de célula **B2:B6**
- Cálculos dos valores de $y = 1/(-r_s)$: Na célula **C2**, escreva: = 1/**A2**. Os cálculos dos outros valores são realizados da seguinte forma: a) selecione a célula **C2**, b) mova o cursor do mouse para o canto inferior direito da célula **C2** até que o ponteiro assuma o formato de uma cruz preta (alça de preenchimento), c) arraste a alça de preenchimento até a célula **C6**.
- Cálculos dos valores de $x_i = 1/S$: Na célula **D2**, escreva: = 1/**B2**. Os cálculos dos outros valores são realizados da seguinte forma: a) selecione a célula **D2**, b) mova o cursor do mouse para o canto inferior direito da célula **D2** até que o ponteiro assuma o formato de uma cruz preta, c) arraste a alça de preenchimento até a célula **D6**.

  Na planilha aparecerão as seguintes informações:

	A	B	C	D
1	($-r_{uréia}$) (kmol/m³.s)	$S_{uréia}$ (kmol/m³)	$y = 1/(-r_s)$	$x = 1/S$
2	1,08	0,2	0,92592593	5,0000
3	0,55	0,02	1,81818182	50,0000
4	0,38	0,01	2,63157895	100,0000
5	0,2	0,005	5,00000000	200,0000
6	0,09	0,002	11,11111111	500,0000

3. **Segundo Passo:** Na Guia Dados, selecione Análise de Dados e, em seguida, será apresentada a caixa de diálogo com as ferramentas de Análise.

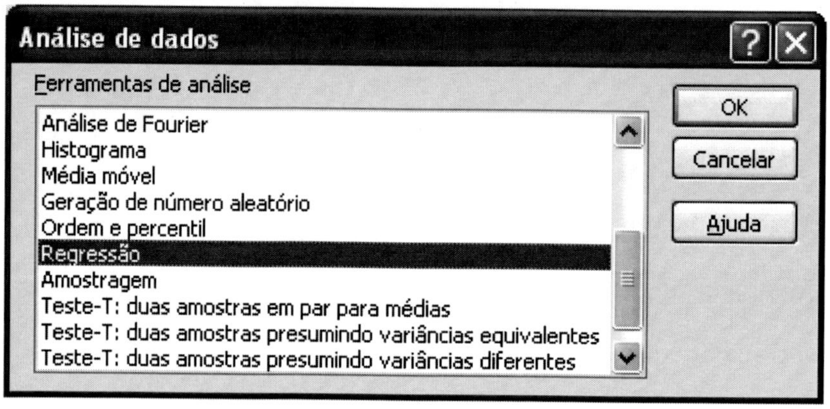

- Selecione Regressão e clique no botão OK. Aparecerá a seguinte caixa de diálogo com as opções da Regressão:

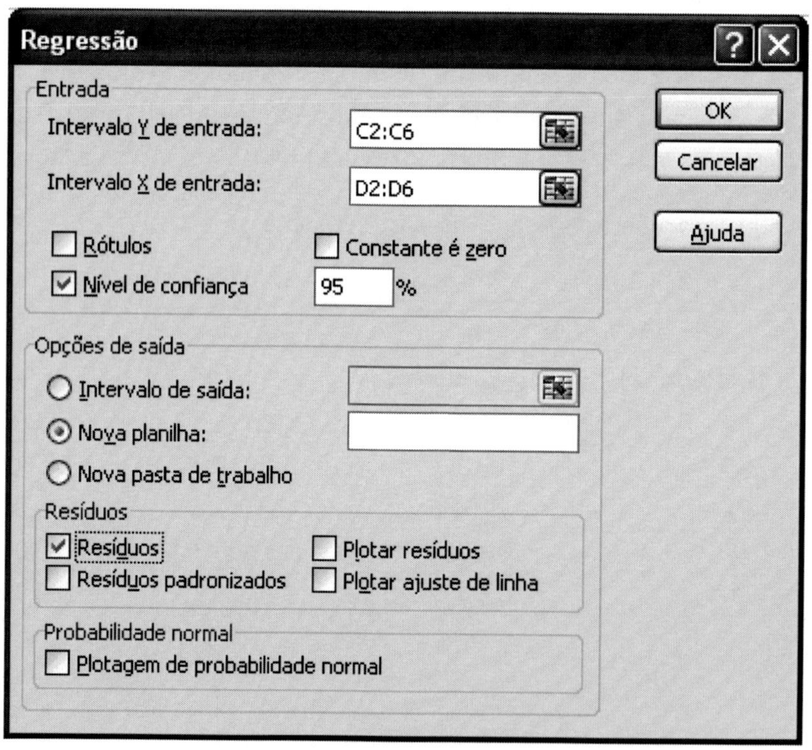

Especificações:

- No quadro entrada - Intervalo Y de entrada: Digite C2:C6
- No quadro entrada - Intervalo X de entrada: Digite D2:D6

- Marque a opção Nível de Confiança e Escreva 95%.
- Escolha a Opção de Saída: Nova Planilha
- Clique no botão OK.

Os resultados fornecidos pela planilha Excel são mostrados abaixo.

	A	B	C	D	E	F	G
1	RESUMO DOS RESULTADOS						
2	*Estatística de regressão*						
3	R múltiplo	0,999600663					
4	R-Quadrado	0,999201485					
5	R-quadrado ajustado	0,998935314					
6	Erro padrão	0,133749857					
7	Observações	5					
8	ANOVA						
9		*gl*	*SQ*	*MQ*	*F*	*F de significação*	
10	Regressão	1	67,1549588	67,154959	3753,9755	9,57894E-06	
11	Resíduo	3	0,05366707	0,017889			
12	Total	4	67,2086259				
13							
14		*Coeficientes*	*Erro padrão*	*Stat t*	*valor-P*	*95% inferiores*	*95% superiores*
15	Interseção	0,753080731	0,08321118	9,0502349	0,0028492	0,488265616	1,017895846
16	Variável X 1	0,020726777	0,00033829	61,269695	9,579E-06	0,019650195	0,021803359
17							

EXCEL - INVERSÃO MATRICIAL

A representação matricial das equações normais do modelo linear é fornecida pela Equação (3.2) escrita como:

$$\begin{bmatrix} m & \sum_{i=1}^{m} x_i \\ \sum_{i=1}^{m} x_i & \sum_{i=1}^{m} x_i^2 \end{bmatrix} \begin{bmatrix} c_0 \\ c_1 \end{bmatrix} = \begin{bmatrix} \sum_{i=1}^{m} y_i \\ \sum_{i=1}^{m} y_i x_i \end{bmatrix} \tag{3.76}$$

Em uma notação compacta,

$$\boldsymbol{\alpha}\mathbf{c} = \boldsymbol{\beta} \tag{3.77}$$

sendo que $\boldsymbol{\alpha} = \begin{bmatrix} m & \sum_{i=1}^{m} x_i \\ \sum_{i=1}^{m} x_i & \sum_{i=1}^{m} x_i^2 \end{bmatrix}$, $\mathbf{c} = \begin{bmatrix} c_0 \\ c_1 \end{bmatrix}$ e $\boldsymbol{\beta} = \begin{bmatrix} \sum_{i=1}^{m} y_i \\ \sum_{i=1}^{m} y_i x_i \end{bmatrix}$.

Multiplicando ambos os membros da Equação (3.77) pela matriz inversa de α,

$$\boldsymbol{\alpha}^{-1}\boldsymbol{\alpha}\mathbf{c} = \boldsymbol{\alpha}^{-1}\boldsymbol{\beta} \tag{3.78}$$

O produto $\boldsymbol{\alpha}^{-1}\boldsymbol{\alpha} = \mathbf{I}$. Assim,

$$\mathbf{c} = \boldsymbol{\alpha}^{-1}\boldsymbol{\beta} \tag{3.79}$$

Exemplo 3.19

Repita o Exemplo 3.16 reportado por Fogler (1999) usando a inversão matricial.

SOLUÇÃO:

1. **A linearização da equação de Michaelis-Menten:** O procedimento para a linearização é idêntico ao reportado no Exemplo 3.16. Em resumo,

$y = 1/(-r_s)$	$c_0 = 1/V_{max}$	$c_1 = K_m/V_{max}$	$x = 1/S$

2. **Construção da planilha**

▶ Escreva os seguintes textos:

- Célula A1 ⇐ $(-r_{\text{uréia}})$ (kmol/m³.s)
- Célula B1 ⇐ $C_{\text{uréia}}$ (kmol/m³)
- Célula C1 ⇐ $y = 1/(-r_s)$
- Célula D1 ⇐ $x = 1/S$
- Célula E1 ⇐ xy
- Célula F1 ⇐ $x2$

Na planilha aparecerão as seguintes informações:

	A	B	C	D	E	F
1	$(-r_{\text{uréia}})$ (kmol/m³.s)	$S_{\text{uréia}}$ (kmol/m³)	$y = 1/(-r_s)$	$x = 1/S$	xy	x2
2						
3						

▶ Digite os pares de valores experimentais:

- Velocidade de consumo da ureia: Faixa de célula **A2:A6**
- Concentração de ureia: Faixa de célula **B2:B6**
- Cálculos dos valores de $y = 1/(-r_s)$: Na célula **C2**, escreva: = 1/**A2**. Os cálculos dos outros valores são realizados da seguinte forma: a) selecione a célula **C2**, b) mova o cursor do mouse para o canto inferior direito da célula **C2** até que o ponteiro assuma o formato de uma cruz preta (alça de preenchimento), c) arraste a alça de preenchimento até a célula **C6**.
- Cálculos dos valores de $x = 1/S$: Na célula **D2**, escreva: = 1/**B2**. Os cálculos dos outros valores são realizados da seguinte forma: a) selecione a célula **D2**, b) mova o cursor do mouse para o canto inferior direito da célula **D2** até que o ponteiro assuma o formato de uma cruz preta, c) arraste a alça de preenchimento até a célula **D6**.
- Cálculos dos valores de xy: Na célula **E2**, escreva: = **C2*D2**. Os cálculos dos outros valores são realizados da seguinte forma: a) selecione a célula **E2**, b) mova o cursor do mouse para o canto inferior direito da célula **E2** até que o ponteiro assuma o formato de uma cruz preta, c) arraste a alça de preenchimento até a célula **E6**.
- Cálculos dos valores de x^2: Na célula **F2**, escreva: = **D2*D2**. Os cálculos dos outros valores são realizados da seguinte forma: a) selecione a célula **F2**, b) mova o cursor do mouse para o canto inferior direito da célula **F2** até que o ponteiro assuma o formato de uma cruz preta, c) arraste a alça de preenchimento até a célula **F6**.

3. Quantidade de pontos experimentais e somatórios

▶ Escreva os seguintes textos:

- Na célula A8, escreva o texto **m**
- Na célula B8, escreva o texto **MY**
- Na célula C8, escreva o texto SY
- Na célula D8, escreva o texto SX
- Na célula E8, escreva o texto SY
- Na célula F8, escreva o texto SX2

▶ Realize os seguintes comandos:

- Na célula A9, escreva o número 5
- Na célula B9, escreva o comando = Média(C2:C6)

- Na célula C9, escreva o comando =Soma(C2:C6). As outras somas são realizadas da seguinte forma: a) selecione a célula **C9**, b) mova o cursor do mouse para o canto inferior direito da célula **C9** até que o ponteiro assuma o formato de uma cruz preta, c) arraste a alça de preenchimento até a célula **F9**.

  Na planilha aparecerão as seguintes informações:

	A	B	C	D	E	F
1	**($-r_{uréia}$) (kmol/m³.s)**	**$S_{uréia}$ (kmol/m³)**	**$y = 1/(-r_s)$**	**$x = 1/S$**	**xy**	**x2**
2	1,08	0,2	0,92592593	5,0000	4,62962963	25
3	0,55	0,02	1,81818182	50,0000	90,90909091	2500
4	0,38	0,01	2,63157895	100,0000	263,1578947	10000
5	0,2	0,005	5,00000000	200,0000	1000,00000	40000
6	0,09	0,002	11,11111111	500,0000	5555,555556	250000
7						
8	**m**	**MY**	**SY**	**SX**	**SXY**	**SX2**
9	5	4,29735956	21,48679780	855,0000	6914,25217083	302525,0000
10						

4. Criação da matriz das equações normais

▶ Escreva os seguintes textos:

- Mescle as células **A11:B11** e, em seguida, escreva o texto **α**
- Na célula **C11**, escreva o texto **c**
- Na célula **D11**, escreva o texto **β**

▶ Escreva os seguintes comandos:

- Na célula **A12**, escreva o comando =A9
- Na célula **B12,** escreva o comando **=** D9
- Na célula **A13,** escreva o comando = D9
- Na célula **B13,** escreva o comando = F9
- Na célula **C12**, escreva o texto c0, marque o zero, com o botão direito do mouse, escolha a opção formatar célula e marque a caixa subscrito.
- Na célula **C13**, escreva o texto c1, marque o um, com o botão direito do mouse, escolha a opção formatar célula e marque a caixa subscrito.
- Na célula **D12**, escreva o comando =C9
- Na célula **D13**, escreva o comando =E9

Na planilha aparecerão as seguintes informações:

	A	B	C	D	E	F
1	$(-r_{uréia})$ (kmol/m³.s)	$S_{uréia}$ (kmol/m³)	$y = 1/(-r_s)$	$x = 1/S$	xy	x2
2	1,08	0,2	0,92592593	5,0000	4,62962963	25
3	0,55	0,02	1,81818182	50,0000	90,90909091	2500
4	0,38	0,01	2,63157895	100,0000	263,1578947	10000
5	0,2	0,005	5,00000000	200,0000	1000,00000	40000
6	0,09	0,002	11,11111111	500,0000	5555,555556	250000
7						
8	m	MY	SY	SX	SXY	SX2
9	5	4,29735956	21,48679780	855,0000	6914,25217083	302525,0000
10						
11	α		c	β		
12	5	855,0000	c_0	21,48679780		
13	855,0000	302525,0000	c_1	6914,25217083		

5. Inversão matricial

- Mescle a célula **A15:B15** e, em seguida, escreva o texto α^{-1}
- Marque os locais de memória **A16:B17, clique no guia Fórmula → Inserir Função → Matriz.Inverso**

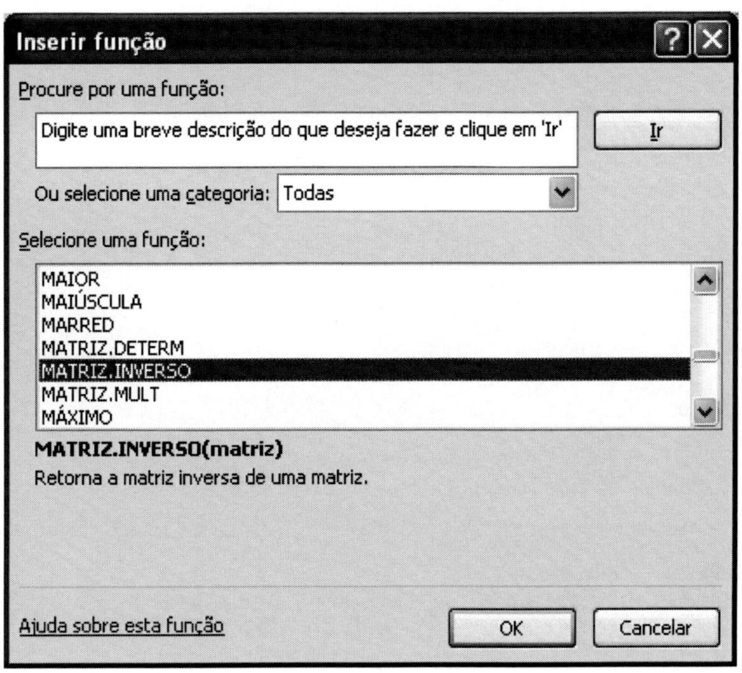

Clicando no botão OK, aparecerá a caixa de diálogo para a definição da matriz.

O argumento da função inverso é o seguinte: Matriz → locais de memória A12:B12 → elementos da matriz α.

Os cálculos matriciais no EXCEL são realizados com a combinação de teclas CRTL+-SIFTH+ENTER.

Na planilha aparecerão as seguintes informações:

	A	B	C	D	E	F
1	$(-r_{uréia})$ (kmol/m³.s)	$S_{uréia}$ (kmol/m³)	$y = 1/(-r_s)$	$x = 1/S$	xy	x2
2	1,08	0,2	0,92592593	5,0000	4,62962963	25
3	0,55	0,02	1,81818182	50,0000	90,90909091	2500
4	0,38	0,01	2,63157895	100,0000	263,1578947	10000
5	0,2	0,005	5,00000000	200,0000	1000,00000	40000
6	0,09	0,002	11,11111111	500,0000	5555,555556	250000
7						
8	m	MY	SY	SX	SXY	SX2
9	5	4,29735956	21,48679780	855,0000	6914,25217083	302525,0000
10						
11	α		c	β		
12	5	855,0000	c_0	21,48679780		
13	855,0000	302525,0000	c_1	6914,25217083		
14						
15	α^{-1}					
16	0,387058598	-0,00109391				
17	-0,00109391	6,39713E-06				
18						

6. Cálculos dos coeficientes

- Escreva na célula **D15** o texto **c**
- A matriz α é 2x2 e a matriz β 2x1, e o produto entre estas matrizes produz como resultado uma matriz 2x1. Assim, marque os locais de memória **D16:D17, clique no guia Fórmula → Inserir Função → Matriz.Mult**

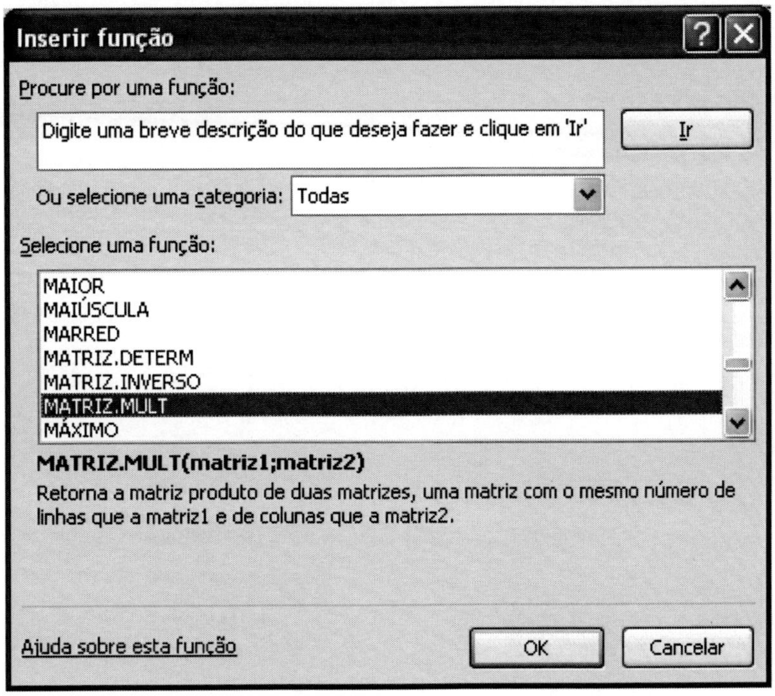

Clicando no botão OK, aparecerá a seguinte caixa de diálogo para as especificações das matrizes:

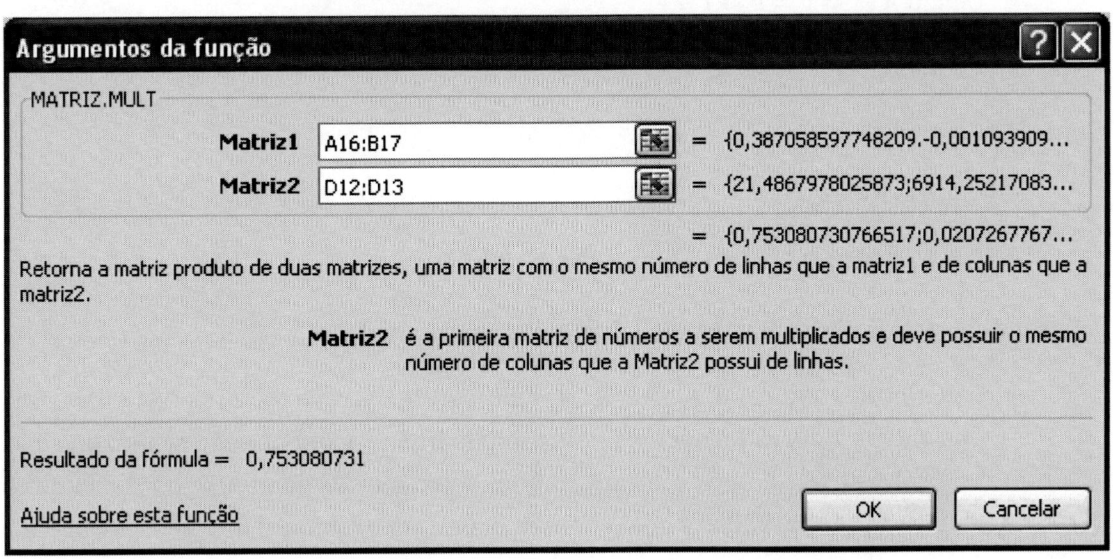

▶ As características da caixa de diálogo acima são:

- Matriz1 → locais de memória A16:B17 → elementos da matriz inversa de α.
- Matriz2 → locais de memória D12:D13 → elementos da matriz β

Os cálculos matriciais no EXCEL são realizados com a combinação de teclas CRTL+-SIFTH+ENTER

Na planilha aparecerão as seguintes informações:

	A	B	C	D	E	F
1	$(-r_{uréia})$ (kmol/m³.s)	$S_{uréia}$ (kmol/m³)	$y = 1/(-r_s)$	$x = 1/S$	xy	x2
2	1,08	0,2	0,92592593	5,0000	4,62962963	25
3	0,55	0,02	1,81818182	50,0000	90,90909091	2500
4	0,38	0,01	2,63157895	100,0000	263,1578947	10000
5	0,2	0,005	5,00000000	200,0000	1000,00000	40000
6	0,09	0,002	11,11111111	500,0000	5555,555556	250000
7						
8	m	MY	SY	SX	SXY	SX2
9	5	4,29735956	21,48679780	855,0000	6914,25217083	302525,0000
10						
11	α		c	β		
12	**5**	**855,0000**	c_0	**21,48679780**		
13	**855,0000**	**302525,0000**	c_1	**6914,25217083**		
14						
15	α^{-1}			c		
16	**0,387058598**	**-0,00109391**		**0,753080731**		
17	**-0,00109391**	**6,39713E-06**		**0,020726777**		

7. Qualidade do Ajuste

▶ Escreva os seguintes textos:

- Célula A19 ⇐ $g_i = c_0 + c_1x_i$
- Célula B19 ⇐ $\varepsilon_i = y_i - g_i$
- Célula C19 ⇐ S_{Ri}
- Célula D19 ⇐ S_{Ti}
- Célula E19 ⇐ S_{Rei}

▶ Cálculos dos valores utilizados na qualidade de ajuste

- Cálculos dos valores $g_i = c_0 + c_1x_i$: Na célula **A20**, escreva: =D$16+D$17*D2. Os cálculos dos outros valores fornecidos pelo modelo linear proposto são realizados da seguinte forma: a) selecione a célula **A20**, b) mova o cursor do mouse para o canto inferior direito da célula **A20** até que o ponteiro assuma o formato de uma cruz preta (alça de preenchimento), c) arraste a alça de preenchimento até a célula **A24**.

- Cálculos dos resíduos $\varepsilon_i = y_i - g_i$: Na célula **B20**, escreva: = C2-A20. Os cálculos dos outros valores são realizados da seguinte forma: a) selecione a célula **B20**, b) mova o cursor do mouse para o canto inferior direito da célula **B20** até que o ponteiro assuma o formato de uma cruz preta, c) arraste a alça de preenchimento até a célula **B24**.

- Cálculos dos resíduos quadráticos $S_{Ri} = (y_i - g_i)^2$: Na célula **C20**, escreva: = **B20^2**. Os cálculos dos outros valores são realizados da seguinte forma: a) selecione a célula **C20**, b) mova o cursor do mouse para o canto inferior direito da célula **C20** até que o ponteiro assuma o formato de uma cruz preta, c) arraste a alça de preenchimento até a célula **C24**.

- Cálculos dos resíduos quadráticos entre os valores experimentais e a média, S_{Ti}: Na célula **D20**, escreva: = **(C2 – B$9)^2**. Os cálculos dos outros valores são realizados da seguinte forma: a) selecione a célula **D20**, b) mova o cursor do mouse para o canto inferior direito da célula **D20** até que o ponteiro assuma o formato de uma cruz preta, c) arraste a alça de preenchimento até a célula **D24**.

- Cálculos dos resíduos quadráticos entre os valores fornecidos pelo modelo e a média, S_{Rei}: Na célula **E20**, escreva: = **(A20 – B$9)^2**. Os cálculos dos outros valores são realizados da seguinte forma: a) selecione a célula **E20**, b) mova o cursor do mouse para o canto inferior direito da célula **E20** até que o ponteiro assuma o formato de uma cruz preta, c) arraste a alça de preenchimento até a célula **E24**.

Na planilha aparecerão as seguintes informações:

	A	B	C	D	E	F
8	m	MY	SY	SX	SXY	SX2
9	5	4,29735956	21,48679780	855,0000	6914,25217083	302525,0000
10						
11	α		c	β		
12	5	855,0000	c_0	21,48679780		
13	855,0000	302525,0000	c_1	6914,25217083		
14						
15	α^{-1}			c		
16	0,387058598	-0,00109391		0,753080731		
17	-0,00109391	6,39713E-06		0,020726777		
18						
19	$g_i = c_0 + c_1x_i$	$\varepsilon_i = y_i - g_i$	S_{Ri}	S_{Ti}	S_{Rei}	
20	0,856714615	0,06921131	0,00479021	11,36656475	11,83803764	
21	1,78941957	0,02876225	0,00082727	6,146322278	6,289762997	
22	2,825758409	-0,19417946	0,03770566	2,774825051	2,165609949	
23	4,898436087	0,10156391	0,01031523	0,493703587	0,361292991	
24	11,11646912	-0,00535801	0,00002871	46,42721019	46,50025521	
25						

8. Cálculos das somas

▶ Escreva os seguintes textos:

- Soma dos resíduos: Na célula A26, escreva e (marque a letra **e**, troque a fonte para symbol).
- Soma quadrática dos resíduos: Na célula B26, escreva S_R.
- Soma quadrática dos valores experimentais em torno da média: Na célula C26, escreva S_T.
- Soma quadrática dos valores do modelo em torno da média: Na célula D26, escreva S_{Re}.
- Coeficiente de determinação: Na célula E26, escreva R^2,

▶ Valores das somas e do coeficiente de determinação

- Escreva na célula A27 o comando: **=soma(B20:B24)**. As outras somas são obtidas da seguinte forma: a) selecione a célula **A27**, b) mova o cursor do mouse para o canto inferior direito da célula **A27** até que o ponteiro assuma o formato de uma cruz preta (alça de preenchimento), c) arraste a alça de preenchimento até a célula **D27**.
- Escreva na célula E27 o comando: **=1 - B27/C27**

  Na planilha aparecerão as seguintes informações:

	A	B	C	D	E	F
10						
11	α		c	β		
12	5	855,0000	c_0	21,48679780		
13	855,0000	302525,0000	c_1	6914,25217083		
14						
15	α^{-1}			c		
16	0,387058598	-0,00109391		0,753080731		
17	-0,00109391	6,39713E-06		0,020726777		
18						
19	$g_i = c_0 + c_1x_i$	$\varepsilon_i = y_i - g_i$	S_{Ri}	S_{Ti}	S_{Rei}	
20	0,856714615	0,06921131	0,00479021	11,36656475	11,83803764	
21	1,78941957	0,02876225	0,00082727	6,146322278	6,289762997	
22	2,825758409	-0,19417946	0,03770566	2,774825051	2,165609949	
23	4,898436087	0,10156391	0,01031523	0,493703587	0,361292991	
24	11,11646912	-0,00535801	0,00002871	46,42721019	46,50025521	
25						
26	ε	S_R	S_T	S_{Re}	R^2	
27	-1,11022302E-15	5,36670725E-02	6,72086259E+01	6,71549588E+01	0,99920149	

9. Graus de liberdades e Médias

- Escreva os seguintes textos:
  - Grau de liberdade do resíduo: Na célula A29, escreva o texto: $\mathbf{G_L^R}$
  - Grau de liberdade da regressão: Na célula B29, escreva o texto: $\mathbf{G_L^{Re}}$
  - Grau de liberdade total: Na célula C29, escreva o texto: $\mathbf{G_L^{Total}}$
  - Média quadrática dos resíduos: Na célula D29, escreva o texto: $\mathbf{M_R}$
  - Média quadrática da regressão: Na célula E29, escreva o texto: $\mathbf{M_{Re}}$
- Valores:
  - Grau de liberdade do resíduo: Na célula **A30**, escreva: **= A9-2**.
  - Grau de liberdade da regressão: Na célula **B30**, escreva: **= 1**
  - Grau de liberdade total: Na célula **C30**, escreva: **= A9 - 1**
  - Média quadrática do resíduo: Na célula **D30**, escreva: **= B27/A30**
  - Cálculo da média quadrática da regressão: Na célula **E30**, escreva: **= D27/B30**

  Na planilha aparecerão as seguintes informações:

	A	B	C	D	E
14					
15	α^{-1}			c	
16	0,387058598	-0,00109391		0,753080731	
17	-0,00109391	6,39713E-06		0,020726777	
18					
19	$g_i = c_0 + c_1x_i$	$\varepsilon_i = y_i - g_i$	S_{Ri}	S_{Ti}	S_{Rei}
20	0,856714615	0,06921131	0,00479021	11,36656475	11,83803764
21	1,78941957	0,02876225	0,00082727	6,146322278	6,289762997
22	2,825758409	-0,19417946	0,03770566	2,774825051	2,165609949
23	4,898436087	0,10156391	0,01031523	0,493703587	0,361292991
24	11,11646912	-0,00535801	0,00002871	46,42721019	46,50025521
25					
26	ε	S_R	S_T	S_{Re}	R^2
27	-1,11022302E-15	5,36670725E-02	6,72086259E+01	6,71549588E+01	0,99920149
28					
29	G_L^R	G_L^{Re}	G_L^{Total}	M_R	M_{Re}
30	3	1	4	1,78890242E-02	6,71549588E+01

10. Nível de confiança e Probabilidades

▶ Escreva os seguintes textos:

- Nível de confiança: Na célula **A32**, escreva o texto: **N_C (%)**
- Nível de significância: Na célula **B32**, escreva o texto: **α**
- Probabilidade acumulada de cauda superior: Na célula **C32**, escreva o texto: ϕ
- Valor da distribuição t de Student: Na célula D32, escreva o texto: **t**

▶ Valores

- Nível de confiança: Na célula **A31**, escreva o valor: **95**
- Nível de significância: Na célula **B31**, escreva o comando: **= 1 - A31/100**
- Grau de liberdade total: Na célula **C30**, escreva: **= 1 - B31/2**
- Valor da distribuição t de Student: Marque a célula **D30** e utilize a sequência: **Guia Fórmulas → Inserir função.**

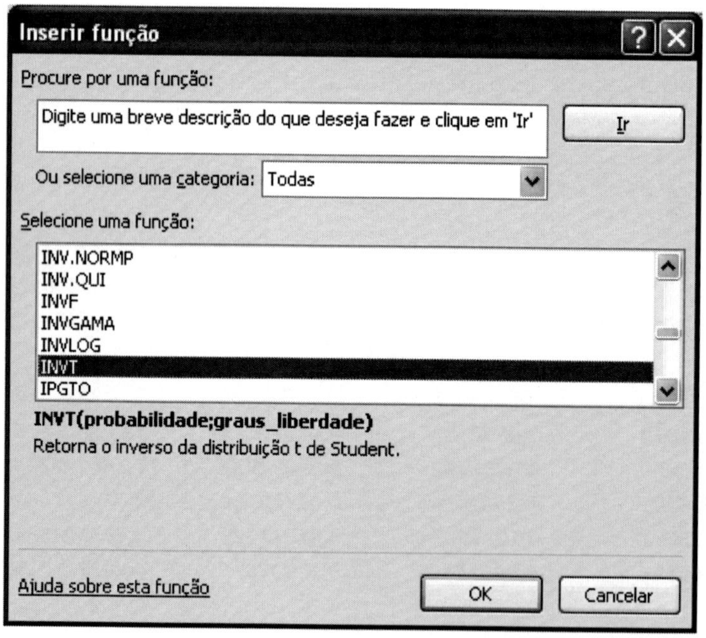

Na caixa de diálogo Inserir função, escolha a função **INVT** e clique no botão OK. Em seguida, aparecerá a caixa de diálogo para a especificação da função INVT.

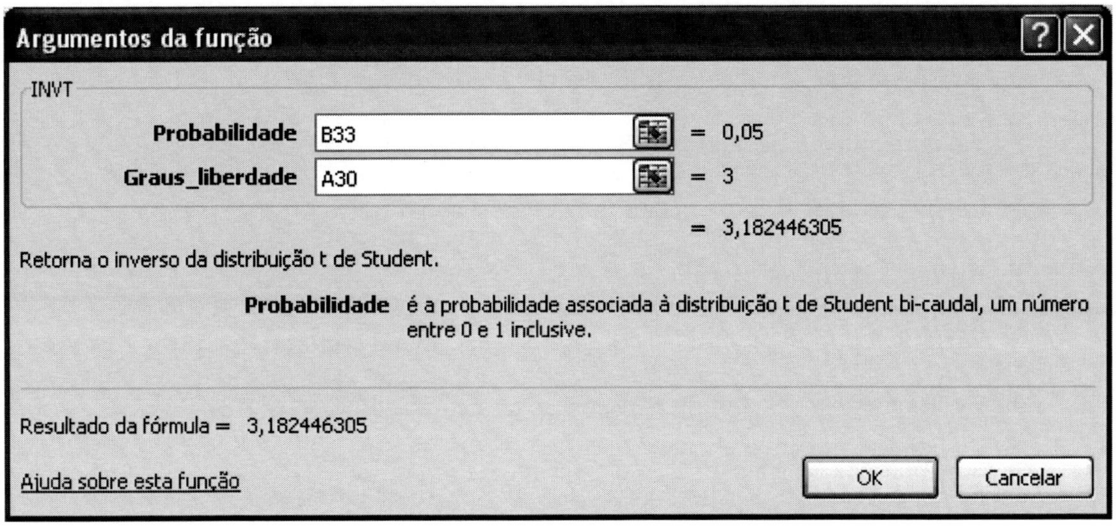

Clicando em OK, a nova aparência da planilha é a seguinte:

	A	B	C	D	E
14					
15	α^{-1}			c	
16	0,387058598	-0,00109391		0,753080731	
17	-0,00109391	6,39713E-06		0,020726777	
18					
19	$g_i = c_0 + c_1x_i$	$\varepsilon_i = y_i - g_i$	S_{Ri}	S_{Ti}	S_{Rei}
20	0,856714615	0,06921131	0,00479021	11,36656475	11,83803764
21	1,78941957	0,02876225	0,00082727	6,146322278	6,289762997
22	2,825758409	-0,19417946	0,03770566	2,774825051	2,165609949
23	4,898436087	0,10156391	0,01031523	0,493703587	0,361292991
24	11,11646912	-0,00535801	0,00002871	46,42721019	46,50025521
25					
26	ε	S_R	S_T	S_{Re}	R^2
27	-1,11022302E-15	5,36670725E-02	6,72086259E+01	6,71549588E+01	0,99920149
28					
29	G_L^R	G_L^{Re}	G_L^{Total}	M_R	M_{Re}
30	3	1	4	1,78890242E-02	6,71549588E+01
31					
32	N_c (%)	α	ϕ	t	
33	95	0,05	0,975	3,182446305	

11. Variâncias

- Escreva os seguintes textos:
  - Variância populacional: na célula **A35**, escreva o texto **s²**
  - Variância de c_0: na célula **B35**, escreva o texto **Var(**$\boldsymbol{c_0}$**)**
  - Variância de c_1: na célula **C35**, escreva o texto **Var(**$\boldsymbol{c_1}$**)**
  - Covariância de c_0 e c_1: na célula **D35**, escreva o texto **Cov(**$\boldsymbol{c_0}$**,** $\boldsymbol{c_1}$**)**
- Realize os seguintes comandos:
  - Variância populacional: Na célula **A36**, escreva o comando: **=D30**
  - Variância de c_0: Na célula **B36**, escreva o comando: **=A16*D30**
  - Variância de c_1: Na célula **C36**, escreva o comando: **=B17*D30**
  - Covariância de c_0 e c_1: Na célula **D36**, escreva o comando: **=B16*D30**
- Observe que a matriz de covariância é definida por:

$$\mathbf{V} = \mathbf{B}s^2 = \begin{bmatrix} \mathrm{Var}(c_0 & \mathrm{Var}\ c_0, c_1 \\ \mathrm{Var}\ c_1, c_0 & \mathrm{Var}\ c_1 \end{bmatrix}$$

sendo que a matriz **B** é a matriz inversa de (**X**^{t}**X**) definida por:

$$\mathbf{B} = \left(\mathbf{X}^t\mathbf{X}\right)^{-1} = \begin{bmatrix} m & \sum_{i=1}^{m} x_i \\ \sum_{i=1}^{m} x_i & \sum_{i=1}^{m} x_i^2 \end{bmatrix}^{-1} \tag{3.80}$$

Na planilha aparecerão as seguintes informações:

	A	B	C	D	E
15	α^{-1}			c	
16	0,387058598	-0,00109391		0,753080731	
17	-0,00109391	6,39713E-06		0,020726777	
18					
19	$g_i = c_0 + c_1 x_i$	$\varepsilon_i = y_i - g_i$	S_{Ri}	S_{Ti}	S_{Rei}
20	0,856714615	0,06921131	0,00479021	11,36656475	11,83803764
21	1,78941957	0,02876225	0,00082727	6,146322278	6,289762997
22	2,825758409	-0,19417946	0,03770566	2,774825051	2,165609949
23	4,898436087	0,10156391	0,01031523	0,493703587	0,361292991
24	11,11646912	-0,00535801	0,00002871	46,42721019	46,50025521
25					
26	ε	S_R	S_T	S_{Re}	R^2
27	-1,11022302E-15	5,36670725E-02	6,72086259E+01	6,71549588E+01	0,99920149
28					
29	G_L^R	G_L^{Re}	G_L^{Total}	M_R	M_{Re}
30	3	1	4	1,78890242E-02	6,71549588E+01
31					
32	N_c (%)	α	ϕ	t	
33	95	0,05	0,975	3,182446305	
34					
35	s^2	Var(c_0)	Var(c_1)	Cov(c_0, c_1)	
36	1,78890242E-02	6,92410061E-03	1,14438486E-07	-1,95689811E-05	

12. Erros padrões e intervalos de confiança

▶ Escreva os seguintes textos:

- Erro padrão do coeficiente c_0: na célula **A38**, escreva o texto $\mathbf{E_{c0}}$
- Erro padrão do coeficiente c_1: na célula **B38**, escreva o texto $\mathbf{E_{c1}}$
- Variação do coeficiente c_0: na célula **C38**, escreva $\mathbf{\Delta_{c0}}$
- Variação do coeficiente c_1: na célula **D38**, escreva $\mathbf{\Delta_{c1}}$

▶ Realize os seguintes comandos:

- Erro padrão de c_0: Na célula **A39**, escreva o comando: **=raiz(B36)**
- Erro padrão de c_1: Na célula **B39**, escreva o comando: **=raiz(C36)**
- Variação do coeficiente c_0: Na célula **C39**, escreva o comando: **=A39*D33**
- Variação do coeficiente c_1: Na célula **D39**, escreva o comando: **=B39*D33**

Observe que os erros padrões são definidos, respectivamente, por:

$$E_{c0} = \sqrt{\mathrm{Var}\left(c_0\right.}$$

e

$$E_{c1} = \sqrt{\mathrm{Var}\ \ c_1}$$

Na planilha aparecerão as seguintes informações:

	A	B	C	D	E
25					
26	ε	S_R	S_T	S_{Re}	R^2
27	-1,11022302E-15	5,36670725E-02	6,72086259E+01	6,71549588E+01	0,99920149
28					
29	G_L^R	G_L^{Re}	G_L^{Total}	M_R	M_{Re}
30	3	1	4	1,78890242E-02	6,71549588E+01
31					
32	N_c (%)	α	ϕ	t	
33	95	0,05	0,975	3,182446305	
34					
35	s^2	$\mathrm{Var}(c_0)$	$\mathrm{Var}(c_1)$	$\mathrm{Cov}(c_0, c_1)$	
36	1,78890242E-02	6,92410061E-03	1,14438486E-07	-1,95689811E-05	
37					
38	E_{C0}	E_{C1}	Δ_{C0}	Δ_{C1}	
39	0,083211181	0,000338288	0,264815115	0,001076582	

13. Limites dos coeficientes para o nível de confiança especificado

▶ Escreva os seguintes textos:

- Limite inferior do coeficiente c_0: na célula **A41**, escreva o texto $\mathbf{C_0^{inf}}$
- Limite superior do coeficiente c_0: na célula **B41**, escreva o texto $\mathbf{C_0^{sup}}$
- Limite inferior do coeficiente c_1: na célula **C41**, escreva o texto $\mathbf{C_1^{inf}}$
- Limite superior do coeficiente c_1: na célula **D41**, escreva o texto $\mathbf{C_1^{sup}}$

▶ Realize os seguintes comandos:

- Limite inferior de c_0: Na célula **A42**, escreva o comando: **=D16-C39**
- Limite superior de c_0: Na célula **B42**, escreva o comando: **=D16+C39**
- Limite inferior de c_1: Na célula **C42**, escreva o comando: **=D17-D39**

- Limite superior de c_1: Na célula **D42**, escreva o comando: **=D17+D39**

Na planilha aparecerão as seguintes informações:

	A	B	C	D	E
25					
26	ε	S_R	S_T	S_{Re}	R^2
27	-1,11022302E-15	5,36670725E-02	6,72086259E+01	6,71549588E+01	0,99920149
28					
29	G_L^R	G_L^{Re}	G_L^{Total}	M_R	M_{Re}
30	3	1	4	1,78890242E-02	6,71549588E+01
31					
32	N_c (%)	α	ϕ	t	
33	95	0,05	0,975	3,182446305	
34					
35	s^2	Var(c_0)	Var(c_1)	Cov(c_0, c_1)	
36	1,78890242E-02	6,92410061E-03	1,14438486E-07	-1,95689811E-05	
37					
38	E_{C0}	E_{C1}	Δ_{C0}	Δ_{C1}	
39	0,083211181	0,000338288	0,264815115	0,001076582	
40					
41	c_0^{inf}	c_0^{sup}	c_1^{inf}	c_1^{sup}	
42	0,488265616	1,017895846	0,019650195	0,021803359	
43					

REFERÊNCIA BIBLIOGRÁFICA

JASPER J. J. The Surface Tension of Pure Liquid Compounds. **J. Phys. Chem. Ref. Data**, Vol. 1, 4, 841-1009, 1972.

FOGLER, H. S. **Elementos de Engenharia das Reações Químicas**. Terceira Edição. Editora LTC. 1999.

MICROSOFT EXCEL 2007 (Redmond, WA: Microsoft Corp., 2007)

PERRY, R. H; GREEN, D. W. **Perry''s Chemical Engineers' Handbook.** Seventh Edition. McGraw-Hill. 1998.

Capítulo **4**

REGRESSÃO QUADRÁTICA

INTRODUÇÃO

O modelo quadrático é representado por:

$$g_i = c_0 + c_1 x_i + c_2 x_i^2 \quad (4.1)$$

Conforme o Tópico 1.2 do Capítulo 1, a forma matricial das equações normais para um modelo quadrático com a constante diferente de zero é dada por:

$$\begin{bmatrix} m & \sum_{i=1}^{m} x_i & \sum_{i=1}^{m} x_i^2 \\ \sum_{i=1}^{m} x_i & \sum_{i=1}^{m} x_i^2 & \sum_{i=1}^{m} x_i^3 \\ \sum_{i=1}^{m} x_i^2 & \sum_{i=1}^{m} x_i^3 & \sum_{i=1}^{m} x_i^4 \end{bmatrix} \begin{bmatrix} c_0 \\ c_1 \\ c_2 \end{bmatrix} = \begin{bmatrix} \sum_{i=1}^{m} y_i \\ \sum_{i=1}^{m} y_i x_i \\ \sum_{i=1}^{m} y_i x_i^2 \end{bmatrix} \quad (4.2)$$

A forma matricial da Equação (4.2) é dada por:

$$\mathbf{X}^T\mathbf{X}\big)\mathbf{C} = \left(\mathbf{X}^T\mathbf{y}\right) \quad (4.3)$$

Os produtos entre as matrizes entre parênteses são apresentados na Tabela 4.1.

TABELA 4.1 – RESULTADOS DOS PRODUTOS ENTRE MATRIZES PARA O MODELO QUADRÁTICO

$$\mathbf{X}^T\mathbf{X}=\begin{bmatrix} m & \sum_{i=1}^{m} x_i & \sum_{i=1}^{m} x_i^2 \\ \sum_{i=1}^{m} x_i & \sum_{i=1}^{m} x_i^2 & \sum_{i=1}^{m} x_i^3 \\ \sum_{i=1}^{m} x_i^2 & \sum_{i=1}^{m} x_i^3 & \sum_{i=1}^{m} x_i^4 \end{bmatrix} \qquad \boldsymbol{\beta}=\mathbf{X}^T\mathbf{y}=\begin{bmatrix} \sum_{i=1}^{m} y_i \\ \sum_{i=1}^{m} x_i y_i \\ \sum_{i=1}^{m} x_i^2 y_i \end{bmatrix}$$

Os coeficientes $C = (c_0, c_1, c_2)^T$ são obtidos pelo seguinte procedimento:

1. Obter a transposta da matriz **X**: $\mathbf{X}^\mathrm{T}$
2. Multiplicar as matrizes $\mathbf{X}^\mathrm{T}$ e **X**: $\mathbf{X}^\mathrm{T}\mathbf{X}$
3. Obter a inversão matricial de $\mathbf{X}^\mathrm{T}\mathbf{X}$: $\mathbf{B} = (\mathbf{X}^T\mathbf{X})^{-1}$
4. Multiplicar as matrizes **B** e $\boldsymbol{\beta}$:

$$\mathbf{C}=\left(\mathbf{X}^T\mathbf{X}\right)^{-1}\left(\mathbf{X}^T\mathbf{y}\right)=\mathbf{B}\boldsymbol{\beta} \tag{4.4}$$

sendo $\mathbf{B} = (\mathbf{X}^T\mathbf{X})^{-1}$.

QUALIDADE DO AJUSTE DO MODELO QUADRÁTICO

O resumo das relações desenvolvidas no Tópico 1.4 do Capítulo 1, para $N = 2$, é apresentado na Tabela 4.2.

TABELA 4.2 – RESUMO PARA O MODELO QUADRÁTICO

- Soma quadrática residual: $S_R=\sum_{i=1}^{m} y_i - g_i \;^2$
- Soma quadrática em torno da média: $S_T=\sum_{i=1}^{m}(y_i-\bar{y}\;^2$

Tabela 4.2 – Resumo para o modelo quadrático

- Soma quadrática da regressão: $S_{Re} = \sum_{i=1}^{m} (g_i - \overline{y})^2$
- Grau de liberdade total: $G_L^T = m - 1$
- Grau de liberdade da regressão: $G_L^{Re} = 2$
- Grau de liberdade dos resíduos: $G_L^R = m - 3$
- Média quadrática residual: $M_R = S_R/G_L^R$
- Média quadrática da regressão: $M_{Re} = S_{Re}/G_L^{Re}$
- Coeficiente de determinação: $R^2 = 1 - S_R/S_T$
- Coeficiente de correlação: $R = \sqrt{R^2}$
- Coeficiente de determinação ajustado: $R_{aj}^2 = 1 - (1 - R^2)\left(\frac{G_L^T}{G_L^R}\right) = 1 - \left(\frac{S_R}{S_T}\right)\left(\frac{G_L^T}{G_L^R}\right)$
- Variância populacional s^2: $s^2 = M_R$
- Desvio padrão populacional (erro padrão da estimativa): $s = \sqrt{M_R}$

ANÁLISES DE VARIÂNCIAS E ERROS PADRÕES

As variâncias dos coeficientes do modelo polinomial são definidas por:

$$\mathbf{V} = (\mathbf{X}^T\mathbf{X})^{-1} s^2 = \mathbf{B}s^2 \tag{4.5}$$

Conforme o Tópico 1.4.1 do Capítulo 1, para um modelo polinomial de grau dois, a matriz de covariância é dada por:

$$\mathbf{V} = \begin{bmatrix} V_{11} = B_{11}s^2 = \mathrm{Var}(c_0) & V_{12} = B_{12}s^2 = \mathrm{Cov}(c_0, c_1) & V_{13} = B_{13}s^2 = \mathrm{Cov}(c_0, c_2) \\ V_{21} = B_{21}s^2 = \mathrm{Cov}(c_1, c_0) & V_{22} = B_{22}s^2 = \mathrm{Var}(c_1) & V_{23} = B_{23}s^2 = \mathrm{Cov}(c_1, c_2) \\ V_{31} = B_{31}s^2 = \mathrm{Cov}(c_2, c_0) & V_{32} = B_{32}s^2 = \mathrm{Cov}(c_2, c_1) & V_{33} = B_{33}s^2 = \mathrm{Var}(c_2) \end{bmatrix}$$

A matriz inversa **B** é definida por:

$$\mathbf{B} = \left(\mathbf{X}^T\mathbf{X}\right)^{-1} = \begin{bmatrix} m & \sum_{i=1}^{m} x_i & \sum_{i=1}^{m} x_i^2 \\ \sum_{i=1}^{m} x_i & \sum_{i=1}^{m} x_i^2 & \sum_{i=1}^{m} x_i^3 \\ \sum_{i=1}^{m} x_i^2 & \sum_{i=1}^{m} x_i^3 & \sum_{i=1}^{m} x_i^4 \end{bmatrix}^{-1} \tag{4.6}$$

Os erros padrões dos coeficientes c_i, para i = 0, 1, 2, são calculados por:

- Coeficiente c_0: $E_{c0} = \sqrt{\text{Var}\left(c_0\right)}$
- Coeficiente c_1: $E_{c1} = \sqrt{\text{Var}\ c_1)}$
- Coeficiente c_2: $E_{c2} = \sqrt{\text{Var}\left(c_2\right)}$

INFERÊNCIAS RELACIONADAS AOS COEFICIENTES DE REGRESSÃO

O teste de hipótese para verificar se um determinado coeficiente do polinômio de grau dois exerce um efeito significativo sobre os dados fornecidos pelo modelo é idêntico ao descrito no Tópico 1.4.3. O resumo é apresentado na Tabela 4.3.

TABELA 4.3 – INFERÊNCIA SOBRE OS COEFICIENTES DO MODELO PROPOSTO

Teste de hipótese:

$H_0 : c_j = 0$ para $j = 0, 1, 2$	se $t_{Estat}\big\|_{cj} \leq t$
$H_1 : c_j \neq 0$ para $j = 0, 1, 2$	se $t_{Estat}\big\|_{cj} > t$

$t_{Estat}\Big|_{c0} = \dfrac{c_0}{E_{c0}}$, $t_{Estat}\Big|_{c1} = \dfrac{c_1}{E_{c1}}$ e $t_{Estat}\Big|_{c2} = \dfrac{c_2}{E_{c2}}$

Valor crítico da distribuição t de Student

Sintaxe: =INVT(α; G_L^R) em uma célula do EXCEL

Tabela 4.3 – Inferência sobre os coeficientes do modelo proposto

Teste de hipótese:

$$\begin{array}{ll} H_0 : c_j = 0 \text{ para } j = 0,\ 1,\ 2 & \text{se valor-}p\big|_{cj} \geq \alpha \\ H_1 : c_j \neq 0 \text{ para } j = 0,\ 1,\ 2 & \text{se valor-}p\big|_{cj} < \alpha \end{array}$$

valor-p:

Sintaxe: =DISTT(t_{Estat}; $G_L^{\,R}$; 2) em uma célula do EXCEL

TESTE DE SIGNIFICÂNCIA DO MODELO DE REGRESSÃO

A abordagem para verificar a significância do modelo é baseada na análise de variância, sendo equivalente ao teste *t* para inferências dos coeficientes do modelo.

Tabela 4.4 – Inferência sobre o modelo proposto

Teste de hipótese:

$$\begin{array}{ll} H_0 : \text{modelo não significativo} & \text{se } F_{Estat} \leq F \\ H_1 : \text{modelo significativo} & \text{se } F_{Estat} > F \end{array}$$

$$F_{Estat} = \frac{M_{\mathrm{Re}}}{M_R} = \frac{S_{\mathrm{Re}}/G_L^{\mathrm{Re}}}{S_{\mathrm{R}}/G_L^{\mathrm{R}}}$$

Valor crítico da distribuição t de Student

Sintaxe: =INVF(α; $G_L^{\,Re}$; $G_L^{\,R}$) em uma célula do EXCEL

Teste de hipótese:

$$\begin{array}{ll} H_0 : \text{modelo não significativo} & \text{se } F_{\text{significância}} \geq \alpha \\ H_1 : \text{modelo significativo} & \text{se } F_{\text{significância}} < \alpha \end{array}$$

valor-p = $F_{significância}$

Sintaxe: =DISTF(F_{Estat}; $G_L^{\,Re}$; $G_L^{\,R}$) em uma célula do EXCEL

INTERVALOS DE CONFIANÇA DOS COEFICIENTES

Admitindo que ocorra uma distribuição normal dos erros (ε_i), os intervalos de confiança dos coeficientes do modelo são apresentados na Tabela 4.5.

Tabela 4.5 – Intervalos de confiança para os coeficientes do modelo quadrático

$c_0 \pm tE_{c0}$	$c_1 \pm tE_{c1}$	$c_2 \pm tE_{c2}$

sendo que E_{c0}, E_{c1} e E_{c2} são os erros padrões dos coeficientes do modelo quadrático, t é o valor crítico da distribuição t de Student a uma probabilidade acumulada de cauda superior igual a $\phi = 1 - \alpha/2$ com $G_L^R = m - 3$ graus de liberdade, m é o número de dados do experimento e α é o nível de significância. O nível de confiança (NC) de um teste de hipótese é representado por $NC = 100(1 - \alpha)$. Por exemplo, para um nível de confiança de $NC = 95\%$, o nível de significância é $\alpha = 0{,}05$ e a probabilidade acumulada de cauda superior é $\emptyset = 0{,}975$.

ROTEIRO DE CÁLCULO PARA REGRESSÃO QUADRÁTICA

O procedimento computacional para o modelo quadrático é apresentado na Tabela 4.6.

Tabela 4.6 – Roteiro de cálculo para a regressão quadrática

1. Entrada de dados: m, y_i, x_i para $i = 1, 2, ..., m$
2. Nível de confiança em %: NC
3. Cálculos dos valores experimentais utilizados na regressão: x_i^2, x_i^3, x_i^4, $x_i y_i$ e $x_i^2 y_i$
4. Cálculos das somas e das médias

- Somatórios dos valores de x e de y: $S_X = \sum_{i=1}^{m} x_i$ e $S_Y = \sum_{i=1}^{m} y_i$
- Somatórios das potências dos valores de x: $S_{X2} = \sum_{i=1}^{m} x_i^2$, $S_{X3} = \sum_{i=1}^{m} x_i^3$, $S_{X4} = \sum_{i=1}^{m} x_i^4$
- Somatório do produto entre x e y: $S_{XY} = \sum_{i=1}^{m} x_i y_i$ e $S_{X2Y} = \sum_{i=1}^{m} x_i^2 y_i$
- Médias dos valores de x e de y: $\bar{x} = S_X/m$ e $\bar{y} = S_Y/m$

TABELA 4.6 – ROTEIRO DE CÁLCULO PARA A REGRESSÃO QUADRÁTICA

5. Matriz ($\mathbf{X}^T\mathbf{X}$): $\mathbf{X}^T\mathbf{X} = \begin{bmatrix} m & S_X & S_{X2} \\ S_X & S_{X2} & S_{X3} \\ S_{X2} & S_{X3} & S_{X4} \end{bmatrix}$

6. Cálculo do produto $\mathbf{X}^T\mathbf{y}$: $\boldsymbol{\beta} = \mathbf{X}^T\mathbf{y} = \begin{bmatrix} S_Y \\ S_{XY} \\ S_{X2Y} \end{bmatrix}$

7. Cálculo da matriz inversa **B**: $\mathbf{B} = \ \mathbf{X}^T\mathbf{X})^{-1}$

8. Cálculos dos coeficientes: $\mathbf{C} = \mathbf{B}\boldsymbol{\beta} = [c_0 \quad c_1 \quad c_2]^T$

9. Qualidade do ajuste:

- Valores fornecidos pelo modelo: $g_i = c_0 + c_1x_i + c_2x_i^2$ para i = 1, 2, ..., m
- Soma dos resíduos: $\varepsilon = \sum_{i=1}^{m} \varepsilon_i = \sum_{i=1}^{m} \ y_i - g_i)$
- Soma quadrática residual (variação não explicada): $S_R = \sum_{i=1}^{m} \ y_i - g_i)^2$
- Soma quadrática da regressão (variação explicada): $S_{Re} = \sum_{i=1}^{m} \ g_i - \overline{y})^2$
- Soma quadrática total: $S_T = \sum_{i=1}^{m} \ y_i - \overline{y})^2$
- Grau de liberdade total: $G_L^T = m - 1$
- Grau de liberdade da regressão: $G_L^{Re} = 2$
- Grau de liberdade dos resíduos: $G_L^R = m - 3$
- Coeficiente de determinação (R^2): $R^2 = 1 - S_R/S_T$
- Coeficiente de correlação: $R = \sqrt{R^2}$
- Coeficiente de determinação ajustado: $R_{aj}^2 = 1 - \left(\dfrac{S_R}{S_T}\right)\left(\dfrac{G_L^T}{G_L^R}\right)$
- Média quadrática residual: $M_R = S_R/G_L^R$

TABELA 4.6 – ROTEIRO DE CÁLCULO PARA A REGRESSÃO QUADRÁTICA

- Média quadrática da regressão: $M_{Re} = S_{Re}/G_L^{Re}$
- Variância populacional s^2: $s^2 = M_R$
- Desvio padrão populacional s: $s = \sqrt{M_R}$
- Matriz de covariâncias: $\mathbf{V} = \mathbf{B}s^2$

$$\mathbf{V} = \begin{bmatrix} B_{11}s^2 = \mathrm{Var}(c_0) & B_{12}s^2 = \mathrm{Cov}(c_0, c_1) & B_{13}s^2 = \mathrm{Cov}(c_0, c_2) \\ B_{21}s^2 = \mathrm{Cov}(c_1, c_0) & B_{22}s^2 = \mathrm{Var}(c_1) & B_{23}s^2 = \mathrm{Cov}(c_1, c_2) \\ B_{31}s^2 = \mathrm{Cov}(c_2, c_0) & B_{32}s^2 = \mathrm{Cov}(c_2, c_1) & B_{33}s^2 = \mathrm{Var}(c_2) \end{bmatrix}$$

- Erro padrão do coeficiente c0: $E_{c0} = \sqrt{\mathrm{Var}\ c_0)}$
- Erro padrão do coeficiente c1: $E_{c1} = \sqrt{\mathrm{Var}(c_1)}$
- Erro padrão do coeficiente c2: $E_{c2} = \sqrt{\mathrm{Var}\ c_2)}$
- Inferência sobre os coeficientes do modelo:
  - Cálculo do nível de significância: $\alpha = 1 - NC/100$
  - Cálculo da probabilidade acumulada: $\emptyset = 1 - \alpha/2$

PRIMEIRA INFERÊNCIA

- Cálculo do valor crítico da distribuição t de Student:
- Escreva o comando **=INVT(α; G_L^R)** em uma célula do EXCEL
- Cálculo da estatística do coeficiente c_0: $t_{Estat}|_{c0} = c_0/E_{c0}$
- Cálculo da estatística do coeficiente c_1: $t_{Estat}|_{c1} = c_1/E_{c1}$
- Cálculo da estatística do coeficiente c_2: $t_{Estat}|_{c2} = c_2/E_{c2}$

TESTE DE HIPÓTESE:

Se $t_{Estat}|_{c0} > t$, o coeficiente c_0 é significativo. Caso contrário, deve-se descartar o coeficiente c_0, pois não é estatisticamente significativo

Se $t_{Estat}|_{c1} > t$, o coeficiente c_1 é significativo. Caso contrário, deve-se descartar o coeficiente c_1, pois não é estatisticamente significativo

Se $t_{Estat}|_{c2} > t$, o coeficiente c_2 é significativo. Caso contrário, deve-se descartar o coeficiente c_2, pois não é estatisticamente significativo

TABELA 4.6 – ROTEIRO DE CÁLCULO PARA A REGRESSÃO QUADRÁTICA

SEGUNDA INFERÊNCIA

- Cálculo da distribuição t de Student para o coeficiente c_0, **valor-p**$|_{c0}$:
- Escreva o comando **=DISTT(**$t_{Estat}|_{c0}$**;** G_L^R**; 2)** em uma célula do EXCEL
- Cálculo da distribuição t de Student para o coeficiente c_1, **valor-p**$|_{c1}$:
- Escreva o comando **=DISTT(**$t_{Estat}|_{c1}$**;** G_L^R**; 2)** em uma célula do EXCEL
- Cálculo da distribuição t de Student para o coeficiente c_2, **valor-p**$|_{c2}$:
- Escreva o comando **=DISTT(**$t_{Estat}|_{c2}$**;** G_L^R**; 2)** em uma célula do EXCEL

TESTE DE HIPÓTESE:

Se **valor-p**$|_{c0} < \alpha$, o coeficiente c_0 é significativo. Caso contrário, deve-se descartar o coeficiente c_0, pois não é estatisticamente significativo.

Se **valor-p**$|_{c1} < \alpha$, o coeficiente c_1 é significativo. Caso contrário, deve-se descartar o coeficiente c_1, pois não é estatisticamente significativo.

Se **valor-p**$|_{c2} < \alpha$, o coeficiente c_2 é significativo. Caso contrário, deve-se descartar o coeficiente c_2, pois não é estatisticamente significativo.

▶ Inferência sobre os coeficientes do modelo:

PRIMEIRA INFERÊNCIA

- Cálculo do valor crítico da distribuição F:

  Escreva o comando **=INVF(**α**;** G_L^{Re}**;** G_L^R**)** em uma célula do EXCEL
- Cálculo da estatística de teste de hipótese F_{Estat}: $F_{Estat} = M_{Re}/M_R$

TESTE DE HIPÓTESE:

Se $F_{Estat} > F$, o modelo proposto é estatisticamente significativo. Caso contrário, deve-se descartar o modelo proposto.

SEGUNDA INFERÊNCIA

- Cálculo da distribuição F, **valor-p =** $F_{significância}$:

  Escreva o comando **=DISTF(**F_{Estat}**;** G_L^{Re}**;** G_L^R**)** em uma célula do EXCEL

  Teste de hipótese:

  Se $F_{significância} < \alpha$, o modelo proposto é significativo. Caso contrário, deve-se descartar o modelo proposto, pois não existe relação entre a variável dependente e as variáveis independentes.

- Intervalo de confiança para o coeficiente c_0: $c_0 \pm t_{\phi,n} E_{c0}$

TABELA 4.6 – ROTEIRO DE CÁLCULO PARA A REGRESSÃO QUADRÁTICA

- Intervalo de confiança para o coeficiente c_1: $c_1 \pm t_{\phi,n} E_{c1}$
- Intervalo de confiança para o coeficiente c_2: $c_2 \pm t_{\phi,n} E_{c2}$

Exemplo 4.1

A dependência funcional da tensão superficial com a temperatura do metano é da forma: $\gamma = c_0 + c_1 T + c_2 T^2$, determine os coeficientes c_0, c_1 e c_2 a partir dos dados experimentais reportados por Jasper (1972). Os valores dos coeficientes calculados por Jasper (1972) são: c_0 = 38,618, c_1 = -0,1873 e $c_2 = -0{,}000356$.

TABELA 4.7 – VALORES REPORTADOS POR JASPER (1972)

I	T (K)	γ (dyn/cm)	i	T (K)	γ (dyn/cm)
1	90	18,877	4	105	15,026
2	95	17,611	5	110	13,707
3	100	16,328	6	115	12,371

SOLUÇÃO:

Roteiro de cálculo da Tabela 4.6

1. Quantidade de pontos experimentais: m = 6
2. Nível de confiança em %: NC = 95 %
3. Cálculos dos valores experimentais utilizados na regressão

$y_i = \gamma_i$	$x_i = T$	x_i^2	x_i^3	x_i^4	$x_i y_i$	$x_i^2 y_i$
18,877	90	8100	729000	65610000	1698,930	152903,700
17,611	95	9025	857375	81450625	1673,045	158939,275
16,328	100	10000	1000000	100000000	1632,800	163280,000
15,026	105	11025	1157625	121550625	1577,730	165661,650
13,707	110	12100	1331000	146410000	1507,770	165854,700
12,371	115	13225	1520875	174900625	1422,665	163606,475

4. Cálculos dos somatórios e das médias

- Somatório dos valores de x: $S_X = \sum_{i=1}^{m} x_i = 615$
- Somatório dos valores de y: $S_Y = \sum_{i=1}^{m} y_i = 93{,}92$
- Somatório dos valores de x^2: $S_{X2} = \sum_{i=1}^{m} x_i^2 = 63475$
- Soma dos valores de x^3: $S_{X3} = \sum_{i=1}^{m} x_i^3 = 6595875$
- Soma dos valores de x^4: $S_{X4} = \sum_{i=1}^{m} x_i^4 = 689921875$
- Somatório do produto entre x e y: $S_{XY} = \sum_{i=1}^{m} x_i y_i = 9512{,}94$
- Somatório do produto entre x^2 e y: $S_{X2Y} = \sum_{i=1}^{m} x_i^2 y_i = 970245{,}8$
- Média dos valores de x: $\bar{x} = S_X / m = 102{,}5$
- Média dos valores de y: $\bar{y} = S_Y / m = 15{,}65333333$

5. Matriz (X^TX): $$\mathbf{X}^T\mathbf{X} = \begin{bmatrix} m & S_X & S_{X2} \\ S_X & S_{X2} & S_{X3} \\ S_{X2} & S_{X3} & S_{X4} \end{bmatrix} = \begin{bmatrix} 6 & 615 & 63475 \\ 615 & 63475 & 6595875 \\ 63475 & 6595875 & 689921875 \end{bmatrix}$$

6. Cálculo do produto $\mathbf{X}^T\mathbf{y}$: $$\boldsymbol{\beta} = \mathbf{X}^T\mathbf{y} = \begin{bmatrix} \sum_{i=1}^{m} y_i \\ \sum_{i=1}^{m} x_i y_i \\ \sum_{i=1}^{m} x_i^2 y_i \end{bmatrix} = \begin{bmatrix} 93{,}92 \\ 9512{,}94 \\ 970245{,}8 \end{bmatrix}$$

7. Cálculo da matriz inversa **B**:

▶ Construção da matriz particionada $\left[\ \mathbf{X'X})\middle|\mathbf{I}\right]$, em que $\left(\mathbf{X'X}\right)$ é a matriz 3 × 3 e **I** é a matriz identidade 3 × 3. Assim:

$$\left[\ \mathbf{X'X})\middle|\mathbf{I}\right]=\left[\begin{array}{lll|lll} 6 & 615 & 63475 & 1 & 0 & 0 \\ 615 & 63475 & 6595875 & 0 & 1 & 0 \\ 63475 & 6595875 & 689921875 & 0 & 0 & 1 \end{array}\right] \tag{4.7}$$

▶ Operações elementares sobre as linhas de $\left[\left(\mathbf{X'X}\right)\middle|\mathbf{I}\right]$ até a formação da matriz particionada $\left[\mathbf{I}\middle|\mathbf{B}\right]$, em que a matriz B é a matriz inversa de $\left(\mathbf{X'X}\right)$.

$$\begin{aligned} L_1^{0)} &= [6 \quad 615 \quad 63475 \ \vdots\ 1 \quad 0 \quad 0] \\ L_2^{(0)} &= [615 \quad 63475 \quad 6595875 \ \vdots\ 0 \quad 1 \quad 0] \\ L_3^{(0)} &= [63475 \quad 6595875 \quad 689921875 \ \vdots\ 0 \quad 0 \quad 1] \end{aligned}$$

sendo que o índice (0) denota a matriz original.

As operações elementares sobre as linhas são realizadas pelas seguintes expressões:

▶ Multiplicadores das linhas: $m_{jk}=\dfrac{a_{jk}^{(k-1)}}{a_{kk}^{(k)}}$, em que j e k (**$j \neq k$**) denotam, respectivamente, a linha e a coluna da matriz.

▶ Operações sobre as linhas: $L_j^{k)} = L_j^{(k-1)} - m_{jk}L_k^{(k)}$, em que L_j denota a linha e os sobrescritos: (k-1) linha antiga e (k) nova linha.

▶ **Primeira coluna, k = 1:**

- Normalização da linha 1: $L_1^{(1)} = \dfrac{L_1^{(0)}}{6}$

$$L_1^{1)} = \frac{[6 \quad 615 \quad 63475 \ \vdots\ 1 \quad 0 \quad 0]}{6} = [1 \quad 102{,}5 \quad 10579{,}16667 \ \vdots\ 0{,}166666667 \quad 0 \quad 0]$$

- Multiplicadores das linhas 2 e 3: $m_{21} = \dfrac{a_{21}^{(0)}}{a_{11}^{(1)}} = 615$ e $m_{31} = \dfrac{a_{31}^{0)}}{a_{11}^{(1)}} = 63475$
- Operação elementar sobre a linha 2

$$L_2^{(1)} = L_2^{(0)} - m_{21}L_1^{(1)}$$
$$= \begin{Bmatrix} [615 \quad 63475 \quad 6595875 \mid 0 \quad 1 \quad 0] - \\ 615[1 \quad 102,5 \quad 10579,16667 \mid 0,166666667 \quad 0 \quad 0] \end{Bmatrix}$$

Efetuando as operações vetoriais,

$$L_2^{1)} = [0 \quad 437,5 \quad 89687,5 \mid -102,5 \quad 1 \quad 0]$$

- Operação elementar sobre a linha 3:

$$L_3^{(1)} = L_3^{(0)} - m_{31}L_1^{(1)}$$
$$= \begin{Bmatrix} [63475 \quad 6595875 \quad 689921875 \mid 0 \quad 0 \quad 1] - \\ 63475[1 \quad 102,5 \quad 10579,16667 \mid 0,166666667 \quad 0 \quad 0] \end{Bmatrix}$$

Efetuando as operações vetoriais,

$$L_3^{1)} = [0 \quad 89687,5 \quad 18409270,83 \mid -10579,16667 \quad 0 \quad 1]$$

As novas linhas da matriz são:

$$L_1^{(1)} = [1 \quad 102,5 \quad 10579,16667 \mid 0,166666667 \quad 0 \quad 0]$$
$$L_2^{(1)} = [0 \quad 437,5 \quad 89687,5 \mid -102,5 \quad 1 \quad 0]$$
$$L_3^{(1)} = [0 \quad 89687,5 \quad 18409270,83 \mid -10579,16667 \quad 0 \quad 1]$$

▶ **Segunda coluna, *k* = 2:**

- Normalização da linha 2: $L_2^{2)} = \dfrac{L_2^{(1)}}{437,5}$

$$L_2^{(2)} = \frac{[0 \quad 437,5 \quad 89687,5 \mid -102,5 \quad 1 \quad 0]}{437,5}$$
$$= [0 \quad 1 \quad 205 \mid -0,234285714 \quad 0,002285714 \quad 0]$$

- Multiplicadores das linhas 1 e 3: $m_{12} = \dfrac{a_{12}^{1)}}{a_{22}^{(2)}} = 102,5$ e $m_{32} = \dfrac{a_{32}^{(1)}}{a_{22}^{(2)}} = 89687,5$

- Operação elementar sobre a linha 1

$$L_1^{(2} = L_1^1 - m_{12}L_2^2$$

$$= \begin{Bmatrix} 1 \quad 102{,}5 \quad 10579{,}16667 \mid 0{,}166666667 \quad 0 \quad 0 - \\ 102{,}5 \;\; 0 \quad 1 \quad 205 \mid -0{,}234285714 \quad 0{,}002285714 \quad 0 \end{Bmatrix}$$

Efetuando as operações vetoriais,

$$L_1^{(2} = 1 \quad 0 \quad -10433{,}33333 \mid 24{,}18095238 \quad -0{,}234285714 \quad 0$$

- Operação elementar sobre a linha 3

$$L_3^{(2} = L_3^1 - m_{32}L_2^2$$

$$= \begin{Bmatrix} 0 \quad 89687{,}5 \quad 18409271 \mid -10579{,}167 \quad 0 \quad 1 - \\ 89687{,}5 \;\; 0 \quad 1 \quad 205 \mid -0{,}234285714 \quad 0{,}002285714 \quad 0 \end{Bmatrix}$$

Efetuando as operações vetoriais,

$$L_3^{(2} = 0 \quad 0 \quad 23333{,}33333 \mid 10433{,}33333 \quad -205 \quad 1$$

As novas linhas da matriz são:

$$\begin{aligned} L_1^{(2} &= 1 \quad 0 \quad -10433{,}33333 \mid 24{,}18095238 \quad -0{,}234285714 \quad 0 \\ L_2^2 &= 0 \quad 1 \quad 205 \mid -0{,}234285714 \quad 0{,}002285714 \quad 0 \\ L_3^2 &= 0 \quad 0 \quad 23333{,}33333 \mid 10433{,}33333 \quad -205 \quad 1 \end{aligned}$$

▶ **Terceira coluna, k = 3:**

- Normalização da linha 3: $L_3^{(3} = \dfrac{L_3^2}{a_{33}^2}$

$$L_3^{(3} = \frac{0 \quad 0 \quad 23333{,}33333 \mid 10433{,}33333 \quad -205 \quad 1}{23333{,}33333}$$

$$= 0 \quad 0 \quad 1 \mid 0{,}447142857 \quad -0{,}008785714 \quad 4{,}28571\text{E-}05$$

- Multiplicadores das linhas 1 e 2: $m_{13} = \dfrac{a_{13}^{(?}}{a_{33}^3} = -10433{,}33333$ e $m_{23} = \dfrac{a_{23}^{(2}}{a_{33}^3} = 205$

- Operação elementar sobre a linha 1

$$L_1^3 = L_1^2 - m_{13}L_3^3$$
$$= \begin{Bmatrix} 1 \quad 0 \quad -10433{,}33333 \;\vdots\; 24{,}18095238 \quad -0{,}234285714 \quad 0 + \\ 10433{,}33333 \; 0 \quad 0 \quad 1 \;\vdots\; 0{,}447142857 \quad -0{,}008785714 \quad 4{,}285714\text{E-}05 \end{Bmatrix}$$

Efetuando as operações vetoriais,

$$L_1^{(3} = 1 \quad 0 \quad 0 \;\vdots\; 4689{,}371429 \quad -91{,}89857143 \quad 0{,}447142857$$

- Operação elementar sobre a linha 2

$$L_2^3 = L_2^2 - m_{23}L_3^3$$
$$= \begin{Bmatrix} 0 \quad 1 \quad 205 \;\vdots\; -0{,}234285714 \quad 0{,}002285714 \quad 0 - \\ 205 \; 0 \quad 0 \quad 1 \;\vdots\; 0{,}447142857 \quad -0{,}008785714 \quad 4{,}285714\text{E-}05 \end{Bmatrix}$$

Efetuando as operações vetoriais,

$$L_2^{(3} = 0 \quad 1 \quad 0 \;\vdots\; -91{,}89857143 \quad 1{,}803357143 \quad -0{,}008785714$$

As novas linhas da matriz são:

$$L_1^{(3)} = [1 \quad 0 \quad 0 \;\vdots\; 4689{,}371429 \quad -91{,}89857143 \quad 0{,}447142857]$$
$$L_2^{(3)} = [0 \quad 1 \quad 0 \;\vdots\; -91{,}89857143 \quad 1{,}803357143 \quad -0{,}008785714]$$
$$L_3^{(3)} = [0 \quad 0 \quad 1 \;\vdots\; 0{,}447142857 \quad -0{,}008785714 \quad 4{,}28571\text{E-}05]$$

A matriz final é dada por:

$$\text{I|B} = \begin{bmatrix} 1 & 0 & 0 & 4689{,}371429 & -91{,}89857143 & 0{,}447142857 \\ 0 & 1 & 0 & -91{,}89857143 & 1{,}803357143 & -0{,}008785714 \\ 0 & 0 & 1 & 0{,}447142857 & -0{,}008785714 & 4{,}28571\text{E-}05 \end{bmatrix} \qquad (4.8)$$

A matriz **B** é a matriz inversa de $(\mathbf{X}^T\mathbf{X})$. Assim:

$$\mathbf{B} = \left(\mathbf{X}^T\mathbf{X}\right)^{-1} = \begin{bmatrix} 4689{,}371429 & -91{,}89857143 & 0{,}447142857 \\ -91{,}89857143 & 1{,}803357143 & -0{,}008785714 \\ 0{,}447142857 & -0{,}008785714 & 4{,}28571\text{E-}05 \end{bmatrix}$$

8. Cálculos dos coeficientes: $\mathbf{C} = \mathbf{B}\ \ \mathbf{X}^T\mathbf{y})$.

$$\mathbf{C} = \begin{bmatrix} 4689{,}371429 & -91{,}89857143 & 0{,}447142857 \\ -91{,}89857143 & 1{,}803357143 & -0{,}008785714 \\ 0{,}447142857 & -0{,}008785714 & 4{,}28571\text{E-}05 \end{bmatrix} \begin{bmatrix} 93{,}92 \\ 9512{,}94 \\ 970245{,}8 \end{bmatrix}$$

$$= \begin{bmatrix} 38{,}64762857 \\ -0{,}187915714 \\ -0{,}000352857 \end{bmatrix}$$

9. Qualidade do ajuste:

▶ Valores fornecidos pelo modelo: $g_i = c_0 + c_1x_i + c_2x_i^2$ para $i = 1, 2, ..., m$

g_i	$\varepsilon_i = y_i - g_i$	$(S_R)_i = \varepsilon_i^2$	$S_T)_i = (y_i - \bar{y})^2$	$S_{Re})_i = (g_i - \bar{y})^2$
18,87707261	-7,261E-05	5,27221E-09	10,39202678	10,39249492
17,61110132	-0,000101315	1,02647E-08	3,832458778	3,83285547
16,32748717	0,00051283	2,62995E-07	0,455175111	0,454483395
15,02623018	-0,000230175	5,29805E-08	0,393547111	0,393258371
13,70733033	-0,00033033	1,09118E-07	3,788213444	3,786927689
12,37078764	0,000212365	4,50989E-08	10,77371211	10,77510626

- Soma dos resíduos: $\varepsilon = \sum_{i=1}^{m} \varepsilon_i = \sum_{i=1}^{m} \ y_i - g_i) = 1{,}40536\text{E-}10$
- Soma quadrática residual: $S_R = \sum_{i=1}^{m} \ y_i - g_i)^2 = 4{,}85714\text{E-}07$
- Soma quadrática da regressão: $S_{Re} = \sum_{i=1}^{m} \ g_i - \bar{y})^2 = 29{,}63513285$
- Soma quadrática total: $S_T = \sum_{i=1}^{m} \ y_i - \bar{y})^2 = 29{,}63513333$
- Grau de liberdade total: $G_L^T = m - 1 = 5$
- Grau de liberdade da regressão: $G_L^{Re} = 2$

- Grau de liberdade dos resíduos: $G_L^R = m - 3 = 3$
- Coeficiente de determinação (R^2): $R^2 = 1 - S_R/S_T = 0{,}999999984$
- Coeficiente de determinação ajustado: $R^2_{aj} = 1 - (S_R/S_T)(G_L^T/G_L^R) = 0{,}999999973$
- Média quadrática residual: $M_R = S_R/G_L^R = 1{,}61905\text{E-}07$
- Média quadrática da regressão: $M_{Re} = S_{Re}/G_L^{Re} = 14{,}81756642$
- Variância populacional s^2: $s^2 = M_R = 1{,}61905\text{E-}07$
- Erro padrão da estimativa: $s = \sqrt{M_R} = 0{,}000402374$
- Matriz de covariância: $\mathbf{V} = \mathbf{B}s^2$

$$\mathbf{V} = \begin{bmatrix} \text{Var}(c_0) = 0{,}000759232 & \text{Cov}(c_0, c_1) = \text{-}1{,}48788\text{E-}05 & \text{Cov}(c_0, c_2) = 7{,}23946\text{E-}08 \\ \text{Cov}(c_1, c_0) = \text{-}1{,}48788\text{E-}05 & \text{Var}(c_1) = 2{,}91972\text{E-}07 & \text{Cov}(c_1, c_2) = \text{-}1{,}42245\text{E-}09 \\ \text{Cov}(c_2, c_0) = 7{,}23946\text{E-}08 & \text{Cov}(c_2, c_1) = \text{-}1{,}42245\text{E-}09 & \text{Var}(c_2) = 6{,}93878\text{E-}12 \end{bmatrix}$$

As variâncias e covariâncias dos coeficientes do modelo proposto são:

- Variância de c_0: $\text{Var}(c_0) = 0{,}000759232$
- Variância de c_1: $\text{Var}(c_1) = 2{,}91972\text{E-}07$
- Variância de c_2: $\text{Var}(c_2) = 6{,}93878\text{E-}12$
- Covariância de c_0 e c_1: $\text{Cov}(c_0, c_1) = \text{-}1{,}48788\text{E-}05$
- Covariância de c_0 e c_2: $\text{Cov}(c_0, c_2) = 7{,}23946\text{E-}08$
- Covariância de c_1 e c_2: $\text{Cov}(c_1, c_2) = \text{-}1{,}42245\text{E-}09$

▶ Erro padrão do coeficiente c_0: $E_{c0} = \sqrt{\text{Var}(c_0)} = 0{,}027554157$

▶ Erro padrão do coeficiente c_1: $E_{c1} = \sqrt{\text{Var}(c_1)} = 0{,}000540344$

▶ Erro padrão do coeficiente c_2: $E_{c2} = \sqrt{\text{Var}(c_2)} = 2{,}63416\text{E-}06$

▶ Inferência sobre os coeficientes do modelo:

- Cálculo do nível de significância: $\alpha = 1 - NC/100 = 0{,}05$
- Cálculo da probabilidade acumulada: $\varnothing = 1 - \alpha/2 = 0{,}975$

PRIMEIRO TESTE DE HIPÓTESE

- Cálculo do valor crítico da distribuição t de Student:

  $t = \text{INVT}(\alpha;\ G_L^R) \rightarrow t = \text{INVT}(0{,}05;\ 3) \rightarrow t = 3{,}182446305$

Observação: Esse resultado indica que existe 97,5% de probabilidade acumulada que uma variável aleatória *V*, com grau de liberdade igual a três, seja menor que o valor crítico da distribuição *t* igual a 3,182446305; $P(V < 3{,}182446305) = 0{,}975$

- Cálculo da estatística *t* para c_0: $t_{Estat}|_{c0} = c_0/E_{c0} = 1402{,}606099$
- Cálculo da estatística *t* para c_1: $t_{Estat}|_{c1} = c_1/E_{c1} = -347{,}7702406$
- Cálculo da estatística *t* para c_2: $t_{Estat}|_{c2} = c_2/E_{c2} = -133{,}9545577$
- Teste de hipótese para c_0:

  $(t_{Estat}|_{c0} > t)? \rightarrow (1402{,}606099 > 3{,}182446305)?$ Sim; então, o coeficiente c_0 é estatisticamente significativo.

- Teste de hipótese para c_1:

  Para $t_{Estat}|_{c1}$ negativo, a formulação do teste de hipótese, conforme a Figura 4.1, é $(t_{Estat}|_{c1} < -t)?$.

  $(t_{Estat}|_{c1} < -t)? \rightarrow (-347{,}7702406 < -3{,}182446305)?$ Sim; então, o coeficiente c_1 é estatisticamente significativo.

- Teste de hipótese para c_2:

  Para $t_{Estat}|_{c2}$ negativo, a formulação é análoga à utilizada para o coeficiente c_1.

  $(t_{Estat}|_{c2} < -t)? \rightarrow (-133{,}9545577 < -3{,}182446305)?$ Sim; então, o coeficiente c_2 é estatisticamente significativo.

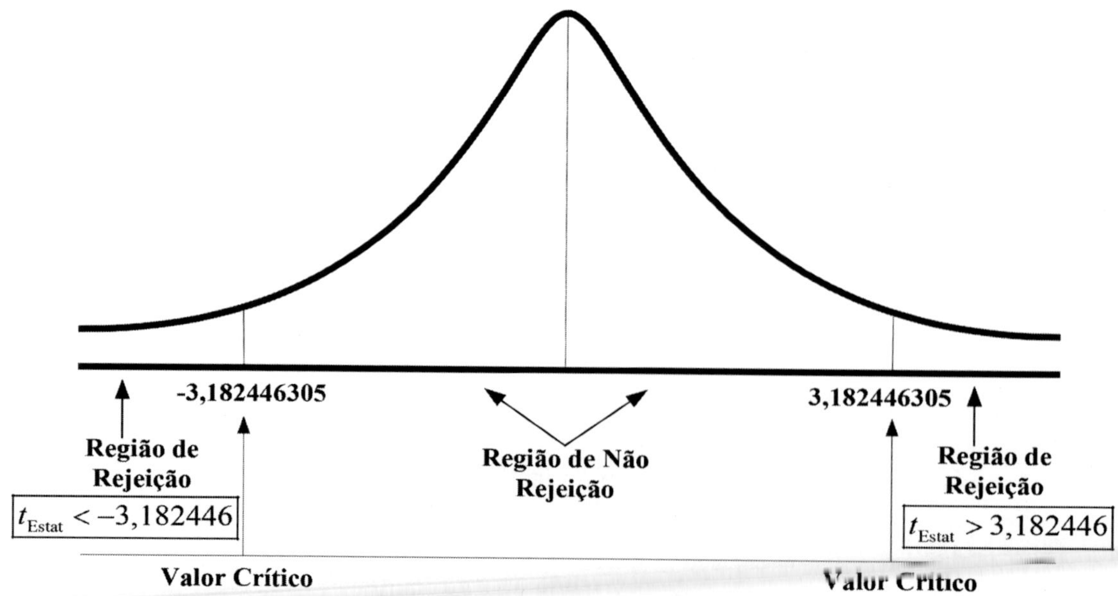

Figura 4.1 – Teste de Hipóteses para os coeficientes

SEGUNDO TESTE DE HIPÓTESE:

- Cálculo da distribuição t de Student para o coeficiente c_0, valor-p$|_{c0}$:

  valor-p$|_{c0}$ = DISTT($t_{Estat}/_{c0}$; G_L^R; 2) → valor-p$|_{c0}$ = 7,99213E-10

- Cálculo da distribuição t de Student para o coeficiente c_1, valor-p$|_{c1}$:

  Os argumentos da função =DISTT($t_{Estat}|_{c1}$; G_L^R; 2) são positivos; logo, a estatística deve ser $t_{Estat}|_{c1}$ = |-347,7702406| = 347,7702406

  valor-p$|_{c1}$ = DISTT(|$t_{Estat}/_{c1}$|; G_L^R; 2) → valor-p$|_{c1}$ = 5,24301E-08

- Cálculo da distribuição t de Student para o coeficiente c_2, valor-p$|_{c2}$:

  Análogo ao coeficiente c_1. Assim:

  valor-p$|_{c2}$ = DISTT(|$t_{Estat}/_{c2}$|; G_L^R; 2) → valor-p$|_{c2}$ = 9,17299E-07

- Teste de hipótese para c_0:

  (valor-p$|_{c0}$ < α)? → (7,99213E-10 < 0,05)? Sim; então, o coeficiente c_0 é estatisticamente significativo.

- Teste de hipótese para c_1:

  (valor-p$|_{c1}$ < α)? → (5,24301E-08 < 0,05)? Sim; então, o coeficiente c_1 é estatisticamente significativo.

- Teste de hipótese para c_2:

  (valor-p$|_{c2}$ < α)? → (9,17299E-07 < 0,05)? Sim; então, o coeficiente c_2 é estatisticamente significativo.

▶ Inferência sobre o modelo:

PRIMEIRO TESTE DE HIPÓTESE

- Cálculo da estatística de teste de hipótese F_{Estat}: $F_{Estat} = M_{Re}/M_R$ = 91520263,21

- Cálculo do valor crítico da distribuição F:

  F = INVF(α; G_L^{Re}; G_L^R) → F = INVF(0,05; 2; 3) → F = 9,552094496

- Teste de hipótese:

  ($F_{Estat} > F$)? = (91520263,21 > 9,552094496)? Sim; então, o modelo proposto é estatisticamente significativo.

SEGUNDO TESTE DE HIPÓTESE

- Cálculo da distribuição F, valor-p = $F_{significância}$:

  $F_{significância}$ = DISTF(F_{Estat}; G_L^{Re}; G_L^R) → $F_{significância}$ = 2,09827E-12

- Teste de hipótese:

  $(F_{significância} < \alpha)? = (2{,}09827E\text{-}12 < 0{,}05)?$ Sim; então, o modelo proposto é estatisticamente significativo.

10. Intervalos de confiança:

▶ Intervalo de confiança para o coeficiente c_0: $\Delta_{c0} = tE_{c0} = 0{,}087689625$

Limite inferior: $c_0 - \Delta_{c0} = 38{,}55993895$

Central: $c_0 = 38{,}64762857$

Limite superior: $c_0 + \Delta_{c0} = 38{,}7353182$

▶ Intervalo de confiança para o coeficiente angular c_1: $\Delta_{c1} = tE_{c1} = 0{,}001719617$

Limite inferior: $c_1 - \Delta_{c1} = -0{,}189635331$

Central: $c_1 = -0{,}187915714$

Limite superior: $c_1 + \Delta_{c1} = -0{,}186196097$

▶ Intervalo de confiança para o coeficiente c_2: $\Delta_{c2} = tE_{c2} = 8{,}38306E\text{-}06$

Limite inferior: $c_2 - \Delta_{c2} = -0{,}00036124$

Central: $c_2 = -0{,}000352857$

Limite superior: $c_2 + \Delta_{c2} = -0{,}00034447$

A comparação entre os valores reportados por Jasper (1972) e os calculados é apresentada na Tabela 4.8. As pequenas diferenças existentes entre os valores reportados e calculados devem-se às diferentes precisões utilizadas.

Tabela 4.8 – Comparação entre os dados reportados e calculados

	Jasper (1972)	Calculados
c_0	38,618	38,648
c_1	-0,1873	-0,1879
c_2	-0,000356	-0,000353

Exemplo 4.2

Utilize os valores do parâmetro m da equação de Soave-Redlich Kwong em função do fator acêntrico para determinar os coeficientes da parábola $m = a_0 + a_1 w + a_2 w^2$. Os valores reportados por Soave (1972) são apresentados na Tabela 4.9.

Tabela 4.9 – Valores reportados por SOAVE (1972)

i	*w*	*m*	*i*	*W*	*m*
1	0,00	0,47979	7	0,30	0,93594
2	0,05	0,55811	8	0,35	1,00888
3	0,10	0,63549	9	0,40	1,08099
4	0,15	0,71194	10	0,45	1,15229
5	0,20	0,78749	11	0,50	1,22279
6	0,25	0,86215			

Solução:

Roteiro de cálculo da Tabela 4.6

1. Quantidade de pontos experimentais: $m = 11$
2. Nível de confiança em %: $NC = 95$ %
3. Cálculos dos valores experimentais utilizados na regressão

$y_i = m_i$	$x_i = w_i$	x_i^2	x_i^3	x_i^4	x_iy_i	$x_i^2y_i$
0,47979	0,00	0,0000	0,000000	0,00000000	0,00000000	0,00000000
0,55811	0,05	0,0025	0,000125	0,00000625	0,02790550	0,00139528
0,63549	0,10	0,0100	0,001000	0,00010000	0,06354900	0,00635490
0,71194	0,15	0,0225	0,003375	0,00050625	0,10679100	0,01601865
0,78749	0,20	0,0400	0,008000	0,00160000	0,15749800	0,03149960
0,86215	0,25	0,0625	0,015625	0,00390625	0,21553750	0,05388438
0,93594	0,30	0,0900	0,027000	0,00810000	0,28078200	0,08423460
1,00888	0,35	0,1225	0,042875	0,01500625	0,35310800	0,12358780
1,08099	0,40	0,1600	0,064000	0,02560000	0,43239600	0,17295840
1,15229	0,45	0,2025	0,091125	0,04100625	0,51853050	0,23333873
1,22279	0,50	0,2500	0,125000	0,06250000	0,61139500	0,30569750

4. Cálculos dos somatórios e das médias

- Somatório dos valores de x: $S_X = \sum_{i=1}^{m} x_i = 2{,}75$
- Somatório dos valores de y: $S_Y = \sum_{i=1}^{m} y_i = 9{,}43586$

- Somatório dos valores de x^2: $S_{X2} = \sum_{i=1}^{m} x_i^2 = 0{,}9625$
- Somatório dos valores de x^3: $S_{X3} = \sum_{i=1}^{m} x_i^3 = 0{,}378125$
- Somatório dos valores de x^4: $S_{X4} = \sum_{i=1}^{m} x_i^4 = 0{,}158331$
- Somatório do produto entre x e y: $S_{XY} = \sum_{i=1}^{m} x_i y_i = 2{,}767493$
- Somatório do produto entre x^2 e y: $S_{X2Y} = \sum_{i=1}^{m} x_i^2 y_i = 1{,}02897$
- Média dos valores de x: $\bar{x} = S_X / m = 0{,}25$
- Média dos valores de y: $\bar{y} = S_Y / m = 0{,}857805$

5. Matriz $(\mathbf{X}^T\mathbf{X})$: = $\mathbf{X}^T\mathbf{X} = \begin{bmatrix} m & S_X & S_{X2} \\ S_X & S_{X2} & S_{X3} \\ S_{X2} & S_{X3} & S_{X4} \end{bmatrix} = \begin{bmatrix} 11 & 2{,}75 & 0{,}9625 \\ 2{,}75 & 0{,}9625 & 0{,}378125 \\ 0{,}9625 & 0{,}378125 & 0{,}15833125 \end{bmatrix}$

6. Cálculo do produto $X^T y$: $\boldsymbol{\beta} = \mathbf{X}^T\mathbf{y} = \begin{bmatrix} \sum_{i=1}^{m} y_i \\ \sum_{i=1}^{m} x_i y_i \\ \sum_{i=1}^{m} x_i^2 y_i \end{bmatrix} = \begin{bmatrix} 9{,}43586 \\ 2{,}7674925 \\ 1{,}028969825 \end{bmatrix}$

7. Cálculo da matriz inversa **B**: A matriz $\mathbf{B} = (\mathbf{X}^T\mathbf{X})^{-1}$ é obtida por meio do procedimento descrito no Exemplo 4.1 para a inversão matricial. Assim:

$$\mathbf{B} = \left(\mathbf{X}^T\mathbf{X}\right)^{-1} = \begin{bmatrix} 0{,}58041958 & -4{,}405594406 & 6{,}993006993 \\ -4{,}405594406 & 50{,}25641026 & -93{,}24009324 \\ 6{,}993006993 & -93{,}24009324 & 186{,}4801865 \end{bmatrix}$$

8. Cálculos dos coeficientes: $\mathbf{C} = \mathbf{B}\left(\mathbf{X}^T\mathbf{y}\right) = \mathbf{B}\boldsymbol{\beta}$.

$$\mathbf{C} = \begin{bmatrix} 0{,}58041958 & -4{,}405594406 & 6{,}993006993 \\ -4{,}405594406 & 50{,}25641026 & -93{,}24009324 \\ 6{,}993006993 & -93{,}24009324 & 186{,}4801865 \end{bmatrix} \begin{bmatrix} 9{,}43586 \\ 2{,}7674925 \\ 1{,}028969825 \end{bmatrix}$$

$$= \begin{bmatrix} 0{,}479901608 \\ 1{,}572424009 \\ -0{,}173738928 \end{bmatrix}$$

9. Qualidade do ajuste:

▶ Valores fornecidos pelo modelo: $g_i = c_0 + c_1x_i + c_2x_i^2$ para $i = 1, 2, ..., m$

g_i	$\varepsilon_i = y_i - g_i$	$(S_R)_i = \varepsilon_i^2$	$(S_T)_i = (y_i - \bar{y})^2$	$(S_{\text{Re}})_i = (g_i - \bar{y})^2$
0,47990	-1,11608E-04	1,24564E-08	0,14289568	0,14281132
0,55809	2,15385E-05	4,63905E-10	0,08981737	0,08983028
0,63541	8,33800E-05	6,95222E-09	0,04942416	0,04946124
0,71186	8,39161E-05	7,04191E-09	0,02127673	0,02130122
0,78744	5,31469E-05	2,82459E-09	0,00494426	0,00495174
0,86215	1,07226E-06	1,14974E-12	0,00001888	0,00001887
0,93599	-5,23077E-05	2,73609E-09	0,00610501	0,00611318
1,00897	-8,69930E-05	7,56778E-09	0,02282352	0,02284981
1,08107	-8,29837E-05	6,88629E-09	0,04981134	0,04984839
1,15231	-2,02797E-05	4,11267E-10	0,08672115	0,08673309
1,22268	1,11119E-04	1,23474E-08	0,13321372	0,13313262

- Soma dos resíduos: $\varepsilon = \sum_{i=1}^{m} \varepsilon_i = \sum_{i=1}^{m} (y_i - g_i) = -1{,}72085\text{E-}15$
- Soma quadrática residual: $S_R = \sum_{i=1}^{m} (y_i - g_i)^2 = 5{,}96890\text{E-}08$
- Soma quadrática total: $S_T = \sum_{i=1}^{m} (y_i - \bar{y})^2 = 0{,}60705181$
- Soma quadrática da regressão: $S_{\text{Re}} = \sum_{i=1}^{m} (g_i - \bar{y})^2 = 0{,}60705175$
- Grau de liberdade total: $G_L^T = m - 1 = 10$

- Grau de liberdade da regressão: $G_L^{Re} = 2$
- Grau de liberdade dos resíduos: $G_L^R = m - 3 = 8$
- Coeficiente de determinação (R^2): $R^2 = 1 - S_R/S_T = 0{,}99999990$
- Coeficiente de determinação ajustado: $R^2_{aj} = 1 - (S_R/S_T)(G_L^T/G_L^R) = 0{,}99999988$
- Média quadrática residual: $M_R = S_R/G_L^R = 7{,}46113\text{E-}09$
- Média quadrática da regressão: $M_{Re} = S_{Re}/G_L^{Re} = 0{,}30352588$
- Variância populacional s^2: $s^2 = M_R = 7{,}46113\text{E-}09$
- Desvio padrão populacional s: $s = \sqrt{M_R} = 8{,}63778\text{E-}05$
- Matriz de covariância: $\mathbf{V} = \mathbf{B}s^2$

$$\mathbf{V} = \begin{bmatrix} \text{Var}(c_0) = 4{,}33059\text{E-}09 & \text{Cov}(c_0,c_1) = \text{-}3{,}28707\text{E-}08 & \text{Cov}(c_0,c_2) = 5{,}21757\text{E-}08 \\ \text{Cov}(c_1,c_0) = \text{-}3{,}28707\text{E-}08 & \text{Var}(c_1) = 3{,}74970\text{E-}07 & \text{Cov}(c_1,c_2) = \text{-}6{,}95677\text{E-}07 \\ \text{Cov}(c_2,c_0) = 5{,}21757\text{E-}08 & \text{Cov}(c_2,c_1) = \text{-}6{,}95677\text{E-}07 & \text{Var}(c_2) = 1{,}39135\text{E-}06 \end{bmatrix}$$

▶ As variâncias e covariâncias dos coeficientes do modelo proposto são:

- Variância de c_0: $\text{Var}(c_0) = 4{,}33059\text{E-}09$
- Variância de c_1: $\text{Var}(c_1) = 3{,}74970\text{E-}07$
- Variância de c_2: $\text{Var}(c_2) = 1{,}39135\text{E-}06$
- Covariância de c_0 e c_1: $\text{Cov}(c_0, c_1) = \text{-}3{,}28707\text{E-}08$
- Covariância de c_0 e c_2: $\text{Cov}(c_0, c_2) = 5{,}21757\text{E-}08$
- Covariância de c_1 e c_2: $\text{Cov}(c_1, c_2) = \text{-}6{,}95677\text{E-}07$

▶ Erro padrão do coeficiente c_0: $E_{c0} = \sqrt{\text{Var } c_0)} = 6{,}58072\text{E-}05$

▶ Erro padrão do coeficiente c_1: $E_{c1} = \sqrt{\text{Var}(c_1)} = 0{,}00061235$

▶ Erro padrão do coeficiente c_2: $E_{c2} = \sqrt{\text{Var } c_2)} = 0{,}00117956$

▶ Inferência sobre os coeficientes do modelo:

- Cálculo do nível de significância: $\alpha = 1 - NC/100 = 0{,}05$
- Cálculo da probabilidade acumulada: $\emptyset = 1 - \alpha/2 = 0{,}975$

PRIMEIRO TESTE DE HIPÓTESE

- Cálculo do valor crítico da distribuição t de Student:

  t = INVT(α; G_L^R) → t = INVT(0,05; 8) → t = 2,306004

Observação: Esse resultado indica que existe 97,5% de probabilidade acumulada que uma variável aleatória V, com grau de liberdade igual a oito, seja menor que o valor crítico da distribuição t igual a 2,306004; $P(V < 2,306004) = 0,975$

- Cálculo da estatística t para c_0: $t_{Estat}|_{c0} = c_0/E_{c0}$ = 7292,54065
- Cálculo da estatística t para c_1: $t_{Estat}|_{c1} = c_1/E_{c1}$ = 2567,86161
- Cálculo da estatística t para c_2: $t_{Estat}|_{c2} = c_2/E_{c2}$ = -147,29177
- Teste de hipótese para c_0:

  ($t_{Estat}|_{c0} > t$)? → (7292,54065 > 2,306004)? Sim; então, o coeficiente c_0 é estatisticamente significativo.

- Teste de hipótese para c_1:

  ($t_{Estat}|_{c1} > t$)? → (2567,86161 > 2,306004)? Sim; então, o coeficiente c_1 é estatisticamente significativo.

- Teste de hipótese para c_2:

  ($|t_{Estat}|_{c2}| > t$)? → (|-147,29177| > 2,306004)? Sim; então, o coeficiente c_2 é estatisticamente significativo.

SEGUNDO TESTE DE HIPÓTESE:

- Cálculo da distribuição t de Student para o coeficiente c_0, valor-p$|_{c0}$:

  valor-p$|_{c0}$ = DISTT($t_{Estat}/_{c0}$; G_L^R; 2) → valor-p$|_{c0}$ = 1,40019E-28

- Cálculo da distribuição t de Student para o coeficiente c_1, valor-p$|_{c1}$:

  valor-p$|_{c1}$ = DISTT($|t_{Estat}/_{c1}|$; G_L^R; 2) → valor-p$|_{c1}$ = 5,92438E-25

- Cálculo da distribuição t de Student para o coeficiente c_2, valor-p$|_{c2}$:

  valor-p$|_{c2}$ = DISTT($|t_{Estat}/_{c2}|$; G_L^R; 2) → valor-p$|_{c2}$ = 5,04910E-15

- Teste de hipótese para c_0:

  (valor-p$|_{c0} < \alpha$)? → (1,40019E-28 < 0,05)? Sim; então, o coeficiente c_0 é estatisticamente significativo.

- Teste de hipótese para c_1:

  (valor-p$|_{c1}$ < α)? → (5,92438E-25 < 0,05)? Sim; então, o coeficiente c_1 é estatisticamente significativo.

- Teste de hipótese para c_2:

  (valor-p$|_{c2}$ < α)? → (5,04910E-15 < 0,05)? Sim; então, o coeficiente c_2 é estatisticamente significativo.

▶ Inferência sobre o modelo:

PRIMEIRO TESTE DE HIPÓTESE

- Cálculo da estatística de teste de hipótese F_{Estat}: $F_{Estat} = M_{Re}/M_R$ = 40680949,75

- Cálculo do valor crítico da distribuição F:

  F = INVF(α; G_L^{Re}; G_L^R) → F = INVF(0,05; 2; 8) → F = 4,458970108

- Teste de hipótese:

  (F_{Estat} > F)? = (40680949,75>4,458970108)? Sim; então, o modelo proposto é estatisticamente significativo.

SEGUNDO TESTE DE HIPÓTESE

- Cálculo da distribuição F, valor-p = $F_{significância}$:

  $F_{significância}$ = DISTF(F_{Estat}; G_L^{Re}; G_L^R) → $F_{significância}$ = 9,34707E-29

- Teste de hipótese:

  ($F_{significância}$ < α)? = (9,34707E-29 < 0,05)? Sim; então, o modelo proposto é estatisticamente significativo.

10. Intervalos de confiança:

- Intervalo de confiança para o coeficiente c_0: $\Delta_{c0} = tE_{c0}$ = 0,000152

  Limite inferior: $c_0 - \Delta_{c0}$ = 0,479750

  Central: c_0 = 0,479902

  Limite superior: $c_0 + \Delta_{c0}$ = 0,480053

- Intervalo de confiança para o coeficiente angular c_1: $\Delta_{c1} = tE_{c1}$ = 0,001412

  Limite inferior: $c_1 - \Delta_{c1}$ = 1,571012

  Central: c_1 = 1,572424

  Limite superior: $c_1 + \Delta_{c1}$ = 1,573836

- Intervalo de confiança para o coeficiente c_2: $\Delta_{c2} = tE_{c2} = 0{,}002720$

  Limite inferior: $c_2 - \Delta_{c2} = -0{,}176459$

  Central: $c_2 = -0{,}173739$

  Limite superior: $c_2 + \Delta_{c2} = -0{,}171019$

A comparação entre os valores reportados por Soave (1972) e os calculados é apresentada na Tabela 4.10. As pequenas diferenças existentes entre os valores reportados e calculados devem-se às diferentes precisões utilizadas.

TABELA 4.10 – COMPARAÇÃO ENTRE OS DADOS REPORTADOS E CALCULADOS

	Soave (1972)	Calculados
c_0	0,480	0,4799
c_1	1,574	1,5724
c_2	-0,176	-0,1737

Exemplo 4.3

A dependência funcional da capacidade calorífica do propano com a temperatura é da forma: Cp $= c_0 + c_1T + c_2T^2$, determine os coeficientes c_0, c_1 e c_2 a partir dos dados experimentais reportados por Cutlip e Shacham (1999). Estes dados são apresentados na Tabela 4.11.

TABELA 4.11 – VALORES EXPERIMENTAIS REPORTADOS POR CUTLIP E SHACHAM (1999)

i	*T* (K)	Cp (J/mol.K)	*i*	*T* (K)	Cp (J/mol.K)
1	50,00	34,06	11	700,00	142,67
2	100,00	41,30	12	800,00	154,77
3	150,00	48,79	13	900,00	163,35
4	200,00	56,07	14	1000,00	174,60
5	273,16	68,74	15	1100,00	182,67
6	298,15	73,60	16	1200,00	189,74
7	300,00	73,93	17	1300,00	195,85
8	400,00	94,01	18	1400,00	201,21
9	500,00	112,59	19	1500,00	205,89
10	600,00	128,70			

Solução:

Roteiro de cálculo da Tabela 4.6

1. Quantidade de pontos experimentais: $m = 19$
2. Nível de confiança em %: $NC = 95$ %
3. Cálculos dos valores experimentais utilizados na regressão

i	$y_i = Cp_i$	$x_i = T$	x_i^2
1	34,06	50,00	2500
2	41,30	100,00	10000
3	48,79	150,00	22500
4	56,07	200,00	40000
5	68,74	273,16	74616,386
6	73,60	298,15	88893,423
7	73,93	300,00	90000
8	94,01	400,00	160000
9	112,59	500,00	250000
10	128,70	600,00	360000
11	142,67	700,00	490000
12	154,77	800,00	640000
13	163,35	900,00	810000
14	174,60	1000,00	1000000
15	182,67	1100,00	1210000
16	189,74	1200,00	1440000
17	195,85	1300,00	1690000
18	201,21	1400,00	1960000
19	205,89	1500,00	2250000

Outros valores utilizados na regressão

i	x_i^3	x_i^4	x_iy_i	$x_i^2y_i$
1	125000	6250000	1703	85150
2	1000000	100000000	4130	413000
3	3375000	506250000	7318,5	1097775

i	x_i^3	x_i^4	$x_i y_i$	$x_i^2 y_i$
4	8000000	1600000000	11214	2242800
5	20382211,89	5567605000	18777,02	5129130,346
6	26503573,92	7902040564	21943,84	6542555,896
7	27000000	8100000000	22179	6653700
8	64000000	25600000000	37604	15041600
9	125000000	62500000000	56295	28147500
10	216000000	1,296000E+11	77220	46332000
11	343000000	2,401000E+11	99869	69908300
12	512000000	4,096000E+11	123816	99052800
13	729000000	6,561000E+11	147015	132313500
14	1000000000	1,000000E+12	174600	174600000
15	1331000000	1,464100E+12	200937	221030700
16	1728000000	2,073600E+12	227688	273225600
17	2197000000	2,856100E+12	254605	330986500
18	2744000000	3,841600E+12	281694	394371600
19	3375000000	5,062500E+12	308835	463252500

4. Cálculos dos somatórios

- Soma dos valores de *x*: $S_X = \sum_{i=1}^{m} x_i = 12771{,}31$
- Soma dos valores de *y*: $S_Y = \sum_{i=1}^{m} y_i = 2342{,}54$
- Soma dos valores de x^2: $S_{X2} = \sum_{i=1}^{m} x_i^2 = 12588509{,}81$
- Soma dos valores de x^3: $S_{X3} = \sum_{i=1}^{m} x_i^3 = 14450385785{,}81$
- Soma dos valores de x^4: $S_{X4} = \sum_{i=1}^{m} x_i^4 = 17845182145563{,}80$
- Soma do produto entre *x* e *y*: $S_{XY} = \sum_{i=1}^{m} x_i y_i = 2077443{,}36$
- Soma dos valores de x^2y: $S_{X2Y} = \sum_{i=1}^{m} x_i^2 y = 2270426711{,}24$

5. Cálculos das médias

- Média dos valores de x: $\overline{x} = S_{\mathrm{X}}/m = 672{,}17$

- Média dos valores de y: $\overline{y} = S_{\mathrm{Y}}/m = 123{,}29$

6. Cálculo da Matriz ($\mathbf{X}^T\mathbf{X}$):

$$\mathbf{X}^T\mathbf{X} = \begin{bmatrix} m & S_{\mathrm{X}} & S_{\mathrm{X2}} \\ S_{\mathrm{X}} & S_{\mathrm{X2}} & S_{\mathrm{X3}} \\ S_{\mathrm{X2}} & S_{\mathrm{X3}} & S_{\mathrm{X4}} \end{bmatrix} = \begin{bmatrix} 19 & 12771{,}31 & 12588509{,}81 \\ 12771{,}31 & 12588509{,}81 & 14450385785{,}81 \\ 12588509{,}81 & 14450385785{,}81 & 17845182145563{,}80 \end{bmatrix}$$

7. Cálculo do produto $\mathbf{X}^T\mathbf{y}$:

$$\mathbf{X}^T\mathbf{y} = \begin{bmatrix} \sum_{i=1}^{m} y_i \\ \sum_{i=1}^{m} x_i y_i \\ \sum_{i=1}^{m} x_i^2 y_i \end{bmatrix} = \begin{bmatrix} 2342{,}54 \\ 2077443{,}36 \\ 2270426711{,}24 \end{bmatrix}$$

8. Cálculo da matriz inversa **B**: A matriz **B** = ($\mathbf{X}^T\mathbf{X}$)$^{-1}$ é obtida por meio do procedimento descrito no Exemplo 4.1 para a inversão matricial. Assim:

$$\hat{\mathbf{A}} = (\mathbf{X}^T\mathbf{X}^{-1} = \begin{bmatrix} 0{,}380193822 & \text{-}0{,}001104694 & 6{,}26342\text{E-}07 \\ \text{-}0{,}001104694 & 4{,}33707\text{E-}06 & \text{-}2{,}73272\text{E-}09 \\ 6{,}26342\text{E-}07 & \text{-}2{,}73272\text{E-}09 & 1{,}82705\text{E-}12 \end{bmatrix} \qquad (4.10)$$

9. Cálculos dos coeficientes: $\mathbf{C} = \mathbf{B}(\mathbf{X}^T\mathbf{y} = c_0 \quad c_1 \quad c_2^{\;T}$

$$\mathbf{C} = \begin{bmatrix} 0{,}380193822 & \text{-}0{,}001104694 & 6{,}26342\text{E-}07 \\ \text{-}0{,}001104694 & 4{,}33707\text{E-}06 & \text{-}2{,}73272\text{E-}09 \\ 6{,}26342\text{E-}07 & \text{-}2{,}73272\text{E-}09 & 1{,}82705\text{E-}12 \end{bmatrix} \begin{bmatrix} 2342{,}54 \\ 2077443{,}36 \\ 2270426711{,}24 \end{bmatrix}$$

$$= \begin{bmatrix} 17{,}74273283 \\ 0{,}21778651 \\ -6{,}16428\text{E-}05 \end{bmatrix}$$

10. Qualidade do ajuste:

▶ Valores fornecidos pelo modelo: $g_i = c_0 + c_1x_i + c_2x_i^2$ para $i = 1, 2, ..., m$

g_i	$\varepsilon_i = y_i - g_i$	$(S_R)_i = \varepsilon_i^2$	$(S_T)_i = (y_i - \bar{y})^2$	$(S_{Re})_i = (g_i - \bar{y})^2$
28,47795133	5,582048666	31,15926731	7962,274681	8989,623981
38,90495586	2,395044145	5,736236454	6722,619018	7121,102157
49,02374639	-0,233746391	0,054637375	5550,485266	5515,710953
58,83432294	-2,764322940	7,641481319	4518,740676	4154,737852
72,63373318	-3,893733176	15,16115804	2975,874766	2566,217338
77,19614157	-3,596141571	12,9322342	2469,253018	2124,789347
77,53083408	-3,600834082	12,96600609	2436,565476	2094,045771
94,99448928	-0,984489280	0,969219143	857,4108657	800,7252836
111,2252885	1,364711465	1,862437382	114,523792	145,5953643
126,2232318	2,476768153	6,134380484	29,25101828	8,594588723
139,9883192	2,681680785	7,191411832	375,5232025	278,7811356
152,5205506	2,249449360	5,060022424	990,890992	854,3327862
163,8199261	-0,469926121	0,22083056	1604,677097	1642,546925
173,8864457	0,713554341	0,509159797	2632,554071	2559,840538
182,7201093	-0,050109254	0,002510937	3525,796887	3531,750214
190,3209169	-0,580916906	0,337464451	4415,39266	4492,932147
196,6888686	-0,838868614	0,703700551	5264,724466	5387,16213
201,8239644	-0,613964378	0,376952258	6071,280339	6167,335561
205,7262042	0,163795800	0,026829064	6822,49916	6795,46744

- Soma dos resíduos: $\varepsilon = \sum_{i=1}^{m} \varepsilon_i = \sum_{i=1}^{m} (y_i - g_i) = 2{,}647127\text{E-}11$
- Soma quadrática residual: $S_R = \sum_{i=1}^{m} (y_i - g_i)^2 = 109{,}0459397$
- Soma quadrática da regressão: $S_{Re} = \sum_{i=1}^{m} (g_i - \bar{y})^2 = 65231{,}29151$
- Soma quadrática total: $S_T = \sum_{i=1}^{m} (y_i - \bar{y})^2 = 65340{,}33745$
- Grau de liberdade total: $G_L^T = m - 1 = 18$

- Grau de liberdade da regressão: $G_L^{Re} = 2$
- Grau de liberdade dos resíduos: $G_L^R = m - 3 = 16$
- Coeficiente de determinação (R^2): $R^2 = 1 - S_R/S_T = 0{,}998331108$
- Coeficiente de correlação (R): $R = \sqrt{R^2} = 0{,}999165206$
- Coeficiente de determinação ajustado: $R_{aj}^2 = 1 - \left(\frac{S_R}{S_T}\right)\left(\frac{G_L^T}{G_L^R}\right) = 0{,}998122497$
- Média quadrática residual: $M_R = S_R/G_L^R = 6{,}815371229$
- Média quadrática da regressão: $M_{Re} = S_{Re}/G_L^{Re} = 32615{,}64576$
- Variância populacional s^2: $s^2 = M_R = 6{,}815371229$
- Desvio padrão populacional s: $s = \sqrt{M_R} = 2{,}610626597$
- Matriz de covariância: $\mathbf{V} = \mathbf{B}s^2$

$$\mathbf{V} = \begin{bmatrix} \text{Var}(c_0) = 2{,}591162039 & \text{Cov}(c_0,c_1) = \text{-}0{,}007528903 & \text{Cov}(c_0,c_2) = 4{,}26875\text{E-}06 \\ \text{Cov}(c_1,c_0) = \text{-}0{,}007528903 & \text{Var}(c_1) = 2{,}95587\text{E-}05 & \text{Cov}(c_1,c_2) = \text{-}1{,}86245\text{E-}08 \\ \text{Cov}(c_2,c_0) = 4{,}26875\text{E-}06 & \text{Cov}(c_2,c_1) = \text{-}1{,}86245\text{E-}08 & \text{Var}(c_2) = 1{,}24521\text{E-}11 \end{bmatrix}$$

As variâncias e covariâncias são dadas por:

- Variância do coeficiente c_0: Var(c_0) = 2,591162039
- Variância do coeficiente c_1: Var(c_1) = 2,95587E-05
- Variância do coeficiente c_2: Var(c_2) = 1,24521E-11
- Covariância entre os coeficientes c_0 e c_1: Cov(c_0, c_1) = -0,007528903
- Covariância entre os coeficientes c_0 e c_2: Cov(c_0, c_2) = 4,26875E-06
- Covariância entre os coeficientes c_1 e c_2: Cov(c_1, c_2) = -1,86245E-08

- Erro padrão do coeficiente c_0: $E_{c0} = \sqrt{\text{Var}(c_0} = 1{,}609708681$

- Erro padrão do coeficiente c_1: $E_{c1} = \sqrt{\text{Var}(c_1} = 0{,}005436794$

- Erro padrão do coeficiente c_2: $E_{c2} = \sqrt{\text{Var}(c_2} = 3{,}52875\text{E-}06$

- Inferência sobre os coeficientes do modelo:

  - Cálculo do nível de significância: $\alpha = 1 - NC/100 = 0{,}05$

  - Cálculo da probabilidade acumulada: $\emptyset = 1 - \alpha/2 = 0{,}975$

PRIMEIRO TESTE DE HIPÓTESE

- Cálculo do valor crítico da distribuição t de Student:

  t = INVT(α; G_L^R) → t = INVT(0,05; 16) → t = 2,119905285

Observação: Esse resultado indica que existe 97,5% de probabilidade acumulada que uma variável aleatória V, com grau de liberdade igual a 16, seja menor que o valor crítico da distribuição t igual a 2,119905285; $P(V < 2{,}119905285) = 0{,}975$

- Cálculo da estatística t para c_0: $t_{Estat}|_{c0} = c_0/E_{c0} = 11{,}02232536$

- Cálculo da estatística t para c_1: $t_{Estat}|_{c1} = c_1/E_{c1} = 40{,}05789192$

- Cálculo da estatística t para c_2: $t_{Estat}|_{c2} = c_2/E_{c2} = -17{,}4687504$

- Teste de hipótese para c_0:

  $(t_{Estat}|_{c0} > t)$? → (11,02232536 > 2,119905285)? Sim; então, o coeficiente c_0 é estatisticamente significativo.

- Teste de hipótese para c_1:

  $(t_{Estat}|_{c1} > t)$? → (40,05789192 > 2,119905285)? Sim; então, o coeficiente c_1 é estatisticamente significativo.

- Teste de hipótese para c_2:

  Para $t_{Estat}|_{c2}$ negativo, a formulação do teste de hipótese, conforme a Figura 4.2, é $(t_{Estat}|_{c2} < -t)$?.

  $(t_{Estat}|_{c2} < -t)$? → (-17,4687504 < -2,119905285)? Sim; então, o coeficiente c_2 é estatisticamente significativo.

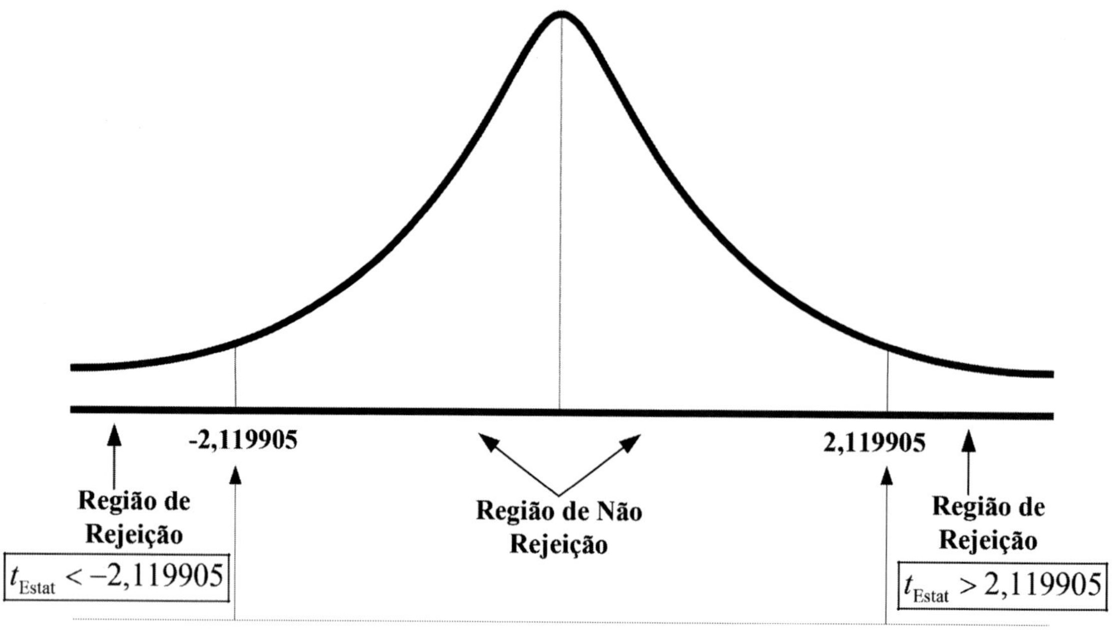

FIGURA 4.2 – TESTE DE HIPÓTESES PARA OS COEFICIENTES

SEGUNDO TESTE DE HIPÓTESE:

- Cálculo da distribuição t de Student para o coeficiente c_0, valor-p$|_{c0}$:

  valor-p$|_{c0}$ = DISTT($t_{Estat}|_{c0}$; G_L^R; 2) → valor-p$|_{c0}$ = 6,97565E-09

- Cálculo da distribuição t de Student para o coeficiente c_1, valor-p$|_{c1}$:

  valor-p$|_{c1}$ = DISTT($t_{Estat}|_{c1}$; G_L^R; 2) → valor-p$|_{c1}$ = 1,78029E-17

- Cálculo da distribuição t de Student para o coeficiente c_2, valor-p$|_{c2}$:

  Os argumentos da função =DISTT($t_{Estat}|_{c2}$; G_L^R; 2) são positivos; logo, a estatística deve ser $t_{Estat}|_{c2}$ = |-17,4687504| = 17,4687504

  valor-p$|_{c2}$ = DISTT(|$t_{Estat}|_{c2}$|; G_L^R; 2) → valor-p$|_{c2}$ = 7,62354E-12

- Teste de hipótese para c_0:

  (valor-p$|_{c0}$ < α)? → (6,97565E-09 < 0,05)? Sim; então, o coeficiente c_0 é estatisticamente significativo.

- Teste de hipótese para c_1:

  (valor-p$|_{c1}$ < α)? → (1,78029E-17 < 0,05)? Sim; então, o coeficiente c_1 é estatisticamente significativo.

- Teste de hipótese para c_2:

  (valor-p$|_{c2}$ < α)? → (7,62354E-12 < 0,05)? Sim; então, o coeficiente c_2 é estatisticamente significativo.

▶ Inferência sobre o modelo:

PRIMEIRO TESTE DE HIPÓTESE

- Cálculo da estatística de teste de hipótese F_{Estat}: $F_{Estat} = M_{Re}/M_R$ = 4785,600763
- Cálculo do valor crítico da distribuição F:

  F = INVF(α; G_L^{Re}; G_L^R) → F = INVF(0,05; 2; 16) → F = 3,633723468

- Teste de hipótese:

  ($F_{Estat} > F$)? = (4785,600763 > 3,633723468)? Sim; então, o modelo proposto é estatisticamente significativo.

SEGUNDO TESTE DE HIPÓTESE

- Cálculo da distribuição F, valor-p = $F_{significância}$:

  $F_{significância}$ = DISTF(F_{Estat}; G_L^{Re}; G_L^R) → $F_{significância}$ = 6,01762E-23

- Teste de hipótese:

  ($F_{significância}$ < α)? = (6,01762E-23 < 0,05)? Sim; então, o modelo proposto é estatisticamente significativo.

▶ Intervalo de confiança para o coeficiente c_0:

- Variação: $\Delta_{c0} = tE_{c0}$ = 3,412429941

  Limite inferior: $c_0 - \Delta_{c0}$ = 14,33030289

  Central: c_0 = 17,74273283

  Limite superior: $c_0 + \Delta_{c0}$ = 21,15516277

▶ Intervalo de confiança para o coeficiente c_1:

- Variação: $\Delta_{c1} = tE_{c1}$ = 0,011525489

  Limite inferior: $c_1 - \Delta_{c1}$ = 0,206261021

  Central: c_1 = 0,21778651

  Limite superior: $c_1 + \Delta_{c1}$ = 0,229311999

- Intervalo de confiança para o coeficiente c_2:
  - Variação: $\Delta_{c2} = tE_{c1}$ = 7,48061E-06

    Limite inferior: $c_2 - \Delta_{c2}$ = -6,91234E-05

    Central: c_2 = -6,16428E-05

    Limite superior: $c_2 + \Delta_{c2}$ = -5,41622E-05

A comparação entre os valores reportados por Cutlip e Shacham (2000) e os calculados é apresentada na Tabela 4.12.

TABELA 4.12 – COMPARAÇÃO ENTRE OS DADOS REPORTADOS E CALCULADOS

	Cutlip e Shacham (1999)	Calculados
c_0	17,7427	17,74273
c_1	0,217787	0,2177865
c_2	-6,16428E-05	-6,16428E-05
Variância, s^2	6,81537	6,815371

EXCEL – ANÁLISE DE DADOS

O procedimento para utilizar a ferramenta de análise de dados do EXCEL consiste dos seguintes passos: Guia Dados → Análise de Dados → Regressão → OK → Configuração → OK.

Exemplo 4.3

Repita o Exemplo 4.1 usando a ferramenta Regressão da Análise de Dados do EXCEL.

SOLUÇÃO:

1. Construção da planilha

- Escreva os seguintes textos:
  - Temperatura: Na célula A1, escreva o texto **T (K)**
  - Tensão superficial: Na célula B1, escreva o texto **γ (dyn/cm)**
  - Valores de y: Na célula C1, escreva o texto **y**
  - Valores de x: Na célula D1, escreva o texto **x**
  - Valores de x^2: Na célula E1, escreva o texto **x^2**

▶ Digite os pares de valores experimentais:

- Valores das temperaturas: Escreva os valores na faixa de célula **A2:A7**
- Valores das tensões superficiais: Escreva os valores na faixa de célula **B2:B7**
- Cálculos dos valores de y: Na célula **C2**, escreva: = B**2**. Os cálculos dos outros valores são realizados da seguinte forma: a) selecione a célula **C2**, b) mova o cursor do mouse para o canto inferior direito da célula **C2** até que o ponteiro assuma o formato de uma cruz preta (alça de preenchimento), c) arraste a alça de preenchimento até a célula **C7**
- Cálculos dos valores de x: Na célula **D2**, escreva: = A**2**. Os cálculos dos outros valores são realizados da seguinte forma: a) selecione a célula **D2**, b) mova o cursor do mouse para o canto inferior direito da célula **D2** até que o ponteiro assuma o formato de uma cruz preta, c) arraste a alça de preenchimento até a célula **D7**
- Cálculos dos valores de x^2: Na célula **E2**, escreva: = **E2*E2**. Os cálculos dos outros valores são realizados da seguinte forma: a) selecione a célula **E2**, b) mova o cursor do mouse para o canto inferior direito da célula **E2** até que o ponteiro assuma o formato de uma cruz preta, c) arraste a alça de preenchimento até a célula **E7**

	A	B	C	D	E
1	*T* (K)	γ (dyn/cm)	y	x	x^2
2	90	18,877	18,877	90	8100
3	95	17,611	17,611	95	9025
4	100	16,328	16,328	100	10000
5	105	15,026	15,026	105	11025
6	110	13,707	13,707	110	12100
7	115	12,371	12,371	115	13225

2. **Segundo Passo:** Na Guia Dados, selecione Análise de Dados e, em seguida, será apresentada a caixa de diálogo com as ferramentas de Análise.

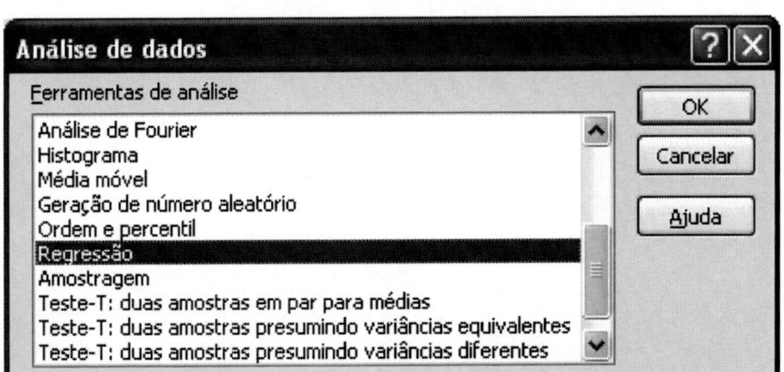

- Selecione Regressão, clique no botão OK. Aparecerá a seguinte caixa de diálogo com as opções da Regressão

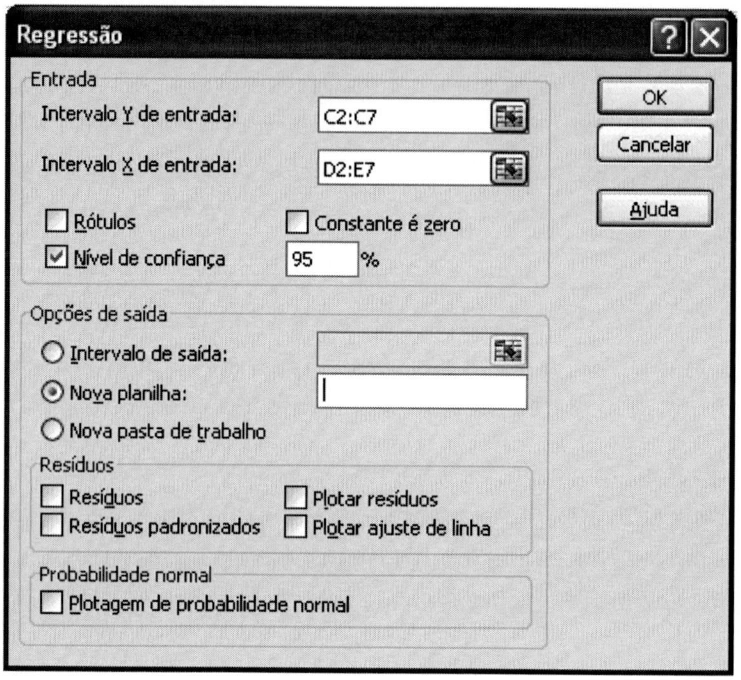

- Especificações:
  - No quadro entrada - Intervalo Y de entrada: Digite C2:C7
  - No quadro entrada - Intervalo X de entrada: Digite D2:E7
  - Marque a opção Nível de Confiança e Escreva 95%.
  - Escolha a Opção de Saída: Nova Planilha
  - Clique no botão OK.

Os resultados fornecidos pela Planilha Excel são mostrados abaixo.

	A	B	C	D	E	F	G
1	RESUMO DOS RESULTADOS						
2							
3	*Estatística de regressão*						
4	R múltiplo	0,999999992					
5	R-Quadrado	0,999999984					
6	R-quadrado ajustado	0,999999973					
7	Erro padrão	0,000402374					
8	Observações	6					
9							
10	ANOVA						
11		*gl*	*SQ*	*MQ*	*F*	*F de significação*	
12	Regressão	2	29,63513285	14,81756642	91520263,21	2,09827E-12	
13	Resíduo	3	4,85714E-07	1,61905E-07			
14	Total	5	29,63513333				
15							
16		*Coeficientes*	*Erro padrão*	*Stat t*	*valor-P*	*95% inferiores*	*95% superiores*
17	Interseção	38,64762857	0,027554157	1402,606099	7,99213E-10	38,55993895	38,7353182
18	Variável X 1	-0,187915714	0,000540344	-347,7702406	5,24301E-08	-0,189635331	-0,186196097
19	Variável X 2	-0,000352857	2,63416E-06	-133,9545577	9,17299E-07	-0,00036124	-0,000344474
20							

EXCEL - INVERSÃO MATRICIAL

A formulação matricial para o modelo quadrático é apresentada no Tópico 4.1. O Exemplo 4.4 descreve os passos para o processo de inversão e cálculos dos coeficientes do modelo quadrático.

Exemplo 4.4

Repita o Exemplo 4.1 usando a inversão matricial.

Solução:

1. Valores experimentais

▶ Escreva os seguintes textos:

- Tensão superficial: Na célula A1, escreva o texto **γ (dyn/cm)**
- Temperatura: Na célula B1, escreva o texto **T (K)**

▶ Valores experimentais:

- Valores das tensões superficiais: Escreva os valores na faixa de célula **A2:A7**
- Valores das temperaturas: Escreva os valores na faixa de célula **B2:B7**

	A	B	C	D	E	F
1	γ (dyn/cm)	*T* (K)				
2	18,877	90				
3	17,611	95				
4	16,328	100				
5	15,026	105				
6	13,707	110				
7	12,371	115				

2. Valores utilizados na regressão

▶ Escreva os seguintes textos:

- Valores de y: Na célula A9, escreva o texto **y**
- Valores de x: Na célula B9, escreva o texto **x**
- Valores de x^2: Na célula C9, escreva o texto **x^2**
- Valores de x^3: Na célula D9, escreva o texto **x^3**
- Valores de x^4: Na célula E9, escreva o texto **x^4**
- Valores de x^3: Na célula F9, escreva o texto **xy**
- Valores de x^4: Na célula G9, escreva o texto **x^2y**

▶ Digite os pares de valores experimentais:

- Cálculos dos valores de y: Na célula **A10**, escreva: = A**2**. Os cálculos dos outros valores são realizados da seguinte forma: a) selecione a célula **A10**, b) mova o cursor do mouse para o canto inferior direito da célula **A10** até que o ponteiro assuma o formato de uma cruz preta (alça de preenchimento), c) arraste a alça de preenchimento até a célula **A15**
- Cálculos dos valores de x: Na célula **B10**, escreva: = **B2**. Os cálculos dos outros valores são realizados da seguinte forma: a) selecione a célula **B10**, b) mova o cursor do mouse para o canto inferior direito da célula **B10** até que o ponteiro assuma o formato de uma cruz preta, c) arraste a alça de preenchimento até a célula **B15**
- Cálculos dos valores de x^2: Na célula **C10**, escreva: = **B2^2**. Os cálculos dos outros valores são realizados da seguinte forma: a) selecione a célula **C10**, b) mova o cursor do mouse para o canto inferior direito da célula **C10** até que o ponteiro assuma o formato de uma cruz preta, c) arraste a alça de preenchimento até a célula **C15**
- Cálculos dos valores de x^3: Na célula **D10**, escreva: = **B2^3**. Os cálculos dos outros valores são realizados da seguinte forma: a) selecione a célula **D10**, b) mova o cursor do

mouse para o canto inferior direito da célula **D10** até que o ponteiro assuma o formato de uma cruz preta, c) arraste a alça de preenchimento até a célula **D15**

- Cálculos dos valores de x^4: Na célula **E10**, escreva: = **B2^4**. Os cálculos dos outros valores são realizados da seguinte forma: a) selecione a célula **E10**, b) mova o cursor do mouse para o canto inferior direito da célula **E10** até que o ponteiro assuma o formato de uma cruz preta, c) arraste a alça de preenchimento até a célula **E15**

- Cálculos dos valores de xy: Na célula **F10**, escreva: = **A2*B2**. Os cálculos dos outros valores são realizados da seguinte forma: a) selecione a célula **F10**, b) mova o cursor do mouse para o canto inferior direito da célula **F10** até que o ponteiro assuma o formato de uma cruz preta, c) arraste a alça de preenchimento até a célula **F15**

- Cálculos dos valores de x^2y: Na célula **G10**, escreva: = **A2*B2^2**. Os cálculos dos outros valores são realizados da seguinte forma: a) selecione a célula **G10**, b) mova o cursor do mouse para o canto inferior direito da célula **G10** até que o ponteiro assuma o formato de uma cruz preta, c) arraste a alça de preenchimento até a célula **G15**

A nova aparência da planilha é a seguinte:

	A	B	C	D	E	F	G	H
1	γ (dyn/cm)	*T* (K)						
2	18,877	90						
3	17,611	95						
4	16,328	100						
5	15,026	105						
6	13,707	110						
7	12,371	115						
8								
9	y	x	x^2	x^3	x^4	xy	x^2y	
10	18,877	90	8100	729000	65610000	1698,93	152903,7	
11	17,611	95	9025	857375	81450625	1673,045	158939,275	
12	16,328	100	10000	1000000	100000000	1632,8	163280	
13	15,026	105	11025	1157625	121550625	1577,73	165661,65	
14	13,707	110	12100	1331000	146410000	1507,77	165854,7	
15	12,371	115	13225	1520875	174900625	1422,665	163606,475	
16								

3. Somatórios

▶ Escreva os seguintes textos:

- Na célula **A17**, escreva o texto **SY**
- Na célula **B17**, escreva o texto **SX**
- Na célula **C17**, escreva o texto **SX2**

- Na célula **D17**, escreva o texto **SX3**
- Na célula **E17**, escreva o texto **SX4**
- Na célula **F17**, escreva o texto **SXY**
- Na célula **G17**, escreva o texto **SX2Y**
- Na célula **H17**, escreva o texto **MY**

▶ Valores dos somatórios:

- Na célula **A18**, escreva o comando **=Soma(A10:A15)**. As outras somas são realizadas da seguinte forma: a) selecione a célula **A18**, b) mova o cursor do mouse para o canto inferior direito da célula **A18** até que o ponteiro assuma o formato de uma cruz preta, c) arraste a alça de preenchimento até a célula **G18**.
- Na célula **H18**, escreva o comando **=Média(A10:A15)**.

A nova aparência da planilha é a seguinte:

	A	B	C	D	E	F	G	H
8								
9	y	x	x^2	x^3	x^4	xy	x^2y	
10	18,877	90	8100	729000	65610000	1698,93	152903,7	
11	17,611	95	9025	857375	81450625	1673,045	158939,275	
12	16,328	100	10000	1000000	100000000	1632,8	163280	
13	15,026	105	11025	1157625	121550625	1577,73	165661,65	
14	13,707	110	12100	1331000	146410000	1507,77	165854,7	
15	12,371	115	13225	1520875	174900625	1422,665	163606,475	
16								
17	SY	SX	SX2	SX3	SX4	SXY	SX2Y	MY
18	93,92	615	63475	6595875	689921875	9512,94	970245,8	15,65333333

4. Criação da matriz das equações normais

▶ Escreva os seguintes textos:

- Mescle as células **A20:C20** e, em seguida, escreva o texto **α**
- Na célula **D20**, escreva o texto **c**
- Na célula **E20**, escreva o texto **β**

▶ Escreva os seguintes comandos:

MATRIZ α

- Na célula **A21**, escreva o comando **6**
- Na célula **B21**, escreva o comando = **B18**
- Na célula **C21**, escreva o comando = **C18**

- Na célula **A22,** escreva o comando = **B18**
- Na célula **B22,** escreva o comando = **C18**
- Na célula **C22,** escreva o comando = **D18**
- Na célula **A23,** escreva o comando = **C18**
- Na célula **B23,** escreva o comando = **D18**
- Na célula **C23,** escreva o comando = **E18**

VETOR C

- Na célula **D21**, escreva o texto $\mathbf{c}_0$.
- Na célula **D22**, escreva o texto $\mathbf{c}_1$.
- Na célula **D23**, escreva o texto $\mathbf{c}_2$.

VETOR β

- Na célula **E21**, escreva o comando **=E18**
- Na célula **E22,** escreva o comando **= F18**
- Na célula **E23,** escreva o comando = **G18**
- A nova aparência da planilha é a seguinte:

	A	B	C	D	E	F	G	H
8								
9	y	x	x^2	x^3	x^4	xy	x^2y	
10	18,877	90	8100	729000	65610000	1698,93	152903,7	
11	17,611	95	9025	857375	81450625	1673,045	158939,275	
12	16,328	100	10000	1000000	100000000	1632,8	163280	
13	15,026	105	11025	1157625	121550625	1577,73	165661,65	
14	13,707	110	12100	1331000	146410000	1507,77	165854,7	
15	12,371	115	13225	1520875	174900625	1422,665	163606,475	
16								
17	SY	SX	SX2	SX3	SX4	SXY	SX2Y	MY
18	93,92	615	63475	6595875	689921875	9512,94	970245,8	15,65333333
19								
20		α		c	β			
21	6	615	63475	c_0	93,92			
22	615	63475	6595875	c_1	9512,94			
23	63475	6595875	689921875	c_2	970245,8			
24								

5. Inversão matricial

▶ Mescle a célula **A25:C25** e, em seguida, escreva o texto $\mathbf{B} = \alpha^{-1}$

- Marque os locais de memória **A26:C28**, e clique no guia **Fórmula → Inserir Função →Matriz.Inverso**

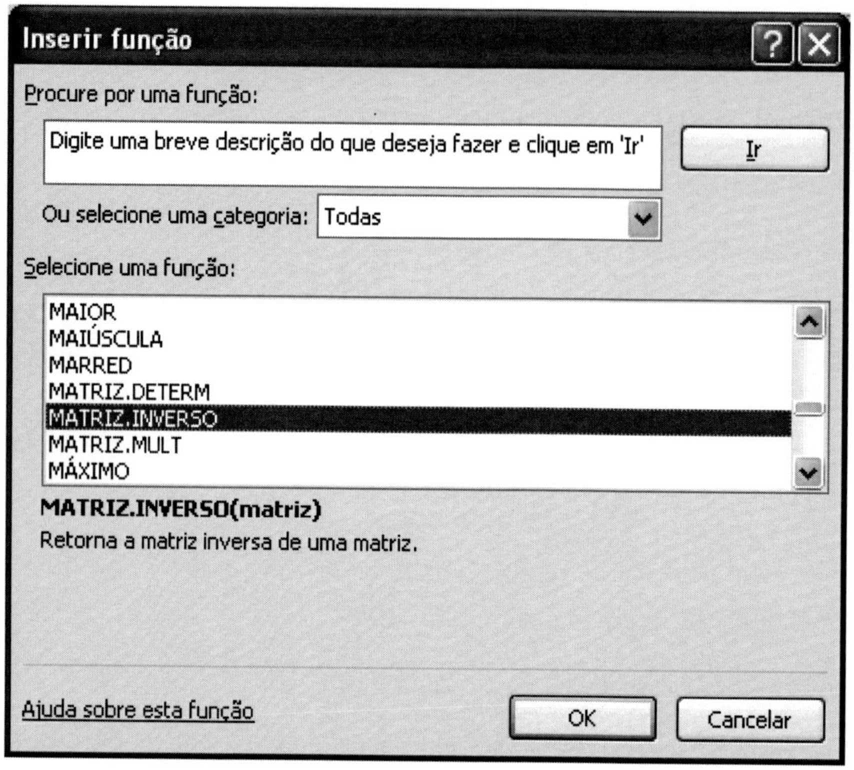

Clicando no botão OK, aparecerá a seguinte caixa de diálogo para especificação da matriz inversa de α:

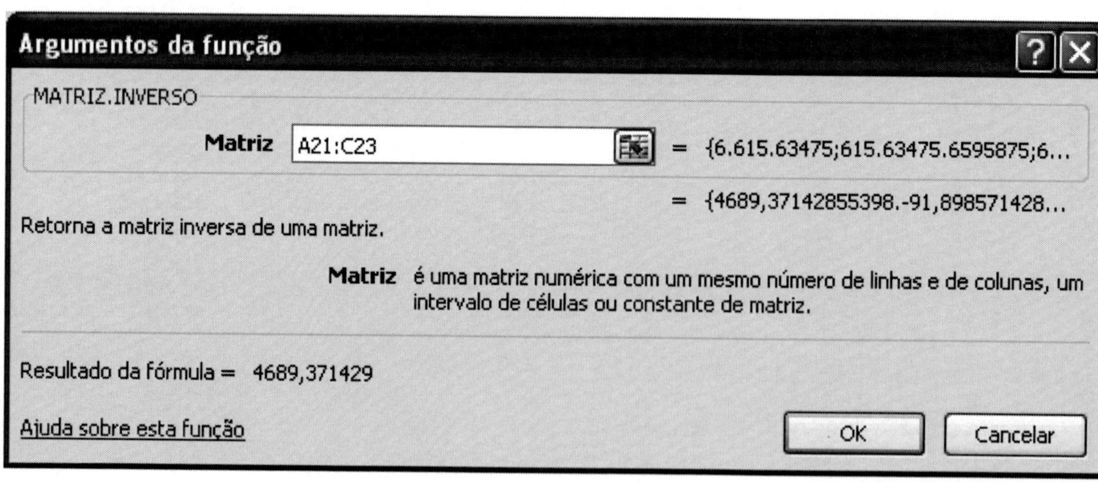

O argumento da função inverso é o seguinte: Matriz → locais de memória A21:C23 → elementos da matriz α.

Os cálculos matriciais no EXCEL são realizados com a combinação de teclas CRTL+-SIFTH+ENTER.

A nova aparência da planilha é a seguinte:

	A	B	C	D	E	F	G	H
8								
9	y	x	x^2	x^3	x^4	xy	x^2y	
10	18,877	90	8100	729000	65610000	1698,93	152903,7	
11	17,611	95	9025	857375	81450625	1673,045	158939,275	
12	16,328	100	10000	1000000	100000000	1632,8	163280	
13	15,026	105	11025	1157625	121550625	1577,73	165661,65	
14	13,707	110	12100	1331000	146410000	1507,77	165854,7	
15	12,371	115	13225	1520875	174900625	1422,665	163606,475	
16								
17	SY	SX	SX2	SX3	SX4	SXY	SX2Y	MY
18	93,92	615	63475	6595875	689921875	9512,94	970245,8	15,65333333
19								
20		α		c	β			
21	6	615	63475	c_0	93,92			
22	615	63475	6595875	c_1	9512,94			
23	63475	6595875	689921875	c_2	970245,8			
24								
25		$B = \alpha^{-1}$						
26	4689,371429	-91,89857143	0,447142857					
27	-91,89857143	1,803357143	-0,008785714					
28	0,447142857	-0,008785714	4,28571E-05					
29								

6. Cálculos dos coeficientes

- Escreva na célula **E25** o texto **c**
- A matriz α é 3x3 e a matriz β 3x1, e o produto entre estas matrizes produz como resultado uma matriz 3x1. Assim, marque os locais de memória **E26:E28, clique no guia Fórmula → Inserir Função → Matriz.Mult**

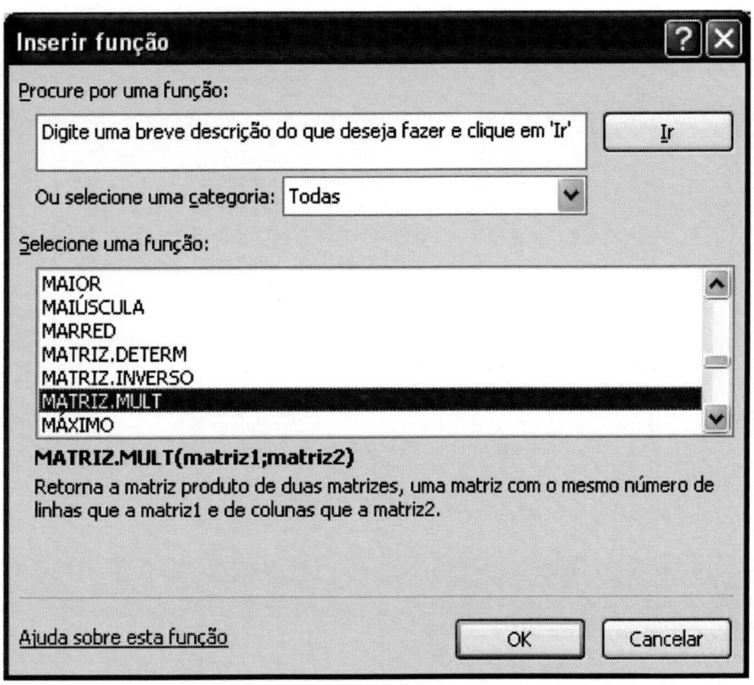

Clicando no botão OK, aparecerá a seguinte caixa de diálogo para as especificações das matrizes:

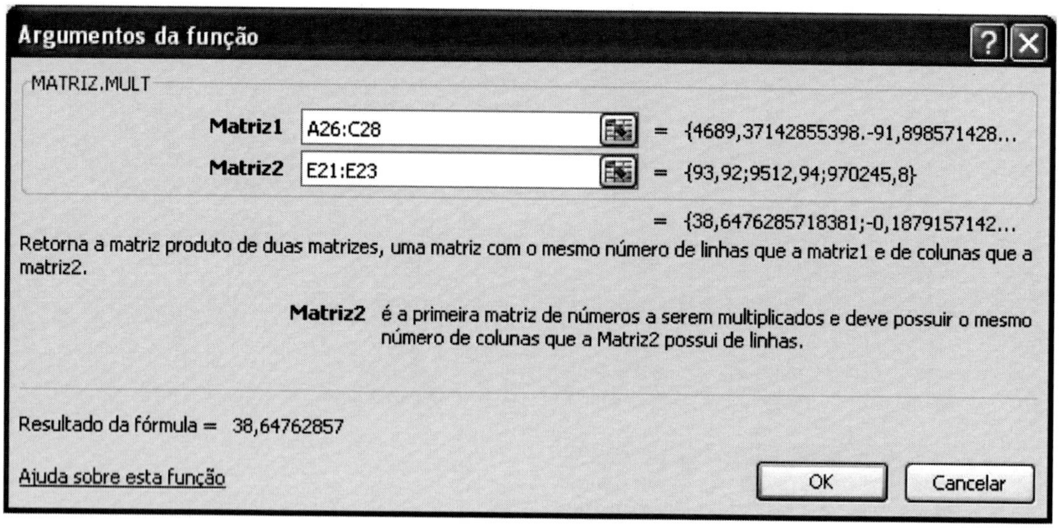

As características da caixa de diálogo acima são:

- Matriz1 → locais de memória A26:C28 → elementos da matriz inversa de α.
- Matriz2 → locais de memória E21:E23 → elementos da matriz β

Os cálculos matriciais no EXCEL são realizados com a combinação de teclas CRTL+-SIFTH+ENTER.

A nova aparência da planilha é a seguinte:

	A	B	C	D	E	F	G	H
8								
9	y	x	x^2	x^3	x^4	xy	x^2y	
10	18,877	90	8100	729000	65610000	1698,93	152903,7	
11	17,611	95	9025	857375	81450625	1673,045	158939,275	
12	16,328	100	10000	1000000	100000000	1632,8	163280	
13	15,026	105	11025	1157625	121550625	1577,73	165661,65	
14	13,707	110	12100	1331000	146410000	1507,77	165854,7	
15	12,371	115	13225	1520875	174900625	1422,665	163606,475	
16								
17	SY	SX	SX2	SX3	SX4	SXY	SX2Y	MY
18	93,92	615	63475	6595875	689921875	9512,94	970245,8	15,65333333
19								
20		α		c	β			
21	6	615	63475	c_0	93,92			
22	615	63475	6595875	c_1	9512,94			
23	63475	6595875	689921875	c_2	970245,8			
24								
25		$B = \alpha^{-1}$			c			
26	4689,371429	-91,89857143	0,447142857		38,64762857			
27	-91,89857143	1,803357143	-0,008785714		-0,187915714			
28	0,447142857	-0,008785714	4,28571E-05		-0,000352857			
29								

7. Qualidade do Ajuste

▶ Escreva os seguintes textos:

- Célula A30 ⇐ $g_i = c_0 + c_1x_i + c_2x_i^2$
- Célula B30 ⇐ $\varepsilon_i = y_i - g_i$
- Célula C30 ⇐ S_{Ri}
- Célula D30 ⇐ S_{Ti}
- Célula E30 ⇐ S_{Rei}

▶ Cálculos dos valores utilizados na qualidade de ajuste

- Cálculos dos valores $g_i = c_0 + c_1x_i + c_2x_i^2$: Na célula **A31**, escreva: =E$26+E$27*B10+ E$27*C10. Os cálculos dos outros valores fornecidos pelo modelo quadrático proposto são realizados da seguinte forma: a) selecione a célula **A31**, b) mova o cursor do mouse para o canto inferior direito da célula **A31** até que o ponteiro assuma o formato de uma cruz preta (alça de preenchimento), c) arraste a alça de preenchimento até a célula **A36**.
- Cálculos dos resíduos $\varepsilon_i = y_i - g_i$: Na célula **B31**, escreva: = A10-A31. Os cálculos dos outros valores são realizados da seguinte forma: a) selecione a célula **B31**, b) mova o cursor do mouse para o canto inferior direito da célula **B31** até que o ponteiro assuma o formato de uma cruz preta, c) arraste a alça de preenchimento até a célula **B36**.
- Cálculos dos resíduos quadráticos $S_{Ri} = (y_i - g_i)^2$: Na célula **C31**, escreva: = **B31^2**. Os cálculos dos outros valores são realizados da seguinte forma: a) selecione a célula **C31**, b) mova o cursor do mouse para o canto inferior direito da célula **C31** até que o ponteiro assuma o formato de uma cruz preta, c) arraste a alça de preenchimento até a célula **C36**.
- Cálculos dos resíduos quadráticos entre os valores experimentais e a média, S_{Ti}: Na célula **D31**, escreva: = **(A10 – H$18)^2**. Os cálculos dos outros valores são realizados da seguinte forma: a) selecione a célula **D31**, b) mova o cursor do mouse para o canto inferior direito da célula **D31** até que o ponteiro assuma o formato de uma cruz preta, c) arraste a alça de preenchimento até a célula **D36**.
- Cálculos dos resíduos quadráticos entre os valores fornecidos pelo modelo e a média, S_{Rei}: Na célula **E31**, escreva: = **(A31 – H$18)^2**. Os cálculos dos outros valores são realizados da seguinte forma: a) selecione a célula **E31**, b) mova o cursor do mouse para o canto inferior direito da célula **E31** até que o ponteiro assuma o formato de uma cruz preta, c) arraste a alça de preenchimento até a célula **E36**.

A nova aparência da planilha é a seguinte:

	A	B	C	D	E	F	G	H
16								
17	SY	SX	SX2	SX3	SX4	SXY	SX2Y	MY
18	93,92	615	63475	6595875	689921875	9512,94	970245,8	15,65333333
19								
20		α		c	β			
21	6	615	63475	c_0	93,92			
22	615	63475	6595875	c_1	9512,94			
23	63475	6595875	689921875	c_2	970245,8			
24								
25		$B = \alpha^{-1}$			c			
26	4689,371429	-91,89857143	0,447142857		38,64762857			
27	-91,89857143	1,803357143	-0,008785714		-0,187915714			
28	0,447142857	-0,008785714	4,28571E-05		-0,000352857			
29								
30	$g_i = c_0 + c_1x_i + c_2x_i^2$	$\varepsilon_i = y_i - g_i$	S_{Ri}	S_{Ti}	S_{Rei}			
31	18,87707143	-7,14286E-05	5,10204E-09	10,39202678	10,39248731			
32	17,6111	-1E-04	1E-08	3,832458778	3,832850321			
33	16,32748571	0,000514286	2,6449E-07	0,455175111	0,454481433			
34	15,02622857	-0,000228571	5,22449E-08	0,393547111	0,393260382			
35	13,70732857	-0,000328571	1,07959E-07	3,788213444	3,786934534			
36	12,37078571	0,000214286	4,59184E-08	10,77371211	10,77511887			

8. Cálculos das somas

▶ Escreva os seguintes textos:

- Soma dos resíduos: Na célula **A38**, escreva o texto $\boldsymbol{\varepsilon}$.
- Soma quadrática dos resíduos: Na célula **B38**, escreva o texto $\mathbf{S_R}$.
- Soma quadrática dos valores experimentais em torno da média: Na célula **C38**, escreva S_T.
- Soma quadrática dos valores do modelo em torno da média: Na célula **D38**, escreva o texto $\mathbf{S_{Re}}$.
- Coeficiente de determinação: Na célula **E38**, escreva o texto $\mathbf{R^2}$,

▶ Valores das somas e do coeficiente de determinação

- Escreva na célula **A39** o comando: **=soma(B31:B36)**. As outras somas são obtidas da seguinte forma: a) selecione a célula **A39**, b) mova o cursor do mouse para o canto inferior direito da célula **A39** até que o ponteiro assuma o formato de uma cruz preta, c) arraste a alça de preenchimento até a célula **D39**.
- Escreva na célula E27 o comando: **=1 – B39/C39.**

A nova aparência da planilha é a seguinte:

	A	B	C	D	E
24					
25		$B = \alpha^{-1}$			c
26	4689,371429	-91,89857143	0,447142857		38,64762857
27	-91,89857143	1,803357143	-0,008785714		-0,187915714
28	0,447142857	-0,008785714	4,28571E-05		-0,000352857
29					
30	$g_i = c_0 + c_1x_i + c_2x_i^2$	$\varepsilon_i = y_i - g_i$	S_{Ri}	S_{Ti}	S_{Rei}
31	18,87707143	-7,14286E-05	5,10204E-09	10,39202678	10,39248731
32	17,6111	-1E-04	1E-08	3,832458778	3,832850321
33	16,32748571	0,000514286	2,6449E-07	0,455175111	0,454481433
34	15,02622857	-0,000228571	5,22449E-08	0,393547111	0,393260382
35	13,70732857	-0,000328571	1,07959E-07	3,788213444	3,786934534
36	12,37078571	0,000214286	4,59184E-08	10,77371211	10,77511887
37					
38	ε	S_R	S_T	S_{Re}	R^2
39	1,40536E-10	4,85714E-07	29,63513333	29,63513285	0,999999984

9. Graus de liberdades e Médias

- ▶ Escreva os seguintes textos:
  - Grau de liberdade do resíduo: Na célula A41, escreva o texto: $\mathbf{G_L^R}$
  - Grau de liberdade da regressão: Na célula B41, escreva o texto: $\mathbf{G_L^{Re}}$
  - Grau de liberdade total: Na célula C41, escreva o texto: $\mathbf{G_L^{Total}}$
  - Média quadrática dos resíduos: Na célula D41, escreva o texto: $\mathbf{M_R}$
  - Média quadrática da regressão: Na célula E41, escreva o texto: $\mathbf{M_{Re}}$
- ▶ Valores:
  - Grau de liberdade do resíduo: Na célula **A30**, escreva: **= 3**
  - Grau de liberdade da regressão: Na célula **B30**, escreva: **= 2**
  - Grau de liberdade total: Na célula **C30**, escreva: **= 5**
  - Média quadrática do resíduo: Na célula **D30**, escreva: **= B39/A42**
  - Cálculo da média quadrática da regressão: Na célula **E30**, escreva: **= D39/B42**

A nova aparência da planilha é a seguinte:

	A	B	C	D	E
29					
30	$g_i = c_0 + c_1x_i + c_2x_i^2$	$\varepsilon_i = y_i - g_i$	S_{Ri}	S_{Ti}	S_{Rei}
31	18,87707143	-7,14286E-05	5,10204E-09	10,39202678	10,39248731
32	17,6111	-1E-04	1E-08	3,832458778	3,832850321
33	16,32748571	0,000514286	2,6449E-07	0,455175111	0,454481433
34	15,02622857	-0,000228571	5,22449E-08	0,393547111	0,393260382
35	13,70732857	-0,000328571	1,07959E-07	3,788213444	3,786934534
36	12,37078571	0,000214286	4,59184E-08	10,77371211	10,77511887
37					
38	ε	S_R	S_T	S_{Re}	R^2
39	1,40536E-10	4,85714E-07	29,63513333	29,63513285	0,999999984
40					
41	G_L^R	G_L^{Re}	G_L^{Total}	M_R	M_{Re}
42	3	2	5	1,61905E-07	14,81756642

10. Nível de confiança e Probabilidades

▶ Escreva os seguintes textos:

- Nível de confiança: Na célula **A44**, escreva o texto: **N_C (%)**
- Nível de significância: Na célula **B44**, escreva o texto: α
- Probabilidade acumulada de cauda superior: Na célula **C44**, escreva o texto: ϕ
- Variância populacional: na célula **D44**, escreva o texto **s^2**
- Valor da distribuição t de Student: Na célula **E44**, escreva o texto: **t**

▶ Valores

- Nível de confiança: Na célula **A45**, escreva o valor: **95**
- Nível de significância: Na célula **B45**, escreva o comando: **= 1 – A45/100**
- Probabilidade acumulada: Na célula **C45**, escreva o texto: **= 1 – B45/2**
- Variância populacional: Na célula **D45**, escreva: **=D39**
- Valor da distribuição t de Student: Marque a célula **E45** e utilize a sequência: **Guia Fórmulas → Inserir função.**

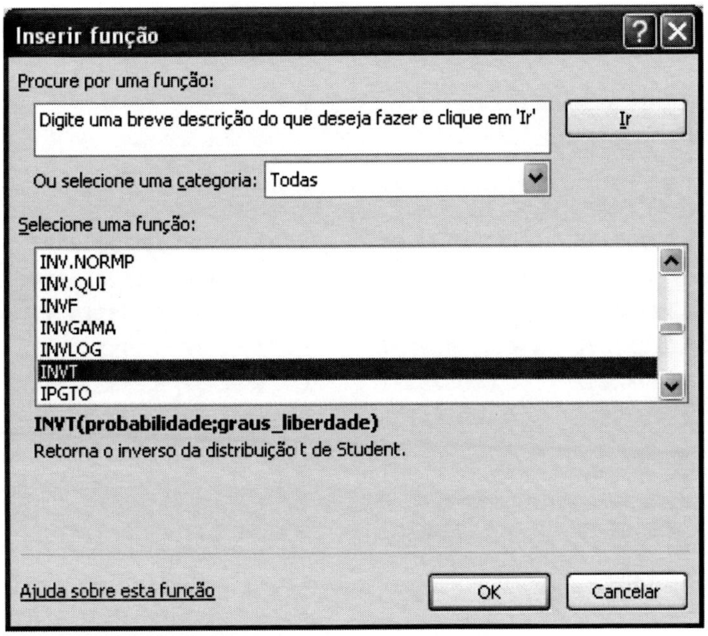

Na caixa de diálogo Inserir função, escolha a função **INVT** e clique no botão OK. Em seguida, aparecerá a caixa de diálogo para a especificação da função INVT.

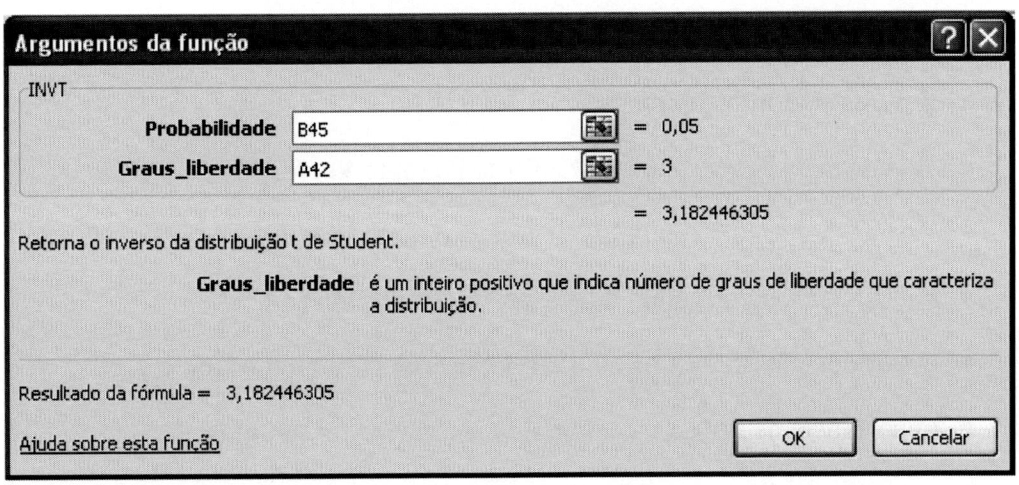

Observe que, ao especificar a probabilidade e o grau de liberdade, o inverso da distribuição t de Student é apresentada automaticamente.

Clicando no botão OK, a nova aparência da planilha é a seguinte:

	A	B	C	D	E
29					
30	$g_i = c_0 + c_1x_i + c_2x_i^2$	$\varepsilon_i = y_i - g_i$	S_{Ri}	S_{Ti}	S_{Rei}
31	18,87707143	-7,14286E-05	5,10204E-09	10,39202678	10,39248731
32	17,6111	-1E-04	1E-08	3,832458778	3,832850321
33	16,32748571	0,000514286	2,6449E-07	0,455175111	0,454481433
34	15,02622857	-0,000228571	5,22449E-08	0,393547111	0,393260382
35	13,70732857	-0,000328571	1,07959E-07	3,788213444	3,786934534
36	12,37078571	0,000214286	4,59184E-08	10,77371211	10,77511887
37					
38	ε	S_R	S_T	S_{Re}	R^2
39	1,40536E-10	4,85714E-07	29,63513333	29,63513285	0,999999984
40					
41	G_L^R	G_L^{Re}	G_L^{Total}	M_R	M_{Re}
42	3	2	5	1,61905E-07	14,81756642
43					
44	N_c (%)	α	ϕ	s^2	t
45	95	0,05	0,975	1,61905E-07	3,182446305

11. Variâncias

▶ Escreva os seguintes textos:

- Variância de c_0: na célula **A47**, escreva o texto **Var(c$_0$)**
- Variância de c_1: na célula **B47**, escreva o texto **Var(c$_1$)**
- Variância de c_2: na célula **C47**, escreva o texto **Var(c$_2$)**
- Covariância de c_0 e c_1: na célula **D47**, escreva o texto **Cov(c$_0$, c$_1$)**
- Covariância de c_0 e c_2: na célula **E47**, escreva o texto **Cov(c$_0$, c$_2$)**
- Covariância de c_1 e c_2: na célula **F47**, escreva o texto **Cov(c$_1$, c$_2$)**

▶ Valores:

- Variância de c_0: Na célula **A48**, escreva o comando: **= A26*D45**
- Variância de c_1: Na célula **B48**, escreva o comando: **= B27*D45**
- Variância de c_2: Na célula **C48**, escreva o comando: **= C28*D45**
- Covariância de c_0 e c_1: Na célula **D48**, escreva o comando: **=B26*D45**
- Covariância de c_0 e c_2: Na célula **E48**, escreva o comando: **=C26*D45**

- Covariância de c_1 e c_2: Na célula **F48**, escreva o comando: **=C27*D45**

Observe que a matriz de covariância é definida por:

$$\mathbf{V} = \begin{bmatrix} \text{Var } c_0 = B_{11}s^2 & \text{Cov } c_0, c_1 = B_{12}s^2 & \text{Cov } c_0, c_2 = B_{13}s^2 \\ \text{Cov } c_1, c_0 = B_{21}s^2 & \text{Var } c_1 = B_{22}s^2 & \text{Cov } c_1, c_2 = B_{23}s^2 \\ \text{Cov } c_2, c_0 = B_{31}s^2 & \text{Cov } c_2, c_1 = B_{32}s^2 & \text{Var } c_2 = B_{33}s^2 \end{bmatrix}$$

sendo que a matriz **B** é a matriz inversa de $(\mathbf{X}^T\mathbf{X})$ definida por:

A nova aparência da planilha é a seguinte:

	A	B	C	D	E	F
29						
30	$g_i = c_0 + c_1x_i + c_2x_i^2$	$\varepsilon_i = y_i - g_i$	S_{Ri}	S_{Ti}	S_{Rei}	
31	18,87707143	-7,14286E-05	5,10204E-09	10,39202678	10,39248731	
32	17,6111	-1E-04	1E-08	3,832458778	3,832850321	
33	16,32748571	0,000514286	2,6449E-07	0,455175111	0,454481433	
34	15,02622857	-0,000228571	5,22449E-08	0,393547111	0,393260382	
35	13,70732857	-0,000328571	1,07959E-07	3,788213444	3,786934534	
36	12,37078571	0,000214286	4,59184E-08	10,77371211	10,77511887	
37						
38	ε	S_R	S_T	S_{Re}	R^2	
39	1,40536E-10	4,85714E-07	29,63513333	29,63513285	0,999999984	
40						
41	G_L^R	G_L^{Re}	G_L^{Total}	M_R	M_{Re}	
42	3	2	5	1,61905E-07	14,81756642	
43						
44	N_c (%)	α	ϕ	s^2	t	
45	95	0,05	0,975	1,61905E-07	3,182446305	
46						
47	Var(c_0)	Var(c_1)	Var(c_2)	Cov(c_0, c_1)	Cov(c_0, c_2)	Cov(c_1, c_2)
48	0,000759232	2,91972E-07	6,93878E-12	-1,4879E-05	7,23946E-08	-1,4224E-09

12. Erros padrões e intervalos de confiança

▶ Escreva os seguintes textos:

- Erro padrão do coeficiente c_0: na célula **A50**, escreva o texto $\mathbf{E_{c0}}$
- Erro padrão do coeficiente c_1: na célula **B50**, escreva o texto $\mathbf{E_{c1}}$
- Erro padrão do coeficiente c_2: na célula **C50**, escreva o texto $\mathbf{E_{c2}}$
- Variação do coeficiente c_0: na célula **D50**, escreva $\mathbf{\Delta_{c0}}$
- Variação do coeficiente c_1: na célula **E50**, escreva $\mathbf{\Delta_{c1}}$
- Variação do coeficiente c_2: na célula **F50**, escreva $\mathbf{\Delta_{c2}}$

▶ Realize os seguintes comandos:

- Erro padrão de c_0: Na célula **A51**, escreva o comando: **=raiz(A48)**
- Erro padrão de c_1: Na célula **B51**, escreva o comando: **=raiz(B48)**
- Erro padrão de c_2: Na célula **C51**, escreva o comando: **=raiz(C48)**
- Variação do coeficiente c_0: Na célula **D51**, escreva o comando: **=E45*A51**
- Variação do coeficiente c_1: Na célula **E51**, escreva o comando: **= E45*B51**
- Variação do coeficiente c_2: Na célula **F51**, escreva o comando: **= E45*C51**

A nova aparência da planilha é a seguinte:

	A	B	C	D	E	F
37						
38	**ε**	**S_R**	**S_T**	**S_{Re}**	**R^2**	
39	**1,40536E-10**	**4,85714E-07**	**29,63513333**	**29,63513285**	**0,999999984**	
40						
41	**G_L^R**	**G_L^{Re}**	**G_L^{Total}**	**M_R**	**M_{Re}**	
42	**3**	**2**	**5**	**1,61905E-07**	**14,81756642**	
43						
44	**N_c (%)**	**α**	**ϕ**	**s^2**	**t**	
45	**95**	**0,05**	**0,975**	**1,61905E-07**	**3,182446305**	
46						
47	**$Var(c_0)$**	**$Var(c_1)$**	**$Var(c_2)$**	**$Cov(c_0, c_1)$**	**$Cov(c_0, c_2)$**	**$Cov(c_1, c_2)$**
48	**0,000759232**	**2,91972E-07**	**6,93878E-12**	**-1,4879E-05**	**7,23946E-08**	**-1,4224E-09**
49						
50	**E_{C0}**	**E_{C1}**	**E_{C2}**	**Δ_{C0}**	**Δ_{C1}**	**Δ_{C2}**
51	**0,027554157**	**0,000540344**	**2,63416E-06**	**0,087689625**	**0,001719617**	**8,38306E-06**

13. Limites dos coeficientes do polinômio para o nível de confiança especificado

▶ Escreva os seguintes textos:

- Limite inferior do coeficiente c_0: na célula **A53**, escreva o texto $\mathbf{C_0^{inf}}$
- Limite superior do coeficiente c_0: na célula **B53**, escreva o texto $\mathbf{C_0^{sup}}$
- Limite inferior do coeficiente c_0: na célula **C53**, escreva o texto $\mathbf{C_1^{inf}}$
- Limite superior do coeficiente c_0: na célula **D53**, escreva o texto $\mathbf{C_1^{sup}}$
- Limite inferior do coeficiente c_0: na célula **E53**, escreva o texto $\mathbf{C_2^{inf}}$
- Limite superior do coeficiente c_0: na célula **F53**, escreva o texto $\mathbf{C_2^{sup}}$

▶ Realize os seguintes comandos:

- Limite inferior de c_0: Na célula **A54**, escreva o comando: **=E26-D51**
- Limite superior de c_0: Na célula **B54**, escreva o comando: **= E26+D51**
- Limite inferior de c_1: Na célula **C54**, escreva o comando: **= E27-E51**
- Limite superior de c_1: Na célula **D54**, escreva o comando: **= E27+E51**
- Limite inferior de c_2: Na célula **E54**, escreva o comando: **= E28-F51**
- Limite superior de c_2: Na célula **F54**, escreva o comando: **= E28+F51**

A nova aparência da planilha é a seguinte:

	A	B	C	D	E	F
37						
38	ε	S_R	S_T	S_{Re}	R^2	
39	1,40536E-10	4,85714E-07	29,63513333	29,63513285	0,999999984	
40						
41	G_L^R	G_L^{Re}	G_L^{Total}	M_R	M_{Re}	
42	3	2	5	1,61905E-07	14,81756642	
43						
44	N_c (%)	α	ϕ	s^2	t	
45	95	0,05	0,975	1,61905E-07	3,182446305	
46						
47	Var(c_0)	Var(c_1)	Var(c_2)	Cov(c_0, c_1)	Cov(c_0, c_2)	Cov(c_1, c_2)
48	0,000759232	2,91972E-07	6,93878E-12	-1,4879E-05	7,23946E-08	-1,4224E-09
49						
50	E_{C0}	E_{C1}	E_{C2}	Δ_{C0}	Δ_{C1}	Δ_{C2}
51	0,027554157	0,000540344	2,63416E-06	0,087689625	0,001719617	8,38306E-06
52						
53	c_0^{inf}	c_0^{sup}	c_1^{inf}	c_1^{sup}	c_2^{inf}	c_2^{sup}
54	38,55993895	38,7353182	-0,189635331	-0,1861961	-0,00036124	-0,00034447

REFERÊNCIA BIBLIOGRÁFICA

CUTLIP, M. B., SHACHAM, M. **Problem Solving in Chemical Engineering with Numerical Methods**. Prentice Hall, 2000

JASPER J. J. The Surface Tension of Pure Liquid Compounds. **J. Phys. Chem. Ref. Data**, Vol. 1, N. 4, Pg 841-1009, 1972.

MICROSOFT EXCEL 2007 (Redmond, WA: Microsoft Corp., 2007)

SOAVE, G. Equilibrium Constants a Modified Redlich-Kwong Equation of State. **Chem. Eng. Sci**. Vol. 27, 1197-1203, 1972.

Capítulo 5

REGRESSÃO POLINOMIAL DE GRAU TRÊS

INTRODUÇÃO

O modelo polinomial de grau três é representado por:

$$g_i = c_0 + c_1 x_i + c_2 x_i^2 + c_3 x_i^3 \tag{5.1}$$

Conforme o Tópico 1.2 do Capítulo Um, a forma matricial das equações normais para um modelo quadrático com a constante diferente de zero é dada por:

$$\begin{bmatrix} m & \sum_{i=1}^{m} x_i & \sum_{i=1}^{m} x_i^2 & \sum_{i=1}^{m} x_i^3 \\ \sum_{i=1}^{m} x_i & \sum_{i=1}^{m} x_i^2 & \sum_{i=1}^{m} x_i^3 & \sum_{i=1}^{m} x_i^4 \\ \sum_{i=1}^{m} x_i^2 & \sum_{i=1}^{m} x_i^3 & \sum_{i=1}^{m} x_i^4 & \sum_{i=1}^{m} x_i^5 \\ \sum_{i=1}^{m} x_i^3 & \sum_{i=1}^{m} x_i^4 & \sum_{i=1}^{m} x_i^5 & \sum_{i=1}^{m} x_i^6 \end{bmatrix} \begin{bmatrix} c_0 \\ c_1 \\ c_2 \\ c_3 \end{bmatrix} = \begin{bmatrix} \sum_{i=1}^{m} y_i \\ \sum_{i=1}^{m} y_i x_i \\ \sum_{i=1}^{m} y_i x_i^2 \\ \sum_{i=1}^{m} y_i x_i^3 \end{bmatrix} \tag{5.2}$$

Escrevendo a Equação (5.2) na forma matricial,

$$\left(\mathbf{X}^T\mathbf{X}\right)\mathbf{C} = \left(\mathbf{X}^T\mathbf{y}\right) \tag{5.3}$$

Os produtos entre as matrizes entre parênteses são apresentados na Tabela 5.1.

TABELA 5.1 – RESULTADOS DOS PRODUTOS ENTRE MATRIZES

$$\mathbf{X}^T\mathbf{X} = \begin{bmatrix} m & \sum_{i=1}^{m} x_i & \sum_{i=1}^{m} x_i^2 & \sum_{i=1}^{m} x_i^3 \\ \sum_{i=1}^{m} x_i & \sum_{i=1}^{m} x_i^2 & \sum_{i=1}^{m} x_i^3 & \sum_{i=1}^{m} x_i^4 \\ \sum_{i=1}^{m} x_i^2 & \sum_{i=1}^{m} x_i^3 & \sum_{i=1}^{m} x_i^4 & \sum_{i=1}^{m} x_i^5 \\ \sum_{i=1}^{m} x_i^3 & \sum_{i=1}^{m} x_i^4 & \sum_{i=1}^{m} x_i^5 & \sum_{i=1}^{m} x_i^6 \end{bmatrix} \qquad \mathbf{X}^T\mathbf{y} = \begin{bmatrix} \sum_{i=1}^{m} y_i \\ \sum_{i=1}^{m} y_i x_i \\ \sum_{i=1}^{m} y_i x_i^2 \\ \sum_{i=1}^{m} y_i x_i^3 \end{bmatrix}$$

Os coeficientes $C = (c_0, c_1, c_2, c_3)^T$ são obtidos resolvendo o sistema linear 4x4 por inversão matricial:

$$\mathbf{C} = \left(\mathbf{X}^T\mathbf{X}\right)^{-1}\left(\mathbf{X}^T\mathbf{y}\right) = \mathbf{B}\boldsymbol{\beta} \tag{5.4}$$

em que $\mathbf{B} = (\mathbf{X}^T\mathbf{X})^{-1}$ e $\boldsymbol{\beta} = \mathbf{X}^T\mathbf{y}$.

QUALIDADE DO AJUSTE DO MODELO POLINOMIAL DE GRAU TRÊS

O resumo das relações desenvolvidas no Tópico 1.5 do Capítulo 1, para $N = 3$, é apresentado na Tabela 5.2.

TABELA 5.2 – RESUMO PARA O MODELO POLINOMIAL DE GRAU TRÊS

- Soma quadrática residual: $S_R = \sum_{i=1}^{m} y_i - g_i)^2$
- Soma quadrática em torno da média: $S_T = \sum_{i=1}^{m} \left(y_i - \bar{y}\right)^2$

Tabela 5.2 – Resumo para o modelo polinomial de grau três

- ▶ Soma quadrática da regressão: $S_{\mathrm{Re}} = \sum_{i=1}^{m}(g_i - \bar{y})^2$
- ▶ Grau de liberdade total: $G_L^T = m - 1$
- ▶ Grau de liberdade da regressão: $G_L^{Re} = 3$
- ▶ Grau de liberdade dos resíduos: $G_L^R = m - 4$
- ▶ Média quadrática residual: $M_R = S_R/G_L^R$
- ▶ Média quadrática da regressão: $M_{Re} = S_{Re}/G_L^{Re}$
- ▶ Coeficiente de determinação: $R^2 = 1 - S_R/S_T$
- ▶ Coeficiente de correlação: $R = \sqrt{R^2}$
- ▶ Coeficiente de determinação ajustado: $R_{aj}^2 = 1 - (1 - R^2)\left(\dfrac{G_L^T}{G_L^R}\right) = 1 - \left(\dfrac{S_R}{S_T}\right)\left(\dfrac{G_L^T}{G_L^R}\right)$
- ▶ Variância populacional s^2: $s^2 = M_R$
- ▶ Desvio padrão populacional (erro padrão da estimativa): $s = \sqrt{M_R}$

ANÁLISES DE VARIÂNCIAS E ERROS PADRÕES

As variâncias dos coeficientes do modelo polinomial são definidas por:

$$\mathbf{V} = (\mathbf{X}^T\mathbf{X})^{-1} s^2 = \mathbf{B}s^2 \tag{5.5}$$

Conforme o Capítulo Um, para um modelo polinomial de grau três, a matriz de variância pode ser escrita como:

$$\mathbf{V} = \begin{bmatrix} \mathrm{Var}(c_0) & \mathrm{Cov}(c_0, c_1) & \mathrm{Cov}(c_0, c_2) & \mathrm{Cov}(c_0, c_3) \\ \mathrm{Cov}(c_1, c_0) & \mathrm{Var}(c_1) & \mathrm{Cov}(c_1, c_2) & \mathrm{Cov}(c_1, c_3) \\ \mathrm{Cov}(c_2, c_0) & \mathrm{Cov}(c_2, c_1) & \mathrm{Var}(c_2) & \mathrm{Cov}(c_2, c_3) \\ \mathrm{Cov}(c_3, c_0) & \mathrm{Cov}(c_3, c_1) & \mathrm{Cov}(c_3, c_2) & \mathrm{Var}(c_3) \end{bmatrix}$$

A matriz inversa **B** é definida por:

$$\mathbf{B} = \left(\mathbf{X}^T\mathbf{X}\right)^{-1} = \begin{bmatrix} m & \sum_{i=1}^{m} x_i & \sum_{i=1}^{m} x_i^2 & \sum_{i=1}^{m} x_i^3 \\ \sum_{i=1}^{m} x_i & \sum_{i=1}^{m} x_i^2 & \sum_{i=1}^{m} x_i^3 & \sum_{i=1}^{m} x_i^4 \\ \sum_{i=1}^{m} x_i^2 & \sum_{i=1}^{m} x_i^3 & \sum_{i=1}^{m} x_i^4 & \sum_{i=1}^{m} x_i^5 \\ \sum_{i=1}^{m} x_i^3 & \sum_{i=1}^{m} x_i^4 & \sum_{i=1}^{m} x_i^5 & \sum_{i=1}^{m} x_i^6 \end{bmatrix}^{-1} \quad (5.6)$$

Os erros padrões dos coeficientes c_i, para i = 0, 1, 2, 3 são fornecidos por:

- Coeficiente c_0: $E_{c0} = \sqrt{\text{Var}(c_0)}$
- Coeficiente c_1: $E_{c1} = \sqrt{\text{Var}\ \ c_1)}$
- Coeficiente c_2: $E_{c2} = \sqrt{\text{Var}(c_2)}$
- Coeficiente c_3: $E_{c3} = \sqrt{\text{Var}\ \ c_3)}$

INFERÊNCIAS RELACIONADAS AOS COEFICIENTES DE REGRESSÃO

O teste de hipótese para verificar a existência de uma relação entre a variável dependente e a inclinação é idêntico ao descrito no Tópico 1.4.3. O resumo é apresentado na Tabela 5.3.

Tabela 5.3 – Inferência sobre os coeficientes do modelo proposto

Teste de hipótese:	$H_0: c_j = 0$ para $j = 1,\ 2,\ 3$ se $t_{Estat}\big\|_{cj} \le t$ $H_1: c_j \ne 0$ para $j = 1,\ 2,\ 3$ se $t_{Estat}\big\|_{cj} > t$
$t_{Estat}\big\|_{c0} = \dfrac{c_0}{E_{c0}}$, $t_{Estat}\big\|_{c1} = \dfrac{c_1}{E_{c1}}$ e $t_{Estat}\big\|_{c2} = \dfrac{c_2}{E_{c2}}$	

Tabela 5.3 – Inferência sobre os coeficientes do modelo proposto

Valor crítico da distribuição t de Student

Sintaxe: =INVT(α; G_L^R) em uma célula do EXCEL

Teste de hipótese:

$$\begin{array}{ll} H_0 : c_j = 0 \text{ para } j = 1,\ 2,\ 3 & \text{se valor-}p|_{cj} \geq \alpha \\ H_1 : c_j \neq 0 \text{ para } j = 1,\ 2,\ 3 & \text{se valor-}p|_{cj} < \alpha \end{array}$$

valor-p

Sintaxe: =DISTT(t_{Estat}; G_L^R; 2) em uma célula do EXCEL

TESTE DE SIGNIFICÂNCIA DO MODELO DE REGRESSÃO

A abordagem para verificar a significância do modelo é baseada na análise de variância, sendo equivalente ao teste t para as inferências dos coeficientes do modelo.

Tabela 5.4 – Inferência sobre o modelo proposto

Teste de hipótese:

$$\begin{array}{ll} H_0 : \text{modelo não significativo} & \text{se } F_{Estat} \leq F \\ H_1 : \text{modelo significativo} & \text{se } F_{Estat} > F \end{array}$$

$$F_{Estat} = \frac{M_{\mathrm{Re}}}{M_R} = \frac{S_{\mathrm{Re}}/G_L^{\mathrm{Re}}}{S_{\mathrm{R}}/G_L^{\mathrm{R}}}$$

Valor crítico da distribuição t de Student

Sintaxe: =INVF(α; G_L^{Re}; G_L^R) em uma célula do EXCEL

Teste de hipótese:

$$\begin{array}{ll} H_0 : \text{modelo não significativo} & \text{se } F_{\text{significância}} \geq \alpha \\ H_1 : \text{modelo significativo} & \text{se } F_{\text{significância}} < \alpha \end{array}$$

valor-p = $F_{significância}$

Sintaxe: =DISTF(F_{Estat}; G_L^{Re} ; G_L^R) em uma célula do EXCEL

INTERVALOS DE CONFIANÇA DOS COEFICIENTES

Admitindo que ocorra uma distribuição normal dos erros (ε_i), os intervalos de confiança dos coeficientes do modelo proposto são apresentados na Tabela 5.5.

TABELA 5.5 – INTERVALOS DE CONFIANÇA PARA OS COEFICIENTES

$c_0 \pm tE_{c0}$	$c_1 \pm tE_{c1}$	$c_2 \pm tE_{c2}$	$c_3 \pm tE_{c3}$

sendo que E_{c0}, E_{c1}, E_{c2} e E_{c3} são os erros padrões dos coeficientes do modelo proposto, t é o valor crítico da distribuição t de Student a uma probabilidade acumulada de cauda superior igual a $\emptyset = 1 - \alpha/2$ com $G_L^R = m - 4$ graus de liberdade, m é o número de dados experimentais e α é o nível de significância. O nível de confiança (NC) de um teste de hipótese é representado por $NC = 100(1 - \alpha)$. Por exemplo, para um nível de confiança de $NC = 95\%$, o nível de significância é $\alpha = 0{,}05$ e a probabilidade acumulada de cauda superior é $\emptyset = 0{,}975$.

ROTEIRO DE CÁLCULO

O procedimento computacional para o modelo polinomial de grau três é apresentado na Tabela 5.6.

TABELA 5.6 – ROTEIRO DE CÁLCULO PARA UM MODELO POLINOMIAL DE GRAU TRÊS

1. Entrada de dados: m, y_i, x_i para $i = 1, 2, ..., m$
2. Nível de confiança em %: NC
3. Cálculos dos valores utilizados na regressão: x_i^2, x_i^3, x_i^4, x_i^5, x_i^6, x_iy_i, $x_i^2y_i$ e $x_i^3y_i$
4. Cálculos das somas e das médias

▶ Somatórios dos valores de x e de y: $S_X = \sum_{i=1}^{m} x_i$ e $S_Y = \sum_{i=1}^{m} y_i$

▶ Somatórios das potências dos valores de x:

$$S_{X2} = \sum_{i=1}^{m} x_i^2,\ S_{X3} = \sum_{i=1}^{m} x_i^3,\ S_{X4} = \sum_{i=1}^{m} x_i^4,\ S_{X5} = \sum_{i=1}^{m} x_i^5 \text{ e } S_{X6} = \sum_{i=1}^{m} x_i^6$$

▶ Cálculos dos somatórios dos produtos de x e de y:

$$S_{XY} = \sum_{i=1}^{m} x_iy_i,\ S_{X2Y} = \sum_{i=1}^{m} x_i^2y_i \text{ e } S_{X3Y} = \sum_{i=1}^{m} x_i^3y_i$$

TABELA 5.6 – ROTEIRO DE CÁLCULO PARA UM MODELO POLINOMIAL DE GRAU TRÊS

▶ Cálculos das médias dos valores de x e de y: $\overline{x} = S_X / m$ e $\overline{y} = S_Y / m$

5. Matriz ($\mathbf{X}^T\mathbf{X}$): $\mathbf{X}^T\mathbf{X} = \begin{bmatrix} m & S_X & S_{X2} & S_{X3} \\ S_X & S_{X2} & S_{X3} & S_{X4} \\ S_{X2} & S_{X3} & S_{X4} & S_{X5} \\ S_{X3} & S_{X4} & S_{X5} & S_{X6} \end{bmatrix}$

6. Cálculo do produto $\mathbf{X}^T\mathbf{y}$: $\boldsymbol{\beta} = \mathbf{X}^T\mathbf{y} = \begin{bmatrix} S_Y \\ S_{XY} \\ S_{X2Y} \\ S_{X3Y} \end{bmatrix}$

7. Cálculo da matriz inversa $\mathbf{B}$: $\mathbf{B} = \mathbf{X}^T\mathbf{X})^{-1}$

8. Cálculos dos coeficientes: $\mathbf{C} = \mathbf{B}\left(\mathbf{X}'\mathbf{y}\right) = \begin{bmatrix} c_0 & c_1 & c_2 & c_3 \end{bmatrix}^T$

9. Qualidade do ajuste:

▶ Valores fornecidos pelo modelo: $g_i = c_0 + c_1x_i + c_2x_i^2 + c_3x_i^3$ para $i = 1, 2, ..., m$

▶ Soma dos resíduos: $\varepsilon = \sum_{i=1}^{m} \varepsilon_i = \sum_{i=1}^{m} y_i - g_i)$

▶ Soma quadrática residual (variação não explicada): $S_R = \sum_{i=1}^{m} (y_i - g_i)^2$

▶ Soma quadrática da regressão (variação explicada): $S_{Re} = \sum_{i=1}^{m} g_i - \overline{y})^2$

▶ Soma quadrática total: $S_T = \sum_{i=1}^{m} (y_i - \overline{y})^2$

▶ Grau de liberdade total: $G_L^T = m - 1$;

▶ Grau de liberdade da regressão: $G_L^{Re} = 3$;

▶ Grau de liberdade dos resíduos: $G_L^R = m - 4$.

▶ Coeficiente de determinação (R^2): $R^2 = 1 - S_R/S_T$

▶ Coeficiente de determinação ajustado: $R^2_{aj} = 1 - (S_R/S_T)(G_L^T/G_L^R)$

▶ Média quadrática residual: $M_R = S_R/G_L^R$

▶ Média quadrática da regressão: $M_{Re} = S_{Re}/G_L^{Re}$

TABELA 5.6 – ROTEIRO DE CÁLCULO PARA UM MODELO POLINOMIAL DE GRAU TRÊS

- Variância populacional s^2: $s^2 = M_R$
- Desvio padrão populacional s: $s = \sqrt{M_R}$
- Matriz de covariâncias: $\mathbf{V} = \mathbf{B}s^2$

$$\mathbf{V} = \begin{bmatrix} \text{Var}(c_0) & \text{Cov}(c_0,c_1) & \text{Cov}(c_0,c_2) & \text{Cov}(c_0,c_3) \\ \text{Cov}(c_1,c_0) & \text{Var}(c_1) & \text{Cov}(c_1,c_2) & \text{Cov}(c_1,c_3) \\ \text{Cov}(c_2,c_0) & \text{Cov}(c_2,c_1) & \text{Var}(c_2) & \text{Cov}(c_2,c_3) \\ \text{Cov}(c_3,c_0) & \text{Cov}(c_3,c_1) & \text{Cov}(c_3,c_2) & \text{Var}(c_3) \end{bmatrix}$$

- Erro padrão do coeficiente c_0: $E_{c0} = \sqrt{\text{Var}(c_0)}$
- Erro padrão do coeficiente c_1: $E_{c1} = \sqrt{\text{Var}(c_1)}$
- Erro padrão do coeficiente c_2: $E_{c2} = \sqrt{\text{Var}(c_2)}$
- Erro padrão do coeficiente c_3: $E_{c3} = \sqrt{\text{Var}(c_3)}$
- Inferência sobre os coeficientes do modelo:
  - Cálculo do nível de significância: $\alpha = 1 - NC/100$
  - Cálculo da probabilidade acumulada: $\varnothing = 1 - \alpha/2$

PRIMEIRA INFERÊNCIA

- Cálculo do valor crítico da distribuição t de Student:

  Escreva o comando **=INVT(α; G_L^R)** em uma célula do EXCEL
- Cálculo da estatística do coeficiente c_0: $t_{Estat}|_{c0} = c_0/E_{c0}$
- Cálculo da estatística do coeficiente c_1: $t_{Estat}|_{c1} = c_1/E_{c1}$
- Cálculo da estatística do coeficiente c_2: $t_{Estat}|_{c2} = c_2/E_{c2}$
- Cálculo da estatística do coeficiente c_3: $t_{Estat}|_{c3} = c_3/E_{c3}$

TESTE DE HIPÓTESE:

Se $t_{Estat}|_{c0} > t$, o coeficiente c_0 é significativo. Caso contrário, deve-se descartar o coeficiente c_0, pois não é estatisticamente significativo

Se $t_{Estat}|_{c1} > t$, o coeficiente c_1 é significativo. Caso contrário, deve-se descartar o coeficiente c_1, pois não é estatisticamente significativo

Se $t_{Estat}|_{c2} > t$, o coeficiente c_2 é significativo. Caso contrário, deve-se descartar o coeficiente c_2, pois não é estatisticamente significativo

TABELA 5.6 – ROTEIRO DE CÁLCULO PARA UM MODELO POLINOMIAL DE GRAU TRÊS

Se $t_{Estat}|_{c3} > t$, o coeficiente c_3 é significativo. Caso contrário, deve-se descartar o coeficiente c_3, pois não é estatisticamente significativo

SEGUNDA INFERÊNCIA

- Cálculo da distribuição *t* de Student para o coeficiente c_0, **valor-p**$|_{c0}$:

  Escreva o comando **=DISTT(**$t_{Estat}|_{c0}$**;** $G_L{}^R$**; 2)** em uma célula do EXCEL

- Cálculo da distribuição *t* de Student para o coeficiente c_1, **valor-p**$|_{c1}$:

  Escreva o comando **=DISTT(**$t_{Estat}|_{c1}$**;** $G_L{}^R$**; 2)** em uma célula do EXCEL

- Cálculo da distribuição *t* de Student para o coeficiente c_2, **valor-p**$|_{c2}$:

  Escreva o comando **=DISTT(**$t_{Estat}|_{c2}$**;** $G_L{}^R$**; 2)** em uma célula do EXCEL

- Cálculo da distribuição *t* de Student para o coeficiente c_2, **valor-p**$|_{c3}$:

  Escreva o comando **=DISTT(**$t_{Estat}|_{c3}$**;** $G_L{}^R$**; 2)** em uma célula do EXCEL

TESTE DE HIPÓTESE:

Se **valor-p**$|_{c0} < \alpha$, o coeficiente c_0 é significativo. Caso contrário, deve-se descartar o coeficiente c_0, pois não é estatisticamente significativo.

Se **valor-p**$|_{c1} < \alpha$, o coeficiente c_1 é significativo. Caso contrário,deve-se descartar o coeficiente c_1, pois não é estatisticamente significativo.

Se **valor-p**$|_{c2} < \alpha$, o coeficiente c_2 é significativo. Caso contrário, deve-se descartar o coeficiente c_2, pois não é estatisticamente significativo.

Se **valor-p**$|_{c3} < \alpha$, o coeficiente c_3 é significativo. Caso contrário, deve-se descartar o coeficiente c_3, pois não é estatisticamente significativo.

▶ Inferência sobre os coeficientes do modelo:

PRIMEIRA INFERÊNCIA

- Cálculo do valor crítico da distribuição *F*:

  Escreva o comando **=INVF(**α**;** $G_L{}^{Re}$**;** $G_L{}^R$**)** em uma célula do EXCEL

- Cálculo da estatística de teste de hipótese F_{Estat}: $F_{Estat} = M_{Re}/M_R$

TESTE DE HIPÓTESE:

Se $F_{Estat} > F$, o modelo proposto é estatisticamente significativo. Caso contrário, deve-se descartar o modelo proposto.

SEGUNDA INFERÊNCIA

- Cálculo da distribuição *F*, **valor-p =** $F_{significância}$:

  Escreva o comando **=DISTF(**F_{Estat}**;** $G_L{}^{Re}$**;** $G_L{}^R$**)** em uma célula do EXCEL

Tabela 5.6 – Roteiro de cálculo para um modelo polinomial de grau três

TESTE DE HIPÓTESE:

Se $F_{significância} < \alpha$, o modelo proposto é significativo. Caso contrário, deve-se descartar o modelo proposto, pois não existe relação entre a variável dependente e as variáveis independentes.

- Intervalo de confiança para o coeficiente c_0: $c_0 \pm t_{\phi,n} E_{c0}$
- Intervalo de confiança para o coeficiente c_1: $c_1 \pm t_{\phi,n} E_{c1}$
- Intervalo de confiança para o coeficiente c_2: $c_2 \pm t_{\phi,n} E_{c2}$
- Intervalo de confiança para o coeficiente c_3: $c_3 \pm t_{\phi,n} E_{c3}$

Exemplo 5.1

A dependência funcional da capacidade calorífica do propano gasoso com a temperatura é da forma: $Cp = c_0 + c_1T + c_2T^2 + c_3T^3$, determine os coeficientes c_0, c_1, c_2 e c_3 a partir dos dados experimentais reportados por CUTLIP e SHACHAM (1999).

Tabela 5.7 – Valores da capacidade calorífica em função da temperatura

i	T (K)	C_P [J/(mol.K)]	i	T (K)	C_P [J/(mol.K)]
1	50,00	34,06	11	700,00	142,67
2	100,00	41,30	12	800,00	154,77
3	150,00	48,79	13	900,00	163,35
4	200,00	56,07	14	1000,00	174,60
5	273,16	68,74	15	1100,00	182,67
6	298,15	73,60	16	1200,00	189,74
7	300,00	73,93	17	1300,00	195,85
8	400,00	94,01	18	1400,00	201,21
9	500,00	112,59	19	1500,00	205,89
10	600,00	128,70			

Solução:

Roteiro de cálculo da Tabela 5.6

1. Quantidade de pontos experimentais: m = 19
2. Nível de confiança em %: NC = 95 %
3. Cálculos dos valores experimentais utilizados na regressão

i	$y_i = Cp_i$	$x_i = T$	x_i^2	x_i^3	x_i^4
1	34,06	50	2500	125000	6250000
2	41,3	100	10000	1000000	100000000
3	48,79	150	22500	3375000	506250000
4	56,07	200	40000	8000000	1600000000
5	68,74	273,16	74616,3856	20382211,89	5567605000
6	73,6	298,15	88893,4225	26503573,92	7902040564
7	73,93	300	90000	27000000	8100000000
8	94,01	400	160000	64000000	25600000000
9	112,59	500	250000	125000000	62500000000
10	128,7	600	360000	216000000	1,296E+11
11	142,67	700	490000	343000000	2,401E+11
12	154,77	800	640000	512000000	4,096E+11
13	163,35	900	810000	729000000	6,561E+11
14	174,6	1000	1000000	1000000000	1E+12
15	182,67	1100	1210000	1331000000	1,4641E+12
16	189,74	1200	1440000	1728000000	2,0736E+12
17	195,85	1300	1690000	2197000000	2,8561E+12
18	201,21	1400	1960000	2744000000	3,8416E+12
19	205,89	1500	2250000	3375000000	5,0625E+12

4. Valores adicionais utilizados na regressão

i	x^5	x^6	xy	x^2y	x^3y
1	312500000	15625000000	1703	85150	4257500
2	10000000000	1E+12	4130	413000	41300000
3	75937500000	1,13906E+13	7318,5	1097775	164666250

i	x^5	x^6	xy	x^2y	x^3y
4	3,2E+11	6,4E+13	11214	2242800	448560000
5	1,52085E+12	4,15435E+14	18777,0184	5129130,346	1401073245
6	2,35599E+12	7,02439E+14	21943,84	6542555,896	1950663040
7	2,43E+12	7,29E+14	22179	6653700	1996110000
8	1,024E+13	4,096E+15	37604	15041600	6016640000
9	3,125E+13	1,5625E+16	56295	28147500	14073750000
10	7,776E+13	4,6656E+16	77220	46332000	27799200000
11	1,6807E+14	1,17649E+17	99869	69908300	48935810000
12	3,2768E+14	2,62144E+17	123816	99052800	79242240000
13	5,9049E+14	5,31441E+17	147015	132313500	1,19082E+11
14	1,00000E+15	1,00000E+18	174600	174600000	1,746E+11
15	1,61051E+15	1,77156E+18	200937	221030700	2,43134E+11
16	2,48832E+15	2,98598E+18	227688	273225600	3,27871E+11
17	3,71293E+15	4,82681E+18	254605	330986500	4,30282E+11
18	5,37824E+15	7,52954E+18	281694	394371600	5,5212E+11
19	7,59375E+15	1,13906E+19	308835	463252500	6,94879E+11

5. Cálculos das somas e das médias

- Soma dos valores de y: $S_Y = \sum_{i=1}^{m} y_i = 2342{,}54$
- Soma dos valores de x: $S_X = \sum_{i=1}^{m} x_i = 12771{,}31$
- Soma dos valores de x^2: $S_{X2} = \sum_{i=1}^{m} x_i^2 = 12588509{,}81$
- Soma dos valores de x^3: $S_{X3} = \sum_{i=1}^{m} x_i^3 = 14450385785{,}81$
- Soma dos valores de x^4: $S_{X4} = \sum_{i=1}^{m} x_i^4 = 17845182145563{,}80$
- Soma dos valores de x^5: $S_{X5} = \sum_{i=1}^{m} x_i^5 = 2{,}2996\text{E}+16$
- Soma dos valores de x^6: $S_{X6} = \sum_{i=1}^{m} x_i^6 = 3{,}0484\text{E}+19$
- Soma do produto entre x e y: $S_{XY} = \sum_{i=1}^{m} x_i y_i = 2077443{,}358$

▶ Soma dos valores de x^2y: $S_{X2Y} = \sum_{i=1}^{m} x_i^2 y = 2270426711{,}24$

▶ Soma dos valores de x^2y: $S_{X3Y} = \sum_{i=1}^{m} x_i^3 y = 2{,}72404E{+}12$

▶ Média dos valores de x: $\overline{x} = S_X / m = 672{,}1742105$

▶ Média dos valores de y: $\overline{y} = S_Y / m = 123{,}2915789$

6. Cálculo da Matriz ($\mathbf{X}^T\mathbf{X}$): $\mathbf{X}^T\mathbf{X} = \begin{bmatrix} m & S_X & S_{X2} & S_{X3} \\ S_X & S_{X2} & S_{X3} & S_{X4} \\ S_{X2} & S_{X3} & S_{X4} & S_{X5} \\ S_{X3} & S_{X4} & S_{X5} & S_{X6} \end{bmatrix}$

$$\mathbf{X}^T\mathbf{X} = \begin{bmatrix} 19 & 12771{,}31 & 12588509{,}81 & 14450385785{,}81 \\ 12771{,}31 & 12588509{,}81 & 14450385785{,}81 & 17845182145563{,}80 \\ 12588509{,}81 & 14450385785{,}81 & 17845182145563{,}80 & 2{,}2996E{+}16 \\ 14450385785{,}81 & 17845182145563{,}80 & 2{,}2996E{+}16 & 3{,}0484E{+}19 \end{bmatrix}$$

7. Cálculo do produto $\mathbf{X}^T\mathbf{y}$:

$$\mathbf{X}^T\mathbf{Y} = \begin{bmatrix} \sum_{i=1}^{m} y_i \\ \sum_{i=1}^{m} x_i y_i \\ \sum_{i=1}^{m} x_i^2 y_i \\ \sum_{i=1}^{m} x_i^3 y_i \end{bmatrix} = \begin{bmatrix} 2342{,}54 \\ 2077443{,}36 \\ 2270426711{,}24 \\ 2{,}72404E{+}12 \end{bmatrix}$$

8. Cálculo da matriz inversa **B**: Utilizando o procedimento descrito no Capítulo Quatro para inversão de matriz ou o EXCEL, o resultado final é dado por:

$$B = \left(\mathbf{X}^T\mathbf{X}\right.^{-1} = \begin{bmatrix} 0{,}788419998 & -0{,}004233922 & 5{,}73433E{-}06 & -2{,}22097E{-}09 \\ -0{,}004233922 & 2{,}83239E{-}05 & -4{,}18876E{-}08 & 1{,}70247E{-}11 \\ 5{,}73433E{-}06 & -4{,}18876E{-}08 & 6{,}57414E{-}11 & -2{,}77902E{-}14 \\ -2{,}22097E{-}09 & 1{,}70247E{-}11 & -2{,}77902E{-}14 & 1{,}20833E{-}17 \end{bmatrix}$$

9. Cálculos dos coeficientes: $\mathbf{C} = \mathbf{B}\ \mathbf{X}^t\mathbf{y})$.

$$\mathbf{C} = \begin{bmatrix} 0{,}788419998 & -0{,}004233922 & 5{,}73433E\text{-}06 & -2{,}22097E\text{-}09 \\ -0{,}004233922 & 2{,}83239E\text{-}05 & -4{,}18876E\text{-}08 & 1{,}70247E\text{-}11 \\ 5{,}73433E\text{-}06 & -4{,}18876E\text{-}08 & 6{,}57414E\text{-}11 & -2{,}77902E\text{-}14 \\ -2{,}22097E\text{-}09 & 1{,}70247E\text{-}11 & -2{,}77902E\text{-}14 & 1{,}20833E\text{-}17 \end{bmatrix} \begin{bmatrix} 2342{,}54 \\ 2077443{,}36 \\ 2270426711{,}24 \\ 2{,}72404E{+}12 \end{bmatrix}$$

$$= \begin{bmatrix} 20{,}52350397 \\ 0{,}196470716 \\ -2{,}6848E\text{-}05 \\ -1{,}51289E\text{-}08 \end{bmatrix}$$

10. Qualidade do ajuste:

- Valores fornecidos pelo modelo: $g_i = c_0 + c_1x_i + c_2x_i^2 + c_3x_i^3$ para $i = 1, 2, ..., m$
- Valores dos resíduos: $\varepsilon_i = y_i - g_i$ para $i = 1, 2, ..., m$
- Valores quadráticos dos resíduos: $S_{Ri} = \varepsilon_i^2$ para $i = 1, 2, ..., m$
- Valores quadráticos residuais de y_i em torno da média $\left.S_T\right)_i = (y_i - \bar{y})^2$
- Valores quadráticos residuais do modelo g_i em torno da média: $(S_{Re})_i = (g_i - \bar{y})^2$

gi	$\varepsilon_i = y_i - g_i$	$(SR)_i = \varepsilon_i^2$	$\left.S_T\right)_i = (y_i - \bar{y})^2$	$(S_{Re})_i = (g_i - \bar{y})^2$
30,27802858	3,781971418	14,3033078	7962,274681	8651,520552
39,88696642	1,413033585	1,996663911	6722,619018	6956,329392
49,33897079	-0,548970795	0,301368933	5550,485266	5468,988253
58,62269505	-2,552695047	6,516252002	4518,740676	4182,064545
71,87978192	-3,139781919	9,858230499	2975,874766	2643,172874
76,31366545	-2,713665449	7,363980168	2469,253018	2206,924357
76,63991648	-2,709916477	7,343647311	2436,565476	2176,377611
93,84785732	0,162142681	0,026290249	857,4108657	866,9327434
110,1557442	2,434255814	5,925601369	114,523792	172,5501549
125,4728037	3,227196308	10,41479601	29,25101828	4,757741387
139,7082625	2,961737549	8,771889311	375,5232025	269,5074972
152,7713471	1,998652925	3,994613513	990,890992	869,0567209
164,5712842	-1,221284179	1,491535047	1604,677097	1704,014064

gi	$\varepsilon_i = y_i - g_i$	$(SR)_i = \varepsilon_i^2$	$(S_T)_i = (y_i - \bar{y})^2$	$(S_{Re})_i = (g_i - \bar{y})^2$
175,0173004	-0,417300377	0,174139604	2632,554071	2675,550257
184,0186223	-1,34862228	1,818782054	3525,796887	3687,773792
191,4844765	-1,744476504	3,043198272	4415,39266	4650,271277
197,3240897	-1,474089661	2,172940328	5264,724466	5480,812643
201,4466884	-0,236688365	0,056021382	6071,280339	6108,221128
203,7614992	2,128500771	4,530515531	6822,49916	6475,40807

- Soma dos resíduos: $\varepsilon = \sum_{i=1}^{m} \varepsilon_i = \sum_{i=1}^{m} (y_i - g_i) = -1{,}83764E\text{-}10$
- Soma quadrática residual: $S_R = \sum_{i=1}^{m} (y_i - g_i)^2 = 90{,}1037733$
- Soma quadrática da regressão: $S_{Re} = \sum_{i=1}^{m} (g_i - \bar{y})^2 = 65250{,}23368$
- Soma quadrática total: $S_T = \sum_{i=1}^{m} (y_i - \bar{y})^2 = 65340{,}33745$
- Grau de liberdade total: $G_L^T = m - 1 = 18$
- Grau de liberdade da regressão: $G_L^{Re} = 3$
- Grau de liberdade dos resíduos: $G_L^R = m - 4 = 15$
- Coeficiente de determinação: $R^2 = 1 - S_R/S_T = 0{,}998621008$
- Coeficiente de determinação ajustado: $R_{aj}^2 = 1 - \left(\frac{S_R}{S_T}\right)\left(\frac{G_L^T}{G_L^R}\right) = 0{,}99834521$
- Média quadrática residual: $M_R = S_R/G_L^R = 6{,}00691822$
- Média quadrática da regressão: $M_{Re} = S_{Re}/G_L^{Re} = 21750{,}07789$
- Variância populacional s^2: $s^2 = M_R = 6{,}00691822$
- Desvio padrão populacional s: $s = \sqrt{M_R} = 2{,}450901512$
- Matriz de covariância: $\mathbf{V} = \mathbf{B}s^2$

$$\mathbf{V} = \begin{bmatrix} 4{,}735974453 & -0{,}025432822 & 3{,}44456E\text{-}05 & -1{,}33412E\text{-}08 \\ -0{,}025432822 & 0{,}00017014 & -2{,}51615E\text{-}07 & 1{,}02266E\text{-}10 \\ 3{,}44456E\text{-}05 & -2{,}51615E\text{-}07 & 3{,}94903E\text{-}10 & -1{,}66933E\text{-}13 \\ -1{,}33412E\text{-}08 & 1{,}02266E\text{-}10 & -1{,}66933E\text{-}13 & 7{,}25833E\text{-}17 \end{bmatrix}$$

As variâncias e covariâncias são dadas por:

- Variância do coeficiente c_0: Var(c_0) = 4,735974453
- Variância do coeficiente c_1: Var(c_1) = 0,00017014
- Variância do coeficiente c_2: Var(c_2) = 3,94903E-10
- Variância do coeficiente c_3: Var(c_3) = 7,25833E-17
- Covariância entre os coeficientes c_0 e c_1: Cov(c_0, c_1) = -0,025432822
- Covariância entre os coeficientes c_0 e c_2: Cov(c_0, c_2) = 3,44456E-05
- Covariância entre os coeficientes c_0 e c_3: Cov(c_0, c_3) = -1,33412E-08
- Covariância entre os coeficientes c_1 e c_2: Cov(c_1, c_2) = -2,51615E-07
- Covariância entre os coeficientes c_1 e c_3: Cov(c_1, c_3) = 1,02266E-10
- Covariância entre os coeficientes c_2 e c_3: Cov(c_2, c_3) = -1,66933E-13

▶ Erro padrão do coeficiente c_0: $E_{c0} = \sqrt{\text{Var}\ c_0)} = 2{,}176229412$

▶ Erro padrão do coeficiente c_1: $E_{c1} = \sqrt{\text{Var}(c_1)} = 0{,}013043754$

▶ Erro padrão do coeficiente c_2: $E_{c2} = \sqrt{\text{Var}\ c_2)} = 1{,}98721738\text{E-}05$

▶ Erro padrão do coeficiente c_3: $E_{c3} = \sqrt{Var(c_3)} = 8{,}51958272\text{E-}09$

▶ Inferência sobre os coeficientes do modelo:

- Cálculo do nível de significância: α = 1 – $NC/100$
- Cálculo da probabilidade acumulada: $\emptyset$ = 1 - $\alpha/2$

PRIMEIRA INFERÊNCIA

- Cálculo do valor crítico da distribuição t de Student:

  t = INVT(α; G_L^R) ⟶ t = INVT(0,05; 15) ⟶ t = 2,131449536

Observação: Esse resultado indica que existe 97,5% de probabilidade acumulada que uma variável aleatória V, com grau de liberdade igual a 15, seja menor que o valor crítico da distribuição t igual a 2,13145; $P(V < 2{,}13145) = 0{,}975$

- Cálculo da estatística do coeficiente c_0: $t_{Estat}|_{c0} = c_0/E_{c0}$ = 9,43076307
- Cálculo da estatística do coeficiente c_1: $t_{Estat}|_{c1} = c_1/E_{c1}$ = 15,06243637
- Cálculo da estatística do coeficiente c_2: $t_{Estat}|_{c2} = c_2/E_{c2}$ = -1,351035959

- Cálculo da estatística do coeficiente c_3: $t_{Estat}|_{c3} = c_3/E_{c3}$ = -1,775779196

TESTE DE HIPÓTESE:

- Teste de hipótese para c_0:

  $(t_{Estat}|_{c0} > t)$? ⟶ (9,43076307 > 2,131449536)? Sim; então, o coeficiente c_0 é estatisticamente significativo.

- Teste de hipótese para c_1:

  $(t_{Estat}|_{c1} > t)$? ⟶ (15,06243637 > 2,131449536)? Sim; então, o coeficiente c_1 é estatisticamente significativo.

- Teste de hipótese para c_2:

  Para $t_{Estat}|_{c2}$ negativo, a formulação do teste de hipótese, conforme a Figura 5.1, é $(t_{Estat}|_{c2} < -t)$?.

  $(t_{Estat}|_{c1} < -t)$? ⟶ (-1,351035959 < -2,131449536)? Não; então, o coeficiente c_2 não é estatisticamente significativo.

- Teste de hipótese para c_3:

  Para $t_{Estat}|_{c3}$ negativo, a formulação é análoga à utilizada para o coeficiente c_2.

  $(t_{Estat}|_{c3} < -t)$? ⟶ (-1,775779196 < -2,131449536)? Não; então, o coeficiente c_3 não é estatisticamente significativo.

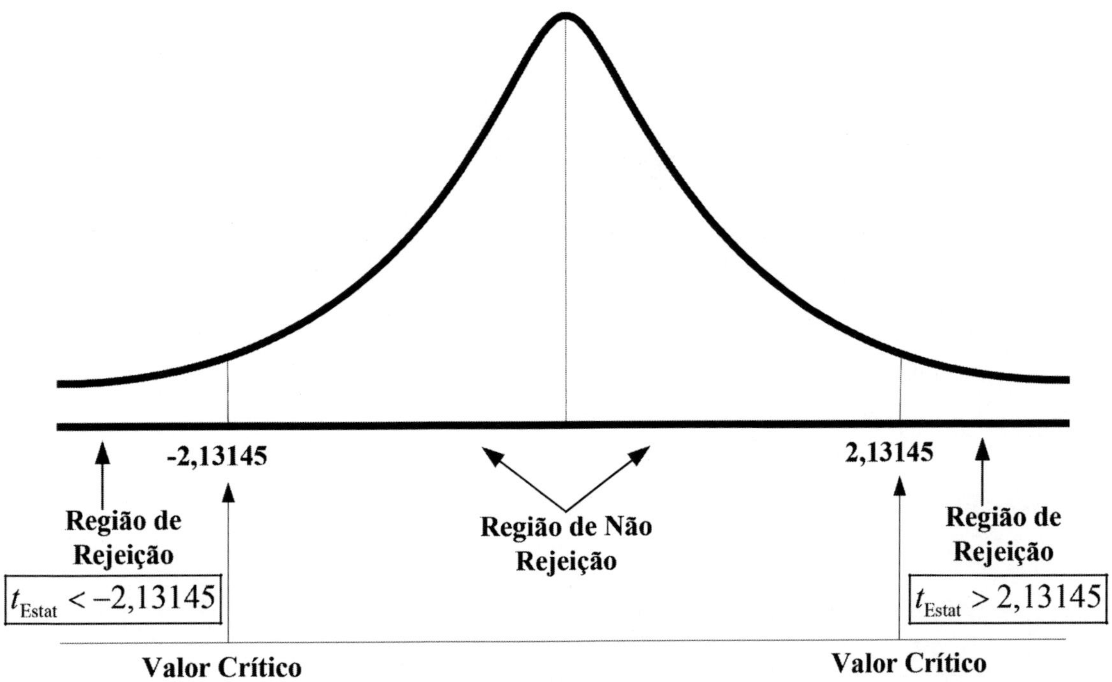

Figura 5.1 – Teste de hipóteses dos coeficientes

SEGUNDA INFERÊNCIA

- Cálculo da distribuição t de Student para o coeficiente c_0, valor-p$|_{c0}$:

  valor-p$|_{c0}$ = DISTT($t_{Estat}|_{c0}$; G_L^R; 2) ⟶ valor-p$|_{c0}$ = 1,07429E-07

- Cálculo da distribuição t de Student para o coeficiente c_1, valor-p$|_{c1}$:

  valor-p$|_{c1}$ = DISTT($t_{Estat}|_{c1}$; G_L^R; 2) ⟶ valor-p$|_{c1}$ = 1,83069E-10

- Cálculo da distribuição t de Student para o coeficiente c_2, valor-p$|_{c2}$:

  Os argumentos da função =DISTT($t_{Estat}|_{c2}$; G_L^R; 2) são positivos; logo, a estatística deve ser $t_{Estat}|_{c2}$ = |-1,351035959 | = 1,351035959

  valor-p$|_{c2}$ = DISTT(|$t_{Estat}|_{c2}$|; G_L^R; 2) ⟶ valor-p$|_{c2}$ = 0,196711929

- Cálculo da distribuição t de Student para o coeficiente c_2, valor-p$|_{c3}$:

  Análogo ao coeficiente c_2. Assim:

  valor-p$|_{c3}$ = DISTT(|$t_{Estat}|_{c3}$|; G_L^R; 2) ⟶ valor-p$|_{c3}$ = 0,096054713

- Teste de hipótese para c_0:

  (valor-p$|_{c0}$ < α)? ⟶ (1,07429E-07 < 0,05)? Sim; então, o coeficiente c_0 é estatisticamente significativo.

- Teste de hipótese para c_1:

  (valor-p$|_{c1}$ < α)? ⟶ (1,83069E-10 < 0,05)? Sim; então, o coeficiente c_1 é estatisticamente significativo.

- Teste de hipótese para c_2:

  (valor-p$|_{c2}$ < α)? ⟶ (0,196711929 < 0,05)? Não; então, o coeficiente c_2 não é estatisticamente significativo.

- Teste de hipótese para c_3:

  (valor-p$|_{c3}$ < α)? ⟶ (0,096054713 < 0,05)? Não; então, o coeficiente c_3 não é estatisticamente significativo.

▶ Inferência sobre o modelo:

PRIMEIRO TESTE DE HIPÓTESE

- Cálculo da estatística de teste de hipótese F_{Estat}: $F_{Estat} = M_{Re}/M_R$ = 3620,838023

- Cálculo do valor crítico da distribuição F:

  F = INVF(α; G_L^{Re}; G_L^R) ⟶ F = INVF(0,05; 3; 15) ⟶ F = 3,287382108

- Teste de hipótese:

  $(F_{Estat} > F)? = (3620{,}838023 > 3{,}287382108)?$ Sim; então, o modelo proposto é estatisticamente significativo.

SEGUNDO TESTE DE HIPÓTESE

- Cálculo da distribuição F, valor-p = $F_{significância}$:

  $F_{significância} = \text{DISTF}(F_{Estat}; G_L^{Re}; G_L^{R}) \longrightarrow F_{significância} = 1{,}14085\text{E-}21$

- Teste de hipótese:

  $(F_{significância} < \alpha)? = (1{,}14085\text{E-}21 < 0{,}05)?$ Sim; então, o modelo proposto é estatisticamente significativo.

- Intervalo de confiança para o coeficiente c_0: $\Delta_{c0} = t_{\emptyset,n}E_{c0} = 4{,}638523169$

  Limite inferior: $c_0 - \Delta_{c0} = 15{,}8849808$

  Central: $c_0 = 20{,}52350397$

  Limite superior: $c_0 + \Delta_{c0} = 25{,}16202714$

- Intervalo de confiança para o coeficiente c_1: $\Delta_{c1} = t_{\emptyset,n}E_{c1} = 0{,}027802104$

  Limite inferior: $c_1 - \Delta_{c1} = 0{,}168668612$

  Central: $c_1 = 0{,}196470716$

  Limite superior: $c_1 + \Delta_{c1} = 0{,}224272819$

- Intervalo de confiança para o coeficiente c_2: $\Delta_{c2} = t_{\emptyset,n}E_{c2} = 4{,}23565\text{E-}05$

  Limite inferior: $c_2 - \Delta_{c2} = -6{,}92046\text{E-}05$

  Central: $c_2 = -2{,}6848\text{E-}05$

  Limite superior: $c_2 + \Delta_{c2} = 1{,}55085\text{E-}05$

- Intervalo de confiança para o coeficiente c_3: $\Delta_{c3} = t_{\emptyset,n}E_{c3} = 1{,}81590606\text{E-}08$

  Limite inferior: $c_3 - \Delta_{c3} = -3{,}32879584\text{E-}08$

  Central: $c_3 = -1{,}51289\text{E-}08$

  Limite superior: $c_3 + \Delta_{c3} = 3{,}03016288\text{E-}09$

- **Conclusão:** Os coeficientes c_2 e c_3 não são estatisticamente significativos. Portanto, o modelo proposto deve ser descartado.

A comparação entre os valores calculados com os reportados por Cutlip e Shacham (1999) é apresentada na Tabela 5.8.

Tabela 5.8 – Comparação entre os valores dos coeficientes reportados e calculados

	Cutlip e Shacham (1999)	Calculados
c_0	20,5235	20,52350397
c_1	0,196471	0,196470716
c_2	-2,6848E-05	-2,6848E-05
c_3	-1,51289E-08	-1,51289E-08
s^2 (variância)	6,00692	6,00691822

Exemplo 5.2

A dependência funcional de uma propriedade y com uma variável independente x é da forma: $y = c_0 + c_1x + c_2x^2 + c_3x^3$, determine os coeficientes c_0, c_1, c_2 e c_3 a partir dos valores reportados por LAW (2013).

Tabela 5.9 – Valores da capacidade calorífica em função da temperatura

i	y	x	i	y	x
1	1,7660	0,00	14	32,1292	3,25
2	2,4778	0,25	15	32,4935	3,50
3	3,6898	0,50	16	34,0305	3,75
4	6,3966	0,75	17	34,0880	4,00
5	6,6490	1,00	18	32,9739	4,25
6	10,0451	1,25	19	31,8154	4,50
7	12,9240	1,50	20	30,6468	4,75
8	15,9565	1,75	21	26,0501	5,00
9	17,0079	2,00	22	23,4531	5,25
10	21,1964	2,25	23	17,6940	5,50
11	24,1129	2,50	24	9,4439	5,75
12	25,5704	2,75	25	1,7344	6,00
13	28,2580	3,00			

Solução:

Roteiro de cálculo da Tabela 5.6

1. Quantidade de pontos experimentais: $m = 25$
2. Nível de confiança em %: $NC = 95\%$
3. Cálculos dos valores experimentais utilizados na regressão

i	y_i	x_i	x_i^2	x_i^3	x_i^4
1	1,7660	0,00	0,0000	0,00000	0,00000
2	2,4778	0,25	0,0625	0,01563	0,00391
3	3,6898	0,50	0,2500	0,12500	0,06250
4	6,3966	0,75	0,5625	0,42188	0,31641
5	6,6490	1,00	1,0000	1,00000	1,00000
6	10,0451	1,25	1,5625	1,95313	2,44141
7	12,9240	1,50	2,2500	3,37500	5,06250
8	15,9565	1,75	3,0625	5,35938	9,37891
9	17,0079	2,00	4,0000	8,00000	16,00000
10	21,1964	2,25	5,0625	11,39063	25,62891
11	24,1129	2,50	6,2500	15,62500	39,06250
12	25,5704	2,75	7,5625	20,79688	57,19141
13	28,2580	3,00	9,0000	27,00000	81,00000
14	32,1292	3,25	10,5625	34,32813	111,56641
15	32,4935	3,50	12,2500	42,87500	150,06250
16	34,0305	3,75	14,0625	52,73438	197,75391
17	34,0880	4,00	16,0000	64,00000	256,00000
18	32,9739	4,25	18,0625	76,76563	326,25391
19	31,8154	4,50	20,2500	91,12500	410,06250
20	30,6468	4,75	22,5625	107,17188	509,06641
21	26,0501	5,00	25,0000	125,00000	625,00000
22	23,4531	5,25	27,5625	144,70313	759,69141
23	17,6940	5,50	30,2500	166,37500	915,06250
24	9,4439	5,75	33,0625	190,10938	1093,12891
25	1,7344	6,00	36,0000	216,00000	1296,00000

▶ Valores adicionais utilizados na regressão

i	x^5	x^6	xy	x^2y	x^3y
1	0,00000	0,00000	0,00000	0,00000	0,00000
2	0,00098	0,00024	0,61945	0,15486	0,03872
3	0,03125	0,01563	1,84490	0,92245	0,46123
4	0,23730	0,17798	4,79745	3,59809	2,69857
5	1,00000	1,00000	6,64900	6,64900	6,64900
6	3,05176	3,81470	12,55638	15,69547	19,61934
7	7,59375	11,39063	19,38600	29,07900	43,61850
8	16,41309	28,72290	27,92388	48,86678	85,51687
9	32,00000	64,00000	34,01580	68,03160	136,06320
10	57,66504	129,74634	47,69190	107,30678	241,44024
11	97,65625	244,14063	60,28225	150,70563	376,76406
12	157,27637	432,51001	70,31860	193,37615	531,78441
13	243,00000	729,00000	84,77400	254,32200	762,96600
14	362,59082	1178,42017	104,41990	339,36468	1102,93519
15	525,21875	1838,26563	113,72725	398,04538	1393,15881
16	741,57715	2780,91431	127,61438	478,55391	1794,57715
17	1024,00000	4096,00000	136,35200	545,40800	2181,63200
18	1386,57910	5892,96118	140,13908	595,59107	2531,26204
19	1845,28125	8303,76563	143,16930	644,26185	2899,17833
20	2418,06543	11485,81079	145,57230	691,46843	3284,47502
21	3125,00000	15625,00000	130,25050	651,25250	3256,26250
22	3988,37988	20938,99438	123,12878	646,42607	3393,73686
23	5032,84375	27680,64063	97,31700	535,24350	2943,83925
24	6285,49121	36141,57446	54,30243	312,23894	1795,37393
25	7776,00000	46656,00000	10,40640	62,43840	374,63040

4. Cálculos das somas e médias

▶ Soma dos valores de y: $S_Y = \sum_{i=1}^{m} y_i = 482,6032$

▶ Soma dos valores de x: $S_X = \sum_{i=1}^{m} x_i = 75,000$

▶ Soma dos valores de x2: $S_{X2} = \sum_{i=1}^{m} x_i^2 = 306,250$

▶ Soma dos valores de x3: $S_{X3} = \sum_{i=1}^{m} x_i^3 = 1406,250$

▶ Soma dos valores de x4: $S_{X4} = \sum_{i=1}^{m} x_i^4 = 6886,797$

▶ Soma dos valores de x5: $S_{X5} = \sum_{i=1}^{m} x_i^5 = 35126,953$

▶ Soma dos valores de x6: $S_{X6} = \sum_{i=1}^{m} x_i^6 = 184262,866$

▶ Soma do produto entre x e y: $S_{XY} = \sum_{i=1}^{m} x_i y_i = 1697,259$

▶ Soma dos valores de x^2y: $S_{X2Y} = \sum_{i=1}^{m} x_i^2 y = 6779,001$

▶ Soma dos valores de x^2y: $S_{X3Y} = \sum_{i=1}^{m} x_i^3 y = 29158,682$

▶ Média dos valores de x: $\overline{x} = S_X / m = 3,0000$

▶ Média dos valores de y: $\overline{y} = S_Y / m = 19,3041$

▶ Cálculo da Matriz ($\mathbf{X}^T\mathbf{X}$): $\mathbf{X}^T\mathbf{X} = \begin{bmatrix} m & S_X & S_{X2} & S_{X3} \\ S_X & S_{X2} & S_{X3} & S_{X4} \\ S_{X2} & S_{X3} & S_{X4} & S_{X5} \\ S_{X3} & S_{X4} & S_{X5} & S_{X6} \end{bmatrix}$

$$\mathbf{X}^T\mathbf{X} = \begin{bmatrix} 25 & 75,000 & 306,250 & 1406,250 \\ 75,000 & 306,250 & 1406,250 & 6886,797 \\ 306,250 & 1406,250 & 6886,797 & 35126,953 \\ 1406,250 & 6886,797 & 35126,953 & 184262,866 \end{bmatrix}$$

5. Cálculo do produto $\mathbf{X}^T\mathbf{y}$:

$$\mathbf{X}^T\mathbf{Y} = \left[\sum_{i=1}^{m} y_i \quad \sum_{i=1}^{m} x_i y_i \quad \sum_{i=1}^{m} x_i^2 y_i \quad \sum_{i=1}^{m} x_i^3 y_i \right]^T = \begin{bmatrix} 482,6032 \\ 1697,259 \\ 6779,001 \\ 29158,682 \end{bmatrix}$$

6. Cálculo da matriz inversa **B**: Utilizando o procedimento descrito no Capítulo Quatro para inversão de matriz ou o EXCEL, o resultado final é dado por:

$$B = \left(\mathbf{X}^T\mathbf{X}\right)^{-1} = \begin{bmatrix} 0,48102564 & -0,58689459 & 0,19145299 & -0,01823362 \\ -0,58689459 & 1,04425151 & -0,39458126 & 0,04067130 \\ 0,19145299 & -0,39458126 & 0,16042701 & -0,01729671 \\ -0,01823362 & 0,04067130 & -0,01729671 & 0,00192186 \end{bmatrix}$$

7. Cálculos dos coeficientes: $\mathbf{C} = \mathbf{B}\left(\mathbf{X}'\mathbf{y}\right)$.

$$\mathbf{C} = \begin{bmatrix} 0,48102564 & -0,58689459 & 0,19145299 & -0,01823362 \\ -0,58689459 & 1,04425151 & -0,39458126 & 0,04067130 \\ 0,19145299 & -0,39458126 & 0,16042701 & -0,01729671 \\ -0,01823362 & 0,04067130 & -0,01729671 & 0,00192186 \end{bmatrix} \begin{bmatrix} 482,6032 \\ 1697,259 \\ 6779,001 \\ 29158,682 \end{bmatrix}$$

$$= \begin{bmatrix} 2,22411125 \\ 0,18281588 \\ 5,87471891 \\ -0,98548867 \end{bmatrix}$$

8. Qualidade do ajuste:

▶ Valores fornecidos pelo modelo: $g_i = c_0 + c_1x_i + c_2x_i^2 + c_3x_i^3$ para $i = 1, 2, \ldots, m$

g_i	$\varepsilon_i = y_i - g_i$	$(S_R)_i = \varepsilon_i^2$	$(S_T)_i = (y_i - \bar{y})^2$	$(S_{Re})_i = (g_i - \bar{y})^2$
2,2241	-0,4581	0,2099	307,5859337	291,7269723
2,6216	-0,1438	0,0207	283,125314	278,3071779
3,6610	0,0288	0,0008	243,8072389	244,7070522
5,2500	1,1466	1,3147	166,6042791	197,5185276
7,2962	-0,6472	0,4188	160,1522647	144,1913587
9,7071	0,3380	0,1142	85,7295995	92,10300713
12,3904	0,5336	0,2847	40,7060333	47,79924273
15,2538	0,7027	0,4938	11,20661323	16,40546175
18,2047	-1,1968	1,4324	5,272663028	1,208721471
21,1509	0,0455	0,0021	3,580693322	3,410491479
23,9999	0,1130	0,0128	23,12428815	22,05012161

g_i	$\varepsilon_i = y_i - g_i$	$(S_R)_i = \varepsilon_i^2$	$(S_T)_i = (y_i - \bar{y})^2$	$(S_{Re})_i = (g_i - \bar{y})^2$
26,6593	-1,0889	1,1858	39,26616478	54,09902646
29,0368	-0,7788	0,6066	80,17182379	94,72558658
31,0400	1,0892	1,1863	164,4824718	137,7307662
32,5764	-0,0829	0,0069	173,9595338	176,1544479
33,5538	0,4767	0,2273	216,8660323	203,0524831
33,8796	0,2084	0,0434	218,5628713	212,4444603
33,4615	-0,4876	0,2378	186,8626665	200,4321892
32,2072	-0,3918	0,1535	156,5319271	166,4889013
30,0242	0,6226	0,3877	128,6562081	114,919168
26,8201	-0,7700	0,5929	45,50813822	56,48953435
22,5025	0,9506	0,9036	17,21396866	10,22986987
16,9792	0,7148	0,5110	2,592512176	5,405436168
10,1576	-0,7137	0,5093	97,22409621	83,65967084
1,9453	-0,2109	0,0445	308,695342	301,3276882

- Soma dos resíduos: $\varepsilon = \sum_{i=1}^{m} \varepsilon_i = \sum_{i=1}^{m} (y_i - g_i) = -6,23319\text{E}-11$
- Soma quadrática residual: $S_R = \sum_{i=1}^{m} (y_i - g_i)^2 = 10,901314$
- Soma quadrática da regressão: $S_{\text{Re}} = \sum_{i=1}^{m} (g_i - \bar{y})^2 = 3156,5874$
- Soma quadrática total: $S_T = \sum_{i=1}^{m} (y_i - \bar{y})^2 = 3167,4887$
- Grau de liberdade total: $G_L^T = m - 1 = 24$
- Grau de liberdade da regressão: $G_L^{Re} = 3$
- Grau de liberdade dos resíduos: $G_L^R = m - 4 = 21$
- Coeficiente de determinação: $R^2 = 1 - S_R/S_T = 0,996558373$
- Coeficiente de determinação ajustado: $R^2_{aj} = 1 - (S_R/S_T)(G_L^T/G_L^R) = 0,996066712$
- Média quadrática residual: $M_R = S_R/G_L^R = 0,51911021$
- Média quadrática da regressão: $M_{Re} = S_{Re}/G_L^{Re} = 1052,195788$

- Variância populacional s^2: $s^2 = M_R = 0{,}51911021$
- Desvio padrão populacional s: $s = \sqrt{M_R} = 0{,}72049303$
- Matriz de covariância: $\mathbf{V} = \mathbf{B}s^2$

$$\mathbf{V} = \begin{bmatrix} 0,24970532 & -0,30466297 & 0,09938520 & -0,00946526 \\ -0,30466297 & 0,54208162 & -0,20483116 & 0,02111289 \\ 0,09938520 & -0,20483116 & 0,08327930 & -0,00897890 \\ -0,00946526 & 0,02111289 & -0,00897890 & 0,00099766 \end{bmatrix}$$

As variâncias e covariâncias são dadas por:

- Variância do coeficiente c_0: Var(c_0) = 0,24970532
- Variância do coeficiente c_1: Var(c_1) = 0,54208162
- Variância do coeficiente c_2: Var(c_2) = 0,08327930
- Variância do coeficiente c_3: Var(c_3) = 0,00099766
- Covariância entre os coeficientes c_0 e c_1: Cov(c_0, c_1) = 0,30466297
- Covariância entre os coeficientes c_0 e c_2: Cov(c_0, c_2) = 0,09938520
- Covariância entre os coeficientes c_0 e c_3: Cov(c_0, c_3) = 0,00946526
- Covariância entre os coeficientes c_1 e c_2: Cov(c_1, c_2) = -0,20483116
- Covariância entre os coeficientes c_1 e c_3: Cov(c_1, c_3) = 0,02111289
- Covariância entre os coeficientes c_2 e c_3: Cov(c_2, c_3) = -0,00897890

- Erro padrão do coeficiente c0: $E_{c0} = \sqrt{\text{Var}\ \ c_0)} = 0,49970523$
- Erro padrão do coeficiente c1: $E_{c1} = \sqrt{\text{Var}\ \ c_1)} = 0,73626192$
- Erro padrão do coeficiente c2: $E_{c2} = \sqrt{\text{Var}\ \ c_2)} = 0,28858153$
- Erro padrão do coeficiente c3: $E_{c3} = \sqrt{Var\ \ c_3)} = 0,03158569$
- Inferência sobre os coeficientes do modelo:
  - Cálculo do nível de significância: $\alpha = 1 - NC/100$
  - Cálculo da probabilidade acumulada: $\emptyset = 1 - \alpha/2$

PRIMEIRA INFERÊNCIA

- Cálculo do valor crítico da distribuição t de Student:

  t = INVT(α; G_L^R) ⟶ t = INVT(0,05; 21) ⟶ t = 2,079613837

Observação: Esse resultado indica que existe 97,5% de probabilidade acumulada que uma variável aleatória V, com grau de liberdade igual a 21, seja menor que o valor crítico da distribuição t igual a 2,079613837; $P(V < 2{,}079613837) = 0{,}975$

- Cálculo da estatística do coeficiente c_0: $t_{Estat}|_{c0} = c_0/E_{c0} = 4{,}450846$
- Cálculo da estatística do coeficiente c_1: $t_{Estat}|_{c1} = c_1/E_{c1} = 0{,}248303$
- Cálculo da estatística do coeficiente c_2: $t_{Estat}|_{c2} = c_2/E_{c2} = 20{,}357224$
- Cálculo da estatística do coeficiente c_3: $t_{Estat}|_{c3} = c_3/E_{c3} = -31{,}200483$

TESTE DE HIPÓTESE:

- Teste de hipótese para c_0:

  $(t_{Estat}|_{c0} > t)$? ⟶ (4,450846 > 2,079614)? Sim; então, o coeficiente c_0 é estatisticamente significativo.

- Teste de hipótese para c_1:

  $(t_{Estat}|_{c1} > t)$? ⟶ (0,248303 > 2,079614)? Não; então, o coeficiente c_1 não é estatisticamente significativo.

- Teste de hipótese para c_2:

  $(t_{Estat}|_{c2} > t)$? ⟶ (20,357224 > 2,079614)? Sim; então, o coeficiente c_2 é estatisticamente significativo.

- Teste de hipótese para c_3:

  Para $t_{Estat}|_{c3}$ negativo, a formulação do teste de hipótese é $(t_{Estat}|_{c3} < -t)$?.

  $(t_{Estat}|_{c3} < -t)$? ⟶ (-31,200483 < -2,079614)? Sim; então, o coeficiente c_3 é estatisticamente significativo.

SEGUNDA INFERÊNCIA

- Cálculo da distribuição t de Student para o coeficiente c_0, valor-p$|_{c0}$:

  valor-p$|_{c0}$ = DISTT($t_{Estat}/_{c0}$; G_L^R; 2) ⟶ valor-p$|_{c0}$ = 0,00022111

- Cálculo da distribuição t de Student para o coeficiente c_1, valor-p$|_{c1}$:

  valor-p$|_{c1}$ = DISTT($t_{Estat}/_{c1}$; G_L^R; 2) ⟶ valor-p$|_{c1}$ = 0,80631215

- Cálculo da distribuição t de Student para o coeficiente c_2, valor-p$|_{c2}$:

  valor-p$|_{c2}$ = DISTT($t_{Estat}/_{c2}$; G_L^R; 2) ⟶ valor-p$|_{c2}$ = 2,63175E-15

- Cálculo da distribuição t de Student para o coeficiente c_3, valor-p$|_{c3}$:

  valor-p$|_{c3}$ = DISTT($|t_{Estat}/_{c3}|$; G_L^R; 2) ⟶ valor-p$|_{c3}$ = 4,45122E-19

- Teste de hipótese para c_0:

  (valor-p$|_{c0}$ < α)? ⟶ (0,00022111 < 0,05)? Sim; então, o coeficiente c_0 é estatisticamente significativo.

- Teste de hipótese para c_1:

  (valor-p$|_{c1}$ < α)? ⟶ (0,80631215 < 0,05)? Não; então, o coeficiente c_1 não é estatisticamente significativo.

- Teste de hipótese para c_2:

  (valor-p$|_{c2}$ < α)? ⟶ (2,63175E-15 < 0,05)? Sim; então, o coeficiente c_2 é estatisticamente significativo.

- Teste de hipótese para c_3:

  (valor-p$|_{c3}$ < α)? ⟶ (4,45122E-19 < 0,05)? Sim; então, o coeficiente c_3 é estatisticamente significativo.

▶ Inferência sobre o modelo:

PRIMEIRO TESTE DE HIPÓTESE

- Cálculo da estatística de teste de hipótese F_{Estat}: $F_{Estat} = M_{Re}/M_R$ = 2026,921787

- Cálculo do valor crítico da distribuição F:

  F = INVF(α; G_L^{Re}; G_L^R) ⟶ F = INVF(0,05; 3; 21) ⟶ F = 3,072467

- Teste de hipótese:

  ($F_{Estat} > F$)? = (2026,921787 > 3,072467)? Sim; então, o modelo proposto é estatisticamente significativo.

SEGUNDO TESTE DE HIPÓTESE

- Cálculo da distribuição F, valor-p = $F_{significância}$:

  $F_{significância}$ = DISTF(F_{Estat}; G_L^{Re}; G_L^R) ⟶ $F_{significância}$ = 5,16918E-26

- Teste de hipótese:

  $(F_{significância} < \alpha)? = (5{,}16918E\text{-}26 < 0{,}05)?$ Sim; então, o modelo proposto é estatisticamente significativo.

- Intervalo de confiança para o coeficiente c_0: $\Delta_{c0} = t_{\emptyset,n}E_{c0} = 1{,}03919392$

  Limite inferior: $c_0 - \Delta_{c0} = 1{,}18491733$

  Central: $c_0 = 2{,}22411125$

  Limite superior: $c_0 + \Delta_{c0} = 3{,}26330516$

- Intervalo de confiança para o coeficiente c_1: $\Delta_{c1} = t_{\emptyset,n}E_{c1} = 1{,}53114048$

  Limite inferior: $c_1 - \Delta_{c1} = -1{,}34832460$

  Central: $c_1 = 0{,}18281588$

  Limite superior: $c_1 + \Delta_{c1} = 1{,}71395636$

- Intervalo de confiança para o coeficiente c_2: $\Delta_{c2} = t_{\emptyset,n}E_{c2} = 0{,}60013814$

  Limite inferior: $c_2 - \Delta_{c2} = 5{,}27458076$

  Central: $c_2 = 5{,}87471891$

  Limite superior: $c_2 + \Delta_{c2} = 6{,}47485705$

- Intervalo de confiança para o coeficiente c_3: $\Delta_{c3} = t_{\emptyset,n}E_{c3} = 0{,}06568603$

  Limite inferior: $c_3 - \Delta_{c3} = -1{,}05117470$

  Central: $c_3 = -0{,}98548867$

  Limite superior: $c_3 + \Delta_{c3} = -0{,}91980264$

▶ **Conclusão:** O coeficiente c_1 não é estatisticamente significativo. Portanto, o modelo proposto deve ser descartado.

A comparação entre os valores calculados com os reportados por Law (2013) é apresentada na Tabela 5.10.

Tabela 5.10 – Comparação entre os valores reportados e calculados

	Law (2013)	Calculados
c_0	2,22411125	2,22411125
c_1	0,18281588	0,18281588
c_2	5,87471891	5,87471891

TABELA 5.10 – COMPARAÇÃO ENTRE OS VALORES REPORTADOS E CALCULADOS

	Law (2013)	Calculados
c_3	-0,98548867	-0,98548867
s (erro padrão da estimativa)	0,72049303	0,72049303

EXCEL – ANÁLISE DE DADOS

O procedimento para utilizar a ferramenta de análise de dados do EXCEL consiste dos seguintes passos: Guia Dados ⟶ Análise de Dados ⟶ Regressão ⟶ OK ⟶ Configuração ⟶ OK.

Exemplo 5.3

Repita o Exemplo 5.1 usando a ferramenta Regressão da Análise de Dados do EXCEL

SOLUÇÃO:

1. Construção da planilha

▶ Escreva os seguintes textos:

- Temperatura: Na célula A1, escreva o texto **T (K)**
- Tensão superficial: Na célula B1, escreva o texto **Cp (J/mol.K)**
- Valores de y: Na célula C1, escreva o texto **y**
- Valores de x: Na célula D1, escreva o texto **x**
- Valores de x^2: Na célula E1, escreva o texto $\mathbf{x^2}$
- Valores de x^3: Na célula G1, escreva o texto $\mathbf{x^3}$

▶ Digite os pares de valores experimentais:

- Valores das temperaturas: Escreva os valores na faixa de célula **A2:A20**
- Valores das tensões superficiais: Escreva os valores na faixa de célula **B2:B20**
- Cálculos dos valores de y: Na célula **C2**, escreva: **= B2**. Os cálculos dos outros valores são realizados da seguinte forma: a) selecione a célula **C2**, b) mova o cursor do mouse para o canto inferior direito da célula **C2** até que o ponteiro assuma o formato de uma cruz preta (alça de preenchimento), c) arraste a alça de preenchimento até a célula **C20**

- Cálculos dos valores de x: Na célula **D2**, escreva: = **A2**. Os cálculos dos outros valores são realizados da seguinte forma: a) selecione a célula **D2**, b) mova o cursor do mouse para o canto inferior direito da célula **D2** até que o ponteiro assuma o formato de uma cruz preta (alça de preenchimento), c) arraste a alça de preenchimento até a célula **D20**
- Cálculos dos valores de x^2: Na célula **E2**, escreva: **= A2*A2**. Os cálculos dos outros valores são realizados da seguinte forma: a) selecione a célula **E2**, b) mova o cursor do mouse para o canto inferior direito da célula **E2** até que o ponteiro assuma o formato de uma cruz preta, c) arraste a alça de preenchimento até a célula **E20**
- Cálculos dos valores de x^3: Na célula **F2**, escreva: **= A2^3**. Os cálculos dos outros valores são realizados da seguinte forma: a) selecione a célula **F2**, b) mova o cursor do mouse para o canto inferior direito da célula **F2** até que o ponteiro assuma o formato de uma cruz preta, c) arraste a alça de preenchimento até a célula **F20**

	A	B	C	D	E	F
1	TK	Cp	y	x	x^2	x^3
2	50	34,06	34,06	50	2500	125000
3	100	41,3	41,3	100	10000	1000000
4	150	48,79	48,79	150	22500	3375000
5	200	56,07	56,07	200	40000	8000000
6	273,16	68,74	68,74	273,16	74616,3856	20382211,89
7	298,15	73,6	73,6	298,15	88893,4225	26503573,92
8	300	73,93	73,93	300	90000	27000000
9	400	94,01	94,01	400	160000	64000000
10	500	112,59	112,59	500	250000	125000000
11	600	128,7	128,7	600	360000	216000000
12	700	142,67	142,67	700	490000	343000000
13	800	154,77	154,77	800	640000	512000000
14	900	163,35	163,35	900	810000	729000000
15	1000	174,6	174,6	1000	1000000	1000000000
16	1100	182,67	182,67	1100	1210000	1331000000
17	1200	189,74	189,74	1200	1440000	1728000000
18	1300	195,85	195,85	1300	1690000	2197000000
19	1400	201,21	201,21	1400	1960000	2744000000
20	1500	205,89	205,89	1500	2250000	3375000000

2. **Segundo Passo:** Na Guia Dados, selecione Análise de Dados e, em seguida, será apresentada a caixa de diálogo com as ferramentas de Análise.

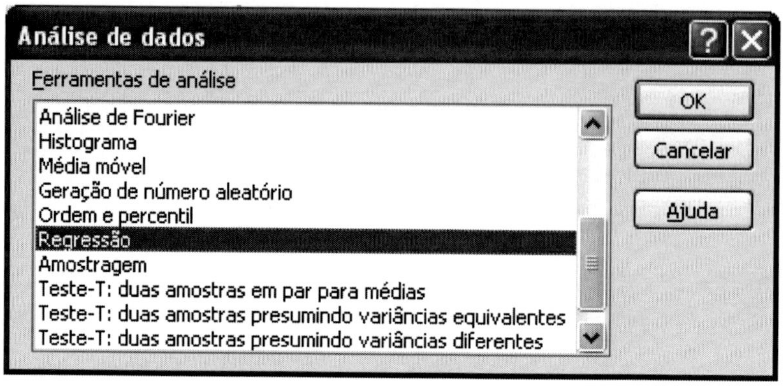

▶ Selecione Regressão, clique no botão OK. Aparecerá a seguinte caixa de diálogo com as opções da Regressão:

▶ Especificações:

- No quadro entrada - Intervalo Y de entrada: Digite C2:C20
- No quadro entrada - Intervalo X de entrada: Digite D2:F20
- Marque a opção Nível de Confiança e Escreva 95%.
- Escolha a Opção de Saída: Nova Planilha
- Clique no botão OK.

Os resultados fornecidos pela Planilha Excel são mostrados abaixo.

	A	B	C	D	E	F	G
1	**RESUMO DOS RESULTADOS**						
2							
3	***Estatística de regressão***						
4	**R múltiplo**	**0,999310266**					
5	**R-Quadrado**	**0,998621008**					
6	**R-quadrado ajustado**	**0,99834521**					
7	**Erro padrão**	**2,450901512**					
8	**Observações**	**19**					
9							
10	**ANOVA**						
11		***gl***	***SQ***	***MQ***	***F***	***F de significação***	
12	**Regressão**	**3**	**65250,23368**	**21750,07789**	**3620,838023**	**1,14085E-21**	
13	**Resíduo**	**15**	**90,1037733**	**6,00691822**			
14	**Total**	**18**	**65340,33745**				
15							
16		***Coeficientes***	***Erro padrão***	***Stat t***	***valor-P***	***95% inferiores***	***95% superiores***
17	**Interseção**	**20,52350397**	**2,176229412**	**9,43076307**	**1,07429E-07**	**15,8849808**	**25,16202714**
18	**Variável X 1**	**0,196470716**	**0,013043754**	**15,06243637**	**1,83069E-10**	**0,168668612**	**0,224272819**
19	**Variável X 2**	**-2,6848E-05**	**1,98722E-05**	**-1,351035959**	**0,196711929**	**-6,92046E-05**	**1,55085E-05**
20	**Variável X 3**	**-1,51289E-08**	**8,51958E-09**	**-1,775779196**	**0,096054713**	**-3,3288E-08**	**3,03016E-09**

REFERÊNCIA BIBLIOGRÁFICA

CUTLIP, M. B., SHACHAM, M. **Problem Solving in Chemical Engineering with Numerical Methods**. Prentice Hall, 2000.

LAW, V. J. **Numerical Methods for Chemical Engineers Using Excel, VBA, and Matlab**. CRC Press, 2013.

Capítulo 6

REGRESSÃO LINEAR MÚLTIPLA

INTRODUÇÃO

Conforme o Capítulo Um, o modelo polinomial de grau N é representado por:

$$g_i = \sum_k^N c_k x_i^k \tag{6.1}$$

Fazendo $\sum_k^N c_k x_i^k = \sum_k^N c_k z_{ik}$, a Equação (6.1) pode ser escrita como:

$$g_i = \sum_k^N c_k z_{ik} \tag{6.2}$$

Dois casos são pertinentes para regressão linear múltipla:

- Passando pela origem: Neste caso, o limite inferior do somatório é igual a zero e os coeficientes dos polinômios são $c_1, c_2, \ldots, c_N$. Assim:

$$\begin{aligned} g_i &= c_1 x_i + c_2 x_i^2 + c_3 x_i^3 + c_4 x_i^4 + c_5 x_i^5 + \cdots + c_N x_i^N \\ &= c_1 z_{i1} + c_2 z_{i2} + c_3 z_{i3} + c_4 z_{i4} + c_5 z_{i5} + \cdots + c_N z_{iN} \end{aligned} \tag{6.3}$$

Não passa pela origem: Neste caso, o limite inferior do somatório é igual à unidade e os coeficientes dos polinômios são $c_0, c_1, c_2, c_3, \ldots, c_N$. Assim:

$$\begin{aligned} g_i &= c_0 + c_1 x_i + c_2 x_i^2 + c_3 x_i^3 + c_4 x_i^4 + c_5 x_i^5 + \cdots + c_N x_i^N \\ &= c_0 + c_1 z_{i1} + c_2 z_{i2} + c_3 z_{i3} + c_4 z_{i4} + c_5 z_{i5} + \cdots + c_N z_{iN} \end{aligned} \tag{6.4}$$

Nos dois casos, os valores experimentais y_i podem ser escritos como:

$$y_i = g_i + \varepsilon_i \tag{6.5}$$

em que ε_i é o resíduo do ponto experimental *i*, ou seja, a diferença entre o valor experimental, y_i e o valor fornecido pelo modelo polinomial proposto, g_i.

REGRESSÃO LINEAR MÚLTIPLA PASSANDO PELA ORIGEM

Um modelo linear múltiplo passando pela origem com *N* variáveis independentes é representado por:

$$\begin{aligned} g_i &= c_1 x_i + c_2 x_i^2 + c_3 x_i^3 + c_4 x_i^4 + c_5 x_i^5 + \cdots + c_N x_i^N \\ &= c_1 z_{i1} + c_2 z_{i2} + c_3 z_{i3} + c_4 z_{i4} + c_5 z_{i5} + \cdots + c_N z_{iN} \end{aligned} \tag{6.6}$$

Os dados experimentais y_i são representados por:

$$\begin{aligned} y_i &= g_i + \varepsilon_i \\ &= c_1 z_{i1} + c_2 z_{i2} + \cdots + c_N z_{iN} + \varepsilon_i \end{aligned} \tag{6.7}$$

em que ε_i é o resíduo do ponto experimental *i*.

Escrevendo a Equação (6.19) para cada ponto experimental,

$$\begin{aligned} y_1 &= c_1 z_{11} + c_2 z_{12} + \cdots + c_N z_{1N} + \varepsilon_1 \\ y_2 &= c_1 z_{21} + c_2 z_{22} + \cdots + c_N z_{2N} + \varepsilon_2 \\ y_3 &= c_1 z_{31} + c_2 z_{32} + \cdots + c_N z_{3N} + \varepsilon_3 \\ &\vdots \\ y_m &= c_1 z_{m1} + c_2 z_{m2} + \cdots + c_N z_{mN} + \varepsilon_m \end{aligned} \tag{6.8}$$

Na forma matricial,

$$\begin{bmatrix} z_{11} & z_{12} & z_{13} & \cdots & z_{1N} \\ z_{21} & z_{22} & z_{23} & \cdots & z_{2N} \\ z_{31} & z_{32} & z_{33} & \cdots & z_{3N} \\ \vdots & \vdots & \vdots & \ddots & \vdots \\ z_{m1} & z_{m2} & z_{m3} & \cdots & z_{mN} \end{bmatrix} \begin{bmatrix} c_1 \\ c_2 \\ c_3 \\ \vdots \\ c_N \end{bmatrix} + \begin{bmatrix} \varepsilon_1 \\ \varepsilon_2 \\ \varepsilon_3 \\ \vdots \\ \varepsilon_m \end{bmatrix} = \begin{bmatrix} y_1 \\ y_2 \\ y_3 \\ \vdots \\ y_m \end{bmatrix} \tag{6.9}$$

Em uma forma compacta,

$$\mathbf{y} = \mathbf{Zc} + \boldsymbol{\varepsilon} \tag{6.10}$$

sendo que $\boldsymbol{y} = \begin{bmatrix} y_1 \\ y_2 \\ y_3 \\ \vdots \\ y_m \end{bmatrix}$, $\mathbf{Z} = \begin{bmatrix} z_{11} & z_{12} & z_{13} & \cdots & z_{1N} \\ z_{21} & z_{22} & z_{23} & \cdots & z_{2N} \\ z_{31} & z_{32} & z_{33} & \cdots & z_{3N} \\ \vdots & \vdots & \vdots & \ddots & \vdots \\ z_{m1} & z_{m2} & z_{m3} & \cdots & z_{mN} \end{bmatrix}$, $\mathbf{c} = \begin{bmatrix} c_1 \\ c_2 \\ c_3 \\ \vdots \\ c_N \end{bmatrix}$ e $\boldsymbol{\varepsilon} = \begin{bmatrix} \varepsilon_1 \\ \varepsilon_2 \\ \varepsilon_3 \\ \vdots \\ \varepsilon_m \end{bmatrix}$

O procedimento para regressão linear múltipla com constante igual a zero é idêntico ao desenvolvido para regressão polinomial de grau N que passa pela origem. O resumo das relações matemáticas é apresentado na Tabela 6.1.

Tabela 6.1 – Resumo das relações para regressão linear múltipla origem

- Representações dos valores experimentais:

$$\begin{bmatrix} z_{11} & z_{12} & z_{13} & \cdots & z_{1N} \\ z_{21} & z_{22} & z_{23} & \cdots & z_{2N} \\ z_{31} & z_{32} & z_{33} & \cdots & z_{3N} \\ \vdots & \vdots & \vdots & \ddots & \vdots \\ z_{m1} & z_{m2} & z_{m3} & \cdots & z_{mN} \end{bmatrix} \begin{bmatrix} c_1 \\ c_2 \\ c_3 \\ \vdots \\ c_N \end{bmatrix} + \begin{bmatrix} \varepsilon_1 \\ \varepsilon_2 \\ \varepsilon_3 \\ \vdots \\ \varepsilon_m \end{bmatrix} = \begin{bmatrix} y_1 \\ y_2 \\ y_3 \\ \vdots \\ y_m \end{bmatrix}$$

Tabela 6.1 – Resumo das relações para regressão linear múltipla origem

- Equações normais: Conforme o Capítulo 1,

$$\begin{bmatrix} \sum_{i=1}^{m} z_{i1}^2 & \sum_{i=1}^{m} z_{i1}z_{i2} & \sum_{i=1}^{m} z_{i1}z_{i3} & \cdots & \sum_{i=1}^{m} z_{i1}z_{iN} \\ \sum_{i=1}^{m} z_{i2}z_{i1} & \sum_{i=1}^{m} z_{i2}^2 & \sum_{i=1}^{m} z_{i2}z_{i3} & \cdots & \sum_{i=1}^{m} z_{i2}z_{iN} \\ \sum_{i=1}^{m} z_{i3}z_{i1} & \sum_{i=1}^{m} z_{i3}z_{i2} & \sum_{i=1}^{m} z_{i3}^2 & \cdots & \sum_{i=1}^{m} z_{i3}z_{iN} \\ \vdots & \vdots & \vdots & \ddots & \vdots \\ \sum_{i=1}^{m} z_{iN}z_{i1} & \sum_{i=1}^{m} z_{iN}z_{i2} & \sum_{i=1}^{m} z_{iN}z_{i3} & \cdots & \sum_{i=1}^{m} z_{iN}^2 \end{bmatrix} \begin{bmatrix} c_1 \\ c_2 \\ c_3 \\ \vdots \\ c_N \end{bmatrix} = \begin{bmatrix} \sum_{i=1}^{m} y_i z_{i1} \\ \sum_{i=1}^{m} y_i z_{i2} \\ \sum_{i=1}^{m} y_i z_{i3} \\ \vdots \\ \sum_{i=1}^{m} y_i z_{iN} \end{bmatrix}$$

- Forma compacta: $\mathbf{Z}^T\mathbf{Z}\mathbf{C} = \mathbf{Z}^T\mathbf{Y}$, sendo $\mathbf{Z}^T$ a matriz transposta de Z
- Matriz B: $\mathbf{B} = \mathbf{Z}^T\mathbf{Z})^{-1}$, sendo $(\mathbf{Z}^T\mathbf{Z})^{-1}$ a matriz inversa de $\mathbf{Z}^T\mathbf{Z}$
- Matriz de covariância: $\mathbf{V} = \mathbf{B}s^2$, sendo s^2 a variância populacional
- Matriz β: $\boldsymbol{\beta} = \mathbf{Z}^T\mathbf{Y}$;
- Solução do sistema de equações normais: $\mathbf{C} = \mathbf{B}\boldsymbol{\beta}$,

Exemplo 6.1

Mostre que $\mathbf{W} = \mathbf{Z}^T\mathbf{Z} = \begin{bmatrix} \sum_{i=1}^{m} z_{i1}^2 & \sum_{i=1}^{m} z_{i1}z_{i2} & \sum_{i=1}^{m} z_{i1}z_{i3} & \cdots & \sum_{i=1}^{m} z_{i1}z_{iN} \\ \sum_{i=1}^{m} z_{i2}z_{i1} & \sum_{i=1}^{m} z_{i2}^2 & \sum_{i=1}^{m} z_{i2}z_{i3} & \cdots & \sum_{i=1}^{m} z_{i2}z_{iN} \\ \sum_{i=1}^{m} z_{i3}z_{i1} & \sum_{i=1}^{m} z_{i3}z_{i2} & \sum_{i=1}^{m} z_{i3}^2 & \cdots & \sum_{i=1}^{m} z_{i3}z_{iN} \\ \vdots & \vdots & \vdots & \ddots & \vdots \\ \sum_{i=1}^{m} z_{iN}z_{i1} & \sum_{i=1}^{m} z_{iN}z_{i2} & \sum_{i=1}^{m} z_{iN}z_{i3} & \cdots & \sum_{i=1}^{m} z_{iN}^2 \end{bmatrix}$.

Solução: A matriz transposta de **Z** é dada por:

$$\mathbf{Z}^T = \begin{bmatrix} z_{11} & z_{21} & z_{31} & \cdots & z_{m1} \\ z_{12} & z_{22} & z_{32} & \cdots & z_{m2} \\ z_{13} & z_{23} & z_{33} & \cdots & z_{m3} \\ \vdots & \vdots & \vdots & \ddots & \vdots \\ z_{1N} & z_{2N} & z_{3N} & \cdots & z_{mN} \end{bmatrix}$$

O produto $\mathbf{W} = \mathbf{Z}^T\mathbf{Z} \Leftrightarrow (N \times m \quad m \times N \;=\; N \times N$. Assim,

$$\mathbf{W} = \mathbf{Z}^T\mathbf{Z} = \begin{bmatrix} z_{11} & z_{21} & z_{31} & \cdots & z_{m1} \\ z_{12} & z_{22} & z_{32} & \cdots & z_{m2} \\ z_{13} & z_{23} & z_{33} & \cdots & z_{m3} \\ \vdots & \vdots & \vdots & \ddots & \vdots \\ z_{1N} & z_{2N} & z_{3N} & \cdots & z_{mN} \end{bmatrix} \begin{bmatrix} z_{11} & z_{12} & z_{13} & \cdots & z_{1N} \\ z_{21} & z_{22} & z_{23} & \cdots & z_{2N} \\ z_{31} & z_{32} & z_{33} & \cdots & z_{3N} \\ \vdots & \vdots & \vdots & \ddots & \vdots \\ z_{m1} & z_{m2} & z_{m3} & \cdots & z_{mN} \end{bmatrix}$$

Os elementos da matriz **W** são dados por:

- **Linha um**

$$w_{11} = z_{11} \times z_{11} + z_{21} \times z_{21} + z_{31} \times z_{31} + \cdots + z_{m1} \times z_{m1} = \sum_{i=1}^{m} z_{i1}^2$$

$$w_{12} = z_{11} \times z_{12} + z_{21} \times z_{22} + z_{31} \times z_{32} + \cdots + z_{m1} \times z_{m2} = \sum_{i=1}^{m} z_{i1} z_{i2}$$

$$w_{13} = z_{11} \times z_{13} + z_{21} \times z_{23} + z_{31} \times z_{33} + \cdots + z_{m1} \times z_{m3} = \sum_{i=1}^{m} z_{i1} z_{i3}$$

$$w_{1N} = z_{11} \times z_{1N} + z_{21} \times z_{2N} + z_{31} \times z_{3N} + \cdots + z_{m1} \times z_{mN} = \sum_{i=1}^{m} z_{i1} z_{iN}$$

- **Linha dois**

$$w_{21} = z_{12} \times z_{11} + z_{22} \times z_{21} + z_{32} \times z_{31} + \cdots + z_{m2} \times z_{m1} = \sum_{i=1}^{m} z_{i2} z_{i1}$$

$$w_{22} = z_{12} \times z_{12} + z_{22} \times z_{22} + z_{32} \times z_{32} + \cdots + z_{m2} \times z_{m2} = \sum_{i=1}^{m} z_{i2}^2$$

$$w_{23} = z_{12} \times z_{13} + z_{22} \times z_{23} + z_{32} \times z_{33} + \cdots + z_{m2} \times z_{m3} = \sum_{i=1}^{m} z_{i2} z_{i3}$$

$$w_{2N} = z_{12} \times z_{1N} + z_{22} \times z_{2N} + z_{32} \times z_{3N} + \cdots + z_{m2} \times z_{mN} = \sum_{i=1}^{m} z_{i2} z_{iN}$$

Linha três

$$w_{31} = z_{13} \times z_{11} + z_{23} \times z_{21} + z_{33} \times z_{31} + \cdots + z_{m3} \times z_{m1} = \sum_{i=1}^{m} z_{i3} z_{i1}$$

$$w_{32} = z_{13} \times z_{12} + z_{23} \times z_{22} + z_{33} \times z_{32} + \cdots + z_{m3} \times z_{m2} = \sum_{i=1}^{m} z_{i3} z_{i2}$$

$$w_{33} = z_{13} \times z_{13} + z_{23} \times z_{23} + z_{33} \times z_{33} + \cdots + z_{m3} \times z_{m3} = \sum_{i=1}^{m} z_{i3}^2$$

$$w_{3N} = z_{13} \times z_{1N} + z_{23} \times z_{2N} + z_{33} \times z_{3N} + \cdots + z_{m3} \times z_{mN} = \sum_{i=1}^{m} z_{i3} z_{iN}$$

Linha N

$$w_{N,1} = z_{1N} \times z_{11} + z_{2N} \times z_{21} + z_{3N} \times z_{31} + \cdots + z_{mN} \times z_{m1} = \sum_{i=1}^{m} z_{iN} z_{i1}$$

$$w_{N,2} = z_{1N} \times z_{12} + z_{2N} \times z_{22} + z_{3N} \times z_{32} + \cdots + z_{mN} \times z_{m2} = \sum_{i=1}^{m} z_{iN} z_{i2}$$

$$w_{N,3} = z_{1N} z_{13} + z_{2N} z_{23} + z_{3N} z_{33} + \cdots + z_{mN} z_{m3} = \sum_{i=1}^{m} z_{iN} z_{i3}$$

$$w_{N,N} = z_{1N} \times z_{1N} + z_{2N} \times z_{2N} + z_{3N} \times z_{3N} + \cdots + z_{mN} \times z_{mN} = \sum_{i=1}^{m} z_{iN}^2$$

Escrevendo as linhas da **W** na forma matricial,

$$\mathbf{W} = \mathbf{Z}^T\mathbf{Z} = \begin{bmatrix} \sum_{i=1}^{m} z_{i1}^2 & \sum_{i=1}^{m} z_{i1}z_{i2} & \sum_{i=1}^{m} z_{i1}z_{i3} & \cdots & \sum_{i=1}^{m} z_{i1}z_{iN} \\ \sum_{i=1}^{m} z_{i2}z_{i1} & \sum_{i=1}^{m} z_{i2}^2 & \sum_{i=1}^{m} z_{i2}z_{i3} & \cdots & \sum_{i=1}^{m} z_{i2}z_{iN} \\ \sum_{i=1}^{m} z_{i3}z_{i1} & \sum_{i=1}^{m} z_{i3}z_{i2} & \sum_{i=1}^{m} z_{i3}^2 & \cdots & \sum_{i=1}^{m} z_{i3}z_{iN} \\ \vdots & \vdots & \vdots & \ddots & \vdots \\ \sum_{i=1}^{m} z_{iN}z_{i1} & \sum_{i=1}^{m} z_{iN}z_{i2} & \sum_{i=1}^{m} z_{iN}z_{i3} & \cdots & \sum_{i=1}^{m} z_{iN}^2 \end{bmatrix} \tag{6.11}$$

Exemplo 6.2

Partindo de $\mathbf{Z}^T = \begin{bmatrix} z_{11} & z_{21} & z_{31} & \cdots & z_{m1} \\ z_{12} & z_{22} & z_{32} & \cdots & z_{m2} \\ z_{13} & z_{23} & z_{33} & \cdots & z_{m3} \\ \vdots & \vdots & \vdots & \ddots & \vdots \\ z_{1N} & z_{2N} & z_{3N} & \cdots & z_{mN} \end{bmatrix}$ e $\mathbf{y} = \begin{bmatrix} y_1 \\ y_2 \\ y_3 \\ \vdots \\ y_m \end{bmatrix}$, mostre que $\mathbf{Z}^T\mathbf{y} = \begin{bmatrix} \sum_{i=1}^{m} z_{i1}y_i \\ \sum_{i=1}^{m} z_{i2}y_i \\ \sum_{i=1}^{m} z_{i3}y_i \\ \vdots \\ \sum_{i=1}^{m} z_{iN}y_i \end{bmatrix}$.

SOLUÇÃO: O produto $\mathbf{X}^t y \Leftrightarrow N \times m \quad m \times 1 = N \times 1$. Assim:

$$\mathbf{Z}^T\mathbf{y} = \begin{bmatrix} z_{11} & z_{21} & z_{31} & \cdots & z_{m1} \\ z_{12} & z_{22} & z_{32} & \cdots & z_{m2} \\ z_{13} & z_{23} & z_{33} & \cdots & z_{m3} \\ \vdots & \vdots & \vdots & \ddots & \vdots \\ z_{1N} & z_{2N} & z_{3N} & \cdots & z_{mN} \end{bmatrix} \begin{bmatrix} y_1 \\ y_2 \\ y_3 \\ \vdots \\ y_m \end{bmatrix} = \begin{bmatrix} z_{11}y_1 + z_{21}y_2 + \cdots + z_{m1}y_m \\ z_{12}y_1 + z_{22}y_2 + \cdots + z_{m2}y_m \\ z_{13}y_1 + z_{23}y_2 + \cdots + z_{m3}y_m \\ \vdots \\ z_{1N}y_1 + z_{2N}y_2 + \cdots + z_{mN}y_m \end{bmatrix} = \begin{bmatrix} \sum_{i=1}^{m} z_{i1}y_i \\ \sum_{i=1}^{m} z_{i2}y_i \\ \sum_{i=1}^{m} z_{i3}y_i \\ \vdots \\ \sum_{i=1}^{m} z_{iN}y_i \end{bmatrix}$$

Exemplo 6.3

Escreva ($\mathbf{Z}^T\mathbf{Z}$) e ($\mathbf{Z}^T\mathbf{Y}$) para o modelo de duas variáveis $y_i = c_1 z_{i1} + c_2 z_{i2} + \varepsilon_i$.

SOLUÇÃO:

$$\mathbf{Z}^T\mathbf{Z} = \begin{bmatrix} \sum_{i=1}^{m} z_{i1}^2 & \sum_{i=1}^{m} z_{i1}z_{i2} \\ \sum_{i=1}^{m} z_{i2}z_{i1} & \sum_{i=1}^{m} z_{i2}^2 \end{bmatrix} \qquad \mathbf{Z}^T\mathbf{y} = \begin{bmatrix} \sum_{i=1}^{m} z_{i1}y_i \\ \sum_{i=1}^{m} z_{i2}y_i \end{bmatrix}$$

Exemplo 6.4

Escreva ($\mathbf{Z}^T\mathbf{Z}$) e ($\mathbf{Z}^T\mathbf{Y}$) para o modelo de três variáveis $y_i = c_1 z_{i1} + c_2 z_{i2} + c_3 z_{i3} + \varepsilon_i$.

Solução:

$$\mathbf{Z}^T\mathbf{Z} = \begin{bmatrix} \sum_{i=1}^{m} z_{i1}^2 & \sum_{i=1}^{m} z_{i1}z_{i2} & \sum_{i=1}^{m} z_{i1}z_{i3} \\ \sum_{i=1}^{m} z_{i2}z_{i1} & \sum_{i=1}^{m} z_{i2}^2 & \sum_{i=1}^{m} z_{i2}z_{i3} \\ \sum_{i=1}^{m} z_{i3}z_{i1} & \sum_{i=1}^{m} z_{i3}z_{i2} & \sum_{i=1}^{m} z_{i3}^2 \end{bmatrix} \qquad \mathbf{Z}^T\mathbf{y} = \begin{bmatrix} \sum_{i=1}^{m} z_{i1}y_i \\ \sum_{i=1}^{m} z_{i2}y_i \\ \sum_{i=1}^{m} z_{i3}y_i \end{bmatrix}$$

Exemplo 6.5

Escreva ($\mathbf{Z}^T\mathbf{Z}$) e ($\mathbf{Z}^T\mathbf{Y}$) para o modelo de quatro variáveis descrito por: $y_i = c_1 z_{i1} + c_2 z_{i2} + c_3 z_{i3} + c_4 z_{i4}$ $+ \varepsilon_i$.

Solução:

$$\mathbf{Z}^T\mathbf{Z} = \begin{bmatrix} \sum_{i=1}^{m} z_{i1}^2 & \sum_{i=1}^{m} z_{i1}z_{i2} & \sum_{i=1}^{m} z_{i1}z_{i3} & \sum_{i=1}^{m} z_{i1}z_{i4} \\ \sum_{i=1}^{m} z_{i2}z_{i1} & \sum_{i=1}^{m} z_{i2}^2 & \sum_{i=1}^{m} z_{i2}z_{i3} & \sum_{i=1}^{m} z_{i2}z_{i4} \\ \sum_{i=1}^{m} z_{i3}z_{i1} & \sum_{i=1}^{m} z_{i3}z_{i2} & \sum_{i=1}^{m} z_{i3}^2 & \sum_{i=1}^{m} z_{i3}z_{i4} \\ \sum_{i=1}^{m} z_{i4}z_{i1} & \sum_{i=1}^{m} z_{i4}z_{i2} & \sum_{i=1}^{m} z_{i4}z_{i3} & \sum_{i=1}^{m} z_{i4}^2 \end{bmatrix} \qquad \mathbf{Z}^T\mathbf{y} = \begin{bmatrix} \sum_{i=1}^{m} z_{i1}y_i \\ \sum_{i=1}^{m} z_{i2}y_i \\ \sum_{i=1}^{m} z_{i3}y_i \\ \sum_{i=1}^{m} z_{i4}y_i \end{bmatrix}$$

Qualidade do Ajuste

O resumo das relações desenvolvidas no Tópico 1.5 do Capítulo 1 é apresentado na Tabela 6.2.

Tabela 6.2 – Resumo da qualidade do ajuste - reta passando pela origem

- Soma quadrática residual: $S_R = \sum_{i=1}^{m} (y_i - g_i)^2$
- Soma quadrática dos dados experimentais: $S_T = \sum_{i=1}^{m} y_i^2$
- Soma quadrática da regressão: $S_{\text{Re}} = \sum_{i=1}^{m} g_i^2$
- Grau de liberdade total: $G_L^T = m$
- Grau de liberdade da regressão: $G_L^{Re} = N$
- Grau de liberdade dos resíduos: $G_L^R = m - N$
- Média quadrática residual: $M_R = S_R/G_L^R$
- Média quadrática da regressão: $M_{Re} = S_{Re}/G_L^{Re}$
- Coeficiente de determinação: $R^2 = 1 - S_R/S_T$
- Coeficiente de correlação: $R = \sqrt{R^2}$
- Coeficiente de determinação ajustado: $R^2_{aj} = 1 - (S_R/S_T)(G_L^T/G_L^R)$
- Variância populacional: $s^2 = M_R$
- Desvio padrão populacional (erro padrão da estimativa): $s = \sqrt{M_R}$

Análises de Variâncias e Erros Padrões

Conforme o Tópico 1.5 do Capítulo 1, a matriz de covariância é definida por:

$$\mathbf{V} = \left(\mathbf{X}^T\mathbf{X}\right)^{-1} s^2 = \mathbf{B}s^2 \tag{6.12}$$

sendo que s^2 é a variância populacional.

Os elementos da matriz de covariância são dados por:

$$\mathbf{V} = \begin{bmatrix} \text{Var}(c_1) = B_{11}s^2 & \text{Cov}(c_1,c_2) = B_{12}s^2 & \cdots & \text{Cov}(c_1,c_N) = B_{1N}s^2 \\ \text{Cov}(c_2,c_1) = B_{21}s^2 & \text{Var}(c_2) = B_{22}s^2 & \cdots & \text{Cov}(c_2,c_N) = B_{2N}s^2 \\ \vdots & \vdots & \cdots & \vdots \\ \text{Cov}(c_N,c_1) = B_{N1}s^2 & \text{Cov}(c_N,c_2) = B_{N2}s^2 & \ddots & \text{Var}(c_N) = B_{NN}s^2 \end{bmatrix} \quad (6.13)$$

A matriz **B** é definida por **B** = $(\mathbf{X}^T\mathbf{X})^{-1}$. Assim:

$$\mathbf{B} = \begin{bmatrix} \sum_{i=1}^{m} z_{i1}^2 & \sum_{i=1}^{m} z_{i2}z_{i1} & \cdots & \sum_{i=1}^{m} z_{iN}z_{i1} \\ \sum_{i=1}^{m} z_{i1}z_{i2} & \sum_{i=1}^{m} z_{i2}^2 & \cdots & \sum_{i=1}^{m} z_{iN}z_{i2} \\ \vdots & \vdots & \ddots & \vdots \\ \sum_{i=1}^{m} z_{i1}z_{iN+1} & \sum_{i=1}^{m} z_{i2}z_{iN+1} & \cdots & \sum_{i=1}^{m} z_{iN}^2 \end{bmatrix}^{-1} \quad (6.14)$$

Os erros padrões dos coeficientes c_i para $i = 1, 2, ..., N$ é dado por:

$$E_{ci} = \sqrt{\text{Var}(c_i)} \quad (6.15)$$

INFERÊNCIAS RELACIONADAS AOS COEFICIENTES DE REGRESSÃO

O teste de hipótese para verificar se um determinado coeficiente da série polinomial com constante igual a zero é idêntico ao descrito no Tópico 1.5.3. O resumo é apresentado na Tabela 6.3.

TABELA 6.3 – INFERÊNCIA SOBRE OS COEFICIENTES DO MODELO PROPOSTO

Teste de hipótese:

$H_0 : c_j = 0$ para $j = 1, 2, \cdots, N$	se $t_{Estat} \leq t$
$H_1 : c_j \neq 0$ para $j = 1, 2, \cdots, N$	se $t_{Estat} > t$

$t_{Estat} = \dfrac{c_j}{E_{cj}}$, para $j = 1, 2, ..., N$

Valor crítico da distribuição *t* de Student

Sintaxe: =INVT(α; G_L^R) em uma célula do EXCEL

TABELA 6.3 – INFERÊNCIA SOBRE OS COEFICIENTES DO MODELO PROPOSTO

Teste de hipótese:

$H_0 : c_j = 0$ para $j = 1, 2, \cdots, N$	se valor-$p \geq \alpha$
$H_1 : c_j \neq 0$ para $j = 1, 2, \cdots, N$	se valor-$p < \alpha$

valor-p

Sintaxe: = DISTT(t_{Estat}; $G_L^R = m - N$; 2) em uma célula do EXCEL

INFERÊNCIA SOBRE O MODELO

O teste F para determinar se existe uma relação significativa entre a variável dependente e o conjunto inteiro de variáveis independentes é idêntico ao Tópico 1.5.4. O resumo é apresentado na Tabela 6.4,

TABELA 6.4 – INFERÊNCIA SOBRE O MODELO PROPOSTO

Teste de hipótese:

H_0 : modelo não significativo	se $F_{Estat} \leq F$
H_1 : modelo significativo	se $F_{Estat} > F$

$$F_{Estat} = \frac{M_{Re}}{M_R} = \frac{S_{Re}/G_L^{Re}}{S_R/G_L^R}$$

Valor crítico da distribuição t de Student

Sintaxe: =INVF(α; G_L^{Re}; G_L^R) em uma célula do EXCEL

Teste de hipótese:

H_0 : modelo não significativo	se $F_{\text{significância}} \geq \alpha$
H_1 : modelo significativo	se $F_{\text{significância}} < \alpha$

valor-p = $F_{significância}$

Sintaxe: =DISTF(F_{Estat}; G_L^{Re}; G_L^R) em uma célula do EXCEL

ROTEIRO DE CÁLCULO

O procedimento computacional para a regressão linear múltipla passando pela origem na forma matricial é apresentado na Tabela 6.5.

Tabela 6.5 – Roteiro de cálculo para a regressão linear múltipla - Origem

1. Entrada de dados: m
2. Número de variáveis independentes do modelo: N
3. Grau de confiança em %: NC
4. Entrada de dados: $\mathbf{Z} = \begin{bmatrix} z_{11} & z_{12} & \cdots & z_{1N} \\ z_{21} & z_{22} & \cdots & z_{2N} \\ \vdots & \vdots & \ddots & \vdots \\ z_{m1} & z_{m2} & \cdots & z_{mN} \end{bmatrix}$ e $\mathbf{y} = \begin{bmatrix} y_1 \\ y_2 \\ \vdots \\ y_m \end{bmatrix}$
5. Efetuar o produto Z^TZ: $\mathbf{Z}^T\mathbf{Z} = \begin{bmatrix} \sum_{i=1}^{m} z_{i1}^2 & \sum_{i=1}^{m} z_{i2}z_{i1} & \cdots & \sum_{i=1}^{m} z_{iN}z_{i1} \\ \sum_{i=1}^{m} z_{i1}z_{i2} & \sum_{i=1}^{m} z_{i2}^2 & \cdots & \sum_{i=1}^{m} z_{iN}z_{i2} \\ \vdots & \vdots & \ddots & \vdots \\ \sum_{i=1}^{m} z_{i1}z_{iN} & \sum_{i=1}^{m} z_{i2}z_{iN} & \cdots & \sum_{i=1}^{m} z_{iN}^2 \end{bmatrix}$
6. Calcular a matriz inversa $\mathbf{B} = [\mathbf{Z}^T\mathbf{Z}]^{-1}$:
7. Efetuar a multiplicação $\mathbf{Z}^T\mathbf{Y}$: $\boldsymbol{\beta} = \mathbf{Z}^T\mathbf{Y} = \begin{bmatrix} \sum_{i=1}^{m} y_i z_{i1} & \sum_{i=1}^{m} y_i z_{i2} & \cdots & \sum_{i=1}^{m} y_i z_{iN} \end{bmatrix}^T$
8. Efetuar a multiplicação $\mathbf{B}\boldsymbol{\beta} = \begin{bmatrix} c_1 & c_2 & \cdots & c_N \end{bmatrix}^T$
9. Qualidade do ajuste
   - Valores fornecidos pelo modelo proposto:

     $g_i\ x) = c_0 z_{i1} + c_1 z_{i2} + c_2 z_{i3} + \cdots + c_N z_{iN}$, para $i = 1, 2, \ldots, m$
   - Calcular a soma dos resíduos: $\varepsilon = \sum_{i=1}^{m} (y_i - g_i)$
   - Calcular a soma quadrática dos resíduos: $S_R = \sum_{i=1}^{m}\ y_i - g_i)^2$
   - Calcular a soma quadrática total: $S_T = \sum_{i=1}^{m} y_i^2$

Tabela 6.5 – Roteiro de cálculo para a regressão linear múltipla - Origem

- Calcular a soma quadrática do modelo: $S_{\text{Re}} = \sum_{i=1}^{m} g_i^2$
- Graus de liberdade dos resíduos: $G_L^R = m - N$
- Graus de liberdade da regressão: $G_L^{Re} = N$
- Graus de liberdade total: $G_L^T = m$
- Coeficiente de determinação: $R^2 = 1 - S_R/S_T$
- Coeficiente de correlação: $R = \sqrt{R^2}$
- Coeficiente de determinação ajustado: $R^2_{aj} = 1 - (S_R/S_T)(G_L^T/G_L^R)$
- Média quadrática residual: $M_R = S_R/G_L^{\text{R}}$
- Média quadrática devido à regressão: $M_{Re} = S_{Re}/G_L^{\text{Re}}$
- Variância populacional: $s^2 = M_R$
- Erro padrão da estimativa: $s = \sqrt{M_R}$
- Matriz de covariância $\mathbf{V} = \mathbf{B}s^2$

$$\mathbf{V} = \begin{bmatrix} \text{Var}(c_1) = B_{11}s^2 & \text{Cov}(c_1, c_2) = B_{12}s^2 & \cdots & \text{Cov}(c_1, c_N) = B_{1N}s^2 \\ \text{Cov}(c_2, c_1) = B_{21}s^2 & \text{Var}(c_2) = B_{22}s^2 & \cdots & \text{Cov}(c_2, c_N) = B_{2N}s^2 \\ \vdots & \vdots & \cdots & \vdots \\ \text{Cov}(c_N, c_1) = B_{N1}s^2 & \text{Cov}(c_N, c_2) = B_{N2}s^2 & \ddots & \text{Var}(c_N) = B_{NN}s^2 \end{bmatrix}$$

- Erros padrões dos coeficientes: $E_{cj} = \sqrt{\text{Var}(c_j)}$ para $j = 1, 2, 3, ..., N$
- Inferência sobre os coeficientes do modelo:
  - Cálculo do nível de significância: $\alpha = 1 - NC/100$
  - Cálculo da probabilidade acumulada: $\phi = 1 - \alpha/2$
  - Cálculo do valor crítico da distribuição t de Student:

    Escreva o comando **=INVT(α; G_L^R)** em uma célula do EXCEL
  - Cálculos das estatísticas dos coeficientes c_j: $t_{Estat}|_{cj} = c_j/E_{cj}$, para $j = 1, 2, ..., N$
  - **Teste de hipótese:**

    Se $t_{Estat}|_{cj} > t$, o coeficiente c_j é significativo. Caso contrário, deve-se descartar o coeficiente c_j, pois não é estatisticamente significativo.
  - Cálculo da distribuição t de Student para cada coeficiente, **valor-p**$|_{cj}$:

    Escreva o comando **=DISTT($t_{Estat}|_{cj}$; G_L^R; 2)** em uma célula do EXCEL

Tabela 6.5 – Roteiro de cálculo para a regressão linear múltipla - Origem

- **Teste de hipótese:**

  Se **valor-p**$|_{cj}$ < α, o coeficiente c_j é significativo. Caso contrário, deve-se descartar o coeficiente c_j, pois não é estatisticamente significativo.

▶ Inferência sobre o modelo:

- Cálculo do valor crítico da distribuição *F*:
- Escreva o comando **=INVF(**α**;** G_L^{Re}**;** G_L^{R}**)** em uma célula do EXCEL
- Cálculo da estatística de teste de hipótese: $F_{Estat} = M_{Re}/M_R$
- **Teste de hipótese:**

  Se $F_{Estat} > F$, o modelo proposto é estatisticamente significativo. Caso contrário, deve-se descartar o modelo proposto.

- Cálculo da distribuição *F*, **valor-p =** $F_{significância}$:

  Escreva o comando **=DISTF(**F_{Estat}**;** G_L^{Re}**;** G_L^{R}**)** em uma célula do EXCEL

- Teste de hipótese:

  Se $F_{significância} < \alpha$, o modelo proposto é significativo. Caso contrário, deve-se descartar o modelo proposto, pois não existe relação entre a variável dependente e as variáveis independentes.

▶ Intervalos de confiança para os coeficientes: $c_i \pm tE_{ci}$ para $i = 1, 2, 3, ..., N$

Exemplo 6.6

O modelo de Margules três sufixos para a energia livre de Gibbs em excesso adimensional é $\dfrac{G^E}{RTx_1x_2} = A_{21}x_1 + A_{12}x_2$. Determine os parâmetros binários A_{21} e A_{12} do sistema metanol(1)-água(2), a partir dos dados experimentais isotérmicos (T = 333,15 K) reportados por SMITH et al. (2007).

Tabela 6.6 – Valores de Equilíbrio líquido-vapor do metanol(1)-água(2)

i	*P (kPa)*	x_1	y_1	*i*	*P (kPa)*	x_1	y_1
1	19,953	0	0	7	60,614	0,5282	0,8085
2	39,223	0,1686	0,5714	8	63,998	0,6044	0,8383
3	42,984	0,2167	0,6268	9	67,924	0,6804	0,8733
4	48,852	0,3039	0,6943	10	70,229	0,7255	0,8922

Tabela 6.6 – Valores de Equilíbrio líquido-vapor do metanol(1)-água(2)

i	P (kPa)	x_1	y_1	i	P (kPa)	x_1	y_1
5	52,784	0,3681	0,7345	11	72,832	0,7776	0,9141
6	56,652	0,4461	0,7742	12	84,562	1	1

Solução Preliminar: Resumo da Equação de Margules Três Sufixos:

O resumo do modelo de Margules três sufixos é apresentado na Tabela 6.7.

Tabela 6.7 – Resumo da equação de Margules três sufixos

- Energia livre de Gibbs em excesso adimensional: $\frac{G^E}{RT} = x_1 x_2 \left[A + B \ \ x_1 - x_2) \right]$
- Forma alternativa: $\frac{G^E}{RTx_1x_2} = A_{21}x_1 + A_{12}x_2$
- Coeficiente de atividade do componente 1: $\ln \gamma_1 = \ \ A + 3B) x_2^2 - 4Bx_2^3$
- Coeficiente de atividade do componente 2: $\ln \gamma_2 = (A - 3B) x_1^2 + 4Bx_1^3$
- Relação entre os parâmetros: $A_{21} = A + B$ e $A_{12} = A - B$.

Cálculos dos coeficientes de atividade das espécies – Lei de Raoult modificada

Para sistemas de baixas pressões, a fase vapor pode ser considerada ideal. Portanto, o critério de equilíbrio entre fases para a regra de Lewis-Randall é dado por:

$$y_i P = x_i \gamma_i P_i^{sat} \tag{6.16}$$

em que y_i e x_i são, respectivamente, as frações molares do componente i na fase vapor e na fase líquida. P_i^{sat} e γ_i são, respectivamente, a pressão de vapor e o coeficiente de atividade da espécie i.

Escrevendo a Equação (6.16) explícita no coeficiente de atividade da espécie *i*,

$$\gamma_i = \frac{y_i P}{x_i P_i^{sat}} \tag{6.17}$$

Conforme a Tabela 6.6, para a temperatura de 333,15 K, as pressões de vapor das espécies são: P_1^{sat} = 84,562 kPa e P_2^{sat} = 19,953 kPa.

1. Formulação matemática para a obtenção dos valores de G^E/RT:

Os logaritmos dos coeficientes de atividade (γi) são propriedades parciais molares em relação à energia livre de Gibbs adimensional. Assim:

$$\ln \gamma_i = \left[\frac{\partial \left(n G^E / RT \right.}{\partial n_i} \right]_{T,P,n_j}$$

A integração, para uma mistura binária, usando o teorema de Euler de funções homogêneas, é dada por:

$$\frac{G^E}{RT} = x_1 \ln \gamma_1 + x_2 \ln \gamma_2$$

Dividindo ambos os membros por $x_1 x_2$ e sabendo que $x_2 = 1 - x_1$, obtém-se:

$$\frac{G^E}{RTx_1x_2} = \frac{\ln \gamma_1}{x_2} + \frac{\ln \gamma_2}{x_1} = \frac{\ln \gamma_1}{\left(1 - x_1\right.} + \frac{\ln \gamma_2}{x_1}$$

Definindo os valores independente do experimento como sendo $h_i = \frac{G^E}{RTx_1x_2}$, tem-se que:

$$h_i = \frac{\ln \gamma_1}{x_2} + \frac{\ln \gamma_2}{x_1} = \frac{\ln \gamma_1}{\left(1 - x_1\right.} + \frac{\ln \gamma_2}{x_1}$$

Os valores numéricos das propriedades da fase líquida γ_1, γ_2, ln γ_1, ln γ_2, $G^E/(RT)$ e $G^E/(RTx_1x_2)$ são apresentados na Tabela 6.8.

Tabela 6.8 – Valores calculados usando a lei de Raoult modificada

x_1	γ_1	γ_2	ln γ_1	ln γ_2	$G^E/(RT)$	h_i
0,1686	1,57198438	1,013386	0,4523388	0,01329686	0,0873193	0,6229350
0,2167	1,47028545	1,026389	0,3854566	0,02604715	0,1039312	0,6122923
0,3039	1,31984693	1,075222	0,2775158	0,07252671	0,1348229	0,6373255
0,3681	1,24552668	1,111502	0,2195585	0,10571229	0,1476191	0,6346413
0,4461	1,16268199	1,157443	0,1507294	0,14621327	0,1482279	0,5998828

Tabela 6.8 – Valores calculados usando a lei de Raoult modificada

x_1	γ_1	γ_2	$\ln \gamma_1$	$\ln \gamma_2$	$G^E/(RT)$	h_i
0,5282	1,09718365	1,233036	0,0927466	0,20947902	0,1478209	0,5931706
0,6044	1,04970234	1,311028	0,0485066	0,27081149	0,1364504	0,5706820
0,6804	1,03097269	1,349537	0,0305027	0,29976180	0,1165579	0,5360073
0,7255	1,02132989	1,382244	0,0211056	0,32370822	0,1041700	0,5230738
0,7776	1,01247532	1,409848	0,0123981	0,34348218	0,0860312	0,4974680

2. Formulação para múltipla regressão linear

O modelo de atividade adimensional pode ser escrito por:

$$g_i = A_{21}x_1 + A_{12}x_2 = c_1 z_{i1} + c_2 z_{i2}$$

sendo que $z_{i1} = x_1$, $z_{i2} = x_2$. Os parâmetros binários são: $A_{21} = c_1$ e $A_{12} = c_2$

3. Roteiro de Cálculo da Tabela 6.5

- Entrada de dados: $m = 10$
- Número de variáveis independentes: $N = 2$
- Grau de confiança em %: $NC = 95$ %

4. Entrada da matriz Z e valores experimentais de h

i	h_i	$z_{i1} = x_1$	$z_{i2} = x_2$
1	0,62293505	0,1686	0,8314
2	0,61229227	0,2167	0,7833
3	0,63732549	0,3039	0,6961
4	0,63464126	0,3681	0,6319
5	0,59988279	0,4461	0,5539
6	0,59317063	0,5282	0,4718
7	0,57068204	0,6044	0,3956
8	0,53600731	0,6804	0,3196
9	0,52307377	0,7255	0,2745
10	0,49746797	0,7776	0,2224

5. Cálculo da multiplicação entre as matrizes $\mathbf{Z}^T$ e $\mathbf{Z}$: $\mathbf{Z}^T\mathbf{Z} = \begin{bmatrix} \sum_{i=1}^{m} z_{i1}^2 & \sum_{i=1}^{m} z_{i2}z_{i1} \\ \sum_{i=1}^{m} z_{i1}z_{i2} & \sum_{i=1}^{m} z_{i2}^2 \end{bmatrix}$

$$\sum_{i=1}^{m} z_{i1}^2 = 2{,}74049365,\ \sum_{i=1}^{m} z_{i1}z_{i2} = 2{,}07900635,\ \sum_{i=1}^{m} z_{i2}^2 = 3{,}10149365$$

Portanto, a matriz é dada por: $\mathbf{Z}^T\mathbf{Z} = \begin{bmatrix} 2{,}74049365 & 2{,}07900635 \\ 2{,}07900635 & 3{,}10149365 \end{bmatrix}$

6. Multiplicação entre as matrizes $\mathbf{Z}^T$ e $\mathbf{h}$: $\boldsymbol{\beta} = \mathbf{Z}^T\mathbf{h} = \begin{bmatrix} \sum_{i=1}^{m} h_i z_{i1} \\ \sum_{i=1}^{m} h_i z_{i2} \end{bmatrix}$

$$\sum_{i=1}^{m} h_i z_{i1} = 2{,}721866405,\ \sum_{i=1}^{m} h_i z_{i2} = 3{,}105612181$$

Portanto, a matriz é dada por: $\boldsymbol{\beta} = \mathbf{Z}^T\mathbf{H} = \begin{bmatrix} 2{,}721866405 \\ 3{,}105612181 \end{bmatrix}$

7. Cálculo da matriz inversa $\mathbf{B} = [\mathbf{Z}^T\mathbf{Z}]^{-1}$: O procedimento para inversão matricial descrito no Anexo A fornece:

$$\mathbf{B} = \left(\mathbf{Z}^T\mathbf{Z}\right)^{-1} = \begin{bmatrix} 0{,}742453711 & -0{,}497684714 \\ -0{,}497684714 & 0{,}656035417 \end{bmatrix}$$

8. Cálculos dos coeficientes: $\mathbf{B} \rightarrow (2\times2)$ e $\boldsymbol{\beta} \rightarrow (2\times1)$; logo, $\mathbf{C} = \mathbf{B}\boldsymbol{\beta} = \begin{bmatrix} c_0 \\ c_1 \end{bmatrix}$.

$$\mathbf{C} = \begin{bmatrix} 0{,}742453711 & -0{,}497684714 \\ -0{,}497684714 & 0{,}656035417 \end{bmatrix} \begin{bmatrix} 2{,}721866405 \\ 3{,}105612181 \end{bmatrix} = \begin{bmatrix} 0{,}475244104 \\ 0{,}682760279 \end{bmatrix}$$

9. Qualidade do Ajuste:

$g_i = c_1 z_{i1} + c_2 z_{i2}$	$\varepsilon_i = y_i - g_i$	$(S_R)_i = \varepsilon_i^2$	$S_{Ti} = y_i^2$	$S_{Rei} = g_i^2$
0,64777305	-0,02483800	0,000616926	0,388048075	0,419609927
0,63779152	-0,02549925	0,000650212	0,374901825	0,406778028
0,61969611	0,017629376	0,000310795	0,406183779	0,384023273
0,60637358	0,028267683	0,000799062	0,402769527	0,367688913
0,59018731	0,009695481	9,40023E-05	0,359859367	0,348321065
0,57315024	0,020020394	0,000400816	0,351851396	0,328501192
0,55733750	0,013344533	0,000178077	0,325677986	0,310625092
0,54156627	-0,00555896	3,0902E-05	0,287303841	0,293294029
0,53220729	-0,00913352	8,34212E-05	0,273606171	0,283244604
0,52139570	-0,02392773	0,000572536	0,247474385	0,271853477

- Cálculo da soma dos resíduos: $\varepsilon = \sum_{i=1}^{m} (y_i - g_i) = 1{,}88738\text{E-}15$
- Cálculo da soma quadrática dos resíduos: $S_R = \sum_{i=1}^{m} y_i - g_i)^2 = 0{,}00373675$
- Calcular a soma quadrática total: $S_T = \sum_{i=1}^{m} y_i^2 = 3{,}41767635$
- Calcular a soma quadrática do modelo: $S_{\text{Re}} = \sum_{i=1}^{m} g_i^2 = 3{,}413939601$
- Graus de liberdade dos resíduos: $G_L^R = 10 - 2 = 8$
- Graus de liberdade da regressão: $G_L^{Re} = 2$
- Graus de liberdade total: $G_L^T = 10$
- Média quadrática residual: $M_R = S_R/G_L^R = 0{,}00046709$
- Média quadrática devido à regressão: $M_{Re} = S_{Re}/G_L^{\text{Re}} = 1{,}7069698$
- Coeficiente de determinação: $R^2 = 1 - S_R/S_T = 0{,}99890664$
- Coeficiente de determinação ajustado: $R^2_{aj} = 1 - (S_R/S_T)(G_L^T/G_L^R) = 0{,}9986333$
- Variância populacional: $s^2 = M_R = 0{,}00046709$
- Desvio padrão populacional: $s = \sqrt{M_R} = 0{,}021612331$
- Matriz de covariância $\mathbf{V} = \mathbf{B}s^2$

$$\mathbf{V} = \begin{bmatrix} V_{11} = B_{11}s^2 & V_{12} = B_{12}s^2 \\ V_{21} = B_{21}s^2 & V_{22} = B_{22}s^2 \end{bmatrix} = \begin{bmatrix} 0{,}000346795 & -0{,}000232465 \\ -0{,}000232465 & 0{,}00030643 \end{bmatrix}$$

As variâncias e covariância são:

- Variância de c_1: Var(c_1) =0,0003468
- Variância de c_2: Var(c_2) =0,00030643
- Covariância entre c_1 e c_2: Cov(c_1, c_2) = -0,00023247

▶ Erro padrão do coeficiente c_1: $E_{c1} = \sqrt{\text{Var } c_1)} = 0{,}018622445$

▶ Erro padrão do coeficiente c_2: $E_{c2} = \sqrt{\text{Var}(c_2)} = 0{,}017505142$

▶ Inferência sobre os coeficientes do modelo:

- Cálculo do nível de significância: $\alpha = 1 - NC/100 = 0{,}05$
- Cálculo da probabilidade acumulada: $\phi = 1 - \alpha/2 = 0{,}975$

PRIMEIRO TESTE DE HIPÓTESE

- Cálculo do valor crítico da distribuição t de Student:

  t = INVT(α; G_L^R) → t = INVT(0,05; 8) → t = 2,306004133

Observação: Esse resultado indica que existe 97,5% de probabilidade acumulada que uma variável aleatória V, com grau de liberdade igual a oito, seja menor que o valor crítico da distribuição t igual a 2,306004; $P(V < 2{,}306004) = 0{,}975$

- Cálculo da probabilidade acumulada: $\phi = 1 - \alpha/2 = 0{,}975$
- Cálculo da estatística t para c_1: $t_{Estat}|_{c1} = c_1/E_{c1}$ = 25,5199631
- Cálculo da estatística t para c_2: $t_{Estat}|_{c2} = c_2/E_{c2}$ = 39,00341198
- Teste de hipótese para c_1:

  ($t_{Estat}|_{c1} > t$)? ⟶ (25,5199631 > 2,306004133)? Sim; então, o coeficiente c_1 é estatisticamente significativo.

- Cálculo da probabilidade acumulada: $\phi = 1 - \alpha/2 = 0{,}975$
- Teste de hipótese para c_2:

  ($t_{Estat}|_{c2} > t$)? ⟶ (39,00341198 > 2,306004133)? Sim; então, o coeficiente c_2 é estatisticamente significativo.

SEGUNDO TESTE DE HIPÓTESE:

- Cálculo da distribuição t de Student para o coeficiente c_1, valor-p$|_{c1}$:

  valor-p$|_{c1}$ = DISTT($t_{Estat}|_{c1}$; G_L^R; 2) ⟶ valor-p$|_{c1}$ = 5,95782E-09

- Cálculo da distribuição t de Student para o coeficiente c_2, valor-p$|_{c2}$:

  valor-p$|_{c2}$ = DISTT($t_{Estat}|_{c2}$; G_L^R; 2) ⟶ valor-p$|_{c2}$ = 2,05209E-10

- Teste de hipótese para c_1:

  (valor-p$|_{c1}$ < α)? ⟶ (5,95782E-09 < 0,05)? Sim; então, o coeficiente c_1 é estatisticamente significativo.

- Teste de hipótese para c_2:

  (valor-p$|_{c2}$ < α)? ⟶ (2,05209E-10 < 0,05)? Sim; então, o coeficiente c_2 é estatisticamente significativo.

▶ Inferência sobre o modelo:

PRIMEIRO TESTE DE HIPÓTESE

- Cálculo da estatística de teste de hipótese F_{Estat}: $F_{Estat} = M_{Re}/M_R$ = 3654,44836
- Cálculo do valor crítico da distribuição F:

  F = INVF(α; G_L^{Re}; G_L^R) ⟶ F = INVF(0,05; 2; 8) ⟶ F = 4,458970108

- Teste de hipótese:

  ($F_{Estat} > F$)? = (3654,44836 > 4,458970108)? Sim; então, o modelo proposto é estatisticamente significativo.

SEGUNDO TESTE DE HIPÓTESE

- Cálculo da distribuição F, valor-p = $F_{significância}$:

  $F_{significância}$ = DISTF(F_{Estat}; G_L^{Re}; G_L^R) ⟶ $F_{significância}$ = 1,42907E-12

- Teste de hipótese:

  ($F_{significância}$ < α)? = (1,42907E-12 < 0,05)? Sim; então, o modelo proposto é estatisticamente significativo.

▶ Intervalo de confiança para o coeficiente c_1: $\Delta_{c1} = tE_{c1}$ = 0,042943435

Limite inferior: $c_1 - \Delta_{c1}$ = 0,432300669

Central: c_1 = 0,475244104

Limite superior: $c_1 + \Delta_{c1} = 0{,}518187538$

- Intervalo de confiança para o coeficiente c_2: $\Delta_{c2} = tE_{c2} = 0{,}040366931$

Limite inferior: $c_2 - \Delta_{c2} = 0{,}642393349$

Central: $c_2 = 0{,}682760279$

Limite superior: $c_2 + \Delta_{c2} = 0{,}72312721$

Os parâmetros binários A_{12} e A_{21} do sistema metanol(1)-água(2) são dados por:

- Parâmetro binário: $A_{12} = c_2 = 0{,}682760279$
- Parâmetro binário: $A_{21} = c_1 = 0{,}475244104$

A comparação entre os valores calculados e os reportados por Smith et al. (2007) é apresentada na Tabela 6.9

Tabela 6.9 – Parâmetros binários da equação de Margules três sufixos

	Smith et al. (2007)	Calculado
A_{12}	0,683	0,68276
A_{21}	0,475	0,47524

Exemplo 6.7

O modelo de van Laar para a energia livre de Gibbs em excesso adimensional é $\frac{G^E}{RT} = \frac{ABx_1x_2}{Ax_1 + Bx_2}$, sendo A e B parâmetros de interação binários e x_i a fração molar do componente i. Determine os parâmetros A e B a partir dos dados ELV apresentados na Tabela 6.6.

Solução Preliminar: O resumo é apresentado na Tabela 6.10.

Tabela 6.10 – Resumo da formulação para a equação de van Laar

Cálculo do coeficiente de atividade experimental do componente *i*: $\gamma_i = \frac{y_i P}{x_i P_i^{sat}}$
Energia livre de Gibbs em excesso adimensional: $g_i = \frac{x_1}{B} + \frac{x_2}{A} = c_1 z_{i1} + c_2 z_{i2}$

Tabela 6.10 – Resumo da formulação para a equação de van Laar

Valores experimentais linearizados: $\dfrac{RTx_1x_2}{G^E} = \dfrac{x_1x_2}{x_1 \ln\gamma_1 + x_2 \ln\gamma_2}$
Pressões de vapor dos componentes: P_1^{sat} = 84,562 kPa e P_2^{sat} = 19,953 kPa.

Os valores numéricos das propriedades da fase líquida γ_1, γ_2, $\ln\gamma_1$, $\ln\gamma_2$, G^E/RT e $G^E/(RTx_1x_2)$ são apresentados na Tabela 6.11. Observe que somente os valores da última coluna são diferentes dos mostrados na Tabela 6.8.

Tabela 6.11 – Valores calculados usando a lei de Raoult modificada

x_1	γ_1	γ_2	$\ln\gamma_1$	$\ln\gamma_2$	G^E/RT	RTx_1x_2/G^E
0,1686	1,57198438	1,013386	0,4523388	0,01329686	0,0873193	1,6053038
0,2167	1,47028545	1,026389	0,3854566	0,02604715	0,1039312	1,6332070
0,3039	1,31984693	1,075222	0,2775158	0,07252671	0,1348229	1,5690570
0,3681	1,24552668	1,111502	0,2195585	0,10571229	0,1476191	1,5756933
0,4461	1,16268199	1,157443	0,1507294	0,14621327	0,1482279	1,6669923
0,5282	1,09718365	1,233036	0,0927466	0,20947902	0,1478209	1,6858556
0,6044	1,04970234	1,311028	0,0485066	0,27081149	0,1364504	1,7522893
0,6804	1,03097269	1,349537	0,0305027	0,29976180	0,1165579	1,8656462
0,7255	1,02132989	1,382244	0,0211056	0,32370822	0,1041700	1,9117762
0,7776	1,01247532	1,409848	0,0123981	0,34348218	0,0860312	2,0101797

Formulação para múltipla regressão linear:

O modelo de atividade adimensional pode ser escrito por:

$$g_i = c_1x_1 + c_2x_2 = c_1z_{i1} + c_2z_{i2}$$

em que $z_{i1} = x_1$, $z_{i2} = x_2$ e $h_i = \dfrac{RTx_1x_2}{G^E} = \dfrac{x_1x_2}{x_1 \ln\gamma_1 + x_2 \ln\gamma_2}$. Os valores experimentais dependentes foram denominados de h_i para não ocasionar confusão com a denominação da fração molar da espécie 1 e 2.

Roteiro de Cálculo da Tabela 6.5

1. Entrada de dados: $m = 10$
2. Número de variáveis independentes: $N = 2$
3. Grau de confiança em %: $NC = 95$ %
4. Entrada da matriz Z e dos valores de h:

i	h_i	$z_{i1} = x_1$	$z_{i2} = x_2$
1	1,6053038	0,1686	0,8314
2	1,63320696	0,2167	0,7833
3	1,56905697	0,3039	0,6961
4	1,57569333	0,3681	0,6319
5	1,6669923	0,4461	0,5539
6	1,68585555	0,5282	0,4718
7	1,75228926	0,6044	0,3956
8	1,86564618	0,6804	0,3196
9	1,91177622	0,7255	0,2745
10	2,01017966	0,7776	0,2224

Os dados de z_{i1} e z_{i2} são idênticos aos reportados no Exemplo 6.6. Portanto, as matrizes **Z**, $\mathbf{Z}^T\mathbf{Z}$, $\mathbf{B} = [\mathbf{Z}^T\mathbf{Z}]^{-1}$ são iguais. Assim:

$$\mathbf{Z}^T\mathbf{Z} = \begin{bmatrix} 2{,}74049365 & 2{,}07900635 \\ 2{,}07900635 & 3{,}10149365 \end{bmatrix}$$

e

$$\mathbf{B} = \left(\mathbf{Z}^T\mathbf{Z}\right)^{-1} = \begin{bmatrix} 0{,}742453711 & -0{,}497684714 \\ -0{,}497684714 & 0{,}656035417 \end{bmatrix}$$

5. Cálculo da multiplicação entre as matrizes $\boldsymbol{\beta} = \mathbf{Z}^T\mathbf{H} = \begin{bmatrix} \sum_{i=1}^{m} h_i z_{i1} \\ \sum_{i=1}^{m} h_i z_{i2} \end{bmatrix}$

$$\sum_{i=1}^{m} h_i z_{i1} = 8{,}594112108 \text{ e } \sum_{i=1}^{m} h_i z_{i2} = 8{,}68188813$$

Portanto, a matriz é dada por: $\boldsymbol{\beta} = \mathbf{Z}^T\mathbf{H} = \begin{bmatrix} 8{,}594112108 \\ 8{,}68188813 \end{bmatrix}$

6. Cálculos dos coeficientes: $\mathbf{C} = \mathbf{B}\boldsymbol{\beta} = \begin{bmatrix} c_1 \\ c_2 \end{bmatrix}$

$$\mathbf{C} = \begin{bmatrix} 0{,}742453711 & -0{,}497684714 \\ -0{,}497684714 & 0{,}656035417 \end{bmatrix} \begin{bmatrix} 8{,}594112108 \\ 8{,}68188813 \end{bmatrix} = \begin{bmatrix} 2{,}059887418 \\ 1{,}418467876 \end{bmatrix}$$

7. Qualidade do Ajuste:

$g_i = c_1 z_{i1} + c_2 z_{i2}$	$\varepsilon_i = y_i - g_i$	$(S_R)_i = \varepsilon_i^2$	$S_{Ti} = y_i^2$	$S_{Rei} = g_i^2$
1,52661121	0,078692587	0,006192523	2,577000282	2,330541788
1,55746349	0,075743473	0,005737074	2,667364984	2,425692524
1,61339527	-0,04433831	0,001965885	2,46193977	2,603044312
1,65457441	-0,07888107	0,006222224	2,482809483	2,737616475
1,70460513	-0,03761283	0,001414725	2,778863335	2,90567866
1,75726568	-0,07141012	0,005099406	2,842108949	3,087982662
1,80614185	-0,05385259	0,002900101	3,070517639	3,262148371
1,85488973	0,010756452	0,000115701	3,480635683	3,440615918
1,88381775	0,027958469	0,000781676	3,654888324	3,548769328
1,91723571	0,092943945	0,008638577	4,040822252	3,675792773

- Cálculo da soma dos resíduos: $\varepsilon = \sum_{i=1}^{m} (y_i - g_i) = 1{,}77636\text{E-}15$
- Cálculo da soma quadrática dos resíduos: $S_R = \sum_{i=1}^{m} y_i - g_i)^2 = 0{,}039067893$
- Cálculo da soma quadrática total: $S_T = \sum_{i=1}^{m} y_i^2 = 30{,}0569507$

▶ Cálculo da soma quadrática do modelo: $S_{\text{Re}} = \sum_{i=1}^{m} g_i^2 = 30{,}01788281$

▶ Graus de liberdade dos resíduos: $G_L^R = 10 - 2 = 8$

▶ Graus de liberdade da regressão: $G_L^{Re} = 2$

▶ Graus de liberdade total: $G_L^T = 10$

▶ Coeficiente de determinação: $R^2 = 1 - S_R/S_T = 0{,}998700204$

▶ Coeficiente de correlação ajustado: $R^2_{aj} = 1 - (S_R/S_T)(G_L^T/G_L^R) = 0{,}998375255$

▶ Média quadrática residual: $M_R = S_R/G_L^R = 0{,}00488349$

▶ Média quadrática devido à regressão: $M_{Re} = S_{Re}/G_L^{Re} = 15{,}0089414$

▶ Variância populacional: $s^2 = M_R = 0{,}004883$

▶ Matriz de covariância $\mathbf{V} = \mathbf{B}s^2$

$$\mathbf{V} = \begin{bmatrix} V_{11} = B_{11}s^2 & V_{12} = B_{12}s^2 \\ V_{21} = B_{21}s^2 & V_{22} = B_{22}s^2 \end{bmatrix} = \begin{bmatrix} 0{,}003625763 & -0{,}002430437 \\ -0{,}002430437 & 0{,}00320374 \end{bmatrix}$$

As variâncias e covariâncias são:

- Variância do coeficiente c_1: $\text{Var}(c_1) = 0{,}003625763$
- Variância do coeficiente c_2: $\text{Var}(c_2) = 0{,}00320374$
- Covariância entre os coeficientes c_1 e c_2: $\text{Cov}(c_1, c_2) = -0{,}00243044$

▶ Erro padrão do coeficiente c_1: $E_{c1} = \sqrt{\text{Var}(c_1)} = 0{,}060214307$

▶ Erro padrão do coeficiente c_2: $E_{c2} = \sqrt{\text{Var}(c_2)} = 0{,}056601592$

▶ Inferência sobre os coeficientes do modelo:

- Cálculo do nível de significância: $\alpha = 1 - NC/100 = 0{,}05$
- Cálculo da probabilidade acumulada: $\phi = 1 - \alpha/2 = 0{,}975$

PRIMEIRO TESTE DE HIPÓTESE

- Cálculo do valor crítico da distribuição t de Student:

  $t = \text{INVT}(\alpha;\, G_L^R) \longrightarrow t = \text{INVT}(0{,}05;\, 8) \longrightarrow t = 2{,}306004$

Observação: Esse resultado indica que existe 97,5% de probabilidade acumulada que uma variável aleatória *V*, com grau de liberdade igual a oito, seja menor que o valor crítico da distribuição *t* igual a 2,306004; $P(V < 2{,}306004) = 0{,}975$

- Cálculo da estatística *t* para c_1: $t_{Estat}|_{c1} = c_1/E_{c1} = 34{,}209269$
- Cálculo da estatística *t* para c_2: $t_{Estat}|_{c2} = c_2/E_{c2} = 25{,}06056521$
- Teste de hipótese para c_1:

  $(t_{Estat}|_{c1} > t)? \longrightarrow (34{,}209269 > 2{,}306004133)?$ Sim; então, o coeficiente c_1 é estatisticamente significativo.

- Teste de hipótese para c_2:

  $(t_{Estat}|_{c2} > t)? \rightarrow (25{,}06056521 > 2{,}306004133)?$ Sim; então, o coeficiente c_2 é estatisticamente significativo.

SEGUNDO TESTE DE HIPÓTESE:

- Cálculo da distribuição *t* de Student para o coeficiente c_1, valor-p$|_{c1}$:

  valor-p$|_{c1}$ = DISTT($t_{Estat}/_{c1}$; $G_L{}^R$; 2) $\longrightarrow$ valor-p$|_{c1}$ = 5,8266E-10

- Cálculo da distribuição *t* de Student para o coeficiente c_2, valor-p$|_{c2}$:

  valor-p$|_{c2}$ = DISTT($t_{Estat}/_{c2}$; $G_L{}^R$; 2) $\longrightarrow$ valor-p$|_{c2}$ = 6,87859E-09

- Teste de hipótese para c_1:

  (valor-p$|_{c1} < \alpha$)? $\longrightarrow$ (5,8266E-10 < 0,05)? Sim; então, o coeficiente c_1 é estatisticamente significativo.

- Teste de hipótese para c_2:

  (valor-p$|_{c2} < \alpha$)? $\longrightarrow$ (6,87859E-09 < 0,05)? Sim; então, o coeficiente c_2 é estatisticamente significativo.

▶ Inferência sobre o modelo:

PRIMEIRO TESTE DE HIPÓTESE

- Cálculo da estatística de teste de hipótese F_{Estat}: $F_{Estat} = M_{Re}/M_R = 3073{,}4069$
- Cálculo do valor crítico da distribuição *F*:

  F = INVF(α; $G_L{}^{Re}$; $G_L{}^R$) $\longrightarrow$ F = INVF(0,05; 2; 8) $\longrightarrow$ $F = 4{,}458970108$

- Teste de hipótese:

  $(F_{Estat} > F)$? = (3073,4069 > 4,458970108)? Sim; então, o modelo proposto é estatisticamente significativo.

SEGUNDO TESTE DE HIPÓTESE

- Cálculo da distribuição F, valor-p = $F_{significância}$:

  $F_{significância}$ = DISTF(F_{Estat}; G_L^{Re}; G_L^{R}) ⟶ $F_{significância}$ = 2,8543E-12

- Teste de hipótese:

  $(F_{significância} < \alpha)$? = (2,8543E-12 < 0,05)? Sim; então, o modelo proposto é estatisticamente significativo.

▶ Intervalo de confiança para o coeficiente c_1: $\Delta_{c1} = tE_{c1}$ = 0,13885444

Limite inferior: $c_1 - \Delta_{c1}$ = 1,921032977

Central: c_1 = 2,059887418

Limite superior: $c_1 + \Delta_{c1}$ = 2,198741858

▶ Intervalo de confiança para o coeficiente c_2: $\Delta_{c2} = tE_{c2}$ = 0,130523504

Limite inferior: $c_2 - \Delta_{c2}$ = 1,287944372

Central: c_2 = 1,418467876

Limite superior: $c_2 + \Delta_{c2}$ = 1,54899138

▶ Os parâmetros binários são dados por:

- Parâmetro A: $A = 1/c_2$ = 0,704986
- Parâmetro B: $B = 1/c_1$ = 0,48546342

A comparação entre os valores calculados e os reportados por Smith et al. (2007) é apresentada na Tabela 6.12.

Tabela 6.12 – Parâmetros binários da equação de van Laar

	Smith et al. (2007)	Calculado
$A = A_{12}$	0,705	0,70499
$B = A_{21}$	0,485	0,48546

REGRESSÃO LINEAR MÚLTIPLA - CONSTANTE DIFERENTE DE ZERO

Um modelo linear múltiplo com constante diferente de zero com N variáveis independentes é representado por:

$$\begin{aligned} g_i &= c_0 + c_1 x_i + c_2 x_i^2 + \cdots + c_N x_i^N \\ &= c_0 + c_1 z_{i1} + c_2 z_{i2} + \cdots + c_N z_{iN} \end{aligned} \quad (6.18)$$

Os dados experimentais y_i são representados por:

$$\begin{aligned} y_i &= g_i + \varepsilon_i \\ &= c_0 + c_1 z_{i1} + c_2 z_{i2} + \cdots + c_N z_{iN} + \varepsilon_i \end{aligned} \quad (6.19)$$

sendo que ε_i é o resíduo do ponto experimental i.

Escrevendo a Equação (6.19) para cada ponto experimental,

$$\begin{aligned} y_1 &= c_0 + c_1 z_{11} + c_2 z_{12} + \cdots + c_N z_{1N} + \varepsilon_1 \\ y_2 &= c_0 + c_1 z_{21} + c_2 z_{22} + \cdots + c_N z_{2N} + \varepsilon_2 \\ y_3 &= c_0 + c_1 z_{31} + c_2 z_{32} + \cdots + c_N z_{3N} + \varepsilon_3 \\ &\vdots \\ y_m &= c_0 + c_1 z_{m1} + c_2 z_{m2} + \cdots + c_N z_{mN} + \varepsilon_m \end{aligned} \quad (6.20)$$

Na forma matricial,

$$\begin{bmatrix} 1 & z_{11} & z_{12} & \cdots & z_{1N} \\ 1 & z_{21} & z_{22} & \cdots & z_{2N} \\ 1 & z_{31} & z_{32} & \cdots & z_{3N} \\ \vdots & \vdots & \vdots & \ddots & \vdots \\ 1 & z_{m1} & z_{m2} & \cdots & z_{mN} \end{bmatrix} \begin{bmatrix} c_0 \\ c_1 \\ c_2 \\ \vdots \\ c_N \end{bmatrix} + \begin{bmatrix} \varepsilon_1 \\ \varepsilon_2 \\ \varepsilon_3 \\ \vdots \\ \varepsilon_m \end{bmatrix} = \begin{bmatrix} y_1 \\ y_2 \\ y_3 \\ \vdots \\ y_m \end{bmatrix} \quad (6.21)$$

Em uma forma compacta,

$$\mathbf{y} = \mathbf{Zc} + \boldsymbol{\varepsilon} \quad (6.22)$$

$$\text{sendo } \mathbf{y} = \begin{bmatrix} y_1 \\ y_2 \\ y_3 \\ \vdots \\ y_m \end{bmatrix}, \ \mathbf{Z} = \begin{bmatrix} 1 & z_{11} & z_{12} & \cdots & z_{1N} \\ 1 & z_{21} & z_{22} & \cdots & z_{2N} \\ 1 & z_{31} & z_{32} & \cdots & z_{3N} \\ \vdots & \vdots & \vdots & \ddots & \vdots \\ 1 & z_{m1} & z_{m2} & \cdots & z_{mN} \end{bmatrix}, \ \mathbf{c} = \begin{bmatrix} c_0 \\ c_1 \\ c_2 \\ \vdots \\ c_N \end{bmatrix} \text{ e } \boldsymbol{\varepsilon} = \begin{bmatrix} \varepsilon_1 \\ \varepsilon_2 \\ \varepsilon_3 \\ \vdots \\ \varepsilon_m \end{bmatrix}$$

O resumo das relações matemáticas é apresentado na Tabela 6.13.

Tabela 6.13 – Resumo das relações para regressão linear múltipla

- Representações dos valores experimentais - forma compacta: $\mathbf{ZC} + \mathbf{E} = \mathbf{Y}$
- Equações normais – Exemplos 6.8 e 6.9:

$$\begin{bmatrix} m & \sum_{i=1}^{m} z_{i1} & \sum_{i=1}^{m} z_{i2} & \cdots & \sum_{i=1}^{m} z_{iN} \\ \sum_{i=1}^{m} z_{i1} & \sum_{i=1}^{m} z_{i1}^2 & \sum_{i=1}^{m} z_{i1} z_{i2} & \cdots & \sum_{i=1}^{m} z_{i1} z_{iN} \\ \sum_{i=1}^{m} z_{i2} & \sum_{i=1}^{m} z_{i2} z_{i1} & \sum_{i=1}^{m} z_{i2}^2 & \cdots & \sum_{i=1}^{m} z_{i2} z_{iN} \\ \vdots & \vdots & \vdots & \ddots & \vdots \\ \sum_{i=1}^{m} z_{iN} & \sum_{i=1}^{m} z_{iN} z_{i1} & \sum_{i=1}^{m} z_{iN} z_{i2} & \cdots & \sum_{i=1}^{m} z_{iN}^2 \end{bmatrix} \begin{bmatrix} c_0 \\ c_1 \\ c_2 \\ \vdots \\ c_N \end{bmatrix} = \begin{bmatrix} \sum_{i=1}^{m} y_i \\ \sum_{i=1}^{m} z_{i1} y_i \\ \sum_{i=1}^{m} z_{i2} y_i \\ \vdots \\ \sum_{i=1}^{m} z_{iN} y_i \end{bmatrix}$$

- Forma compacta: $\mathbf{Z}^T\mathbf{Z}\mathbf{C} = \mathbf{Z}^T\mathbf{Y}$, em que $\mathbf{Z}^\mathrm{T}$ é a matriz transposta de **Z**
- Matriz **B**: $\mathbf{B} = \ \mathbf{Z}^T\mathbf{Z})^{-1}$, em que $(\mathbf{Z}^T\mathbf{Z})^{-1}$ é a matriz inversa de $\mathbf{Z}^\mathrm{T}\mathbf{Z}$
- Matriz de covariância: $\mathbf{V} = \mathbf{B}s^2$, em que s^2 é a variância populacional
- Matriz β: $\boldsymbol{\beta} = \mathbf{Z}^T\mathbf{Y}$;
- Solução do sistema de equações normais: $\mathbf{C} = \mathbf{B}\boldsymbol{\beta}$,

Exemplo 6.8

Mostre que
$$\mathbf{W} = \mathbf{Z}^T\mathbf{Z} = \begin{bmatrix} m & \sum_{i=1}^{m} z_{i1} & \sum_{i=1}^{m} z_{i2} & \cdots & \sum_{i=1}^{m} z_{iN} \\ \sum_{i=1}^{m} z_{i1} & \sum_{i=1}^{m} z_{i1}^2 & \sum_{i=1}^{m} z_{i1}z_{i2} & \cdots & \sum_{i=1}^{m} z_{i1}z_{iN} \\ \sum_{i=1}^{m} z_{i2} & \sum_{i=1}^{m} z_{i2}z_{i1} & \sum_{i=1}^{m} z_{i2}^2 & \cdots & \sum_{i=1}^{m} z_{i2}z_{iN} \\ \vdots & \vdots & \vdots & \ddots & \vdots \\ \sum_{i=1}^{m} z_{iN} & \sum_{i=1}^{m} z_{iN}z_{i1} & \sum_{i=1}^{m} z_{iN}z_{i2} & \cdots & \sum_{i=1}^{m} z_{iN}^2 \end{bmatrix}.$$

Solução: A matriz transposta de **Z** é dada por:

$$\mathbf{Z}^T = \begin{bmatrix} 1 & 1 & 1 & \cdots & 1 \\ z_{11} & z_{21} & z_{31} & \cdots & z_{m1} \\ z_{12} & z_{22} & z_{32} & \cdots & z_{m2} \\ \vdots & \vdots & \vdots & \ddots & \vdots \\ z_{1N} & z_{2N} & z_{3N} & \cdots & z_{mN} \end{bmatrix}$$

O produto $\mathbf{W} = \mathbf{Z}^T\mathbf{Z} \Leftrightarrow \left[(N+1 \times m\right]\left[m \times N+1\right] = \left[N+1 \times N+1\right]$. Assim,

$$\mathbf{W} = \mathbf{Z}^T\mathbf{Z} = \begin{bmatrix} 1 & 1 & 1 & \cdots & 1 \\ z_{11} & z_{21} & z_{31} & \cdots & z_{m1} \\ z_{12} & z_{22} & z_{32} & \cdots & z_{m2} \\ \vdots & \vdots & \vdots & \ddots & \vdots \\ z_{1N} & z_{2N} & z_{3N} & \cdots & z_{mN} \end{bmatrix} \begin{bmatrix} 1 & z_{11} & z_{12} & \cdots & z_{1N} \\ 1 & z_{21} & z_{22} & \cdots & z_{2N} \\ 1 & z_{31} & z_{32} & \cdots & z_{3N} \\ \vdots & \vdots & \vdots & \ddots & \vdots \\ 1 & z_{m1} & z_{m2} & \cdots & z_{mN} \end{bmatrix}$$

Os elementos da matriz **W** são dados por:

LINHA 1

$$w_{11} = 1\times 1 + 1\times 1 + 1\times 1 + \cdots + 1\times 1 = m$$

$$w_{12} = 1\times z_{11} + 1\times z_{21} + 1\times z_{31} + \cdots + 1\times z_{m1} = \sum_{i=1}^{m} z_{i1}$$

$$w_{13} = 1\times z_{12} + 1\times z_{22} + 1\times z_{32} + \cdots + 1\times z_{m2} = \sum_{i=1}^{m} z_{i2}$$

$$w_{1N+1} = 1 \times z_{1N} + 1 \times z_{2N} + 1 \times z_{3N} + \cdots + 1 \times z_{mN} = \sum_{i=1}^{m} z_{iN}$$

LINHA 2

$$w_{21} = z_{11} \times 1 + z_{21} \times 1 + z_{31} \times 1 + \cdots + z_{m1} \times 1 = \sum_{i=1}^{m} z_{i1}$$

$$w_{22} = z_{11} \times z_{11} + z_{21} \times z_{21} + z_{31} \times z_{31} + \cdots + z_{m1} \times z_{m1} = \sum_{i=1}^{m} z_{i1}^2$$

$$w_{23} = z_{11} \times z_{12} + z_{21} \times z_{22} + z_{31} \times z_{32} + \cdots + z_{m1} \times z_{m2} = \sum_{i=1}^{m} z_{i1} z_{i2}$$

$$w_{2N+1} = z_{11} \times z_{1N} + z_{21} \times z_{2N} + z_{31} \times z_{3N} + \cdots + z_{m1} \times z_{mN} = \sum_{i=1}^{m} z_{i1} z_{iN}$$

LINHA 3

$$w_{31} = z_{12} \times 1 + z_{22} \times 1 + z_{32} \times 1 + \cdots + z_{m2} \times 1 = \sum_{i=1}^{m} z_{i2}$$

$$w_{32} = z_{12} \times z_{11} + z_{22} \times z_{21} + z_{32} \times z_{31} + \cdots + z_{m2} \times z_{m1} = \sum_{i=1}^{m} z_{i2} z_{i1}$$

$$w_{33} = z_{12} \times z_{12} + z_{22} \times z_{22} + z_{32} \times z_{32} + \cdots + z_{m2} \times z_{m2} = \sum_{i=1}^{m} z_{i2}^2$$

$$w_{3N+1} = z_{12} \times z_{1N} + z_{22} \times z_{2N} + z_{32} \times z_{3N} + \cdots + z_{m2} \times z_{mN} = \sum_{i=1}^{m} z_{i2} z_{iN}$$

LINHA N+1

$$w_{N+1,1} = z_{1N} \times 1 + z_{2N} \times 1 + z_{3N} \times 1 + \cdots + z_{mN} \times 1 = \sum_{i=1}^{m} z_{iN}$$

$$w_{N+1,2} = z_{1N} \times z_{11} + z_{2N} \times z_{21} + z_{3N} \times z_{31} + \cdots + z_{mN} \times z_{m1} = \sum_{i=1}^{m} z_{iN} z_{i1}$$

$$w_{N+1,3} = z_{1N} z_{12} + z_{2N} z_{22} + z_{3N} z_{32} + \cdots + z_{mN} z_{m2} = \sum_{i=1}^{m} z_{iN} z_{i2}$$

$$w_{N+1,N+1} = z_{1N} \times z_{1N} + z_{2N} \times z_{2N} + z_{3N} \times z_{3N} + \cdots + z_{mN} \times z_{mN} = \sum_{i=1}^{m} z_{iN}^2$$

Escrevendo as linhas da **W** na forma matricial,

$$\mathbf{W}=\mathbf{Z}^T\mathbf{Z}=\begin{bmatrix} m & \sum_{i=1}^{m} z_{i1} & \sum_{i=1}^{m} z_{i2} & \cdots & \sum_{i=1}^{m} z_{iN} \\ \sum_{i=1}^{m} z_{i1} & \sum_{i=1}^{m} z_{i1}^2 & \sum_{i=1}^{m} z_{i1}z_{i2} & \cdots & \sum_{i=1}^{m} z_{i1}z_{iN} \\ \sum_{i=1}^{m} z_{i2} & \sum_{i=1}^{m} z_{i2}z_{i1} & \sum_{i=1}^{m} z_{i2}^2 & \cdots & \sum_{i=1}^{m} z_{i2}z_{iN} \\ \vdots & \vdots & \vdots & \ddots & \vdots \\ \sum_{i=1}^{m} z_{iN} & \sum_{i=1}^{m} z_{iN}z_{i1} & \sum_{i=1}^{m} z_{iN}z_{i2} & \cdots & \sum_{i=1}^{m} z_{iN}^2 \end{bmatrix}$$

Exemplo 6.9

Partindo de $\mathbf{Z}^T=\begin{bmatrix} 1 & 1 & 1 & \cdots & 1 \\ z_{11} & z_{21} & z_{31} & \cdots & z_{m1} \\ z_{12} & z_{22} & z_{32} & \cdots & z_{m2} \\ \vdots & \vdots & \vdots & \ddots & \vdots \\ z_{1N} & z_{2N} & z_{3N} & \cdots & z_{mN} \end{bmatrix}$ e $\mathbf{y}=\begin{bmatrix} y_1 \\ y_2 \\ y_3 \\ \vdots \\ y_m \end{bmatrix}$, mostre que $\mathbf{X}^T\mathbf{y}=\begin{bmatrix} \sum_{i=1}^{m} y_i \\ \sum_{i=1}^{m} z_{i1}y_i \\ \sum_{i=1}^{m} z_{i2}y_i \\ \vdots \\ \sum_{i=1}^{m} z_{iN}y_i \end{bmatrix}$.

SOLUÇÃO: O produto $\mathbf{X}^t y \Leftrightarrow \left[\ N+1)\times m\right]\left[m\times 1\right]=\left[(N+1)\times 1\right]$. Assim,

$$\mathbf{Z}^T\mathbf{y}=\begin{bmatrix} 1 & 1 & 1 & \cdots & 1 \\ z_{11} & z_{21} & z_{31} & \cdots & z_{m1} \\ z_{12} & z_{22} & z_{32} & \cdots & z_{m2} \\ \vdots & \vdots & \vdots & \ddots & \vdots \\ z_{1N} & z_{2N} & z_{3N} & \cdots & z_{mN} \end{bmatrix}\begin{bmatrix} y_1 \\ y_2 \\ y_3 \\ \vdots \\ y_m \end{bmatrix}=\begin{bmatrix} 1\times y_1+1\times y_2+\cdots+1\times y_m \\ z_{11}y_1+z_{21}y_2+\cdots+z_{m1}y_m \\ z_{12}y_1+z_{22}y_2+\cdots+z_{m2}y_m \\ \vdots \\ z_{1N}y_1+z_{2N}y_2+\cdots+z_{mN}y_m \end{bmatrix}=\begin{bmatrix} \sum_{i=1}^{m} y_i \\ \sum_{i=1}^{m} z_{i1}y_i \\ \sum_{i=1}^{m} z_{i2}y_i \\ \vdots \\ \sum_{i=1}^{m} z_{iN}y_i \end{bmatrix}$$

Exemplo 6.10

Escreva ($\mathbf{Z}^T\mathbf{Z}$) e ($\mathbf{Z}^T\mathbf{Y}$) para o modelo de duas variáveis, $g_i = c_0 + c_1 z_{i1} + c_2 z_{i2}$.

SOLUÇÃO:

$$\mathbf{Z}^T\mathbf{Z} = \begin{bmatrix} m & \sum_{i=1}^{m} z_{i1} & \sum_{i=1}^{m} z_{i2} \\ \sum_{i=1}^{m} z_{i1} & \sum_{i=1}^{m} z_{i1}^2 & \sum_{i=1}^{m} z_{i1} z_{i2} \\ \sum_{i=1}^{m} z_{i2} & \sum_{i=1}^{m} z_{i2} z_{i1} & \sum_{i=1}^{m} z_{i2}^2 \end{bmatrix} \qquad \mathbf{X}^T\mathbf{y} = \begin{bmatrix} \sum_{i=1}^{m} y_i \\ \sum_{i=1}^{m} z_{i1} y_i \\ \sum_{i=1}^{m} z_{i2} y_i \end{bmatrix}$$

Exemplo 6.11

Escreva ($\mathbf{Z}^T\mathbf{Z}$) e ($\mathbf{Z}^T\mathbf{Y}$) para o modelo de três variáveis, $g_i = c_0 + c_1 z_{i1} + c_2 z_{i2} + c_3 z_{i3}$.

SOLUÇÃO:

$$\mathbf{Z}^T\mathbf{Z} = \begin{bmatrix} m & \sum_{i=1}^{m} z_{i1} & \sum_{i=1}^{m} z_{i2} & \sum_{i=1}^{m} z_{i3} \\ \sum_{i=1}^{m} z_{i1} & \sum_{i=1}^{m} z_{i1}^2 & \sum_{i=1}^{m} z_{i1} z_{i2} & \sum_{i=1}^{m} z_{i1} z_{i3} \\ \sum_{i=1}^{m} z_{i2} & \sum_{i=1}^{m} z_{i2} z_{i1} & \sum_{i=1}^{m} z_{i2}^2 & \sum_{i=1}^{m} z_{i2} z_{i3} \\ \sum_{i=1}^{m} z_{i3} & \sum_{i=1}^{m} z_{i3} z_{i1} & \sum_{i=1}^{m} z_{i3} z_{i2} & \sum_{i=1}^{m} z_{i3}^2 \end{bmatrix} \qquad \mathbf{X}^T\mathbf{y} = \begin{bmatrix} \sum_{i=1}^{m} y_i \\ \sum_{i=1}^{m} z_{i1} y_i \\ \sum_{i=1}^{m} z_{i2} y_i \\ \sum_{i=1}^{m} z_{i3} y_i \end{bmatrix}$$

Exemplo 6.12

Escreva ($\mathbf{Z}^T\mathbf{Z}$) e ($\mathbf{Z}^T\mathbf{Y}$) para o modelo de quatro variáveis representado por: $g_i = c_0 + c_1 z_{i1} + c_2 z_{i2} + c_3 z_{i3} + c_4 z_{i4}$.

SOLUÇÃO:

$$\mathbf{Z}^T\mathbf{Z} = \begin{bmatrix} m & \sum_{i=1}^{m} z_{i1} & \sum_{i=1}^{m} z_{i2} & \sum_{i=1}^{m} z_{i3} & \sum_{i=1}^{m} z_{i4} \\ \sum_{i=1}^{m} z_{i1} & \sum_{i=1}^{m} z_{i1}^2 & \sum_{i=1}^{m} z_{i1}z_{i2} & \sum_{i=1}^{m} z_{i1}z_{i3} & \sum_{i=1}^{m} z_{i1}z_{i4} \\ \sum_{i=1}^{m} z_{i2} & \sum_{i=1}^{m} z_{i2}z_{i1} & \sum_{i=1}^{m} z_{i2}^2 & \sum_{i=1}^{m} z_{i2}z_{i3} & \sum_{i=1}^{m} z_{i2}z_{i4} \\ \sum_{i=1}^{m} z_{i3} & \sum_{i=1}^{m} z_{i3}z_{i1} & \sum_{i=1}^{m} z_{i3}z_{i2} & \sum_{i=1}^{m} z_{i3}^2 & \sum_{i=1}^{m} z_{i3}z_{i4} \\ \sum_{i=1}^{m} z_{i4} & \sum_{i=1}^{m} z_{i4}z_{i1} & \sum_{i=1}^{m} z_{i4}z_{i2} & \sum_{i=1}^{m} z_{i4}z_{i3} & \sum_{i=1}^{m} z_{i4}^2 \end{bmatrix} \qquad \mathbf{X}^T\mathbf{y} = \begin{bmatrix} \sum_{i=1}^{m} y_i \\ \sum_{i=1}^{m} z_{i1}y_i \\ \sum_{i=1}^{m} z_{i2}y_i \\ \sum_{i=1}^{m} z_{i3}y_i \\ \sum_{i=1}^{m} z_{i4}y_i \end{bmatrix}$$

QUALIDADE DO AJUSTE

O resumo das relações desenvolvidas no Tópico 1.5 do Capítulo Um é apresentado na Tabela 6.14.

TABELA 6.14 – RESUMO PARA A QUALIDADE DO AJUSTE

- Soma quadrática residual (variação não explicada): $S_R = \sum_{i=1}^{m} (y_i - g_i)^2$
- Soma quadrática dos valores experimentais: $S_T = \sum_{i=1}^{m} (y_i - \bar{y})^2$
- Soma quadrática da regressão (variação explicada): $S_{\text{Re}} = \sum_{i=1}^{m} (g_i - \bar{y})^2$
- Grau de liberdade total: $G_L^T = m - 1$
- Grau de liberdade da regressão: $G_L^{Re} = N$
- Grau de liberdade dos resíduos: $G_L^R = m - (N + 1)$
- Média quadrática residual: $M_R = S_R/G_L^R$
- Média quadrática da regressão: $M_{Re} = S_{Re}/G_L^{Re}$
- Coeficiente de determinação: $R^2 = 1 - S_R/S_T$
- Coeficiente de correlação: $R = \sqrt{R^2}$
- Coeficiente de determinação ajustado: $R^2_{aj} = 1 - (S_R/S_T)(G_L^T/G_L^R)$

Tabela 6.14 – Resumo para a qualidade do ajuste

- Variância populacional: $s^2 = M_R$
- Erro padrão da estimativa: $s = \sqrt{M_R}$

Análises de Variâncias e Erros Padrões

Conforme o Tópico 1.5 do Capítulo 1, a matriz de covariância é definida por: $\mathbf{V} = \left(\mathbf{Z}^T\mathbf{Z}\right)^{-1} s^2 = \mathbf{B}s^2$, em que s^2 é a variância populacional.

Os elementos da matriz de covariância são dados por:

$$\mathbf{V} = \begin{bmatrix} \text{Var}\ c_0) = B_{11} & \text{Cov}(c_0, c_1) = B_{12} & \cdots & \text{Cov}(c_0, c_N) = B_{1N+1} \\ \text{Cov}(c_1, c_0) = B_{21} & \text{Var}(c_1) = B_{22} & \cdots & \text{Cov}(c_1, c_N) = B_{2N+1} \\ \vdots & \vdots & \ddots & \vdots \\ \text{Cov}(c_N, c_0) = B_{N+1,1} & \text{Cov}(c_N, c_1) = B_{N+1,2} & \cdots & \text{Var}(c_N) = B_{N+1,N+1} \end{bmatrix}$$

A matriz $\mathbf{B}$ é definida por $\mathbf{B} = (\mathbf{Z}^T\mathbf{Z})^{-1}$. Assim:

$$\mathbf{B} = \begin{bmatrix} m & \sum_{i=1}^{m} z_{i1} & \sum_{i=1}^{m} z_{i2} & \cdots & \sum_{i=1}^{m} z_{iN} \\ \sum_{i=1}^{m} z_{i1} & \sum_{i=1}^{m} z_{i1}^2 & \sum_{i=1}^{m} z_{i1}z_{i2} & \cdots & \sum_{i=1}^{m} z_{i1}z_{iN} \\ \sum_{i=1}^{m} z_{i2} & \sum_{i=1}^{m} z_{i2}z_{i1} & \sum_{i=1}^{m} z_{i2}^2 & \cdots & \sum_{i=1}^{m} z_{i2}z_{iN} \\ \vdots & \vdots & \vdots & \ddots & \vdots \\ \sum_{i=1}^{m} z_{iN} & \sum_{i=1}^{m} z_{iN}z_{i1} & \sum_{i=1}^{m} z_{iN}z_{i2} & \cdots & \sum_{i=1}^{m} z_{iN}^2 \end{bmatrix}^{-1}$$

O erro padrão do coeficiente c_i para $i = 0, 1, 2, ..., N$, é dado por $E_{ci} = \sqrt{\text{Var}\ c_i)}$.

Inferências Relacionadas aos Coeficientes de Regressão

O teste de hipótese para coeficientes do polinômio com constante igual a zero é idêntico ao descrito no Tópico 1.4.3. O resumo é apresentado na Tabela 6.15.

Tabela 6.15 – Inferência sobre os coeficientes do modelo proposto

Teste de hipótese: $\begin{array}{|ll|} H_0: c_j = 0 \text{ para } j = 0,\ 1,\ \cdots,\ N & \text{se } t_{Estat} \leq t \\ H_1: c_j \neq 0 \text{ para } j = 0,\ 1,\ \cdots,\ N & \text{se } t_{Estat} > t \end{array}$, sendo $t_{Estat}\big|_{cj} = \dfrac{c_j}{E_{cj}}$

Valor crítico da distribuição t de Student

Sintaxe: =INVT(α; G_L^R) em uma célula do EXCEL

Teste de hipótese: $\begin{array}{|ll|} H_0: c_j = 0 \text{ Para } j = 0,\ 1,\ 2,\ \cdots,\ N & \text{se valor-}p \geq \alpha \\ H_1: c_j \neq 0 \text{ Para } j = 0,\ 1,\ 2,\ \cdots,\ N & \text{se valor-}p < \alpha \end{array}$

valor-p

Sintaxe: =DISTT(t_{Estat}; $G_L^R = m - N$; 2) em uma célula do EXCEL

Teste de Significância do Modelo de Regressão

O teste F para determinar se existe uma relação significativa entre a variável dependente e o conjunto inteiro de variáveis independentes é idêntico ao Tópico 1.4.4. O resumo é apresentado na Tabela 6.16.

Tabela 6.16 – Inferência sobre o modelo proposto

Teste de hipótese: $\begin{array}{|ll|} H_0: \text{modelo não significativo} & \text{se } F_{Estat} \leq F \\ H_1: \text{modelo significativo} & \text{se } F_{Estat} > F \end{array}$

$F_{Estat} = \dfrac{M_{\text{Re}}}{M_R} = \dfrac{S_{\text{Re}}/G_L^{\text{Re}}}{S_{\text{R}}/G_L^{\text{R}}}$, onde $G_L^{Re} = N$ e $G_L^R = m - N$

Valor crítico da distribuição t de Student

Sintaxe: =INVF(α; G_L^{Re}; G_L^R) em uma célula do EXCEL

Teste de hipótese: $\begin{array}{|ll|} H_0: \text{modelo não significativo} & \text{se } F_{\text{significância}} \geq \alpha \\ H_1: \text{modelo significativo} & \text{se } F_{\text{significância}} < \alpha \end{array}$

valor-p = $F_{significância}$

Sintaxe: =DISTF(F_{Estat}; G_L^{Re}; G_L^R) em uma célula do EXCEL

Roteiro de Cálculo

O procedimento computacional para a regressão linear múltipla é apresentado na Tabela 6.17.

Tabela 6.17 – Roteiro de cálculo para a regressão linear múltipla

1. Entrada de dados: m (quantidade de dados experimentais) e N (número de variáveis)
2. Nível de confiança em %: NC
3. Entrada dos valores das matrizes **Z** e **y**: $\mathbf{Z} = \begin{bmatrix} 1 & z_{11} & z_{12} & \cdots & z_{1N} \\ 1 & z_{21} & z_{22} & \cdots & z_{2N} \\ 1 & z_{31} & z_{32} & \cdots & z_{3N} \\ \vdots & \vdots & \vdots & \ddots & \vdots \\ 1 & z_{m1} & z_{m2} & \cdots & z_{mN} \end{bmatrix}$ e $\mathbf{y} = \begin{bmatrix} y_1 \\ y_2 \\ y_3 \\ \vdots \\ y_m \end{bmatrix}$
4. Cálculo da matriz $\mathbf{Z}^T\mathbf{Z}$: $\mathbf{Z}^T\mathbf{Z} = \begin{bmatrix} m & \sum_{i=1}^{m} z_{i1} & \sum_{i=1}^{m} z_{i2} & \cdots & \sum_{i=1}^{m} z_{iN} \\ \sum_{i=1}^{m} z_{i1} & \sum_{i=1}^{m} z_{i1}^2 & \sum_{i=1}^{m} z_{i1}z_{i2} & \cdots & \sum_{i=1}^{m} z_{i1}z_{iN} \\ \sum_{i=1}^{m} z_{i2} & \sum_{i=1}^{m} z_{i2}z_{i1} & \sum_{i=1}^{m} z_{i2}^2 & \cdots & \sum_{i=1}^{m} z_{i2}z_{iN} \\ \vdots & \vdots & \vdots & \ddots & \vdots \\ \sum_{i=1}^{m} z_{iN} & \sum_{i=1}^{m} z_{iN}z_{i1} & \sum_{i=1}^{m} z_{iN}z_{i2} & \cdots & \sum_{i=1}^{m} z_{iN}^2 \end{bmatrix}$
5. Efetuar a multiplicação $\mathbf{Z}^T\mathbf{Y}$: $\boldsymbol{\beta} = \mathbf{Z}^T\mathbf{Y} = \begin{bmatrix} \sum_{i=1}^{m} y_i & \sum_{i=1}^{m} z_{i1}y_i & \sum_{i=1}^{m} z_{i2}y_i & \cdots & \sum_{i=1}^{m} z_{iN}y_i \end{bmatrix}^T$
6. Calcular a matriz inversa $\mathbf{B} = [\mathbf{Z}^T\mathbf{Z}]^{-1}$:
7. Cálculo dos coeficientes do modelo: $\begin{bmatrix} c_0 & c_1 & c_2 & \cdots & c_N \end{bmatrix}^T = \mathbf{B}\boldsymbol{\beta}$
8. Qualidade do ajuste
   - Valores fornecidos pelo modelo: $g_i = c_0 + c_1 z_{i1} + c_2 z_{i2} + \cdots + c_N z_{iN}$ para $i = 1, ..., m$
   - Calcular a média de y: $\bar{y} = \left(\sum_{i=1}^{m} y_i \right) \Big/ m$
   - Calcular a soma dos resíduos: $\varepsilon = \sum_{i=1}^{m} y_i - g_i$

TABELA 6.17 – ROTEIRO DE CÁLCULO PARA A REGRESSÃO LINEAR MÚLTIPLA

- Calcular a soma quadrática dos resíduos: $S_R = \sum_{i=1}^{m} y_i - g_i \; ^2$
- Calcular a soma quadrática total: $S_T = \sum_{i=1}^{m} y_i - \overline{y} \; ^2$
- Calcular a soma quadrática do modelo: $S_{\mathrm{Re}} = \sum_{i=1}^{m} g_i - \overline{y} \; ^2$
- Graus de liberdade dos resíduos: $G_L^R = m - (N + 1)$
- Graus de liberdade da regressão: $G_L^{Re} = N$
- Graus de liberdade total: $G_L^T = m - 1$
- Coeficiente de determinação: $R^2 = 1 - S_R/S_T$
- Coeficiente de correlação: $R = \sqrt{R^2}$
- Coeficiente de determinação ajustado: $R^2_{aj} = 1 - (S_R/S_T)(G_L^T/G_L^R)$
- Média quadrática residual: $M_R = S_R/G_L^R$
- Média quadrática devido à regressão: $M_{Re} = S_{Re}/G_L^{\mathrm{Re}}$
- Variância populacional: $s^2 = M_R$
- Erro padrão da estimativa: $s = \sqrt{M_R}$
- Matriz de covariância $\mathbf{V} = \mathbf{B}s^2$

$$\mathbf{V} = \begin{bmatrix} \mathrm{Var}\; c_0 \; = B_{11} & \mathrm{Cov}\; c_0, c_1 \; = B_{12} & \cdots & \mathrm{Cov}\; c_0, c_N \; = B_{1N+1} \\ \mathrm{Cov}\; c_1, c_0 \; = B_{21} & \mathrm{Var}\; c_1 \; = B_{22} & \cdots & \mathrm{Cov}\; c_1, c_N \; = B_{2N+1} \\ \vdots & \vdots & \ddots & \vdots \\ \mathrm{Cov}\; c_N, c_0 \; = B_{N+1,1} & \mathrm{Cov}\; c_N, c_1 \; = B_{N+1,2} & \cdots & \mathrm{Var}\; c_N \; = B_{N+1,N+1} \end{bmatrix}$$

- Erros padrões dos coeficientes: $E_{cj} = \sqrt{\mathrm{Var}\; c_j}$ para $j = 0, 1, 2, ..., N$
- Inferência sobre os coeficientes do modelo:
  - Cálculo do nível de significância: $\alpha = 1 - NC/100$
  - Cálculo da probabilidade acumulada: $\phi = 1 - \alpha/2$

Tabela 6.17 – Roteiro de cálculo para a regressão linear múltipla

- **Primeiro teste de hipótese:**

  Cálculo do valor crítico da distribuição t de Student:

  Escreva o comando =INVT(α; G_L^R) em uma célula do EXCEL

  Cálculos de $t_{Estat}|_{cj}$: $t_{Estat}|_{cj} = c_j/E_{cj}$, para $j = 0, 1, ..., N$

  Teste de hipótese:

  Se $t_{Estat}|_{cj} > t$, o coeficiente c_j é significativo. Caso contrário, deve-se descartar o coeficiente c_j, pois não é estatisticamente significativo.

  Segundo teste de hipótese:

  Cálculo da distribuição t de Student para cada coeficiente, valor-p$|_{cj}$:

  Escreva o comando =DISTT($t_{Estat}|_{cj}$; G_L^R; 2) em uma célula do EXCEL

  Teste de hipótese:

  Se valor-p$|_{cj}$ < α, o coeficiente c_j é significativo. Caso contrário, deve-se descartar o coeficiente c_j, pois não é estatisticamente significativo.

▶ Inferência sobre o modelo:

PRIMEIRO TESTE DE HIPÓTESE:

- Cálculo do valor crítico da distribuição F:
- Escreva o comando =INVF(α; G_L^{Re}; G_L^R) em uma célula do EXCEL
- Cálculo da estatística de teste de hipótese F_{Estat}: $F_{Estat} = M_{Re}/M_R$

  Teste de hipótese:

  Se $F_{Estat} > F$, o modelo proposto é estatisticamente significativo. Caso contrário, deve-se descartar o modelo proposto.

SEGUNDO TESTE DE HIPÓTESE:

- Cálculo da distribuição F, valor-p = $F_{significância}$:
- Escreva o comando =DISTF(F_{Estat}; G_L^{Re}; G_L^R) em uma célula do EXCEL
- Teste de hipótese:

  Se $F_{significância}$ < α, o modelo proposto é significativo. Caso contrário, deve-se descartar o modelo proposto.

▶ Intervalos de confiança para os coeficientes: $c_i \pm tE_{ci}$ para $i = 0, 1, 2, 3, ..., N$

Exemplo 6.13

A dependência funcional de uma variável dependente y com as variáveis independentes x_1 e x_2 é da forma: $y = c_0 + c_1x_1 + c_2x_2$, determine os coeficientes c_0, c_1 e c_2 a partir dos dados reportados por DRAPER e SMITH (1966).

TABELA 18 – VALORES REPORTADOS POR DRAPER E SMITH (1966)

i	y	x_1	x_2	i	y	x_1	x_2
1	66	38	47,5	5	22	31	29,5
2	43	41	21,3	6	14	34	14,2
3	36	34	36,5	7	12	29	21
4	23	35	18	8	7,6	32	10

SOLUÇÃO:

Roteiro de Cálculo – Tabela 6.17

1. Entrada de dados: $m = 8$
2. Número de variáveis independentes: $N = 2$
3. Grau de confiança em %: $NC = 95$ %
4. Entrada da matriz Z e dos valores de y:

i	y_i	$z_{i1} = x_{1i}$	$z_{i2} = x_{2i}$	$z_{i1} \times z_{i1}$	$z_{i2} \times z_{i2}$	$z_{i1} \times z_{i2}$
1	66	38	47,5	1444	2256,25	1805
2	43	41	21,3	1681	453,69	873,3
3	36	34	36,5	1156	1332,25	1241
4	23	35	18	1225	324	630
5	22	31	29,5	961	870,25	914,5
6	14	34	14,2	1156	201,64	482,8
7	12	29	21	841	441	609
8	7,6	32	10	1024	100	320

5. Cálculo do produto $\mathbf{Z}^T\mathbf{Z}$: $\mathbf{Z}^T\mathbf{Z} = \begin{bmatrix} m & \sum_{i=1}^{m} z_{i1} & \sum_{i=1}^{m} z_{i2} \\ \sum_{i=1}^{m} z_{i1} & \sum_{i=1}^{m} z_{i1}^2 & \sum_{i=1}^{m} z_{i1}z_{i2} \\ \sum_{i=1}^{m} z_{i2} & \sum_{i=1}^{m} z_{i2}z_{i1} & \sum_{i=1}^{m} z_{i2}^2 \end{bmatrix}$

Os somatórios são dados por:

$$\sum_{i=1}^{8} z_{i1} = 274,\ \sum_{i=1}^{8} z_{i2} = 198,\ \sum_{i=1}^{8} z_{i1}^2 = 9488,\ \sum_{i=1}^{8} z_{i2}^2 = 5979{,}08,\ \sum_{i=1}^{8} z_{i1}z_{i2} = 6875{,}6$$

A matriz $\mathbf{Z}^T\mathbf{Z}$ é dada por:

$$\mathbf{Z}^T\mathbf{Z} = \begin{bmatrix} 8 & 274 & 198 \\ 274 & 9488 & 6875{,}6 \\ 198 & 6875{,}6 & 5979{,}08 \end{bmatrix}$$

6. Cálculo da matriz $\boldsymbol{\beta} = \mathbf{Z}^T\mathbf{Y}$: $\boldsymbol{\beta} = \mathbf{Z}^T\mathbf{Y} = \begin{bmatrix} \sum_{i=1}^{m} y_i & \sum_{i=1}^{m} z_{i1}y_i & \sum_{i=1}^{m} z_{i2}y_i \end{bmatrix}^T$

i	y_i	z_{i1}	z_{i2}	y_iz_{i1}	y_iz_{i2}
1	66	38	47,5	2508	3135
2	43	41	21,3	1763	915,9
3	36	34	36,5	1224	1314
4	23	35	18	805	414
5	22	31	29,5	682	649
6	14	34	14,2	476	198,8
7	12	29	21	348	252
8	7,6	32	10	243,2	76

▶ Cálculos dos somatórios:

$$\sum_{i=1}^{8} y_i = 223{,}6,\ \sum_{i=1}^{8} y_iz_{i1} = 8049{,}2,\ \sum_{i=1}^{8} y_iz_{i2} = 6954{,}7,$$

Portanto, a matriz β é dada por $\boldsymbol{\beta} = \mathbf{Z}^T\mathbf{Y} = \begin{bmatrix} 223,6 \\ 8049,2 \\ 6954,7 \end{bmatrix}$

7. Cálculo da matriz inversa **B**: O procedimento para inversão matricial descrito no Anexo A fornece:

$$\mathbf{B} = \left(\mathbf{Z}^T\mathbf{Z}\right)^{-1} = \begin{bmatrix} 11,50004797 & -0,33676775 & 0,006434243 \\ -0,33676775 & 0,01049425 & -0,00091556 \\ 0,00643424 & -0,00091556 & 0,00100702 \end{bmatrix}$$

8. Cálculos dos coeficientes: $\mathbf{C} = \mathbf{B}\boldsymbol{\beta}$

$$\mathbf{C} = \begin{bmatrix} 11,50004797 & -0,33676775 & 0,006434243 \\ -0,33676775 & 0,01049425 & -0,00091556 \\ 0,00643424 & -0,00091556 & 0,00100702 \end{bmatrix} \begin{bmatrix} 223,6 \\ 8049,2 \\ 6954,7 \end{bmatrix} = \begin{bmatrix} -94,552029 \\ 2,801551 \\ 1,072683 \end{bmatrix}$$

9. Qualidade do ajuste

- ▶ Cálculos dos valores fornecidos pelo modelo: $g_i = c_0 + c_1 z_{i1} + c_2 z_{i2}$
- ▶ Valor médio: $\overline{y} = \left(\sum_{i=1}^{m} y_i\right) \Big/ m = 27,95$

i	g_i	$\varepsilon_i = y_i - g_i$	$S_{Ri} = \varepsilon_i^2$	$S_{Ti} = (y_i - \overline{y})^2$	$S_{Rei} = (g_i - \overline{y})^2$
1	62,859347	3,140653	9,863700	1447,802500	1218,662517
2	43,159717	-0,159717	0,025509	226,502500	231,335481
3	39,853633	-3,853633	14,850487	64,802500	141,696476
4	22,810556	0,189444	0,035889	24,502500	26,413886
5	23,940201	-1,940201	3,764378	35,402500	16,078492
6	15,932811	-1,932811	3,735757	194,602500	144,412842
7	9,219296	2,780704	7,732317	254,402500	350,839289
8	5,824441	1,775559	3,152610	414,122500	489,540368

- ▶ Cálculo do somatório dos resíduos ε: $\varepsilon = \sum_{i=1}^{m}(y_i - g_i) = \text{-8,06644E-12}$:
- ▶ Cálculo do somatório S_R: $S_R = \sum_{i=1}^{m}(y_i - g_i)^2 = 43,16064774$:
- ▶ Cálculo do somatório S_T: $S_T = \sum_{i=1}^{m}(y_i - \overline{y})^2 = 2662,14$

- Cálculo do somatório S_{Re}: $S_{\text{Re}} = \sum_{i=1}^{m}(g_i - \bar{y})^2 = 2618{,}979352$
- Grau de liberdade total: $G_L^T = m - 1 = 8 - 1 = 7$
- Grau de liberdade da regressão: $G_L^{Re} = N = 2$
- Grau de liberdade do resíduo: $G_L^R = m - (N + 1) = 8 - 3 = 5$
- Coeficiente de determinação: $R^2 = 1 - S_R/S_T = 0{,}98378724$
- Coeficiente de correlação: $R = \sqrt{R^2} = 0{,}99186049$
- Coeficiente de determinação ajustado: $R^2_{aj} = 1 - (S_R/S_T)(G_L^T/G_L^R) = 0{,}97730213$
- Média quadrática residual: $M_R = S_R/G_L^R = 8{,}63212955$
- Média quadrática devido à regressão: $M_{Re} = S_{Re}/G_L^{\text{Re}} = 1309{,}489676$
- Variância populacional: $s^2 = M_R = 8{,}63212955$
- Erro padrão da estimativa: $s = \sqrt{M_R} = 2{,}93804860$
- Matriz de covariância $\mathbf{V} = \mathbf{B}s^2$

$$\mathbf{V} = \begin{bmatrix} 99{,}26990387 & -2{,}90702285 & 0{,}05554122 \\ -2{,}90702285 & 0{,}09058770 & -0{,}00790326 \\ 0{,}05554122 & -0{,}00790326 & 0{,}00869275 \end{bmatrix}$$

As variâncias e covariâncias são:

- Variância do coeficiente c_0: $\text{Var}(c_0) = 99{,}26990387$
- Variância do coeficiente c_1: $\text{Var}(c_1) = 0{,}09058770$
- Variância do coeficiente c_2: $\text{Var}(c_2) = 0{,}00869275$
- Covariância entre os coeficientes c_0 e c_1: $\text{Cov}(c_0, c_1) = -2{,}90702285$
- Covariância entre os coeficientes c_0 e c_2: $\text{Cov}(c_0, c_2) = 0{,}05554122$
- Covariância entre os coeficientes c_1 e c_2: $\text{Cov}(c_1, c_2) = -0{,}00790326$

- Erro padrão do coeficiente c_0: $E_{c0} = \sqrt{\text{Var}(c_0)} = 9{,}96342832$
- Erro padrão do coeficiente c_1: $E_{c1} = \sqrt{\text{Var}(c_1)} = 0{,}30097790$
- Erro padrão do coeficiente c_2: $E_{c2} = \sqrt{\text{Var}(c_2)} = 0{,}09323492$

▶ Inferência sobre os coeficientes do modelo:

PRIMEIRO TESTE DE HIPÓTESE

- Cálculo do nível de significância: $\alpha = 1 - NC/100 = 0{,}05$
- Cálculo da probabilidade acumulada: $\phi = 1 - \alpha/2 = 0{,}975$
- Cálculo do valor crítico da distribuição t de Student:

  $t = \text{INVT}(\alpha;\ G_L^R) \longrightarrow t = \text{INVT}(0{,}05;\ 6) \longrightarrow t = 2{,}57058183$

Observação: Esse resultado indica que existe 97,5% de probabilidade acumulada de que uma variável aleatória V, com grau de liberdade igual a cinco, seja menor que o valor crítico da distribuição t igual a 2,57058183; $P(V < 2{,}57058183) = 0{,}975$

- Cálculo da estatística t para c_0: $t_{Estat}|c_0 = c_0/E_{c0} = -9{,}48990908$
- Cálculo da estatística t para c_1: $t_{Estat}|c_1 = c_1/E_{c1} = 9{,}30816297$
- Cálculo da estatística t para c_2: $t_{Estat}|c_2 = c_2/E_{c2} = 11{,}50515938$
- Teste de hipótese para c_0:

  $(|t_{Estat}|_{c0}| > t)? \longrightarrow (|-9{,}48990908| > 2{,}57058183)?$ Sim; então, o coeficiente c_0 é estatisticamente significativo.

- Teste de hipótese para c_1:

  $(t_{Estat}|_{c1} > t)? \longrightarrow (9{,}30816297 > 2{,}57058183)?$ Sim; então, o coeficiente c_1 é estatisticamente significativo.

- Teste de hipótese para c_2:

  $(t_{Estat}|_{c2} > t)? \longrightarrow (11{,}50515938 > 2{,}57058183)?$ Sim; então, o coeficiente c_2 é estatisticamente significativo.

SEGUNDO TESTE DE HIPÓTESE:

- Cálculo da distribuição t de Student para o coeficiente c_0, valor-p$|_{c0}$:

  valor-p$|_{c0}$ = DISTT($t_{Estat}/_{c0}$; G_L^R; 2) ⟶ valor-p$|_{c0}$ = 0,00021962

- Cálculo da distribuição t de Student para o coeficiente c_1, valor-p$|_{c1}$:

  valor-p$|_{c1}$ = DISTT($t_{Estat}/_{c1}$; G_L^R; 2) ⟶ valor-p$|_{c1}$ = 0,00024084

- Cálculo da distribuição t de Student para o coeficiente c_2, valor-p$|_{c2}$:

  valor-p$|_{c2}$ = DISTT($t_{Estat}/_{c2}$; G_L^R; 2) ⟶ valor-p$|_{c2}$ = 0,00008696

- Teste de hipótese para c_0:

  (valor-p$|_{c0}$ $< \alpha$)? ⟶ (0,00021962 < 0,05)? Sim; então, o coeficiente c_0 é estatisticamente significativo.

- Teste de hipótese para c_1:

  (valor-p$|_{c1}$ $< \alpha$)? ⟶ (0,00024084 < 0,05)? Sim; então, o coeficiente c_1 é estatisticamente significativo.

- Teste de hipótese para c_2:

  (valor-p$|_{c2}$ $< \alpha$)? ⟶ (0,00008696 < 0,05)? Sim; então, o coeficiente c_2 é estatisticamente significativo.

▶ Inferência sobre o modelo:

PRIMEIRO TESTE DE HIPÓTESE

- Cálculo da estatística de teste de hipótese F_{Estat}: $F_{Estat} = M_{Re}/M_R = 151{,}6995$
- Cálculo do valor crítico da distribuição F:

  F = INVF(α; G_L^{Re}; G_L^R) ⟶ F = INVF(0,05; 2; 5) ⟶ F = 5,786135

- Teste de hipótese:

  ($F_{Estat} > F$)? = (151,6995 > 5,786135)? Sim; então, o modelo proposto é estatisticamente significativo.

SEGUNDO TESTE DE HIPÓTESE

- Cálculo da distribuição F, valor-p = $F_{significância}$:

  $F_{significância}$ = DISTF(F_{Estat}; G_L^{Re}; G_L^R) ⟶ $F_{significância}$ = 3,3469E-05

- Teste de hipótese:

  ($F_{significância} < \alpha$)? = (3,3469E-05 < 0,05)? Sim; então, o modelo proposto é estatisticamente significativo.

▶ Intervalo de confiança para o coeficiente c_0: $\Delta_{c0} = tEc_0$ = 25,611808

Limite inferior: $c_0 - \Delta_{c0}$ = -120,163837

Central: c_0 = -94,552029

Limite superior: $c_0 + \Delta_{c0}$ = -68,940221

- Intervalo de confiança para o coeficiente c_1: $\Delta_{c1} = tEc_1 = 0{,}773688$

  Limite inferior: $c_1 - \Delta_{c1} = 2{,}027863$

  Central: $c_1 = 2{,}801551$

  Limite superior: $c_1 + \Delta_{c1} = 3{,}575240$

- Intervalo de confiança para o coeficiente c_2: $\Delta_{c2} = tEc_2 = 0{,}239668$

  Limite inferior: $c_2 - \Delta_{c2} = 0{,}833015$

  Central: $c_2 = 1{,}072683$

  Limite superior: $c_2 + \Delta_{c2} = 1{,}312351$

- **Conclusão:** O modelo proposto é estatisticamente significativo.

A comparação entre os valores calculados e os reportados por Draper e Smith (1966) é apresentada na Tabela 6.19.

Tabela 6.19 – Comparação entre os valores dos coeficientes do modelo

	a_0	a_1	a_2
Draper e Smith (1966)	-94,55026	2,801551	1,072683
Calculado	-94,55203	2,801551	1,072683

Exemplo 6.14

O escoamento de um fluido por um tubo circular de concreto está relacionado ao diâmetro do tubo e à inclinação pela seguinte equação $Q = a_0 D^{a_1} S^{a_2}$. Determine a_0, a_1 e a_2 usando regressão linear múltipla. Os dados experimentais são apresentados na Tabela 6.20.

Tabela 6.20 – Valores reportados por CHAPRA e CANALE (2008)

Experiência	D (pés)	S (pés/pé)	Q (pés^3/s)
1	1	0,001	1,4
2	2	0,001	8,3
3	3	0,001	24,2
4	1	0,01	4,7
5	2	0,01	28,9
6	3	0,01	84
7	1	0,05	11,1

Tabela 6.20 – Valores reportados por CHAPRA e CANALE (2008)			
Experiência	D (pés)	S (pés/pé)	Q (pés^3/s)
8	2	0,05	69,0
9	3	0,05	200,0

Solução:

Linearização: Aplicando logaritmo natural no modelo proposto:

$$\ln Q = \ln \ a_0 D^{a_1} S^{a_2} \ = \ln a_0 + \ln D^{a_1} + \ln S^{a_2} = \ln a_0 + a_1 \ln D + a_2 \ln S \tag{6.23}$$

Portanto, o modelo linear de duas variáveis e três coeficientes é dado por:

$$y_i = c_0 + c_1 z_{i1} + c_2 z_{i2} \tag{6.24}$$

sendo $y = \ln Q$, $c_0 = \ln a_0$, $c_1 = a_1$, $z_{i1} = \ln D$, $c_2 = a_2$ e $z_{i2} = \ln S$.

Roteiro de cálculo

1. Quantidade de dados experimentais: $m = 9$
2. Número de variáveis: $N = 2$
3. Grau de confiança: NC = 95 %
4. Valores utilizados na regressão:

i	$y_i = \ln Q$	$z_{i1} = \ln D$	$z_{i2} = \ln S$	$z_{i1} \times z_{i1}$	$z_{i2} \times z_{i2}$	$z_{i1} \times z_{i2}$
1	0,3364722	0,0000000	-6,9077553	0,0000000	47,7170830	0,0000000
2	2,1162555	0,6931472	-6,9077553	0,4804530	47,7170830	-4,7880911
3	3,1863526	1,0986123	-6,9077553	1,2069490	47,7170830	-7,5889448
4	1,5475625	0,0000000	-4,6051702	0,0000000	21,2075924	0,0000000
5	3,3638416	0,6931472	-4,6051702	0,4804530	21,2075924	-3,1920607
6	4,4308168	1,0986123	-4,6051702	1,2069490	21,2075924	-5,0592966
7	2,4069451	0,0000000	-2,9957323	0,0000000	8,9744119	0,0000000
8	4,2341065	0,6931472	-2,9957323	0,4804530	8,9744119	-2,0764834
9	5,2983174	1,0986123	-2,9957323	1,2069490	8,9744119	-3,2911483

5. Cálculo do produto $\mathbf{Z}^T\mathbf{Z}$: $\mathbf{Z}^T\mathbf{Z} = \begin{bmatrix} m & \sum_{i=1}^{m} z_{i1} & \sum_{i=1}^{m} z_{i2} \\ \sum_{i=1}^{m} z_{i1} & \sum_{i=1}^{m} z_{i1}^2 & \sum_{i=1}^{m} z_{i1}z_{i2} \\ \sum_{i=1}^{m} z_{i2} & \sum_{i=1}^{m} z_{i2}z_{i1} & \sum_{i=1}^{m} z_{i2}^2 \end{bmatrix}$

Os somatórios são dados por:

$$\sum_{i=1}^{9} z_{i1} = 5{,}3752784, \quad \sum_{i=1}^{9} z_{i2} = -43{,}5259732, \quad \sum_{i=1}^{9} z_{i1}^2 = 5{,}0622059,$$

$$\sum_{i=1}^{9} z_{i2}^2 = 233{,}6972619, \quad \sum_{i=1}^{9} z_{i1}z_{i2} = -25{,}9960249$$

A matriz $\mathbf{Z}^T\mathbf{Z}$ é dada por:

$$\mathbf{Z}^T\mathbf{Z} = \begin{bmatrix} 9 & 5{,}3752784 & -43{,}5259732 \\ 5{,}3752784 & 5{,}0622059 & -25{,}9960249 \\ -43{,}5259732 & -25{,}9960249 & 233{,}6972619 \end{bmatrix}$$

6. Cálculo da matriz inversa $\mathbf{B} = (\mathbf{Z}^T\mathbf{Z})^{-1}$: O procedimento para inversão matricial descrito no Anexo A fornece:

$$\mathbf{B} = \left(\mathbf{Z}^T\mathbf{Z}\right)^{-1} = \begin{bmatrix} 1{,}312056441 & -0{,}322525051 & 0{,}208492662 \\ -0{,}322525051 & 0{,}540013975 & 0 \\ 0{,}208492662 & 0 & 0{,}043110672 \end{bmatrix}$$

7. Cálculos dos elementos da matriz $\boldsymbol{\beta}$: $\boldsymbol{\beta} = \mathbf{Z}^T\mathbf{Y} = \begin{bmatrix} \sum_{i=1}^{m} y_i & \sum_{i=1}^{m} z_{i1}y_i & \sum_{i=1}^{m} z_{i2}y_i \end{bmatrix}^T$

i	$y_i = \ln Q$	$y_i z_{i1}$	$y_i z_{i2}$
1	0,3364722	0,0000000	-2,3242679
2	2,1162555	1,4668765	-14,6185752
3	3,1863526	3,5005662	-22,0105442
4	1,5475625	0,0000000	-7,1267887

i	$y_i = \ln Q$	$y_i z_{i1}$	$y_i z_{i2}$
5	3,3638416	2,3316373	-15,4910630
6	4,4308168	4,8677498	-20,4046654
7	2,4069451	0,0000000	-7,2105631
8	4,2341065	2,9348590	-12,6842495
9	5,2983174	5,8207966	-15,8723403

Os somatórios são dados por:

$$\sum_{i=1}^{9} y_i = 26{,}9206703,\ \sum_{i=1}^{9} y_i z_{i1} = 20{,}9224854,\ \sum_{i=1}^{9} y_i z_{i2} = -117{,}7430574,$$

Portanto, a matriz β é dada por $\boldsymbol{\beta} = \mathbf{Z}^T\mathbf{Y} = \begin{bmatrix} 26{,}9206703 \\ 20{,}9224854 \\ -117{,}7430574 \end{bmatrix}$

8. Cálculos dos coeficientes: $\mathbf{C} = \mathbf{B}\left(\mathbf{X}^T\mathbf{y}\right.$.

$$\mathbf{C} = \begin{bmatrix} 1{,}312056441 & -0{,}322525051 & 0{,}208492662 \\ -0{,}322525051 & 0{,}540013975 & 0 \\ 0{,}208492662 & 0 & 0{,}043110672 \end{bmatrix} \begin{bmatrix} 26{,}9206703 \\ 20{,}9224854 \\ -117{,}7430574 \end{bmatrix} = \begin{bmatrix} 4{,}024849672 \\ 2{,}615843931 \\ 0{,}536779869 \end{bmatrix}$$

▶ Qualidade do ajuste

▶ Cálculo da média de y: $\bar{y} = \dfrac{\sum_{i=1}^{m} y_i}{m} = 2{,}9911856$

▶ Cálculos dos valores fornecidos pelo modelo: $g_i = c_0 + c_1 z_{i1} + c_2 z_{i2}$

i	g_i	ε_i	S_{Ri}	S_{Ti}	S_{Rei}
1	0,316905701	0,0195665	0,0003828	7,047502963	7,151772898
2	2,130070547	-0,0138150	0,0001909	0,765502628	0,741519109
3	3,190703989	-0,0043514	0,0000189	0,038090177	0,039807594
4	1,552887025	-0,0053245	0,0000284	2,084047587	2,068702749
5	3,36605187	-0,0022103	0,0000049	0,138872502	0,140524732
6	4,426685313	0,0041315	0,0000171	2,072538031	2,060659468

i	g_i	ε_i	S_{Ri}	S_{Ti}	S_{Rei}
7	2,416800896	-0,0098558	0,0000971	0,341336935	0,329917771
8	4,229965742	0,0041408	0,0000171	1,544852412	1,534576276
9	5,290599184	0,0077182	0,0000596	5,322857057	5,287302898

- Cálculo do somatório dos resíduos ε: $\varepsilon = \sum_{i=1}^{m}(y_i - g_i) = 2{,}2148949\text{E-}14$:
- Cálculo do somatório S_R: $S_R = \sum_{i=1}^{m}(y_i - g_i)^2 = 0{,}0008168$:
- Cálculo do somatório S_T: $S_T = \sum_{i=1}^{m}(y_i - \bar{y})^2 = 19{,}3556003$
- Cálculo do somatório S_{Re}: $S_{Re} = \sum_{i=1}^{m}(g_i - \bar{y})^2 = 19{,}3547835$
- Grau de liberdade do resíduo: $G_L{}^R = m - (N + 1) = 9 - 3 = 6$
- Grau de liberdade da regressão: $G_L{}^{Re} = N = 2$
- Grau de liberdade total: $G_L{}^T = m - 1 = 9 - 1 = 8$
- Coeficiente de determinação: $R^2 = 1 - S_R/S_T = 0{,}9999578$
- Coeficiente de determinação ajustado: $R^2_{aj} = 1 - (S_R/S_T)(G_L{}^T/G_L{}^R) = 0{,}999944$
- Média quadrática residual: $M_R = S_R/G_L{}^R = 0{,}000136133$
- Média quadrática devido à regressão: $M_{Re} = S_{Re}/G_L{}^{Re} = 9{,}677391747$
- Variância populacional: $s^2 = M_R = 0{,}000136133$
- Erro padrão da estimativa: $s = \sqrt{M_R} = 0{,}011667594$
- Matriz de covariância $\mathbf{V} = \mathbf{B}s^2$

$$\mathbf{V} = \begin{bmatrix} 0{,}000178614 & -4{,}39062\text{E-}05 & 2{,}83827\text{E-}05 \\ -4{,}39062\text{E-}05 & 7{,}35136\text{E-}05 & 0 \\ 2{,}83827\text{E-}05 & 0 & 5{,}86877\text{E-}06 \end{bmatrix}$$

As variâncias e covariâncias são:

- Variância do coeficiente c_0: $\text{Var}(c_0) = 0{,}000178614$
- Variância do coeficiente c_1: $\text{Var}(c_1) = 7{,}35136\text{E-}05$
- Variância do coeficiente c_2: $\text{Var}(c_2) = 5{,}86877\text{E-}06$

- Covariância entre os coeficientes c_0 e c_1: $\text{Cov}(c_0, c_1) = -4{,}39062\text{E-}05$
- Covariância entre os coeficientes c_0 e c_2: $\text{Cov}(c_0, c_2) = 2{,}83827\text{E-}05$
- Covariância entre os coeficientes c_1 e c_2: $\text{Cov}(c_1, c_2) = 0$

▶ Erro padrão do coeficiente c_0: $E_{c0} = \sqrt{\text{Var}(c_0} = 0{,}013364649$

▶ Erro padrão do coeficiente c_1: $E_{c1} = \sqrt{\text{Var}(c_1} = 0{,}008574006$

▶ Erro padrão do coeficiente c_2: $E_{c2} = \sqrt{\text{Var}(c_2} = 0{,}002422555$

▶ Inferência sobre os coeficientes do modelo:

PRIMEIRO TESTE DE HIPÓTESE

- Cálculo do nível de significância: $\alpha = 1 - NC/100 = 0{,}05$
- Cálculo da probabilidade acumulada: $\phi = 1 - \alpha/2 = 0{,}975$
- Cálculo do valor crítico da distribuição t de Student:

  $t = \text{INVT}(\alpha;\ G_L^R) \longrightarrow t = \text{INVT}(0{,}05;\ 6) \longrightarrow t = 2{,}446911846$

Observação: Esse resultado indica que existe 97,5% de probabilidade acumulada de que uma variável aleatória V, com grau de liberdade igual a seis, seja menor que o valor crítico da distribuição t igual a 2,446911846; $P(V < 2{,}446911846) = 0{,}975$

- Cálculo do valor crítico da distribuição t de Student:
- Cálculo da estatística t para c_0: $t_{Estat}|c_0 = c_0/E_{c0} = 301{,}1564006$
- Cálculo da estatística t para c_1: $t_{Estat}|c_1 = c_1/E_{c1} = 305{,}0900346$
- Cálculo da estatística t para c_2: $t_{Estat}|c_2 = c_2/E_{c2} = 221{,}5758966$
- Teste de hipótese para c_0:

  $(t_{Estat}|_{c0} > t)? \longrightarrow (301{,}1564006 > 2{,}446911846)?$ Sim; então, o coeficiente c_0 é estatisticamente significativo.

- Teste de hipótese para c_1:

  $(t_{Estat}|_{c1} > t)? \longrightarrow (305{,}0900346 > 2{,}446911846)?$ Sim; então, o coeficiente c_1 é estatisticamente significativo.

- Teste de hipótese para c_2:

  $(t_{Estat}|_{c2} > t)$? ⟶ (221,575897 > 2,446911846)? Sim; então, o coeficiente c_2 é estatisticamente significativo.

SEGUNDO TESTE DE HIPÓTESE:

- Cálculo da distribuição t de Student para o coeficiente c_0, valor-p$|_{c0}$:

  valor-p$|_{c0}$ = DISTT($t_{Estat}/_{c0}$; G_L^R; 2) ⟶ valor-p$|_{c0}$ = 9,0464E-14

- Cálculo da distribuição t de Student para o coeficiente c_1, valor-p$|_{c1}$:

  valor-p$|_{c1}$ = DISTT($t_{Estat}/_{c1}$; G_L^R; 2) ⟶ valor-p$|_{c1}$ = 8,36878E-14

- Cálculo da distribuição t de Student para o coeficiente c_2, valor-p$|_{c2}$:

  valor-p$|_{c2}$ = DISTT($t_{Estat}/_{c1}$; G_L^R; 2) ⟶ valor-p$|_{c2}$ = 5,70203E-13

- Teste de hipótese para c_0:

  (valor-p$|_{c0}$ < α)? ⟶ (9,0464E-14 < 0,05)? Sim; então, o coeficiente c_0 é estatisticamente significativo.

- Teste de hipótese para c_1:

  (valor-p$|_{c1}$ < α)? ⟶ (8,36878E-14 < 0,05)? Sim; então, o coeficiente c_1 é estatisticamente significativo.

- Teste de hipótese para c_2:

  (valor-p$|_{c2}$ < α)? ⟶ (5,70203E-13 < 0,05)? Sim; então, o coeficiente c_2 é estatisticamente significativo.

- Cálculo do valor crítico da distribuição t de Student:

▶ Inferência sobre o modelo:

PRIMEIRO TESTE DE HIPÓTESE

- Cálculo da estatística de teste de hipótese F_{Estat}: $F_{Estat} = M_{Re}/M_R$ = 71087,9036

- Cálculo do valor crítico da distribuição F:

  F = INVF(α; G_L^{Re}; G_L^R) ⟶ F = INVF(0,05; 2; 6) ⟶ F = 5,14325285

- Teste de hipótese:

  $(F_{Estat} > F)$? = (71087,9036 > 5,14325285)? Sim; então, o modelo proposto é estatisticamente significativo.

SEGUNDO TESTE DE HIPÓTESE

- Cálculo da distribuição F, **valor-p =** $\boldsymbol{F_{significância}}$:

  $F_{significância}$ = DISTF(F_{Estat}; G_L^{Re}; G_L^{R}) ⟶ $F_{significância}$ = 7,51487E-14

- Teste de hipótese:

  ($\boldsymbol{F_{significância}}$ < α)? = (7,51487E-14 < 0,05)? Sim; então, o modelo proposto é estatisticamente significativo.

▶ Intervalo de confiança para o coeficiente c_0: Δ_{c0} = tEc_0 = 0,032702119

Limite inferior: c_0 - Δ_{c0} = 3,992147553

Central: c_0 = 4,024849672

Limite superior: c_0 + Δ_{c0} = 4,057551791

▶ Intervalo de confiança para o coeficiente c_1: Δ_{c1} = tEc_1 = 0,020979838

Limite inferior: c_1 - Δ_{c1} = 2,594864093

Central: c_1 = 2,615843931

Limite superior: c_1 + Δ_{c1} = 2,636823769

▶ Intervalo de confiança para o coeficiente c_2: Δ_{c2} = tEc_2 = 0,005927779

Limite inferior: c_2 - Δ_{c2} = 0,530852089

Central: c_2 = 0,536779869

Limite superior: c_2 + Δ_{c2} = 0,542707648

▶ **Conclusão:** O modelo proposto é estatisticamente significativo.

As relações entre os coeficientes na forma não linear e linear são:

▶ Coeficiente a_0: a_0 = exp(c_0) = 55,97189401

▶ Coeficiente a_1: a_1 = c_1 = 2,615843931

▶ Coeficiente a_2: a_2 = c_2 = 0,536779869

A comparação entre os valores calculados e os reportados por Chapra e Canale (2008) é apresentada na Tabela 6.21.

Tabela 6.21 – Comparação dos coeficientes do modelo $Q = a_0 D^{a_1} S^{a_2}$

	a_0	a_1	a_2
Chapra e Canale (2008)	55,9	2,62	0,54
Calculado	55,9719	2,6158	0,5368

Exemplo 6.15

Gilliland e Sherwood (1934) estudaram a vaporização de nove diferentes líquidos no ar e reportaram um conjunto de 360 dados experimentais do número de Sherwood em função do número de Reynolds e do número de Schmidt. A correlação original obtida com o conjunto total é $\text{Sh} = 0,023\,\text{Re}^{0,83}\,\text{Sc}^{0,44}$. Utilize uma pequena amostra do conjunto completo reportada por Hanna e Sandall (1995) para determinar b_1, b_2 e b_3 da correlação $\text{Sh} = b_1\,\text{Re}^{b_2}\,\text{Sc}^{b_3}$. Os valores reportados por Hanna e Sandall (1995) são b_1 = 0,037, b_2 = 0,777 e b_3 = 0,455.

Tabela 6.22 – Valores reportados por Hanna e Sandall (1995)

i	Sh	Re	Sc
1	43,70	10800	0,6000
2	21,50	5290	0,6000
3	24,20	3120	1,8000
4	88,00	14400	1,8000
5	51,60	6620	1,8750
6	50,70	8700	1,8750
7	32,30	4250	1,8600
8	56,00	8570	1,8600
9	26,10	2900	2,1600
10	41,30	4950	2,1600
11	92,80	14800	2,1700
12	54,20	7480	2,1700
13	65,50	9170	2,2600
14	38,20	4720	2,2600
15	93,00	16300	1,8300

Tabela 6.22 – Valores reportados por Hanna e Sandall (1995)

i	Sh	Re	Sc
16	70,60	13000	1,8300
17	42,90	7700	1,6100
18	19,80	2330	1,6100

Solução: O sentido físico de cada número adimensional é descrito a seguir:

- Número de Reynolds é a razão entre as forças inerciais e forças viscosas.
- Número de Schmidt é razão entre a difusão viscosa e a difusão de massa de espécies.
- Número de Sherwood é a razão entre o gradiente de concentração em uma fronteira e o gradiente de concentração desde o fluido até a fronteira.

1. **Linearização:**

Aplicando logaritmo natural no modelo proposto:

$$\begin{aligned}\ln \mathrm{Sh} &= \ln\left(b_1 \,\mathrm{Re}^{b_2}\, \mathrm{Sc}^{b_3}\right) \\ &= \ln b_1 + \ln \mathrm{Re}^{b_2} + \ln \mathrm{Sc}^{b_3} \\ &= \ln b_1 + b_2 \ln \mathrm{Re} + b_3 \ln \mathrm{Sc}\end{aligned} \tag{6.25}$$

Portanto, o modelo linear de duas variáveis e três coeficientes é dado por:

$$y_i = c_0 + c_1 z_{i1} + c_2 z_{i2} \tag{6.26}$$

sendo $y = \ln \mathrm{Sh}$, $c_0 = \ln b_1$, $c_1 = b_2$, $z_{i1} = \ln \mathrm{Re}$, $c_2 = b_3$ e $z_{i2} = \ln \mathrm{Sc}$.

2. **Roteiro de cálculo**

- Quantidade de dados experimentais: $m = 18$
- Número de variáveis: $N = 2$
- Grau de confiança: NC = 95 %
- Valores utilizados na regressão:

i	$y_i = \ln \mathrm{Sh}$	$z_{i1} = \ln \mathrm{Re}$	$z_{i2} = \ln \mathrm{Sc}$	$z_{i1}z_{i1}$	$z_{i2}z_{i2}$	$z_{i1}z_{i2}$
1	3,7773481	9,2873014	-0,5108256	86,2539675	0,2609428	-4,7441915
2	3,0680529	8,5735735	-0,5108256	73,5061630	0,2609428	-4,3796010

i	y_i = ln Sh	z_{i1} = ln Re	z_{i2} = ln Sc	$z_{i1}z_{i1}$	$z_{i2}z_{i2}$	$z_{i1}z_{i2}$
3	3,1863526	8,0455883	0,5877867	64,7314908	0,3454932	4,7290895
4	4,4773368	9,5749835	0,5877867	91,6803087	0,3454932	5,6280476
5	3,9435217	8,7978506	0,6286087	77,4021760	0,3951488	5,5304051
6	3,9259259	9,0710783	0,6286087	82,2844616	0,3951488	5,7021584
7	3,4750672	8,3546743	0,6205765	69,8005820	0,3851152	5,1847144
8	4,0253517	9,0560230	0,6205765	82,0115528	0,3851152	5,6199550
9	3,2619353	7,9724660	0,7701082	63,5602144	0,5930667	6,1396616
10	3,7208625	8,5071429	0,7701082	72,3714796	0,5930667	6,5514207
11	4,5304466	9,6023825	0,7747272	92,2057489	0,6002022	7,4392266
12	3,9926809	8,9199881	0,7747272	79,5661872	0,6002022	6,9105571
13	4,1820501	9,1236926	0,8153648	83,2417660	0,6648198	7,4391379
14	3,6428355	8,4595641	0,8153648	71,5642244	0,6648198	6,8976309
15	4,5325995	9,6989204	0,6043160	94,0690567	0,3651978	5,8612125
16	4,2570301	9,4727046	0,6043160	89,7321331	0,3651978	5,7245067
17	3,7588718	8,9489756	0,4762342	80,0841644	0,2267990	4,2618081
18	2,9856819	7,7536235	0,4762342	60,1186781	0,2267990	3,6925405

▶ Cálculo do produto $\mathbf{Z}^T\mathbf{Z}$: $$\mathbf{Z}^T\mathbf{Z} = \begin{bmatrix} m & \sum_{i=1}^{m} z_{i1} & \sum_{i=1}^{m} z_{i2} \\ \sum_{i=1}^{m} z_{i1} & \sum_{i=1}^{m} z_{i1}^2 & \sum_{i=1}^{m} z_{i1}z_{i2} \\ \sum_{i=1}^{m} z_{i2} & \sum_{i=1}^{m} z_{i2}z_{i1} & \sum_{i=1}^{m} z_{i2}^2 \end{bmatrix}$$

Os somatórios são dados por:

$$\sum_{i=1}^{18} z_{i1} = 159{,}2205332,\ \sum_{i=1}^{18} z_{i2} = 9{,}5337931,\ \sum_{i=1}^{18} z_{i1}^2 = 1414{,}1843553,$$

$$\sum_{i=1}^{18} z_{i2}^2 = 7{,}6735708,\ \sum_{i=1}^{18} z_{i1}z_{i2} = 84{,}1882798$$

A matriz $\mathbf{Z}^T\mathbf{Z}$ é dada por:

$$\mathbf{Z}^T\mathbf{Z} = \begin{bmatrix} 18 & 159{,}2205332 & 9{,}5337931 \\ 159{,}2205332 & 1414{,}1843553 & 84{,}1882798 \\ 9{,}5337931 & 84{,}1882798 & 7{,}6735708 \end{bmatrix}$$

▶ Calcular a matriz inversa $\mathbf{B} = [\mathbf{Z}^T\mathbf{Z}]^{-1}$: O procedimento para inversão matricial descrito no Anexo A fornece:

$$\mathbf{B} = \left(\mathbf{Z}^T\mathbf{Z}\right)^{-1} = \begin{bmatrix} 13{,}79391366 & -1{,}536008173 & -0{,}285972825 \\ -1{,}536008173 & 0{,}173079312 & 0{,}009478581 \\ -0{,}285972825 & 0{,}009478581 & 0{,}381624195 \end{bmatrix}$$

3. Cálculos dos elementos da matriz β: $\boldsymbol{\beta} = \mathbf{Z}^T\mathbf{Y} = \begin{bmatrix} \sum_{i=1}^{m} y_i & \sum_{i=1}^{m} z_{i1}y_i & \sum_{i=1}^{m} z_{i2}y_i \end{bmatrix}^T$

i	y_i = ln Sh	$y_i z_{i1}$	$y_i z_{i2}$
1	3,7773481	35,08137037	-1,9295662
2	3,0680529	26,30417742	-1,56724005
3	3,1863526	25,6360814	1,872895587
4	4,4773368	42,87042606	2,631718874
5	3,9435217	34,69451471	2,478931872
6	3,9259259	35,61238135	2,467871024
7	3,4750672	29,03305475	2,156545016
8	4,0253517	36,45367754	2,498038614
9	3,2619353	26,00566844	2,512043204
10	3,7208625	31,65390883	2,865466803
11	4,5304466	43,50308135	3,509860093
12	3,9926809	35,61466607	3,093238371
13	4,1820501	38,15573979	3,409896534
14	3,6428355	30,81680047	2,970239900
15	4,5325995	43,96132163	2,739122245
16	4,2570301	40,32558919	2,572591288
17	3,7588718	33,63805228	1,790103238
18	2,9856819	23,14985377	1,421883786

- Cálculos dos somatórios:

$$\sum_{i=1}^{18} y_i = 68{,}7439514 \text{, } \sum_{i=1}^{18} y_i z_{i1} = 612{,}5103654 \text{ e } \sum_{i=1}^{18} y_i z_{i2} = 37{,}4936402$$

Portanto, a matriz β é dada por $\boldsymbol{\beta} = \mathbf{Z}^T\mathbf{Y} = \begin{bmatrix} 68{,}7439514 \\ 612{,}5103654 \\ 37{,}4936402 \end{bmatrix}$

4. Cálculos dos coeficientes: $\mathbf{C} = \mathbf{B}\left(\mathbf{Z}^T\mathbf{y}\right) = \mathbf{B}\boldsymbol{\beta} = \begin{bmatrix} c_0 & c_1 & c_2 \end{bmatrix}^T$.

$$\mathbf{C} = \begin{bmatrix} 13{,}79391366 & -1{,}536008173 & -0{,}285972825 \\ -1{,}536008173 & 0{,}173079312 & 0{,}009478581 \\ -0{,}285972825 & 0{,}009478581 & 0{,}381624195 \end{bmatrix} \begin{bmatrix} 68{,}7439514 \\ 612{,}5103654 \\ 37{,}4936402 \end{bmatrix} = \begin{bmatrix} -3{,}294958781 \\ 0{,}77698774 \\ 0{,}45530747 \end{bmatrix}$$

5. Qualidade do ajuste

▶ Cálculo da média de y: $\bar{y} = \dfrac{\sum_{i=1}^{m} y_i}{m} = 3{,}8191084$

▶ Cálculos dos valores fornecidos pelo modelo: $g_i = c_0 + c_1 z_{i1} + c_2 z_{i2}$

i	g_i	$\varepsilon_i = y_i - g_i$	$S_{Ri} = \varepsilon_i^2$	$S_{Ti} = y_i - \bar{y})^2$	$S_{Rei} = \left(g_i - \bar{y}\right)^2$
1	3,688577835	0,0887703	0,0078802	0,001743923	0,017038231
2	3,134020016	-0,0659671	0,0043517	0,564084329	0,46934611
3	3,223988336	-0,0376357	0,0014164	0,400379875	0,354167905
4	4,41230966	0,0650272	0,0042285	0,43326463	0,351887721
5	3,827073533	0,1164481	0,0135602	0,015478659	6,34431E-05
6	4,039368071	-0,1134422	0,0128691	0,011409978	0,048514318
7	3,479073805	-0,0040066	0,0000161	0,118364335	0,115623534
8	4,024013185	0,0013385	0,0000018	0,04253629	0,041985966
9	3,250185599	0,0117497	0,0001381	0,31044186	0,323673166
10	3,665622949	0,0552396	0,0030514	0,009652259	0,023557787

i	g_i	$\varepsilon_i = y_i - g_i$	$S_{Ri} = \varepsilon_i^2$	$S_{Ti} = (y_i - \bar{y})^2$	$S_{\text{Re}i} = (g_i - \bar{y})^2$
11	4,518713735	0,0117329	0,0001377	0,506002075	0,489447608
12	3,98850166	0,0041792	0,0000175	0,030127412	0,028694073
13	4,165280179	0,0167700	0,0002812	0,1317267	0,119834892
14	3,649260487	-0,0064250	0,0000413	0,031072134	0,028848318
15	4,516133028	0,0164665	0,0002711	0,509069523	0,485843315
16	4,340366163	-0,0833360	0,0069449	0,191775444	0,271709643
17	3,875118534	-0,1162467	0,0135133	0,003628446	0,003137134
18	2,946344637	0,0393373	0,0015474	0,694599688	0,761716607

- Cálculo do somatório dos resíduos ε: $\varepsilon = \sum_{i=1}^{m}(y_i - g_i) = 2{,}41052\text{E-}12$:
- Cálculo do somatório S_R: $S_R = \sum_{i=1}^{m}(y_i - g_i)^2 = 0{,}07026779$
- Cálculo do somatório S_T: $S_T = \sum_{i=1}^{m}(y_i - \bar{y})^2 = 4{,}005357561$
- Cálculo do somatório S_{Re}: $S_{\text{Re}} = \sum_{i=1}^{m}(g_i - \bar{y})^2 = 3{,}935089771$
- Grau de liberdade do resíduo: $G_L^R = m - (N + 1) = 18 - 3 = 15$
- Grau de liberdade da regressão: $G_L^{Re} = N = 2$
- Grau de liberdade total: $G_L^T = m - 1 = 18 - 1 = 17$
- Coeficiente de determinação: $R^2 = 1 - S_R/S_T = 0{,}98245655$
- Coeficiente de determinação ajustado: $R^2_{aj} = 1 - (S_R/S_T)(G_L^T/G_L^R) = 0{,}980117$
- Média quadrática residual: $M_R = S_R/G_L^R = 0{,}004684519$
- Média quadrática devido à regressão: $M_{Re} = S_{Re}/G_L^{Re} = 1{,}967544886$
- Variância populacional: $s^2 = M_R = 0{,}004684519$
- Erro padrão da estimativa: $s = \sqrt{M_R} = 0{,}068443549$
- Matriz de covariância $\mathbf{V} = \mathbf{B}s^2$

$$\mathbf{V} = \begin{bmatrix} 13,79391366 & -1,536008173 & -0,285972825 \\ -1,536008173 & 0,173079312 & 0,009478581 \\ -0,285972825 & 0,009478581 & 0,381624195 \end{bmatrix} \begin{bmatrix} 68,7439514 \\ 612,5103654 \\ 37,4936402 \end{bmatrix}$$

$$= \begin{bmatrix} 0,064617855 & -0,00719546 & -0,001339645 \\ -0,00719546 & 0,000810793 & 4,44026E\text{-}05 \\ -0,001339645 & 4,44026E\text{-}05 & 0,001787726 \end{bmatrix}$$

As variâncias e covariâncias são dadas por:

- Variância do coeficiente c_0: Var(c_0) = 0,064617855
- Variância do coeficiente c_1: Var(c_1) = 0,000810793
- Variância do coeficiente c_2: Var(c_2) = 0,001787726
- Covariância entre os coeficientes c_0 e c_1: Cov(c_0, c_1) = -0,00719546
- Covariância entre os coeficientes c_0 e c_2: Cov(c_0, c_2) = -0,001339645
- Covariância entre os coeficientes c_1 e c_2: Cov(c_1, c_2) = 4,44026E-05

▶ Erro padrão do coeficiente c_0: $E_{c0} = \sqrt{\mathrm{Var}(c_0} = 0,254200423$

▶ Erro padrão do coeficiente c_1: $E_{c1} = \sqrt{\mathrm{Var}(c_1} = 0,028474434$

▶ Erro padrão do coeficiente c_2: $E_{c2} = \sqrt{\mathrm{Var}(c_2} = 0,042281508$

▶ Inferência sobre os coeficientes do modelo:

PRIMEIRO TESTE DE HIPÓTESE

- Cálculo do nível de significância: $\alpha = 1 - NC/100 = 0,05$
- Cálculo da probabilidade acumulada: $\phi = 1 - \alpha/2 = 0,975$
- Cálculo do valor crítico da distribuição t de Student:

t = INVT(α; G_L^R) → t = INVT(0,05; 15) → t = 2,131449536

Observação: Esse resultado indica que existe 97,5% de probabilidade acumulada que uma variável aleatória V, com grau de liberdade igual a 15, seja menor que o valor crítico da distribuição t igual a 2,131449536; $P(V < 2,131449536) = 0,975$

- Cálculo da estatística t para c_0: $t_{Estat}|_{c0} = c_0/E_{c0}$ = -12,96205072
- Cálculo da estatística t para c_1: $t_{Estat}|_{c1} = c_1/E_{c1}$ = 27,28720595
- Cálculo da estatística t para c_2: $t_{Estat}|_{c2} = c_2/E_{c2}$ = 10,76847755
- Teste de hipótese para c_0:

  Para $t_{Estat}|_{c0}$ negativo, a formulação do teste de hipótese é $(|t_{Estat}|_{c0}| < t)$?.

  $(t_{Estat}|_{c1} < -t)$? → (-12,96205072 < -2,131449536)? Sim; então, o coeficiente c_0 é estatisticamente significativo.

- Teste de hipótese para c_1:

  $(t_{Estat}|_{c1} > t)$? → (27,28720595 > 2,131449536)? Sim; então, o coeficiente c_1 é estatisticamente significativo.

- Teste de hipótese para c_2:

  $(t_{Estat}|_{c2} > t)$? → (10,76847755 > 2,131449536)? Sim; então, o coeficiente c_2 é estatisticamente significativo.

SEGUNDO TESTE DE HIPÓTESE:

- Cálculo da distribuição t de Student para o coeficiente c_0, valor-p$|_{c0}$:

  Os argumentos da função =DISTT($t_{Estat}|_{c0}$; G_L^R; 2) são positivos; logo, a estatística deve ser $t_{Estat}|_{c0}$ = |-12,96205072| = 12,96205072.

  valor-p$|_{c0}$ = DISTT($|t_{Estat}/_{c0}|$; G_L^R; 2) → valor-p$|_{c0}$ = 1,49629E-09

- Cálculo da distribuição t de Student para o coeficiente c_1, valor-p$|_{c1}$:

  valor-p$|_{c1}$ = DISTT($t_{Estat}/_{c1}$; G_L^R; 2) → valor-p$|_{c1}$ = 3,36366E-14

- Cálculo da distribuição t de Student para o coeficiente c_2, valor-p$|_{c2}$:

  valor-p$|_{c2}$ = DISTT($t_{Estat}/_{c2}$; G_L^R; 2) → valor-p$|_{c2}$ = 1,87054E-08

- Teste de hipótese para c_0:

  (valor-p$|_{c0}$ < α)? → (1,49629E-09 < 0,05)? Sim; então, o coeficiente c_0 é estatisticamente significativo.

- Teste de hipótese para c_1:

  (valor-p$|_{c1}$ < α)? → (3,36366E-14 < 0,05)? Sim; então, o coeficiente c_1 é estatisticamente significativo.

- Teste de hipótese para c_2:

  (**valor-p**$|_{c2} < \alpha$)? → (1,87054E-08 < 0,05)? Sim; então, o coeficiente c_2 é estatisticamente significativo.

▶ Inferência sobre o modelo:

PRIMEIRO TESTE DE HIPÓTESE

- Cálculo da estatística de teste de hipótese F_{Estat}: $F_{Estat} = M_{Re}/M_R$ = 420,0099826
- Cálculo do valor crítico da distribuição F:

  F = INVF(α; G_L^{Re}; G_L^{R}) → F = INVF(0,05; 2; 15) → F = 3,682320344

- Teste de hipótese:

  ($F_{Estat} > F$)? = (420,0099826 > 3,682320344)? Sim; então, o modelo proposto é estatisticamente significativo.

SEGUNDO TESTE DE HIPÓTESE

- Cálculo da distribuição F, **valor-p =** $\boldsymbol{F_{significância}}$:

  $F_{significância}$ = DISTF(F_{Estat}; G_L^{Re}; G_L^{R}) → $F_{significância}$ = 6,77427E-14

- Teste de hipótese:

  ($\boldsymbol{F_{significância}} < \alpha$)? = (6,77427E-14 < 0,05)? Sim; então, o modelo proposto é estatisticamente significativo.

▶ Intervalo de confiança para o coeficiente c_0:

Variação: $\Delta_{c0} = tE_{c0}$ = 0,541815375

Limite inferior: $c_0 - \Delta_{c0}$ = -3,836774156

Central: c_0 = -3,294958781

Limite superior: $c_0 + \Delta_{c0}$ = -2,753143407

▶ Intervalo de confiança para o coeficiente c_1:

Variação: $\Delta_{c1} = tE_{c1}$ = 0,060691819

Limite inferior: $c_1 - \Delta_{c1}$ = 0,716295922

Central: c_1 = 0,77698774

Limite superior: $c_1 + \Delta_{c1}$ = 0,837679559

▶ Intervalo de confiança para o coeficiente c_2:

Variação: $\Delta_{c2} = tE_{c2}$ = 0,090120901

Limite inferior: $c_2 - \Delta_{c2}$ = 0,365186569

Central: c_2 = 0,45530747

Limite superior: $c_2 + \Delta_{c2}$ = 0,545428371

▶ **Conclusão:** O modelo proposto é estatisticamente significativo.

As relações entre os coeficientes na forma não linear e linear são:

- Coeficiente b_1: $b_1 = \exp(c_0)$ = 0,037069573
- Coeficiente b_2: $b_2 = c_1$ = 0,77698774
- Coeficiente b_3: $b_3 = c_2$ = 0,45530747

Portanto, o modelo proposto é representado por: $\mathrm{Sh} = 0{,}03707\,\mathrm{Re}^{0{,}77699}\,\mathrm{Sc}^{0{,}45531}$.

A comparação entre os valores calculados e os reportados por Hanna e Sandall (1995) é apresentada na Tabela 6.23.

TABELA 6.23 – VALORES CALCULADOS E REPORTADOS PARA OS COEFICIENTES

	b_1	b_2	b_3
Hanna e Sandall (1995)	0,037	0,777	0,455
Calculado	0,03707	0,77699	0,45531

REFERÊNCIA BIBLIOGRÁFICA

CHAPRA, S. C; CANALE, R. P; **Métodos Numéricos para Engenharia.** Quinta Edição, 2008, McGraw-Hill.

DRAPER, N. R., SMITH, H. **Applied Regression Analysis**. John Wiley & Sons, Inc. 1966.

GILLILAND, E. R; SHERWOOD, T. K; Diffusion of Vapors into Air Streams. *Ind. Eng. Chem.*, 1934, *26* (5), pp 516–523

HANNA, O. T., SANDALL, O. C. **Computational Methods in Chemical Engineering**. Prentice-Hall, 1995.

SMITH, J. M; Van Ness, H. C; ABBOTT, M. M. **Introdução à Termodinâmica da Engenharia Química**. Quinta Edição. Editora LTC; 2000.

Capítulo 7

INTRODUÇÃO À REGRESSÃO NÃO LINEAR

INTRODUÇÃO

Um modelo não linear é representado por $g_i = g(x_i, \theta_1, \theta_2, ..., \theta_n)$, em que n é o número de parâmetros. As funções propostas g_i são escritas para $i = 1, 2, ..., m$ com m sendo a quantidade de pares de pontos experimentais.

Os valores experimentais y_i são escritos como:

$$y_i = g_i + \varepsilon_i \tag{7.1}$$

em que ε_i é o resíduo do ponto experimental i, ou seja, a diferença entre os valores reais e os valores fornecidos pelo modelo não linear.

Aplicando o critério dos mínimos quadrados, encontra-se que:

$$S_R = \sum_{i=1}^{m} \varepsilon_i^2 = \sum_{i=1}^{m} (y_i - g_i)^2 \tag{7.2}$$

Os valores de θ_j para $j = 1, 2, ..., n$ que minimiza a Equação (7.2) são dados por:

$$\left(\frac{\partial S_R}{\partial \theta_j}\right)_{\theta_\eta \neq \theta_j} = \left[\frac{\partial}{\partial \theta_j}\left(\sum_{i=1}^{m}(y_i - g_i)^2\right)\right]_{\theta_\eta \neq \theta_j} = \sum_{i=1}^{m}\left[\frac{\partial (y_i - g_i)^2}{\partial \theta_j}\right]_{\theta_\eta \neq \theta_j} \tag{7.3}$$

sendo $\eta = 1, 2, ..., n$.

O desenvolvimento da Equação (7.3) fornece:

$$\left(\frac{\partial S_R}{\partial \theta_j}\right)_{\theta_\eta \neq \theta_j} = -2\sum_{i=1}^{m}(y_i - g_i)\left(\frac{\partial g_i}{\partial \theta_j}\right)_{\theta_\eta \neq \theta_j} \tag{7.4}$$

O valor mínimo da função é aquele para o qual $\left(\partial S_R/\partial \theta_j\right)_{\theta_\eta \neq \theta_j} = 0$. Logo, a Equação (7.4) pode ser escrita como:

$$\sum_{i=1}^{m}(y_i - g_i)\left(\frac{\partial g_i}{\partial \theta_j}\right)_{\theta_\eta \neq \theta_j} = 0 \tag{7.5}$$

Os parâmetros do modelo não linear são estimados pelos seguintes passos:

1. Linearização da função g_i usando a série Taylor para funções multidimensionais;
2. Escolha de um método numérico para resolver o sistema linear resultante.

REVISÃO DE SÉRIE DE TAYLOR

A série de Taylor fornece um meio para aproximar o valor de uma função, em um determinado ponto, em termos do valor da mesma função e de suas derivadas avaliadas em um ponto conhecido.

Série de Taylor Unidimensional

Considere uma função f definida em um intervalo fechado, que possui $n + 1$ derivadas contínuas contendo x_0 e x. A aproximação polinomial da função $f(x)$, nas vizinhanças de um ponto conhecido x_0, é definida como sendo:

$$f(x) \approx P_n(x) = \sum_{i=0}^{n} c_i (x - x_0)^i = c_0 + c_1(x - x_0) + c_2(x - x_0)^2 + \cdots + c_n(x - x_0)^n \tag{7.6}$$

em que $c_i = \frac{f^{i}\ \ x_0}{i!}$ é o coeficiente c_i da série de Taylor, $f^{(i)}$ é a derivada de ordem i da função não linear avaliada no ponto x_0 e P_n é o polinômio de Taylor de grau n.

A linearização da função $f(x)$ é obtida truncando a série no segundo termo. Assim:

$$f\left(x \ \approx P_1 = c_0 + c_1 \ \ x - x_0 \tag{7.7}$$

Série de Taylor de Duas Variáveis

O desenvolvimento apresentado nos parágrafos seguintes segue de perto ao descrito por Bouchara et al. (1999), Kaplan (1997) e Widder (1989). Este desenvolvimento considera $f(x, y)$ uma função definida sobre o domínio aberto D, com derivadas parciais contínuas até ordem $n + 1$. A formulação matemática utiliza um ponto (a, b) do domínio de D e um vetor $(\Delta x, \Delta y)$ definido, tal que: $(a + \Delta x, b + \Delta y)$ pertença ao domínio D. A Figura 7.1 mostra o esquema para a obtenção da fórmula de recorrência.

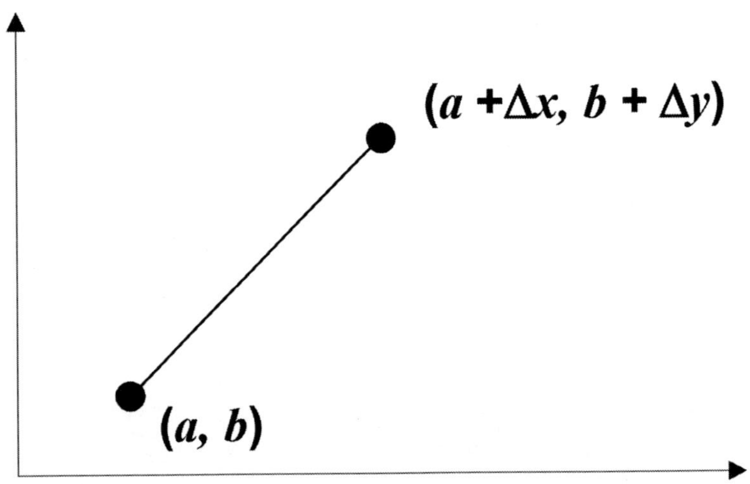

Figura 7.1 – Esquema utilizado na dedução de fórmula de recorrência.

O objetivo principal é a obtenção da fórmula de recorrência para a expansão de grau n da função $f(a + \Delta x, b + \Delta y)$ em torno do ponto (a, b). Com esta finalidade, define-se uma nova variável, t, para transformar a função bidimensional $f(x, y)$ em uma função unidimensional $g(t)$. Assim:

$$\begin{cases} x = a + t\Delta x \\ y = b + t\Delta y \end{cases} \tag{7.8}$$

sendo $t \in [0, 1]$.

A Equação (7.8) mostra que:

- Para $t = 0$, $x = a$ e $y = b$, ou seja, ponto inicial ou estimativa inicial.
- Para $t = 1$, $x = a + \Delta x$ e $y = b + \Delta y$, ou seja, o novo ponto ou nova estimativa.

A relação entre a função unidimensional $g(t)$ e a função bidimensional $f(x, y)$ é dada por:

$$g\big|_t = f\big|_{x,y} = f\big|_{a+t\Delta x,\, b+t\Delta y} \tag{7.9}$$

A Equação (7.9) é uma função da variável real t. Logo, a expansão de $g(t)$ em série de Taylor, em torno do ponto t_0, leva à seguinte expressão:

$$g_t \approx P_n = \sum_{i=0}^{n} c_i \left(t - t_0\right)^i = c_0 + c_1\left(t - t_0\right) + c_2\left(t - t_0\right)^2 + \ldots + c_n\left(t - t_0\right)^n \tag{7.10}$$

em que c_i são os coeficientes da série de Taylor, sendo definidos por $c_i = g\big|_{t_0}^{(i)} \big/ i!$.

A forma linearizada é obtida truncando a Equação (7.10) no segundo termo. Assim:

$$g\big|_t \approx P_1 = c_0 + c_1 \ t - t_0) \tag{7.11}$$

Para a expansão da função $f\big|_{(a + \Delta x,\, b + \Delta y)}$ em torno do ponto (a, b), a variável auxiliar assume os seguintes valores $t = t_0 = 0$ e $t = 1$. Portanto, a Equação (7.11) pode ser escrita como:

$$g\big|_{t=1} = c_0 + c_1 \tag{7.12}$$

A Equação (7.12) indica que a expansão da função $f\big|_{(a + \Delta x,\, b + \Delta y)}$ em torno do ponto (a, b) é obtida pelo conhecimento dos valores dos coeficientes c_0 e c_1. As expressões que avaliam estes coeficientes são dadas por:

- Coeficiente c_0: Para $i = 0$,

$$c_0 = \frac{g^{\ 0)}\big|_{t_0=0}}{0!} = g\big|_{t_0=0} = f\big|_{a,\, b} \tag{7.13}$$

- Coeficiente c_1: Para $i = 1$,

$$c_1 = \frac{g^{(1)}\big|_{t_0=0}}{1!} = \frac{dg}{dt}\bigg|_{t_0=0} \tag{7.14}$$

A relação entre as funções g e f é $g(t) = f(x, y)$. A diferencial total é dada por:

$$dg = \left(\left. \frac{\partial f}{\partial x} \right|_{x,y} \right)_y dx + \left(\left. \frac{\partial f}{\partial y} \right|_{x,y} \right)_x dy \tag{7.15}$$

Aplicando a regra da cadeia, que é equivalente à divisão de ambos os membros da Equação (7.15) por dt, obtém-se:

$$\frac{dg|_t}{dt} = \left(\left. \frac{\partial f}{\partial x} \right|_{x,y} \right)_y \frac{dx}{dt} + \left(\left. \frac{\partial f}{\partial y} \right|_{x,y} \right)_x \frac{dy}{dt} \tag{7.16}$$

As variáveis x e y estão relacionados com a variável real t pela Equação (7.8); logo, as derivadas são dadas por: $dx/dt = \Delta x$ e $dy/dt = \Delta y$. Substituindo estas derivadas na Equação (7.16), encontra-se que:

$$\frac{dg|_t}{dt} = \left(\left. \frac{\partial f}{\partial x} \right|_{x,y} \right)_y \Delta x + \left(\left. \frac{\partial f}{\partial y} \right|_{x,y} \right)_x \Delta y \tag{7.17}$$

A Equação (7.17) aplicada para $t = t_0 = 0$, $x = a$ e $y = b$ fornece:

$$\frac{dg|_{t_0=0}}{dt} = \left(\left. \frac{\partial f}{\partial x} \right|_{a,b} \right)_y \Delta x + \left(\left. \frac{\partial f}{\partial y} \right|_{a,b} \right)_x \Delta y = \left(\left. \frac{\partial f}{\partial x} \right|_{a,b} \right)_y (x - a + \left(\left. \frac{\partial f}{\partial y} \right|_{a,b} \right)_x \; y - b \tag{7.18}$$

Substituindo a Equação (7.18) na Equação (7.14), obtém-se:

$$c_1 = \left(\left. \frac{\partial f}{\partial x} \right|_{a,b} \right)_y \Delta x + \left(\left. \frac{\partial f}{\partial y} \right|_{a,b} \right)_x \Delta y = \left(\left. \frac{\partial f}{\partial x} \right|_{a,b} \right)_y (x - a + \left(\left. \frac{\partial f}{\partial y} \right|_{a,b} \right)_x \; y - b \tag{7.19}$$

A função bidimensional linearizada é obtida por meio das substituições das Equações (7.13) e (7.14) na Equação (7.12). Assim:

$$\begin{aligned} f|_{x,y} &= f|_{a,b} + \left(\left. \frac{\partial f}{\partial x} \right|_{a,b} \right)_y \Delta x + \left(\left. \frac{\partial f}{\partial y} \right|_{a,b} \right)_x \Delta y \\ &= f|_{a,b} + \left(\left. \frac{\partial f}{\partial x} \right|_{a,b} \right)_y (x - a + \left(\left. \frac{\partial f}{\partial y} \right|_{a,b} \right)_x \; y - b \end{aligned} \tag{7.20}$$

SÉRIE DE TAYLOR DE TRÊS VARIÁVEIS

Para o desenvolvimento das equações, considere $f(x, y, z)$ uma função definida sobre o domínio aberto D, com derivadas parciais contínuas até ordem $n + 1$. A formulação matemática utiliza um ponto (a, b, c) do domínio de D e um vetor (h, k, w) definido, tal que: $(a + h, b + k, c + w)$ pertença ao domínio D.

O objetivo principal é a obtenção da fórmula de recorrência para a expansão de grau n da função $f(a + h, b + k, c + w)$ em torno do ponto (a, b, c). Com esta finalidade, define-se uma nova variável, t, tal que:

$$\begin{cases} x = a + t\Delta x \\ y = b + t\Delta y \\ z = c + t\Delta z \end{cases} \tag{7.21}$$

sendo $t \in [0, 1]$.

A Equação (7.21) mostra que:

- Para $t = 0$, $x = a$, $y = b$ e $z = c$ (ponto inicial ou estimativa inicial).
- Para $t = 1$, $x = a + \Delta x$, $y = b + \Delta y$ e $z = c + \Delta z$ (novo ponto ou nova estimativa).

A relação entre a função unidimensional $g(t)$ e a função tridimensional $f(x, y, x)$ é dada por:

$$g\big|_t = f\big|_{(a+t\Delta x,\ b+t\Delta y,\ c+t\Delta z)} \tag{7.22}$$

A Equação (7.22) é uma função da variável real t. Logo, a expansão de $g(t)$ em série de Taylor, em torno do ponto t_0, leva à seguinte expressão:

$$g_t \approx P_n = \sum_{i=0}^{n} c_i \left(t - t_0\right)^i = c_0 + c_1\left(t - t_0\right) + c_2\left(t - t_0\right)^2 + \ldots + c_n\left(t - t_0\right)^n \tag{7.23}$$

em que c_i são os coeficientes da série de Taylor, sendo definidos por $c_i = \dfrac{g^{i)}(t_0)}{i!}$.

A forma linearizada é obtida truncando a Equação (7.23) no segundo termo. Assim:

$$g\big|_t \approx P_1 = c_0 + c_1\left(t - t_0\right) \tag{7.24}$$

Para a expansão da função $f|_{(a+h,\, b+k,\, c+w)}$ em torno do ponto (a, b, c), a variável auxiliar assume os seguintes valores $t = t_0 = 0$ e $t = 1$. Portanto, a Equação (7.24) pode ser escrita como:

$$g\big|_{t=1} = c_0 + c_1 \tag{7.25}$$

A Equação (7.25) indica que a expansão $f|_{(a+h,\, b+k,\, c+w)}$ em torno do ponto (a, b, c) é obtida pelo conhecimento dos valores dos coeficientes c_0 *e* c_1. As expressões que avaliam estes coeficientes são dadas por:

- Coeficiente c_0: Para $i = 0$,

$$c_0 = \frac{g^{(0}\big|_{t_0=0}}{0!} = g\big|_{t_0=0} = f\big|_{a,\, b,\, c} \tag{7.26}$$

- Coeficiente c_1: Para $i = 1$,

$$c_1 = \frac{g^{\,1}\big|_{t_0=0}}{1!} = \left.\frac{dg}{dt}\right|_{t_0=0} \tag{7.27}$$

A relação entre as funções g e f é $g|_t = f|_{(x,\, y,\, z)}$. A diferencial total é dada por:

$$dg\big|_t = \left(\left.\frac{\partial f}{\partial x}\right|_{x,y,z}\right)_{y,z} dx + \left(\left.\frac{\partial f}{\partial y}\right|_{x,y,z}\right)_{x,z} dy + \left(\left.\frac{\partial f}{\partial z}\right|_{x,y,z}\right)_{x,y} dz \tag{7.28}$$

Aplicando a regra da cadeia, que é equivalente à divisão de ambos os membros da Equação (7.28) por dt, obtém-se:

$$\left.\frac{dg}{dt}\right|_t = \left.\left(\frac{\partial f}{\partial x}\right)_{y,z}\right|_{x,y,z} \frac{dx}{dt} + \left.\left(\frac{\partial f}{\partial y}\right)_{x,z}\right|_{x,y,z} \frac{dy}{dt} + \left.\left(\frac{\partial f}{\partial z}\right)_{x,y}\right|_{x,y,z} \frac{dz}{dt} \tag{7.29}$$

As variáveis x, y e z estão relacionadas com a variável real t por meio da relação fornecida pela Equação (7.21). Logo, as derivadas dessas relações são apresentadas na Tabela 7.1.

Tabela 7.1 – Derivadas auxiliares

$dx/dt = \Delta x$	$dy/dt = \Delta y$	$dz/dt = \Delta z$

Substituindo estas derivadas na Equação (7.29), encontra-se que

$$\begin{aligned}\left.\frac{dg}{dt}\right|_t &= \left.\left(\frac{\partial f}{\partial x}\right)_{y,z}\right|_{x,y,z}\Delta x+\left.\left(\frac{\partial f}{\partial y}\right)_{x,z}\right|_{x,y,z}\Delta y+\left.\left(\frac{\partial f}{\partial z}\right)_{x,y}\right|_{x,y,z}\Delta z\\ &=\left.\left(\frac{\partial f}{\partial x}\right)_{y,z}\right|_{x,y,z} x-a)+\left.\left(\frac{\partial f}{\partial y}\right)_{x,z}\right|_{x,y,z}(y-b)+\left.\left(\frac{\partial f}{\partial z}\right)_{x,y}\right|_{x,y,z}(z-c)\end{aligned} \tag{7.30}$$

Para $t = t_0 = 0$, as derivadas parciais envolvidas na Equação (7.30) são avaliadas em $f = f|_{(a,b,c)}$. Assim:

$$\begin{aligned}\left.\frac{dg}{dt}\right|_{t=t_0=0} &= \left.\left(\frac{\partial f}{\partial x}\right)_{y,z}\right|_{a,b,c}\Delta x+\left.\left(\frac{\partial f}{\partial y}\right)_{x,z}\right|_{a,b,c}\Delta y+\left.\left(\frac{\partial f}{\partial z}\right)_{x,y}\right|_{a,b,c}\Delta z\\ &=\left.\left(\frac{\partial f}{\partial x}\right)_{y,z}\right|_{a,b,c} x-a)+\left.\left(\frac{\partial f}{\partial y}\right)_{x,z}\right|_{a,b,c}(y-b)+\left.\left(\frac{\partial f}{\partial z}\right)_{x,y}\right|_{a,b,c}(z-c)\end{aligned} \tag{7.31}$$

A expressão para avaliação do coeficiente c_1 é obtida substituindo a Equação (7.31) na Equação (7.27). Assim:

$$\begin{aligned}c_1 &= \left.\left(\frac{\partial f}{\partial x}\right)_{y,z}\right|_{a,b,c}\Delta x+\left.\left(\frac{\partial f}{\partial y}\right)_{x,z}\right|_{a,b,c}\Delta y+\left.\left(\frac{\partial f}{\partial z}\right)_{x,y}\right|_{a,b,c}\Delta z\\ &=\left.\left(\frac{\partial f}{\partial x}\right)_{y,z}\right|_{a,b,c} x-a)+\left.\left(\frac{\partial f}{\partial y}\right)_{x,z}\right|_{a,b,c}(y-b)+\left.\left(\frac{\partial f}{\partial z}\right)_{x,y}\right|_{a,b,c}(z-c)\end{aligned} \tag{7.32}$$

A função tridimensional linearizada é obtida por meio das substituições das Equações (7.26) e (7.32) na Equação (7.25). Assim:

$$\begin{aligned}f|_{x,y,z} &= f|_{a,b,c}+\left.\left(\frac{\partial f}{\partial x}\right)_{y,z}\right|_{a,b,c}\Delta x+\left.\left(\frac{\partial f}{\partial y}\right)_{x,z}\right|_{a,b,c}\Delta y+\left.\left(\frac{\partial f}{\partial z}\right)_{x,y}\right|_{a,b,c}\Delta z\\ &=f|_{a,b,c}+\left.\left(\frac{\partial f}{\partial x}\right)_{y,z}\right|_{a,b,c} x-a)+\left.\left(\frac{\partial f}{\partial y}\right)_{x,z}\right|_{a,b,c}(y-b)+\left.\left(\frac{\partial f}{\partial z}\right)_{x,y}\right|_{a,b,c}(z-c)\end{aligned} \tag{7.33}$$

REGRESSÃO NÃO LINEAR DE DOIS PARÂMETROS – MÉTODO DE GAUSS-NEWTON

Considere uma função de várias variáveis $g_i((\mathbf{X}, \theta_1, \theta_2)$ para $i = 1, 2, 3, ..., m$; em que θ_1, θ_2 e θ_3 são os parâmetros e **X** é o vetor dos valores independentes. A linearização da função g_i em torno do ponto $(\mathbf{X}, a, b)$ é obtida fazendo $x = \theta_1, y = \theta_2$, $\Delta x = \Delta\theta_1 = \theta_1 - a$ e $\Delta y = \Delta\theta_2 = \theta_1 - b$ na Equação (7.20); logo, o ponto experimental *i*,

$$\begin{aligned} g_i\big|_{\theta_1,\,\theta_2} &= g_i\big|_{a,b} + \Delta\theta_1\left(\frac{\partial g_i}{\partial\theta_1}\right)_{\theta_2}\Bigg|_{a,b} + \Delta\theta_2\left(\frac{\partial g_i}{\partial\theta_2}\right)_{\theta_1}\Bigg|_{a,b} \\ &= g_i\big|_{a,b} + (\theta_1 - a)\left(\frac{\partial g_i}{\partial\theta_1}\right)_{\theta_2}\Bigg|_{a,b} + (\theta_2 - b)\left(\frac{\partial g_i}{\partial\theta_2}\right)_{\theta_1}\Bigg|_{a,b} \end{aligned} \quad (7.34)$$

Substituindo a Equação (7.34) na Equação (7.1), obtém-se:

$$y_i = g_i\big|_{a,b} + z_{i1}\Delta\theta_1 + z_{i2}\Delta\theta_2 + \varepsilon_i \quad (7.35)$$

Definindo variáveis auxiliares, tais que: $z_{i1} = \left(\frac{\partial g_i}{\partial\theta_1}\right)_{\theta_2}\Bigg|_{a,b}$, $z_{i2} = \left(\frac{\partial g_i}{\partial\theta_2}\right)_{\theta_1}\Bigg|_{a,b}$ e $h_i = y_i - g_i\big|_{a,b}$ para i = 1, 2, ..., m, a Equação (7.35) pode ser escrita como:

$$h_i = z_{i1}\Delta\theta_1 + z_{i2}\Delta\theta_2 + \varepsilon_i \quad (7.36)$$

Escrevendo a Equação (7.36) para cada ponto experimental,

$$\begin{aligned} h_1 &= z_{11}\Delta\theta_1 + z_{12}\Delta\theta_2 + \varepsilon_1 \\ h_2 &= z_{21}\Delta\theta_1 + z_{22}\Delta\theta_2 + \varepsilon_2 \\ &\vdots \\ h_m &= z_{m1}\Delta\theta_1 + z_{m2}\Delta\theta_2 + \varepsilon_m \end{aligned} \quad (7.37)$$

Na forma matricial,

$$\begin{bmatrix} z_{11} & z_{12} \\ z_{21} & z_{22} \\ \vdots & \vdots \\ z_{m1} & z_{m2} \end{bmatrix} \begin{bmatrix} \Delta\theta_1 \\ \Delta\theta_2 \end{bmatrix} + \begin{bmatrix} \varepsilon_1 \\ \varepsilon_2 \\ \vdots \\ \varepsilon_m \end{bmatrix} = \begin{bmatrix} h_1 \\ h_2 \\ \vdots \\ h_m \end{bmatrix} \qquad (7.38)$$

Escrevendo a Equação (7.38) em uma forma compacta,

$$\mathbf{Z}\boldsymbol{\Delta\theta} + \boldsymbol{\varepsilon} = \mathbf{h} \qquad (7.39)$$

sendo $\mathbf{h} = \begin{bmatrix} h_1 \\ h_2 \\ \vdots \\ h_m \end{bmatrix}$, $\mathbf{Z} = \begin{bmatrix} z_{11} & z_{12} \\ z_{21} & z_{22} \\ \vdots & \vdots \\ z_{m1} & z_{m2} \end{bmatrix}$, $\boldsymbol{\varepsilon} = \begin{bmatrix} \varepsilon_1 \\ \varepsilon_2 \\ \vdots \\ \varepsilon_m \end{bmatrix}$ e $\boldsymbol{\Delta\theta} = \begin{bmatrix} \Delta\theta_0 \\ \Delta\theta_1 \end{bmatrix}$.

As equações normais são idênticas às desenvolvidas para os modelos passando pela origem nos Tópicos 1.3 (polinomial) e 6.1 (regressão linear múltipla). O resultado final é dado por:

$$\begin{bmatrix} \sum_{i=1}^{m} z_{i1}^2 & \sum_{i=1}^{m} z_{i1} z_{i2} \\ \sum_{i=1}^{m} z_{i2} z_{i1} & \sum_{i=1}^{m} z_{i2}^2 \end{bmatrix} \begin{bmatrix} \Delta\theta_1 \\ \Delta\theta_2 \end{bmatrix} = \begin{bmatrix} \sum_{i=1}^{m} h_i z_{i1} \\ \sum_{i=1}^{m} h_i z_{i2} \end{bmatrix} \qquad (7.40)$$

Exemplo 7.1

Mostre que as equações normais para o método de Gauss-Newton de dois parâmetros são dadas pelo sistema matricial fornecido pela Equação (7.40).

Solução: O resíduo do ponto experimental i é definido pela Equação (7.35) escrita como:

$$\varepsilon_i = y_i - g_i\big|_{\theta_1,\,\theta_2} = y_i - g_i\big|_{a,b} - z_{i1}\Delta\theta_1 - z_{i2}\Delta\theta_2 = h_i - z_{i1}\ \theta_1 - a) - z_{i2}(\theta_2 - b) \qquad (7.41)$$

sendo $h_i = y_i - g_i|_{a,b}$. As funções h_i, z_{i1} e z_{i2}, envolvidas na Equação (7.41), dependem apenas dos valores do par inicial (a, b), ou seja, são independentes das previsões θ_1 e θ_2.

A soma quadrática residual é definida por $S_R = \sum_{i=1}^{m} \varepsilon_i^2$; cujas derivadas parciais em relação aos parâmetros previstos são:

$$\left(\frac{\partial S_R}{\partial \theta_1}\right)_{\theta_2} = \frac{\partial}{\partial \theta_1}\left(\sum_{i=1}^{m} \varepsilon_i^2\right)_{\theta_2} = \sum_{i=1}^{m}\left(\frac{\partial \varepsilon_i^2}{\partial \theta_1}\right)_{\theta_2} = 2\sum_{i=1}^{m} \varepsilon_i \left(\frac{\partial \varepsilon_i}{\partial \theta_1}\right)_{\theta_2} \tag{7.42}$$

e

$$\left(\frac{\partial S_R}{\partial \theta_2}\right)_{\theta_1} = \frac{\partial}{\partial \theta_2}\left(\sum_{i=1}^{m} \varepsilon_i^2\right)_{\theta_1} = \sum_{i=1}^{m}\left(\frac{\partial \varepsilon_i^2}{\partial \theta_2}\right)_{\theta_1} = 2\sum_{i=1}^{m} \varepsilon_i \left(\frac{\partial \varepsilon_i}{\partial \theta_2}\right)_{\theta_1} \tag{7.43}$$

As equações normais são obtidas fazendo as derivadas parciais da soma quadrática residual com relação aos parâmetros iguais a zero. Assim:

- **Primeira equação normal:** Para $\left(\frac{\partial S_R}{\partial \theta_1}\right)_{\theta_2} = 0$, a Equação (7.42) torna-se:

$$\sum_{i=1}^{m} \varepsilon_i \left(\frac{\partial \varepsilon_i}{\partial \theta_1}\right)_{\theta_2} = 0 \tag{7.44}$$

A derivação parcial da Equação (7.41) com relação ao parâmetro θ_1, mantendo θ_2 constante, fornece:

$$\left(\frac{\partial \varepsilon_i}{\partial \theta_1}\right)_{\theta_2} = \frac{\partial}{\partial \theta_1}\left[h_i - z_{i1} \ \theta_1 - a) - z_{i2}(\theta_2 - b)\right]_{\theta_2} = -z_{i1} \tag{7.45}$$

Substituindo as Equações (7.41) e (7.45) na Equação (7.44), obtém-se:

$$\begin{aligned} 0 &= \sum_{i=1}^{m}\left[h_i - z_{i1}(\theta_1 - a) - z_{i2}(\theta_2 - b)\right](-z_{i1}) \\ &= -\sum_{i=1}^{m} h_i z_{i1} + \sum_{i=1}^{m} z_{i1}^2(\theta_1 - a) + \sum_{i=1}^{m} z_{i2} z_{i1}(\theta_2 - b) \\ &= -\sum_{i=1}^{m} h_i z_{i1} + (\theta_1 - a)\sum_{i=1}^{m} z_{i1}^2 + (\theta_2 - b)\sum_{i=1}^{m} z_{i2} z_{i1} \end{aligned} \tag{7.46}$$

A Equação (7.46) pode ser escrita como:

$$\Delta\theta_1\sum_{i=1}^{m} z_{i1}^2 + \Delta\theta_2\sum_{i=1}^{m} z_{i2}z_{i1} = \sum_{i=1}^{m} h_i z_{i1} \tag{7.47}$$

- **Segunda equação normal:** Para $\left(\dfrac{\partial S_R}{\partial \theta_2}\right)_{\theta_1} = 0$, a Equação (7.43) torna-se:

$$\sum_{i=1}^{m} \varepsilon_i \left(\frac{\partial \varepsilon_i}{\partial \theta_2}\right)_{\theta_1} = 0 \tag{7.48}$$

A derivação parcial da Equação (7.41) com relação ao parâmetro θ_1, mantendo θ_2 constante, fornece:

$$\left(\frac{\partial \varepsilon_i}{\partial \theta_2}\right)_{\theta_1} = \frac{\partial}{\partial \theta_2}\left[h_i - z_{i1}(\theta_1 - a) - z_{i2}(\theta_2 - b)\right]_{\theta_1} = -z_{i2} \tag{7.49}$$

Substituindo as Equações (7.41) e (7.49) na Equação (7.48), obtém-se:

$$\begin{aligned} 0 &= \sum_{i=1}^{m}\left[h_i - z_{i1}(\theta_1 - a) - z_{i2}(\theta_2 - b)\right](-z_{i2}) \\ &= -\sum_{i=1}^{m} h_i z_{i2} + (\theta_1 - a)\sum_{i=1}^{m} z_{i1}z_{i2} + (\theta_2 - b)\sum_{i=1}^{m} z_{i2}^2 \end{aligned} \tag{7.50}$$

A Equação (7.50) pode ser escrita como:

$$\Delta\theta_1\sum_{i=1}^{m} z_{i1}z_{i2} + \Delta\theta_2\sum_{i=1}^{m} z_{i2}^2 = \sum_{i=1}^{m} h_i z_{i2} \tag{7.51}$$

O resumo das equações normais é apresentado na Tabela 7.2

TABELA 7.2 – RESUMO DAS EQUAÇÕES NORMAIS

EQUAÇÕES NORMAIS	FORMA MATRICIAL
$\Delta\theta_1\sum_{i=1}^{m} z_{i1}^2 + \Delta\theta_2\sum_{i=1}^{m} z_{i2}z_{i1} = \sum_{i=1}^{m} h_i z_{i1}$ $\Delta\theta_1\sum_{i=1}^{m} z_{i1}z_{i2} + \Delta\theta_2\sum_{i=1}^{m} z_{i2}^2 = \sum_{i=1}^{m} h_i z_{i2}$	$\begin{bmatrix} \sum_{i=1}^{m} z_{i1}^2 & \sum_{i=1}^{m} z_{i1}z_{i2} \\ \sum_{i=1}^{m} z_{i2}z_{i1} & \sum_{i=1}^{m} z_{i2}^2 \end{bmatrix}\begin{bmatrix} \Delta\theta_1 \\ \Delta\theta_2 \end{bmatrix} = \begin{bmatrix} \sum_{i=1}^{m} h_i z_{i1} \\ \sum_{i=1}^{m} h_i z_{i2} \end{bmatrix}$

Roteiro de Cálculo para dois parâmetros

O procedimento computacional é apresentado na Tabela 7.3.

Tabela 7.3 – Roteiro de cálculo para o método de Gauss-Newton dois parâmetros

1. Entrada de dados: m, y_i, x_i para $i = 1, 2, ..., m$
2. Informações do procedimento iterativo: Tol = $1\text{x}10^{-5}$ e Itemax = 50
3. Cálculo da média de y: $\bar{y} = \left(\sum_{i=1}^{m} y_i\right) \Big/ m$
4. Estimativa inicial dos parâmetros: θ_1 e θ_2
5. Inicialização do contador de iteração: $k = 1$
6. Método de Gauss-Newton

   Faça

   $a = \theta_1$ e $b = \theta_2$

   Faça $i = 1$ para m incremento de 1

   $$g_i = g_i\big|_{x_i,a,b},\ z_{i1} = \left(\frac{\partial g_i}{\partial \theta_1}\right)_{\theta_2}\Bigg|_{a,b},\ z_{i2} = \left(\frac{\partial g_i}{\partial \theta_2}\right)_{\theta_1}\Bigg|_{a,b} \text{ e } h_i = y_i - g_i\big|_{a,b}$$

   Fim Faça

   Efetuar o produto Z^TZ: $\mathbf{Z}^T\mathbf{Z} = \begin{bmatrix} \sum_{i=1}^{m} z_{i1}^2 & \sum_{i=1}^{m} z_{i1}z_{i2} \\ \sum_{i=1}^{m} z_{i2}z_{i1} & \sum_{i=1}^{m} z_{i2}^2 \end{bmatrix}$

   Calcular a matriz inversa $\mathbf{B} = [\boldsymbol{Z}^T\boldsymbol{Z}]^{-1}$:

   Efetuar a multiplicação $\mathbf{Z}^T\mathbf{h}$: $\boldsymbol{\beta} = \mathbf{Z}^T\mathbf{h} = \begin{bmatrix} \sum_{i=1}^{m} h_i z_{i1} \\ \sum_{i=1}^{m} h_i z_{i2} \end{bmatrix}$

   Efetuar a multiplicação $\Delta\theta = \mathbf{B}\boldsymbol{\beta} = \begin{bmatrix} \Delta\theta_1 \\ \Delta\theta_2 \end{bmatrix}$

   Calcular o valor máximo: max_valor = máximo($|\Delta\theta_1|$, $|\Delta\theta_2|$)

TABELA 7.3 – ROTEIRO DE CÁLCULO PARA O MÉTODO DE GAUSS-NEWTON DOIS PARÂMETROS

Verificação da convergência

L1 = k > Itemax

L2 = |max_valor| < Tol

SE L1 OU L2 → Sair do ciclo

Atualizações os coeficientes: $\theta_1 = a + \Delta\theta_1$ e $\theta_2 = b + \Delta\theta_2$

Atualização do contador de iterações: $k = k + 1$

Fim Faça

7. Qualidade do ajuste

- Cálculo da soma dos resíduos: $\varepsilon = \sum_{i=1}^{m} (y_i - g_i$
- Cálculo da soma quadrática dos resíduos: $S_R = \sum_{i=1}^{m} (y_i - g_i\ ^2$
- Cálculo da soma quadrática total: $S_T = \sum_{i=1}^{m} y_i^2$
- Cálculo da soma quadrática total corrigida: $S_{TC} = \sum_{i=1}^{m} (y_i - \bar{y}\ ^2$
- Cálculo da soma quadrática do modelo: $S_{Re} = \sum_{i=1}^{m} g_i^2$
- Graus de liberdade dos resíduos: $G_L^R = m - 2$
- Graus de liberdade da regressão: $G_L^{Re} = 2$
- Graus de liberdade total: $G_L^T = m$
- Graus de liberdade total corrigido: $G_L^{TC} = m - 1$
- Proporção da variância explicada: $R^2 = 1 - S_R/S_T$
- Coeficiente de determinação (R): $R = \sqrt{R^2}$
- Proporção da variância explicada corrigida: $R_C^2 = 1 - S_R/S_{TC}$
- Média quadrática residual: $M_R = S_R/G_L^R$
- Média quadrática total corrigida: $M_{TC} = S_{TC}/G_L^{TC}$
- Média quadrática devida à regressão: $M_{Re} = S_{Re}/G_L^{Re}$

Tabela 7.3 – Roteiro de cálculo para o método de Gauss-Newton dois parâmetros

- Variância populacional: $s^2 = M_R$
- Erro padrão da estimativa: $s = \sqrt{M_R}$
- Matriz de covariância $\mathbf{V} = \mathbf{B}s^2$:

$$\mathbf{V} = \begin{bmatrix} \text{Var}(\theta_1) = B_{11}s^2 & \text{Cov}(\theta_1,\theta_2) = B_{12}s^2 \\ \text{Cov}(\theta_2,\theta_1) = B_{21}s^2 & \text{Var}(\theta_2) = B_{22}s^2 \end{bmatrix}$$

- Erro padrão do coeficiente θ_1: $E_{\theta 1} = \sqrt{\text{Var}(\theta_1)}$
- Erro padrão do coeficiente θ_2: $E_{\theta 2} = \sqrt{\text{Var}(\theta_2)}$
- Inferência sobre os coeficientes do modelo:
  - Entrada do grau de confiança em %: NC
  - Cálculo do nível de significância: $\alpha = 1 - NC/100$
  - Cálculo da probabilidade acumulada: $\phi = 1 - \alpha/2$
  - Cálculo do valor crítico da distribuição t de Student: $t = \text{INVT}(\alpha; G_L^R)$
  - Cálculo da estatística do coeficiente θ_1: $t_{Estat}|_{\theta 1} = \theta_1/E_{\theta 1}$
  - Cálculo da estatística do coeficiente θ_2: $t_{Estat}|_{\theta 2} = \theta_2/E_{\theta 2}$
  - Teste de hipótese para o coeficiente θ_1:

    Se $t_{Estat}|_{\theta 1} > t$, o coeficiente θ_1 é estatisticamente significativo. Caso contrário, deve-se descartar o coeficiente θ_1, pois não é estatisticamente significativo.
  - Teste de hipótese para o coeficiente θ_2:

    Se $t_{Estat}|_{\theta 2} > t$, o coeficiente θ_2 é estatisticamente significativo. Caso contrário, deve-se descartar o coeficiente θ_2, pois não é estatisticamente significativo.
  - Cálculo da distribuição t de Student para o coeficiente θ_1:

    $\text{valor-p}|_{\theta 1} = \text{DISTT}(t_{Estat}|_{\theta 1}; G_L^R; 2)$
  - Teste de hipótese para o coeficiente θ_1:

    Se $\text{valor-p}|_{\theta 1} < \alpha$, o coeficiente θ_1 é estatisticamente significativo. Caso contrário, deve-se descartar o coeficiente θ_1, pois não é estatisticamente significativo.
  - Teste de hipótese para o coeficiente θ_2:

    Se $\text{valor-p}|_{\theta 2} < \alpha$, o coeficiente θ_2 é estatisticamente significativo. Caso contrário, descartar o coeficiente θ_2, pois não é estatisticamente significativo.

TABELA 7.3 – ROTEIRO DE CÁLCULO PARA O MÉTODO DE GAUSS-NEWTON DOIS PARÂMETROS

▶ Inferência sobre o modelo:

TESTE ESTATÍSTICO 1

- Cálculo do valor crítico da distribuição F: $F = \text{INVF}(\alpha;\ G_L^{Re};\ G_L^{R})$
- Cálculo da estatística de teste de hipótese: $F_{Estat} = M_{Re}/M_R$
- Teste de hipótese:

  Se $F_{Estat} > F$, o modelo proposto é estatisticamente significativo. Caso contrário, deve-se descartar o modelo proposto.
- Cálculo da distribuição F: $F_{significância} = \text{DISTF}(F_{Estat};\ G_L^{Re};\ G_L^{R})$
- Teste de hipótese:

  Se $F_{significância} < \alpha$, o modelo proposto é estatisticamente significativo. Caso contrário, deve-se descartar o modelo proposto, pois não existe relação entre a variável dependente e as variáveis independentes.

TESTE ESTATÍSTICO 2

- Cálculo da estatística de teste de hipótese: $F_{Estat}|_{\text{TC}} = M_{Re}/M_{TC}$
- Cálculo da distribuição F: $F_{sig}|_{\text{TC}} = \text{DISTF}(F_{Estat};\ G_L^{Re};\ G_L^{TC})$
- Teste de hipótese:

  Se $F_{Estat}|_{\text{TC}} > F$, o modelo proposto é estatisticamente significativo. Caso contrário, deve-se descartar o modelo proposto.
- Teste de hipótese:

  Se $\boldsymbol{F}_{sig}|_{\text{TC}} < \alpha$, o modelo proposto é estatisticamente significativo. Caso contrário, deve-se descartar o modelo proposto, pois não existe relação entre a variável dependente e as variáveis independentes.

▶ Intervalos de confiança para o coeficiente θ_1: $\theta_1 \pm \Delta_{\theta 1}$, onde $\Delta_{\theta 1} = tE_{\theta 1}$

▶ Intervalos de confiança para o coeficiente θ_2: $\theta_2 \pm \Delta_{\theta 2}$, onde $\Delta_{\theta 2} = tE_{\theta 2}$

Exemplo 7.2

Os dados da demanda biológica de oxigênio reportados por Englezos e Kalogerakis (2001) são modelados em função do tempo pela seguinte equação $g = k_1\left[1 - \exp(-k_2 t\ \right]$.

i	Tempo (dia)	DBO (mg/litro)	i	Tempo (dia)	DBO (mg/litro)
1	1	110	5	5	280

i	Tempo (dia)	DBO (mg/litro)	i	Tempo (dia)	DBO (mg/litro)
2	2	180	6	6	290
3	3	230	7	7	310
4	4	260	8	8	330

SOLUÇÃO:

▶ Modelagem matemática: O modelo é representado por $g_i = \theta_1\left[1-\exp\ -\theta_2 t_i)\right]$. As derivadas parciais são dadas por:

- Derivada parcial da função g_i com relação à θ_1, mantendo θ_2 constante:

$$\left(\frac{\partial g_i}{\partial \theta_1}\right)_{\theta_2} = 1-\exp\left(-\theta_2 t_i\right)$$

- Derivada parcial da função g_i com relação à θ_2, mantendo θ_1 constante:

$$\left(\frac{\partial g_i}{\partial \theta_2}\right)_{\theta_1} = \theta_1\theta_2 \exp\ -\theta_2 t_i)$$

Roteiro de cálculo – Tabela 7.3:

1. Entrada de dados: $m = 8, y_i = (\mathrm{DBO})_i$, e $x_i = (\mathrm{Tempo})_i$, para $i = 1, 2, ..., 8$

2. Cálculo da média de y: $\bar{y} = \frac{\sum_{i=1}^{m} y_i}{m} = 248{,}75$

3. Informações do procedimento iterativo: Tol = $1\mathrm{x}10^{-5}$ e Itemax = 50

4. Estimativa inicial dos parâmetros: $\theta_1 = k_1 = 350$ mg/L e $\theta_2 = k_2 = 1$ dia^{-1}

5. Inicialização do contador de iteração: $k = 1$

6. Método de Gauss-Newton

   Faça

   $a = \theta_1$ e $b = \theta_2$

▶ Para i = 1, 2, 3, 4, 5, 6, 7, 8, calcule as funções:

$$g_i = a\left[1-\exp\left(-bx_i\right)\right],\ h_i = y_i - g_i\big|_{a,b}$$

$$z_{i1} = \left(\frac{\partial g_i}{\partial \theta_1}\right)_{\theta_2}\Bigg|_{a,b} = 1-\exp\left(-bx_i\right),\ z_{i2} = \left(\frac{\partial g_i}{\partial \theta_2}\right)_{\theta_1}\Bigg|_{a,b} = ab\exp\left(-bx_i\right)$$

Fim Faça

▶ Os valores obtidos são apresentados abaixo:

i	x_i	y_i	g_i	z_{i1}	z_{i2}
1	1	110	221,2422	0,632120559	128,7578044
2	2	180	302,63265	0,864664717	94,73469827
3	3	230	332,57453	0,950212932	52,27642179
4	4	260	343,58953	0,981684361	25,64189444
5	5	280	347,64172	0,993262053	11,79140725
6	6	290	349,13244	0,997521248	5,205379571
7	7	310	349,68084	0,999088118	2,234110816
8	8	330	349,88259	0,999664537	0,939295358

▶ Outros valores calculados

i	z_{i1}^2	z_{i2}^2	$z_{i1}z_{i2}$	h	hz_{i1}	hz_{i2}
1	0,39957640	16578,5722	81,3905	-111,2422	-70,3185	-14323,301
2	0,74764507	8974,6631	81,9138	-122,6327	-106,0361	-11617,567
3	0,90290462	2732,8243	49,6737	-102,5745	-97,4676	-5362,2292
4	0,96370418	657,5068	25,1722	-83,5895	-82,0585	-2143,3938
5	0,98656951	139,0373	11,7120	-67,6417	-67,1860	-797,5911
6	0,99504864	27,0960	5,1925	-59,1324	-58,9859	-307,8068
7	0,99817707	4,991251	2,232074	-39,680841	-39,64466	-88,651397
8	0,99932919	0,882276	0,938980	-19,882588	-19,87592	-18,675623

▶ Cálculos dos somatórios Z^TZ: $\mathbf{Z^TZ} = \begin{bmatrix} \sum_{i=1}^{m} z_{i1}^2 & \sum_{i=1}^{m} z_{i1}z_{i2} \\ \sum_{i=1}^{m} z_{i2}z_{i1} & \sum_{i=1}^{m} z_{i2}^2 \end{bmatrix}$

$\sum_{i=1}^{m} z_{i1}^2 = 6,99295467$, $\sum_{i=1}^{m} z_{i2}^2 = 29115,5731$ e $\sum_{i=1}^{m} z_{i1}z_{i2} = 258,225673$

Portanto,

$$\mathbf{Z^TZ} = \begin{bmatrix} 6,99295467 & 258,225673 \\ 258,225673 & 29115,5731 \end{bmatrix}$$

▶ Calcular a matriz inversa $\mathbf{B} = [\mathbf{Z^TZ}]^{-1}$:

Formação da matriz particionada $\mathbf{B} = [\mathbf{Z^TZ}]|\mathbf{I}]$, sendo **I** a matriz identidade 2 × 2. Assim:

$$\left[(\mathbf{Z}^T\mathbf{Z} \,|\mathbf{I}\right] = \left[\begin{array}{cc|cc} 6,99295467 & 258,225673 & 1 & 0 \\ 258,225673 & 29115,5731 & 0 & 1 \end{array}\right]$$

▶ Realizações das operações elementares sobre as linhas de $\left[(\mathbf{Z}^T\mathbf{Z} \,|\mathbf{I}\right]$ até a formação da matriz particionada $\left[\mathbf{I}|\mathbf{B}\right]$, em que a matriz B é a matriz inversa de (Z^TZ).

$$L_1^{(0} = 6,99295467 \quad 258,225673 \;|\; 1 \quad 0$$

$$L_2^{0} = 258,225673 \quad 29115,5731 \;|\; 0 \quad 1$$

sendo que o índice (0) denota a matriz original.

As operações elementares sobre as linhas são realizadas pelas seguintes expressões:

▶ Multiplicadores das linhas: $m_{jk} = \frac{a_{jk}^{(k-1}}{a_{kk}^{k}}$, sendo que j e k ($\boldsymbol{j \neq k}$) denotam, respectivamente, a linha e a coluna da matriz.

▶ Operações sobre as linhas: $L_j^{(k} = L_j^{k-1} - m_{jk}L_k^{k}$, sendo que L_j denota a linha e os sobrescritos: (k-1) linha antiga e (k) nova linha

▶ **Primeira coluna, *k* = 1: *j* = 2**

- Normalização da linha 1:

$$L_1^{1)} = \frac{L_1^{(0)}}{6,99295467} = \frac{\begin{bmatrix}6,99295467 & 258,225673 & \vdots & 1 & 0\end{bmatrix}}{6,99295467} = \begin{bmatrix}1 & 36,926548 & \vdots & 0,1430011 & 0\end{bmatrix}$$

- Multiplicador da linha 2: $m_{21} = \dfrac{a_{21}^{(0)}}{a_{11}^{(1)}} = \dfrac{258,2257}{1} = 258,2257$
- Operação elementar sobre a linha 2

$$\begin{aligned} L_2^{1)} &= L_2^{(0)} - m_{21}L_1^{(1)} \\ &= \begin{bmatrix}258,225673 & 29115,5731 & \vdots & 0 & 1\end{bmatrix} - 258,2257\begin{bmatrix}1 & 36,926548 & \vdots & 0,1430011 & 0\end{bmatrix} \\ &= \begin{bmatrix}0 & 19580,19 & \vdots & -36,92655 & 1\end{bmatrix} \end{aligned}$$

A nova matriz torna-se

$$\left[\begin{array}{cc|cc} 1 & 36,926548 & 0,1430011 & 0 \\ 0 & 19580,19 & -36,92655 & 1 \end{array}\right]$$

▶ **Segunda coluna, *k* = 2: *j* = 1**

- Normalização da linha 2:

$$L_2^{2)} = \frac{L_2^{(1)}}{19580,19} = \frac{\begin{bmatrix}0 & 19580,19 & \vdots & -36,92655 & 1\end{bmatrix}}{19580,19} = \begin{bmatrix}0 & 1 & \vdots & -0,001886 & 5,1072E-05\end{bmatrix}$$

- Multiplicador da linha 1: $m_{12} = \dfrac{a_{12}^{(1)}}{a_{22}^{(2)}} = \dfrac{36,92655}{1} = 36,92655$

- Operação elementar sobre a linha 2

$$\begin{aligned} L_1^{2)} &= L_1^{(1)} - m_{12}L_2^{(2)} \\ &= \begin{bmatrix}1 & 36,926548 & \vdots & 0,1430011 & 0\end{bmatrix} - 36,92655\begin{bmatrix}0 & 1 & \vdots & -0,001886 & 5,1072E-05\end{bmatrix} \\ &= \begin{bmatrix}1 & 0 & \vdots & 0,2126413 & -0,001885914\end{bmatrix} \end{aligned}$$

A nova matriz torna-se

$$\left[\begin{array}{cc|cc} 1 & 0 & 0,2126413 & -0,001885914 \\ 0 & 1 & -0,001886 & 5,1072E-05 \end{array}\right]$$

Portanto,

$$\mathbf{I}|\mathbf{B}] = \left[\begin{array}{cc|cc} 1 & 0 & 0,2126413 & -0,001885914 \\ 0 & 1 & -0,001886 & 5,1072E-05 \end{array}\right]$$

A matriz **B** é a matriz inversa de ($\mathbf{Z}^T\mathbf{Z}$). Assim:

$$\mathbf{B} = \left(\mathbf{X}'\mathbf{X}\right)^{-1} = \begin{bmatrix} 0,2126413 & -0,001885914 \\ -0,001885914 & 5,1072E-05 \end{bmatrix}$$

▶ Efetuar a multiplicação $\mathbf{Z}^T\mathbf{h}$: $\boldsymbol{\beta} = \mathbf{Z}^T\mathbf{h} = \begin{bmatrix} \sum_{i=1}^{m} h_i z_{i1} \\ \sum_{i=1}^{m} h_i z_{i2} \end{bmatrix}$

$$\sum_{i=1}^{m} h_i z_{i1} = -541,5732 \quad \text{e} \quad \sum_{i=1}^{m} h_i z_{i2} = -34659,21589$$

Portanto,

$$\boldsymbol{\beta} = \mathbf{Z}^T\mathbf{h} = \begin{bmatrix} -541,5732 \\ -34659,21589 \end{bmatrix}$$

▶ Efetuar a multiplicação $\Delta\theta = \mathbf{B}\boldsymbol{\beta} = \begin{bmatrix} \Delta\theta_1 \\ \Delta\theta_2 \end{bmatrix}$

$$\begin{bmatrix} \Delta\theta_1 \\ \Delta\theta_2 \end{bmatrix} = \begin{bmatrix} 0,2126413 & -0,001885914 \\ -0,001885914 & 5,1072E-05 \end{bmatrix} \begin{bmatrix} -541,5732 \\ -34659,21589 \end{bmatrix} = \begin{bmatrix} -49,79656162 \\ -0,748756179 \end{bmatrix}$$

▶ Calcular o valor máximo: max_valor = máximo($|\Delta\theta_1|$, $|\Delta\theta_2|$) = 49,79656162

- Verificação da convergência

  L1 = 1 > 50? Falso

  L2 = 49,79656162 < $1x10^{-5}$? → Falso

  L1 OU L2 → (Falso OU Falso) → Falso (continuar os cálculos)

- Atualizações os coeficientes

  $\theta_1 = a + \Delta\theta_1 \rightarrow \theta_1 = 300{,}2034384$

  $\theta_2 = b + \Delta\theta_2 \rightarrow \theta_2 = 0{,}251243821$

- Atualização do contador de iterações: $k \leftarrow k + 1 \rightarrow k = 2$

Retorne para o faça no início da etapa 6 e repita o procedimento até que uma das condições de convergência seja verdadeira. O procedimento converge com sete iterações. Os resultados finais são mostrados nas tabelas seguintes.

Valores dos parâmetros em cada iteração:

k	$\theta_1^{(k)}$	$\theta_2^{(k)}$	$\Delta\theta_1^{(k)}$	$\Delta\theta_2^{(k)}$	max_valor	L1 ou L2
1	350	1	-49,7965616	-0,74875618	49,79656162	Falso
2	300,203438	0,251243821	13,48585459	0,143346197	13,48585459	Falso
3	313,689293	0,394590018	20,29749114	-0,01409043	20,29749114	Falso
4	333,986784	0,380499585	0,284068404	0,000234375	0,284068404	Falso
5	334,270853	0,38073396	-0,00306193	1,07081E-05	0,003061927	Falso
6	334,267791	0,380744668	-0,00014134	4,98107E-07	0,000141343	Falso
7	334,267649	0,380745166	-6,5779E-06	2,31653E-08	6,57791E-06	Verdadeiro

Os valores das matrizes em cada iteração

k	Z^TZ		$B = (Z^TZ)^{-1}$		β	Δθ
1	6,9929547	258,225673	0,21264135	-0,0018859	-541,573167	-49,7965616
	258,22567	29115,5731	-0,0018859	5,1072E-5	-34659,2159	-0,74875618
2	3,4403349	1892,98567	3,50630176	-0,0058441	317,7481536	13,48585459
	1892,9857	1135734,52	-0,0058441	1,06212E-5	188331,7541	0,143346197
3	4,872546	1209,62193	0,93088951	-0,0029231	81,85636318	20,29749114
	1209,6219	385220,603	0,0029231	1,17746E-5	19124,36537	-0,01409043

k	Z^TZ		$B = (Z^TZ)^{-1}$		β	Δθ
4	4,7611718	1352,59378	1,02312017	-0,0028621	1,669512966	0,284068404
	1352,5938	483515,164	-0,0028621	1,00747E-5	497,5531381	0,000234375
5	4,7630694	1352,63883	1,02146313	-0,0028576	-9,99682E-5	-0,00306193
	1352,6388	483507,501	-0,0028576	1,00625E-5	1,035769242	1,07081E-05
6	4,7631561	1352,57596	1,02138752	-0,0028575	4,86666E-07	-0,00014134
	1352,576	483460,742	-0,0028575	1,00629E-5	0,04963739	4,98107E-07
7	4,7631601	1352,57304	1,02138401	-0,0028575	1,05084E-09	-6,57791E-6
	1352,57304	483458,57	-0,0028575	1,00629E-5	0,002302335	2,31653E-08

Valores utilizados na qualidade do ajuste

- Modelo proposto: $g_i = \theta_1\left[1-\exp\left(-\theta_2 t_i\right)\right]$
- Valores quadráticos residuais: $S_{Ri} = \left(y_i - g_i\right)^2$
- Valores quadráticos experimentais: $S_{Ti} = y_i^2$
- Valores quadráticos totais corrigidos: $S_{TCi} = \left(y_i - \overline{y}\right)^2$
- Valores quadráticos do modelo: $S_{\text{Re}i} = g_i^2$

i	g_i	S_{Ri}	S_{Ti}	S_{TCi}	S_{Rei}
1	105,84518	17,26253105	12100	19251,5625	11203,20208
2	178,1747	3,331734811	32400	4726,5625	31746,22228
3	227,60122	5,754164091	52900	351,5625	51802,31358
4	261,37693	1,895930553	67600	126,5625	68317,89846
5	284,45763	19,87045137	78400	976,5625	80916,14238
6	300,22987	104,6502708	84100	1701,5625	90137,97574
7	311,00787	1,015792782	96100	3751,5625	96725,89238
8	318,37303	135,1864481	108900	6601,5625	101361,3858

- Soma quadrática dos resíduos: $S_R = \sum_{i=1}^{m}\left(y_i - g_i\right)^2 = 288{,}9673236$
- Calcular a soma quadrática total: $S_T = \sum_{i=1}^{m} y_i^2 = 532500$
- Soma quadrática dos resíduos: $S_{TCi} = \sum_{i=1}^{m}\left(y_i - \overline{y}\right)^2 = 37487{,}5$

- Calcular a soma quadrática do modelo: $S_{\mathrm{Re}} = \sum_{i=1}^{m} g_i^2 = 532211{,}0327$
- Graus de liberdade dos resíduos: $G_L^{R} = m - 2 = 6$
- Graus de liberdade da regressão: $G_L^{Re} = 2$
- Graus de liberdade total: $G_L^{T} = m = 8$
- Graus de liberdade total corrigido: $G_L^{TC} = m - 1 = 7$
- Proporção da variância explicada: $R^2 = 1 - S_R/S_T = 0{,}999457338$
- Proporção da variância explicada corrigida: $R_C^2 = 1 - S_R/S_{TC} = 0{,}99229164$
- Média quadrática residual: $M_R = S_R/G_L^{R} = 48{,}1612206$
- Média quadrática devido à regressão: $M_{Re} = S_{Re}/G_L^{\mathrm{Re}} = 266105{,}5163$
- Média quadrática total corrigida: $M_{TC} = S_{TC}/G_L^{TC} = 5355{,}357143$
- Variância populacional: $s^2 = M_R = 48{,}1612206$
- Erro padrão da estimativa: $s = \sqrt{M_R} = 6{,}939828571$
- Matriz de covariância $\mathbf{V} = \mathbf{B}s^2 = \begin{bmatrix} B_{11} & B_{12} \\ B_{21} & B_{22} \end{bmatrix} s^2$: A iteração 7 fornece os valores finais da matriz **B**:

$$\mathbf{V} = \begin{bmatrix} 1{,}021384012 & \text{-}0{,}00285753 \\ \text{-}0{,}00285753 & 1{,}00629\text{E-}05 \end{bmatrix} \times 48{,}1612206$$
$$= \begin{bmatrix} 49{,}19110071 & \text{-}0{,}137622044 \\ \text{-}0{,}137622044 & 0{,}000484644 \end{bmatrix}$$

Portanto,

- Variância do coeficiente θ_1: $\mathrm{Var}(\theta_1) = 49{,}19110071$
- Variância do coeficiente θ_2: $\mathrm{Var}(\theta_2) = 0{,}000484644$
- Covariância entre θ_1 e θ_2: $\mathrm{Cov}(\theta_1, \theta_2) = -0{,}137622044$

- Erro padrão do coeficiente θ_1: $E_{\theta 1} = \sqrt{\mathrm{Var}(\theta_1)} = 7{,}013636768$

▶ Erro padrão do coeficiente θ_2: $E_{\theta 2} = \sqrt{\text{Var}(\theta_2)} = 0{,}022014622$

▶ Inferência sobre os coeficientes do modelo:

- Especificação do nível de confiança: NC = 95 %
- Cálculo do nível de significância: $\alpha = 1 - NC/100 = 0{,}05$
- Cálculo da probabilidade acumulada: $\phi = 1 - \alpha/2 = 0{,}975$
- Cálculo do valor crítico da distribuição t de Student:

  $t = \text{INVT}(\alpha; G_L^R) \rightarrow t = \text{INVT}(0{,}05; 6) \rightarrow t = 2{,}446911846$

- Cálculo da estatística do coeficiente θ_1: $t_{Estat}|_{\theta 1} = \theta_1/E_{\theta 1} = 47{,}65967505$
- Cálculo da estatística do coeficiente θ_2: $t_{Estat}|_{\theta 2} = \theta_2/E_{\theta 2} = 17{,}29510476$
- Teste de hipótese para o coeficiente θ_1:

  $(t_{Estat}|_{\theta 1} > t)? \rightarrow (47{,}65967505 > 2{,}446911846)?$ Sim. Portanto, o coeficiente θ_1 é estatisticamente significativo.

- Teste de hipótese para o coeficiente θ_2:

  $(t_{Estat}|_{\theta 2} > t)? \rightarrow (17{,}29510476 > 2{,}446911846)?$ Sim. Portanto, o coeficiente θ_2 é estatisticamente significativo.

- Cálculo da distribuição t de Student para o coeficiente θ_1:

  valor-p$|_{\theta 1}$ = DISTT($t_{Estat}|_{\theta 1}$; G_L^R; 2) → valor-p$|_{\theta 1}$ = 5,71992E-09

- Cálculo da distribuição t de Student para o coeficiente θ_2:

  valor-p$|_{\theta 2}$ = DISTT($t_{Estat}|_{\theta 2}$; G_L^R; 2) θ valor-p$|_{\theta 2}$ = 2,39397E-06

- Teste de hipótese sobre o coeficiente θ_1:

  (valor-p$|_{\theta 1} < \alpha$)? → (5,71992E-09 < 0,05)? Sim. Portanto, o coeficiente θ_1 é estatisticamente significativo.

- Teste de hipótese sobre o coeficiente θ_2:

  (valor-p$|_{\theta 2} < \alpha$)? → (2,39397E-06 < 0,05)? Sim. Portanto, o coeficiente θ_2 é estatisticamente significativo.

▶ Inferência sobre o modelo:

TESTE ESTATÍSTICO 1

- Cálculo do valor crítico da distribuição F:

  $F = \text{INVF}(\alpha; G_L^{Re}; G_L^{R}) \rightarrow F = \text{INVF}(0{,}05; 2; 6) \rightarrow F = 5{,}1432528$

- Cálculo da estatística de teste de hipótese: $F_{Estat} = M_{Re}/M_R = 5525{,}30673$
- Teste de hipótese:

  $(F_{Estat} > F)? \rightarrow (5525{,}30673 > 5{,}1432528)?$ Sim. Portanto, o modelo proposto é estatisticamente significativo.

- Cálculo da distribuição F:

  $F_{significância} = \text{DISTF}(F_{Estat}; G_L^{Re}; G_L^{R}) \rightarrow F_{significância} = 1{,}59804\text{E-}10$

- Teste de hipótese:

  $(F_{significância} < \alpha)? \rightarrow (1{,}59804\text{E-}10 < 0{,}05)?$ Sim. Portanto, o modelo proposto é estatisticamente significativo.

TESTE ESTATÍSTICO 2

- Cálculo do valor crítico da distribuição corrigida $F|_{TC}$:

  $F|_{TC} = \text{INVF}(\alpha; G_L^{Re}; G_L^{TC}) \rightarrow F|_{TC} = \text{INVF}(0{,}05; 2; 7) \rightarrow F|_{TC} = 4{,}737414128$

- Cálculo da estatística de teste de hipótese: $F_{Estat}|_{TC} = M_{Re}/M_{TC} = 49{,}68959291$
- Cálculo da distribuição F:

  $F_{sig}|_{TC} = \text{DISTF}(F_{Estat}; G_L^{Re}; G_L^{TC}) \rightarrow F_{sig}|_{TC} = 7{,}308779\text{E-}05$

- Teste de hipótese:

  $(F_{Estat}|_{TC} > F|_{TC})? \rightarrow (49{,}68959291 > 4{,}737414128)?$ Sim. Portanto, o modelo proposto é estatisticamente significativo.

- Teste de hipótese:

  $(F_{sig}|_{TC} < \alpha)? \rightarrow (7{,}308779\text{E-}05 < 0{,}05)?$ Sim. Portanto, o modelo proposto é estatisticamente significativo.

▶ Intervalos de confiança para o coeficiente θ_1:

Intervalo: $\Delta_{\theta 1} = tE_{\theta 1} = 17{,}161751$

Inferior: $\theta_1 - \Delta_{\theta 1} = 317{,}105892$

Central: $\theta_1 = 334{,}2676427$

Superior: $\theta_1 + \Delta_{\theta 1} = 351{,}4293936$

- Intervalos de confiança para o coeficiente θ_2:

Intervalo: $\Delta_{\theta 2} = tE_{\theta 2} = 0{,}0538678$

Inferior: $\theta_2 - \Delta_{\theta 2} = 0{,}32687735$

Central: $\theta_2 = 0{,}38074519$

Superior: $\theta_2 + \Delta_{\theta 2} = 0{,}434613028$

REGRESSÃO NÃO LINEAR DE TRÊS PARÂMETROS – MÉTODO DE GAUSS-NEWTON

Considere uma função de várias variáveis $g_i(\mathbf{X}, \theta_1, \theta_2, \theta_3)$, para $i = 1, 2, 3, ..., m$; onde θ_1, θ_2 e θ_3 são os parâmetros e $\mathbf{X}$ é o vetor dos valores independentes. A linearização da função g_i em torno do ponto $(\mathbf{X}, a, b, c)$ é obtida fazendo $x = \theta_1$, $y = \theta_2$, $z = \theta_3$, $\Delta x = \Delta\theta_1 = \theta_1 - a$, $\Delta y = \Delta\theta_2 = \theta_2 - b$, e $\Delta z = \Delta\theta_3 = \theta_3 - c$ e $f = g_i$ na Equação (7.33). Assim, para o ponto experimental i,

$$\begin{aligned} g_i\Big|_{\theta_1,\theta_2,\theta_3} &= g_i\Big|_{a,b,c} + \left(\frac{\partial g_i}{\partial \theta_1}\right)_{\theta_2,\theta_3}\Bigg|_{a,b,c} \Delta\theta_1 + \left(\frac{\partial g_i}{\partial \theta_2}\right)_{\theta_1,\theta_3}\Bigg|_{a,b,c} \Delta\theta_2 + \left(\frac{\partial g_i}{\partial \theta_3}\right)_{\theta_1,\theta_2}\Bigg|_{a,b,c} \Delta\theta_3 \\ &= g_i\Big|_{a,b,c} + \left(\frac{\partial g_i}{\partial \theta_1}\right)_{\theta_2,\theta_3}\Bigg|_{a,b,c} (\theta_1 - a) + \left(\frac{\partial g_i}{\partial \theta_2}\right)_{\theta_1,\theta_3}\Bigg|_{a,b,c} (\theta_2 - b) + \left(\frac{\partial g_i}{\partial \theta_3}\right)_{\theta_1,\theta_2}\Bigg|_{a,b,c} (\theta_3 - c) \end{aligned}$$

Substituindo a expressão para ponto experimental i na Equação (7.1), obtém-se:

$$\begin{aligned} y_i &= g_i\Big|_{a,b,c} + \left(\frac{\partial g_i}{\partial \theta_1}\right)_{\theta_2,\theta_3}\Bigg|_{a,b,c} \Delta\theta_1 + \left(\frac{\partial g_i}{\partial \theta_2}\right)_{\theta_1,\theta_3}\Bigg|_{a,b,c} \Delta\theta_2 + \left(\frac{\partial g_i}{\partial \theta_3}\right)_{\theta_1,\theta_2}\Bigg|_{a,b,c} \Delta\theta_3 + \varepsilon_i \\ &= g_i\Big|_{a,b,c} + z_{i1}\Delta\theta_1 + z_{i2}\Delta\theta_2 + z_{i3}\Delta\theta_3 + \varepsilon_i \end{aligned} \tag{7.52}$$

sendo $z_{i1} = \left(\frac{\partial g_i}{\partial \theta_1}\right)_{\theta_2,\theta_3}\Bigg|_{a,b,c}$, $z_{i2} = \left(\frac{\partial g_i}{\partial \theta_2}\right)_{\theta_1,\theta_3}\Bigg|_{a,b,c}$ e $z_{i3} = \left(\frac{\partial g_i}{\partial \theta_3}\right)_{\theta_1,\theta_2}\Bigg|_{a,b,c}$.

Escrevendo a Equação (7.52) para cada ponto experimental,

$$\begin{aligned} y_1 &= g_1\big|_{a,b,c} + z_{11}\Delta\theta_1 + z_{12}\Delta\theta_2 + z_{13}\Delta\theta_3 + \varepsilon_1 \\ y_2 &= g_2\big|_{a,b,c} + z_{21}\Delta\theta_1 + z_{22}\Delta\theta_2 + z_{23}\Delta\theta_3 + \varepsilon_2 \\ y_3 &= g_3\big|_{a,b,c} + z_{31}\Delta\theta_1 + z_{32}\Delta\theta_2 + z_{33}\Delta\theta_3 + \varepsilon_3 \\ &\vdots \\ y_m &= g_m\big|_{a,b,c} + z_{m1}\Delta\theta_1 + z_{m2}\Delta\theta_2 + z_{m3}\Delta\theta_3 + \varepsilon_m \end{aligned} \tag{7.53}$$

Escrevendo a Equação (7.53) como:

$$\begin{aligned} y_1 - g_1\big|_{a,b,c} &= z_{11}\Delta\theta_1 + z_{12}\Delta\theta_2 + z_{13}\Delta\theta_3 + \varepsilon_1 \\ y_2 - g_2\big|_{a,b,c} &= z_{21}\Delta\theta_1 + z_{22}\Delta\theta_2 + z_{23}\Delta\theta_3 + \varepsilon_2 \\ y_3 - g_3\big|_{a,b,c} &= z_{31}\Delta\theta_1 + z_{32}\Delta\theta_2 + z_{33}\Delta\theta_3 + \varepsilon_3 \\ &\vdots \\ y_m - g_m\big|_{a,b,c} &= z_{m1}\Delta\theta_1 + z_{m2}\Delta\theta_2 + z_{m3}\Delta\theta_3 + \varepsilon_m \end{aligned} \tag{7.54}$$

Na forma matricial,

$$\begin{bmatrix} z_{11} & z_{12} & z_{13} \\ z_{21} & z_{22} & z_{23} \\ z_{31} & z_{32} & z_{33} \\ \vdots & \vdots & \vdots \\ z_{m1} & z_{m2} & z_{m3} \end{bmatrix} \begin{bmatrix} \Delta\theta_1 \\ \Delta\theta_2 \\ \Delta\theta_3 \end{bmatrix} + \begin{bmatrix} \varepsilon_1 \\ \varepsilon_2 \\ \varepsilon_3 \\ \vdots \\ \varepsilon_m \end{bmatrix} = \begin{bmatrix} h_1 \\ h_2 \\ h_3 \\ \vdots \\ h_m \end{bmatrix} \tag{7.55}$$

sendo que $h_i = y_i - g_i\big|_{a,b,c}$ para $i = 1, 2, ..., m$.

Escrevendo a Equação (7.55) em uma forma compacta,

$$\mathbf{Z\Delta\theta} + \boldsymbol{\varepsilon} = \mathbf{h} \tag{7.56}$$

em que $\mathbf{h} = \begin{bmatrix} y_1 - g_1\big|_{a,b,c} \\ y_2 - g_2\big|_{a,b,c} \\ \vdots \\ y_m - g_m\big|_{a,b,c} \end{bmatrix}$, $\mathbf{Z} = \begin{bmatrix} z_{11} & z_{12} & z_{13} \\ z_{21} & z_{22} & z_{23} \\ \vdots & \vdots & \vdots \\ z_{m1} & z_{m2} & z_{m3} \end{bmatrix}$, $\boldsymbol{\varepsilon} = \begin{bmatrix} \varepsilon_1 \\ \varepsilon_2 \\ \vdots \\ \varepsilon_m \end{bmatrix}$ e $\mathbf{\Delta\theta} = \begin{bmatrix} \Delta\theta_0 \\ \Delta\theta_1 \end{bmatrix}$.

As equações normais para o modelo não linear de três parâmetros são idênticas às desenvolvidas para os modelos passando pela origem: Tópico 1.3 para o modelo polinomial e Tópico 6.1 para o modelo de regressão linear múltipla. O resultado final é dado por:

$$\begin{bmatrix} \sum_{i=1}^{m} z_{i1}^2 & \sum_{i=1}^{m} z_{i1}z_{i2} & \sum_{i=1}^{m} z_{i1}z_{i3} \\ \sum_{i=1}^{m} z_{i2}z_{i1} & \sum_{i=1}^{m} z_{i2}^2 & \sum_{i=1}^{m} z_{i2}z_{i3} \\ \sum_{i=1}^{m} z_{i3}z_{i1} & \sum_{i=1}^{m} z_{i3}z_{i2} & \sum_{i=1}^{m} z_{i3}^2 \end{bmatrix} \begin{bmatrix} \Delta\theta_1 \\ \Delta\theta_2 \\ \Delta\theta_3 \end{bmatrix} = \begin{bmatrix} \sum_{i=1}^{m} h_i z_{i1} \\ \sum_{i=1}^{m} h_i z_{i2} \\ \sum_{i=1}^{m} h_i z_{i3} \end{bmatrix} \tag{7.57}$$

Os resultados fornecidos nos Tópicos 1.3.1 e 1.4.1 permitem a generalização das equações normais por meio da seguinte forma matriz:

$$\mathbf{Z}^T\mathbf{Z}\Delta\boldsymbol{\theta} = \mathbf{Z}^T\mathbf{Y} \tag{7.58}$$

A solução da Equação (7.58) é dada por:

$$\Delta\boldsymbol{\theta} = \left[\mathbf{Z}^T\mathbf{Z}\right]^{-1}\mathbf{Z}^T\mathbf{Y} \tag{7.59}$$

Roteiro de Cálculo para três parâmetros – Gauss-Newton

O procedimento computacional é apresentado na Tabela 7.4.

Tabela 7.4 – Roteiro de Cálculo – Gauss-Newton três parâmetros

1. Entrada de dados: m, y_i, x_i para $i = 1, 2, ..., m$
2. Informações do procedimento iterativo: Tol = $1\text{x}10^{-5}$ e Itemax = 50
3. Média dos valores de y: $\overline{y} = \dfrac{\sum_{i=1}^{m} y_i}{m}$
4. Estimativa inicial dos parâmetros: θ_1, θ_2 e θ_3
5. Inicialização do contador de iteração: $k = 1$
6. Método de Gauss-Newton

TABELA 7.4 – ROTEIRO DE CÁLCULO – GAUSS-NEWTON TRÊS PARÂMETROS

Faça

$a = \theta_1$, $b = \theta_2$, $c = \theta_3$

Faça i = 1 para m incremento de 1

$$g_i = g_i\Big|_{x_i,a,b,c},\; z_{i1} = \left(\frac{\partial g_i}{\partial \theta_1}\right)_{\theta_2,\theta_3}\Bigg|_{a,b,c},\; z_{i2} = \left(\frac{\partial g_i}{\partial \theta_2}\right)_{\theta_1,\theta_3}\Bigg|_{a,b,c},\; z_{i3} = \left(\frac{\partial g_i}{\partial \theta_3}\right)_{\theta_1,\theta_2}\Bigg|_{a,b,c}$$

$$h_i = y_i - g_i\Big|_{a,b,c}$$

Fim Faça

Efetuar o produto $\mathbf{Z}^T\mathbf{h}$: $$\mathbf{Z}^T\mathbf{Z} = \begin{bmatrix} \sum_{i=1}^{m} z_{i1}^2 & \sum_{i=1}^{m} z_{i1}z_{i2} & \sum_{i=1}^{m} z_{i1}z_{i3} \\ \sum_{i=1}^{m} z_{i2}z_{i1} & \sum_{i=1}^{m} z_{i2}^2 & \sum_{i=1}^{m} z_{i2}z_{i3} \\ \sum_{i=1}^{m} z_{i3}z_{i1} & \sum_{i=1}^{m} z_{i3}z_{i2} & \sum_{i=1}^{m} z_{i3}^2 \end{bmatrix}$$

Calcular a matriz inversa $\mathbf{B} = [\mathbf{Z}^T\mathbf{Z}]^{-1}$: $$\boldsymbol{\beta} = \mathbf{Z}^T\mathbf{h} = \begin{bmatrix} \sum_{i=1}^{m} h_i z_{i1} \\ \sum_{i=1}^{m} h_i z_{i2} \\ \sum_{i=1}^{m} h_i z_{i3} \end{bmatrix}$$

Efetuar a multiplicação $\mathbf{Z}^T\mathbf{Y}$: $$\Delta\boldsymbol{\theta} = \left[\mathbf{Z}^T\mathbf{Z}\right]^{-1}\mathbf{Z}^T\mathbf{Y} = \mathbf{B}\boldsymbol{\beta} = \begin{bmatrix} \Delta\theta_1 \\ \Delta\theta_2 \\ \Delta\theta_3 \end{bmatrix}$$

Efetuar a multiplicação $$\Delta\boldsymbol{\theta} = \left[\mathbf{Z}^T\mathbf{Z}\right]^{-1}\mathbf{Z}^T\mathbf{Y} = \mathbf{B}\boldsymbol{\beta} = \begin{bmatrix} \Delta\theta_1 \\ \Delta\theta_2 \\ \Delta\theta_3 \end{bmatrix}$$

Calcular o valor máximo: max_valor = máximo($|\Delta\theta_1|$, $|\Delta\theta_2|$)

TABELA 7.4 – ROTEIRO DE CÁLCULO – GAUSS-NEWTON TRÊS PARÂMETROS

Verificação da convergência

L1 = k > Itemax

L2 = |max_valor| < Tol

SE L1 OU L2 → Sair do ciclo

Atualizações os coeficientes:

$\theta_1 = a + \Delta\theta_1$

$\theta_2 = b + \Delta\theta_2$

$\theta_3 = c + \Delta\theta_3$

Atualização do contador de iterações: $k = k + 1$

Fim Faça

7. Qualidade do ajuste

- Cálculo da soma dos resíduos: $\varepsilon = \sum_{i=1}^{m} (y_i - g_i$
- Cálculo da soma quadrática dos resíduos: $S_R = \sum_{i=1}^{m} (y_i - g_i \; ^2$
- Cálculo da soma quadrática total: $S_T = \sum_{i=1}^{m} y_i^2$
- Cálculo da soma quadrática total corrigida: $S_{TC} = \sum_{i=1}^{m} (y_i - \bar{y})^2$
- Cálculo da soma quadrática do modelo: $S_{\mathrm{Re}} = \sum_{i=1}^{m} g_i^2$
- Graus de liberdade dos resíduos: $G_L^R = m - 3$
- Graus de liberdade da regressão: $G_L^{Re} = 3$
- Graus de liberdade total: $G_L^T = m$
- Graus de liberdade total corrigido: $G_L^{TC} = m - 1$
- Proporção da variância explicada: $R^2 = 1 - S_R/S_T$
- Proporção da variância explicada corrigida: $R_C^2 = 1 - S_R/S_{TC}$
- Média quadrática residual: $M_R = S_R/G_L^R$
- Média quadrática total corrigida: $M_{TC} = S_{TC}/G_L^{TC}$

TABELA 7.4 – ROTEIRO DE CÁLCULO – GAUSS-NEWTON TRÊS PARÂMETROS

- Média quadrática devido à regressão: $M_{Re} = S_{Re}/G_L^{Re}$
- Variância populacional: $s^2 = M_R$
- Erro padrão da estimativa: $s = \sqrt{M_R}$
- Matriz de covariância $\mathbf{V} = \mathbf{B}s^2$:

$$\mathbf{V} = \begin{bmatrix} \mathrm{Var}(\theta_1) = B_{11}s^2 & \mathrm{Cov}(\theta_1,\theta_2) = B_{12}s^2 & \mathrm{Cov}(\theta_1,\theta_3) = B_{13}s^2 \\ \mathrm{Cov}(\theta_2,\theta_1) = B_{21}s^2 & \mathrm{Var}(\theta_2) = B_{22}s^2 & \mathrm{Cov}(\theta_2,\theta_3) = B_{23}s^2 \\ \mathrm{Cov}(\theta_3,\theta_1) = B_{31}s^2 & \mathrm{Cov}(\theta_3,\theta_2) = B_{32}s^2 & \mathrm{Var}(\theta_3) = B_{33}s^2 \end{bmatrix}$$

- Erro padrão do coeficiente θ_1: $E_{\theta 1} = \sqrt{\mathrm{Var}(\theta_1)}$
- Erro padrão do coeficiente θ_2: $E_{\theta 2} = \sqrt{\mathrm{Var}(\theta_2)}$
- Erro padrão do coeficiente θ_3: $E_{\theta 3} = \sqrt{\mathrm{Var}(\theta_3)}$
- Inferência sobre os coeficientes do modelo:
  - Entrada do grau de confiança em %: NC
  - Cálculo do nível de significância: $\alpha = 1 - NC/100$
  - Cálculo da probabilidade acumulada: $\phi = 1 - \alpha/2$
  - Cálculo do valor crítico da distribuição t de Student: $t = \mathrm{INVT}(\alpha;\ G_L^R)$
  - Cálculo da estatística do coeficiente θ_1: $t_{Estat}|_{\theta 1} = \theta_1/E_{\theta 1}$
  - Cálculo da estatística do coeficiente θ_2: $t_{Estat}|_{\theta 2} = \theta_2/E_{\theta 2}$
  - Cálculo da estatística do coeficiente θ_3: $t_{Estat}|_{\theta 3} = \theta_3/E_{\theta 3}$
  - Teste de hipótese para o coeficiente θ_1:

    Se $t_{Estat}|_{\theta 1} > t$, o coeficiente θ_1 é estatisticamente significativo. Caso contrário, deve-se descartar o coeficiente θ_1, pois não é estatisticamente significativo.
  - Teste de hipótese para o coeficiente θ_2:

    Se $t_{Estat}|_{\theta 2} > t$, o coeficiente θ_2 é estatisticamente significativo. Caso contrário, deve-se descartar o coeficiente θ_2, pois não é estatisticamente significativo
  - Teste de hipótese para o coeficiente θ_3:

    Se $t_{Estat}|_{\theta 3} > t$, o coeficiente θ_3 é estatisticamente significativo. Caso contrário, deve-se descartar o coeficiente θ_3, pois não é estatisticamente significativo.
  - Cálculo da distribuição t de Student para o coeficiente θ_1:

    valor $p|_{\theta 1} = \mathrm{DISTT}(t_{Estat}|_{\theta 1};\ G_L^R;\ 2)$

Tabela 7.4 – Roteiro de Cálculo – Gauss-Newton três parâmetros

- Cálculo da distribuição t de Student para o coeficiente θ_2:

  valor-p$|_{\theta 2}$ = DISTT($t_{Estat}|_{\theta 2}$; G_L^R; 2)

- Cálculo da distribuição t de Student para o coeficiente θ_3:

  valor-p$|_{\theta 3}$ = DISTT($t_{Estat}|_{\theta 3}$; G_L^R; 2)

- Teste de hipótese para o coeficiente θ_1:

  Se valor-p$|_{\theta 1}$ < α, o coeficiente θ_1 é estatisticamente significativo. Caso contrário, deve-se descartar o coeficiente θ_1, pois não é estatisticamente significativo.

- Teste de hipótese para o coeficiente θ_2:

  Se valor-p$|_{\theta 2}$ < α, o coeficiente θ_2 é estatisticamente significativo. Caso contrário, deve-se descartar o coeficiente θ_2, pois não é estatisticamente significativo.

- Teste de hipótese para o coeficiente θ_3:

  Se valor-p$|_{\theta 3}$ < α, o coeficiente θ_3 é estatisticamente significativo. Caso contrário, deve-se descartar o coeficiente θ_3, pois não é estatisticamente significativo.

▶ Inferência sobre o modelo:

TESTE ESTATÍSTICO 1

- Cálculo do valor crítico da distribuição F: F = INVF(α; G_L^{Re}; G_L^R)
- Cálculo da estatística de teste de hipótese: $F_{Estat} = M_{Re}/M_R$
- Teste de hipótese:

  Se $F_{Estat} > F$, o modelo proposto é estatisticamente significativo. Caso contrário, deve-se descartar o modelo proposto.

- Cálculo da distribuição F: $F_{significância}$ = DISTF(F_{Estat}; G_L^{Re}; G_L^R)
- Teste de hipótese:

  Se $F_{significância} < \alpha$, o modelo proposto é estatisticamente significativo. Caso contrário, deve-se descartar o modelo proposto, pois não existe relação entre a variável dependente e as variáveis independentes.

TESTE ESTATÍSTICO 2

- Cálculo do valor crítico da distribuição $F|_{TC}$: F = INVF(α; G_L^{Re}; G_L^{TC})
- Cálculo da estatística de teste de hipótese: $F_{Estat}|_{TC} = M_{Re}/M_{TC}$
- Cálculo da distribuição F: $F_{sig}|_{TC}$ = DISTF(F_{Estat}; G_L^{Re}; G_L^{TC})
- Teste de hipótese:

  Se $F_{Estat}|_{TC} > F|_{TC}$, o modelo proposto é estatisticamente significativo. Caso contrário, deve-se descartar o modelo proposto.

Tabela 7.4 – Roteiro de Cálculo – Gauss-Newton três parâmetros

- Teste de hipótese:

  Se $F_{sig}|_{TC} < \alpha$, o modelo proposto é estatisticamente significativo. Caso contrário, deve-se descartar o modelo proposto, pois não existe relação entre a variável dependente e as variáveis independentes.

- Intervalos de confiança para o coeficiente θ_1: $\theta_1 \pm \Delta\theta_1$, onde $\Delta_{\theta 1} = tE_{\theta 1}$
- Intervalos de confiança para o coeficiente θ_2: $\theta_2 \pm \Delta_{\theta 2}$, onde $\Delta_{\theta 2} = tE_{\theta 2}$
- Intervalos de confiança para o coeficiente θ_3: $\theta_3 \pm \Delta_{\theta 3}$, onde $\Delta_{\theta 3} = tE_{\theta 3}$

Exemplo 7.3

Considere o modelo não linear reportado por Englezos e Kalogerakis (2001) $g_i = k_1 + \dfrac{x_{1i}}{k_2 x_{2i} + k_3 x_{3i}}$. Os dados para o modelo são:

i	y_i	x_{1i}	x_{2i}	x_{3i}
1	0,14	1	15	1
2	0,18	2	14	2
3	0,22	3	13	3
4	0,25	4	12	4
5	0,29	5	11	5
6	0,32	6	10	6
7	0,35	7	9	7
8	0,39	8	8	8
9	0,37	9	7	7
10	0,58	10	6	6
11	0,73	11	5	5
12	0,96	12	4	4
13	1,34	13	3	3
14	2,10	14	2	2
15	4,39	15	1	1

Solução:

▶ Modelagem matemática:

O modelo é representado por $g_i = \theta_1 + \dfrac{x_{1i}}{\theta_2 x_{2i} + \theta_3 x_{3i}}$.

As derivadas parciais do modelo são dadas por:

- Derivada parcial da função g_i com relação à θ_1, mantendo θ_2 e θ_3 constantes:

$$\left(\frac{\partial g_i}{\partial \theta_1}\right)_{\theta_2,\theta_3} = \frac{\partial}{\partial \theta_1}\left(\theta_1 + \frac{x_{1i}}{\theta_2 x_{2i} + \theta_3 x_{3i}}\right)_{\theta_2,\theta_3} = 1$$

Portanto, $z_{i1} = \left(\dfrac{\partial g_i}{\partial \theta_1}\right)_{\theta_2,\theta_3}\Bigg|_{a,b,c} = 1$.

- Derivada parcial da função g_i com relação a θ_2, mantendo θ_1 e θ_3 constantes:

$$\left(\frac{\partial g_i}{\partial \theta_2}\right)_{\theta_1,\theta_3} = \frac{\partial}{\partial \theta_2}\left(\theta_1 + \frac{x_{1i}}{\theta_2 x_{2i} + \theta_3 x_{3i}}\right)_{\theta_1,\theta_3} = -\frac{x_{1i} x_{2i}}{\left(\theta_2 x_{2i} + \theta_3 x_{3i}\right)^2}$$

Portanto, $z_{i2} = \left(\dfrac{\partial g_i}{\partial \theta_2}\right)_{\theta_1,\theta_3}\Bigg|_{a,b,c} = -\dfrac{x_{1i} x_{2i}}{\left(b x_{2i} + c x_{3i}\right)^2}$.

- Derivada parcial da função g_i com relação a θ_3, mantendo θ_1 e θ_2 constantes:

$$\left(\frac{\partial g_i}{\partial \theta_3}\right)_{\theta_1,\theta_2} = \frac{\partial}{\partial \theta_3}\left(\theta_1 + \frac{x_{1i}}{\theta_2 x_{2i} + \theta_3 x_{3i}}\right)_{\theta_1,\theta_2} = -\frac{x_{1i} x_{3i}}{\left(\theta_2 x_{2i} + \theta_3 x_{3i}\right)^2}$$

Portanto, $z_{i3} = \left(\dfrac{\partial g_i}{\partial \theta_3}\right)_{\theta_1,\theta_2}\Bigg|_{a,b,c} = -\dfrac{x_{1i} x_{3i}}{\left(b x_{2i} + c x_{3i}\right)^2}$.

Roteiro de cálculo:

1. Entrada de dados: m = 15, y_i, x_{1i}, x_{2i} e x_{3i} para i = 1, 2, ..., 15

2. Informações do procedimento iterativo: Tol = 1x10^{-5} e Itemax = 50

3. Média dos valores de y: $$\overline{y} = \frac{\sum_{i=1}^{m} y_i}{m} = 0{,}840666667$$

4. Estimativa inicial dos parâmetros: $\theta_1^{(1)} = k_1 = 1$, $\theta_2^{(1)} = k_2 = 1$ e $\theta_3^{(1)} = k_3 = 1$

5. Inicialização do contador de iteração: k = 1

6. Método de Gauss-Newton

Faça

$a = \theta_1$, $b = \theta_2$, $c = \theta_3$

Faça i = 1, 2, ..., m

$$g_i\big|_{a,b,c} = a + \frac{x_{1i}}{bx_{2i} + cx_{3i}},\ h_i = y_i - g_i\big|_{a,b,c},\ z_{i1} = 1$$

$$z_{i2} = -\frac{x_{1i}x_{2i}}{\left(bx_{2i} + cx_{3i}\right)^2},\ z_{i3} = -\frac{x_{1i}x_{3i}}{\left(bx_{2i} + cx_{3i}\right)^2}$$

Fim Faça

Os valores obtidos são apresentados abaixo:

i	y_i	x_{1i}	x_{2i}	x_{3i}	g_i	z_{i1}	z_{i2}	z_{i3}
1	0,14	1	15	1	1,0625	1	-0,05859375	-0,00390625
2	0,18	2	14	2	1,125	1	-0,109375	-0,015625
3	0,22	3	13	3	1,1875	1	-0,15234375	-0,03515625
4	0,25	4	12	4	1,25	1	-0,1875	-0,0625
5	0,29	5	11	5	1,3125	1	-0,21484375	-0,09765625
6	0,32	6	10	6	1,375	1	-0,234375	-0,140625
7	0,35	7	9	7	1,4375	1	-0,24609375	-0,19140625
8	0,39	8	8	8	1,5	1	-0,25	-0,25

i	y_i	x_{1i}	x_{2i}	x_{3i}	g_i	z_{i1}	z_{i2}	z_{i3}
9	0,37	9	7	7	1,642857	1	-0,321428571	-0,321428571
10	0,58	10	6	6	1,833333	1	-0,416666667	-0,416666667
11	0,73	11	5	5	2,1	1	-0,55	-0,55
12	0,96	12	4	4	2,5	1	-0,75	-0,75
13	1,34	13	3	3	3,166667	1	-1,083333333	-1,083333333
14	2,1	14	2	2	4,5	1	-1,75	-1,75
15	4,39	15	1	1	8,5	1	-3,75	-3,75

Valores calculados dos produtos entre as derivadas

i	z_{i1}^2	z_{i2}^2	z_{i3}^2	$z_{i1}z_{i2}$	$z_{i1}z_{i3}$	$z_{i2}z_{i3}$
1	1	0,00343323	0,00001526	-0,05859375	-0,00390625	0,00022888
2	1	0,01196289	0,00024414	-0,10937500	-0,01562500	0,00170898
3	1	0,02320862	0,00123596	-0,15234375	-0,03515625	0,00535583
4	1	0,03515625	0,00390625	-0,18750000	-0,06250000	0,01171875
5	1	0,04615784	0,00953674	-0,21484375	-0,09765625	0,02098083
6	1	0,05493164	0,01977539	-0,23437500	-0,14062500	0,03295898
7	1	0,06056213	0,03663635	-0,24609375	-0,19140625	0,04710388
8	1	0,06250000	0,06250000	-0,25000000	-0,25000000	0,06250000
9	1	0,10331633	0,10331633	-0,32142857	-0,32142857	0,10331633
10	1	0,17361111	0,17361111	-0,41666667	-0,41666667	0,17361111
11	1	0,30250000	0,30250000	-0,55000000	-0,55000000	0,30250000
12	1	0,56250000	0,56250000	-0,75000000	-0,75000000	0,56250000
13	1	1,17361111	1,17361111	-1,08333333	-1,08333333	1,17361111
14	1	3,06250000	3,06250000	-1,75000000	-1,75000000	3,06250000
15	1	14,06250000	14,06250000	-3,75000000	-3,75000000	14,06250000

Valores calculados de *h*

i	e	$h_i z_{i1}$	$h_i z_{i2}$	$h_i z_{i3}$
1	-0,92250000	-0,92250000	0,05405273	0,00360352
2	-0,94500000	-0,94500000	0,10335938	0,01476563
3	-0,96750000	-0,96750000	0,14739258	0,03401367

i	e	$h_i z_{i1}$	$h_i z_{i2}$	$h_i z_{i3}$
4	-1,00000000	-1,00000000	0,18750000	0,06250000
5	-1,02250000	-1,02250000	0,21967773	0,09985352
6	-1,05500000	-1,05500000	0,24726563	0,14835938
7	-1,08750000	-1,08750000	0,26762695	0,20815430
8	-1,11000000	-1,11000000	0,27750000	0,27750000
9	-1,27285714	-1,27285714	0,40913265	0,40913265
10	-1,25333333	-1,25333333	0,52222222	0,52222222
11	-1,37000000	-1,37000000	0,75350000	0,75350000
12	-1,54000000	-1,54000000	1,15500000	1,15500000
13	-1,82666667	-1,82666667	1,97888889	1,97888889
14	-2,40000000	-2,40000000	4,20000000	4,20000000
15	-4,11000000	-4,11000000	15,41250000	15,41250000

▶ Cálculos dos somatórios Z^TZ: $\mathbf{Z^TZ} = \begin{bmatrix} \sum_{i=1}^{m} z_{i1}^2 & \sum_{i=1}^{m} z_{i1}z_{i2} & \sum_{i=1}^{m} z_{i1}z_{i3} \\ \sum_{i=1}^{m} z_{i2}z_{i1} & \sum_{i=1}^{m} z_{i2}^2 & \sum_{i=1}^{m} z_{i2}z_{i3} \\ \sum_{i=1}^{m} z_{i3}z_{i1} & \sum_{i=1}^{m} z_{i3}z_{i2} & \sum_{i=1}^{m} z_{i3}^2 \end{bmatrix}$

$$\sum_{i=1}^{m} z_{i1}^2 = 15,\ \sum_{i=1}^{m} z_{i2}^2 = 19{,}73845115,\ \sum_{i=1}^{m} z_{i3}^2 = 19{,}57438865\ \sum_{i=1}^{m} z_{i1}z_{i2} = -10{,}07455357,$$

$$\sum_{i=1}^{m} z_{i1}z_{i3} = -9{,}418303571 \text{ e } \sum_{i=1}^{m} z_{i2}z_{i3} = 19{,}6230947$$

Portanto,

$$\mathbf{Z^TZ} = \begin{bmatrix} 15 & -10{,}07455357 & -9{,}418303571 \\ -10{,}07455357 & 19{,}73845115 & 19{,}6230947 \\ -9{,}418303571 & 19{,}6230947 & 19{,}57438865 \end{bmatrix}$$

▶ Calcular a matriz inversa $\mathbf{B} = [Z^TZ]^{-1}$: O procedimento empregado nos capítulos anteriores para a inversão matricial fornece:

$$\mathbf{B} = \left(\mathbf{Z}^T\mathbf{Z}\right)^{-1} = \begin{bmatrix} 0{,}224764058 & 2{,}137919025 & -2{,}035092492 \\ 2{,}137919025 & 35{,}36653121 & -34{,}42586295 \\ -2{,}035092492 & -34{,}42586295 & 33{,}58341667 \end{bmatrix}$$

▶ Efetuar a multiplicação $\mathbf{Z^Th}$: $\boldsymbol{\beta} = \mathbf{Z}^T\mathbf{h} = \begin{bmatrix} \sum_{i=1}^{m} h_i z_{i1} & \sum_{i=1}^{m} h_i z_{i2} & \sum_{i=1}^{m} h_i z_{i3} \end{bmatrix}^T$

$$\sum_{i=1}^{m} h_i z_{i1} = -21{,}88285714\text{, } \sum_{i=1}^{m} h_i z_{i2} = 25{,}93561876 \text{ e } \sum_{i=1}^{m} h_i z_{i3} = 25{,}27999376$$

Portanto,

$$\boldsymbol{\beta} = \mathbf{Z}^T\mathbf{h} = \begin{bmatrix} -21{,}88285714 \\ 25{,}93561876 \\ 25{,}27999376 \end{bmatrix}$$

▶ Efetuar a multiplicação $\Delta\theta = \mathbf{B}\boldsymbol{\beta} = \begin{bmatrix} \Delta\theta_1 \\ \Delta\theta_2 \\ \Delta\theta_3 \end{bmatrix}$

$$\begin{bmatrix} \Delta\theta_1 \\ \Delta\theta_2 \\ \Delta\theta_3 \end{bmatrix} = \begin{bmatrix} 0{,}224764058 & 2{,}137919025 & -2{,}035092492 \\ 2{,}137919025 & 35{,}36653121 & -34{,}42586295 \\ -2{,}035092492 & -34{,}42586295 & 33{,}58341667 \end{bmatrix} \begin{bmatrix} -21{,}88285714 \\ 25{,}93561876 \\ 25{,}27999376 \end{bmatrix}$$
$$= \begin{bmatrix} -0{,}917352484 \\ 0{,}183493263 \\ 0{,}666145143 \end{bmatrix}$$

▶ Calcular o valor máximo: max_valor = máximo($|\Delta\theta_1|$, $|\Delta\theta_2|$, $|\Delta\theta_3|$) = 0,91735248

▶ Verificação da convergência

L1 = 1 > 50? Falso

L2 = 0,91735248 < $1\text{x}10^{-5}$? Falso

L1 OU L2 → (Falso OU Falso) → Falso (continuar os cálculos)

Atualizações dos coeficientes

$\theta_1 = a + \Delta\theta_1 \rightarrow \theta_1 = 0{,}082647516$

$\theta_2 = b + \Delta\theta_2 \rightarrow \theta_2 = 1{,}183493263$

$\theta_3 = c + \Delta\theta_3 \rightarrow \theta_3 = 1{,}666145143$

Atualização do contador de iterações: $k \leftarrow k + 1 \rightarrow k = 2$

Retorne para o faça no início da etapa 6 e repita o procedimento até que uma das condições de convergência seja verdadeira. O procedimento converge com seis iterações. Os resultados finais são apresentados a seguir.

Valores dos parâmetros em cada iteração:

k	$\theta_1^{(k)}$	$\theta_2^{(k)}$	$\theta_3^{(k)}$	$\Delta\theta_1^{(k)}$	$\Delta\theta_2^{(k)}$	$\Delta\theta_3^{(k)}$
1	1	1	1	-0,91735248	0,183493263	0,66614514
2	0,08264752	1,183493263	1,666145143	-0,00015598	-0,01813354	0,53221678
3	0,08249153	1,165359723	2,198361924	-5,84706E-5	-0,03019404	0,13955999
4	0,08243306	1,135165685	2,337921914	-2,12453E-5	-0,00208631	0,0057278
5	0,08241182	1,133079375	2,343649704	-1,24043E-6	-4,2721E-05	4,49347E-5
6	0,08241058	1,133036653	2,343694639	-1,6614E-8	-5,5436E-07	5,32891E-7

Valores da matriz $\mathbf{Z}^T\mathbf{Z}$ e do vetor $\boldsymbol{\beta}$

k	$\mathbf{Z}^T\mathbf{Z}$			$\boldsymbol{\beta}$
1	15	-10,0745536	-9,418303571	-21,88285714
	-10,0745536	19,73845115	19,6230947	25,93561876
	-9,41830357	19,6230947	19,57438865	25,27999376
2	15	-5,05758257	-4,669871933	-2,396012076
	-5,05758257	4,806161495	4,767682834	2,451076986
	-4,66987193	4,767682834	4,752527439	2,443648308
3	15	-3,70357973	-3,373649149	-0,359877477
	-3,70357973	2,486321716	2,459449902	0,268385264
	-3,37364915	2,459449902	2,449593879	0,267801835
4	15	-3,49768279	-3,171295191	-0,011185941
	[illegible]	2,191167442	2,16513018	0,007904265
	-3,17129519	2,16513018	2,155802508	0,007898226

k	Z^TZ			β
5	15	-3,49154956	-3,164991595	-1,16608E-05
	-3,49154956	2,182183226	2,156131075	7,99035E-06
	-3,16499159	2,156131075	2,146809033	8,27937E-06
6	15	-3,49156092	-3,164992028	-2,3301E-10
	-3,49156092	2,182180082	2,15612635	-2,7186E-09
	-3,16499203	2,15612635	2,146803888	1,33101E-09

Valores da matriz inversa $\mathbf{B} = (\mathbf{Z}^T\mathbf{Z})^{-1}$ e do vetor $\Delta\boldsymbol{\theta}$

k	$\mathbf{B} = (\mathbf{Z}^T\mathbf{Z})^{-1}$			$\Delta\boldsymbol{\theta}$
1	0,224764058	2,137919025	-2,035092492	-0,917352484
	2,137919025	35,36653121	-34,42586295	0,183493263
	-2,035092492	-34,425863	33,58341667	0,666145143
2	0,225249577	3,60805624	-3,398229958	-0,000155983
	3,60805624	100,7586509	-97,53465613	-0,01813354
	-3,398229958	-97,5346561	94,71697172	0,532216781
3	0,224301082	4,179934126	-3,887838512	-5,84706E-05
	4,179934126	136,8008507	-131,5945514	-0,030194038
	-3,887838512	-131,594551	127,1778176	0,13955999
4	0,223705647	4,196064799	-3,885137836	-2,12453E-05
	4,196064799	138,6966911	-133,1241756	-0,00208631
	-3,885137836	-133,124176	128,4488029	0,00572779
5	0,223672555	4,192307687	-3,880756507	-1,24043E-06
	4,192307687	138,4941151	-132,9148715	-4,27213E-05
	-3,880756507	-132,914871	128,2365216	4,49347E-05
6	0,223672113	4,192146466	-3,880595266	-1,6614E-08
	4,192146466	138,4840726	-132,905036	-5,54358E-07
	-3,880595266	-132,905036	128,2268951	5,32891E-07

7. Valores utilizados na qualidade do ajuste

- Modelo proposto: $g_i = \theta_1 + \dfrac{x_{1i}}{\theta_2 x_{2i} + \theta_3 x_{3i}}$
- Valores quadráticos residuais: $S_{Ri} = (y_i - g_i)^2$

- Valores quadráticos experimentais: $S_{Ti} = y_i^2$

- Valores quadráticos corrigidos: $S_{TCi} = \left(y_i - \bar{y}\right)^2$

- Valores quadráticos do modelo: $S_{\text{Re}i} = g_i^2$

i	g_i	S_{Ri}	S_{Ti}	S_{Rei}	S_{TCi}
1	0,134118905	3,45873E-05	0,0196	0,017987881	0,49093378
2	0,17973464	7,04161E-08	0,0324	0,032304541	0,43648044
3	0,220274673	7,54453E-08	0,0484	0,048520932	0,38522711
4	0,256541523	4,27915E-05	0,0625	0,065813553	0,34888711
5	0,289176996	6,77335E-07	0,0841	0,083623335	0,30323378
6	0,3187005	1,6887E-06	0,1024	0,101570009	0,27109378
7	0,345536893	1,99193E-05	0,1225	0,119395744	0,24075378
8	0,370037061	0,000398519	0,1521	0,136927427	0,20310044
9	0,452216057	0,00675948	0,1369	0,204499362	0,22152711
10	0,561788051	0,000331675	0,3364	0,315605814	0,06794711
11	0,715188843	0,00021937	0,5329	0,511495081	0,01224711
12	0,945290031	0,000216383	0,9216	0,893573242	0,01424044
13	1,32879201	0,000125619	1,7956	1,765688207	0,24933378
14	2,09579597	1,76739E-05	4,41	4,392360747	1,58592044
15	4,396807848	4,63468E-05	19,2721	19,33191925	12,59776711

- Soma quadrática dos resíduos: $S_R = \sum_{i=1}^{m} \left(y_i - g_i\right)^2 = 0{,}008214877$

- Cálculo da soma quadrática total: $S_T = \sum_{i=1}^{m} y_i^2 = 28{,}0295$

- Soma quadrática total corrigida: $S_{TC} = \sum_{i=1}^{m} \left(y_i - \bar{y}\right)^2 = 17{,}42869333$

- Cálculo da soma quadrática do modelo: $S_{\text{Re}} = \sum_{i=1}^{m} g_i^2 = 28{,}02128512$

- Graus de liberdade dos resíduos: $G_L^R = m - 3 = 12$

- Graus de liberdade da regressão: $G_L^{Re} = 3$

- Graus de liberdade total: $G_L^T = m = 15$

- Graus de liberdade total corrigido: $G_L^{TC} = m - 1 = 14$
- Proporção da variância explicada: $R^2 = 1 - S_R/S_T = 0{,}99970692$
- Proporção da variância explicada corrigida: $R^2 = 1 - S_R/S_{TC} = 0{,}999528658$
- Média quadrática residual: $M_R = S_R/G_L^R = 0{,}000684573$
- Média quadrática total corrigida: $M_{TC} = S_{TC}/G_L^{TC} = 1{,}244906667$
- Média quadrática devido à regressão: $M_{Re} = S_{Re}/G_L^{Re} = 9{,}340428374$
- Variância populacional: $s^2 = M_R = 0{,}000684573$
- Erro padrão da estimativa: $s = \sqrt{M_R} = 0{,}026164348$
- Matriz de covariância $\mathbf{V} = \mathbf{B}s^2 = \begin{bmatrix} B_{11} & B_{12} & B_{13} \\ B_{21} & B_{22} & B_{23} \\ B_{31} & B_{32} & B_{33} \end{bmatrix} s^2$: A iteração seis (k = 6) fornece os valores finais da matriz B.

$$\mathbf{V} = \begin{bmatrix} 0{,}223672113 & 4{,}192146466 & -3{,}880595266 \\ 4{,}192146466 & 138{,}4840726 & -132{,}905036 \\ -3{,}880595266 & -132{,}905036 & 128{,}2268951 \end{bmatrix} \times 0{,}000684573$$

$$= \begin{bmatrix} 0{,}00015312 & 0{,}002869831 & -0{,}002656551 \\ 0{,}002869831 & 0{,}094802472 & -0{,}090983214 \\ -0{,}002656551 & -0{,}090983214 & 0{,}087780684 \end{bmatrix}$$

Portanto,

- Variância do coeficiente θ_1: $\text{Var}(\theta_1) = V(1, 1) = 0{,}00015312$
- Variância do coeficiente θ_2: $\text{Var}(\theta_2) = V(2, 2) = 0{,}094802472$
- Variância do coeficiente θ_3: $\text{Var}(\theta_3) = V(3, 3) = 0{,}087780684$
- Covariância entre θ_1 e θ_2: $\text{Cov}(\theta_1, \theta_2) = V(1, 2) = 0{,}002869831$
- Covariância entre θ_1 e θ_3: $\text{Cov}(\theta_1, \theta_3) = V(1, 3) = -0{,}002656551$
- Covariância entre θ_2 e θ_3: $\text{Cov}(\theta_2, \theta_3) = V(2, 3) = -0{,}090983214$

- Erro padrão do coeficiente θ_1: $E_{\theta 1} = \sqrt{\text{Var}(\theta_1)} = 0{,}012374163$
- Erro padrão do coeficiente θ_2: $E_{\theta 2} = \sqrt{\text{Var}(\theta_2)} = 0{,}307900101$

- Erro padrão do coeficiente θ_3: $E_{\theta 3} = \sqrt{\mathrm{Var}(\theta_3)} = 0{,}296278052$
- Inferência sobre os coeficientes do modelo:
  - Especificação do nível de confiança: $NC = 95\ \%$
  - Cálculo do nível de significância: $\alpha = 1 - NC/100 = 0{,}05$
  - Cálculo da probabilidade acumulada: $\theta = 1 - \alpha/2 = 0{,}975$
  - Cálculo do valor crítico da distribuição t de Student:

    t = INVT(α; G_L^R) → t = INVT(0,05; 12) → t = 2,178812827
  - Cálculo da estatística do coeficiente θ_1: $t_{Estat}|_{\theta 1} = \theta_1/E_{\theta 1} = 6{,}659890894$
  - Cálculo da estatística do coeficiente θ_2: $t_{Estat}|_{\theta 2} = \theta_2/E_{\theta 2} = 3{,}679883995$
  - Cálculo da estatística do coeficiente θ_3: $t_{Estat}|_{\theta 3} = \theta_3/E_{\theta 3} = 7{,}910456482$
  - Teste de hipótese para o coeficiente θ_1:

    ($t_{Estat}|_{\theta 1} > t$)? → (6,659890894 > 2,178812827)? Sim; portanto, o coeficiente θ_1 é estatisticamente significativo.
  - Teste de hipótese para o coeficiente θ_2:

    ($t_{Estat}|_{\theta 2} > t$)? → (3,679883995 > 2,178812827)? Sim; portanto, o coeficiente θ_2 é estatisticamente significativo.
  - Teste de hipótese para o coeficiente θ_3:

    ($t_{Estat}|_{\theta 3} > t$)? → (7,910456482 > 2,178812827)? Sim; portanto, o coeficiente θ_3 é estatisticamente significativo.
  - Cálculo da distribuição t de Student para o coeficiente θ_1:

    valor-p$|_{\theta 1}$ = DISTT($t_{Estat}|_{\theta 1}$; G_L^R; 2) → valor-p$|_{\theta 1}$ = 2,32685E-05
  - Cálculo da distribuição t de Student para o coeficiente θ_2:

    valor-p$|_{\theta 2}$ = DISTT($t_{Estat}|_{\theta 2}$; G_L^R; 2) → valor-p$|_{\theta 2}$ = 0,003149497
  - Cálculo da distribuição t de Student para o coeficiente θ_3:

    valor-p$|_{\theta 3}$ = DISTT($t_{Estat}|_{\theta 3}$; G_L^R; 2) → valor-p$|_{\theta 3}$ = 4,21833E-06
  - Teste de hipótese sobre o coeficiente θ_1:
  - (valor-p$|_{\theta 1} < \alpha$)? → (2,32685E-05 < 0,05)? Sim; portanto, o coeficiente θ_1 é estatisticamente significativo.

- Teste de hipótese sobre o coeficiente θ_2:

  (valor-p$|_{\theta 2}$ < α)? → (0,003149497 < 0,05)? Sim; portanto, o coeficiente θ_2 é estatisticamente significativo.

- Teste de hipótese sobre o coeficiente θ_3:

  (valor-p$|_{\theta 3}$ < α)? → (4,21833E-06 < 0,05)? Sim; portanto, o coeficiente θ_3 é estatisticamente significativo.

▶ Inferência sobre o modelo:

TESTE ESTATÍSTICO 1

- Cálculo do valor crítico da distribuição *F*:

  F = INVF(α; G_L^{Re}; G_L^{R}) → F = INVF(0,05; 3; 12) → F = 3,490294821

- Cálculo da estatística de teste de hipótese: $F_{Estat} = M_{Re}/M_R$ = 13644,16489

- Teste de hipótese:

  ($F_{Estat} > F$)? → (13644,16489 > 3,490294821)? Sim; portanto, o modelo proposto é estatisticamente significativo.

- Cálculo da distribuição *F*:

  $F_{significância}$ = DISTF(F_{Estat}; G_L^{Re}; G_L^{R}) → $F_{significância}$ = 1,8583E-21

- Teste de hipótese:

  ($F_{significância}$ < α)? → (1,8583E-21 < 0,05)? Sim; portanto, o modelo proposto é estatisticamente significativo.

TESTE ESTATÍSTICO 2

- Cálculo do valor crítico da distribuição *F* corrigido

  $F|_{TC}$ = INVF(α; G_L^{Re}; G_L^{R}) → F = INVF(0,05; 3; 12) → F = 3,343888681

- Cálculo da estatística de teste de hipótese: $F_{Estat}|_{TC} = M_{Re}/M_{TC}$ = 7,502914575

- Cálculo da distribuição $F|_{TC}$:

  $F_{sig}|_{TC}$ = DISTF($F_{Estat}|_{TC}$; G_L^{Re}; G_L^{TC}) → $F_{sig}|_{TC}$ = 0,003121482

- Teste de hipótese:

  ($F_{Estat}|_{TC} > F/_{TC}$)? → (7,502914575 > 3,343888681)? Sim; portanto, o modelo proposto é estatisticamente significativo.

- Teste de hipótese:

  $(F_{sig}|_{TC} < \alpha)? \rightarrow (0{,}003121482 < 0{,}05)?$ Sim; portanto, o modelo proposto é estatisticamente significativo.

▶ Intervalos de confiança para o coeficiente θ_1:

Intervalo: $\Delta_{\theta1} = tE_{\theta1} = 0{,}026960985$

Inferior: $\theta_1 - \Delta_{\theta1} = 0{,}055450$

Central: $\theta_1 = 0{,}082411$

Superior: $\theta_1 + \Delta_{\theta1} = 0{,}109372$

▶ Intervalos de confiança para o coeficiente θ_2:

Intervalo: $\Delta_{\theta2} = tE_{\theta2} = 0{,}670856689$

Inferior: $\theta_2 - \Delta_{\theta2} = 0{,}462180$

Central: $\theta_2 = 1{,}133037$

Superior: $\theta_2 + \Delta_{\theta2} = 1{,}803893$

▶ Intervalos de confiança para o coeficiente θ_3:

Intervalo: $\Delta_{\theta3} = tE_{\theta3} = 0{,}645534421$

Inferior: $\theta_3 - \Delta_{\theta3} = 1{,}698160$

Central: $\theta_3 = 2{,}343695$

Superior: $\theta_3 + \Delta_{\theta3} = 2{,}989229$

REFERÊNCIA BIBLIOGRÁFICA

BOUCHARA J. C., CARRARA, V. L., HELLMEISTER, A. C. P., SALVITTI, R. **Cálculo Integral Avançado**. EDUSP, 1999.

ENGLEZOS, P., KALOGERAKIS, N. **Applied Parameter Estimation For Chemical Engineers**. Marcell Dekker, Inc. (2001)

KAPLAN, W. **Cálculo Avançado**. Vol. II. Editora Edgard Blucher LTDA. 1996

WIDDER, D. V. **Advanced Calculus**. Second Edition. Dover Publications, Inc. 1989.

Capítulo 8

APLICAÇÕES I

INTRODUÇÃO

Este tópico é dedicado a cinco aplicações dos métodos dos mínimos quadrados em engenharia química. A primeira aplicação é a determinação dos parâmetros da entalpia em excesso em função da fração molar utilizando diversas formas para a regressão. A segunda aplicação utiliza diversas formas de linearizações da equação de Michaelis-Menten e a regressão não linear para as determinações dos parâmetros. A terceira aplicação realiza a regressão com valores codificados e originais para determinar o efeito da concentração de um reagente e da velocidade de agitação sobre o rendimento de uma reação. A quarta aplicação é dedicada ao planejamento experimental fazendo análise da soma residual e do erro puro. A quinta aplicação mostra a comparação entre quatro modelos de leis de velocidades para a hidrogenação do etileno para formar etano.

ENTALPIA EM EXCESSO DO 1,2 - DICLOROETANO(1) - DIMETIL CARBONATO(2) A 313,15 K

Smith et al. (2007) reportam os valores experimentais da entalpia em excesso para a mistura líquida binária de 1,2-Dicloroetano(1)-Dimetil Carbonato(2) em função da fração molar a 313,15 K e 1 atm.

TABELA 8.1 – VALORES DE HE PARA 1,2-DICLOROETANO(1)-DIMETIL CARBONATO(2)

i	x_1	H^E (J/mol)	i	x_1	H^E (J/mol)
1	0,0426	-23,3	9	0,5163	-204,2
2	0,0817	-45,7	10	0,6156	-191,7
3	0,1177	-66,5	11	0,6810	-174,1
4	0,151	-86,6	12	0,7621	-141
5	0,2107	-118,2	13	0,8181	-116,8
6	0,2624	-144,6	14	0,8650	-85,6
7	0,3472	-176,6	15	0,9276	-43,5
8	0,4158	-195,7	16	0,9624	-22,6

Exemplo 1 – Primeira Forma

A partir dos dados experimentais da Tabela 8.1, determine os valores numéricos dos parâmetros a, b e c na equação de correlação:

$$\frac{H^E}{x_1 x_2} = a + bx_1 + cx_1^2$$

SOLUÇÃO:

O problema em questão é uma determinação de parâmetros por meio de regressão quadrática. O roteiro de cálculo da Tabela 4.6 é utilizado para os cálculos dos parâmetros do modelo quadrática. Com esta finalidade, definem-se variáveis auxiliares, tais que: $y = H^E/x_1x_2$ e $z = x_1$, em que H^E é a entalpia em excesso, x_1 é a fração molar da espécie 1 e $x_2 = 1 - x_1$ é a fração molar da espécie 2.

Roteiro de cálculo da Tabela 4.6

1. Quantidade de pontos experimentais: $m = 16$

2. Cálculos dos valores experimentais utilizados na regressão

y_i	$z_i = x_1$	z_i^2	z_i^3	z_i^4	$z_i y_i$	$z_i^2 y_i$
-571,2851	0,0426	0,001815	7,7309E-5	3,2934E-6	-24,3367	-1,0367
-609,1294	0,0817	0,006675	0,0005453	4,4554E-5	-49,7659	-4,0659
-640,3669	0,1177	0,013853	0,0016305	0,0001919	-75,3712	-8,8712
-675,5123	0,1510	0,022801	0,0034430	0,0005199	-102,0024	-15,4024
-710,7401	0,2107	0,044394	0,0093539	0,0019709	-149,7529	-31,5529
-747,1083	0,2624	0,068854	0,0180672	0,0047408	-196,0412	-51,4412
-779,1675	0,3472	0,120548	0,0418542	0,0145318	-270,5270	-93,9270
-805,6470	0,4158	0,172890	0,0718875	0,0298908	-334,9880	-139,2880
-817,6690	0,5163	0,266566	0,1376279	0,0710573	-422,1625	-217,9625
-810,1028	0,6156	0,378963	0,2332898	0,1436132	-498,6993	-306,9993
-801,4215	0,6810	0,463761	0,3158212	0,2150743	-545,7680	-371,6680
-777,7011	0,7621	0,580796	0,4426249	0,3373245	-592,6860	-451,6860
-784,8809	0,8181	0,669288	0,5475442	0,4479459	-642,1111	-525,3111
-733,0336	0,8650	0,748225	0,6472146	0,5598407	-634,0741	-548,4741
-647,7239	0,9276	0,860442	0,7981458	0,7403600	-600,8287	-557,3287
-624,5468	0,9624	0,926214	0,8913881	0,8578719	-601,0638	-578,4638

3. Cálculos dos somatórios e das médias

- Somatório dos valores de z: $S_Z = \sum_{i=1}^{m} z_i = 7{,}7772$
- Somatório dos valores de y: $S_Y = \sum_{i=1}^{m} y_i = -11536{,}0362$
- Somatório dos valores de z^2: $S_{Z2} = \sum_{i=1}^{m} x_i^2 = 5{,}3461$
- Somatório dos valores de z^3: $S_{Z3} = \sum_{i=1}^{m} z_i^3 = 4{,}1605$
- Somatório dos valores de z^4: $S_{Z4} = \sum_{i=1}^{m} z_i^4 = 3{,}4250$
- Somatório do produto entre z e y: $S_{ZY} = \sum_{i=1}^{m} z_i y_i = -5740{,}1788$
- Somatório do produto entre z^2 e y: $S_{Z2Y} = \sum_{i=1}^{m} z_i^2 y_i = -3903{,}4788$
- Média dos valores de z: $\overline{z} = S_Z / m = 0{,}4861$

▶ Média dos valores de y: $\overline{y} = S_Y / m = \text{-}721{,}0023$

4. Cálculo da Matriz ($\mathbf{Z}^T\mathbf{Z}$):

$$\mathbf{Z}^T\mathbf{Z} = \begin{bmatrix} m & S_Z & S_{Z2} \\ S_Z & S_{Z2} & S_{Z3} \\ S_{Z2} & S_{Z3} & S_{Z4} \end{bmatrix} = \begin{bmatrix} 16 & 7{,}7772 & 5{,}34608426 \\ 7{,}7772 & 5{,}34608426 & 4{,}160515612 \\ 5{,}34608426 & 4{,}160515612 & 3{,}424981704 \end{bmatrix}$$

5. Cálculo do produto $\mathbf{Z}^T\mathbf{y}$: $\boldsymbol{\beta} = \mathbf{Z}^T\mathbf{y} = \begin{bmatrix} \sum_{i=1}^{m} y_i \\ \sum_{i=1}^{m} z_i y_i \\ \sum_{i=1}^{m} z_i^2 y_i \end{bmatrix} = \begin{bmatrix} \text{-}11536{,}03621 \\ \text{-}5740{,}17878 \\ \text{-}3903{,}47878 \end{bmatrix}$

6. Cálculo da matriz inversa **B**: O procedimento empregado nos capítulos anteriores para a inversão matricial fornece:

$$\mathbf{B} = \left(\mathbf{Z}^T\mathbf{Z}\right)^{-1} = \begin{bmatrix} 0{,}495227242 & \text{-}2{,}175414655 & 1{,}869592489 \\ \text{-}2{,}175414655 & 12{,}97985674 & \text{-}12{,}37172932 \\ 1{,}869592489 & \text{-}12{,}37172932 & 12{,}40233603 \end{bmatrix}$$

7. Cálculos dos coeficientes: **C = Bβ**

$$\mathbf{C} = \begin{bmatrix} 0{,}495227242 & \text{-}2{,}175414655 & 1{,}869592489 \\ \text{-}2{,}175414655 & 12{,}97985674 & \text{-}12{,}37172932 \\ 1{,}869592489 & \text{-}12{,}37172932 & 12{,}40233603 \end{bmatrix} \begin{bmatrix} \text{-}11536{,}03621 \\ \text{-}5740{,}17878 \\ \text{-}3903{,}47878 \end{bmatrix}$$
$$= \begin{bmatrix} \text{-}523{,}6049675 \\ \text{-}1118{,}253141 \\ 1035{,}995941 \end{bmatrix}$$

8. Qualidade do ajuste:

▶ Valores fornecidos pelo modelo: $g_i = c_0 + c_1 x_i + c_2 x_i^2$ para $i = 1, 2, ..., m$

▶ Valores dos resíduos: $\varepsilon_i = y_i - g_i$ para $i = 1, 2, ..., m$

▶ Valores quadráticos dos resíduos: $S_{Ri} = \varepsilon_i^2$ para $i = 1, 2, ..., m$

- Valores quadráticos residuais de y_i em torno da média $S_{Ti} = (y_i - \bar{y})^2$
- Valores quadráticos residuais do modelo g_i em torno da média: $S_{\text{Re}i} = (g_i - \bar{y})^2$

g_i	ε_i	S_{Ri}	S_{Ti}	S_{Rei}
-569,3624673	-1,9226	3,6965	22415,22831	22994,6277
-608,0510901	-1,0783	1,1627	12515,53823	12757,9675
-640,8714099	0,5045	0,2545	6502,055211	6420,95364
-668,8394483	-6,6728	44,5268	2069,337709	2720,95926
-713,2283928	2,4883	6,1914	105,3113528	60,4330613
-745,7023757	-1,4059	1,9766	681,5245266	610,095558
-786,975385	7,8079	60,9629	3383,196375	4352,4528
-809,4616581	3,8147	14,5517	7164,729514	7825,06454
-824,7980911	7,1291	50,8241	9344,455275	10773,5739
-819,3970981	9,2943	86,3843	7938,902158	9681,54353
-804,6808426	3,2594	10,6235	6467,249769	7002,10466
-774,1229626	-3,5781	12,8030	3214,757233	2821,80871
-745,0686145	-39,8123	1585,0167	4080,478012	579,189263
-715,7358711	-17,2977	299,2118	144,7533454	27,7348855
-669,4824098	21,7585	473,4309	5369,71225	2654,29529
-640,2580941	15,7113	246,8451	9303,658493	6519,62084

- Soma dos resíduos: $\varepsilon = \sum_{i=1}^{m} \varepsilon_i = \sum_{i=1}^{m} (y_i - g_i) = 1{,}14483\text{E}-10$
- Soma quadrática residual: $S_R = \sum_{i=1}^{m} (y_i - g_i)^2 = 2898{,}462644$
- Soma quadrática da regressão: $S_{\text{Re}} = \sum_{i=1}^{m} (g_i - \bar{y})^2 = 97802{,}4251$
- Soma quadrática total: $S_T = \sum_{i=1}^{m} (y_i - \bar{y})^2 = 100700{,}8878$
- Grau de liberdade total: $G_L^T = m - 1 = 15$
- Grau de liberdade da regressão: $G_L^{Re} = 2$
- Grau de liberdade dos resíduos: $G_L^R = m - 3 = 13$
- Coeficiente de determinação: $R^2 = 1 - S_R/S_T = 0{,}971217109$

- Coeficiente de correlação: $R = \sqrt{R^2} = 0,98550348$
- Coeficiente de determinação ajustado: $R_{aj}^2 = 1 - \left(\dfrac{S_R}{S_T}\right)\left(\dfrac{G_L^T}{G_L^R}\right) = 0,966788972$
- Média quadrática residual: $M_R = S_R/G_L^R = 222,9586649$
- Média quadrática da regressão: $M_{Re} = S_{Re}/G_L^{Re} = 48901,2126$
- Variância populacional s^2: $s^2 = M_R = 222,9586649$
- Desvio padrão populacional s: $s = \sqrt{M_R} = 14,93180046$
- Matriz de covariância: $\mathbf{V} = \mathbf{B}s^2$

$$\mathbf{V} = \begin{bmatrix} 110,4152048 & -485,0275472 & 416,8418452 \\ -485,0275472 & 2893,971531 & -2758,384252 \\ 416,8418452 & -2758,384252 & 2765,208284 \end{bmatrix}$$

As variâncias e covariâncias dos coeficientes do modelo proposto são:

- Variância de c_0: $\text{Var}(c_0) = 110,4152048$
- Variância de c_1: $\text{Var}(c_1) = 2893,971531$
- Variância de c_2: $\text{Var}(c_2) = 2765,208284$
- Covariância de c_0 e c_1: $\text{Cov}(c_0, c_1) = -485,0275472$
- Covariância de c_0 e c_2: $\text{Cov}(c_0, c_2) = 416,8418452$
- Covariância de c_1 e c_2: $\text{Cov}(c_1, c_2) = -2758,384252$

- Erro padrão do coeficiente c_0: $E_{c0} = \sqrt{\text{Var}(c_0)} = 10,50786395$
- Erro padrão do coeficiente c_1: $E_{c1} = \sqrt{\text{Var}(c_1)} = 53,79564602$
- Erro padrão do coeficiente c_2: $E_{c2} = \sqrt{\text{Var}(c_2)} = 52,58524778$
- Inferência sobre os coeficientes do modelo:
  - Especificação do nível de confiança: $NC = 95$ %
  - Cálculo do nível de significância: $\alpha = 1 - NC/100 = 0,05$

- Cálculo da probabilidade acumulada: $\phi = 1 - \alpha/2 = 0{,}975$

PRIMEIRO TESTE DE HIPÓTESE

- Cálculo do valor crítico da distribuição t de Student:

  $t = \text{INVT}(\alpha, G_L^R) \longrightarrow t = 2{,}160368652$

Observação: Esse resultado indica que existe 97,5% de probabilidade acumulada que uma variável aleatória V, com um grau de liberdade igual a 13, seja menor que o valor crítico da distribuição t igual a 2,160368652; $\phi(V < 2{,}160368652) = 0{,}975$

- Cálculo da estatística t para c_0: $t_{Estat}|_{c0} = c_0/E_{c0} = -49{,}82981983$
- Cálculo da estatística t para c_1: $t_{Estat}|_{c1} = c_1/E_{c1} = -20{,}78705664$
- Cálculo da estatística t para c_2: $t_{Estat}|_{c2} = c_2/E_{c2} = 19{,}70126575$
- Teste de hipótese para c_0:

  $(|t_{Estat}|_{c0}| > t)? \longrightarrow (|-49{,}82981983| > 2{,}160368652)?$ Sim; então, o coeficiente c_0 é estatisticamente significativo.

- Teste de hipótese para c_1:

  $(|t_{Estat}|_{c1}| > t)? \longrightarrow (|-20{,}78705664| > 2{,}160368652)?$ Sim; então, o coeficiente c_1 é estatisticamente significativo.

- Teste de hipótese para c_2:
- Para $t_{Estat}|_{c2}$ negativo, a formulação é análoga à utilizada para o coeficiente c_1.

  $(t_{Estat}|_{c2} > t)? \longrightarrow (19{,}70126575 > 2{,}160368652)?$ Sim; então, o coeficiente c_2 é estatisticamente significativo.

SEGUNDO TESTE DE HIPÓTESE:

- Cálculo da distribuição t de Student para o coeficiente c_0, valor-p$|_{c0}$:

  valor-p$|_{c0}$ = DISTT($|t_{Estat}|_{c0}|$; G_L^R; 2) $\longrightarrow$ valor-p$|_{c0}$ = 3,13427E-16

- Cálculo da distribuição t de Student para o coeficiente c_1, valor-p$|_{c1}$:

  valor-p$|_{c1}$ = DISTT($|t_{Estat}|_{c1}|$; G_L^R; 2) $\longrightarrow$ valor-p$|_{c1}$ = 2,3326E-11

- Cálculo da distribuição t de Student para o coeficiente c_2, valor-p$|_{c2}$:

  valor-p$|_{c2}$ = DISTT($|t_{Estat}|_{c2}|$; G_L^R; 2) $\longrightarrow$ valor-p$|_{c2}$ = 4,59222E-11

- Teste de hipótese para c_0:

  (valor-p$|_{c0}$ < α)? ⟶ (3,13427E-16 < 0,05)? Sim; então, o coeficiente c_0 é estatisticamente significativo.

- Teste de hipótese para c_1:

  (valor-p$|_{c1}$ < α)? ⟶ (2,3326E-11 < 0,05)? Sim; então, o coeficiente c_1 é estatisticamente significativo.

- Teste de hipótese para c_2:

  (valor-p$|_{c2}$ < α)? ⟶ (4,59222E-11 < 0,05)? Sim; então, o coeficiente c_2 é estatisticamente significativo.

▶ Inferência sobre o modelo:

PRIMEIRO TESTE DE HIPÓTESE

- Cálculo da estatística de teste de hipótese: $F_{Estat} = M_{Re}/M_R$ = 219,3286033

- Cálculo do valor crítico da distribuição F:

  F = INVF(α; G_L^{Re}; G_L^R) ⟶ F = INVF(0,05; 2; 13) ⟶ F = 3,805565253

- Teste de hipótese:

  ($F_{Estat} > F$)? = (219,3286033 > 3,805565253)? Sim; então, o modelo proposto é estatisticamente significativo.

SEGUNDO TESTE DE HIPÓTESE

- Cálculo da distribuição F, valor-p = $F_{significância}$:

  $\boldsymbol{F}_{\boldsymbol{significância}}$ = DISTF(F_{Estat}; G_L^{Re}; G_L^R) ⟶ $\boldsymbol{F}_{\boldsymbol{significância}}$ = 9,64659E-11

- Teste de hipótese:

  ($F_{significância}$ < α)? = (9,64659E-11 < 0,05)? Sim; então, o modelo proposto é estatisticamente significativo.

9. Intervalos de confiança:

▶ Intervalo de confiança para o coeficiente linear: $c_1 \pm \Delta_{c1}$, sendo $\Delta_{c1} = tE_{c1}$

Variação: $\Delta_{c1} = tE_{c1}$ = 22,70085988

Limite inferior: $c_1 - \Delta_{c1}$ = -546,3058274

Central: c_1 = -523,6049675

Limite superior: $c_1 + \Delta_{c1}$ = -500,9041076

- Intervalo de confiança para o coeficiente angular: $c_2 \pm \Delta_{c2}$, sendo $\Delta_{c2} = tE_{c2}$

Variação: $\Delta_{c2} = tE_{c2}$ = 116,2184273

Limite inferior: $c_2 - \Delta_{c2}$ = -1234,471568

Central: c_2 = -1118,253141

Limite superior: $c_2 + \Delta_{c2}$ = -1002,034713

- Intervalo de confiança para o coeficiente angular: $c_3 \pm \Delta_{c3}$, sendo $\Delta_{c3} = tE_{c3}$

Variação: $\Delta_{c3} = tE_{c3}$ = 113,6035209

Limite inferior: $c_3 - \Delta_{c3}$ = 922,3924202

Central: c_3 = 1035,995941

Limite superior: $c_3 + \Delta_{c3}$ = 1149,599462

Exemplo 2 – Segunda Forma

A partir dos dados experimentais da Tabela 8.1, determine os valores numéricos dos parâmetros *a*, *b* e *c* na equação de correlação:

$$H^E = x_1 x_2 \left(a + bx_1 + cx_1^2\right) = ax_1x_2 + bx_1^2x_2 + cx_1^3x_2$$

Solução: Definindo variáveis auxiliares, tais que: $y = H^E$, $z_{i1} = x_1x_2$, $z_{i2} = x_1{}^2x_2$ e $z_{i2} = x_1{}^3x_2$. Portanto, o modelo é representado por

$$H^E = az_{i1} + bz_{i2} + cz_{i3}$$

sendo que H^E é a entalpia em excesso, x_1 é a fração molar da espécie 1 e $x_2 = 1 - x_1$ é a fração molar da espécie 2.

O problema em questão é uma determinação de parâmetros por meio de regressão linear múltipla usando o roteiro de cálculo da Tabela 6.5 do Capítulo 6.

Roteiro de cálculo da Tabela 6.5 - Regressão linear múltipla

1. Quantidade de pontos experimentais: $m = 16$
2. Número de variáveis independentes do modelo: $N = 3$

3. Cálculos dos valores experimentais utilizados na regressão

i	$y_i = H_i^E$	$z_{i1} = x_{1i}x_{2i}$	$z_{i2} = x_{1i}^2x_{2i}$	$z_{i3} = x_{1i}^3x_{2i}$
1	-23,3	0,04078524	0,001737451	7,40154E-05
2	-45,7	0,07502511	0,006129551	0,000500784
3	-66,5	0,10384671	0,012222758	0,001438619
4	-86,6	0,128199	0,019358049	0,002923065
5	-118,2	0,16630551	0,035040571	0,007383048
6	-144,6	0,19354624	0,050786533	0,013326386
7	-176,6	0,22665216	0,07869363	0,027322428
8	-195,7	0,24291036	0,101002128	0,041996685
9	-204,2	0,24973431	0,128937824	0,066570599
10	-191,7	0,23663664	0,145673516	0,089676616
11	-174,1	0,217239	0,147939759	0,100746976
12	-141	0,18130359	0,138171466	0,105300474
13	-116,8	0,14881239	0,121743416	0,099598289
14	-85,6	0,116775	0,101010375	0,087373974
15	-43,5	0,06715824	0,062295983	0,057785754
16	-22,6	0,03618624	0,034825637	0,033516193

▶ Valores adicionais utilizados na regressão

i	z_{i1}^2	z_{i2}^2	z_{i3}^2	$z_{i1}z_{i2}$	$z_{i1}z_{i3}$	$z_{i2}z_{i3}$
1	0,001663436	3,01874E-06	5,47828E-09	7,08624E-05	3,01874E-06	1,28598E-07
2	0,005628767	3,75714E-05	2,50785E-07	0,00045987	3,75714E-05	3,06958E-06
3	0,010784139	0,000149396	2,06962E-06	0,001269293	0,000149396	1,75839E-05
4	0,016434984	0,000374734	8,54431E-06	0,002481683	0,000374734	5,65848E-05
5	0,027657523	0,001227842	5,45094E-05	0,00582744	0,001227842	0,000258706
6	0,037460147	0,002579272	0,000177593	0,009829543	0,002579272	0,000676801
7	0,051371202	0,006192687	0,000746515	0,017836081	0,006192687	0,002150101
8	0,059005443	0,01020143	0,001763722	0,024534463	0,01020143	0,004241755
9	0,062367226	0,016624963	0,004431645	0,032200199	0,016624963	0,008583468
10	0,055996099	0,021220773	0,008011095	0,034471691	0,021220773	0,013063508
11	0,047192783	0,021886172	0,010149953	0,032138285	0,021886172	0,014904483

i	z_{i1}^2	z_{i2}^2	z_{i3}^2	$z_{i1}z_{i2}$	$z_{i1}z_{i3}$	$z_{i2}z_{i3}$
12	0,032870992	0,019091354	0,01108819	0,025050983	0,019091354	0,014549521
13	0,022145127	0,014821459	0,009919819	0,018116929	0,014821459	0,012125436
14	0,013636401	0,010203096	0,007634211	0,011795487	0,010203096	0,008825678
15	0,004510229	0,00388079	0,003339193	0,004183689	0,00388079	0,00359982
16	0,001309444	0,001212825	0,001123335	0,001260209	0,001212825	0,001167223

▶ Outros valores utilizados na regressão

i	y_i	y_iz_{i1}	y_iz_{i2}	y_iz_{i3}
1	-23,3	-0,950296092	-0,040482614	-0,001724559
2	-45,7	-3,428647527	-0,280120503	-0,022885845
3	-66,5	-6,905806215	-0,812813392	-0,095668136
4	-86,6	-11,1020334	-1,676407043	-0,253137464
5	-118,2	-19,65731128	-4,141795487	-0,872676309
6	-144,6	-27,9867863	-7,343732726	-1,926995467
7	-176,6	-40,02677146	-13,89729505	-4,825140841
8	-195,7	-47,53755745	-19,76611639	-8,218751194
9	-204,2	-50,9957461	-26,32910371	-13,59371625
10	-191,7	-45,36324389	-27,92561294	-17,19100732
11	-174,1	-37,8213099	-25,75631204	-17,5400485
12	-141	-25,56380619	-19,4821767	-14,84736686
13	-116,8	-17,38128715	-14,21963102	-11,63308014
14	-85,6	-9,99594	-8,6464881	-7,479212207
15	-43,5	-2,92138344	-2,709875279	-2,513680309
16	-22,6	-0,817809024	-0,787059405	-0,757465971

4. Efetuar o produto $\mathbf{Z}^T\mathbf{Z}$:

$$\sum_{i=1}^{m} z_{i1}^2 = 0{,}450034741,\ \sum_{i=1}^{m} z_{i2}^2 = 0{,}129707383,\ \sum_{i=1}^{m} z_{i3}^2 = 0{,}058481451$$

$$\sum_{i=1}^{m} z_{i1}z_{i2} = 0{,}221526706,\ \sum_{i=1}^{m} z_{i1}z_{i3} = 0{,}129707383 \text{ e } \sum_{i=1}^{m} z_{i2}z_{i3} = 0{,}084223867$$

Portanto,

$$\mathbf{Z}^T\mathbf{Z} = \begin{bmatrix} \sum_{i=1}^{m} z_{i1}^2 & \sum_{i=1}^{m} z_{i1}z_{i2} & \sum_{i=1}^{m} z_{i1}z_{i3} \\ \sum_{i=1}^{m} z_{i2}z_{i1} & \sum_{i=1}^{m} z_{i2}^2 & \sum_{i=1}^{m} z_{i2}z_{i3} \\ \sum_{i=1}^{m} z_{i3}z_{i1} & \sum_{i=1}^{m} z_{i3}z_{i2} & \sum_{i=1}^{m} z_{i3}^2 \end{bmatrix} = \begin{bmatrix} 0{,}450034741 & 0{,}221526706 & 0{,}129707383 \\ 0{,}221526706 & 0{,}129707383 & 0{,}084223867 \\ 0{,}129707383 & 0{,}084223867 & 0{,}058481451 \end{bmatrix}$$

5. Calcular a matriz inversa $\mathbf{B} = [\boldsymbol{Z}^T\boldsymbol{Z}]^{-1}$: O procedimento empregado nos capítulos anteriores para a inversão matricial fornece:

$$\mathbf{B} = \left(\mathbf{Z}^T\mathbf{Z}\right)^{-1} = \begin{bmatrix} 52{,}70605684 & -217{,}6272652 & 196{,}5246238 \\ -217{,}6272652 & 1017{,}508482 & -982{,}7156326 \\ 196{,}5246238 & -982{,}7156326 & 996{,}5111185 \end{bmatrix}$$

6. Efetuar a multiplicação $\beta = \mathbf{Z}^T\mathbf{Y}$:

$$\sum_{i=1}^{m} y_i z_{i1} = -348{,}4557354,\ \sum_{i=1}^{m} y_i z_{i2} = -173{,}8150224 \text{ e } \sum_{i=1}^{m} y_i z_{i3} = -101{,}7725574$$

Portanto,

$$\boldsymbol{\beta} = \mathbf{Z}^T\mathbf{Y} = \begin{bmatrix} \sum_{i=1}^{m} y_i z_{i1} \\ \sum_{i=1}^{m} y_i z_{i2} \\ \sum_{i=1}^{m} y_i z_{i3} \end{bmatrix} = \begin{bmatrix} -348{,}4557354 \\ -173{,}8150224 \\ -101{,}7725574 \end{bmatrix}$$

7. Efetuar a multiplicação $\mathbf{C} = \mathbf{B}\boldsymbol{\beta} = \begin{bmatrix} c_1 \\ c_2 \\ c_3 \end{bmatrix}$

$$\mathbf{C} = \begin{bmatrix} 52{,}70605684 & -217{,}6272652 & 196{,}5246238 \\ -217{,}6272652 & 1017{,}508482 & -982{,}7156326 \\ 196{,}5246238 & -982{,}7156326 & 996{,}5111185 \end{bmatrix} \begin{bmatrix} -348{,}4557354 \\ -173{,}8150224 \\ -101{,}7725574 \end{bmatrix}$$

$$= \begin{bmatrix} -539{,}6533754 \\ -1011{,}307785 \\ 913{,}1223817 \end{bmatrix}$$

8. Qualidade do ajuste

- Valores fornecidos pelo modelo proposto: $g_i = c_1 z_{i1} + c_2 z_{i2} + c_3 z_{i3}$
- Valores residuais: $\varepsilon_i = y_i - g_i$
- Valores quadráticos dos resíduos: $S_{Ri} = (y_i - g_i)^2$
- Valores quadráticos experimentais: $S_{Ti} = \sum_{i=1}^{m} y_i^2$
- Valores quadráticos do modelo: $S_{\text{Re}i} = g_i^2$

i	g_i	ε_i	S_{Ri}	S_{Ti}	S_{Rei}
1	-23,69940524	0,399405243	0,159524548	542,89	561,6618089
2	-46,22913959	0,529139586	0,279988701	2088,49	2137,133347
3	-67,08856283	0,588562829	0,346406204	4422,25	4500,875263
4	-86,09085229	-0,509147707	0,259231387	7499,56	7411,634849
5	-118,4425054	0,242505376	0,058808857	13971,24	14028,62708
6	-143,6400766	-0,959923354	0,921452846	20909,16	20632,47162
7	-176,948363	0,348362977	0,121356764	31187,56	31310,72316
8	-194,883521	-0,81647901	0,666637974	38298,49	37979,58675
9	-204,3786852	0,178685209	0,031928404	41697,64	41770,64697
10	-193,1367966	1,436796556	2,064384342	36748,89	37301,82218
11	-174,8520711	0,752071062	0,565610882	30310,81	30573,24675
12	-141,4227537	0,422753714	0,178720703	19881	20000,39527
13	-112,4817465	-4,318253505	18,64731333	13642,24	12652,14329
14	-85,38746995	-0,212530052	0,045169023	7327,36	7291,020024
15	-46,4771184	2,977118395	8,863233939	1892,25	2160,122534
16	-24,14307841	1,543078407	2,381090969	510,76	582,8882349

- Soma dos valores residuais: $\varepsilon = \sum_{i=1}^{m}(y_i - g_i) = 2{,}602145726$
- Soma quadrática dos resíduos: $S_R = \sum_{i=1}^{m}(y_i - g_i)^2 = 35{,}59085887$
- Soma quadrática dos valores experimentais: $S_T = \sum_{i=1}^{m} y_i^2 = 270930{,}59$
- Soma quadrática do modelo: $S_{\text{Re}} = \sum_{i=1}^{m} g_i^2 = 270894{,}9991$
- Graus de liberdade dos resíduos: $G_L^{\,R} = m - N = 13$
- Graus de liberdade da regressão: $G_L^{\,Re} = N = 3$
- Graus de liberdade total: $G_L^{\,T} = m = 16$
- Coeficiente de determinação: $R^2 = 1 - S_R/S_T = 0{,}999868635$
- Coeficiente de correlação: $R = \sqrt{R^2} = 0{,}999934315$
- Coeficiente de determinação ajustado: $R_{aj}^2 = 1 - \left(\dfrac{S_R}{S_T}\right)\left(\dfrac{G_L^T}{G_L^R}\right) = 0{,}99983832$
- Média quadrática residual: $M_R = S_R/G_L^{\,R} = 2{,}737758375$
- Média quadrática devido à regressão: $M_{Re} = S_{Re}/G_L^{\,Re} = 90298{,}33305$
- Variância populacional: $s^2 = M_R = 2{,}737758375$
- Erro padrão da estimativa: $s = \sqrt{M_R} = 1{,}65461729$
- Matriz de covariância $\mathbf{V} = \mathbf{B}s^2$:

$$\mathbf{V} = \begin{bmatrix} 144{,}2964485 & -595{,}8108679 & 538{,}0369347 \\ -595{,}8108679 & 2785{,}692369 & -2690{,}437953 \\ 538{,}0369347 & -2690{,}437953 & 2728{,}20666 \end{bmatrix}$$

As variâncias e covariâncias dos coeficientes do modelo proposto são:

- Variância de c_1: $\text{Var}(c_1) = 144{,}2964485$
- Variância de c_2: $\text{Var}(c_2) = 2785{,}692369$
- Variância de c_3: $\text{Var}(c_3) = 2728{,}20666$
- Covariância de c_1 e c_2: $\text{Cov}(c_1, c_2) = -595{,}8108679$
- Covariância de c_1 e c_3: $\text{Cov}(c_1, c_3) = 538{,}0369347$

- Covariância de c_2 e c_3: $Cov(c_2, c_3) = -2690{,}437953$

▶ Erro padrão do coeficiente c_1: $E_{c1} = \sqrt{Var(c_1} = 12{,}01234567$

▶ Erro padrão do coeficiente c_2: $E_{c2} = \sqrt{Var(c_2} = 52{,}77965866$

▶ Erro padrão do coeficiente c_3: $E_{c3} = \sqrt{Var(c_3} = 52{,}23223775$

▶ Inferência sobre os coeficientes do modelo:

- Especificação do nível de confiança: $NC = 95\ \%$
- Cálculo do nível de significância: $\alpha = 1 - NC/100 = 0{,}05$
- Cálculo da probabilidade acumulada: $\phi = 1 - \alpha/2 = 0{,}975$

PRIMEIRO TESTE DE HIPÓTESE

- Cálculo do valor crítico da distribuição t de Student:

  $t = INVT(\alpha, G_L^R) \longrightarrow t = 2{,}160368652$

Observação: Esse resultado indica que existe 97,5% de probabilidade acumulada que uma variável aleatória V, com um grau de liberdade igual a 13, seja menor que o valor crítico da distribuição t igual a 2,160368652; $\phi(V < 2{,}160368652) = 0{,}975$

- Cálculo da estatística t para c_1: $t_{Estat}|_{c1} = c_1/E_{c1} = -44{,}92489562$
- Cálculo da estatística t para c_2: $t_{Estat}|_{c2} = c_2/E_{c2} = -19{,}16093834$
- Cálculo da estatística t para c_3: $t_{Estat}|_{c3} = c_3/E_{c3} = 17{,}48196939$
- Teste de hipótese para c_1:

  $(|t_{Estat}|_{c1}| > t)? \longrightarrow (|-44{,}92489562| > 2{,}160368652)?$ Sim; então, o coeficiente c_1 é estatisticamente significativo.

- Teste de hipótese para c_2:

  $(|t_{Estat}|_{c2}| > t)? \longrightarrow (|-19{,}16093834| > 2{,}160368652)?$ Sim; então, o coeficiente c_2 é estatisticamente significativo.

- Teste de hipótese para c_3:

  $(t_{Estat}|_{c3} > t)? \longrightarrow (17{,}48196939 > 2{,}160368652)?$ Sim; então, o coeficiente c_3 é estatisticamente significativo.

SEGUNDO TESTE DE HIPÓTESE:

- Cálculo da distribuição t de Student para o coeficiente c_1, valor-p$|_{c1}$:

  valor-p$|_{c1}$ = DISTT($|t_{Estat}|_{c1}|$; G_L^R; 2) ⟶ valor-p$|_{c1}$ = 1,19676E-15

- Cálculo da distribuição t de Student para o coeficiente c_2, valor-p$|_{c2}$:

  valor-p$|_{c2}$ = DISTT($|t_{Estat}|_{c2}|$; G_L^R; 2) ⟶ valor-p$|_{c2}$ = 6,5185E-11

- Cálculo da distribuição t de Student para o coeficiente c_2, valor-p$|_{c2}$:

  valor-p$|_{c3}$ = DISTT($|t_{Estat}|_{c3}|$; G_L^R; 2) ⟶ valor-p$|_{c3}$ = 2,05973E-10

- Teste de hipótese para c_1:
- (valor-p$|_{c1}$ < α)? ⟶ (1,19676E-15 < 0,05)? Sim; então, o coeficiente c_1 é estatisticamente significativo.
- Teste de hipótese para c_2:

  (valor-p$|_{c2}$ < α)? ⟶ (6,5185E-11 < 0,05)? Sim; então, o coeficiente c_2 é estatisticamente significativo.

- Teste de hipótese para c_3:

  (valor-p$|_{c3}$ < α)? ⟶ (2,05973E-10 < 0,05)? Sim; então, o coeficiente c_3 é estatisticamente significativo.

▶ Inferência sobre o modelo:

PRIMEIRO TESTE DE HIPÓTESE

- Cálculo da estatística de teste de hipótese: $F_{Estat} = M_{Re}/M_R$ = 32982,57943
- Cálculo do valor crítico da distribuição F:

  F = INVF(α; G_L^{Re}; G_L^R) ⟶ F = INVF(0,05; 3; 13) ⟶ F = 3,410533646

- Teste de hipótese:

  ($F_{Estat} > F$)? = (32982,57943 > 3,410533646)? Sim; então, o modelo proposto é estatisticamente significativo.

SEGUNDO TESTE DE HIPÓTESE

- Cálculo da distribuição F, valor-p = $F_{significância}$:

  $\boldsymbol{F}_{significância}$ = DISTF(F_{Estat}; G_L^{Re}; G_L^R) ⟶ $\boldsymbol{F}_{significância}$ = 1,78999E-25

- Teste de hipótese:

  $(F_{significância} < \alpha)? = (1{,}78999E\text{-}25 < 0{,}05)$? Sim; então, o modelo proposto é estatisticamente significativo.

9. Intervalos de confiança:

▶ Intervalo de confiança para o coeficiente linear: $c_1 \pm \Delta_{c1}$, onde $\Delta_{c0} = tE_{c1}$

Variação: $\Delta_{c1} = tE_{c1} = 25{,}95109503$

Limite inferior: $c_1 - \Delta_{c1} = -565{,}6044704$

Central: $c_1 = -539{,}6533754$

Limite superior: $c_1 + \Delta_{c1} = -513{,}7022804$

▶ Intervalo de confiança para o coeficiente angular: $c_2 \pm \Delta_{c2}$, onde $\Delta_{c2} = tE_{c2}$

Variação: $\Delta_{c2} = tE_{c2} = 114{,}0235201$

Limite inferior: $c_2 - \Delta_{c2} = -1125{,}331305$

Central: $c_2 = -1011{,}307785$

Limite superior: $c_2 + \Delta_{c2} = -897{,}2842651$

▶ Intervalo de confiança para o coeficiente angular: $c_3 \pm \Delta_{c3}$, onde $\Delta_{c3} = tE_{c3}$

Variação: $\Delta_{c3} = tE_{c3} = 112{,}8408891$

Limite inferior: $c_3 - \Delta_{c3} = 800{,}2814926$

Central: $c_3 = 913{,}1223817$

Limite superior: $c_3 + \Delta_{c3} = 1025{,}963271$

Comparação entre os modelos propostos

A comparação entre os modelos é fornecida na Tabela 8.2. Os modelos são os seguintes:

- Tópico 8.1.1 – Exemplo 1: $\dfrac{H^E}{x_1 x_2} = a + bx_1 + cx_1^2$
- Tópico 8.1.2 - Exemplo 2: $H^E = ax_1x_2 + bx_1^2x_2 + cx_1^3x_2$
- Repostado por Smith et al. (2007): $H^E = ax_1x_2 + bx_1^2x_2 + cx_1^3x_2$

Tabela 8.2 – Comparação dos valores obtidos para os modelos

Modelo	a	b	C	S_R	s
Exemplo 1	-523,6050	-1118,2531	1035,9959	2898,462644	14,9318
Exemplo 2	-539,6534	-1011,3078	913,1224	35,590859	1,6546
Smith et al. (2007)	-539,653	-1011,00	913,122		

Simbologia: S_R é a soma quadrática residual e s é o erro padrão da estimativa.

Os resultados apresentados na Tabela 8.2 indicam que o modelo do Exemplo 2 fornece melhores estimativas que o do Exemplo 1. O modelo reportado por Smith et al. (2007) é idêntico ao do Exemplo 2; entretanto, os autores reportaram somente os coeficientes.

FORMAS DA EQUAÇÃO DE MICHAELIS-MENTEN

A equação de Michaelis-Menten é dada por:

$$-r_S) = \frac{V_{\max}[S]}{K_m + [S]} \tag{8.1}$$

em que $[S]$ é a concentração do substrato e $(-r_S)$ é a velocidade de consumo do substrato. V_{max} é a taxa máxima de reação e K_m é a constante de saturação.

Segundo Englezos e Kalogerakis (2001), as formas de linearização da Equação (8.1) são as seguintes:

- **Primeira forma:** A inversão da Equação (8.1) fornece:

$$\frac{1}{(-r_S)} = \frac{K_m + [S]}{V_{\max}[S]} = \left(\frac{K_m}{V_{\max}}\right)\left(\frac{1}{[S]}\right) + \frac{1}{V_{\max}} \tag{8.2}$$

Fazendo $y_i = 1/(-r_S)$, $x_i = 1/[S]$, $c_0 = 1/V_{max}$ e $c_1 = K_m/V_{max}$, a Equação (8.2) é transformada na forma de um modelo linear $y_i = c_0 + c_1 x_i$.

- **Segunda forma:** Multiplicando ambos os membros da Equação (8.1) por $K_m + [S]$ obtém-se:

$$-r_S)(K_m + [S]) = V_{\max}[S] \tag{8.3}$$

Dividindo ambos os membros da Equação (8.3) por [S],

$$(-r_S\left(\frac{K_m}{S}+1\right)=V_{\max} \tag{8.4}$$

Efetuando as operações aritméticas,

$$-r_S\ \frac{K_m}{S}+\ -r_S\ =V_{\max} \tag{8.5}$$

A Equação (8.5) pode ser escrita como:

$$(-r_S\ =V_{\max}-K_m\frac{-r_S}{S} \tag{8.6}$$

Definindo y_i = $(-r_S)$, x_i = $(-r_S)/[S]$, $c_0 = V_{max}$ e $c_1 = -K_m$, a Equação (8.6) é transformada na forma de um modelo linear $y_i = c_0 + c_1 x_i$.

- **Terceira forma:** multiplicando ambos os membros da Equação (8.1) por $\frac{K_m+[S}{-r_S\ V_{\max}}$, obtém-se:

$$\frac{K_m+\ S}{V_{\max}}=\frac{S}{-r_S} \tag{8.7}$$

Fazendo $y_i = [S]/(-r_S)$, $x_i = [S]$, $c_0 = K_m/V_{max}$ e $c_1 = 1/V_{max}$, a Equação (8.7) é transformada na forma linear $y_i = c_0 + c_1 x_i$.

As expressões das diversas formas linearizada da equação de Michaelis-Menten são apresentadas na Tabela 8.3.

TABELA 8.3 – RESUMO DAS EXPRESSÕES LINEARIZADAS DE MICHAELIS-MENTEN

Formas	$y_i = c_0 + c_1 x_i$			
	y_i	x_i	c_0	c_1
Primeira	$1/(-r_S)$	1/[S]	$1/V_{max}$	K_m/V_{max}
Segunda	$(-r_S)$	$(-r_S)/[S]$	V_{max}	$-K_m$
Terceira	$[S]/(-r_S)$	$[S]$	K_m/V_{max}	$1/V_{max}$

Os dados experimentais da hidrólise de Benzoyl-L-Tyrosine Ethyl Ester (BTEE) pela tripsina a 30 °C e pH de 7,5 são apresentados na Tabela 8.4.

TABELA 8.4 – DADOS EXPERIMENTAIS DA CINÉTICA ENZIMÁTICA

[S] (μM)	20	15	10	5	2,5
($-r_S$) (μM/min)	330	300	260	220	110

EXEMPLO 3 – PRIMEIRA FORMA LINEARIZADA

Na primeira forma linearizada, a relação entre as variáveis é dada por $y_i = 1/(-r_S)$ e x_i = 1/[S]. A partir dos dados experimentais da Tabela 8.4, os valores numéricos de x_i e y_i são calculados e apresentados na Tabela 8.5. A última coluna foi calculada com $\overline{x} = 0{,}163333333$.

TABELA 8.5 – VALORES UTILIZADOS NA REGRESSÃO

i	y_i	x_i	x_i^2	$x_i y_i$	$S_{XX} = (x_i - \overline{x})^2$
1	0,003030303	0,05	0,0025	0,000151515	0,012844444
2	0,003333333	0,066666667	0,004444444	0,000222222	0,009344444
3	0,003846154	0,1	0,01	0,000384615	0,004011111
4	0,004545455	0,2	0,04	0,000909091	0,001344444
5	0,009090909	0,4	0,16	0,003636364	0,056011111

Roteiro de Cálculo - Tabela 3.4 - Regressão linear

1. Entrada de dados: m = 5
2. Cálculos das somas e das médias

- Soma dos valores de x: $S_X = \sum_{i=1}^{m} x_i = 0{,}816666667$
- Soma dos valores de y: $S_Y = \sum_{i=1}^{m} y_i = 0{,}023846154$
- Soma do produto entre x e y: $S_{XY} = \sum_{i=1}^{m} x_i y_i = 0{,}005303807$
- Soma do quadrado dos valores de x: $S_{X2} = \sum_{i=1}^{m} x_i^2 = 0{,}216944444$
- Médias dos valores de x: $\overline{x} = S_X / m = 0{,}163333333$

- Médias dos valores de y: $\bar{y} = S_Y / m = 0{,}004769231$

3. Cálculos dos coeficientes c_0 e c_1:

- Coeficiente angular: $c_1 = (mS_{XY} - S_X S_Y)/(mS_{X2} - S_X^2) = 0{,}01686226$
- Coeficiente linear: $c_0 = \bar{y} - \bar{x}c_1 = 0{,}002015062$

4. Qualidade do ajuste:

- Valores fornecidos pelo modelo: $g_i = c_0 + c_1 x_i$
- Valores residuais: $\varepsilon_i = y_i - g_i$
- Valores quadráticos residuais: $S_{Ri} = (y_i - g_i)^2$
- Valores quadráticos do modelo em torno da média: $S_{\mathrm{Re}i} = (g_i - \bar{y})^2$
- Valores quadráticos experimentais em torno da média: $S_T = \sum_{i=1}^{m} (y_i - \bar{y})^2$

i	g_i	ε_i	S_{Ri}	S_{Ti}	S_{Rei}
1	0,002858175	0,000172128	2,96282E-08	3,02387E-06	3,65214E-06
2	0,003139212	0,000194121	3,7683E-08	2,0618E-06	2,65696E-06
3	0,003701288	0,000144866	2,09862E-08	8,52071E-07	1,1405E-06
4	0,005387514	-0,000842059	7,09064E-07	5,00758E-08	3,82274E-07
5	0,008759966	0,000330943	1,09524E-07	1,86769E-05	1,5926E-05

- Soma dos resíduos: $\varepsilon = \sum_{i=1}^{m} \varepsilon_i = \sum_{i=1}^{m} (y_i - g_i) = 1{,}73472\text{E-}18$
- Soma quadrática residual: $S_R = \sum_{i=1}^{m} (y_i - g_i)^2 = 9{,}06884\text{E-}07$
- Soma quadrática da regressão: $S_{\mathrm{Re}} = \sum_{i=1}^{m} (g_i - \bar{y})^2 = 2{,}37578\text{E-}05$
- Soma quadrática total: $S_T = \sum_{i=1}^{m} (y_i - \bar{y})^2 = 2{,}46647\text{E-}05$
- Grau de liberdade total: $G_L^T = m - 1 = 4$
- Grau de liberdade da regressão: $G_L^{Re} = 1$
- Grau de liberdade dos resíduos: $G_L^R = m - 2 = 3$
- Coeficiente de determinação (R^2): $R^2 = 1 - S_R/S_T = 0{,}963231514$

- Coeficiente de correlação: $R = \sqrt{R^2} = 0{,}981443587$
- Coeficiente de determinação ajustado: $R^2_{aj} = 1 - \left(\frac{S_R}{S_T}\right)\left(\frac{G_L^T}{G_L^R}\right) = 0{,}950975352$
- Média quadrática residual: $M_R = S_R/G_L{}^R$ = 3,02295E-07
- Média quadrática da regressão: $M_{Re} = S_{Re}/G_L{}^{Re}$ = 2,37578E-05
- Variância populacional s^2: $s^2 = M_R$ = 3,02295E-07
- Erro padrão da estimativa: $s = \sqrt{M_R} = 0{,}000549813$
- Variância do coeficiente linear: $\text{Var}(c_0 = \left(\frac{1}{m} + \frac{\overline{x}^2}{S_{XX}}\right)s^2 = 1{,}56976\text{E-}07$
- Variância do coeficiente angular: $\text{Var}\ c_1 = \frac{s^2}{S_{XX}} = 3{,}61789\text{E-}06$
- Covariâncias dos coeficientes: $\text{Cov}(c_0, c_1 = -\frac{\overline{x}s^2}{S_{XX}} = \text{-}5{,}90922\text{E-}07$
- Erro padrão do coeficiente linear: $E_{c0} = \sqrt{\text{Var}\ c_0} = 0{,}000396202$
- Erro padrão do coeficiente angular: $E_{c1} = \sqrt{\text{Var}(c_1} = 0{,}001902075$
- Inferência sobre os coeficientes do modelo proposto:
  - Especificação do nível de confiança: NC = 95 %
  - Cálculo do nível de significância: $\alpha = 1 - NC/100 = 0{,}05$
  - Cálculo da probabilidade acumulada: $\phi = 1 - \alpha/2 = 0{,}975$

PRIMEIRA INFERÊNCIA

- Cálculo do valor crítico da distribuição t de Student:

  t = INVT(α; $G_L{}^R$) ⟶ t = INVT(0,05; 3) ⟶ t = 3,182446305
- Cálculo da estatística do coeficiente c_0: $t_{Estat}|_{c0} = c_0/E_{c0}$ = 5,085941734
- Cálculo da estatística do coeficiente c_1: $t_{Estat}|_{c1} = c_1/E_{c1}$ = 8,865190991
- Teste de hipótese do coeficiente c_0:

  ($t_{Estat}|_{c0} > t$)? ⟶ (5,085941734 > 3,182446305)? Sim; portanto, o coeficiente c_0 é estatisticamente significativo.

- Teste de hipótese do coeficiente c_1:

  $(t_{Estat}|_{c1} > t)$? ⟶ (8,865190991 > 3,182446305)? Sim; portanto, o coeficiente c_1 é estatisticamente significativo.

SEGUNDA INFERÊNCIA

- Cálculo da distribuição t de Student para o coeficiente c_0:

  valor-p$|_{c0}$ = DISTT($t_{Estat}|_{c0}$; G_L^R; 2) ⟶ valor-p$|_{c0}$ = 0,014688917

- Cálculo da distribuição t de Student para o coeficiente c_1:

  valor-p$|_{c1}$ = DISTT($t_{Estat}|_{c1}$; G_L^R; 2) ⟶ valor-p$|_{c1}$ = 0,003025954

- Teste de hipótese do coeficiente c_0:

  (valor-p$|_{c0}$ < α)? ⟶ (0,014688917 < 0,05)? Sim; portanto, o coeficiente c_0 é estatisticamente significativo.

  (valor-p$|_{c1}$ < α)? ⟶ (0,003025954 < 0,05)? Sim; portanto, o coeficiente c_1 é estatisticamente significativo.

▶ Inferência sobre os coeficientes do modelo:

PRIMEIRA INFERÊNCIA

- Cálculo do valor crítico da distribuição F:

  F = INVF(α; G_L^{Re}; G_L^R) ⟶ F = INVF(0,05; 1; 3) ⟶ F = 10,12796448

- Cálculo da estatística de teste de hipótese: $F_{Estat} = M_{Re}/M_R$ = 78,5916113

- Teste de hipótese do modelo:

  $(F_{Estat} > F)$? ⟶ (78,5916113 > 10,12796448)? Sim; portanto, o modelo proposto é estatisticamente significativo.

SEGUNDA INFERÊNCIA

- Cálculo da distribuição F, valor-p = $F_{significância}$:

  $F_{significância}$ = DISTF(F_{Estat}; G_L^{Re}; G_L^R) = 0,003025954

- Teste de hipótese do modelo:

  $(F_{significância} < \alpha)$? ⟶ (0,003025954 < 0,05)? Sim; portanto, o modelo proposto é estatisticamente significativo.

- Intervalo de confiança para o coeficiente angular: $c_0 \pm \Delta_{c0}$, sendo $\Delta_{c0} = tE_{c0}$

  Variação: $\Delta_{c0} = tE_{c0}$ = 0,001260892

  Limite inferior: $c_0 - \Delta_{c0}$ = 0,000754169

  Central: c_0 = 0,002015062

  Limite superior: $c_0 + \Delta_{c0}$ = 0,003275954

- Intervalo de confiança para o coeficiente linear: $c_1 \pm \Delta_{c1}$, sendo $\Delta_{c1} = tE_{c1}$

  Variação: $\Delta_{c1} = tE_{c1}$ = 0,006053252

  Limite inferior: $c_1 - \Delta_{c1}$ = 0,010809008

  Central: c_1 = 0,01686226

  Limite superior: $c_1 + \Delta_{c1}$ = 0,022915512

- Os coeficientes da equação de Michaelis-Menten são dados por:
  - $V_{max} = 1/c_0$ = 496,2627389
  - $K_m = c_1 V_{max}$ = 8,368111372

Exemplo 4 – Segunda forma linearizada

Na segunda forma linearizada, a relação entre as variáveis é dada por $y_i = -r_S$ e $x_i = (-r_S)/[S]$. A partir dos dados experimentais da Tabela 8.4, os valores numéricos de x_i e y_i são calculados e apresentados na Tabela 8.6. A última coluna foi calculada com $\overline{x} = 30{,}1$.

Tabela 8.6 – Valores utilizados na regressão

i	y_i	x_i	x_i^2	$x_i y_i$	$S_{XX} = \left(x_i - \overline{x}\right)^2$
1	330	16,5	272,25	5445	184,96
2	300	20	400	6000	102,01
3	260	26	676	6760	16,81
4	220	44	1936	9680	193,21
5	110	44	1936	4840	193,21

Roteiro de Cálculo - Tabela 3.4 – Regressão linear

1. Entrada de dados: m = 5
2. Cálculos das somas e das médias

- Soma dos valores de *x*: $S_X = \sum_{i=1}^{m} x_i = 150{,}5$
- Soma dos valores de *y*: $S_Y = \sum_{i=1}^{m} y_i = 1220$
- Soma do produto entre *x* e *y*: $S_{XY} = \sum_{i=1}^{m} x_i y_i = 32725$
- Soma do quadrado dos valores de *x*: $S_{X2} = \sum_{i=1}^{m} x_i^2 = 5220{,}25$
- Médias dos valores de *x*: $\overline{x} = S_X / m = 30{,}1$
- Médias dos valores de *y*: $\overline{y} = S_Y / m = 244$

3. Cálculos dos coeficientes c_0 e c_1:

- Coeficiente angular: $c_1 = (mS_{XY} - S_X S_Y)/(mS_{X2} - S_X{}^2) = -5{,}791075051$
- Coeficiente linear: $c_0 = \overline{y} - \overline{x}c_1 = 418{,}311359$

4. Qualidade do ajuste:

- Valores fornecidos pelo modelo: $g_i = c_0 + c_1 x_i$
- Valores residuais: $\varepsilon_i = y_i - g_i$
- Valores quadráticos residuais: $S_{Ri} = (y_i - g_i)^2$
- Valores quadráticos do modelo em torno da média: $S_{\text{Re}i} = (g_i - \overline{y})^2$
- Valores quadráticos experimentais em torno da média: $S_T = \sum_{i=1}^{m} (y_i - \overline{y})^2$

i	g_i	ε_i	S_{Ri}	S_{Ti}	S_{Rei}
1	322,7586207	7,24137931	52,43757432	7396	6202,920333
2	302,489858	-2,489858012	6,199392921	3136	3421,06349
3	267,7434077	-7,743407708	59,96036293	256	563,7494096
4	163,5040568	56,4959432	3191,791599	576	6479,596872
5	163,5040568	-53,5040568	2862,684094	17956	6479,596872

- Soma dos resíduos: $\varepsilon = \sum_{i=1}^{m} \varepsilon_i = \sum_{i=1}^{m} (y_i - g_i) = -5{,}68434\text{E-}14$
- Soma quadrática residual: $S_R = \sum_{i=1}^{m} (y_i - g_i)^2 = 6173{,}073022$

- Soma quadrática da regressão: $S_{Re} = \sum_{i=1}^{m} g_i - \overline{y})^2 = 23146{,}92698$
- Soma quadrática total: $S_T = \sum_{i=1}^{m}(y_i - \overline{y})^2 = 29320$
- Grau de liberdade total: $G_L^{\,T} = m - 1 = 4$
- Grau de liberdade da regressão: $G_L^{\,Re} = 1$
- Grau de liberdade dos resíduos: $G_L^{\,R} = m - 2 = 3$
- Coeficiente de determinação (R^2): $R^2 = 1 - S_R/S_T = 0{,}789458628$
- Coeficiente de correlação: $R = \sqrt{R^2} = 0{,}888514844$
- Coeficiente de determinação ajustado: $R_{aj}^2 = 1 - \left(\frac{S_R}{S_T}\right)\left(\frac{G_L^T}{G_L^R}\right) = 0{,}719278171$
- Média quadrática residual: $M_R = S_R/G_L^{\,R} = 2057{,}691007$
- Média quadrática da regressão: $M_{Re} = S_{Re}/G_L^{\,Re} = 23146{,}92698$
- Variância populacional s^2: $s^2 = M_R = 2057{,}691007$
- Erro padrão da estimativa: $s = \sqrt{M_R} = 45{,}36177915$
- Variância do coeficiente linear: $\text{Var}(c_0) = \left(\frac{1}{m} + \frac{\overline{x}^2}{S_{XX}}\right)s^2 = 3112{,}622858$
- Variância do coeficiente angular: $\text{Var } c_1) = \frac{s^2}{S_{XX}} = 2{,}981296736$
- Covariâncias dos coeficientes: $\text{Cov}(c_0, c_1) = -\frac{\overline{x}s^2}{S_{XX}} = \text{-}89{,}73703176$
- Erro padrão do coeficiente linear: $E_{c0} = \sqrt{\text{Var } c_0)} = 55{,}79088508$
- Erro padrão do coeficiente angular: $E_{c1} = \sqrt{\text{Var}(c_1)} = 1{,}726643199$
- Inferência sobre os coeficientes do modelo proposto:
  - Especificação do nível de confiança: $NC = 95\ \%$
  - Cálculo do nível de significância: $\alpha = 1 - NC/100 = 0{,}05$
  - Cálculo da probabilidade acumulada: $\phi = 1 - \alpha/2 = 0{,}975$

PRIMEIRA INFERÊNCIA

- Cálculo do valor crítico da distribuição t de Student:

  t = INVT(α; G_L^R) ⟶ t = INVT(0,05; 3) ⟶ t = 3,182446305

- Cálculo da estatística do coeficiente c_0: $t_{Estat}|_{c0} = c_0/E_{c0}$ = 7,497844109

- Cálculo da estatística do coeficiente c_1: $t_{Estat}|_{c1} = c_1/E_{c1}$ = -3,353950054

- Teste de hipótese do coeficiente c_0:

  ($t_{Estat}|_{c0} > t$)? ⟶ (7,497844109 > 3,182446305)? Sim; portanto, o coeficiente c_0 é estatisticamente significativo.

- Teste de hipótese do coeficiente c_1:

  ($|t_{Estat}|_{c1}| > t$)? ⟶ (|-3,353950054| > 3,182446305)? Sim; portanto, o coeficiente c_1 é estatisticamente significativo.

SEGUNDA INFERÊNCIA

- Cálculo da distribuição t de Student para o coeficiente c_0:

  valor-p$|_{c0}$ = DISTT($t_{Estat}|_{c0}$; G_L^R; 2) ⟶ valor-p$|_{c0}$ = 0,00491504

- Cálculo da distribuição t de Student para o coeficiente c_1:

  valor-p$|_{c1}$ = DISTT($t_{Estat}|_{c1}$; G_L^R; 2) ⟶ valor-p$|_{c1}$ = 0,043929902

- Teste de hipótese do coeficiente c_0:

  (valor-p$|_{c0}$ < α)? ⟶ (0,00491504 < 0,05)? Sim; portanto, o coeficiente c_0 é estatisticamente significativo.

  (valor-p$|_{c1}$ < α)? ⟶ (0,043929902 < 0,05)? Sim; portanto, o coeficiente c_1 é estatisticamente significativo.

▶ Inferência sobre os coeficientes do modelo:

PRIMEIRA INFERÊNCIA

- Cálculo do valor crítico da distribuição F:

  F = INVF(α; G_L^{Re}; G_L^R) ⟶ F = INVF(0,05; 1; 3) ⟶ F = 10,12796448

- Cálculo da estatística de teste de hipótese: $F_{Estat} = M_{Re}/M_R$ = 11,24898097

- Teste de hipótese do modelo:

  ($F_{Estat} > F$)? ⟶ (11,24898097 > 10,12796448)? Sim; portanto, o modelo proposto é estatisticamente significativo.

SEGUNDA INFERÊNCIA

- Cálculo da distribuição F, valor-p = $F_{significância}$:

  $F_{significância}$ = DISTF(F_{Estat}; G_L^{Re}; G_L^{R}) ⟶ $F_{significância}$ = 0,043929902

- Teste de hipótese do modelo:

  ($F_{significância} < \alpha$)? ⟶ (0,043929902 < 0,05)? Sim; portanto, o modelo proposto é estatisticamente significativo.

▶ Intervalo de confiança para o coeficiente angular: $c_0 \pm \Delta_{c0}$, sendo $\Delta_{c0} = tE_{c0}$

Variação: $\Delta_{c0} = tE_{c0}$ = 177,5514961

Limite inferior: $c_0 - \Delta_{c0}$ = 240,759863

Central: c_0 = 418,311359

Limite superior: $c_0 + \Delta_{c0}$ = 595,8628551

▶ Intervalo de confiança para o coeficiente linear: $c_1 \pm \Delta_{c1}$, sendo $\Delta_{c1} = tE_{c1}$

Variação: $\Delta_{c1} = tE_{c1}$ = 5,494949268

Limite inferior: $c_1 - \Delta_{c1}$ = -11,28602432

Central: c_1 = -5,791075051

Limite superior: $c_1 + \Delta_{c1}$ = -0,296125782

▶ Os coeficientes da equação de Michaelis-Menten são dados por:

- $V_{max} = c_0$ = 418,311359
- $K_m = -c_1$ = 5,791075051

Exemplo 5 – Terceira forma linearizada

Na terceira forma linearizada, a relação entre as variáveis é dada por $y_i = [S] / -r_S$ e x_i = [S]. A partir dos dados experimentais da Tabela 8.4, os valores numéricos de x_i e y_i são calculados e apresentados na Tabela 8.7. A última coluna foi calculada com $\overline{x} = 10{,}5$.

Tabela 8.7 – Valores utilizados na regressão

i	y_i	x_i	x_i^2	$x_i y_i$	$S_{XX} = (x_i - \overline{x})^2$
1	0,060606061	20	400	1,212121212	90,25

Tabela 8.7 – Valores utilizados na regressão					
i	y_i	x_i	x_i^2	x_iy_i	$S_{XX} = (x_i - \bar{x})^2$
2	0,05	15	225	0,75	20,25
3	0,038461538	10	100	0,384615385	0,25
4	0,022727273	5	25	0,113636364	30,25
5	0,022727273	2,5	6,25	0,056818182	64

Roteiro de Cálculo - Tabela 3.4 – Regressão linear

1. Entrada de dados: $m = 5$
2. Cálculos das somas e das médias
   - Soma dos valores de x: $S_X = \sum_{i=1}^{m} x_i = 52{,}5$
   - Soma dos valores de y: $S_Y = \sum_{i=1}^{m} y_i = 0{,}194522145$
   - Soma do produto entre x e y: $S_{XY} = \sum_{i=1}^{m} x_i y_i = 2{,}517191142$
   - Soma do quadrado dos valores de x: $S_{X2} = \sum_{i=1}^{m} x_i^2 = 756{,}25$
   - Soma quadrática de x em torno da média: $S_{XX} = \sum_{i=1}^{m} (x_i - \bar{x})^2 = 205$
   - Médias dos valores de x: $\bar{x} = S_X / m = 10{,}5$
   - Médias dos valores de y: $\bar{y} = S_Y / m = 0{,}038904429$
3. Cálculos dos coeficientes c_0 e c_1:
   - Coeficiente angular: $c_1 = (mS_{XY} - S_X S_Y)/(mS_{X2} - S_X^2) = 0{,}002315652$
   - Coeficiente linear: $c_0 = \bar{y} - \bar{x}c_1 = 0{,}014590085$
4. Qualidade do ajuste:
   - Valores fornecidos pelo modelo: $g_i = c_0 + c_1 x_i$
   - Valores residuais: $\varepsilon_i = y_i - g_i$
   - Valores quadráticos residuais: $S_{Ri} = (y_i - g_i)^2$

▶ Valores quadráticos do modelo em torno da média: $S_{\text{Re}i} = (g_i - \overline{y})^2$

▶ Valores quadráticos experimentais em torno da média: $S_T = \sum_{i=1}^{m} (y_i - \overline{y})^2$

i	g_i	ε_i	S_{Ri}	S_{Ti}	S_{Rei}
1	0,060903121	-0,000297061	8,8245E-08	0,000470961	0,000483942
2	0,049324862	0,000675138	4,55811E-07	0,000123112	0,000108585
3	0,037746603	0,000714935	5,11133E-07	1,96152E-07	1,34056E-06
4	0,026168344	-0,003441071	1,1841E-05	0,0002617	0,000162208
5	0,020379214	0,002348058	5,51338E-06	0,0002617	0,000343184

▶ Soma dos resíduos: $\varepsilon = \sum_{i=1}^{m} \varepsilon_i = \sum_{i=1}^{m} (y_i - g_i) = \text{-3,46945E-17}$

▶ Soma quadrática residual: $S_R = \sum_{i=1}^{m} (y_i - g_i)^2 = \text{1,84095E-05}$

▶ Soma quadrática da regressão: $S_{\text{Re}} = \sum_{i=1}^{m} (g_i - \overline{y})^2 = 0{,}00109926$

▶ Soma quadrática total: $S_T = \sum_{i=1}^{m} (y_i - \overline{y})^2 = 0{,}001117669$

▶ Grau de liberdade total: $G_L^T = m - 1 = 4$

▶ Grau de liberdade da regressão: $G_L^{Re} = 1$

▶ Grau de liberdade dos resíduos: $G_L^R = m - 2 = 3$

▶ Coeficiente de determinação: $R^2 = 1 - S_R/S_T = 0{,}983528638$

▶ Coeficiente de correlação: $R = \sqrt{R^2} = 0{,}991730124$

▶ Coeficiente de determinação ajustado: $R_{aj}^2 = 1 - \left(\frac{S_R}{S_T}\right)\left(\frac{G_L^T}{G_L^R}\right) = 0{,}978038184$

▶ Média quadrática residual: $M_R = S_R/G_L^R = \text{6,13651E-06}$

▶ Média quadrática da regressão: $M_{Re} = S_{Re}/G_L^{Re} = 0{,}00109926$

▶ Variância populacional s^2: $s^2 = M_R = \text{6,13651E-06}$

▶ Erro padrão da estimativa: $s = \sqrt{M_R} = 0{,}002477199$

▶ Variância do coeficiente linear: $\text{Var}(c_0) = \left(\frac{1}{m} + \frac{\overline{x}^2}{S_{XX}}\right) s^2 = \text{4,52755E-06}$

▶ Variância do coeficiente angular: $\text{Var}\ c_1 = \frac{s^2}{S_{XX}} = 2{,}99342\text{E-}08$

▶ Covariâncias dos coeficientes: $\text{Cov}\left(c_0, c_1 = -\frac{\overline{x}s^2}{S_{XX}} = -3{,}14309\text{E-}07\right.$

▶ Erro padrão do coeficiente linear: $E_{c0} = \sqrt{\text{Var}\ c_0} = 0{,}002127804$

▶ Erro padrão do coeficiente angular: $E_{c1} = \sqrt{\text{Var}\left(c_1\right.} = 0{,}000173015$

▶ Inferência sobre os coeficientes do modelo proposto:

- Especificação do nível de confiança: $NC = 95\ \%$
- Cálculo do nível de significância: $\alpha = 1 - NC/100 = 0{,}05$
- Cálculo da probabilidade acumulada: $\phi = 1 - \alpha/2 = 0{,}975$

PRIMEIRA INFERÊNCIA

- Cálculo do valor crítico da distribuição t de Student:

  $t = \text{INVT}(\alpha;\ G_L^R) \longrightarrow t = \text{INVT}(0{,}05;\ 3) \longrightarrow t = 3{,}182446305$

- Cálculo da estatística do coeficiente c_0: $t_{Estat}|_{c0} = c_0/E_{c0} = 6{,}856875066$
- Cálculo da estatística do coeficiente c_1: $t_{Estat}|_{c1} = c_1/E_{c1} = 13{,}38410626$
- Teste de hipótese do coeficiente c_0:

  $(t_{Estat}|_{c0} > t)? \longrightarrow (6{,}856875066 > 3{,}182446305)?$ Sim; portanto, o coeficiente c_0 é estatisticamente significativo.

- Teste de hipótese do coeficiente c_1:

  $(t_{Estat}|_{c1} > t)? \longrightarrow (13{,}38410626 > 3{,}182446305)?$ Sim; portanto, o coeficiente c_1 é estatisticamente significativo.

SEGUNDA INFERÊNCIA

- Cálculo da distribuição t de Student para o coeficiente c_0:

  $\text{valor-p}|_{c0} = \text{DISTT}(t_{Estat}|_{c0};\ G_L^R;\ 2) \longrightarrow \text{valor-p}|_{c0} = 0{,}006350378$

- Cálculo da distribuição t de Student para o coeficiente c_1:

  $\text{valor-p}|_{c1} = \text{DISTT}(t_{Estat}|_{c1};\ G_L^R;\ 2) \longrightarrow \text{valor-p}|_{c1} = 0{,}00090166$

- Teste de hipótese do coeficiente c_0:

  (valor-p$|_{c0}$ < α)? ⟶ (0,006350378 < 0,05)? Sim; portanto, o coeficiente c_0 é estatisticamente significativo.

  (valor-p$|_{c1}$ < α)? ⟶ (0,00090166 < 0,05)? Sim; portanto, o coeficiente c_1 é estatisticamente significativo.

▶ Inferência sobre os coeficientes do modelo:

PRIMEIRA INFERÊNCIA

- Cálculo do valor crítico da distribuição F:

  F = INVF(α; G_L^{Re}; G_L^R) ⟶ F = INVF(0,05; 1; 3) ⟶ F = 10,12796448

- Cálculo da estatística de teste de hipótese: $F_{Estat} = M_{Re}/M_R$ = 179,1343004

- Teste de hipótese do modelo:

  ($F_{Estat} > F$)? ⟶ (179,1343004 > 10,12796448)? Sim; portanto, o modelo proposto é estatisticamente significativo.

SEGUNDA INFERÊNCIA

- Cálculo da distribuição F, valor-p = $F_{significância}$:

  $F_{significância}$ = DISTF(F_{Estat}; G_L^{Re}; G_L^R) = 0,00090166

- Teste de hipótese do modelo:

  ($F_{significância}$ < α)? ⟶ (0,00090166 < 0,05)? Sim; portanto, o modelo proposto é estatisticamente significativo.

▶ Intervalo de confiança para o coeficiente angular: $c_0 \pm \Delta_{c0}$, sendo $\Delta_{c0} = tE_{c0}$

Variação: $\Delta_{c0} = tE_{c0}$ = 0,006771621

Limite inferior: $c_0 - \Delta_{c0}$ = 0,007818463

Central: c_0 = 0,014590085

Limite superior: $c_0 + \Delta_{c0}$ = 0,021361706

▶ Intervalo de confiança para o coeficiente linear: $c_1 \pm \Delta_{c1}$, sendo $\Delta_{c1} = tE_{c1}$

Variação: $\Delta_{c1} = tE_{c1}$ = 0,000550611

Limite inferior: $c_1 - \Delta_{c1}$ = 0,001765041

Central: c_1 = 0,002315652

Limite superior: $c_1 + \Delta_{c1}$ = 0,002866263

▶ Os coeficientes da equação de Michaelis-Menten são dados por:

- $V_{max} = 1/c_1$ = 431,8438497
- $K_m = c_0 V_{max}$ = 6,30063835

Exemplo 6 – Modelo Não Linear

O modelo de Michaelis-Menten é representado por $\left(-r_S\right) = \dfrac{V_{\max}\ S}{K_m + S}$, em que [S] é a concentração do substrato e ($-r_S$) é a velocidade de consumo do substrato. V_{max} é a taxa máxima de reação e K_m é a constante de saturação.

Fazendo $g_i = (-r_S)$, $\theta_1 = V_{max}$, $\theta_2 = K_m$ e x_i = [S], o modelo de Michaelis-Menten pode ser escrito como:

$$g_i = \frac{\theta_1 x_i}{\theta_2 + x_i} \tag{8.8}$$

▶ Derivada parcial de g_i com relação à θ_1, mantendo θ_2 constante:

$$\left(\frac{\partial g_i}{\partial \theta_1}\right)_{\theta_2} = \frac{x_i}{\theta_2 + x_i} = z_{i1}$$

▶ Derivada parcial de g_i com relação à θ_2, mantendo θ_1 constante:

$$\left(\frac{\partial g_i}{\partial \theta_2}\right)_{\theta_1} = -\frac{\theta_1 x_i}{\left(\theta_2 + x_i\right)^2} = z_{i2}$$

Roteiro de cálculo - Tabela 7.3 do Tópico 7.3.1

1. Entrada de dados: $m = 5$, $y_i = (-r_S)_i$, e $x_i = [S]_i$ para i = 1, 2, 3, 4, 5.
2. Cálculo da média de y: $\bar{y} = \dfrac{\sum_{i=1}^{m} y_i}{m} = 244$
3. Informações do procedimento iterativo: tol = 1×10^{-5} e itemax = 50
4. Estimativa inicial dos parâmetros: $\theta_1^{(1)}$ = 496,2627389 e $\theta_2^{(1)}$ = 8,36811137

5. Inicialização do contador de iteração: $k = 1$

6. Método de Gauss-Newton

Faça

▶ Para $i = 1, 2, \ldots, m$, calcular as funções:

$$g_i^{\,k} = \frac{\theta_1^{\,k} x_i}{\theta_2^{\,k} + x_i}, \quad h_i = y_i - g_i\big|_{\theta_1,\theta_2}$$

$$Z_{i1}^{\,k} = \left(\frac{\partial g_1^{\,k}}{\partial \theta_1^{\,k}}\right)_{\theta_2^k} = \frac{x_i}{\theta_2^{\,k} + x_i}, \quad z_{i2} = \left(\frac{\partial g_1^{(k}}{\partial \theta_2^{\,k}}\right)_{\theta_1^k} = -\frac{\theta_1^{\,k} x_i}{\left(\theta_2^{\,k} + x_i\right)^2}$$

▶ Os valores obtidos são apresentados abaixo:

i	x_i	y_i	g_i	z_{i1}	z_{i2}
1	20	330	349,8736539	0,705016973	-12,33334321
2	15	300	318,5512498	0,641900398	-13,63187828
3	10	260	270,1762467	0,544421786	-14,70898348
4	5	220	185,6143793	0,374024412	-13,88486183
5	2,5	110	114,1556987	0,230030768	-10,5037292

▶ Outros valores calculados

I	$z_{i1}^{\,2}$	$z_{i2}^{\,2}$	$z_{i1}z_{i2}$	h	hz_{i1}	hz_{i2}
1	0,49704893	152,111355	-8,695216	-19,873654	-14,011263	245,108594
2	0,41203612	185,828105	-8,750308	-18,551250	-11,908055	252,888380
3	0,29639508	216,354195	-8,007891	-10,176247	-5,540170	149,682245
4	0,13989426	192,789388	-5,193277	34,385621	12,861062	-477,439592
5	0,05291415	110,328327	-2,416181	-4,155699	-0,955939	43,650334

▶ Cálculos dos somatórios $\mathbf{Z}^T\mathbf{Z}$: $\mathbf{Z}^T\mathbf{Z} = \begin{bmatrix} \sum_{i=1}^{m} z_{i1}^2 & \sum_{i=1}^{m} z_{i1}z_{i2} \\ \sum_{i=1}^{m} z_{i2}z_{i1} & \sum_{i=1}^{m} z_{i2}^2 \end{bmatrix}$

$$\sum_{i=1}^{m} z_{i1}^2 = 1{,}39828855,\ \sum_{i=1}^{m} z_{i2}^2 = 857{,}4113704 \text{ e } \sum_{i=1}^{m} z_{i1} z_{i2} = -33{,}06287363$$

Portanto,

$$\mathbf{Z^T Z} = \begin{bmatrix} 1{,}39828855 & -33{,}06287363 \\ -33{,}06287363 & 857{,}4113704 \end{bmatrix}$$

▶ Calcular a matriz inversa $\mathbf{B} = [\mathbf{Z^T Z}]^{-1}$: O procedimento utilizado nos capítulos anteriores para a inversão matricial fornece:

$$\mathbf{B} = \left(\mathbf{X'X}\right)^{-1} = \begin{bmatrix} 8{,}107534126 & 0{,}312636834 \\ 0{,}312636834 & 0{,}013221976 \end{bmatrix}$$

▶ Efetuar a multiplicação $\mathbf{Z^T h}$: $\boldsymbol{\beta} = \mathbf{Z}^T \mathbf{h} = \begin{bmatrix} \sum_{i=1}^{m} h_i z_{i1} \\ \sum_{i=1}^{m} h_i z_{i2} \end{bmatrix}$

$$\sum_{i=1}^{m} h_i z_{i1} = -19{,}55436535 \text{ e } \sum_{i=1}^{m} h_i z_{i2} = 213{,}8899603$$

Portanto,

$$\boldsymbol{\beta} = \mathbf{Z}^T \mathbf{h} = \begin{bmatrix} -19{,}55436535 \\ 213{,}8899603 \end{bmatrix}$$

▶ Efetuar a multiplicação $\Delta\theta = \mathbf{B}\boldsymbol{\beta} = \begin{bmatrix} \Delta\theta_1 \\ \Delta\theta_2 \end{bmatrix}$

$$\begin{bmatrix} \Delta\theta_1 \\ \Delta\theta_2 \end{bmatrix} = \begin{bmatrix} 8{,}107534126 & 0{,}312636834 \\ 0{,}312636834 & 0{,}013221976 \end{bmatrix} \begin{bmatrix} -19{,}55436535 \\ 213{,}8899603 \end{bmatrix} = \begin{bmatrix} -91{,}66780439 \\ -3{,}285367059 \end{bmatrix}$$

- Calcular o valor máximo: max_valor = máximo($|\Delta\theta_1|$, $|\Delta\theta_2|$) = 91,66780439
- Verificação da convergência

  L1 = (ite > itemax)? ⟶ L1 = (1 > 50)? Falso

  L2 = max_valor < $1x10^{-5}$? ⟶ L2 = 91,66780439 < $1x10^{-5}$? Falso

  L1 OU L2 ⟶ (Falso OU Falso) ⟶ Falso (continuar os cálculos)
- Atualizações os coeficientes

  $\theta_1 \leftarrow \theta_1 + \Delta\theta_1 \rightarrow \theta_1 = 404{,}5949345$

  $\theta_2 \leftarrow \theta_2 + \Delta\theta_2 \rightarrow \theta_2 = 5{,}082744311$
- Atualização do contador de iterações: $k \leftarrow k + 1 \rightarrow k = 2$

Retorne para a etapa 6 e repita o procedimento até que uma das condições de convergência seja verdadeira. O procedimento converge com sete iterações. Os resultados finais são mostrados na forma tabular.

- Valores dos parâmetros em cada iteração:

k	$\theta_1^{(k)}$	$\theta_2^{(k)}$	$\Delta\theta_1^{(k)}$	$\Delta\theta_2^{(k)}$	max_valor	L1 ou L2
1	496,2627389	8,36811137	-91,6678044	-3,28536706	91,66780439	Falso
2	404,5949345	5,082744311	15,43277681	0,61292146	15,43277681	Falso
3	420,0277113	5,695665771	0,161852836	0,009815537	0,161852836	Falso
4	420,1895642	5,705481308	-0,00959611	-0,00039371	0,00959611	Falso
5	420,179968	5,705087602	0,000392154	1,61982E-5	0,000392154	Falso
6	420,1803602	5,705103801	-1,61224E-5	-6,65892E-7	1,61224E-5	Falso
7	420,1803441	5,705103135	6,62796E-7	2,7375E-8	6,62796E-7	Verdadeiro

- Os valores das matrizes em cada iteração são dados por:

k	Z^TZ		$\mathbf{B = (Z^TZ)^{-1}}$		$\boldsymbol{\beta}$
1	1,39828855	-33,06287363	8,107534126	0,312636834	-19,55436535
	-33,06287363	857,4113704	0,312636834	0,013221976	213,8899603
2	1,987853129	-48,95419746	3,418365275	0,118380209	0,673015484
	-48,95419746	1413,609003	0,118380209	0,004806993	110,9320907
3	1,848640754	-44,77800265	1,000512878	0,146129841	-0,140312397
	-44,77800265	1250,375798	0,146129841	0,006032908	5,025663293

k	Z^TZ		$B = (Z^TZ)^{-1}$		β
4	1,846549986	-44,70769709	4,09182647	0,146636095	-0,00011801
	-44,70769709	1247,551898	0,146636095	0,006056471	-0,062148631
5	1,846633769	-44,71018297	4,091372234	0,146616849	-5,94906E-08
	-44,71018297	1247,646522	0,146616849	0,006055614	0,002676349
6	1,846630321	-44,71008041	4,091390922	0,146617641	-1,05288E-10
	-44,71008041	1247,642613	0,146617641	0,00605565	-0,000109959
7	1,846630463	-44,71008462	4,091390154	0,146617609	-2,15827E-13
	-44,71008462	1247,642773	0,146617609	0,006055648	4,52058E-06

7. Valores utilizados na qualidade do ajuste

▶ Modelo proposto: $g_i = \dfrac{\theta_1 x_i}{\theta_2 + x_i}$

▶ Valores quadráticos residuais: $S_{Ri} = \ y_i - g_i)^2$

▶ Valores quadráticos experimentais: $S_{Ti} = y_i^2$

▶ Valores quadráticos totais corrigidos: $S_{TCi} = \ y_i - \bar{y})^2$

▶ Valores quadráticos do modelo: $S_{\mathrm{Re}i} = g_i^2$

i	g_i	S_{Ri}	S_{Ti}	S_{TCi}	S_{Rei}
1	326,9236788	9,463751926	108900	7396	106879,0918
2	304,4034661	19,39051413	90000	3136	92661,4702
3	267,5438298	56,90936875	67600	256	71579,70089
4	196,2523568	563,9505557	48400	576	38514,98757
5	128,0240898	324,8678117	12100	17956	16390,16756

▶ Soma quadrática dos resíduos: $S_R = \sum_{i=1}^{m} \ y_i - g_i)^2 = 974{,}5820021$

▶ Cálculo da soma quadrática total: $S_T = \sum_{i=1}^{m} y_i^2 = 327000$

▶ Soma quadrática dos resíduos: $S_{TCi} = \sum_{i=1}^{m} \ y_i - \bar{y})^2 = 29320$

- Cálculo da soma quadrática do modelo: $S_{\text{Re}} = \sum_{i=1}^{m} g_i^2 = 326025{,}418$
- Graus de liberdade dos resíduos: $G_L^{\,R} = m - 2 = 3$
- Graus de liberdade da regressão: $G_L^{\,Re} = 2$
- Graus de liberdade total: $G_L^{\,T} = m = 5$
- Graus de liberdade total corrigido: $G_L^{\,TC} = m - 1 = 4$
- Proporção da variância explicada: $R^2 = 1 - S_R/S_T = 0{,}997020$
- Proporção da variância explicada corrigida: $R_C^{\,2} = 1 - S_R/S_{TC} = 0{,}966760505$
- Média quadrática residual: $M_R = S_R/G_L^{\,R} = 324{,}8606674$
- Média quadrática devido à regressão: $M_{Re} = S_{Re}/G_L^{\,\text{Re}} = 163012{,}709$
- Média quadrática total corrigida: $M_{TC} = S_{TC}/G_L^{\,TC} = 7330$
- Variância populacional: $s^2 = M_R = 324{,}8606674$
- Erro padrão da estimativa: $s = \sqrt{M_R} = 18{,}02389157$
- Matriz de covariância $\mathbf{V} = \mathbf{B}s^2 = \begin{bmatrix} B_{11} & B_{12} \\ B_{21} & B_{22} \end{bmatrix} s^2$: A iteração sete dos resultados da regressão não linear fornece a matriz B final. Assim:

$$\mathbf{V} = \begin{bmatrix} 4{,}091390154 & 0{,}146617609 \\ 0{,}146617609 & 0{,}006055648 \end{bmatrix} \times 324{,}8606674$$
$$= \begin{bmatrix} 1329{,}131736 & 47{,}63029423 \\ 47{,}63029423 & 1{,}96724191 \end{bmatrix}$$

Portanto,

- Variância do coeficiente θ_1: $\text{Var}(\theta_1) = 1329{,}131736$
- Variância do coeficiente θ_2: $\text{Var}(\theta_2) = 1{,}96724191$
- Covariância entre θ_1 e θ_2: $\text{Cov}(\theta_1, \theta_2) = 47{,}63029423$

- Erro padrão do coeficiente θ_1: $E_{\grave{e}1} = \sqrt{\text{Var}(\theta_1)} = 36{,}45725903$
- Erro padrão do coeficiente θ_2: $E_{\grave{e}2} = \sqrt{\text{Var}(\theta_2)} = 1{,}402584012$

▶ Inferência sobre os coeficientes do modelo:

- Especificação do nível de confiança: $NC = 95\ \%$
- Cálculo do nível de significância: $\alpha = 1 - NC/100 = 0{,}05$
- Cálculo da probabilidade acumulada: $\theta = 1 - \alpha/2 = 0{,}975$
- Cálculo do valor crítico da distribuição t de Student:

  $t = \text{INVT}(\alpha;\ G_L^R) \longrightarrow t = \text{INVT}(0{,}05;\ 3) \longrightarrow t = 3{,}182446305$
- Cálculo da estatística do coeficiente θ_1: $t_{Estat}|_{\theta 1} = \theta_1/E_{\theta 1} = 11{,}52528619$
- Cálculo da estatística do coeficiente θ_2: $t_{Estat}|_{\theta 2} = \theta_2/E_{\theta 2} = 4{,}067566068$
- Teste de hipótese para o coeficiente θ_1:

  $(t_{Estat}|_{\theta 1} > t)? \longrightarrow (11{,}52528619 > 3{,}182446305)?$ Sim; portanto, o coeficiente θ_1 é estatisticamente significativo.
- Teste de hipótese para o coeficiente θ_2:

  $(t_{Estat}|_{\theta 2} > t)? \longrightarrow (4{,}067566068 > 3{,}182446305)?$ Sim; portanto, o coeficiente θ_2 é estatisticamente significativo.
- Cálculo da distribuição t de Student para o coeficiente θ_1:

  $\text{valor-p}|_{\theta 1} = \text{DISTT}(t_{Estat}|_{\theta 1};\ G_L^R;\ 2) \longrightarrow \text{valor-p}|_{\theta 1} = 0{,}00140239$
- Cálculo da distribuição t de Student para o coeficiente θ_2:

  $\text{valor-p}|_{\theta 2} = \text{DISTT}(t_{Estat}|_{\theta 2};\ G_L^R;\ 2) \longrightarrow \text{valor-p}|_{\theta 2} = 0{,}02680463$
- Teste de hipótese sobre o coeficiente θ_1:

  $(\text{valor-p}|_{\theta 1} < \alpha)? \longrightarrow (0{,}00140239 < 0{,}05)?$ Sim; portanto, o coeficiente θ_1 é estatisticamente significativo.
- Teste de hipótese sobre o coeficiente θ_2:

  $(\text{valor-p}|_{\theta 2} < \alpha)? \longrightarrow (0{,}02680463 < 0{,}05)?$ Sim; portanto, o coeficiente θ_2 é estatisticamente significativo.

▶ Inferência sobre o modelo:

TESTE ESTATÍSTICO 1

- Cálculo do valor crítico da distribuição F:

  $F = \text{INVF}(\alpha;\ G_L^{Re};\ G_L^R) \longrightarrow F = \text{INVF}(0{,}05;\ 2;\ 3) \longrightarrow F = 9{,}552094496$

- Cálculo da estatística de teste de hipótese: $F_{Estat} = M_{Re}/M_R = 501{,}7926926$
- Teste de hipótese:

  $(F_{Estat} > F)?$ ⟶ $(501{,}7926926 > 9{,}552094496)?$ Sim; portanto, o modelo proposto é estatisticamente significativo.

- Cálculo da distribuição F:

  $F_{significância} = \text{DISTF}(F_{Estat}; G_L^{Re}; G_L^{R}) \longrightarrow F_{significância} = 0{,}000162707$

- Teste de hipótese:

  $(F_{significância} < \alpha)?$ ⟶ $(0{,}000162707 < 0{,}05)?$ Sim; portanto, o modelo proposto é estatisticamente significativo.

TESTE ESTATÍSTICO 2

- Cálculo do valor crítico da distribuição corrigida $F|_{TC}$:

  $F|_{TC} = \text{INVF}(\alpha; G_L^{Re}; G_L^{TC}) \longrightarrow F|_{TC} = \text{INVF}(0{,}05; 2; 4) \longrightarrow F|_{TC} = 6{,}94427191$

- Cálculo da estatística de teste de hipótese: $F_{Estat}|_{TC} = M_{Re}/M_{TC} = 22{,}23911446$
- Cálculo da distribuição F:

  $F_{sig}|_{TC} = \text{DISTF}(F_{Estat}; G_L^{Re}; G_L^{TC}) \longrightarrow F_{sig}|_{TC} = 0{,}006808109$

- Teste de hipótese:

  $(F_{Estat}|_{TC} > F|_{TC})?$ ⟶ $(22{,}23911446 > 6{,}94427191)?$ Sim; portanto, o modelo proposto é estatisticamente significativo.

- Teste de hipótese:

  $(F_{sig}|_{TC} < \alpha)?$ ⟶ $(0{,}006808109 < 0{,}05)?$ Sim; portanto, o modelo proposto é estatisticamente significativo.

▶ Intervalos de confiança para o coeficiente $V_{max} = \theta_1$:

Intervalo: $\Delta_{\theta 1} = tE_{\theta 1} = 116{,}0232693$

Inferior: $\theta_1 - \Delta_{\theta 1} = 304{,}1570748$

Central: $\theta_1 = 420{,}1803441$

Superior: $\theta_1 + \Delta_{\theta 1} = 536{,}2036134$

▶ Intervalos de confiança para o coeficiente $K_m = \theta_2$:

Intervalo: $\Delta_{\theta 2} = tE_{\theta 2} = 4{,}463648306$

Inferior: $\theta_2 - \Delta_{\theta 2} = 1,241454829$

Central: $\theta_2 = 5,705103135$

Superior: $\theta_2 + \Delta_{\theta 2} = 10,16875144$

Comparação entre os modelos lineares

O resumo das expressões para os modelos lineares é apresentado na Tabela 8.8.

Tabela 8.8 – Comparação entre as várias formas

	PARÂMETROS		MODELO ORIGINAL
	V_{max}	K_m	
Primeira forma (PF)	496,262739	8,36811137	$(-r_S)=\frac{496,262739[S]}{8,36811137+[S]}$
Segunda forma (SF)	418,311359	5,79107505	$(-r_S)=\frac{418,311359[S]}{5,79107505+[S]}$
Terceira forma (TF)	431,843850	6,30063835	$(-r_S)=\frac{431,843850[S]}{6,30063835+[S]}$
Não linear (NL)	420,180344	5,70510314	$(-r_S)=\frac{420,180344[S]}{5,70510314+[S]}$

Os valores da velocidade de consumo do substrato para os vários modelos são apresentados na Tabela 8.9.

Tabela 8.9 – Velocidade de consumo do substrato

i	[S]	$(-r_S)^{exp}$	PF	SF	TF	NL
1	20	330	349,873654	324,384585	328,390394	326,923679
2	15	300	318,551250	301,796341	304,106273	304,403466
3	10	260	270,176247	264,903661	264,924502	267,543830
4	5	220	185,614379	193,822838	191,070556	196,252357
5	2,5	110	114,155699	126,133028	122,674013	128,024090

As somas quadráticas residuais dos modelos são apresentadas na Tabela 8.10.

TABELA 8.10 – SOMAS QUADRÁTICAS RESIDUAIS DOS VÁRIOS MODELOS

i	$(S_R)^{PF}$	$(S_R)^{SF}$	$(S_R)^{TF}$	$(S_R)^{NL}$
1	394,9621166	31,53288437	2,590831011	9,463751845
2	344,1488699	3,22684257	16,86147963	19,39051422
3	103,5559964	24,04588988	24,25071985	56,90936888
4	1182,370912	685,2437932	836,9127516	563,9505555
5	17,26983171	260,2745767	160,6306081	324,8678117
Soma	2042,307727	1004,323987	1041,24639	974,5820021

EFEITO DA CONCENTRAÇÃO DE UM REAGENTE E DA VELOCIDADE DE AGITAÇÃO SOBRE O RENDIMENTO DE UMA REAÇÃO

Barros Neto et al. (2007) reportam a matriz de planejamento e os rendimentos observados experimentalmente em cada combinação de níveis. Ao todo, foram realizados sete ensaios, sendo três deles repetições do ponto central. Os valores utilizados para os cálculos das variáveis codificadas são:

- Valores médios são: $\overline{C} = \frac{\sum_{i=1}^{7} C_i}{7} = 50$ e $\overline{v} = \frac{\sum_{i=1}^{7} v_i}{7} = 100$
- Intervalos: $\Delta C = 5$ % e $\Delta v = 10$ rpm.

TABELA 8.11 – RESULTADOS DE UM PLANEJAMENTO 2^2 COM PONTO CENTRAL

i	C_i (%)	v_i (rpm)	$x_1 = \frac{C_i - \overline{C}}{\Delta C}$	$x_2 = \frac{v_i - \overline{v}}{\Delta v}$	y (%)
1	45	90	-1	-1	69
2	55	90	1	-1	59
3	45	110	-1	1	78
4	55	110	1	1	67
5	50	100	0	0	68

Tabela 8.11 – Resultados de um planejamento 2^2 com ponto central

i	C_i (%)	v_i (rpm)	$x_1 = \frac{C_i - \overline{C}}{\Delta C}$	$x_2 = \frac{v_i - \overline{v}}{\Delta v}$	y (%)
6	50	100	0	0	66
7	50	100	0	0	69

O modelo proposto é dado por: $g_i = c_0 + c_1 C_i + c_2 v_i + c_3 C_i v_i$. Realize a regressão de duas formas:

- **Regressão com os valores codificados:** Neste caso, o modelo é representado por:

$$\begin{aligned} g_i &= c_0 + c_1 x_{1i} + c_2 x_{2i} + c_3 x_{1i} x_{2i} \\ &= c_0 + c_1 z_{i1} + c_2 z_{i2} + c_3 z_{i3} \end{aligned} \tag{8.9}$$

- **Regressão com os valores padrões:** Neste caso, o modelo é representado por

$$g_i = b_0 + b_1 C_i + b_2 v_i + b_3 C_i v_i \tag{8.10}$$

A relação entre x_{1i} e C_i é dada por: $C_i = \Delta C x_1 + \overline{C}$. Desde que $\Delta C = 5$ e $\overline{C} = 50$, obtém-se:

$$C_i = 5x_1 + 50$$

A relação entre x_{2i} e v_i é dada por: $v_i = \Delta v x_2 + \overline{v}$. Desde que $\Delta v = 10$ e $\overline{v} = 100$, obtém-se:

$$v_i = 10x_2 + 100$$

Exemplo 7 - Regressão com os valores codificados

O procedimento computacional empregado para estimar os coeficientes da Equação (8.9) é o descrito no Tópico 6.2 para regressão linear múltipla ordinária. Os dados numéricos para a regressão usando os valores codificados são apresentados na Tabela 8.12

Tabela 8.12 – Valores codificados para a regressão linear múltipla

i	$z_{i1} = x_{1i}$	$z_{i2} = x_{2i}$	$z_{i3} = x_{1i} x_{2i}$	y (%)
1	-1	-1	1	69
2	1	-1	-1	59
3	-1	1	-1	78

TABELA 8.12 – VALORES CODIFICADOS PARA A REGRESSÃO LINEAR MÚLTIPLA

i	$z_{i1} = x_{1i}$	$z_{i2} = x_{2i}$	$z_{i3} = x_{1i}\,x_{2i}$	y (%)
4	1	1	1	67
5	0	0	0	68
6	0	0	0	66
7	0	0	0	69

Roteiro de Cálculo – Tabela 6.17

1. Entrada de dados: $m = 7$
2. Número de variáveis: $N = 3$
3. Valores utilizados na regressão:

i	z_{i1}^2	z_{i2}^2	z_{i3}^2	$z_{i1}z_{i2}$	$z_{i1}z_{i3}$	$z_{i2}z_{i3}$	$y_i z_{i1}$	$y_i z_{i2}$	$y_i z_{i3}$
1	1	1	1	1	-1	-1	-69	-69	69
2	1	1	1	-1	-1	1	59	-59	-59
3	1	1	1	-1	1	-1	-78	78	-78
4	1	1	1	1	1	1	67	67	67
5	0	0	0	0	0	0	0	0	0
6	0	0	0	0	0	0	0	0	0
7	0	0	0	0	0	0	0	0	0

4. Cálculo da matriz $\mathbf{Z}^T\mathbf{Z}$:

$$\sum_{i=1}^{m} z_{i1} = 0,\ \sum_{i=1}^{m} z_{i2} = 0,\ \sum_{i=1}^{m} z_{i3} = 0,\ \sum_{i=1}^{m} z_{i1}^2 = 4,\ \sum_{i=1}^{m} z_{i2}^2 = 4,\ \sum_{i=1}^{m} z_{i3}^2 = 4,\ \sum_{i=1}^{m} z_{i1}z_{i2} = 0$$

$$\sum_{i=1}^{m} z_{i1}z_{i3} = 0,\ \sum_{i=1}^{m} z_{i2}z_{i3} = 0$$

$$\mathbf{Z}^T\mathbf{Z} = \begin{bmatrix} m & \sum_{i=1}^{m} z_{i1} & \sum_{i=1}^{m} z_{i2} & \sum_{i=1}^{m} z_{i3} \\ \sum_{i=1}^{m} z_{i1} & \sum_{i=1}^{m} z_{i1}^2 & \sum_{i=1}^{m} z_{i1}z_{i2} & \sum_{i=1}^{m} z_{i1}z_{i3} \\ \sum_{i=1}^{m} z_{i2} & \sum_{i=1}^{m} z_{i2}z_{i1} & \sum_{i=1}^{m} z_{i2}^2 & \sum_{i=1}^{m} z_{i12}z_{i3} \\ \sum_{i=1}^{m} z_{i3} & \sum_{i=1}^{m} z_{i3}z_{i1} & \sum_{i=1}^{m} z_{i3}z_{i2} & \sum_{i=1}^{m} z_{i3}^2 \end{bmatrix} = \begin{bmatrix} 7 & 0 & 0 & 0 \\ 0 & 4 & 0 & 0 \\ 0 & 0 & 4 & 0 \\ 0 & 0 & 0 & 4 \end{bmatrix}$$

5. Calcular a matriz inversa $\mathbf{B} = [\mathbf{Z}^T\mathbf{Z}]^{-1}$:

- Construção da matriz particionada $[(\mathbf{Z}^T\mathbf{Z})|\mathbf{I}]$, sendo que $(\mathbf{Z}^T\mathbf{Z})$ é a matriz 4 × 4 e **I** é a matriz identidade 3 × 3. Assim:

$$\left[\left(\mathbf{Z}^T\mathbf{Z}\right)\middle|\mathbf{I}\right] = \left[\begin{array}{cccc|cccc} 7 & 0 & 0 & 0 & 1 & 0 & 0 & 0 \\ 0 & 4 & 0 & 0 & 0 & 1 & 0 & 0 \\ 0 & 0 & 4 & 0 & 0 & 0 & 1 & 0 \\ 0 & 0 & 0 & 4 & 0 & 0 & 0 & 1 \end{array}\right] \tag{8.11}$$

A normalização de cada linha da matriz da Equação (8.11) fornece:

$$\mathbf{I}|\mathbf{B}\big] = \left[\begin{array}{cccc|cccc} 1 & 0 & 0 & 0 & 1/7 & 0 & 0 & 0 \\ 0 & 1 & 0 & 0 & 0 & 1/4 & 0 & 0 \\ 0 & 0 & 1 & 0 & 0 & 0 & 1/4 & 0 \\ 0 & 0 & 0 & 1 & 0 & 0 & 0 & 1/4 \end{array}\right] \tag{8.12}$$

Portanto, a matriz **B** é a matriz inversa de $(\mathbf{Z}^T\mathbf{Z})$, que é dada por:

$$\mathbf{B} = \begin{bmatrix} 1/7 & 0 & 0 & 0 \\ 0 & 1/4 & 0 & 0 \\ 0 & 0 & 1/4 & 0 \\ 0 & 0 & 0 & 1/4 \end{bmatrix} \tag{8.13}$$

6. Efetuar a multiplicação $\mathbf{Z^TY}$: $\boldsymbol{\beta} = \mathbf{Z}^T\mathbf{Y} = \begin{bmatrix} \sum_{i=1}^{m} y_i \\ \sum_{i=1}^{m} z_{i1}y_i \\ \sum_{i=1}^{m} z_{i2}y_i \\ \sum_{i=1}^{m} z_{i3}y_i \end{bmatrix} = \begin{bmatrix} 476 \\ -21 \\ 17 \\ -1 \end{bmatrix}$

7. Efetuar a multiplicação $\mathbf{C} = \mathbf{B}\boldsymbol{\beta} = \begin{bmatrix} 1/7 & 0 & 0 & 0 \\ 0 & 1/4 & 0 & 0 \\ 0 & 0 & 1/4 & 0 \\ 0 & 0 & 0 & 1/4 \end{bmatrix} \begin{bmatrix} 476 \\ -21 \\ 17 \\ -1 \end{bmatrix} = \begin{bmatrix} 68 \\ -5{,}25 \\ 4{,}25 \\ -0{,}25 \end{bmatrix}$

8. Qualidade do ajuste

- Valor média da variável dependente: $\bar{y} = \dfrac{\sum_{i=1}^{m} y_i}{m}$
- Valores fornecidos pelo modelo: $g_i = c_0 + c_1 z_{i1} + c_2 z_{i2} + c_3 z_{i3}$
- Valores residuais: $\varepsilon_i = y_i - g_i$
- Valores quadráticos residuais: $S_{Ri} = (y_i - g_i)^2$
- Valores quadráticos experimentais em torno da média: $S_{Ti} = \left(y_i - \bar{y}\right)^2$
- Valores quadráticos do modelo em torno da média: $S_{\text{Re}i} = \ g_i - \bar{y})^2$

i	g_i	ε_i	S_{Ri}	S_{Ti}	S_{Rei}
1	68,75	0,25	0,0625	1	0,5625
2	58,75	0,25	0,0625	81	85,5625
3	77,75	0,25	0,0625	100	95,0625
4	66,75	0,25	0,0625	1	1,5625
5	68	0	0	0	0
6	68	-2	4	4	0
7	68	1	1	1	0

- Cálculo da soma dos resíduos: $\varepsilon = \sum_{i=1}^{m} (y_i - g_i) = 0$
- Cálculo da soma quadrática dos resíduos: $S_R = \sum_{i=1}^{m} y_i - g_i)^2 = 5{,}25$
- Cálculo da soma quadrática total: $S_T = \sum_{i=1}^{m} (y_i - \overline{y})^2 = 188$
- Cálculo da soma quadrática do modelo: $S_{\mathrm{Re}} = \sum_{i=1}^{m} g_i - \overline{y})^2 = 182{,}75$
- Graus de liberdade dos resíduos: $G_L^R = m - (N + 1) = 3$
- Graus de liberdade da regressão: $G_L^{Re} = N = 3$
- Graus de liberdade total: $G_L^T = m - 1 = 6$
- Coeficiente de determinação: $R^2 = 1 - S_R/S_T = 0{,}972074468$
- Coeficiente de correlação: $R = \sqrt{R^2} = 0{,}985938369$
- Coeficiente de determinação ajustado: $R_{aj}^2 = 1 - \left(\frac{S_R}{S_T}\right)\left(\frac{G_L^T}{G_L^R}\right) = 0{,}944148936$
- Média quadrática residual: $M_R = S_R/G_L^R = 1{,}75$
- Média quadrática devido à regressão: $M_{Re} = S_{Re}/G_L^{Re} = 60{,}91666667$
- Variância populacional: $s^2 = M_R = 1{,}75$
- Erro padrão da estimativa: $s = \sqrt{M_R} = 1{,}322875656$
- Matriz de covariância $\mathbf{V} = \mathbf{Bs}^2$

$$\mathbf{V} = \begin{bmatrix} 0{,}25 & 0 & 0 & 0 \\ 0 & 0{,}4375 & 0 & 0 \\ 0 & 0 & 0{,}4375 & 0 \\ 0 & 0 & 0 & 0{,}4375 \end{bmatrix}$$

As variâncias e covariâncias são:

- Variância do coeficiente c_0: $\mathrm{Var}(c_0) = 0{,}25$
- Variância do coeficiente c_1: $\mathrm{Var}(c_1) = 0{,}4375$
- Variância do coeficiente c_2: $\mathrm{Var}(c_2) = 0{,}4375$
- Variância do coeficiente c_3: $\mathrm{Var}(c_3) = 0{,}4375$

- Covariância entre os coeficientes c_0 e c_1: $\mathrm{Cov}(c_0, c_1) = 0$
- Covariância entre os coeficientes c_0 e c_2: $\mathrm{Cov}(c_0, c_2) = 0$
- Covariância entre os coeficientes c_0 e c_3: $\mathrm{Cov}(c_0, c_3) = 0$
- Covariância entre os coeficientes c_1 e c_2: $\mathrm{Cov}(c_1, c_2) = 0$
- Covariância entre os coeficientes c_1 e c_3: $\mathrm{Cov}(c_1, c_3) = 0$
- Covariância entre os coeficientes c_2 e c_3: $\mathrm{Cov}(c_2, c_3) = 0$

▶ Erro padrão do coeficiente c_0: $E_{c0} = \sqrt{\mathrm{Var}(c_0)} = 0{,}5$

▶ Erro padrão do coeficiente c_1: $E_{c1} = \sqrt{\mathrm{Var}\ c_1)} = 0{,}661437828$

▶ Erro padrão do coeficiente c_2: $E_{c2} = \sqrt{\mathrm{Var}(c_2)} = 0{,}661437828$

▶ Erro padrão do coeficiente c_3: $E_{c3} = \sqrt{\mathrm{Var}\ c_3)} = 0{,}661437828$

▶ Inferência sobre os coeficientes do modelo:

- Especificação do nível de confiança: $NC = 95\ \%$
- Cálculo do nível de significância: $\alpha = 1 - NC/100 = 0{,}05$
- Cálculo da probabilidade acumulada: $\phi = 1 - \alpha/2 = 0{,}975$

PRIMEIRO TESTE DE HIPÓTESE:

- Cálculo do valor crítico da distribuição t de Student:

  $t = \mathrm{INVT}(\alpha;\ G_L^R) \longrightarrow t = \mathrm{INVT}(0{,}05;\ 3) \longrightarrow t = 3{,}182446305$

- Cálculo da estatística do coeficiente c_0: $t_{Estat}|_{c0} = c_0/E_{c0} = 136$
- Cálculo da estatística do coeficiente c_1: $t_{Estat}|_{c1} = c_1/E_{c1} = -7{,}937253933$
- Cálculo da estatística do coeficiente c_2: $t_{Estat}|_{c2} = c_2/E_{c2} = 6{,}425396041$
- Cálculo da estatística do coeficiente c_3: $t_{Estat}|_{c3} = c_3/E_{c3} = -0{,}377964473$
- Testes de hipóteses dos coeficientes:

  $(t_{Estat}|_{c0} > t)? \longrightarrow (136 > 3{,}182446305)?$ Sim; portanto, o coeficiente c_0 é estatisticamente significativo.

  $(|t_{Estat}|_{c1}| > t)? \longrightarrow (|-7{,}937253933| > 3{,}182446305)?$ Sim; portanto, o coeficiente c_1 é estatisticamente significativo.

$(t_{Estat}|_{c2} > t)$? ⟶ (6,425396041 > 3,182446305)? Sim; portanto, o coeficiente c_2 é estatisticamente significativo.

$(|t_{Estat}|_{c3}| > t)$? ⟶ (|-0,377964473| > 3,182446305)? Não; portanto, o coeficiente c_3 deve ser descartado.

O novo modelo é representado sem o termo de interação. Assim:

$$g_i = c_0 + c_1 x_{1i} + c_2 x_{2i} \tag{8.14}$$

Uma nova regressão fornece os mesmos coeficientes c_0, c_1 e c_2, alterando apenas a qualidade do ajuste e os intervalos de confiança dos coeficientes, como demonstrado no Exemplo 8. Assim:

$$g_i = c_0 + c_1 x_{1i} + c_2 x_{2i} = 68 - 5,25 x_{1i} + 4,25 x_{2i} \tag{8.15}$$

Sabendo-se que $x_{1i} = \dfrac{C_i - 50}{5}$ e $x_{2i} = \dfrac{v_i - 100}{10}$, a Equação(8.15) pode ser escrita como:

$$g_i = 68 - 5,25\left(\frac{C_i - 50}{5}\right) + 4,25\left(\frac{v_i - 100}{10}\right) = 78 - 1,05C_i + 0,425v_i \tag{8.16}$$

O resumo do modelo é apresentado na Tabela 8.13.

Tabela 8.13 – Resumo do modelo original e codificado

ORIGINAL	CODIFICADO
$g_i = 78 - 1,05C_i + 0,425v_i$	$g_i = 68 - 5,25x_{1i} + 4,25x_{2i}$
$C_i = 5x_1 + 50$ e $v_i = 10x_2 + 100$	

Exemplo 8 - Nova Regressão com os valores codificados

O procedimento computacional empregado para estimar os coeficientes de $g_i = c_0 + c_1 x_{1i} + c_2 x_{2i}$ é idêntico ao anterior com a exclusão dos termos envolvendo z_{i3}.

Roteiro de Cálculo – Tabela 6.17

1. Entrada de dados: $m = 7$
2. Número de variáveis: $N = 2$
3. Valores utilizados na regressão:

i	y (%)	$z_{i1} = x_{1i}$	$z_{i2} = x_{2i}$	$z_{i1}^{\ 2}$	$z_{i2}^{\ 2}$	$z_{i1}z_{i2}$	$y_i z_{i1}$	$y_i z_{i2}$
1	69	-1	-1	1	1	1	-69	-69
2	59	1	-1	1	1	-1	59	-59
3	78	-1	1	1	1	-1	-78	78
4	67	1	1	1	1	1	67	67
5	68	0	0	0	0	0	0	0
6	66	0	0	0	0	0	0	0
7	69	0	0	0	0	0	0	0

4. Cálculo da matriz $\mathbf{Z}^T\mathbf{Z}$:

$$\sum_{i=1}^{m} z_{i1} = 0,\ \sum_{i=1}^{m} z_{i2} = 0,\ \sum_{i=1}^{m} z_{i1}^2 = 4,\ \sum_{i=1}^{m} z_{i2}^2 = 4,\ \sum_{i=1}^{m} z_{i1}z_{i2} = 0$$

$$\mathbf{Z}^T\mathbf{Z} = \begin{bmatrix} m & \sum_{i=1}^{m} z_{i1} & \sum_{i=1}^{m} z_{i2} \\ \sum_{i=1}^{m} z_{i1} & \sum_{i=1}^{m} z_{i1}^2 & \sum_{i=1}^{m} z_{i1}z_{i2} \\ \sum_{i=1}^{m} z_{i2} & \sum_{i=1}^{m} z_{i2}z_{i1} & \sum_{i=1}^{m} z_{i2}^2 \end{bmatrix} = \begin{bmatrix} 7 & 0 & 0 \\ 0 & 4 & 0 \\ 0 & 0 & 4 \end{bmatrix}$$

5. Calcular a matriz inversa $\mathbf{B} = [\mathbf{Z}^T\mathbf{Z}]^{-1}$:

- Construção da matriz particionada $[(\mathbf{Z}^T\mathbf{Z})|\mathbf{I}]$, sendo que $(\mathbf{Z}^T\mathbf{Z})$ é a matriz 3 × 3 e $\mathbf{I}$ é a matriz identidade 3 × 3. Assim:

$$\left[\left(\mathbf{Z}^T\mathbf{Z}\right)\middle|\mathbf{I}\right] = \left[\begin{array}{ccc|ccc} 7 & 0 & 0 & 1 & 0 & 0 \\ 0 & 4 & 0 & 0 & 1 & 0 \\ 0 & 0 & 4 & 0 & 0 & 1 \end{array}\right] \quad (8.17)$$

A normalização de cada linha da matriz da Equação (8.11) fornece:

$$\mathbf{I}|\mathbf{B}] = \left[\begin{array}{ccc|ccc} 1 & 0 & 0 & 1/7 & 0 & 0 \\ 0 & 1 & 0 & 0 & 1/4 & 0 \\ 0 & 0 & 1 & 0 & 0 & 1/4 \end{array}\right] \quad (8.18)$$

Portanto, a matriz **B** é a matriz inversa de ($\mathbf{Z}^T\mathbf{Z}$) que é dada por:

$$\mathbf{B} = \begin{bmatrix} 1/7 & 0 & 0 \\ 0 & 1/4 & 0 \\ 0 & 0 & 1/4 \end{bmatrix} \tag{8.19}$$

6. Efetuar a multiplicação $\mathbf{Z}^T\mathbf{Y}$: $\boldsymbol{\beta} = \mathbf{Z}^T\mathbf{Y} = \begin{bmatrix} \sum_{i=1}^{m} y_i \\ \sum_{i=1}^{m} z_{i1}y_i \\ \sum_{i=1}^{m} z_{i2}y_i \end{bmatrix} = \begin{bmatrix} 476 \\ -21 \\ 17 \end{bmatrix}$

7. Efetuar a multiplicação $\mathbf{C} = \mathbf{B}\boldsymbol{\beta} = \begin{bmatrix} 1/7 & 0 & 0 \\ 0 & 1/4 & 0 \\ 0 & 0 & 1/4 \end{bmatrix} \begin{bmatrix} 476 \\ -21 \\ 17 \end{bmatrix} = \begin{bmatrix} 68 \\ -5{,}25 \\ 4{,}25 \end{bmatrix}$

8. Qualidade do ajuste

- ▶ Valor média da variável dependente: $\overline{y} = \dfrac{\sum_{i=1}^{m} y_i}{m} = 68$
- ▶ Valores fornecidos pelo modelo: $g_i = c_0 + c_1 z_{i1} + c_2 z_{i2}$
- ▶ Valores residuais: $\varepsilon_i = y_i - g_i$
- ▶ Valores quadráticos residuais: $S_{Ri} = (y_i - g_i)^2$
- ▶ Valores quadráticos experimentais em torno da média: $S_{Ti} = \ y_i - \overline{y})^2$
- ▶ Valores quadráticos do modelo em torno da média: $S_{\mathrm{Re}i} = (g_i - \overline{y})^2$

i	g_i	ε_i	S_{Ri}	S_{Ti}	S_{Rei}
1	69	0	0	1	1
2	58,5	0,5	0,25	81	90,25
3	77,5	0,5	0,25	100	90,25
4	67	0	0	1	1
5	68	0	0	0	0

i	g_i	ε_i	S_{Ri}	S_{Ti}	S_{Rei}
6	68	-2	4	4	0
7	68	1	1	1	0

- Cálculo da soma dos resíduos: $\varepsilon = \sum_{i=1}^{m}(y_i - g_i = 0$
- Cálculo da soma quadrática dos resíduos: $S_R = \sum_{i=1}^{m}(y_i - g_i{}^2 = 5{,}5$
- Cálculo da soma quadrática total: $S_T = \sum_{i=1}^{m}(y_i - \overline{y}{}^2 = 188$
- Cálculo da soma quadrática do modelo: $S_{\text{Re}} = \sum_{i=1}^{m}(g_i - \overline{y}{}^2 = 182{,}5$
- Graus de liberdade dos resíduos: $G_L{}^R = m - (N + 1) = 4$
- Graus de liberdade da regressão: $G_L{}^{Re} = N = 2$
- Graus de liberdade total: $G_L{}^T = m - 1 = 6$
- Coeficiente de determinação: $R^2 = 1 - S_R/S_T = 0{,}970744681$
- Coeficiente de determinação ajustado: $R_{aj}^2 = 1 - \left(\frac{S_R}{S_T}\right)\left(\frac{G_L^T}{G_L^R}\right) = 0{,}95611702$
- Média quadrática residual: $M_R = S_R/G_L{}^R = 1{,}375$
- Média quadrática devido à regressão: $M_{Re} = S_{Re}/G_L{}^{Re} = 91{,}25$
- Variância populacional: $s^2 = M_R = 1{,}375$
- Erro padrão da estimativa: $s = \sqrt{M_R} = 1{,}17260394$
- Matriz de covariância $\mathbf{V} = \mathbf{Bs}^2$:

$$\mathbf{V} = \begin{bmatrix} 0{,}196428571 & 0 & 0 \\ 0 & 0{,}34375 & 0 \\ 0 & 0 & 0{,}34375 \end{bmatrix}$$

As variâncias e covariâncias são:

- Variância do coeficiente c_0: $\text{Var}(c_0) = 0{,}196428571$
- Variância do coeficiente c_1: $\text{Var}(c_1) = 0{,}34375$
- Variância do coeficiente c_2: $\text{Var}(c_2) = 0{,}34375$

- Covariância entre os coeficientes c_0 e c_1: $\text{Cov}(c_0, c_1) = 0$
- Covariância entre os coeficientes c_0 e c_2: $\text{Cov}(c_0, c_2) = 0$
- Covariância entre os coeficientes c_1 e c_2: $\text{Cov}(c_1, c_2) = 0$

▶ Erro padrão do coeficiente c_0: $E_{c0} = \sqrt{\text{Var}\ c_0} = 0{,}44320263$

▶ Erro padrão do coeficiente c_1: $E_{c1} = \sqrt{\text{Var}(c_1} = 0{,}58630197$

▶ Erro padrão do coeficiente c_2: $E_{c2} = \sqrt{\text{Var}\ c_2} = 0{,}58630197$

▶ Inferência sobre os coeficientes do modelo:

- Especificação do nível de confiança: $NC = 95\ \%$
- Cálculo do nível de significância: $\alpha = 1 - NC/100 = 0{,}05$
- Cálculo da probabilidade acumulada: $\phi = 1 - \alpha/2 = 0{,}975$

PRIMEIRO TESTE DE HIPÓTESE:

- Cálculo do valor crítico da distribuição t de Student:

  $t = \text{INVT}(\alpha; G_L^R) \longrightarrow t = \text{INVT}(0{,}05; 4) \longrightarrow t = 2{,}776445105$

- Cálculo da estatística do coeficiente c_0: $t_{Estat}|_{c0} = c_0/E_{c0} = 153{,}4286924$
- Cálculo da estatística do coeficiente c_1: $t_{Estat}|_{c1} = c_1/E_{c1} = -8{,}954430087$
- Cálculo da estatística do coeficiente c_2: $t_{Estat}|_{c2} = c_2/E_{c2} = 7{,}248824356$
- Testes de hipóteses dos coeficientes:

  $(t_{Estat}|_{c0} > t)? \longrightarrow (153{,}4286924 > 2{,}776445105)?$ Sim; portanto, o coeficiente c_0 é estatisticamente significativo.

  $(|t_{Estat}|_{c1}| > t)? \longrightarrow (|-8{,}954430087| > 2{,}776445105)?$ Sim; portanto, o coeficiente c_1 é estatisticamente significativo.

  $(t_{Estat}|_{c2} > t)? \longrightarrow (7{,}248824356 > 2{,}776445105)?$ Sim; portanto, o coeficiente c_2 é estatisticamente significativo.

SEGUNDO TESTE DE HIPÓTESE:

- Cálculo da distribuição t de Student para o coeficiente c_0:

  $\text{valor-p}|_{c0} = \text{DISTT}(t_{Estat}|_{c0}; G_L^R; 2) \longrightarrow \text{valor-p}|_{c0} = 1{,}08244\text{E-}08$

- Cálculo da distribuição t de Student para o coeficiente c_1:

  valor-p$|_{c1}$ = DISTT($t_{Estat}|_{c1}$; G_L^R; 2) ⟶ valor-p$|_{c1}$ = 0,000860451

- Cálculo da distribuição t de Student para o coeficiente c_2:

  valor-p$|_{c2}$ = DISTT($t_{Estat}|_{c2}$; G_L^R; 2) ⟶ valor-p$|_{c2}$ = 0,001922628

- Teste de hipótese para o coeficiente c_0:

  (valor-p$|_{c0}$< α)? ⟶ (1,08244E-08 < 0,05)? Sim; portanto, o coeficiente c_0 é estatisticamente significativo.

- Teste de hipótese para o coeficiente c_1:

  (valor-p$|_{c1}$< α)? ⟶ (0,000860451 < 0,05)? Sim; portanto, o coeficiente c_1 é estatisticamente significativo.

- Teste de hipótese para o coeficiente c_2:

  (valor-p$|_{c2}$< α)? ⟶ (0,001922628 < 0,05)? Sim; portanto, o coeficiente c_2 é estatisticamente significativo.

▶ Inferência sobre o modelo:

PRIMEIRO TESTE DE HIPÓTESE:

- Cálculo do valor crítico da distribuição F:

  F = INVF(α; G_L^{Re}; G_L^R) ⟶ F = INVF(0,05; 2; 4) ⟶ F = 6,94427191

- Cálculo da estatística de teste de hipótese: $F_{Estat} = M_{Re}/M_R$ = 66,36363636

- Teste de hipótese:

  ($F_{Estat} > F$)? ⟶ (66,36363636 > 6,94427191)? Sim; portanto, o modelo proposto é estatisticamente significativo.

SEGUNDO TESTE DE HIPÓTESE:

- Cálculo da distribuição F, valor-p = $F_{significância}$:

  $F_{significância}$ = DISTF(F_{Estat}; G_L^{Re}; G_L^R) ⟶ $F_{significância}$ = 0,000855874

- Teste de hipótese:

  ($F_{significância}$ < α)? ⟶ (0,000855874 < 0,05)? Sim; portanto, o modelo proposto é estatisticamente significativo.

- Intervalo de confiança para o coeficiente c_0: $c_0 + \Delta c_0$, sendo $\Delta c_0 = tEc_0$

Variação: $\Delta_{c0} = tEc_0 = 1{,}230527773$

Limite inferior: $c_0 - \Delta_{c0} = 66{,}76947223$

Central: $c_0 = 68$

Limite superior: $c_0 + \Delta_{c0} = 69{,}23052777$

- Intervalo de confiança para o coeficiente c_1: $c_1 + \Delta c_1$, sendo $\Delta c_1 = tEc_1$

Variação: $\Delta_{c1} = tEc_1 = 1{,}627835235$

Limite inferior: $c_1 - \Delta_{c1} = -6{,}877835235$

Central: $c_1 = -5{,}25$

Limite superior: $c_1 + \Delta_{c1} = -3{,}622164765$

- Intervalo de confiança para o coeficiente c_2: $c_2 + \Delta c_2$, sendo $\Delta c_2 = tEc_2$

Variação: $\Delta_{c2} = tEc_2 = 1{,}627835235$

Limite inferior: $c_2 - \Delta_{c2} = 2{,}622164765$

Central: $c_2 = 4{,}25$

Limite superior: $c_2 + \Delta_{c2} = 5{,}877835235$

EXEMPLO 9 - REGRESSÃO COM OS VALORES ORIGINAIS

O procedimento computacional empregado para estimar os coeficientes do modelo $g_i = c_0 + c_1C_i + c_2v_i$ é idêntico ao anterior.

SOLUÇÃO:

1. **Roteiro de cálculo - Tabela 6.17**

- Quantidade de dados experimentais: $m = 7$
- Número de variáveis: $N = 2$
- Grau de confiança: NC = 95 %

▶ Valores utilizados na regressão:

i	y_i	$z_{i1} = C_i$	$z_{i2} = v_i$	$z_{i1} \times z_{i1}$	$z_{i2} \times z_{i2}$	$z_{i1} \times z_{i2}$
1	69	45	90	2025	8100	4050
2	59	55	90	3025	8100	4950
3	78	45	110	2025	12100	4950
4	67	55	110	3025	12100	6050
5	68	50	100	2500	10000	5000
6	66	50	100	2500	10000	5000
7	69	50	100	2500	10000	5000

▶ Cálculo do produto $\mathbf{Z}^T\mathbf{Z}$: $\mathbf{Z}^T\mathbf{Z} = \begin{bmatrix} m & \sum_{i=1}^{m} z_{i1} & \sum_{i=1}^{m} z_{i2} \\ \sum_{i=1}^{m} z_{i1} & \sum_{i=1}^{m} z_{i1}^2 & \sum_{i=1}^{m} z_{i1}z_{i2} \\ \sum_{i=1}^{m} z_{i2} & \sum_{i=1}^{m} z_{i2}z_{i1} & \sum_{i=1}^{m} z_{i2}^2 \end{bmatrix}$

Os somatórios são dados por:

$$\sum_{i=1}^{7} z_{i1} = 350, \ \sum_{i=1}^{7} z_{i2} = 700, \ \sum_{i=1}^{7} z_{i1}^2 = 17600, \ \sum_{i=1}^{7} z_{i2}^2 = 70400, \ \sum_{i=1}^{7} z_{i1}z_{i2} = 35000$$

A matriz $\mathbf{Z}^T\mathbf{Z}$ é dada por:

$$\mathbf{Z}^T\mathbf{Z} = \begin{bmatrix} 7 & 350 & 700 \\ 350 & 17600 & 35000 \\ 700 & 35000 & 70400 \end{bmatrix}$$

▶ Calcular a matriz inversa $\mathbf{B} = (\mathbf{Z}^T\mathbf{Z})^{-1}$: O procedimento empregado nos capítulos anteriores para a inversão matricial fornece:

$$\hat{\mathbf{A}} = \ \mathbf{Z}^T\mathbf{Z})^{-1} = \begin{bmatrix} 50{,}14285714 & -0{,}5 & -0{,}25 \\ -0{,}5 & 0{,}01 & 0 \\ -0{,}25 & 0 & 0{,}0025 \end{bmatrix}$$

▶ Cálculos dos elementos da matriz $\boldsymbol{\beta}$: $\boldsymbol{\beta} = \mathbf{Z}^T\mathbf{Y} = \begin{bmatrix} \sum_{i=1}^{m} y_i \\ \sum_{i=1}^{m} z_{i1}y_i \\ \sum_{i=1}^{m} z_{i2}y_i \end{bmatrix}$

i	y_i	$y_i z_{i1}$	$y_i z_{i2}$
1	69	3105	6210
2	59	3245	5310
3	78	3510	8580
4	67	3685	7370
5	68	3400	6800
6	66	3300	6600
7	69	3450	6900

▶ Cálculos dos somatórios:

$$\sum_{i=1}^{7} y_i = 476, \; \sum_{i=1}^{7} y_i z_{i1} = 23695, \; \sum_{i=1}^{7} y_i z_{i2} = 47770,$$

Portanto, a matriz β é dada por $\boldsymbol{\beta} = \mathbf{Z}^T\mathbf{Y} = \begin{bmatrix} 476 \\ 23695 \\ 47770 \end{bmatrix}$

▶ Cálculos dos coeficientes: $\mathbf{C} = \mathbf{B}\left(\mathbf{X}^T\mathbf{y}\right)$.

$$\mathbf{C} = \begin{bmatrix} 50,14285714 & -0,5 & -0,25 \\ -0,5 & 0,01 & 0 \\ -0,25 & 0 & 0,0025 \end{bmatrix} \begin{bmatrix} 476 \\ 23695 \\ 47770 \end{bmatrix} = \begin{bmatrix} 78 \\ -1,05 \\ 0,425 \end{bmatrix}$$

2. Qualidade do ajuste

▶ Cálculo da média de y: $\overline{y} = \dfrac{\sum_{i=1}^{m} y_i}{m} = 68$

- Cálculos dos valores fornecidos pelo modelo: $g_i = c_0 + c_1 C_i + c_2 v_i$
- Valores residuais $\varepsilon_i = y_i - g_i$
- Valores quadráticos residuais: $S_{Ri} = (y_i - g_i)^2$
- Cálculos de $S_{Ti} = (y_i - \overline{y})^2$
- Cálculos de $S_{\mathrm{Re}i} = (g_i - \overline{y})^2$

i	g_i	ε_i	S_{Ri}	S_{Ti}	S_{Rei}
1	69	-5,116E-13	2,617E-25	1	1
2	58,5	0,5	0,25	81	90,25
3	77,5	0,5	0,25	100	90,25
4	67	-6,253E-13	3,91E-25	1	1
5	68	-5,684E-13	3,231E-25	0	3,23E-25
6	68	-2	4	4	3,23E-25
7	68	1	1	1	3,23E-25

- Cálculo do somatório dos resíduos ε: $\varepsilon = \sum_{i=1}^{m} (y_i - g_i) = -3{,}97904\text{E-}12$:
- Cálculo do somatório S_R: $S_R = \sum_{i=1}^{m} (y_i - g_i)^2 = 5{,}5$:
- Cálculo do somatório S_T: $S_T = \sum_{i=1}^{m} (y_i - \overline{y})^2 = 188$
- Cálculo do somatório S_{Re}: $S_{\mathrm{Re}} = \sum_{i=1}^{m} (g_i - \overline{y})^2 = 182{,}5$
- Grau de liberdade do resíduo: $G_L^R = m - (N + 1) = 7 - 3 = 4$
- Grau de liberdade da regressão: $G_L^{Re} = N = 2$
- Grau de liberdade total: $G_L^T = m - 1 = 7 - 1 = 6$
- Coeficiente de determinação: $R^2 = 1 - S_R/S_T = 0{,}970744681$
- Coeficiente de correlação: $R = \sqrt{R^2} = 0{,}985263762$
- Coeficiente de determinação ajustado: $R^2_{aj} = 1 - \left(\frac{S_R}{S_T}\right)\left(\frac{G_L^T}{G_L^R}\right) = 0{,}956117021$
- Média quadrática residual: $M_R = S_R/G_L^R = 1{,}375$

- Média quadrática devido à regressão: $M_{Re} = S_{Re}/G_L^{Re} = 91{,}25$
- Variância populacional: $s^2 = M_R = 1{,}375$
- Erro padrão da estimativa: $s = \sqrt{M_R} = 1{,}1726039$
- Matriz de covariância $\mathbf{V} = \mathbf{B}s^2$

$$\mathbf{V} = \begin{bmatrix} 68{,}94642857 & -0{,}6875 & -0{,}34375 \\ -0{,}6875 & 0{,}01375 & 0 \\ -0{,}34375 & 0 & 0{,}0034375 \end{bmatrix}$$

As variâncias e covariâncias são:

- Variância do coeficiente c_0: $\mathrm{Var}(c_0) = 68{,}94642857$
- Variância do coeficiente c_1: $\mathrm{Var}(c_1) = 0{,}01375$
- Variância do coeficiente c_2: $\mathrm{Var}(c_2) = 0{,}0034375$
- Covariância entre os coeficientes c_0 e c_1: $\mathrm{Cov}(c_0, c_1) = -0{,}6875$
- Covariância entre os coeficientes c_0 e c_2: $\mathrm{Cov}(c_0, c_2) = -0{,}34375$
- Covariância entre os coeficientes c_1 e c_2: $\mathrm{Cov}(c_1, c_2) = 0$

- Erro padrão do coeficiente c_0: $E_{c0} = \sqrt{\mathrm{Var}(c_0)} = 8{,}303398616$
- Erro padrão do coeficiente c_1: $E_{c1} = \sqrt{\mathrm{Var}(c_1)} = 0{,}117260394$
- Erro padrão do coeficiente c_2: $E_{c2} = \sqrt{\mathrm{Var}(c_2)} = 0{,}058630197$
- Inferência sobre os coeficientes do modelo:

PRIMEIRO TESTE DE HIPÓTESE

- Cálculo do nível de significância: $\alpha = 1 - NC/100 = 0{,}05$
- Cálculo da probabilidade acumulada: $\phi = 1 - \alpha/2 = 0{,}975$
- Cálculo do valor crítico da distribuição t de Student:

  $t = \mathrm{INVT}(\alpha; G_L^R) \longrightarrow t = \mathrm{INVT}(0{,}05; 4) \longrightarrow t = 2{,}776445105$

Observação: Este resultado indica que existe 97,5% de probabilidade acumulada de que uma variável aleatória *V*, com um grau de liberdade igual a quatro, seja menor que o valor crítico da distribuição *t* igual a 2,7764451; $P(V < 2,7764451) = 0,975$

- Cálculo da estatística *t* para c_0: $t_{Estat}|c_0 = c_0/E_{c0} = 9,3937439$
- Cálculo da estatística *t* para c_1: $t_{Estat}|c_1 = c_1/E_{c1} = -8,95443$
- Cálculo da estatística *t* para c_2: $t_{Estat}|c_2 = c_2/E_{c2} = 7,24882436$
- Teste de hipótese para c_0:

  $(t_{Estat}|_{c0} > t)? \longrightarrow (9,3937439 > 2,7764451)?$ Sim; portanto, o coeficiente c_0 é estatisticamente significativo.

- Teste de hipótese para c_1:

  Para $t_{Estat}|_{c1}$ negativo, a formulação do teste de hipótese, conforme a Figura 7.1, é $(t_{Estat}|_{c1} < -t)?$.

  $(t_{Estat}|_{c1} < -t)? \longrightarrow (-8,95443 > 2,7764451)?$ Sim; portanto, o coeficiente c_0 é estatisticamente significativo.

- Teste de hipótese para c_2:

  $(t_{Estat}|_{c2} > t)? \longrightarrow (7,24882436 > 2,7764451)?$ Sim; portanto, o coeficiente c_2 é estatisticamente significativo.

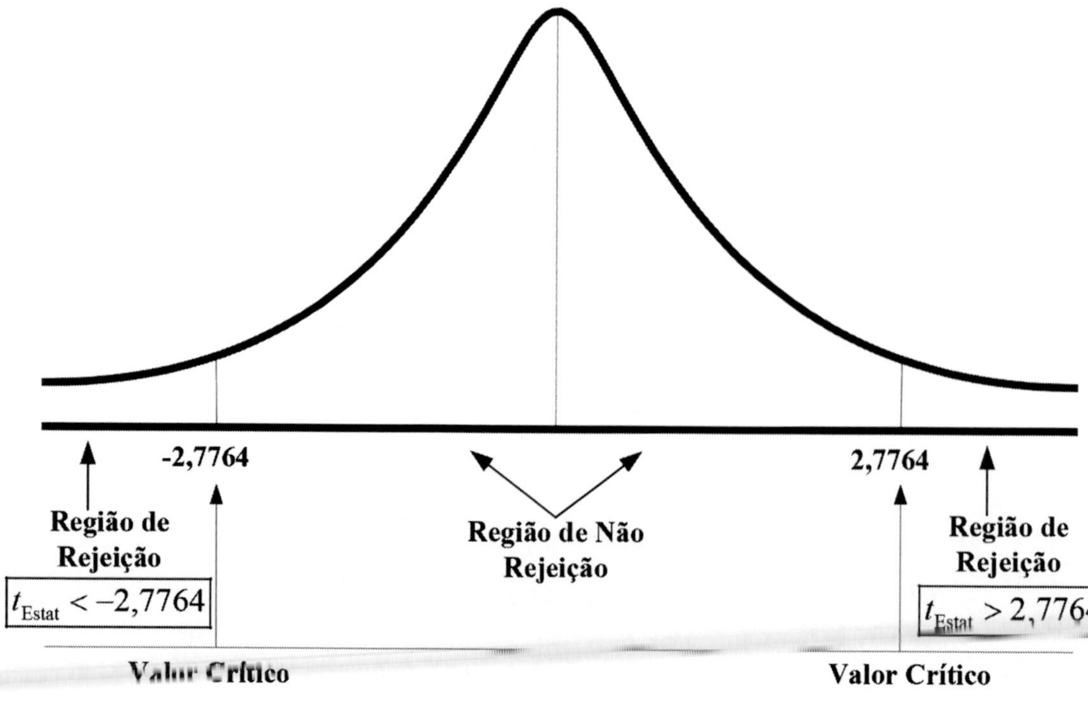

SEGUNDO TESTE DE HIPÓTESE:

- Cálculo da distribuição t de Student para o coeficiente c_0, valor-p$|_{c0}$:

  valor-p$|_{c0}$ = DISTT($t_{Estat}|_{c0}$; G_L^R; 2) ⟶ valor-p$|_{c0}$ = 0,000715612

- Cálculo da distribuição t de Student para o coeficiente c_1, valor-p$|_{c1}$:

  Os argumentos da função valor-p$|_{c1}$ = DISTT($t_{Estat}|_{c1}$; G_L^R; 2) são positivos; logo, a estatística deve ser $t_{Estat}|_{c1}$ = |-8,95443| = 8,95443.

  valor-p$|_{c1}$ = DISTT($t_{Estat}|_{c1}$; G_L^R; 2) ⟶ valor-p$|_{c1}$ = 0,000860451

- Cálculo da distribuição t de Student para o coeficiente c_2, valor-p$|_{c2}$:

  valor-p$|_{c2}$ = DISTT($t_{Estat}|_{c2}$; G_L^R; 2) ⟶ valor-p$|_{c2}$ = 0,001922628

- Teste de hipótese para c_0:

  (valor-p$|_{c0}$ < α)? ⟶ (0,000715612 < 0,05)? Sim; então, o coeficiente c_0 é estatisticamente significativo.

- Teste de hipótese para c_1:

  (valor-p$|_{c1}$ < α)? ⟶ (0,000860451 < 0,05)? Sim; então, o coeficiente c_1 é estatisticamente significativo.

- Teste de hipótese para c_2:

  (valor-p$|_{c2}$ < α)? ⟶ (0,001922628 < 0,05)? Sim; então, o coeficiente c_2 é estatisticamente significativo.

▶ Inferência sobre o modelo:

PRIMEIRO TESTE DE HIPÓTESE

- Cálculo da estatística de teste de hipótese: $F_{Estat} = M_{Re}/M_R$ = 66,36363636

- Cálculo do valor crítico da distribuição F:

  F = INVF(α; G_L^{Re}; G_L^R) ⟶ F = INVF(0,05; 2; 4) ⟶ F = 6,94427191

- Teste de hipótese:

  (F_{Estat} > F)? = (66,36363636 > 6,94427191)? Sim; portanto, o modelo proposto é estatisticamente significativo.

SEGUNDO TESTE DE HIPÓTESE

- Cálculo da distribuição F, valor-p = $F_{significância}$:

  $F_{significância}$ = DISTF(F_{Estat}; G_L^{Re}; G_L^R) ⟶ $F_{significância}$ = 0,000855874

- Teste de hipótese:

  $(F_{significância} < \alpha)? = (0{,}000855874 < 0{,}05)?$ Sim; portanto, o modelo proposto é estatisticamente significativo.

▶ Intervalo de confiança para o coeficiente c_0: $c_0 \pm \Delta c_0$, onde $\Delta c_0 = tE_{c0}$

Variação: $\Delta_{c0} = tE_{c0} = 23{,}05393044$

Limite inferior: $c_0 - \Delta_{c0} = 54{,}94606956$

Central: $c_0 = 78$

Limite superior: $c_0 + \Delta_{c0} = 101{,}0539304$

▶ Intervalo de confiança para o coeficiente c_1: $c_1 \pm \Delta c_1$, onde $\Delta c_1 = tE_{c1}$

Variação: $\Delta_{c1} = tE_{c1} = 0{,}325567047$

Limite inferior: $c_1 - \Delta_{c1} = -1{,}37556705$

Central: $c_1 = -1{,}05$

Limite superior: $c_1 + \Delta_{c1} = -0{,}72443295$

▶ Intervalo de confiança para o coeficiente c_2: $c_2 \pm \Delta c_2$, onde $\Delta c_2 = tE_{c2}$

Variação: $\Delta_{c2} = tE_{c2} = 0{,}162783523$

Limite inferior: $c_2 - \Delta_{c2} = 0{,}262216477$

Central: $c_2 = 0{,}425$

Limite superior: $c_2 + \Delta_{c2} = 0{,}5877835$

▶ **Conclusão:** O modelo proposto é estatisticamente significativo, sendo representado por:

$$g_i = 78 - 1{,}05C_i + 0{,}425v_i$$

As derivadas parciais do modelo proposto são:

▶ $\left(\dfrac{\partial g_i}{\partial C_i}\right)_{v_i} = -1{,}05$; este resultado mostra que o rendimento da reação é inversamente proporcional à concentração de um reagente, mantendo a velocidade de rotação constante.

▶ $\left(\dfrac{\partial g_i}{\partial v_i}\right)_{C_i} = 0{,}425$; este resultado mostra que o rendimento da reação é diretamente proporcional à velocidade de rotação, mantendo a concentração de um reagente constante.

ATIVIDADE ENZIMÁTICA

Os valores experimentais da atividade enzimática em função da temperatura reportados por Rodrigues e Iemma (2009) são apresentados na Tabela 8.14. A codificação dos valores da temperatura é obtida pela seguinte expressão.

$$x_i = \frac{T_i - \overline{T}}{\Delta T} \tag{8.20}$$

Sendo $\overline{T}$ a temperatura média e ΔT o intervalo de temperatura entre os níveis de temperatura.

Tabela 8.14 – Valores da atividade enzimática em função da temperatura

i	Ti (°C)	yi (U/mL)	x_i
1	30	167	-1
2	30	168	-1
3	30	171	-1
4	30	185	-1
5	50	225	0
6	50	268	0
7	50	255	0
8	50	270	0
9	70	288	1
10	70	305	1
11	70	322	1
12	70	328	1

As somas e as médias, para m = 12, são:

- Valores dependentes: $S_Y = \sum_{i=1}^{m} y_i = 2952$ U/mL e $\overline{y} = \frac{S_Y}{m} = 246$ U/mL
- Valores independentes: $S_T = \sum_{i=1}^{m} T_i = 600\ °C$ e $\overline{T} = \frac{S_T}{m} = 50\ °C$
- Valores codificados: $S_X = \sum_{i=1}^{m} x_i = 0$ e $\overline{x} = \frac{S_X}{m} = 0$

O modelo proposto é dado por:

- Valores codificados: $g_i = c_0 + c_1 x_i$
- Valores padrões: $g_i = b_0 + b_1 T_i$

A relação entre x_i e T_i é dada por:

$$T_i = \Delta T x_i + \overline{T} = 20 x_i + 50 \tag{8.21}$$

EXEMPLO 10 - ANÁLISE ESTATÍSTICA COM A SOMA RESIDUAL

O procedimento computacional para a determinação dos coeficientes c_0 e c_1 é idêntico ao descrito no Capítulo 3. Os valores utilizados na regressão linear são apresentados na Tabela 8.15.

TABELA 8.15 – RESULTADOS DE UM PLANEJAMENTO 2^2 COM PONTO CENTRAL

i	y_i	x_i	x_i^2	$x_i y_i$	$x_i - \overline{x})^2$
1	167	-1	1	-167	1
2	168	-1	1	-168	1
3	171	-1	1	-171	1
4	185	-1	1	-185	1
5	225	0	0	0	0
6	268	0	0	0	0
7	255	0	0	0	0
8	270	0	0	0	0
9	288	1	1	288	1
10	305	1	1	305	1
11	322	1	1	322	1
12	328	1	1	328	1

Roteiro de cálculo apresentado na Tabela 3.4

1. Entrada de dados: $m = 12$
2. Cálculos das somas e das médias

- Somatórios dos valores de x e de y: $S_X = \sum_{i=1}^{m} x_i = 0$ e $S_Y = \sum_{i=1}^{m} y_i = 2952$

- Soma do produto entre *x* e *y*: $S_{XY} = \sum_{i=1}^{m} x_i y_i = 552$
- Soma do quadrado dos valores de *x*: $S_{X2} = \sum_{i=1}^{m} x_i^2 = 8$
- Médias dos valores de *x* e de *y*: $\overline{x} = S_X / m = 0$ e $\overline{y} = S_Y / m = 246$
- Soma dos valores residuais de *x* em torno do ponto médio: $S_{XX} = \sum_{i=1}^{m} \left(x_i - \overline{x}\right)^2 = 8$

3. Cálculos dos coeficientes c_0 e c_1:

- Coeficiente angular: $c_1 = (mS_{XY} - S_X S_Y)/(mS_{X2} - S_X^2) = 69$
- Coeficiente linear: $c_0 = \overline{y} - \overline{x}c_1 = 246$

4. Qualidade do ajuste:

- Valores quadráticos residuais: $S_{Ri} = (y_i - g_i)^2$
- Valores quadráticos do modelo em torno da média: $S_{\text{Re}i} = \left(g_i - \overline{y}\right)^2$
- Valores quadráticos independentes em torno da média $S_{Ti} = \; y_i - \overline{y})^2$

i	$g_i = c_0 + c_1 x_i$	$\varepsilon_i = y_i - g_i$	S_{Ri}	S_{Ti}	S_{Rei}
1	177	-10	100	6241	4761
2	177	-9	81	6084	4761
3	177	-6	36	5625	4761
4	177	8	64	3721	4761
5	246	-21	441	441	0
6	246	22	484	484	0
7	246	9	81	81	0
8	246	24	576	576	0
9	315	-27	729	1764	4761
10	315	-10	100	3481	4761
11	315	7	49	5776	4761
12	315	13	169	6724	4761

- Soma quadrática residual (variação não explicada): $S_R = \sum_{i=1}^{m} \left(y_i - g_i\right)^2 = 2910$
- Soma quadrática da regressão (variação explicada): $S_{\text{Re}} = \sum_{i=1}^{m} \; g_i - \overline{y})^2 = 38088$

- Soma quadrática total: $S_T = \sum_{i=1}^{m}\left(y_i - \overline{y}\right)^2 = 40998$
- Grau de liberdade total: $G_L^{\,T} = m - 1 = 11$
- Grau de liberdade da regressão: $G_L^{\,Re} = 1$
- Grau de liberdade dos resíduos: $G_L^{\,R} = m - 2 = 10$
- Coeficiente de determinação: $R^2 = 1 - S_R/S_T = 0{,}929020928$
- Coeficiente de determinação ajustado: $R_{aj}^2 = 1 - \left(\dfrac{S_R}{S_T}\right)\left(\dfrac{G_L^T}{G_L^R}\right) = 0{,}921923021$
- Média quadrática residual: $M_R = S_R/G_L^{\,R} = 291$
- Média quadrática da regressão: $M_{Re} = S_{Re}/G_L^{\,Re} = 38088$
- Variância populacional s^2: $s^2 = M_R = 291$
- Erro padrão da estimativa: $s = \sqrt{M_R} = 17{,}05872211$
- Variância do coeficiente linear: $\text{Var}\ c_0) = \left(\dfrac{1}{m} + \dfrac{\overline{x}^2}{S_{XX}}\right)s^2 = 24{,}25$
- Variância do coeficiente angular: $\text{Var}(c_1) = \dfrac{s^2}{S_{XX}} = 36{,}375$
- Covariâncias dos coeficientes: $\text{Cov}\ c_0, c_1) = -\dfrac{\overline{x}s^2}{S_{XX}} = 0$
- Erro padrão do coeficiente linear: $E_{c0} = \sqrt{\text{Var}(c_0)} = 4{,}924428901$
- Erro padrão do coeficiente angular: $E_{c1} = \sqrt{\text{Var}\ c_1)} = 6{,}031169041$
- Inferência sobre os coeficientes do modelo proposto:
  - Especificação do nível de confiança: $NC = 95\ \%$
  - Cálculo do nível de significância: $\alpha = 1 - NC/100 = 0{,}05$
  - Cálculo da probabilidade acumulada: $\phi = 1 - \alpha/2 = 0{,}975$

PRIMEIRA INFERÊNCIA

- Cálculo do valor crítico da distribuição t de Student:

  $t = \text{INVT}(\alpha;\ G_L^{\,R}) \longrightarrow t = \text{INVT}(0{,}05;\ 10) \longrightarrow t = 2{,}228138842$

- Cálculo da estatística do coeficiente c_0: $t_{Estat}/_{c0} = c_0/E_{c0} = 49{,}95503132$
- Cálculo da estatística do coeficiente c_1: $t_{Estat}/_{c1} = c_1/E_{c1} = 11{,}44056808$
- Teste de hipótese do coeficiente c_0:

  $(t_{Estat}|_{c0} > t)$? ⟶ (49,95503132 > 2,228138842)? Sim; portanto, o coeficiente c_0 é estatisticamente significativo.

- Teste de hipótese do coeficiente c_1:

  $(t_{Estat}|_{c1} > t)$? ⟶ (11,44056808 > 2,228138842)? Sim; portanto, o coeficiente c_1 é estatisticamente significativo.

SEGUNDA INFERÊNCIA

- Cálculo da distribuição t de Student do coeficiente c_0:

  valor-p$|_{c0}$ = DISTT($t_{Estat}|_{c0}$; G_L^R; 2) ⟶ valor-p$|_{c0}$ = 2,49659E-13

- Cálculo da distribuição t de Student do coeficiente c_1:

  valor-p$|_{c1}$ = DISTT($t_{Estat}|_{c0}$; G_L^R; 2) ⟶ valor-p$|_{c1}$ = 4,57099E-07

- Teste de hipótese do coeficiente c_0:

  (valor-p$|_{c0} < \alpha$)? ⟶ (2,49659E-13 < 0,05)? Sim; portanto, o coeficiente c_0 é estatisticamente significativo.

- Teste de hipótese do coeficiente c_1:

  (valor-p$|_{c1} < \alpha$)? ⟶ (4,57099E-07 < 0,05)? Sim; portanto, o coeficiente c_1 é estatisticamente significativo.

▶ Inferência sobre o modelo:

PRIMEIRA INFERÊNCIA

- Cálculo do valor crítico da distribuição F:

  F =INVF(α; G_L^{Re}; G_L^R) ⟶ F = INVF(0,05; 1; 10) ⟶ F = 4,964602701

- Cálculo da estatística de teste de hipótese: $F_{Estat} = M_{Re}/M_R = 130{,}8865979$
- Teste de hipótese:

  $(F_{Estat} > F)$? ⟶ (130,8865979 > 4,964602701)? Sim; portanto, o modelo proposto é estatisticamente significativo.

SEGUNDA INFERÊNCIA

- Cálculo da distribuição F, **valor-p =** $\boldsymbol{F_{significância}}$:

$F_{significância} = \text{DISTF}(F_{Estat}; G_L^{Re}; G_L^{R}) \longrightarrow F_{significância} = 4{,}57099\text{E-}07$

- Teste de hipótese:

$(F_{significância} < \alpha)? \longrightarrow (4{,}57099\text{E-}07 < 0{,}05)?$ Sim; portanto, o modelo proposto é estatisticamente significativo.

▶ Intervalo de confiança para o coeficiente c_0: $c_0 \pm \Delta c_0$, sendo $\Delta c_0 = tE_{c0}$

Variação: $\Delta_{c0} = tE_{c0} = 10{,}97231131$

Limite inferior: $c_0 - \Delta_{c0} = 235{,}0276887$

Central: $c_0 = 246$

Limite superior: $c_0 + \Delta_{c0} = 256{,}9723113$

▶ Intervalo de confiança para o coeficiente c_1: $c_1 \pm \Delta c_1$, sendo $\Delta c_1 = tE_{c1}$

Variação: $\Delta_{c1} = tE_{c1} = 13{,}43828201$

Limite inferior: $c_1 - \Delta_{c1} = 55{,}56171799$

Central: $c_1 = 69$

Limite superior: $c_1 + \Delta_{c1} = 82{,}43828201$

EXEMPLO 11 - ANÁLISE ESTATÍSTICA COM O ERRO PURO

Os cálculos para estimativas dos coeficientes c_0 e c_1 são idênticos aos realizados no Exemplo anterior. Entretanto, a qualidade do ajuste é realizada com a análise de variância do erro puro. Neste caso, a forma conveniente de representação dos valores é apresenta na Tabela 8.16.

TABELA 8.16 – REPRESENTAÇÃO DOS VALORES UTILIZADOS NA ANÁLISE DE VARIÂNCIA

I	j	y_{ij}	x_i	g_{ij}	Somas e médias
1	1	167	-1	177	$S_{Y1} = \sum_{j=1}^{4} y_{1j} = 691$
	2	168	-1	177	
	3	171	-1	177	$\overline{y}_1 = S_{Y1}/4 = 172{,}75$
	4	185	-1	177	

TABELA 8.16 – REPRESENTAÇÃO DOS VALORES UTILIZADOS NA ANÁLISE DE VARIÂNCIA

I	j	y_{ij}	x_i	g_{ij}	Somas e médias
2	1	225	0	246	$S_{Y2} = \sum_{j=1}^{4} y_{2j} = 1018$
	2	268	0	246	
	3	255	0	246	$\bar{y}_2 = S_{Y2}/4 = 254{,}5$
	4	270	0	246	
3	1	288	1	315	$S_{Y3} = \sum_{j=1}^{4} y_{3j} = 1243$
	2	305	1	315	
	3	322	1	315	$\bar{y}_3 = S_{Y3}/4 = 310{,}75$
	4	328	1	315	

Segundo Barros Neto et al. (2010) e Rodrigues e Iemma (2009), as expressões para análise de variância do erro puro e falta de ajuste são as seguintes.

- Soma do nível i: $S_{Yi} = \sum_{j=1}^{m_i} y_{ij}$, sendo m_i a quantidade de observações do nível i.
- Média do nível i: $\bar{y}_i = \dfrac{\sum_{j=1}^{m_i} y_{ij}}{m_i}$.
- Média global: $\bar{y} = \dfrac{\sum_{i=1}^{n}\sum_{j=1}^{m_i} y_{ij}}{m} = \dfrac{\sum_{i=1}^{n} \bar{y}_i}{n}$, sendo n o número total de níveis.
- Soma quadrática residual do nível i: $\left.S_R\right)_i = \sum_{j=1}^{m_i}\left(y_{ij} - g_{ij}\right)^2$
- Soma quadrática residual: $S_R = \sum_{i=1}^{n}\left(S_R\right)_i$ e $G_L^{R} = m - p$, sendo m o número total de observações e p o número de parâmetros.
- Soma quadrática da regressão no nível i: $\left.S_{Re}\right)_i = \sum_{j=1}^{m_i}\left(g_{ij} - \bar{y}\right)^2$
- Soma quadrática total da regressão em torno da média global: $S_{Re} = \sum_{i=1}^{n}\left(S_{Re}\right)_i$ e $G_L^{Re} = p - 1$.
- Erro puro quadrático do nível i: $\left.S_{EP}\right)_i = \sum_{j=1}^{m_i}\left(y_{ij} - \bar{y}_i\right)^2$

- Erro puro total: $S_{EP} = \sum_{i=1}^{n} \left(S_{EP}\right)_i$ e $G_L^{EP} = m - n$.

- Falta de ajuste do nível *i*: $\left.S_{Faj}\right)_i = \sum_{j=1}^{m_i} \left(g_{ij} - \overline{y}_i\right)^2$

- Falta de ajuste total: $S_{Faj} = \sum_{i=1}^{n} \left(S_{Faj}\right)_i$ e $G_L^{Faj} = n - p$

- Soma quadrática total do nível *i*: $\left.S_T\right)_i = \sum_{j=1}^{m_i} \left(y_{ij} - \overline{y}\right)^2$

- Soma quadrática total dos níveis: $S_T = \sum_{i=1}^{n} \left(S_T\right)_i$ e $G_L^T = m - 1$

Os valores calculados são apresentados na Tabela 8.17

TABELA 8.17 – RESULTADOS OBTIDOS DA ANÁLISE DE VARIÂNCIA

i	j	S_R	S_T	S_{Re}	S_{EP}	S_{Faj}
1	1	100	6241	4761	33,0625	18,0625
	2	81	6084	4761	22,5625	18,0625
	3	36	5625	4761	3,0625	18,0625
	4	64	3721	4761	150,0625	18,0625
2	1	441	441	0	870,25	72,25
	2	484	484	0	182,25	72,25
	3	81	81	0	0,25	72,25
	4	576	576	0	240,25	72,25
3	1	729	1764	4761	517,5625	18,0625
	2	100	3481	4761	33,0625	18,0625
	3	49	5776	4761	126,5625	18,0625
	4	169	6724	4761	297,5625	18,0625

- Somas individuais dos níveis: $S_{Yi} = \sum_{j=1}^{m_i} y_{ij}$

  - Nível 1: $S_{Y1} = \sum_{j=1}^{m_1=4} y_{1j} = y_{11} + y_{12} + y_{13} + y_{14} = 167 + 168 + 171 + 185 = 691$
  - Nível 2: $S_{Y2} = \sum_{j=1}^{m_2=4} y_{2j} = y_{21} + y_{22} + y_{23} + y_{24} = 225 + 268 + 255 + 270 = 1018$
  - Nível 3: $S_{Y3} = \sum_{j=1}^{m_3=4} y_{3j} = y_{31} + y_{32} + y_{33} + y_{34} = 288 + 305 + 322 + 328 = 1243$

▶ Média do nível *i*: $\overline{y}_i = \frac{S_{Yi}}{m_i}$,

- Média do nível 1: $\overline{y}_1 = \frac{S_{Y1}}{m_1} = \frac{691}{4} = 172{,}75$
- Média do nível 2: $\overline{y}_2 = \frac{S_{Y2}}{m_2} = \frac{1018}{4} = 254{,}5$
- Média do nível 3: $\overline{y}_3 = \frac{S_{Y3}}{m_3} = \frac{1243}{4} = 310{,}75$

▶ Média global: $\overline{y} = \frac{\sum_{i=1}^{n}\sum_{j=1}^{m_i} y_{ij}}{m} = \frac{\sum_{i=1}^{n}\overline{y}_i}{n}$, sendo n o número total de níveis e m_i a quantidade de observações do nível i. Assim:

$$\overline{y} = \frac{\sum_{i=1}^{n}\overline{y}_i}{n} = \frac{\overline{y}_1 + \overline{y}_2 + \overline{y}_3}{3} = \frac{172{,}75 + 254{,}5 + 310{,}75}{3} = \frac{738}{3} = 246 \quad (8.22)$$

▶ Soma quadrática residual do nível *i*: $\left(S_R\right)_i = \sum_{j=1}^{m_i}\left(y_{ij} - g_{ij}\right)^2$

- Nível 1: $\left(S_R\right)_1 = \left(y_{11} - g_{11}\right)^2 + \left(y_{12} - g_{12}\right)^2 + \left(y_{13} - g_{13}\right)^2 + \left(y_{14} - g_{14}\right)^2 = 281$
- Nível 2: $\left(S_R\right)_2 = \left(y_{21} - g_{21}\right)^2 + \left(y_{22} - g_{22}\right)^2 + \left(y_{23} - g_{23}\right)^2 + \left(y_{24} - g_{24}\right)^2 = 1582$
- Nível 3: $\left(S_R\right)_3 = \left(y_{31} - g_{31}\right)^2 + \left(y_{32} - g_{32}\right)^2 + \left(y_{33} - g_{33}\right)^2 + \left(y_{34} - g_{34}\right)^2 = 1047$

▶ Soma quadrática residual: $S_R = \sum_{i=1}^{n}\sum_{j=1}^{m_i}\left(y_{ij} - g_i\right)^2$ e $G_L^R = m - p = 12 - 2 = 10$

$$S_R = \sum_{i=1}^{n}\left(S_R\right)_i = \left(S_R\right)_1 + \left(S_R\right)_2 + \left(S_R\right)_3 = 2910 \quad (8.23)$$

▶ Soma quadrática da regressão do nível *i*: $\left(S_{\mathrm{Re}}\right)_i = \sum_{j=1}^{m_i}\left(g_{ij} - \overline{y}\right)^2$

- Nível 1: $\left(S_{\mathrm{Re}}\right)_1 = \left(g_{11} - \overline{y}\right)^2 + \left(g_{12} - \overline{y}\right)^2 + \left(g_{13} - \overline{y}\right)^2 + \left(g_{14} - \overline{y}\right)^2 = 19044$
- Nível 2: $\left(S_{\mathrm{Re}}\right)_2 = \left(g_{21} - \overline{y}\right)^2 + \left(g_{22} - \overline{y}\right)^2 + \left(g_{23} - \overline{y}\right)^2 + \left(g_{24} - \overline{y}\right)^2 = 0$

- Nível 3: $(S_{\text{Re}})_3 = (g_{31} - \bar{y})^2 + (g_{32} - \bar{y})^2 + (g_{33} - \bar{y})^2 + (g_{34} - \bar{y})^2 = 19044$

▶ Soma quadrática da regressão: $S_{\text{Re}} = \sum_{i=1}^{n} (S_{\text{Re}})_i$ e $G_L^{\text{Re}} = p - 1 = 1$

$$S_{\text{Re}} = \sum_{i=1}^{n} (S_{\text{Re}})_i = (S_{\text{Re}})_1 + (S_{\text{Re}})_2 + (S_{\text{Re}})_3 = 38088 \tag{8.24}$$

▶ Erro puro do nível *i*: $(S_{EP})_i = \sum_{j=1}^{m_i} (y_{ij} - \bar{y}_i)^2$

- Nível 1: $(S_{EP})_1 = (y_{11} - \bar{y}_1)^2 + (y_{12} - \bar{y}_1)^2 + (y_{13} - \bar{y}_1)^2 + (y_{14} - \bar{y}_1)^2 = 208{,}75$
- Nível 2: $(S_{EP})_2 = (y_{21} - \bar{y}_2)^2 + (y_{22} - \bar{y}_2)^2 + (y_{23} - \bar{y}_2)^2 + (y_{24} - \bar{y}_2)^2 = 1293$
- Nível 3: $(S_{EP})_3 = (y_{31} - \bar{y}_3)^2 + (y_{32} - \bar{y}_3)^2 + (y_{33} - \bar{y}_3)^2 + (y_{34} - \bar{y}_3)^2 = 974{,}75$

▶ Soma do erro puro: $S_{EP} = \sum_{i=1}^{n} (S_{EP})_i$ e $G_L^{EP} = m - n = 9$

$$S_{EP} = (S_{EP})_1 + (S_{EP})_2 + (S_{EP})_3 = 2476{,}5 \tag{8.25}$$

▶ Falta de ajuste do nível *i*: $(S_{Faj})_i = \sum_{j=1}^{m_i} (g_{ij} - \bar{y}_i)^2$

- Nível 1: $(S_{Faj})_1 = (g_{11} - \bar{y}_1)^2 + (g_{12} - \bar{y}_1)^2 + (g_{13} - \bar{y}_1)^2 + (g_{14} - \bar{y}_1)^2 = 72{,}25$
- Nível 2: $(S_{Faj})_2 = (g_{21} - \bar{y}_2)^2 + (g_{22} - \bar{y}_2)^2 + (g_{23} - \bar{y}_2)^2 + (g_{24} - \bar{y}_2)^2 = 289$
- Nível 3: $(S_{Faj})_3 = (g_{31} - \bar{y}_3)^2 + (g_{32} - \bar{y}_3)^2 + (g_{33} - \bar{y}_3)^2 + (g_{34} - \bar{y}_3)^2 = 72{,}25$

▶ Falta de ajuste: $S_{Faj} = \sum_{i=1}^{n} (S_{Faj})_i$ e $G_L^{Faj} = n - p = 1$

$$S_{Faj} = (S_{Faj})_1 + (S_{Faj})_2 + (S_{Faj})_3 = 433{,}5 \tag{8.26}$$

▶ Soma quadrática total do nível *i*: $(S_T)_i = \sum_{j=1}^{m_i} (y_{ij} - \bar{y})^2$

- Nível 1: $(S_T)_1 = (y_{11} - \bar{y})^2 + (y_{12} - \bar{y})^2 + (y_{13} - \bar{y})^2 + (y_{14} - \bar{y})^2 = 21671$

- Nível 2: $S_T)_2 = (y_{21} - \overline{y})^2 + (y_{22} - \overline{y})^2 + (y_{23} - \overline{y})^2 + (y_{24} - \overline{y})^2 = 1582$
- Nível 3: $(S_T)_3 = (y_{31} - \overline{y})^2 + (y_{32} - \overline{y})^2 + (y_{33} - \overline{y})^2 + (y_{34} - \overline{y})^2 = 17745$

▶ Soma quadrática total: $S_T = \sum_{i=1}^{n} S_T)_i$ e $G_L{}^T = m - 1 = 11$

$$S_T = (S_T)_1 + (S_T)_2 + (S_T)_3 = 40998 \tag{8.27}$$

O resumo da análise de variância é apresentado na Tabela 8.18.

Tabela 8.18 – Resumo da análise de variância

	GL	*SQ*	*MQ*	F_{Estat}
Regressão	1	38088	38088	130,8865979
Resíduo	10	2910	291	
Falta de ajuste	1	433,5	433,5	1,575408843
Erro Puro	9	2476,5	275,1666667	
Total	11	40998		

▶ Média quadrática residual: $M_R = S_R / G_L{}^R = 291$

▶ Média quadrática da regressão: $M_{Re} = S_{Re} / G_L{}^{Re} = 38088$

▶ Média quadrática da falta de ajuste: $M_{Faj} = S_{Faj} / G_L{}^{Faj} = 433{,}5$

▶ Média quadrática do erro puro: $M_{EP} = S_{EP} / G_L{}^{EP} = 275{,}1666667$

▶ Variância populacional: $s^2 = M_{EP} = 275{,}1666667$

▶ Erro padrão da estimativa: $s = \sqrt{s^2} = 16{,}58814838$

▶ Média dos valores de x (Exemplo anterior): $\overline{x} = S_X / m = 0$

▶ Soma dos valores residuais de x (Exemplo anterior): $S_{XX} = \sum_{i=1}^{m} x_i - \overline{x})^2 = 8$

▶ Variância do coeficiente linear: $\mathrm{Var}(c_0) = \left(\frac{1}{m} + \frac{\overline{x}^2}{S_{XX}} \right) s^2 = 22{,}93055556$

▶ Variância do coeficiente angular: $\mathrm{Var}\ c_1) = \frac{s^2}{S_{XX}} = 34{,}39583333$

- Covariâncias dos coeficientes: $\text{Cov}(c_0, c_1 = -\dfrac{\overline{x}s^2}{S_{XX}} = 0$

- Erro padrão do coeficiente linear: $E_{c0} = \sqrt{\text{Var } c_0} = 4{,}788585966$

- Erro padrão do coeficiente angular: $E_{c1} = \sqrt{\text{Var}(c_1} = 5{,}864796103$

- Inferência sobre os coeficientes do modelo proposto:

  - Especificação do nível de confiança: NC = 95 %
  - Cálculo do nível de significância: $\alpha = 1 - NC/100 = 0{,}05$
  - Cálculo da probabilidade acumulada: $\phi = 1 - \alpha/2 = 0{,}975$

PRIMEIRA INFERÊNCIA

- Cálculo do valor crítico da distribuição t de Student:

  t = INVT(α; G_L^R) ⟶ t = INVT(0,05; 10) ⟶ t = 2,228138842

- Cálculo da estatística do coeficiente c_0: $t_{Estat}|_{c0} = c_0/E_{c0}$ = 51,37215908

- Cálculo da estatística do coeficiente c_1: $t_{Estat}|_{c1} = c_1/E_{c1}$ = 11,7651149

- Teste de hipótese do coeficiente c_0:

  ($t_{Estat}|_{c0} > t$)? ⟶ (51,37215908 > 2,228138842)? Sim; portanto, o coeficiente c_0 é estatisticamente significativo.

- **Teste de hipótese do coeficiente c_1:**

  ($t_{Estat}|_{c1} > t$)? ⟶ (11,7651149 > 2,228138842)? Sim; portanto, o coeficiente c_1 é estatisticamente significativo.

SEGUNDA INFERÊNCIA

- Cálculo da distribuição t de Student do coeficiente c_0:

  valor-p$|_{c0}$ = DISTT($t_{Estat}|_{c0}$; G_L^R; 2) ⟶valor-p$|_{c0}$ = 1,88927E-13

- Cálculo da distribuição t de Student do coeficiente c_1:

  valor-p$|_{c1}$ = DISTT($t_{Estat}|_{c1}$; G_L^R; 2) ⟶ valor-p$|_{c1}$ = 3,5175E-07

- Teste de hipótese do coeficiente c_0:

  (valor p$|_{c0} < \alpha$)? ⟶ (1,88927E-13 < 0,05)? Sim; portanto, o coeficiente c_0 é estatisticamente significativo.

- Teste de hipótese do coeficiente c_1:

  (valor-p$|_{c1}$ < α)? ⟶ (3,5175E-07 < 0,05)? Sim; portanto, o coeficiente c_1 é estatisticamente significativo.

▶ Inferência sobre o modelo:

PRIMEIRA INFERÊNCIA

- Cálculo do valor crítico da distribuição *F*:

  F =INVF(α; G_L^{Faj}; G_L^{EP}) ⟶ F = INVF(0,05; 1; 9) ⟶ F = 5,117355008

- Cálculo da estatística de teste de hipótese: $F_{Estat} = M_{Faj}/M_{EP}$ = 1,575408843

- Teste de hipótese:

  ($F_{Estat} > F$)? ⟶ (1,575408843 > 5,117355008)? Não; portanto, o modelo proposto não é estatisticamente significativo, ou seja, a equação da reta não é adequada para descrever os dados experimentais.

SEGUNDA INFERÊNCIA

- Cálculo da distribuição *F*, **valor-p =** $\boldsymbol{F_{significância}}$:

  $F_{significância}$ = DISTF(F_{Estat}; G_L^{Faj}; G_L^{EP}) ⟶ $F_{significância}$ = 0,241033636

- Teste de hipótese:

  ($\boldsymbol{F_{significância}}$ < α)? ⟶ (0,241033636 < 0,05)? Não; portanto, o modelo proposto não é estatisticamente significativo, ou seja, a equação da reta não é adequada para descrever os dados experimentais.

HIDROGENAÇÃO DO ETILENO PARA FORMAR ETANO

A hidrogenação (H) do etileno (E) para formar etano (EA),

$$H_2 + C_2H_4 \rightarrow C_2H_6$$

É conduzida sobre um catalisador de cobalto molibdênio. Utilize o método dos mínimos quadrados não lineares para determinar as constantes das seguintes leis de velocidade.

1. Primeira forma da lei de velocidade: $\left(-r_A\right) = \dfrac{KP_EP_H}{1 + K_AP_{EA} + K_EP_E}$. Os valores reportados por

   Fogler (1999) são: K = 3,34788; K_A = 0,0428414 e K_E = 2,21108.

2. Segunda forma da lei de velocidade: $\left(-r_A\right)=\dfrac{KP_EP_H}{1+K_EP_E}$. Os valores reportados por Fogler (1999) são: K = 3,18678 e K_E = 2,10133.

3. Terceira forma da lei de velocidade: $\left(-r_A\right)=\dfrac{KP_EP_H}{\left(1+K_EP_E\right)^2}$. Os valores reportados por Fogler (1999) são: K = 2,00878 e K_E = 0,361667

4. Quarta forma da lei de velocidade: $\left(-r_A\right)=KP_E{}^aP_H{}^b$. Os valores reportados por Fogler (1999) são: *K* = 0,894025; *a* = 0,258441 e *b* = 1,06155

TABELA 8.19 - DADOS DE REATOR DIFERENCIAL

Ensaio	Velocidade de Reação (mol/(kg cat.s)	P_E (atm)	P_{EA} (atm)	P_H (atm)
1	1,04	1	1	1
2	3,13	1	1	3
3	5,21	1	1	5
4	3,82	3	1	3
5	4,19	5	1	3
6	2,391	0,5	1	3
7	3,867	0,5	0,5	5
8	2,199	0,5	3	3
9	0,75	0,5	5	1

EXEMPLO 12 – PRIMEIRA FORMA DA LEI DE VELOCIDADE

O primeiro modelo é dado por:

$$\left(-r_A\right)=\frac{KP_EP_H}{1+K_AP_{EA}+K_EP_E} \tag{8.28}$$

Fazendo $(-r_A) = g_i$, $P_E = x_{1i}$, $P_{EA} = x_{2i}$, $P_H = x_{3i}$, $K = \theta_1$, $K_A = \theta_2$ e $K_E = \theta_3$, a Equação(8.28) pode ser escrita como:

$$g_i=\frac{\theta_1 x_{1i}x_{3i}}{1+\theta_2 x_{2i}+\theta_3 x_{1i}} \tag{8.29}$$

As derivadas parciais da função com relação aos parâmetros são:

- Derivada parcial de g_i com relação a θ_1, mantendo θ_2 e θ_3 constantes

$$\left(\frac{\partial g_i}{\partial \theta_1}\right)_{\theta_2,\theta_3} = \frac{x_{1i}x_{3i}}{1+\theta_2 x_{2i}+\theta_3 x_{1i}} = z_{i1} \tag{8.30}$$

- Derivada parcial de g_i com relação a θ_2, mantendo θ_1 e θ_3 constantes

$$\left(\frac{\partial g_i}{\partial \theta_2}\right)_{\theta_1,\theta_3} = -\frac{\theta_1 x_{1i}x_{2i}x_{3i}}{\left(1+\theta_2 x_{2i}+\theta_3 x_{1i}\right)^2} = z_{i2} \tag{8.31}$$

- Derivada parcial de g_i com relação a θ_3, mantendo θ_1 e θ_2 constantes

$$\left(\frac{\partial g_i}{\partial \theta_3}\right)_{\theta_1,\theta_2} = -\frac{\theta_1 x_{1i}^2 x_{3i}}{1+\theta_2 x_{2i}+\theta_3 x_{1i})^2} = z_{i3} \tag{8.32}$$

Roteiro de cálculo – Tabela 7.4 do Tópico 7.4.1

1. Entrada de dados: $m = 9, y_i, x_{1i}, x_{2i}$ e x_{3i} para $i = 1, 2, ..., 9$
2. Informações do procedimento iterativo: tol = $1\text{x}10^{-5}$ e itemax = 50
3. Média dos valores de y: $\bar{y} = \frac{\sum_{i=1}^{m} y_i}{m} = 2{,}955222222$
4. Estimativa inicial dos parâmetros: $\theta_1^{(1)} = 3$, $\theta_2^{(1)} = 0$ e $\theta_3^{(1)} = 2$
5. Inicialização do contador de iteração: $k = 1$
6. Método de Gauss-Newton

   Faça

   - Para $i = 1, 2, ..., m$, calcular as funções:

$$g_i^{k)} = \frac{\theta_1^{(k)} x_{1i}x_{3i}}{1+\theta_2^{(k)} x_{2i}+\theta_3^{(k)} x_{1i}}, \quad h_i^{(k)} = y_i - g_i^{(k)}\Big|_{\theta_1,\theta_2,\theta_3}$$

$$z_{i1}^{k)} = \frac{x_{1i}x_{3i}}{1+\theta_2^{(k)} x_{2i}+\theta_3^{(k)} x_{1i}}, \quad z_{i2}^{(k)} = -\frac{\theta_1^{(k)} x_{1i}x_{2i}x_{3i}}{\left(1+\theta_2^{(k)} x_{2i}+\theta_3^{(k)} x_{1i}\right)^2}$$

$$z_{i3}^{(k} = -\frac{\theta_1^{\ k} x_{1i}^2 x_{3i}}{\left(1+\theta_2^{\ k} x_{2i} + \theta_3^{\ k} x_{1i}\right)^2}$$

▶ Os valores obtidos são apresentados abaixo:

i	y_i	x_{1i}	x_{2i}	x_{3i}	g_i	z_{i1}	z_{i2}	z_{i2}
1	1,04	1	1	1	1	0,33333333	-0,333333	-0,333333
2	3,13	1	1	3	3	1	-1	-1
3	5,21	1	1	5	5	1,66666667	-1,666667	-1,666667
4	3,82	3	1	3	3,85714286	1,28571429	-0,551020	-1,653061
5	4,19	5	1	3	4,09090909	1,36363636	-0,371901	-1,859504
6	2,391	0,5	1	3	2,25	0,75	-1,125	-0,5625
7	3,867	0,5	0,5	5	3,75	1,25	-0,9375	-0,9375
8	2,199	0,5	3	3	2,25	0,75	-3,375	-0,5625
9	0,75	0,5	5	1	0,75	0,25	-1,875	-0,1875

▶ Valores calculados dos produtos entre as derivadas

i	$z_{i1}^{\ 2}$	$z_{i2}^{\ 2}$	$z_{i3}^{\ 2}$	$z_{i1}z_{i2}$	$z_{i1}z_{i3}$	$z_{i2}z_{i3}$
1	0,11111111	0,11111111	0,11111111	-0,1111111	-0,1111111	0,11111111
2	1	1,00000000	1,00000000	-1,0000000	-1,0000000	1,00000000
3	2,77777778	2,77777778	2,77777778	-2,7777778	-2,7777778	2,77777778
4	1,65306122	0,30362349	2,73261141	-0,7084548	-2,1253644	0,91087047
5	1,85950413	0,13831022	3,45775562	-0,5071375	-2,5356875	0,69155112
6	0,5625	1,26562500	0,31640625	-0,8437500	-0,4218750	0,63281250
7	1,5625	0,87890625	0,87890625	-1,1718750	-1,1718750	0,87890625
8	0,5625	11,39062500	0,31640625	-2,5312500	-0,4218750	1,89843750
9	0,0625	3,51562500	0,03515625	-0,4687500	-0,0468750	0,3515625

▶ Valores calculados de h_i e dos produtos $h_i z_{i1}$, $h_i z_{i2}$ e $h_i z_{i3}$

i	h_i	$h_i z_{i1}$	$h_i z_{i2}$	$h_i z_{i3}$
1	0,04000000	0,01333333	-0,01333333	-0,01333333
2	0,13000000	0,13000000	-0,13000000	-0,13000000

i	h_i	h_iz_{i1}	h_iz_{i2}	h_iz_{i3}
3	0,21000000	0,35000000	-0,35000000	-0,35000000
4	-0,03714286	-0,04775510	0,02046647	0,06139942
5	0,09909091	0,13512397	-0,03685199	-0,18425995
6	0,14100000	0,10575000	-0,15862500	-0,07931250
7	0,11700000	0,14625000	-0,10968750	-0,10968750
8	-0,05100000	-0,03825000	0,17212500	0,02868750
9	0,00000000	0,00000000	0,00000000	0,00000000

▶ Cálculos dos somatórios Z^TZ: $\mathbf{Z}^T\mathbf{Z} = \begin{bmatrix} \sum_{i=1}^{m} z_{i1}^2 & \sum_{i=1}^{m} z_{i1}z_{i2} & \sum_{i=1}^{m} z_{i1}z_{i3} \\ \sum_{i=1}^{m} z_{i2}z_{i1} & \sum_{i=1}^{m} z_{i2}^2 & \sum_{i=1}^{m} z_{i2}z_{i3} \\ \sum_{i=1}^{m} z_{i3}z_{i1} & \sum_{i=1}^{m} z_{i3}z_{i2} & \sum_{i=1}^{m} z_{i3}^2 \end{bmatrix}$

$$\sum_{i=1}^{m} z_{i1}^2 = 10{,}15145425,\ \sum_{i=1}^{m} z_{i2}^2 = 21{,}38160385,\ \sum_{i=1}^{m} z_{i3}^2 = 11{,}62613092$$

$$\sum_{i=1}^{m} z_{i1}z_{i2} = -10{,}12010619,\ \sum_{i=1}^{m} z_{i1}z_{i3} = -10{,}61244077 \text{ e } \sum_{i=1}^{m} z_{i2}z_{i3} = 9{,}253029233$$

Portanto,

$$\mathbf{Z}^T\mathbf{Z} = \begin{bmatrix} 10{,}15145425 & -10{,}12010619 & -10{,}61244077 \\ -10{,}12010619 & 21{,}38160385 & 9{,}253029233 \\ -10{,}61244077 & 9{,}253029233 & 11{,}62613092 \end{bmatrix}$$

▶ Calcular a matriz inversa $\mathbf{B} = [\mathbf{Z}^T\mathbf{Z}]^{-1}$: O procedimento empregado nos capítulos anteriores para a inversão matricial fornece:

$$\mathbf{B} = \mathbf{Z}^T\mathbf{Z}^{-1} = \begin{bmatrix} 3{,}781601699 & 0{,}451574798 & 3{,}092481024 \\ 0{,}451574798 & 0{,}125264685 & 0{,}312505771 \\ 3{,}092481024 & 0{,}312505771 & 2{,}660140927 \end{bmatrix}$$

▶ Efetuar a multiplicação $\mathbf{Z}^T\mathbf{h}$: $\boldsymbol{\beta} = \mathbf{Z}^T\mathbf{h} = \begin{bmatrix} \sum_{i=1}^{m} h_i z_{i1} \\ \sum_{i=1}^{m} h_i z_{i2} \\ \sum_{i=1}^{m} h_i z_{i3} \end{bmatrix}$

$$\sum_{i=1}^{m} h_i z_{i1} = 0{,}794452198,\ \sum_{i=1}^{m} h_i z_{i2} = -0{,}605906352 \text{ e } \sum_{i=1}^{m} h_i z_{i3} = -0{,}776506371$$

Portanto,

$$\boldsymbol{\beta} = \mathbf{Z}^T\mathbf{h} = \begin{bmatrix} 0{,}794452198 \\ -0{,}605906352 \\ -0{,}776506371 \end{bmatrix}$$

▶ Efetuar a multiplicação $\Delta\theta = \mathbf{B}\boldsymbol{\beta} = \begin{bmatrix} \Delta\theta_1 \\ \Delta\theta_2 \\ \Delta\theta_3 \end{bmatrix}$

$$\begin{bmatrix} \Delta\theta_1 \\ \Delta\theta_2 \\ \Delta\theta_3 \end{bmatrix} = \begin{bmatrix} 3{,}781601699 & 0{,}451574798 & 3{,}092481024 \\ 0{,}451574798 & 0{,}125264685 & 0{,}312505771 \\ 3{,}092481024 & 0{,}312505771 & 2{,}660140927 \end{bmatrix} \begin{bmatrix} 0{,}794452198 \\ -0{,}605906352 \\ -0{,}776506371 \end{bmatrix}$$
$$= \begin{bmatrix} 0{,}329358525 \\ 0{,}0401932 \\ 0{,}201862738 \end{bmatrix}$$

▶ Valor máximo: max_valor = máximo($|\Delta\theta_1|$, $|\Delta\theta_2|$, $|\Delta\theta_3|$) = 0,329358525

▶ Verificação da convergência

L1 = (k > itemax)? ⟶ L1 = (1 > 50)? ⟶ L1 = Falso

L2 = (max_valor < Tol)? ⟶ L2 = (0,329358525 < $1x10^{-5}$)? ⟶ L2 = Falso

L1 OU L2 ⟶ (Falso OU Falso) ⟶ Falso (continuar os cálculos)

▶ Atualizações dos coeficientes

$\theta_1 \leftarrow \theta_1 + \Delta\theta_1 \rightarrow \theta_1 = 3{,}329358525$

$\theta_2 \leftarrow \theta_2 + \Delta\theta_2 \rightarrow \theta_2 = 0{,}0401932$

$\theta_3 \leftarrow \theta_3 + \Delta\theta_3 \rightarrow \theta_3 = 2{,}201862738$

▶ Atualização do contador de iterações: $k \leftarrow k + 1 \rightarrow k = 2$

Retorne para o faça no início da etapa 6 e repita o procedimento até que uma das condições de convergência seja verdadeira. O procedimento converge com quatro iterações. Os resultados finais são apresentados na forma tabular a seguir.

▶ Valores dos parâmetros em cada iteração:

k	$\theta_1^{(k)}$	$\theta_2^{(k)}$	$\theta_3^{(k)}$	$\Delta\theta_1^{(k)}$	$\Delta\theta_2^{(k)}$	$\Delta\theta_3^{(k)}$
1	3	0	2	0,329358525	0,0401932	0,201862738
2	3,329358525	0,0401932	2,201862738	0,018635921	0,002674487	0,009319325
3	3,347994446	0,042867687	2,211182063	-0,00012005	-2,66062E-5	-0,00010727
4	3,347874396	0,042841081	2,211074795	-9,12423E-9	1,56259E-6	2,28259E-07

▶ Valores da matriz $\mathbf{Z}^T\mathbf{Z}$ e do vetor $\boldsymbol{\beta}$

k	$\mathbf{Z}^T\mathbf{Z}$			$\boldsymbol{\beta}$
1	10,15145425	-10,12010619	-10,61244077	0,794452198
	-10,12010619	21,38160385	9,253029233	-0,605906352
	-10,61244077	9,253029233	11,62613092	-0,776506371
2	8,648328931	-8,695653692	-9,218278169	0,052005028
	-8,695653692	17,61882706	8,123275464	-0,039226744
	-9,218278169	8,123275464	10,26714015	-0,054382689
3	8,583134964	-8,634045111	-9,164318659	0,000182347
	-8,634045111	17,44587512	8,079564094	-0,000294326
	-9,164318659	8,079564094	10,22358253	-0,000211448
4	8,583859478	-8,634928107	-9,165165407	-9,12423E-09
	-8,634928107	17,44850901	8,080449223	1,56259E-06
	-9,165165407	8,080449223	10,22462027	2,28259E-07

▶ Valores da matriz inversa **B = (Z^{T}Z)$^{-1}$** e do vetor **Δθ**

k	**B = (Z^{T}Z)$^{-1}$**			**Δθ**
	3,781601699	0,451574798	3,092481024	0,329358525
1	0,451574798	0,125264685	0,312505771	0,0401932
	3,092481024	0,312505771	2,660140927	0,201862738
	5,100037321	0,638989838	4,073468524	0,018635921
2	0,638989838	0,169411265	0,439675668	0,002674487
	4,073468524	0,439675668	3,406864901	0,009319325
	5,17477173	0,651064548	4,124086568	-0,00012005
3	0,651064548	0,172323951	0,447422473	-2,66062E-05
	4,124086568	0,447422473	3,44101149	-0,000107268
	5,173941954	0,650922096	4,123408962	1,91112E-06
4	0,650922096	0,172285852	0,44731848	3,65377E-07
	4,123408962	0,44731848	3,440439838	1,44666E-06

7. Valores utilizados na qualidade do ajuste

▶ Modelo proposto: $g_i = \dfrac{\theta_1 x_{1i} x_{3i}}{1 + \theta_2 x_{2i} + \theta_3 x_{1i}}$

▶ Valores quadráticos residuais e corrigidos: $S_{Ri} = y_i - g_i)^2$ e $S_{TCi} = \left(y_i - \bar{y}\right)^2$

▶ Valores quadráticos e do modelo: $S_{Ti} = y_i^2$ e $S_{\text{Re}i} = g_i^2$

i	g_i	S_{Ri}	S_{Ti}	S_{Rei}	S_{TCi}
1	1,028875522	0,000123754	1,0816	1,05858484	3,66807616
2	3,086626566	0,001881255	9,7969	9,527263559	0,030547272
3	5,14437761	0,004306298	27,1441	26,464621	5,084022827
4	3,925301275	0,011088359	14,5924	15,4079901	0,747840605
5	4,150869835	0,00153117	17,5561	17,22972039	1,52467616
6	2,337489248	0,002863401	5,716881	5,463855983	0,318346716
7	3,935050073	0,004630812	14,953689	15,48461908	0,831338716
8	2,247840324	0,002385377	4,835601	5,05278612	0,571872049
9	0,721604652	0,000806296	0,5625	0,520713274	4,863005019

- Soma quadrática dos resíduos: $S_R = \sum_{i=1}^{m} (y_i - g_i)^2 = 0{,}029616721$
- Cálculo da soma quadrática total: $S_T = \sum_{i=1}^{m} y_i^2 = 96{,}239771$
- Soma quadrática total corrigida: $S_{TC} = \sum_{i=1}^{m} (y_i - \bar{y})^2 = 17{,}63972556$
- Cálculo da soma quadrática do modelo: $S_{Re} = \sum_{i=1}^{m} g_i^2 = 96{,}21015434$
- Graus de liberdade dos resíduos: $G_L^R = m - 3 = 6$
- Graus de liberdade da regressão: $G_L^{Re} = 3$
- Graus de liberdade total: $G_L^T = m = 9$
- Graus de liberdade total corrigido: $G_L^{TC} = m - 1 = 8$
- Proporção da variância explicada: $R^2 = 1 - S_R/S_T = 0{,}999692261$
- Proporção da variância explicada corrigida: $R_C^2 = 1 - S_R/S_{TC} = 0{,}998321021$
- Média quadrática residual: $M_R = S_R/G_L^R = 0{,}00493612$
- Média quadrática total corrigida: $M_{TC} = S_{TC}/G_L^{TC} = 2{,}204965694$
- Média quadrática devido à regressão: $M_{Re} = S_{Re}/G_L^{Re} = 32{,}07005145$
- Variância populacional: $s^2 = M_R = 0{,}00493612$
- Erro padrão da estimativa: $s = \sqrt{M_R} = 0{,}070257528$
- Matriz de covariância $\mathbf{V} = \mathbf{B}s^2 = \begin{bmatrix} B_{11} & B_{12} & B_{13} \\ B_{21} & B_{22} & B_{23} \\ B_{31} & B_{32} & B_{33} \end{bmatrix} s^2$: A iteração quatro (k = 4) dos resultados da regressão não linear fornece a matriz B final:

$$\mathbf{V} = \begin{bmatrix} 5{,}173941954 & 0{,}650922096 & 4{,}123408962 \\ 0{,}650922096 & 0{,}172285852 & 0{,}44731848 \\ 4{,}123408962 & 0{,}44731848 & 3{,}440439838 \end{bmatrix} \times 0{,}00493612$$

$$= \begin{bmatrix} 0{,}025539199 & 0{,}00321303 & 0{,}020353642 \\ 0{,}00321303 & 0{,}000850424 & 0{,}002208018 \\ 0{,}020353642 & 0{,}002208018 & 0{,}016982425 \end{bmatrix}$$

Portanto,

- Variância do coeficiente θ_1: Var(θ_1) = 0,025539199
- Variância do coeficiente θ_2: Var(θ_2) = 0,000850424
- Variância do coeficiente θ_3: Var(θ_3) = 0,016982425
- Covariância entre θ_1 e θ_2: Cov(θ_1, θ_2) = 0,00321303
- Covariância entre θ_1 e θ_3: Cov(θ_1, θ_3) = 0,020353642
- Covariância entre θ_2 e θ_3: Cov(θ_2, θ_3) = 0,002208018

▶ Erro padrão do coeficiente θ_1: $E_{\theta 1} = \sqrt{\text{Var}(\theta_1)} = 0{,}159809885$

▶ Erro padrão do coeficiente θ_2: $E_{\theta 2} = \sqrt{\text{Var}(\theta_2)} = 0{,}029162024$

▶ Erro padrão do coeficiente θ_3: $E_{\theta 3} = \sqrt{\text{Var}(\theta_3)} = 0{,}130316632$

▶ Inferência sobre os coeficientes do modelo:

- Especificação do nível de confiança: NC = 95 %
- Cálculo do nível de significância: $\alpha = 1 - NC/100 = 0{,}05$
- Cálculo da probabilidade acumulada: $\phi = 1 - \alpha/2 = 0{,}975$
- Cálculo do valor crítico da distribuição t de Student:

  t = INVT(α; G_L^R) ⟶ t = INVT(0,05; 6) ⟶ t = 2,446911846
- Cálculo da estatística do coeficiente θ_1: $t_{Estat}|_{\theta 1} = \theta_1/E_{\theta 1}$= 20,94910708
- Cálculo da estatística do coeficiente θ_2: $t_{Estat}|_{\theta 2} = \theta_2/E_{\theta 2}$= 1,469070884
- Cálculo da estatística do coeficiente θ_3: $t_{Estat}|_{\theta 3} = \theta_3/E_{\theta 3}$= 16,96694245
- Teste de hipótese para o coeficiente θ_1:

  ($t_{Estat}|_{\theta 1} > t$)? ⟶ (20,94910708 > 2,446911846)? Sim; portanto, o coeficiente θ_1 é estatisticamente significativo.
- Teste de hipótese para o coeficiente θ_2:

  ($t_{Estat}|_{\theta 2} > t$)? ⟶ (1,469070884 > 2,446911846)? Não; portanto, o coeficiente θ_2 deve ser descartado.

- Teste de hipótese para o coeficiente θ_3:

  $(t_{Estat}|_{\theta 3} > t)$? ⟶ (16,96694245 > 2,446911846)? Sim; portanto, o coeficiente θ_3 é estatisticamente significativo.

- Cálculo da distribuição t de Student para o coeficiente θ_1:

  valor-p$|_{\theta 1}$ = DISTT($t_{Estat}|_{\theta 1}$; G_L^R; 2) ⟶ valor-p$|_{\theta 1}$ = 7,70598E-07

- Cálculo da distribuição t de Student para o coeficiente θ_2:

  valor-p$|_{\theta 2}$ = DISTT($t_{Estat}|_{\theta 2}$; G_L^R; 2) ⟶ valor-p$|_{\theta 2}$ = 0,192201778

- Cálculo da distribuição t de Student para o coeficiente θ_3:

  valor-p$|_{\theta 3}$ = DISTT($t_{Estat}|_{\theta 3}$; G_L^R; 2) ⟶ valor-p$|_{\theta 3}$ = 2,68015E-06

- Teste de hipótese sobre o coeficiente θ_1:

  (valor-p$|_{\theta 1}$ < α)? ⟶ (7,70598E-07 < 0,05)? Sim; portanto, o coeficiente θ_1 é estatisticamente significativo.

- Teste de hipótese sobre o coeficiente θ_2:

  (valor-p$|_{\theta 2}$ < α)? ⟶ (0,192201778 < 0,05)? Não; portanto, o coeficiente θ_2 deve ser descartado.

- Teste de hipótese sobre o coeficiente θ_3:

  (valor-p$|_{\theta 3}$ < α)? ⟶ (2,68015E-06 < 0,05)? Sim; portanto, o coeficiente θ_3 é estatisticamente significativo.

▶ Inferência sobre o modelo:

TESTE ESTATÍSTICO 1

- Cálculo do valor crítico da distribuição F:

  F = INVF(α; G_L^{Re}; G_L^R) ⟶ F = INVF(0,05; 3; 6) ⟶ F = 4,757062664

- Cálculo da estatística de teste de hipótese: $F_{Estat} = M_{Re}/M_R$ = 6497,015908

- Teste de hipótese:

  $(F_{Estat} > F)$? ⟶ (6497,015908 > 4,757062664)? Sim; portanto, o modelo proposto é estatisticamente significativo.

- Cálculo da distribuição F:

  $F_{significância}$ = DISTF(F_{Estat}; G_L^{Re}; G_L^R) ⟶ $F_{significância}$ = 6,37449E-11

- Teste de hipótese:

  $(F_{significância} < \alpha)? \longrightarrow (6{,}37449E\text{-}11 < 0{,}05)?$ Sim; portanto, o modelo proposto é estatisticamente significativo.

TESTE ESTATÍSTICO 2

- Cálculo do valor crítico da distribuição F corrigido

  $F|_{TC} = \mathrm{INVF}(\alpha; G_L^{Re}; G_L^{TC}) \longrightarrow F = \mathrm{INVF}(0{,}05; 3; 8) \longrightarrow F = 4{,}066180557$

- Cálculo da estatística de teste de hipótese: $F_{Estat}|_{TC} = M_{Re}/M_{TC} = 14{,}5444673$

- Cálculo da distribuição $F|_{TC}$:

  $F_{sig}|_{TC} = \mathrm{DISTF}(F_{Estat}|_{TC}; G_L^{Re}; G_L^{TC}) \longrightarrow F_{sig}|_{TC} = 0{,}001327264$

- Teste de hipótese:

  $(F_{Estat}|_{TC} > F/_{TC})? \longrightarrow (14{,}5444673 > 4{,}066180557)?$ Sim; portanto, o modelo proposto é estatisticamente significativo.

- Teste de hipótese:

  $(F_{sig}|_{TC} < \alpha)? \longrightarrow (0{,}001327264 < 0{,}05)?$ Sim; portanto, o modelo proposto é estatisticamente significativo.

▶ Intervalos de confiança para o coeficiente θ_1:

Intervalo: $\Delta_{\theta 1} = tE_{\theta 1} = 0{,}391040701$

Inferior: $\theta_1 - \Delta_{\theta 1} = 2{,}956833695$

Central: $\theta_1 = 3{,}347874396$

Superior: $\theta_1 + \Delta_{\theta 1} = 3{,}738915097$

▶ Intervalos de confiança para o coeficiente θ_2:

Intervalo: $\Delta_{\theta 2} = tE_{\theta 2} = 0{,}071356903$

Inferior: $\theta_2 - \Delta_{\theta 2} = -0{,}028515822$

Central: $\theta_2 = 0{,}042841081$

Superior: $\theta_2 + \Delta_{\theta 2} = 0{,}114197984$

▶ Intervalos de confiança para o coeficiente θ_3:

Intervalo: $\Delta_{\theta 3} = tE_{\theta 3} = 0{,}318873311$

Inferior: $\theta_3 - \Delta_{\theta 3} = 1{,}892201485$

Central: $\theta_3 = 2{,}211074795$

Superior: $\theta_3 + \Delta_{\theta 3} = 2{,}529948106$

Exemplo 13 – Segunda Forma da Lei de Velocidade

O segundo modelo é dado por:

$$-r_A) = \frac{KP_E P_H}{1 + K_E P_E} \tag{8.33}$$

Fazendo $(-r_A) = g_i$, $P_E = x_{1i}$, $P_H = x_{2i}$, $K = \theta_1$ e $K_E = \theta_2$, a Equação (8.28) pode ser escrita como:

$$g_i = \frac{\theta_1 x_{1i} x_{2i}}{1 + \theta_2 x_{1i}} \tag{8.34}$$

As derivadas parciais da função com relação aos parâmetros são:

- Derivada parcial de g_i com relação a θ_1, mantendo θ_2 constantes

$$\left(\frac{\partial g_i}{\partial \theta_1}\right)_{\theta_2} = \frac{x_{1i} x_{2i}}{1 + \theta_2 x_{1i}} = z_{i1} \tag{8.35}$$

- Derivada parcial de g_i com relação a θ_2, mantendo θ_1 constantes

$$\left(\frac{\partial g_i}{\partial \theta_2}\right)_{\theta_1} = -\frac{\theta_1 x_{1i}^2 x_{2i}}{\left(1 + \theta_2 x_{1i}\right)^2} = z_{i2} \tag{8.36}$$

Roteiro de cálculo - Tabela 7.3 - Tópico 7.3.1:

1. Entrada de dados: $m = 9$, $y_i = (-r_A)_i$, $x_{1i} = P_{Ei}$ e $x_{2i} = P_{Hi}$ para $i = 1, 2, ..., 9$
2. Cálculo da média de y: $\bar{y} = 2{,}955222222$
3. Informações do procedimento iterativo: tol = 1×10^{-5} e itemax = 50
4. Estimativa inicial dos parâmetros: $\theta_1^{(1)} = 3$ e $\theta_2^{(1)} = 2$
5. Inicialização do contador de iteração: $k = 1$
6. Método de Gauss-Newton

Faça

▶ Para i = 1, 2, ..., 9, calcular as funções:

$$g_i^{(k)} = \frac{\theta_1^{(k)} x_{1i} x_{2i}}{1+\theta_2^{(k)} x_{1i}}, \quad h_i^{(k)} = y_i - g_i^{(k)}\Big|_{\theta_1,\theta_2}$$

$$z_{i1}^{(k)} = \frac{x_{1i} x_{2i}}{1+\theta_2^{(k)} x_{1i}}, \quad z_{i2}^{(k)} = -\frac{\theta_1^{(k)} x_{1i}^2 x_{2i}}{\left(1+\theta_2^{(k)} x_{1i}\right)^2}$$

▶ Os valores obtidos são apresentados abaixo:

i	y_i	x_{1i}	x_{2i}	g_i	z_{i1}	z_{i2}
1	1,04	1	1	1	0,333333333	-0,33333333
2	3,13	1	3	3	1	-1
3	5,21	1	5	5	1,666666667	-1,66666667
4	3,82	3	3	3,857142857	1,285714286	-1,65306122
5	4,19	5	3	4,090909091	1,363636364	-1,85950413
6	2,391	0,5	3	2,25	0,75	-0,5625
7	3,867	0,5	5	3,75	1,25	-0,9375
8	2,199	0,5	3	2,25	0,75	-0,5625
9	0,75	0,5	1	0,75	0,25	-0,1875

▶ Outros valores calculados

i	z_{i1}^2	z_{i2}^2	$z_{i1}z_{i2}$	h	hz_{i1}	hz_{i2}
1	0,11111111	0,11111111	-0,1111111	0,04000000	0,01333333	-0,0133333
2	1	1	-1,0000000	0,13000000	0,13000000	-0,1300000
3	2,77777778	2,77777778	-2,7777778	0,21000000	0,35000000	-0,3500000
4	1,65306122	2,73261141	-2,1253644	-0,0371429	-0,0477551	0,06139942
5	1,85950413	2	-2,5356875	0,09909091	0,13512397	-0,184260
6	0,5625	0,31640625	-0,4218750	0,14100000	0,10575000	-0,0793125
7	1,5625	0,87890625	-1,1718750	0,11700000	0,14625000	-0,1096875
8	0,5625	0,31640625	-0,4218750	-0,0510000	-0,0382500	0,02868750
9	0,0625	0,03515625	-0,0468750	0,00000000	0,00000000	0,00000000

▶ Cálculos dos somatórios Z^TZ: $$\mathbf{Z}^T\mathbf{Z} = \begin{bmatrix} \sum_{i=1}^{m} z_{i1}^2 & \sum_{i=1}^{m} z_{i1}z_{i2} \\ \sum_{i=1}^{m} z_{i2}z_{i1} & \sum_{i=1}^{m} z_{i2}^2 \end{bmatrix}$$

$$\sum_{i=1}^{m} z_{i1}^2 = 10{,}15145425,\ \sum_{i=1}^{m} z_{i2}^2 = 11{,}62613092 \text{ e } \sum_{i=1}^{m} z_{i1}z_{i2} = -10{,}61244077$$

Portanto,

$$\mathbf{Z}^T\mathbf{Z} = \begin{bmatrix} 10{,}15145425 & -10{,}61244077 \\ -10{,}61244077 & 11{,}62613092 \end{bmatrix}$$

▶ Calcular a matriz inversa $\mathbf{B} = [\mathbf{Z}^T\mathbf{Z}]^{-1}$: O procedimento empregado nos capítulos anteriores para a inversão matricial fornece:

$$\mathbf{B} = \left(\mathbf{Z}^T\mathbf{Z}\right)^{-1} = \begin{bmatrix} 2{,}153690385 & 1{,}965908678 \\ 1{,}965908678 & 1{,}88051292 \end{bmatrix}$$

▶ Efetuar a multiplicação $\mathbf{Z}^T\mathbf{h}$: $$\boldsymbol{\beta} = \mathbf{Z}^T\mathbf{h} = \begin{bmatrix} \sum_{i=1}^{m} h_i z_{i1} \\ \sum_{i=1}^{m} h_i z_{i2} \end{bmatrix}$$

$$\sum_{i=1}^{m} h_i z_{i1} = 0{,}79445220 \text{ e } \sum_{i=1}^{m} h_i z_{i2} = -0{,}77650637$$

Portanto,

$$\boldsymbol{\beta} = \mathbf{Z}^T\mathbf{h} = \begin{bmatrix} 0{,}79445220 \\ -0{,}77650637 \end{bmatrix}$$

- Efetuar a multiplicação $\Delta\theta = \mathbf{B\beta} = \begin{bmatrix} \Delta\theta_1 \\ \Delta\theta_2 \end{bmatrix}$

$$\begin{bmatrix} \Delta\theta_1 \\ \Delta\theta_2 \end{bmatrix} = \begin{bmatrix} 2{,}153690385 & 1{,}965908678 \\ 1{,}965908678 & 1{,}88051292 \end{bmatrix} \begin{bmatrix} 0{,}79445220 \\ -0{,}77650637 \end{bmatrix} = \begin{bmatrix} 0{,}184463447 \\ 0{,}101590206 \end{bmatrix}$$

- Calcular o valor máximo: max_valor = máximo($|\Delta\theta_1|$, $|\Delta\theta_2|$) = 0,184463447
- Verificação da convergência

L1 = (k > itemax)? ⟶ L1 = (1 > 50)? ⟶ L1 = Falso

L2 = (max_valor < Tol)? ⟶ L2 = (0,184463447 < $1\text{x}10^{-5}$)? ⟶ L2 = Falso

L1 OU L2 ⟶ (Falso OU Falso) ⟶ Falso (continuar os cálculos)

- Atualizações os coeficientes

$\theta_1 \leftarrow \theta_1 + \Delta\theta_1 \longrightarrow \theta_1 = 3{,}184463447$

$\theta_2 \leftarrow \theta_2 + \Delta\theta_2 \longrightarrow \theta_2 = 2{,}101590206$

- Atualização do contador de iterações: $k \leftarrow k + 1 \longrightarrow k = 2$

Retorne para o faça no início da etapa 6 e repita o procedimento até que uma das condições de convergência seja verdadeira. O procedimento converge com três iterações. Os resultados finais são mostrados nas tabelas seguintes.

- Valores dos parâmetros em cada iteração:

k	$\theta_1^{(k)}$	$\theta_2^{(k)}$	$\Delta\theta_1^{(k)}$	$\Delta\theta_2^{(k)}$	max_valor	L1 ou L2
1	3	2	0,184463447	0,101590206	0,184463447	Falso
2	3,184463447	2,101590206	0,002315501	-0,00025986	0,002315501	Falso
3	3,186778949	2,101330351	3,45261E-06	3,44656E-06	3,45261E-06	Verdadeiro

- Os valores das matrizes em cada iteração são dados por:

k	Z^TZ		$B = (Z^TZ)^{-1}$		β	$\Delta\theta$
1	10,151454	-10,612441	2,15369039	1,96590868	0,79445220	0,18446345
	-10,612441	11,626131	1,96590868	1,88051292	-0,77650637	0,10159021
2	9,470740	-10,102128	2,45099657	2,19881899	0,02455460	0,00231550
	-10,102128	11,260718	2,19881899	2,06139169	-0,02631765	-0,00025986

k	Z^TZ		$B = (Z^TZ)^{-1}$		β	Δθ
3	9,472389	-10,112232	2,45019920	2,19627456	-0,00000215	0,00000345
	-10,112232	11,281369	2,19627456	2,05730694	0,00000397	0,00000345

7. Valores utilizados na qualidade do ajuste

- Modelo proposto: $g_i = \dfrac{\theta_1 x_{1i} x_{2i}}{1+\theta_2 x_{1i}}$
- Valores quadráticos residuais: $S_{Ri} = \; y_i - g_i)^2$
- Valores quadráticos experimentais: $S_{Ti} = y_i^2$
- Valores quadráticos totais corrigidos: $S_{TCi} = \; y_i - \bar{y})^2$
- Valores quadráticos do modelo: $S_{\text{Re}i} = g_i^2$

i	g_i	S_{Ri}	S_{Ti}	S_{TCi}	S_{Rei}
1	1,02755224	0,000154947	1,0816	3,66807616	1,055863606
2	3,08265672	0,002241386	9,7969	0,030547272	9,502772451
3	5,137761199	0,005218444	27,1441	5,084022827	26,39659014
4	3,926758717	0,011397424	14,5924	0,747840605	15,41943403
5	4,154265311	0,001276968	17,5561	1,52467616	17,25792028
6	2,331033111	0,003596028	5,716881	0,318346716	5,433715363
7	3,885055185	0,00032599	14,953689	0,831338716	15,09365379
8	2,331033111	0,017432742	4,835601	0,571872049	5,433715363
9	0,777011037	0,000729596	0,5625	4,863005049	0,603746151

- Soma quadrática dos resíduos: $S_R = \sum_{i=1}^{m} \; y_i - g_i)^2 = 0{,}042373525$
- Cálculo da soma quadrática total: $S_T = \sum_{i=1}^{m} y_i^2 = 96{,}239771$
- Soma quadrática dos resíduos: $S_{TCi} = \sum_{i=1}^{m} \; y_i - \bar{y})^2 = 17{,}63972556$
- Cálculo da soma quadrática do modelo: $S_{\text{Re}} = \sum_{i=1}^{m} g_i^2 = 96{,}19741117$

- Graus de liberdade dos resíduos: $G_L^R = m - 2 = 7$
- Graus de liberdade da regressão: $G_L^{Re} = 2$
- Graus de liberdade total: $G_L^T = m = 9$
- Graus de liberdade total corrigido: $G_L^{TC} = m - 1 = 8$
- Proporção da variância explicada: $R^2 = 1 - S_R/S_T = 0{,}999559709$
- Proporção da variância explicada corrigida: $R_C^2 = 1 - S_R/S_{TC} = 0{,}997597835$
- Média quadrática residual: $M_R = S_R/G_L^R = 0{,}006053361$
- Média quadrática devido à regressão: $M_{Re} = S_{Re}/G_L^{Re} = 48{,}09870558$
- Média quadrática total corrigida: $M_{TC} = S_{TC}/G_L^{TC} = 2{,}204965694$
- Variância populacional: $s^2 = M_R = 0{,}006053361$
- Erro padrão da estimativa: $s = \sqrt{M_R} = 0{,}077803346$
- Matriz de covariância $\mathbf{V} = \mathbf{B}s^2 = \begin{bmatrix} B_{11} & B_{12} \\ B_{21} & B_{22} \end{bmatrix} s^2$: A iteração 3 dos resultados da regressão não linear fornece a matriz B final:

$$\mathbf{V} = \begin{bmatrix} 2{,}45019920 & 2{,}19627456 \\ 2{,}19627456 & 2{,}05730694 \end{bmatrix} \times 0{,}006053361$$
$$= \begin{bmatrix} 0{,}01483194 & 0{,}013294842 \\ 0{,}013294842 & 0{,}012453621 \end{bmatrix}$$

Portanto,

- Variância do coeficiente θ_1: $\text{Var}(\theta_1) = 0{,}01483194$
- Variância do coeficiente θ_2: $\text{Var}(\theta_2) = 0{,}012453621$
- Covariância entre θ_1 e θ_2: $\text{Cov}(\theta_1, \theta_2) = 0{,}013294842$

- Erro padrão do coeficiente θ_1: $E_{\theta 1} = \sqrt{\text{Var}(\theta_1)} = 0{,}121786451$
- Erro padrão do coeficiente θ_2: $E_{\theta 2} = \sqrt{\text{Var}(\theta_2)} = 0{,}111595793$

▶ Inferência sobre os coeficientes do modelo:

- Especificação do nível de confiança: NC = 95 %
- Cálculo do nível de significância: $\alpha = 1 - NC/100 = 0{,}05$
- Cálculo da probabilidade acumulada: $\phi = 1 - \alpha/2 = 0{,}975$
- Cálculo do valor crítico da distribuição t de Student:

  t = INVT(α; G_L^R) ⟶ t = INVT(0,05; 7) ⟶ t = 2,364624251

- Cálculo da estatística do coeficiente θ_1: $t_{Estat}|_{\theta 1} = \theta_1/E_{\theta 1}$= 26,16694165
- Cálculo da estatística do coeficiente θ_2: $t_{Estat}|_{\theta 2} = \theta_2/E_{\theta 2}$= 18,82983485
- Teste de hipótese para o coeficiente θ_1:

  ($t_{Estat}|_{\theta 1} > t$)? ⟶ (26,16694165 > 2,364624251)? Sim; portanto, o coeficiente θ_1 é estatisticamente significativo.

- Teste de hipótese para o coeficiente θ_2:

  ($t_{Estat}|_{\theta 2} > t$)? ⟶ (18,82983485 > 2,364624251)? Sim; portanto, o coeficiente θ_2 é estatisticamente significativo.

- Cálculo da distribuição t de Student para o coeficiente θ_1:

  valor-p$|_{\theta 1}$ = DISTT($t_{Estat}|_{\theta 1}$; G_L^R; 2) ⟶ valor-p$|_{\theta 1}$ = 3,04621E-08

- Cálculo da distribuição t de Student para o coeficiente θ_2:

  valor-p$|_{\theta 2}$ = DISTT($t_{Estat}|_{\theta 2}$; G_L^R; 2) → valor-p$|_{\theta 2}$ = 2,96094E-07

- Teste de hipótese sobre o coeficiente θ_1:

  (valor-p$|_{\theta 1}$ < α)? ⟶ (3,04621E-08 < 0,05)? Sim; portanto, o coeficiente θ_1 é estatisticamente significativo.

- Teste de hipótese sobre o coeficiente θ_2:

  (valor-p$|_{\theta 2}$ < α)? ⟶ (2,96094E-07 < 0,05)? Sim; portanto, o coeficiente θ_2 é estatisticamente significativo.

▶ Inferência sobre o modelo:

TESTE ESTATÍSTICO 1

- Cálculo do valor crítico da distribuição F:

  F = INVF(α; G_L^{Re}; G_L^R) ⟶ F = INVF(0,05; 2; 7) ⟶ F = 4,737414128

- Cálculo da estatística de teste de hipótese: $F_{Estat} = M_{Re}/M_R = 7945{,}785481$
- Teste de hipótese:

  $(F_{Estat} > F)? \longrightarrow (7945{,}785481 > 4{,}737414128)?$ Sim; portanto, o modelo proposto é estatisticamente significativo.
- Cálculo da distribuição F:

  $F_{significância} = \text{DISTF}(F_{Estat}; G_L^{Re}; G_L^{R}) \longrightarrow F_{significância} = 1{,}79098\text{E-}12$
- Teste de hipótese:

  $(F_{significância} < \alpha)? \longrightarrow (1{,}79098\text{E-}12 < 0{,}05)?$ Sim; portanto, o modelo proposto é estatisticamente significativo.

TESTE ESTATÍSTICO 2

- Cálculo do valor crítico da distribuição corrigida $F|_{TC}$:

  $F|_{TC} = \text{INVF}(\alpha; G_L^{Re}; G_L^{TC}) \longrightarrow F|_{TC} = \text{INVF}(0{,}05; 2; 7) \longrightarrow F|_{TC} = 4{,}458970108$
- Cálculo da estatística de teste de hipótese: $F_{Estat}|_{TC} = M_{Re}/M_{TC} = 21{,}8138113$
- Cálculo da distribuição F:

  $F_{sig}|_{TC} = \text{DISTF}(F_{Estat}; G_L^{Re}; G_L^{TC}) \longrightarrow F_{sig}|_{TC} = 0{,}000576543$
- Teste de hipótese:

  $(F_{Estat}|_{TC} > F|_{TC})? \longrightarrow (21{,}8138113 > 4{,}458970108)?$ Sim; portanto, o modelo proposto é estatisticamente significativo.
- Teste de hipótese:

  $(F_{sig}|_{TC} < \alpha)? \longrightarrow (0{,}000576543 < 0{,}05)?$ Sim; portanto, o modelo proposto é estatisticamente significativo.

▶ Intervalos de confiança para o coeficiente θ_1:

Intervalo: $\Delta_{\theta 1} = tE_{\theta 1} = 0{,}287979195$

Inferior: $\theta_1 - \Delta_{\theta 1} = 2{,}898799754$

Central: $\theta_1 = 3{,}186778949$

Superior: $\theta_1 + \Delta_{\theta 1} = 3{,}474758143$

▶ Intervalos de confiança para o coeficiente θ_2:

Intervalo: $\Delta_{\theta 2} = tE_{\theta 2} = 0{,}263882118$

Inferior: $\theta_2 - \Delta_{\theta 2} = 1{,}837448232$

Central: $\theta_2 = 2{,}101330351$

Superior: $\theta_2 + \Delta_{\theta 2} = 2{,}365212469$

EXEMPLO 14 – TERCEIRA FORMA DA LEI DE VELOCIDADE

O terceiro modelo é dado por:

$$-r_A) = \frac{KP_E P_H}{\left(1+K_E P_E\right)^2} \tag{8.37}$$

Fazendo $(-r_A) = g_i$, $P_E = x_{1i}$, $P_H = x_{2i}$, $K = \theta_1$ e $K_E = \theta_2$, a Equação (8.37) pode ser escrita como:

$$g_i = \frac{\theta_1 x_{1i} x_{2i}}{\left(1+\theta_2 x_{1i}\right)^2} \tag{8.38}$$

As derivadas parciais da função com relação aos parâmetros são:

- Derivada parcial de g_i com relação a θ_1, mantendo θ_2 constantes

$$\left(\frac{\partial g_i}{\partial \theta_1}\right)_{\theta_2} = \frac{x_{1i} x_{2i}}{\left.1+\theta_2 x_{1i}\right)^2} = z_{i1} \tag{8.39}$$

- Derivada parcial de g_i com relação a θ_2, mantendo θ_1 constantes

$$\left(\frac{\partial g_i}{\partial \theta_2}\right)_{\theta_1} = -\frac{2\theta_1 x_{1i}^2 x_{2i}}{\left(1+\theta_2 x_{1i}\right)^3} = z_{i2} \tag{8.40}$$

Roteiro de cálculo - Tabela 7.3 do Tópico 7.3.1

1. Entrada de dados: $m = 9$, $y_i = (-r_A)_i$, $x_{1i} = P_{Ei}$ e $x_{2i} = P_{Hi}$ para $i = 1, 2, ..., 9$
2. Cálculo da média de y: $\bar{y} = 2{,}955222222$
3. Informações do procedimento iterativo: tol = $1\text{x}10^{-5}$ e itemax = 50
4. Estimativa inicial dos parâmetros: $\theta_1^{(1)} = 3$ e $\theta_2^{(1)} = 0{,}5$
5. Inicialização do contador de iteração: $k = 1$
6. Método de Gauss-Newton

Faça

▶ Para i = 1, 2, ..., m, calcular as funções:

$$g_i^{(k} = \frac{\theta_1^{\,k}\, x_{1i} x_{2i}}{\left(1+\theta_2^{\,k}\, x_{1i}\right)^2},\quad h_i^{\,k} = y_i - g_i^{\,k}\Big|_{\theta_1,\theta_2}$$

$$z_{i1}^{(k} = \frac{x_{1i} x_{2i}}{\left(1+\theta_2^{\,k}\, x_{1i}\right)^2},\quad z_{i2}^{\,k} = -\frac{2\theta_1^{\,k}\, x_{1i}^2 x_{2i}}{\left(1+\theta_2^{\,k}\, x_{1i}\right)^3}$$

▶ Os valores obtidos são apresentados abaixo:

i	y_i	x_{1i}	x_{2i}	g_i	z_{i1}	z_{i2}
1	1,04	1	1	1,33333333	0,44444444	-1,77777778
2	3,13	1	3	4,00000000	1,33333333	-5,33333333
3	5,21	1	5	6,66666667	2,22222222	-8,88888889
4	3,82	3	3	4,32000000	1,44000000	-10,3680000
5	4,19	5	3	3,67346939	1,22448980	-10,4956268
6	2,391	0,5	3	2,88000000	0,96000000	-2,30400000
7	3,867	0,5	5	4,80000000	1,60000000	-3,84000000
8	2,199	0,5	3	2,88000000	0,96000000	-2,30400000
9	0,75	0,5	1	0,96000000	0,32000000	-0,76800000

▶ Outros valores calculados

i	$z_{i1}^{\,2}$	$z_{i2}^{\,2}$	$z_{i1}z_{i2}$	H	hz_{i1}	hz_{i2}
1	0,197531	3,160494	-0,790123	-0,293333	-0,130370	0,521481
2	1,777778	28,444444	-7,111111	-0,870000	-1,160000	4,640000
3	4,938272	79,012346	-19,753086	-1,456667	-3,237037	12,948148
4	2,073600	107,495424	-14,929920	-0,500000	-0,720000	5,184000
5	1,499375	110,158182	-12,851788	0,516531	0,632486	-5,421313
6	0,921600	5,308416	-2,211840	-0,489000	-0,469440	1,126656
7	2,560000	14,745600	-6,144000	-0,933000	-1,492800	3,582720
8	0,921600	5,308416	-2,211840	-0,681000	-0,653760	1,569024
9	0,102400	0,589824	-0,245760	-0,210000	-0,067200	0,161280

▶ Cálculos dos somatórios Z^TZ: $\mathbf{Z^TZ} = \begin{bmatrix} \sum_{i=1}^{m} z_{i1}^2 & \sum_{i=1}^{m} z_{i1}z_{i2} \\ \sum_{i=1}^{m} z_{i2}z_{i1} & \sum_{i=1}^{m} z_{i2}^2 \end{bmatrix}$

$$\sum_{i=1}^{m} z_{i1}^2 = 14{,}992156,\ \sum_{i=1}^{m} z_{i2}^2 = 354{,}223146 \text{ e } \sum_{i=1}^{m} z_{i1}z_{i2} = \text{-}66{,}249469$$

Portanto,

$$\mathbf{Z^TZ} = \begin{bmatrix} 14{,}992156 & \text{-}66{,}249469 \\ \text{-}66{,}249469 & 354{,}223146 \end{bmatrix}$$

▶ Calcular a matriz inversa **B** = $[\mathbf{Z}^T\mathbf{Z}]^{-1}$: O procedimento empregado nos capítulos anteriores para a inversão matricial fornece:

$$\mathbf{B} = \left(\mathbf{Z}^T\mathbf{Z}\right)^{-1} = \begin{bmatrix} 0{,}38436657 & 0{,}07188712 \\ 0{,}07188712 & 0{,}01626795 \end{bmatrix}$$

▶ Efetuar a multiplicação $\mathbf{Z^Th}$: $\boldsymbol{\beta} = \mathbf{Z}^T\mathbf{h} = \begin{bmatrix} \sum_{i=1}^{m} h_i z_{i1} \\ \sum_{i=1}^{m} h_i z_{i2} \end{bmatrix}$

$$\sum_{i=1}^{m} h_i z_{i1} = \text{-}7{,}298120943 \text{ e } \sum_{i=1}^{m} h_i z_{i2} = 24{,}31199708$$

Portanto,

$$\boldsymbol{\beta} = \mathbf{Z}^T\mathbf{h} = \begin{bmatrix} \text{-}7{,}298120943 \\ 24{,}31199708 \end{bmatrix}$$

- Efetuar a multiplicação $\Delta\theta = \mathbf{B}\boldsymbol{\beta} = \begin{bmatrix} \Delta\theta_1 \\ \Delta\theta_2 \end{bmatrix}$

$$\begin{bmatrix} \Delta\theta_1 \\ \Delta\theta_2 \end{bmatrix} = \begin{bmatrix} 0{,}38436657 & 0{,}07188712 \\ 0{,}07188712 & 0{,}01626795 \end{bmatrix} \begin{bmatrix} -7{,}298120943 \\ 24{,}31199708 \end{bmatrix} = \begin{bmatrix} -1{,}05743432 \\ -0{,}12913460 \end{bmatrix}$$

- Calcular o valor máximo: max_valor = máximo($|\Delta\theta_1|$, $|\Delta\theta_2|$) = 1,057434315
- Verificação da convergência

  L1 = (k > itemax)? ⟶ L1 = (1 > 50)? ⟶ L1 = Falso

  L2 = (max_valor < Tol)? ⟶ L2 = (1,057434315 < $1\text{x}10^{-5}$)? ⟶ L2 = Falso

  L1 OU L2 ⟶ (Falso OU Falso) ⟶ Falso (continuar os cálculos)

- Atualizações dos coeficientes

  $\theta_1 \leftarrow \theta_1 + \Delta\theta_1 \longrightarrow \theta_1 = 1{,}94256568$

  $\theta_2 \leftarrow \theta_2 + \Delta\theta_2 \longrightarrow \theta_2 = 0{,}37086540$

  Atualização do contador de iterações: $k \leftarrow k + 1 \longrightarrow k = 2$

Retorne para o faça no início da etapa 6 e repita o procedimento até que uma das condições de convergência seja verdadeira. O procedimento converge com cinco iterações. Os resultados finais são mostrados nas tabelas seguintes.

- Valores dos parâmetros em cada iteração:

k	$\theta_1^{(k)}$	$\theta_2^{(k)}$	$\Delta\theta_1^{(k)}$	$\Delta\theta_2^{(k)}$	max_valor	L1 ou L2
1	3	0,5	-1,05743432	-0,12913460	1,057434315	Falso
2	1,942565685	0,370865399	0,068101944	-0,00914673	0,068101944	Falso
3	2,010667628	0,361718673	-0,00187066	-4,79504E-5	0,00187066	Falso
4	2,008796968	0,361670723	-1,21288E-5	-3,22901E-6	1,21288E-05	Falso
5	2,008784839	0,361667494	-8,17632E-7	-2,14942E-7	8,17632E-07	Verdadeiro

▶ Os valores das matrizes em cada iteração são dados por:

k	Z^TZ		$B = (Z^TZ)^{-1}$		β	Δθ
1	14,992156	-66,249469	0,38436657	0,07188712	-7,29812094	-1,05743432
	-66,249469	354,223146	0,07188712	0,01626795	24,31199708	-0,12913460
2	22,936962	-82,719560	0,21246236	0,04682376	2,31866480	0,06810194
	-82,719560	375,339185	0,04682376	0,01298357	-9,06648734	-0,00914673
3	23,737284	-90,370646	0,20339673	0,04235984	-0,04007108	-0,00187066
	-90,370646	433,927385	0,04235984	0,01112648	0,14824578	-0,00004795
4	23,741595	-90,312420	0,20335012	0,04238461	0,00000366	-0,00001213
	-90,312420	433,295098	0,04238461	0,01114219	-0,00030374	-0,00000323
5	23,741886	-90,313616	0,20334698	0,04238387	8,95201E-11	-0,00000082
	-90,313616	433,301638	0,04238387	0,01114199	-0,00001929	-0,00000021

7. Valores utilizados na qualidade do ajuste

- Modelo proposto: $g_i = \dfrac{\theta_1 x_{1i} x_{2i}}{\left(1+\theta_2 x_{1i}\right)^2}$
- Valores quadráticos residuais: $S_{Ri} = \; y_i - g_i)^2$
- Valores quadráticos experimentais: $S_{Ti} = y_i^2$
- Valores quadráticos totais corrigidos: $S_{TCi} = \; y_i - \overline{y})^2$
- Valores quadráticos do modelo: $S_{\text{Re}i} = g_i^2$

i	g_i	S_{Ri}	S_{Ti}	S_{TCi}	S_{Rei}
1	1,083406114	-0,043406114	0,001884091	1,0816	1,173768808
2	3,250218342	-0,120218342	0,01445245	9,7969	10,56391927
3	5,41703057	-0,20703057	0,042861657	27,1441	29,3442202
4	4,158749667	-0,338749667	0,114751337	14,5924	17,2951988
5	3,8205518	0,3694482	0,136491972	17,5561	14,59661606
6	2,160962192	0,230037808	0,052917393	5,716881	4,669757593

i	g_i	S_{Ri}	S_{Ti}	S_{TCi}	S_{Rei}
7	3,601603653	0,265396347	0,070435221	14,953689	12,97154887
8	2,160962192	0,038037808	0,001446875	4,835601	4,669757593
9	0,720320731	0,029679269	0,000880859	0,5625	0,518861955

- Soma quadrática dos resíduos: $S_R = \sum_{i=1}^{m} (y_i - g_i)^2 = 0{,}436121855$
- Cálculo da soma quadrática total: $S_T = \sum_{i=1}^{m} y_i^2 = 96{,}239771$
- Soma quadrática dos resíduos: $S_{TCi} = \sum_{i=1}^{m} (y_i - \overline{y})^2 = 17{,}63972556$
- Cálculo da soma quadrática do modelo: $S_{\text{Re}} = \sum_{i=1}^{m} g_i^2 = 95{,}80364914$
- Graus de liberdade dos resíduos: $G_L^R = m - 2 = 7$
- Graus de liberdade da regressão: $G_L^{Re} = 2$
- Graus de liberdade total: $G_L^T = m = 9$
- Graus de liberdade total corrigido: $G_L^{TC} = m - 1 = 8$
- Proporção da variância explicada: $R^2 = 1 - S_R/S_T = 0{,}995468382$
- Proporção da variância explicada corrigida: $R_C^2 = 1 - S_R/S_{TC} = 0{,}975276154$
- Média quadrática residual: $M_R = S_R/G_L^R = 0{,}062303122$
- Média quadrática devido à regressão: $M_{Re} = S_{Re}/G_L^{\text{Re}} = 47{,}90182457$
- Média quadrática total corrigida: $M_{TC} = S_{TC}/G_L^{TC} = 2{,}204965694$
- Variância populacional: $s^2 = M_R = 0{,}062303122$
- Erro padrão da estimativa: $s = \sqrt{M_R} = 0{,}249605934$

▶ Matriz de covariância $\mathbf{V} = \mathbf{B}s^2 = \begin{bmatrix} B_{11} & B_{12} \\ B_{21} & B_{22} \end{bmatrix} s^2$: A iteração 5 dos resultados da regressão não linear fornece a matriz B final:

$$\mathbf{V} = \begin{bmatrix} 0{,}20334698 & 0{,}04238387 \\ 0{,}04238387 & 0{,}01114199 \end{bmatrix} \times 0{,}062303122$$
$$= \begin{bmatrix} 0{,}012669152 & 0{,}002640648 \\ 0{,}002640648 & 0{,}000694181 \end{bmatrix}$$

Portanto,

- Variância do coeficiente θ_1: $\text{Var}(\theta_1) = 0{,}012669152$
- Variância do coeficiente θ_2: $\text{Var}(\theta_2) = 0{,}000694181$
- Covariância entre θ_1 e θ_2: $\text{Cov}(\theta_1, \theta_2) = 0{,}002640648$

▶ Erro padrão do coeficiente θ_1: $E_{\theta 1} = \sqrt{\text{Var}(\theta_1)} = 0{,}112557328$

▶ Erro padrão do coeficiente θ_2: $E_{\theta 2} = \sqrt{\text{Var}(\theta_2)} = 0{,}026347306$

▶ Inferência sobre os coeficientes do modelo:

- Especificação do nível de confiança: $NC = 95\ \%$
- Cálculo do nível de significância: $\alpha = 1 - NC/100 = 0{,}05$
- Cálculo da probabilidade acumulada: $\phi = 1 - \alpha/2 = 0{,}975$
- Cálculo do valor crítico da distribuição t de Student:

  $t = \text{INVT}(\alpha; G_L^R) \longrightarrow t = \text{INVT}(0{,}05; 7) \longrightarrow t = 2{,}364624251$
- Cálculo da estatística do coeficiente θ_1: $t_{Estat}|_{\theta 1} = \theta_1/E_{\theta 1} = 17{,}84677092$
- Cálculo da estatística do coeficiente θ_2: $t_{Estat}|_{\theta 2} = \theta_2/E_{\theta 2} = 13{,}72692514$
- Teste de hipótese para o coeficiente θ_1:

  $(t_{Estat}|_{\theta 1} > t)? \longrightarrow (17{,}84677092 > 2{,}364624251)?$ Sim; portanto, o coeficiente θ_1 é estatisticamente significativo.

- Teste de hipótese para o coeficiente θ_2:

  $(t_{Estat}|_{\theta 2} > t)$? ⟶ (13,72692514 > 2,364624251)? Sim; portanto, o coeficiente θ_2 é estatisticamente significativo.

- Cálculo da distribuição t de Student para o coeficiente θ_1:

  valor-p$|_{\theta 1}$ = DISTT($t_{Estat}|\theta_1$; G_L^R; 2) ⟶ valor-p$|_{\theta 1}$ = 4,28034E-07

- Cálculo da distribuição t de Student para o coeficiente θ_2:

  valor-p$|_{\theta 2}$ = DISTT($t_{Estat}|_{\theta 2}$; G_L^R; 2) ⟶ valor-p$|_{\theta 2}$ = 2,5672E-06

- Teste de hipótese sobre o coeficiente θ_1:

  (valor-p$|_{\theta 1}$ < α)? ⟶ (4,28034E-07 < 0,05)? Sim; portanto, o coeficiente θ_1 é estatisticamente significativo.

- Teste de hipótese sobre o coeficiente θ_2:

  (valor-p$|_{\theta 2}$ < α)? ⟶ (2,5672E-06 < 0,05)? Sim; portanto, o coeficiente θ_2 é estatisticamente significativo.

▶ Inferência sobre o modelo:

TESTE ESTATÍSTICO 1

- Cálculo do valor crítico da distribuição F:

  F = INVF(α; G_L^{Re}; G_L^R) ⟶ F = INVF(0,05; 2; 7) ⟶ F = 4,737414128

- Cálculo da estatística de teste de hipótese: $F_{Estat} = M_{Re}/M_R$ = 768,8511085

- Teste de hipótese:

  $(F_{Estat} > F)$? ⟶ (768,8511085 > 4,737414128)? Sim; portanto, o modelo proposto é estatisticamente significativo.

- Cálculo da distribuição F:

  $F_{significância}$ = DISTF(F_{Estat}; G_L^{Re}; G_L^R) ⟶ $F_{significância}$ = 6,2645E-09

- Teste de hipótese:

  $(F_{significância} < \alpha)$? ⟶ (6,2645E-09 < 0,05)? Sim; portanto, o modelo proposto é estatisticamente significativo.

TESTE ESTATÍSTICO 2

- Cálculo do valor crítico da distribuição corrigida $F|_{TC}$:

  $F|_{TC}$= INVF(α; G_L^{Re}; G_L^{TC}) ⟶ $F|_{TC}$ = INVF(0,05; 2; 7) ⟶ $F|_{TC}$ = 4,458970108

- Cálculo da estatística de teste de hipótese: $F_{Estat}|_{TC} = M_{Re}/M_{TC}$ = 21,72452147

- Cálculo da distribuição F:

  $F_{sig}|_{TC}$ = DISTF(F_{Estat}; G_L^{Re}; G_L^{TC}) ⟶ $F_{sig}|_{TC}$ = 0,000584589

- Teste de hipótese:

  ($F_{Estat}|_{TC} > F|_{TC}$)? ⟶ (21,72452147 > 4,458970108)? Sim; portanto, o modelo proposto é estatisticamente significativo.

- Teste de hipótese:

  ($F_{sig}|_{TC} < \alpha$)? ⟶ (0,000584589 < 0,05)? Sim; portanto, o modelo proposto é estatisticamente significativo.

▶ Intervalos de confiança para o coeficiente θ_1:

Intervalo: $\Delta_{\theta 1} = tE_{\theta 1}$ = 0,266155786

Inferior: $\theta_1 - \Delta_{\theta 1}$ = 1,742629053

Central: θ_1 = 2,008784839

Superior: $\theta_1 + \Delta_{\theta 1}$ = 2,274940626

▶ Intervalos de confiança para o coeficiente θ_2:

Intervalo: $\Delta_{\theta 2} = tE_{\theta 2}$ = 0,062301478

Inferior: $\theta_2 - \Delta_{\theta 2}$ = 0,299366016

Central: θ_2 = 0,361667494

Superior: $\theta_2 + \Delta_{\theta 2}$ = 0,423968972

Exemplo 15 – Quarta Forma da Lei de Velocidade

O quarto modelo é dado por:

$$\left(-r_A\right) = KP_E^{\ a} P_H^{\ b} \tag{8.41}$$

Fazendo $(-r_A) = g_i$, $P_E = x_{1i}$, $P_H = x_{2i}$, $K = \theta_1$, $a = \theta_2$ e $b = \theta_3$, a Equação (8.41) pode ser escrita como:

$$g_i = \theta_1 x_{1i}^{\theta_2} x_{2i}^{\theta_3} \tag{8.42}$$

As derivadas parciais da função com relação aos parâmetros são:

- Derivada parcial de g_i com relação a θ_1, mantendo θ_2 e θ_3 constantes

$$\left(\frac{\partial g_i}{\partial \theta_1}\right)_{\theta_2,\theta_3} = x_{1i}^{\theta_2} x_{2i}^{\theta_3} = z_{i1} \tag{8.43}$$

- Derivada parcial de g_i com relação a θ_2, mantendo θ_1 e θ_3 constantes

$$\left(\frac{\partial g_i}{\partial \theta_2}\right)_{\theta_1,\theta_3} = \theta_1 x_{2i}^{\theta_3} \left(\frac{\partial x_{1i}^{\theta_2}}{\partial \theta_2}\right)_{\theta_1,\theta_3} \tag{8.44}$$

Desde que $x_{1i}^{\theta_2} = e^{\ln\left(x_{1i}^{\theta_2}\right)} = e^{\theta_2 \ln(x_{1i})} = e^u$, sendo que $u = \theta_2 \ln(x_{1i})$, a Equação (8.44) pode ser escrita como:

$$\left(\frac{\partial g_i}{\partial \theta_2}\right)_{\theta_1,\theta_3} = \theta_1 x_{2i}^{\theta_3} \left(\frac{\partial e^u}{\partial \theta_2}\right)_{\theta_1,\theta_3} = \theta_1 x_{2i}^{\theta_3} e^u \left(\frac{\partial u}{\partial \theta_2}\right)_{\theta_1,\theta_3} = \theta_1 x_{1i}^{\theta_2} x_{2i}^{\theta_3} \left(\frac{\partial u}{\partial \theta_2}\right)_{\theta_1,\theta_3} \tag{8.45}$$

A derivada parcial de u com relação a θ_2, mantendo θ_1 e θ_3, é dada por:

$$\left(\frac{\partial u}{\partial \theta_2}\right)_{\theta_1,\theta_3} = \ln(x_{1i}) \left(\frac{\partial \theta_2}{\partial \theta_2}\right)_{\theta_1,\theta_3} = \ln(x_{1i}) \tag{8.46}$$

Substituindo a Equação (8.46) na Equação (8.45), obtém-se:

$$\left(\frac{\partial g_i}{\partial \theta_2}\right)_{\theta_1,\theta_3} = \theta_1 x_{1i}^{\theta_2} x_{2i}^{\theta_3} \ln(x_{1i}) = z_{i2} \tag{8.47}$$

- Derivada parcial de g_i com relação a θ_3, mantendo θ_1 e θ_2 constantes: Analogamente ao desenvolvimento matemático anterior,

$$\left(\frac{\partial g_i}{\partial \theta_3}\right)_{\theta_1,\theta_2} = \theta_1 x_{1i}^{\theta_2} x_{2i}^{\theta_3} \ln(x_{2i}) = z_{i3} \tag{8.48}$$

Roteiro de cálculo - Tabela 7.4 do Tópico 7.4.1

1. Entrada de dados: $m = 9, y_i, x_{1i}, x_{2i}$ e x_{3i} para $i = 1, 2, ..., 9$
2. Informações do procedimento iterativo: tol = $1x10^{-5}$ e itemax = 50
3. Média dos valores de y: $\bar{y} = 2,955222222$
4. Estimativa inicial dos parâmetros: $\theta_1^{(1)} = 3$, $\theta_2^{(1)} = 0$ e $\theta_3^{(1)} = 2$
5. Inicialização do contador de iteração: $k = 1$
6. Método de Gauss-Newton

   Faça

   ▶ Para $i = 1, 2, ..., 9$, calcular as funções:

$$g_i^{(k)} = \theta_1^{(k)} x_{1i}^{\theta_2^{(k)}} x_{2i}^{\theta_3^{(k)}}, \; h_i^{(k)} = y_i - g_i^{(k)}\Big|_{\theta_1,\theta_2,\theta_3}, \; z_{i1}^{(k)} = x_{1i}^{\theta_2^{(k)}} x_{2i}^{\theta_3^{(k)}}$$

$$z_{i2}^{(k)} = \theta_1^{(k)} x_{1i}^{\theta_2^{(k)}} x_{2i}^{\theta_3^{(k)}} \ln(x_{1i}) \text{ e } z_{i3}^{(k)} = \theta_1^{(k)} x_{1i}^{\theta_2^{(k)}} x_{2i}^{\theta_3^{(k)}} \ln(x_{2i})$$

   ▶ Os valores obtidos são apresentados abaixo:

i	y_i	x_{1i}	X_{2i}	g_i	z_{i1}	z_{i2}	z_{i3}
1	1,04	1	1	1	1	0	0
2	3,13	1	3	3	3	0	3,295836866
3	5,21	1	5	5	5	0	8,047189562
4	3,82	3	3	9	9	9,887510598	9,887510598
5	4,19	5	3	15	15	24,14156869	16,47918433
6	2,391	0,5	3	1,5	1,5	-1,039720771	1,647918433
7	3,867	0,5	5	2,5	2,5	-1,732867951	4,023594781
8	2,199	0,5	3	1,5	1,5	-1,039720771	1,647918433
9	0,75	0,5	1	0,5	0,5	-0,34657359	0

   ▶ Valores calculados dos produtos entre as derivadas

i	z_{i1}^2	z_{i2}^2	z_{i3}^2	$z_{i1}z_{i2}$	$z_{i1}z_{i3}$	$z_{i2}z_{i3}$
1	1,0000	0,000000	0,000000	0,000000	0,000000	0,000000
2	9,0000	0,000000	10,862541	0,000000	9,887511	0,000000

i	z_{i1}^2	z_{i2}^2	z_{i3}^2	$z_{i1}z_{i2}$	$z_{i1}z_{i3}$	$z_{i2}z_{i3}$
3	25,0000	0,000000	64,757260	0,000000	40,235948	0,000000
4	81,0000	97,762866	97,762866	88,987595	88,987595	97,762866
5	225,0000	582,815339	271,563516	362,123530	247,187765	397,833360
6	2,2500	1,081019	2,715635	-1,559581	2,471878	-1,713375
7	6,2500	3,002831	16,189315	-4,332170	10,058987	-6,972358
8	2,2500	1,081019	2,715635	-1,559581	2,471878	-1,713375
9	0,2500	0,120113	0,000000	-0,173287	0,000000	0,000000

▶ Valores calculados de h_i e dos produtos $h_i z_{i1}$, $h_i z_{i2}$ e $h_i z_{i3}$

i	h_i	$h_i z_{i1}$	$h_i z_{i2}$	$h_i z_{i3}$
1	0,04	0,04	0	0
2	0,13	0,39	0	0,428458793
3	0,21	1,05	0	1,689909808
4	-5,18	-46,62	-51,2173049	-51,2173049
5	-10,81	-162,15	-260,9703575	-178,1399826
6	0,891	1,3365	-0,926391207	1,468295324
7	1,367	3,4175	-2,36883049	5,500254066
8	0,699	1,0485	-0,726764819	1,151894985
9	0,25	0,125	-0,086643398	0

▶ Cálculo da matriz $\mathbf{Z}^T\mathbf{Z}$:

$$\mathbf{Z}^T\mathbf{Z} = \begin{bmatrix} \sum_{i=1}^{m} z_{i1}^2 & \sum_{i=1}^{m} z_{i1}z_{i2} & \sum_{i=1}^{m} z_{i1}z_{i3} \\ \sum_{i=1}^{m} z_{i2}z_{i1} & \sum_{i=1}^{m} z_{i2}^2 & \sum_{i=1}^{m} z_{i2}z_{i3} \\ \sum_{i=1}^{m} z_{i3}z_{i1} & \sum_{i=1}^{m} z_{i3}z_{i2} & \sum_{i=1}^{m} z_{i3}^2 \end{bmatrix}$$

$$\sum_{i=1}^{m} z_{i1}^2 = 352{,}00, \quad \sum_{i=1}^{m} z_{i2}^2 = 685{,}8631876, \quad \sum_{i=1}^{m} z_{i3}^2 = 466{,}5667678,$$

$$\sum_{i=1}^{m} z_{i1}z_{i2} = 443{,}4865067, \quad \sum_{i=1}^{m} z_{i1}z_{i3} = 401{,}301561 \text{ e } \sum_{i=1}^{m} z_{i2}z_{i3} = 485{,}1971177$$

Portanto,

$$\mathbf{Z}^T\mathbf{Z} = \begin{bmatrix} 352 & 443{,}4865067 & 401{,}301561 \\ 443{,}4865067 & 685{,}8631876 & 485{,}1971177 \\ 401{,}301561 & 485{,}1971177 & 466{,}5667678 \end{bmatrix}$$

▶ Calcular a matriz inversa $\mathbf{B} = [\mathbf{Z}^T\mathbf{Z}]^{-1}$. O procedimento empregado nos capítulos anteriores para a inversão matricial fornece:

$$\mathbf{B} = \left(\mathbf{Z}^T\mathbf{Z}\right)^{-1} = \begin{bmatrix} 0{,}326897398 & -0{,}047171793 & -0{,}232114298 \\ -0{,}047171793 & 0{,}012322931 & 0{,}027758221 \\ -0{,}232114298 & 0{,}027758221 & 0{,}17292192 \end{bmatrix}$$

▶ Efetuar a multiplicação $\mathbf{Z}^T\mathbf{h}$: $\boldsymbol{\beta} = \mathbf{Z}^T\mathbf{h} = \begin{bmatrix} \sum_{i=1}^{m} h_i z_{i1} \\ \sum_{i=1}^{m} h_i z_{i2} \\ \sum_{i=1}^{m} h_i z_{i3} \end{bmatrix}$

$$\sum_{i=1}^{m} h_i z_{i1} = -201{,}3625,\ \sum_{i=1}^{m} h_i z_{i2} = -316{,}2962923 \text{ e } \sum_{i=1}^{m} h_i z_{i3} = -219{,}1184745$$

Portanto,

$$\boldsymbol{\beta} = \mathbf{Z}^T\mathbf{h} = \begin{bmatrix} -201{,}3625 \\ -316{,}2962923 \\ -219{,}1184745 \end{bmatrix}$$

▶ Efetuar a multiplicação $\boldsymbol{\Delta\theta}$: $\boldsymbol{\Delta\theta} = \mathbf{B}\boldsymbol{\beta} = \begin{bmatrix} \Delta\theta_1 \\ \Delta\theta_2 \\ \Delta\theta_3 \end{bmatrix}$

$$\begin{bmatrix} \Delta\theta_1 \\ \Delta\theta_2 \\ \Delta\theta_3 \end{bmatrix} = \begin{bmatrix} 0{,}326897398 & -0{,}047171793 & -0{,}232114298 \\ -0{,}047171793 & 0{,}012322931 & 0{,}027758221 \\ -0{,}232114298 & 0{,}027758221 & 0{,}17292192 \end{bmatrix} \begin{bmatrix} -201{,}3625 \\ -316{,}2962923 \\ -219{,}1184745 \end{bmatrix}$$

$$= \begin{bmatrix} -0{,}044083 \\ -0{,}48140632 \\ 0{,}068905596 \end{bmatrix}$$

- Valor máximo: max_valor = máximo($|\Delta\theta_1|$, $|\Delta\theta_2|$, $|\Delta\theta_3|$) = 0,48140632
- Verificação da convergência

  L1 = (k > itemax)? ⟶ L1 = (1 > 50)? ⟶ L1 = Falso

  L2 = (max_valor < Tol)? ⟶ L2 = (0,48140632 < $1\text{x}10^{-5}$)? ⟶ L2 = Falso

  L1 OU L2 ⟶ (Falso OU Falso) ⟶ Falso (continuar o procedimento)

- Atualizações os coeficientes

  $\theta_1 \leftarrow \theta_1 + \Delta\theta_1 \rightarrow \theta_1 = 0{,}955917$

  $\theta_2 \leftarrow \theta_2 + \Delta\theta_2 \rightarrow \theta_2 = 0{,}51859368$

  $\theta_3 \leftarrow \theta_3 + \Delta\theta_3 \rightarrow \theta_3 = 1{,}068905596$

- Atualização do contador de iterações: $k \leftarrow k + 1 \rightarrow k = 2$

Retorne para o faça no início da etapa 6 e repita o procedimento até que uma das condições de convergência seja verdadeira. O procedimento converge com seis iterações. Os resultados finais são apresentados na forma tabular a seguir.

- Valores dos parâmetros em cada iteração:

k	$\theta_1^{(k)}$	$\theta_2^{(k)}$	$\theta_3^{(k)}$	$\Delta\theta_1^{(k)}$	$\Delta\theta_2^{(k)}$	$\Delta\theta_3^{(k)}$
1	1	1	1	-0,044083	-0,48140632	0,068905596
2	0,955917	0,51859368	1,068905596	-0,02932267	-0,22070329	-0,01809558
3	0,926594326	0,297890396	1,05081002	-0,03096623	-0,03928526	0,009825165
4	0,895628093	0,258605134	1,060635185	-0,00155369	-0,00018024	0,00087793
5	0,894074403	0,258424896	1,061513115	-4,74982E-5	1,62588E-05	3,82953E-05
6	0,894026905	0,258441155	1,06155141	-1,89977E-6	-1,11911E-7	1,65481E-06

▶ Valores da matriz $\mathbf{Z}^T\mathbf{Z}$ e do vetor $\boldsymbol{\beta}$

k	$\mathbf{Z}^T\mathbf{Z}$			$\boldsymbol{\beta}$
1	352	443,4865067	401,301561	-201,3625
	443,4865067	685,8631876	485,1971177	-316,2962923
	401,301561	485,1971177	466,5667678	-219,1184745
2	156,8865936	102,722204	185,8623173	-30,63474793
	102,722204	179,0274219	103,295926	-44,39322905
	185,8623173	103,295926	230,058724	-32,41077537
3	119,5809258	37,37052164	143,1949173	-3,76416775
	37,37052164	92,25154598	32,55219093	-4,461519715
	143,1949173	32,55219093	180,301647	-3,941534973
4	119,7600217	29,39661888	139,7833048	-0,068648426
	29,39661888	80,67797523	23,32092826	-0,039740334
	139,7833048	23,32092826	171,5825913	-0,070745794
5	120,0225503	29,35881716	139,8676601	0,000132759
	29,35881716	80,52846071	23,23463933	0,000804586
	139,8676601	23,23463933	171,408345	0,00029844
6	120,0356006	29,36217678	139,8757584	1,41348E-07
	29,36217678	80,52985414	23,23638563	-2,63419E-05
	139,8757584	23,23638563	171,4092638	1,5317E-05

▶ Valores da matriz inversa $\mathbf{B} = (\mathbf{Z}^T\mathbf{Z})^{-1}$ e do vetor $\Delta\boldsymbol{\theta}$

k	$\mathbf{B} = (\mathbf{Z}^T\mathbf{Z})^{-1}$			$\Delta\boldsymbol{\theta}$
1	0,326897398	-0,047171793	-0,232114298	-0,044083
	-0,047171793	0,012322931	0,027758221	-0,48140632
	-0,232114298	0,027758221	0,17292192	0,068905596
2	0,254411261	-0,036959554	-0,188941738	-0,029322674
	-0,036959554	0,012908057	0,02406359	-0,220703285
	-0,188941738	0,02406359	0,146186495	-0,018095576
3	0,231470673	-0,030865683	-0,178260592	-0,030966232
	-0,030865683	0,015693309	0,021680098	-0,039285261
	-0,178260592	0,021680098	0,143205991	0,009825165

k	$\mathbf{B = (Z^TZ)^{-1}}$			$\Delta\theta$
4	0,222826097	-0,029892143	-0,177467047	-0,00155369
	-0,029892143	0,016911883	0,022053646	-0,000180238
	-0,177467047	0,022053646	0,147407838	0,00087793
5	0,222512674	-0,029905207	-0,177514638	-4,74982E-05
	-0,029905207	0,016942601	0,022105786	1,62588E-05
	-0,177514638	0,022105786	0,147687892	3,82953E-05
6	0,222502266	-0,029906145	-0,177515274	-1,89977E-06
	-0,029906145	0,016942884	0,022107634	-1,11911E-07
	-0,177515274	0,022107634	0,14769553	1,65481E-06

7. Valores utilizados na qualidade do ajuste

- Modelo proposto: $g_i = \theta_1 x_{1i}^{\theta_2} x_{2i}^{\theta_3}$
- Valores quadráticos residuais e corrigidos: $S_{Ri} = \left(y_i - g_i\right)^2$ e $S_{TCi} = \left(y_i - \overline{y}\right)^2$
- Valores quadráticos e do modelo: $S_{Ti} = y_i^2$ e $S_{\text{Re}i} = g_i^2$

i	g_i	S_{Ri}	S_{Ti}	S_{Rei}	S_{TCi}
1	0,894026905	0,021308145	1,0816	0,799284106	3,66807616
2	2,869718711	0,067746349	9,7969	8,235285481	0,030547272
3	4,935636672	0,075275236	27,1441	24,36050936	5,084022827
4	3,81194914	6,48164E-05	14,5924	14,53095624	0,747840605
5	4,349926758	0,025576568	17,5561	18,9218628	1,52467616
6	2,399058232	6,49351E-05	5,716881	5,755480401	0,318346716
7	4,126146491	0,067156904	14,953689	17,02508486	0,831338716
8	2,399058232	0,040023296	4,835601	5,755480401	0,571872049
9	0,747398202	6,76935E-06	0,5625	0,558604073	4,863005049

- Soma quadrática dos resíduos: $S_R = \sum_{i=1}^{m}\left(y_i - g_i\right)^2 = 0{,}297223018$
- Cálculo da soma quadrática total: $S_T = \sum_{i=1}^{m} y_i^2 = 96{,}239771$
- Soma quadrática total corrigida: $S_{TC} = \sum_{i=1}^{m}\left(y_i - \overline{y}\right)^2 = 17{,}63972556$

- Cálculo da soma quadrática do modelo: $S_{\text{Re}} = \sum_{i=1}^{m} g_i^2 = 95{,}94254773$
- Graus de liberdade dos resíduos: $G_L^R = m - 3 = 6$
- Graus de liberdade da regressão: $G_L^{Re} = 3$
- Graus de liberdade total: $G_L^T = m = 9$
- Graus de liberdade total corrigido: $G_L^{TC} = m - 1 = 8$
- Proporção da variância explicada: $R^2 = 1 - S_R/S_T = 0{,}99691164$
- Proporção da variância explicada corrigida: $R_C^2 = 1 - S_R/S_{TC} = 0{,}98315036$
- Média quadrática residual: $M_R = S_R/G_L^R = 0{,}04953717$
- Média quadrática total corrigida: $M_{TC} = S_{TC}/G_L^{TC} = 2{,}204965694$
- Média quadrática devido à regressão: $M_{Re} = S_{Re}/G_L^{\text{Re}} = 31{,}98084924$
- Variância populacional: $s^2 = M_R = 0{,}04953717$
- Erro padrão da estimativa: $s = \sqrt{M_R} = 0{,}222569472$
- Matriz de covariância $\mathbf{V} = \mathbf{B}s^2 = \begin{bmatrix} B_{11} & B_{12} & B_{13} \\ B_{21} & B_{22} & B_{23} \\ B_{31} & B_{32} & B_{33} \end{bmatrix} s^2$: A iteração 6 dos resultados da regressão não linear fornece a matriz **B** final:

$$\mathbf{V} = \begin{bmatrix} 0{,}222502266 & -0{,}029906145 & -0{,}177515274 \\ -0{,}029906145 & 0{,}016942884 & 0{,}022107634 \\ -0{,}177515274 & 0{,}022107634 & 0{,}14769553 \end{bmatrix} \times 0{,}04953717$$

$$= \begin{bmatrix} 0{,}011022133 & -0{,}001481466 & -0{,}008793604 \\ -0{,}001481466 & 0{,}000839303 & 0{,}00109515 \\ -0{,}008793604 & 0{,}00109515 & 0{,}007316419 \end{bmatrix}$$

Portanto,

- Variância do coeficiente θ_1: $\text{Var}(\theta_1) = 0{,}011022133$
- Variância do coeficiente θ_2: $\text{Var}(\theta_2) = 0{,}000839303$
- Variância do coeficiente θ_3: $\text{Var}(\theta_3) = 0{,}007316419$

- Covariância entre θ_1 e θ_2: $\text{Cov}(\theta_1, \theta_2) = -0{,}001481466$
- Covariância entre θ_1 e θ_3: $\text{Cov}(\theta_1, \theta_3) = -0{,}008793604$
- Covariância entre θ_2 e θ_3: $\text{Cov}(\theta_2, \theta_3) = 0{,}00109515$

▶ Erro padrão do coeficiente θ_1: $E_{\theta 1} = \sqrt{\text{Var}(\theta_1)} = 0{,}104986344$

▶ Erro padrão do coeficiente θ_2: $E_{\theta 2} = \sqrt{\text{Var}(\theta_2)} = 0{,}028970719$

▶ Erro padrão do coeficiente θ_3: $E_{\theta 3} = \sqrt{\text{Var}(\theta_3)} = 0{,}085536066$

▶ Inferência sobre os coeficientes do modelo:

- Especificação do nível de confiança: $NC = 95\ \%$
- Cálculo do nível de significância: $\alpha = 1 - NC/100 = 0{,}05$
- Cálculo da probabilidade acumulada: $\phi = 1 - \alpha/2 = 0{,}975$
- Cálculo do valor crítico da distribuição t de Student:

  $t = \text{INVT}(\alpha;\ G_L^R) \longrightarrow t = \text{INVT}(0{,}05;\ 6) \longrightarrow t = 2{,}446911846$

- Cálculo da estatística do coeficiente θ_1: $t_{Estat}|_{\theta 1} = \theta_1/E_{\theta 1} = 8{,}515649441$
- Cálculo da estatística do coeficiente θ_2: $t_{Estat}|_{\theta 2} = \theta_2/E_{\theta 2} = 8{,}920771306$
- Cálculo da estatística do coeficiente θ_3: $t_{Estat}|_{\theta 3} = \theta_3/E_{\theta 3} = 12{,}41057093$
- Teste de hipótese para o coeficiente θ_1:

  $(t_{Estat}|_{\theta 1} > t)? \longrightarrow (8{,}515649441 > 2{,}446911846)?$ Sim; portanto, o coeficiente θ_1 é estatisticamente significativo.

- Teste de hipótese para o coeficiente θ_2:

  $(t_{Estat}|_{\theta 2} > t)? \longrightarrow (8{,}920771306 > 2{,}446911846)?$ Sim; portanto, o coeficiente θ_2 é estatisticamente significativo.

- Teste de hipótese para o coeficiente θ_3:

  $(t_{Estat}|_{\theta 3} > t)? \longrightarrow (12{,}41057093 > 2{,}446911846)?$ Sim; portanto, o coeficiente θ_3 é estatisticamente significativo.

- Cálculo da distribuição t de Student para o coeficiente θ_1:

  $\text{valor-p}|_{\theta 1} = \text{DISTT}(t_{Estat}|_{\theta 1};\ G_L^R;\ 2) \longrightarrow \text{valor-p}|_{\theta 1} = 0{,}000143642$

- Cálculo da distribuição t de Student para o coeficiente θ_2:

  $\text{valor-p}|_{\theta 2} = \text{DISTT}(t_{Estat}|_{\theta 2};\ G_L^R;\ 2) \longrightarrow \text{valor-p}|_{\theta 2} = 0{,}000110649$

- Cálculo da distribuição t de Student para o coeficiente θ_3:

  valor-p$|_{\theta 3}$ = DISTT($t_{Estat}|_{\theta 3}$; G_L^R; 2) ⟶ valor-p$|_{\theta 3}$ = 1,67096E-05

- Teste de hipótese sobre o coeficiente θ_1:

  (valor-p$|_{\theta 1}$ < α)? ⟶ (0,000143642 < 0,05)? Sim; portanto, o coeficiente θ_1 é estatisticamente significativo.

- Teste de hipótese sobre o coeficiente θ_2:

  (valor-p$|_{\theta 2}$ < α)? ⟶ (0,000110649 < 0,05)? Sim; portanto, o coeficiente θ_2 é estatisticamente significativo.

- Teste de hipótese sobre o coeficiente θ_3:

  (valor-p$|_{\theta 3}$ < α)? ⟶ (1,67096E-05 < 0,05)? Sim; portanto, o coeficiente θ_3 é estatisticamente significativo.

▶ Inferência sobre o modelo:

TESTE ESTATÍSTICO 1

- Cálculo do valor crítico da distribuição F:

  F = INVF(α; G_L^{Re}; G_L^R) ⟶ F = INVF(0,05; 3; 6) ⟶ F = 4,757062664

- Cálculo da estatística de teste de hipótese: $F_{Estat} = M_{Re}/M_R$ = 645,592985

- Teste de hipótese:

  ($F_{Estat} > F$)? ⟶ (645,592985 > 4,757062664)? Sim; portanto, o modelo proposto é estatisticamente significativo.

- Cálculo da distribuição F:

  $F_{significância}$ = DISTF(F_{Estat}; G_L^{Re}; G_L^R) ⟶ $F_{significância}$ = 6,43618E-08

- Teste de hipótese:

  ($F_{significância}$ < α)? ⟶ (6,43618E-08 < 0,05)? Sim; portanto, o modelo proposto é estatisticamente significativo.

TESTE ESTATÍSTICO 2

- Cálculo do valor crítico da distribuição F corrigido

  $F|_{TC}$ = INVF(α; G_L^{Re}; G_L^{TC}) ⟶ F = INVF(0,05; 3; 8) ⟶ F = 4,066180557

- Cálculo da estatística de teste de hipótese: $F_{Estat}|_{TC} = M_{Re}/M_{TC}$ = 14,50401216

- Cálculo da distribuição $F|_{TC}$:

  $F_{sig}|_{TC}$ = DISTF($F_{Estat}|_{TC}$; G_L^{Re}; G_L^{TC}) ⟶ $F_{sig}|_{TC}$ = 0,001339592

- Teste de hipótese:

  ($F_{Estat}|_{TC} > F|_{TC}$)? ⟶ (14,50401216 > 4,066180557)? Sim; portanto, o modelo proposto é estatisticamente significativo.

- Teste de hipótese:

  ($F_{sig}|_{TC} < \alpha$)? ⟶ (0,001339592 < 0,05)? Sim; portanto, o modelo proposto é estatisticamente significativo.

▶ Intervalos de confiança para o coeficiente θ_1:

Intervalo: $\Delta_{\theta 1} = tE_{\theta 1}$ = 0,25689233

Inferior: $\theta_1 - \Delta_{\theta 1}$ = 0,637134575

Central: θ_1 = 0,894026905

Superior: $\theta_1 + \Delta_{\theta 1}$ = 1,150919234

▶ Intervalos de confiança para o coeficiente θ_2:

Intervalo: $\Delta_{\theta 2} = tE_{\theta 2}$ = 0,070888794

Inferior: $\theta_2 - \Delta_{\theta 2}$ = 0,18755236

Central: θ_2 = 0,258441155

Superior: $\theta_2 + \Delta_{\theta 2}$ = 0,329329949

▶ Intervalos de confiança para o coeficiente θ_3:

Intervalo: $\Delta_{\theta 3} = tE_{\theta 3}$ = 0,209299212

Inferior: $\theta_3 - \Delta_{\theta 3}$ = 0,852252198

Central: θ_3 = 1,06155141

Superior: $\theta_3 + \Delta_{\theta 3}$ = 1,270850623

Comparações entre as leis de velocidades

A comparação entre os quatro modelos das leis de velocidades é apresentada na Tabela 8.20.

▶ Modelo 1: $\left(-r_A\right) = \dfrac{KP_E P_H}{1+K_A P_{EA}+K_E P_E}$

- Modelo 2: $(-r_A) = \dfrac{KP_E P_H}{1+K_E P_E}$

- Modelo 3: $(-r_A) = \dfrac{KP_E P_H}{(1+K_E P_E)^2}$

- Modelo 4: $(-r_A) = KP_E^{\,a} P_H^{\,b}$

O modelo 1 apresenta a menor soma quadrática residual (S_R = 0,029616721) e o menor erro padrão (s = 0,070257528). Entretanto, o parâmetro K_A não é estatisticamente significativo, ou seja, noventa e cinco de cada 100 vezes de repetição do experimento, o valor calculado de K_A deve estar no intervalo de -0,028515822 a 0,114197984. Portanto, este modelo deve ser descartado. Analisando as somas quadráticas residuais dos demais modelos, verifica-se que o modelo 2, $(-r_A) = \dfrac{KP_E P_H}{1+K_E P_E}$, deve ser escolhido para ajustar os dados experimentais obtidos.

Tabela 8.20 - Resultados finais para as leis de velocidades

		Modelo 1	Modelo 2	Modelo 3	Modelo4
K	Inferior	2,956833695	2,898799754	1,742629053	0,637134575
	Central	3,347874396	3,186778949	2,008784839	0,894026905
	Superior	3,738915097	3,474758143	2,274940626	1,150919234
K_A	Inferior	-0,028515822			
	Central	0,042841081			
	Superior	0,114197984			
K_E	Inferior	1,892201485	1,837448232	0,299366016	
	Central	2,211074795	2,101330351	0,361667494	
	Superior	2,529948106	2,365212469	0,423968972	
a	Inferior				0,18755236
	Central				0,258441155
	Superior				0,329329949
b	Inferior				0,852252198
	Central				1,06155141
	Superior				1,270850623

TABELA 8.20 - RESULTADOS FINAIS PARA AS LEIS DE VELOCIDADES

		Modelo 1	Modelo 2	Modelo 3	Modelo4
S_R		0,029616721	0,042373525	0,436121855	0,297223018
s		0,070257528	0,077803346	0,249605934	0,222569472

REFERÊNCIA BIBLIOGRÁFICA

BARROS NETO, B., SCARMÍNIO, I. S., BRUNS, R. E. **Planejamento Experimental de Experimentos**. 2ª edição. Editora UNICAMP, 1996.

ENGLEZOS, P., KALOGERAKIS, N. **Applied Parameter Estimation For Chemical Engineers**. Marcell Dekker, Inc. 2001.

FOGLER, H. S. **Elementos de Engenharia das Reações Químicas**. Terceira Edição. Editora LTC. 1999.

RODRIGUES, M. I.; IEMMA, A. F. **Planejamento de experimentos e otimização de processos: uma estratégia seqüencial de planejamentos**. 2ª ed. revisada e ampliada. Campinas: Casa do Espiríto Amigo Fraternidade Fé e Amor, 2009.

SMITH, J. M; VAN NESS, H. C; ABBOTT, M. M. **Introdução à Termodinâmica da Engenharia Química**. Quinta Edição. LTC – Livros Técnicos e Científicos Editora S. A; 2007.

Capítulo 9

APLICAÇÕES II

Este capítulo apresenta as aplicações do método dos mínimos quadrados na obtenção dos parâmetros de interações binários dos vários modelos de energia livre de Gibbs em excesso: Margules três sufixos, van Laar, Wilson, NRTL e UNIQUAC.

MODELOS DE SOLUÇÕES

Segundo Azevedo (2007), as estimativas da energia livre de Gibbs em excesso são baseadas em formas empíricas ou em teorias que descrevem o comportamento do estado líquido. Na literatura existem várias propostas para estimativa da energia livre de Gibbs (estimativas dos coeficientes de atividade) em função da composição. A escolha do modelo da energia livre de Gibbs em excesso mais conveniente para uma determinada mistura é um problema complexo que depende: a) da natureza e estrutura química dos componentes da solução, b) do tipo de aplicação pretendida, c) da informação experimental disponível, etc.

A relação entre o coeficiente de atividade e a energia livre de Gibbs em excesso adimensional é dada por:

$$\ln \gamma_k = \frac{\partial}{\partial n_k}\left(\frac{nG^E}{RT}\right)_{T,P,n_j \neq n_k} \qquad (9.1)$$

A Equação (9.1) afirma que o logaritmo do coeficiente de atividade da espécie k é uma propriedade parcial em relação à energia livre de Gibbs em excesso adimensional.

Aplicando o teorema de Euler para funções homogêneas, a Equação (9.1) pode ser escrita como:

$$\frac{nG^E}{RT} = \sum_{k=1}^{N} n_k \ln \gamma_k \tag{9.2}$$

A divisão de ambos os membros da Equação (9.2) por n fornece:

$$\frac{G^E}{RT} = \sum_{k=1}^{N} \frac{n_k}{n} \ln \gamma_k = \sum_{k=1}^{N} x_k \ln \gamma_k \tag{9.3}$$

sendo que n_k e $x_k = n_k/n$ são, respectivamente, o número de moles e a fração molar da espécie k na solução líquida e n é o número total de moles.

Os modelos para estimativas da energia livre de Gibbs em excesso em sistemas binários estudados neste capítulo são dados por:

- Margules três sufixos [REID et al. (1977, 1987), POLING et al. (2001)]:
  - Energia livre de Gibbs em excesso adimensional:

$$\frac{G^E}{RT} = x_1 x_2 \left(A_{12} x_2 + A_{21} x_1 \right) \tag{9.4}$$

  - Coeficiente de atividade da espécie 1:

$$\ln \gamma_1 = \left[A_{12} + 2\left(A_{21} - A_{12} \right) x_1 \right] x_2^2 \tag{9.5}$$

  - Coeficiente de atividade da espécie 2:

$$\ln \gamma_2 = \left[A_{21} + 2\left(A_{12} - A_{21} \right) x_2 \right] x_1^2 \tag{9.6}$$

- Van Laar [REID et al. (1977, 1987), POLING et al. (2001)]:
  - Energia livre de Gibbs em excesso adimensional:

$$\frac{G^E}{RT} = \frac{A_{12} A_{21} x_1 x_2}{A_{12} x_1 + A_{21} x_2} = \frac{A_{12} A_{21} x_1 x_2}{S} \tag{9.7}$$

em que $S = A_{12} x_1 + A_{21} x_2$

- Coeficiente de atividade da espécie 1:

$$\ln \gamma_1 = A_{12}\left(\frac{A_{21}x_2}{A_{12}x_1 + A_{21}x_2}\right)^2 = A_{12}\left(\frac{A_{21}x_2}{S}\right)^2 \qquad (9.8)$$

- Coeficiente de atividade da espécie 2:

$$\ln \gamma_2 = A_{21}\left(\frac{A_{12}x_1}{A_{12}x_1 + A_{21}x_2}\right)^2 = A_{21}\left(\frac{A_{12}x_1}{S}\right)^2 \qquad (9.9)$$

▶ Wilson (WILSON, 1964):

- Energia livre de Gibbs em excesso adimensional:

$$\frac{G^E}{RT} = -x_1\ln\left(x_1 + x_2\Lambda_{12} \quad - x_2\ln \quad A_{21}x_1 + x_2\right. \qquad (9.10)$$

em que $\Lambda_{12} = \frac{V_2^L}{V_1^L}\exp\left(-\frac{A_{12}}{RT}\right)$, $\Lambda_{21} = \frac{V_1^L}{V_2^L}\exp\left(-\frac{A_{21}}{RT}\right)$ e V_k^L é o volume molar da espécie química k no estado de líquido saturado.

- Coeficiente de atividade da espécie 1:

$$\begin{aligned} \ln \gamma_1 &= -\ln\left(x_1 + \Lambda_{12}x_2\right) + x_2\left(\frac{\Lambda_{12}}{x_1 + \Lambda_{12}x_2} - \frac{\Lambda_{21}}{\Lambda_{21}x_1 + x_2}\right) \\ &= -\ln\left(S_1\right) + x_2\left(\frac{\Lambda_{12}}{S_1} - \frac{\Lambda_{21}}{S_2}\right) \\ &= -\ln\left(S_1\right) + x_2 S \end{aligned} \qquad (9.11)$$

em que $S_1 = x_1 + \Lambda_{12}x_2$, $S_2 = \Lambda_{21}x_1 + x_2$ e $S = \frac{\Lambda_{12}}{S_1} - \frac{\Lambda_{21}}{S_2}$.

- Coeficiente de atividade da espécie 2:

$$\begin{aligned}\ln\gamma_2 &= -\ln\left(x_2+\Lambda_{21}x_1\right)-x_1\left(\frac{\Lambda_{12}}{x_1+\Lambda_{12}x_2}-\frac{\Lambda_{21}}{\Lambda_{21}x_1+x_2}\right)\\ &= -\ln\left(S_2\right)-x_1\left(\frac{\Lambda_{12}}{S_1}-\frac{\Lambda_{21}}{S_2}\right)\\ &= -\ln\left(S_2\right)-x_1S\end{aligned} \tag{9.12}$$

▶ NRTL [RENON e PRAUSNITZ (1968)]:

- Energia livre de Gibbs em excesso adimensional:

$$\frac{G^E}{RT}=x_1x_2\left(\frac{\tau_{21}G_{21}}{x_1+x_2G_{21}}+\frac{\tau_{12}G_{12}}{x_2+x_1G_{12}}\right)=x_1x_2\left(\frac{\tau_{21}G_{21}}{S_1}+\frac{\tau_{12}G_{12}}{S_2}\right) \tag{9.13}$$

em que $\tau_{12}=\frac{A_{12}}{RT}$, $\tau_{21}=\frac{A_{21}}{RT}$, $G_{12}=\exp(-\alpha\tau_{12}$, $G_{21}=\exp(-\alpha\tau_{21}$, $S_1=x_1+x_2G_{21}$ e $S_2=x_2+x_1G_{12}$.

- Coeficiente de atividade da espécie 1:

$$\ln\gamma_1=x_2^2\left\{\tau_{21}\left(\frac{G_{21}}{x_1+x_2G_{21}}\right)^2+\left[\frac{\tau_{12}G_{12}}{(x_2+x_1G_{12}{}^2}\right]\right\}=x_2^2\left[\tau_{21}\left(\frac{G_{21}}{S_1}\right)^2+\frac{\tau_{12}G_{12}}{S_2^2}\right] \tag{9.14}$$

- Coeficiente de atividade da espécie 2:

$$\ln\gamma_2=x_1^2\left\{\tau_{12}\left(\frac{G_{12}}{x_2+x_1G_{12}}\right)^2+\left[\frac{\tau_{21}G_{21}}{(x_1+x_2G_{21}{}^2}\right]\right\}=x_1^2\left[\tau_{12}\left(\frac{G_{12}}{S_2}\right)^2+\frac{\tau_{21}G_{21}}{S_1^2}\right] \tag{9.15}$$

▶ UNIQUAC [ABRAMS e PRAUSNITZ (1975)]:

- Energia livre de Gibbs em excesso adimensional:

$$\frac{G^E}{RT}=\left.\frac{G^E}{RT}\right|_{\text{combinatorial}}+\left.\frac{G^E}{RT}\right|_{\text{Residual}} \tag{9.16}$$

A parte combinatorial (parte entrópica) leva em conta a não idealidade da fase líquida devido às diferenças no tamanho e na forma das moléculas.

$$\left.\frac{G^E}{RT}\right|_{\text{combinatorial}} = x_1 \ln\frac{\phi_1}{x_1} + x_2 \ln\frac{\phi_2}{x_2} + \frac{z}{2}\left(q_1 x_1 \ln\frac{\theta_1}{\phi_1} + q_2 x_2 \ln\frac{\theta_2}{\phi_2}\right)$$
$$= x_1 \ln\frac{r_1}{\sum_j r_j x_j} + x_2 \ln\frac{r_2}{\sum_j r_j x_j} + \frac{z}{2}\left(q_1 x_1 \ln\frac{\theta_1}{\phi_1} + q_2 x_2 \ln\frac{\theta_2}{\phi_2}\right)$$
$$= x_1 \ln\frac{r_1}{S_R} + x_2 \ln\frac{r_2}{S_R} + \frac{z}{2}\left(q_1 x_1 \ln\frac{\theta_1}{\phi_1} + q_2 x_2 \ln\frac{\theta_2}{\phi_2}\right) \tag{9.17}$$

sendo que $\phi_k = \frac{r_k x_k}{\sum_j r_j x_j}$, $\theta_k = \frac{q_k x_k}{\sum_j q_j x_j}$, r_k e q_k são, respectivamente, fração de área molecular, fração de volume molecular, parâmetro de área e parâmetro de volume molecular.

As razões envolvidas na Equação (9.17) podem ser escritas como:

- Razão ϕ_k/x_k:

$$\frac{\phi_k}{x_k} = \frac{r_k}{\sum_j r_j x_j} = \frac{r_k}{S_R} \tag{9.18}$$

- Razão θ_k/ϕ_k:

$$\frac{\theta_i}{\phi_i} = \frac{q_i x_i / S_Q}{r_i x_i / S_R} = \frac{q_i S_R}{r_i S_Q} \tag{9.19}$$

sendo que $S_R = \sum_j r_j x_j$ e $S_Q = \sum_j q_j x_j$.

Substituindo as Equações (9.18) e (9.19) na Equação (9.17), obtém-se:

$$\left.\frac{G^E}{RT}\right|_{\text{combinatorial}} = x_1 \ln\frac{r_1}{S_R} + x_2 \ln\frac{r_2}{S_R} + \frac{z}{2}\left(q_1 x_1 \ln\frac{q_1 S_R}{r_1 S_Q} + q_2 x_2 \ln\frac{q_2 S_R}{r_2 S_Q}\right) \tag{9.20}$$

- Logaritmo do coeficiente de atividade combinatorial: Os logaritmos dos coeficientes de atividade da parte combinatorial são dados por:

$$\begin{aligned} \ln\gamma_1^C &= \ln\left(\frac{\phi_1}{x_1}\right)+\frac{Z}{2}q_1\ln\left(\frac{\theta_1}{\phi_1}\right)+\phi_2\left(L_1-\frac{r_1}{r_2}L_2\right) \\ &= \ln\left(\frac{r_1}{S_R}\right)+\frac{Z}{2}q_1\ln\left(\frac{q_1S_R}{r_1S_Q}\right)+\phi_2\left(L_1-\frac{r_1}{r_2}L_2\right) \end{aligned} \tag{9.21}$$

e

$$\begin{aligned} \ln\gamma_2^C &= \ln\left(\frac{\phi_2}{x_2}\right)+\frac{Z}{2}q_2\ln\left(\frac{\theta_2}{\phi_2}\right)+\phi_1\left(L_2-\frac{r_2}{r_1}L_1\right) \\ &= \ln\left(\frac{r_2}{S_R}\right)+\frac{Z}{2}q_1\ln\left(\frac{q_2S_R}{r_2S_Q}\right)+\phi_1\left(L_2-\frac{r_2}{r_1}L_1\right) \end{aligned} \tag{9.22}$$

sendo que $L_k=\frac{z}{2}(r_k-q_k)-(r_k-1)=5(r_k-q_k)-(r_k-1)$.

- Logaritmo do coeficiente de atividade residual:

A parte residual (parte entálpica) leva em conta a não idealidade da fase líquida devido às interações moleculares.

$$\left.\frac{G^E}{RT}\right|_{\text{Residual}}=-q_1x_1\ln(\theta_1+\theta_2\tau_{21})-q_2x_2\ln(\theta_2+\theta_1\tau_{12}) \tag{9.23}$$

sendo que $\tau_{12}=\exp\left(-\frac{A_{12}}{RT}\right)$ e $\tau_{21}=\exp\left(-\frac{A_{21}}{RT}\right)$.

Os coeficientes de atividade da parte residual são dados por:

$$\begin{aligned} \ln\gamma_1^R &= -q_1\ln(\theta_1+\theta_2\tau_{21} \;+\theta_2q_1\left(\frac{\tau_{21}}{\theta_1+\theta_2\tau_{21}}-\frac{\tau_{12}}{\theta_1\tau_{12}+\theta_2}\right) \\ &= -q_1\ln\ S_1\ +\theta_2q_1\left(\frac{\tau_{21}}{S_1}-\frac{\tau_{12}}{S_2}\right) \end{aligned} \tag{9.24}$$

e

$$\ln \gamma_2^R = -q_2 \ln\left(\theta_1\tau_{12} + \theta_2\right) + \theta_1 q_2 \left(\frac{\tau_{12}}{\theta_1\tau_{12} + \theta_2} - \frac{\tau_{21}}{\theta_1 + \theta_2\tau_{21}}\right)$$
$$= -q_2 \ln\left(S_2\right) + \theta_1 q_2 \left(\frac{\tau_{12}}{S_2} - \frac{\tau_{21}}{S_1}\right) \quad (9.25)$$

REGRESSÃO NÃO LINEAR DOS COEFICIENTES DE ATIVIDADE

Os parâmetros binários dos coeficientes de atividade são determinados a partir da escolha do modelo proposto g_i empregado na definição da função objetivo a ser minimizada, $S_R = \sum_{i=1}^{m} (f_i - g_i)^2$, sendo f_i o valor experimental do ponto i da forma escolhida para a regressão não linear; por exemplo:

- Pressão experimental do ponto i: $f_i = P_i$
- Energia livre de Gibbs adimensional experimental do ponto i, $f_i = (G^E/RT)_i$.

Dependendo da forma escolhida para a minimização da função objetivo, S_R, diferentes valores para os parâmetros binários podem ser obtidos da regressão não linear.

As formas dos valores experimentais $f_i = g_i + \varepsilon_i$ e dos valores calculados pelo modelo g_i são as seguintes:

- **Primeira Forma:** $f_i = \left.G^E/RT\right)_i$ e g_i é o valor obtido de um dos modelos de energia livre de Gibbs em excesso adimensional (Margules, van Laar, Wilson, NRTL e UNIQUAC) para o ponto experimental i.
- **Segunda Forma:** $f_i = \ln\gamma_1 - \ln\gamma_2 = \ln\left(\gamma_1/\gamma_2\right)$ e g_i é o valor obtido da diferença dos logaritmos dos coeficientes de atividade de um dos modelos de soluções (Margules, van Laar, Wilson, NRTL e UNIQUAC) para o ponto experimental i.
- **Terceira Forma:** $f_i = \gamma_1/\gamma_2$ e g_i é o valor obtido da divisão dos coeficientes de atividade de um dos modelos de soluções (Margules, van Laar, Wilson, NRTL e UNIQUAC) para o ponto experimental i.
- **Quarta Forma:** $f_i = \ln\gamma_1 + \ln\gamma_2 = \ln\left(\gamma_1\gamma_2\right)$ e g_i é o valor obtido da soma dos logaritmos dos coeficientes de atividade de um dos modelos de soluções (Margules, van Laar, Wilson, NRTL e UNIQUAC) para o ponto experimental i.

- **Quinta Forma:** $f_i = \gamma_1\gamma_2$ e g_i é o valor obtido do produto dos coeficientes de atividade de um dos modelos de soluções (Margules, van Laar, Wilson, NRTL e UNIQUAC) para o ponto experimental *i*.

- **Sexta Forma:** $f_i = P_i$ e g_i é o valor obtido de $g_i = x_{1i}P_{1i}^{sat}\gamma_{1i} + x_{2i}P_{2i}^{sat}\gamma_{2i}$ para o ponto experimental *i*.

O DECHEMA Chemistry Data Series (CDS), volume 1, Vapor-Liquid Equilibrium Data Collection reportado por Gmehling et al. (1991 a 2014) fornece um conjunto abrangente de dados de equilíbrio líquido-vapor com mais de 16.000 conjuntos de dados isotérmicos e isobáricos de misturas binárias e multicomponentes em pressões baixas e moderadas. O volume 1 contém 35 partes com 22.134 páginas. A primeira parte abrange sistemas aquosos. As outras partes tratam de misturas de compostos orgânicos. Fundamentos e métodos de cálculos de equilíbrio líquido-vapor são descritos na introdução de cada parte. Os valores dos parâmetros binários dos modelos de energia livre de Gibbs em excesso (Margules três sufixos, van Laar, Wilson, NRTL e UNIQUAC) obtidos por regressão não linear são apresentados juntamente com os resíduos entre os valores experimentais e os obtidos usando os modelos de soluções.

O DECHEMA utiliza as seguintes formas para a soma quadrática dos resíduos:

- Dados ELV isotérmicos (PXY) e isobáricos (TXY):

$$S_R = \sum_{i=1}^{m}\left[\left(\frac{\gamma_{1i} - \gamma_{1i}^{\text{modelo}}}{\gamma_{1i}}\right)^2 + \left(\frac{\gamma_{2i} - \gamma_{2i}^{\text{modelo}}}{\gamma_{2i}}\right)^2\right] \quad (9.26)$$

- Dados ELV isotérmicos (PX) e isobáricos (TX):

$$S_R = \sum_{i=1}^{m}\left(P_i^{\text{exp}} - P_i^{\text{calc}}\right)^2 \quad (9.27)$$

SISTEMA ETANOL(1)-ACETONITRILA(2)

Os valores experimentais PX a 70°C para sistema etanol(1)-acetonitrila(2) reportados por Gmehling et al. (1981) são apresentados na Tabela 9.1.

Tabela 9.1 – Dados PX do sistema etanol(1)-acetonitrila(2) a 70 °C

P (mmHg)	x_1	x_2	P (mmHg)	x_1	x_2
521,97	0,0000	1,0000	685,93	0,6103	0,3897
559,32	0,0434	0,9566	676,18	0,7059	0,2941
589,17	0,0878	0,9122	657,80	0,7987	0,2013
620,08	0,1472	0,8528	637,18	0,8633	0,1367
645,88	0,2156	0,7844	611,45	0,9152	0,0848
668,38	0,3100	0,6900	583,02	0,9579	0,0421
682,33	0,4120	0,5880	542,59	1,0000	0,0000
687,58	0,5126	0,4874			

A equação de pressão de vapor é dada por:

$$\log_{10} P_k^{sat} = A_k - \frac{B_k}{T + C_k} \tag{9.28}$$

em que T é a temperatura em Celsius e P_k^{sat} é a pressão de vapor da espécie química k em mmHg.

Os valores das constantes de Antoine, volumes molares dos líquidos saturados e os parâmetros de volumes e áreas das espécies químicas reportados por Gmehling et al. (1981) são apresentados na Tabela 9.2.

Tabela 9.2 – Constantes de Antoine, parâmetros de volumes e áreas

Substância	A	B	C	V (cm^3/mol)	r	q
Etanol	8,11243	1592,864	226,184	58,69	2,1055	1,9720
Acetonitrila	7,34224	1482,29	250,523	52,86	1,8701	1,7240

Para o ELV isotérmico a 70 °C, as pressões de vapor das espécies são:

- Componente 1: $\log_{10} P_1^{sat} = 8{,}11243 - \dfrac{1592{,}864}{70 + 226{,}184} = 2{,}734476;$

logo, $P_1^{sat} = 542{,}59496$ mmHg.

- Componente 2: $\log_{10} P_2^{sat} = 7,34224 - \frac{1482,29}{70+250,523} = 2,717642$;

  logo, $P_2^{sat} = 521,965835$ mmHg.

A lei de Raoult modificada é adequada para pressões baixas e moderadas. Para sistemas binários,

- Componente 1: $Py_1 = x_1\gamma_1 P_1^{sat}$
- Componente 2: $Py_2 = x_2\gamma_2 P_2^{sat}$

A soma dessas relações é dada por: $x_1\gamma_1 P_1^{sat} + x_2\gamma_2 P_2^{sat} = Py_1 + Py_2$. A simplificação fornece:

$$P = x_1\gamma_1 P_1^{sat} + x_2\gamma_2 P_2^{sat} \tag{9.29}$$

Para o ponto experimental *i*,

$$P_i = x_{1i}\gamma_{1i} P_{1i}^{sat} + x_{2i}\gamma_{2i} P_{2i}^{sat} \tag{9.30}$$

O modelo escolhido é representado pela lei de Raoult modificada, $g_i = P_i$. Assim

$$f_i = g_i + \varepsilon_i = x_{1i}\gamma_{1i} P_1^{sat} + x_{2i}\gamma_{2i} P_2^{sat} + \varepsilon_i \tag{9.31}$$

em que $P_{1i}^{sat} = P_1^{sat}$ e $P_{2i}^{sat} = P_2^{sat}$ para sistemas isotérmicos e f_i é a pressão experimental do ponto *i* (ver Tabela 9.1).

As derivadas parciais da Equação (9.31) com relação ao parâmetro A_{jk}, mantendo o parâmetro A_{kj} constante, são dadas por:

$$\left(\frac{\partial g_i}{A_{12}}\right)_{A_{21}} = \left[\frac{\partial\left(x_{1i}\gamma_{1i}P_1^{sat} + x_{2i}\gamma_{2i}P_2^{sat}\right)}{\partial A_{12}}\right]_{A_{21}} = x_{1i}P_1^{sat}\left(\frac{\partial \gamma_{1i}}{\partial A_{12}}\right)_{A_{21}} + x_{2i}P_2^{sat}\left(\frac{\partial \gamma_{2i}}{\partial A_{12}}\right)_{A_{21}} \tag{9.32}$$

e

$$\left(\frac{\partial g_i}{A_{21}}\right)_{A_{12}} = \left[\frac{\partial\left(x_{1i}\gamma_{1i}P_1^{sat} + x_{2i}\gamma_{2i}P_2^{sat}\right)}{\partial A_{21}}\right]_{A_{12}} = x_{1i}P_1^{sat}\left(\frac{\partial \gamma_{1i}}{\partial A_{21}}\right)_{A_{12}} + x_{2i}P_2^{sat}\left(\frac{\partial \gamma_{2i}}{\partial A_{21}}\right)_{A_{12}} \tag{9.33}$$

O resumo da modelagem matemática para a regressão ELV é apresentado na Tabela 9.3.

Tabela 9.3 - Resumo da modelagem para a lei de Raoult modificada

$$P_i = g_i + \varepsilon_i = x_{1i}\gamma_{1i}P_1^{sat} + x_{2i}\gamma_{2i}P_2^{sat} + \varepsilon_i$$

$$\left(\frac{\partial g_i}{A_{12}}\right)_{A_{21}} = x_{1i}P_1^{sat}\left(\frac{\partial \gamma_{1i}}{\partial A_{12}}\right)_{A_{21}} + x_{2i}P_2^{sat}\left(\frac{\partial \gamma_{2i}}{\partial A_{12}}\right)_{A_{21}}$$

$$\left(\frac{\partial g_i}{A_{21}}\right)_{A_{12}} = x_{1i}P_1^{sat}\left(\frac{\partial \gamma_{1i}}{\partial A_{21}}\right)_{A_{12}} + x_{2i}P_2^{sat}\left(\frac{\partial \gamma_{2i}}{\partial A_{21}}\right)_{A_{12}}$$

Equação de Margules Três Sufixos - Derivadas Analíticas

Os coeficientes de atividade da equação de Margules três sufixos são dados por:

$$\gamma_1 = \exp\left\{\left[A_{12} + 2\left(A_{21} - A_{12}\right)x_1\right]x_2^2\right\} = \exp\left(u_1\right) \tag{9.34}$$

e

$$\gamma_2 = \exp\left(\left[A_{21} + 2\left(A_{12} - A_{21}\right)x_2\right]x_1^2\right) = \exp\left(u_2\right) \tag{9.35}$$

em que $u_1 = \left[A_{12} + 2\left(A_{21} - A_{12}\right)x_1\right]x_2^2$ e $u_2 = \left[A_{21} + 2\left(A_{12} - A_{21}\right)x_2\right]x_1^2$.

As derivadas parciais do coeficiente de atividade do componente 1 em relação ao parâmetro A_{jl}, mantendo A_{lj} constante, são dadas por:

$$\left(\frac{\partial \gamma_1}{\partial A_{12}}\right)_{A_{21}} = \exp\left(u_1\right)\left(\frac{\partial u_1}{\partial A_{12}}\right)_{A_{21}} = \gamma_1\left(\frac{\partial u_1}{\partial A_{12}}\right)_{A_{21}} \tag{9.36}$$

e

$$\left(\frac{\partial \gamma_1}{\partial A_{21}}\right)_{A_{12}} = \exp\left(u_1\right)\left(\frac{\partial u_1}{\partial A_{21}}\right)_{A_{12}} = \gamma_1\left(\frac{\partial u_1}{\partial A_{21}}\right)_{A_{12}} \tag{9.37}$$

As derivadas parciais da função auxiliar u_1 com relação aos parâmetros binários são:

$$\left(\frac{\partial u_1}{\partial A_{12}}\right)_{A_{21}} = \frac{\partial}{\partial A_{12}}\left[A_{12} + 2(A_{21} - A_{12}\ x_1\right]x_2^2\ _{A_{21}} = 1 - 2x_1\ x_2^2 \tag{9.38}$$

e

$$\left(\frac{\partial u_1}{\partial A_{21}}\right)_{A_{12}} = \frac{\partial}{\partial A_{21}}\left[A_{12} + 2(A_{21} - A_{12}\ x_1\right]x_2^2\ _{A_{12}} = 2x_1x_2^2 \tag{9.39}$$

Substituindo as Equações (9.38) e (9.39), respectivamente, nas Equações (9.36) e (9.37), obtêm-se:

$$\left(\frac{\partial \gamma_1}{\partial A_{12}}\right)_{A_{21}} = \gamma_1\left(\frac{\partial u_1}{\partial A_{12}}\right)_{A_{21}} = \gamma_1(1 - 2x_1\ x_2^2 \tag{9.40}$$

e

$$\left(\frac{\partial \gamma_1}{\partial A_{21}}\right)_{A_{12}} = \gamma_1\left(\frac{\partial u_1}{\partial A_{21}}\right)_{A_{12}} = 2x_1x_2^2\gamma_1 \tag{9.41}$$

As derivadas parciais do coeficiente de atividade da espécie 2 com relação ao parâmetro A_{ij}, mantendo o parâmetro A_{ji} constante, são dadas por:

$$\left(\frac{\partial \gamma_2}{\partial A_{12}}\right)_{A_{21}} = \exp(u_2\ \left(\frac{\partial u_2}{\partial A_{12}}\right)_{A_{21}} = \gamma_2\left(\frac{\partial u_2}{\partial A_{12}}\right)_{A_{21}} \tag{9.42}$$

e

$$\left(\frac{\partial \gamma_2}{\partial A_{21}}\right)_{A_{12}} = \exp(u_2\ \left(\frac{\partial u_2}{\partial A_{21}}\right)_{A_{12}} = \gamma_2\left(\frac{\partial u_2}{\partial A_{21}}\right)_{A_{12}} \tag{9.43}$$

As derivadas parciais da função auxiliar u_2 com relação aos parâmetros binários são:

$$\left(\frac{\partial u_2}{\partial A_{12}}\right)_{A_{21}} = \frac{\partial}{\partial A_{12}}\left[A_{21} + 2(A_{12} - A_{21}\ x_2\right]x_1^2\ _{A_{21}} = 2x_2x_1^2 \tag{9.44}$$

e

$$\left(\frac{\partial u}{\partial A_{21}}\right)_{A_{12}} = \frac{\partial}{A_{21}}\left\{\left[A_{21} + 2\left(A_{12} - A_{21}\right)x_2\right]x_1^2\right\}_{A_{12}} = \left(1 - 2x_2\right)x_1^2 \tag{9.45}$$

Substituindo as Equações (9.44) e (9.45), respectivamente, nas Equações (9.42) e (9.43), obtêm-se:

$$\left(\frac{\partial \gamma_2}{\partial A_{12}}\right)_{A_{21}} = 2x_2x_1^2\gamma_2 \tag{9.46}$$

e

$$\left(\frac{\partial \gamma_2}{\partial A_{21}}\right)_{A_{12}} = (1 - 2x_2 \; x_1^2\gamma_2 \tag{9.47}$$

O resumo das expressões resultantes da modelagem matemática para a equação de Margules três sufixos é apresentado na Tabela 9.4.

TABELA 9.4 - RESUMO DA MODELAGEM PARA A EQUAÇÃO DE MARGULES TRÊS SUFIXOS.

$\gamma_{1i} = \exp(u_{1i}$	$\gamma_{2i} = \exp(u_{2i}$
$u_{1i} = \left[A_{12} + 2(A_{21} - A_{12} \; x_{1i}\right]x_{2i}^2$	$u_{2i} = \left[A_{21} + 2(A_{12} - A_{21} \; x_{2i}\right]x_{1i}^2$
$\left(\frac{\partial \gamma_{1i}}{\partial A_{12}}\right)_{A_{21}} = \gamma_{1i}(1 - 2x_{1i} \; x_{2i}^2$	$\left(\frac{\partial \gamma_{1i}}{\partial A_{21}}\right)_{A_{12}} = 2x_{1i}x_{2i}^2\gamma_{1i}$
$\left(\frac{\partial \gamma_{2i}}{\partial A_{12}}\right)_{A_{21}} = 2x_{2i}x_{1i}^2\gamma_{2i}$	$\left(\frac{\partial \gamma_{2i}}{\partial A_{21}}\right)_{A_{12}} = \left(1 - 2x_{2i}\right)x_{1i}^2\gamma_{2i}$

A função g_i e suas derivadas parciais, para $\theta_1 = A_{12}$ e $\theta_2 = A_{21}$, são dadas por:

- Função escolhida (ver Tabela 9.3): $g_i = x_{1i}\gamma_{1i}P_1^{sat} + x_{2i}\gamma_{2i}P_2^{sat}$

- Derivada parcial da função g_i com relação ao parâmetro θ_1, mantendo θ_2 constante (ver Tabela 9.3):

$$\left(\frac{\partial g_i}{\partial \theta_1}\right)_{\theta_2} = x_{1i}P_1^{sat}\left(\frac{\partial \gamma_{1i}}{\partial \theta_1}\right)_{\theta_2} + x_{2i}P_2^{sat}\left(\frac{\partial \gamma_{2i}}{\partial \theta_1}\right)_{\theta_2} = z_{i1} \tag{9.48}$$

- Derivada parcial da função g_i com relação ao parâmetro θ_2, mantendo θ_1 constante (ver Tabela 9.3):

$$\left(\frac{\partial g_i}{\partial \theta_2}\right)_{\theta_1} = x_{1i}P_1^{sat}\left(\frac{\partial \gamma_{1i}}{\partial \theta_2}\right)_{\theta_1} + x_{2i}P_2^{sat}\left(\frac{\partial \gamma_{2i}}{\partial \theta_2}\right)_{\theta_1} = z_{i2} \tag{9.49}$$

Sistema etanol(1)-acetonitrila(2)

Roteiro de cálculo – Tabela 7.3 do Tópico 7.3.1:

1. Entrada de dados: $m = 15$, $f_i = P_i$, x_{1i} e x_{2i} para $i = 1, 2, ..., 15$
2. Para $T = 70$ °C, $P_1^{sat} = 542{,}59496$ mmHg e $P_2^{sat} = 521{,}965835$ mmHg
3. Cálculo da média de f: $\bar{f} = \frac{\sum_{i=1}^{m} f_i}{m} = 624{,}59$
4. Informações do procedimento iterativo: Tol = $1\text{x}10^{-5}$ e Itemax = 50
5. Estimativa inicial dos parâmetros: $\theta_1 = A_{12}^{(1)} = 2$ e $\theta_2 = A_{21}^{(1)} = 2$
6. Inicialização do contador de iteração: $k = 1$
7. Método de Gauss-Newton

   Faça

   - Para $i = 1, 2, ..., 15$, calcular as funções:

$$u_{1i} = \left[\theta_1 + 2(\theta_2 - \theta_1)x_{1i}\right]x_{2i}^2 \text{ e } u_{2i} = \left[\theta_2 + 2(\theta_1 - \theta_2)x_{2i}\right]x_{1i}^2$$

$$\gamma_{1i} = \exp(u_{1i}) \text{ e } \gamma_{2i} = \exp(u_{2i})$$

$$g_i = x_{1i}\gamma_{1i}P_1^{sat} + x_{2i}\gamma_{2i}P_2^{sat} \text{ e } h_i = y_i - g_i\big|_{\theta_1,\theta_2}$$

$$\left(\frac{\partial \gamma_{1i}}{\partial \theta_1}\right)_{\theta_2} = \gamma_{1i}\left(1-2x_{1i}\;\; x_{2i}^2 \quad \text{e} \quad \left(\frac{\partial \gamma_{1i}}{\partial \theta_2}\right)_{\theta_1} = 2x_{1i}x_{2i}^2\gamma_{1i}$$

$$\left(\frac{\partial \gamma_{2i}}{\partial \theta_1}\right)_{\theta_2} = 2x_{2i}x_{1i}^2\gamma_{2i} \quad \text{e} \quad \left(\frac{\partial \gamma_{2i}}{\partial \theta_2}\right)_{\theta_1} = \left(1-2x_{2i}\;\; x_{1i}^2\gamma_{2i}$$

$$z_{i1} = x_{1i}P_1^{sat}\left(\frac{\partial \gamma_{1i}}{\partial \theta_1}\right)_{\theta_2} + x_{2i}P_2^{sat}\left(\frac{\partial \gamma_{2i}}{\partial \theta_1}\right)_{\theta_2}$$

$$z_{i2} = x_{1i}P_1^{sat}\left(\frac{\partial \gamma_{1i}}{\partial \theta_2}\right)_{\theta_1} + x_{2i}P_2^{sat}\left(\frac{\partial \gamma_{2i}}{\partial \theta_2}\right)_{\theta_1}$$

▶ Os valores calculados:

i	$f_i = P_i$	x_{1i}	u_{1i}	u_{2i}	γ_{1i}	γ_{2i}	g_i
1	521,97	0,0000	2,0000000	0,0000000	7,389056	1,000000	521,96583
2	559,32	0,0434	1,8301671	0,0037671	6,234929	1,003774	648,02101
3	589,17	0,0878	1,6642177	0,0154177	5,281540	1,015537	735,14674
4	620,08	0,1472	1,4545357	0,0433357	4,282495	1,044288	806,88941
5	645,88	0,2156	1,2305667	0,0929667	3,423169	1,097425	849,77300
6	668,38	0,3100	0,9522000	0,1922000	2,591404	1,211913	872,36394
7	682,33	0,4120	0,6914880	0,3394880	1,996684	1,404228	877,33710
8	687,58	0,5126	0,4751175	0,5255175	1,608203	1,691334	877,58202
9	685,93	0,6103	0,3037322	0,7449322	1,354906	2,106299	877,11372
10	676,18	0,7059	0,1729896	0,9965896	1,188854	2,709027	871,21532
11	657,80	0,7987	0,0810434	1,2758434	1,084418	3,581721	846,29243
12	637,18	0,8633	0,0373738	1,4905738	1,038081	4,439642	803,04079
13	611,45	0,9152	0,0143821	1,6751821	1,014486	5,339767	740,12894
14	583,02	0,9579	0,0035448	1,8351448	1,003551	6,266042	659,29218
15	542,59	1,0000	0,0000000	2,0000000	1,000000	7,389056	542,59496

▶ Os valores adicionais:

i	$\partial\gamma_{1i}/\partial\gamma_1$	$\partial\gamma_{1i}/\partial\gamma_2$	$\partial\gamma_{2i}/\partial\gamma_1$	$\partial\gamma_{2i}/\partial\gamma_2$	z_{i1}	z_{i2}
1	7,389056	0,000000	0,000000	0,000000	0,000000	0,000000
2	5,210245	0,495236	0,003617	-0,001727	124,500211	10,800026
3	3,623086	0,771730	0,014283	-0,006454	179,403681	33,692130
4	2,197606	0,916915	0,038593	-0,015966	192,701904	66,127009
5	1,198017	0,908202	0,080028	-0,029016	172,913944	94,364706
6	0,468832	0,764936	0,160721	-0,044257	136,744442	112,726311
7	0,121500	0,568842	0,280311	-0,041951	113,193030	114,288518
8	-0,009627	0,391670	0,433214	0,011199	107,534473	111,786023
9	-0,045392	0,251156	0,611459	0,173066	109,345617	118,372602
10	-0,042345	0,145175	0,794008	0,555886	105,669266	140,938796
11	-0,026251	0,070194	0,919884	1,364974	85,277249	173,840023
12	-0,014095	0,033493	0,904628	2,404179	57,945278	187,233832
13	-0,006058	0,013353	0,758543	3,713998	30,566893	171,022548
14	-0,001629	0,003408	0,484112	5,265435	9,791599	117,477806
15	0,000000	0,000000	0,000000	7,389056	0,000000	0,000000

▶ Os valores adicionais:

i	z_{i1}^2	z_{i2}^2	$z_{i1}z_{i2}$	h	hz_{i1}	hz_{i2}
1	0,00000	0,00000	0,00000	0,0042	0,0000	0,0000
2	15500,30253	116,64056	1344,60550	-88,7010	-11043,2940	-957,9732
3	32185,68084	1135,15963	6044,49218	-145,9767	-26188,7654	-4918,2675
4	37134,02368	4372,78129	12742,80047	-186,8094	-35998,5284	-12353,1473
5	29899,23213	8904,69781	16316,97358	-203,8930	-35255,9430	-19240,3032
6	18699,04252	12707,22126	15414,69658	-203,9839	-27893,6706	-22994,3575
7	12812,66210	13061,86530	12936,66366	-195,0071	-22073,4442	-22287,0720
8	11563,66288	12496,11499	12020,85109	-190,0020	-20431,7666	-21239,5697
9	11956,46397	14012,07297	12943,52524	-191,1837	-20905,1020	-22630,9146
10	11165,99381	19863,74430	14892,89918	-195,0353	-20609,2388	-27488,0427
11	7272,20920	30220,35352	14824,59891	-188,4924	-16074,1159	32767,5203

i	z_{i1}^2	z_{i2}^2	$z_{i1}z_{i2}$	h	hz_{i1}	hz_{i2}
12	3357,65520	35056,50774	10849,31637	-165,8608	-9610,8493	-31054,7503
13	934,33494	29248,71200	5227,62792	-128,6789	-3933,3154	-22007,0004
14	95,87542	13801,03491	1150,29562	-76,2722	-746,8266	-8960,2880
15	0,00000	0,00000	0,00000	-0,0050	0,0000	0,0000

▶ Cálculos dos somatórios $\mathbf{Z}^T\mathbf{Z}$: $\mathbf{Z}^T\mathbf{Z} = \begin{bmatrix} \sum_{i=1}^{m} z_{i1}^2 & \sum_{i=1}^{m} z_{i1}z_{i2} \\ \sum_{i=1}^{m} z_{i2}z_{i1} & \sum_{i=1}^{m} z_{i2}^2 \end{bmatrix}$

$$\sum_{i=1}^{m} z_{i1}^2 = 192577{,}1392379,\ \sum_{i=1}^{m} z_{i2}^2 = 194996{,}9062723 \text{ e } \sum_{i=1}^{m} z_{i1}z_{i2} = 136709{,}3463043$$

Portanto,

$$\mathbf{Z}^T\mathbf{Z} = \begin{bmatrix} 192577{,}1392379 & 136709{,}3463043 \\ 136709{,}3463043 & 194996{,}9062723 \end{bmatrix}$$

▶ Calcular a matriz inversa $\mathbf{B} = [\mathbf{Z}^T\mathbf{Z}]^{-1}$: O procedimento empregado nos capítulos anteriores para a inversão matricial fornece:

$$\mathbf{B} = \left(\mathbf{Z}^T\mathbf{Z}\right)^{-1} = \begin{bmatrix} 1{,}03378\text{E-}05 & -7{,}24768\text{E-}06 \\ -7{,}24768\text{E-}06 & 1{,}02095\text{E-}05 \end{bmatrix}$$

▶ Efetuar a multiplicação $\mathbf{Z}^T\mathbf{h}$: $\boldsymbol{\beta} = \mathbf{Z}^T\mathbf{h} = \begin{bmatrix} \sum_{i=1}^{m} h_i z_{i1} \\ \sum_{i=1}^{m} h_i z_{i2} \end{bmatrix}$

$$\sum_{i=1}^{m} h_i z_{i1} = -250764{,}8600194 \text{ e } \sum_{i=1}^{m} h_i z_{i2} = -248899{,}2147221$$

Portanto,

$$\boldsymbol{\beta} = \mathbf{Z}^T\mathbf{h} = \begin{bmatrix} -250764,8600194 \\ -248899,2147221 \end{bmatrix}$$

▶ Efetuar a multiplicação $\Delta\theta = \mathbf{B}\boldsymbol{\beta} = \begin{bmatrix} \Delta\theta_1 \\ \Delta\theta_2 \end{bmatrix}$

$$\begin{bmatrix} \Delta\theta_1 \\ \Delta\theta_2 \end{bmatrix} = \begin{bmatrix} 1{,}03378\text{E-05} & -7{,}24768\text{E-06} \\ -7{,}24768\text{E-06} & 1{,}02095\text{E-05} \end{bmatrix} \begin{bmatrix} -250764,8600194 \\ -248899,2147221 \end{bmatrix} = \begin{bmatrix} -0,788417345 \\ -0,723679147 \end{bmatrix}$$

▶ Calcular o valor máximo: max_valor = máximo($|\Delta\theta_1|$, $|\Delta\theta_2|$) = 0,788417345

▶ Verificação da convergência

L1 = (k > itemax)? ⟶ L1 = (1 > 50)? ⟶ L1 = Falso

L2 = (max_valor < Tol)? ⟶ L2 = (0,788417345< $1\text{x}10^{-5}$)? ⟶ L2 = Falso

L1 OU L2 ⟶ (Falso OU Falso) ⟶ Falso (continuar os cálculos)

▶ Atualizações os coeficientes

$\theta_1 \leftarrow \theta_1 + \Delta\theta_1 \rightarrow \theta_1 = 1{,}211582655$

$\theta_2 \leftarrow \theta_2 + \Delta\theta_2 \rightarrow \theta_2 = 1{,}276320853$

▶ Atualização do contador de iterações: $k \leftarrow k + 1 \rightarrow k = 2$

Retorne para o faça no início da etapa 6 e repita o procedimento até que uma das condições de convergência seja verdadeira. O procedimento converge com cinco iterações. Os resultados finais são mostrados nas tabelas seguintes.

▶ Valores dos parâmetros em cada iteração:

k	$\theta_1^{(k)}$	$\theta_2^{(k)}$	$\Delta\theta_1^{(k)}$	$\Delta\theta_2^{(k)}$	max_valor	L1 ou L2
1	2	2	-0,78841734	-0,723679147	0,78841734	F
2	1,211582655	1,276320853	-0,235020213	-0,176296259	0,23502021	F
3	0,976562442	1,100024594	-0,014749565	-0,007812437	0,01474956	F
4	0,961812077	1,092212157	-7,12605E-05	-2,82738E-05	7,1261E-05	F
5	0,961741616	1,092183883	-1,27454E-07	-4,04803E-08	1,2745E-07	V

▶ Os valores das matrizes em cada iteração:

k	Z^TZ		$B = (Z^TZ)^{-1}$		β	Δθ
1	192577,139	136709,346	1,0338E-05	-7,2477E-06	-250764,860	-0,7884173
	136709,346	194996,906	-7,2477E-06	1,0210E-05	-248899,215	-0,7236791
2	84503,240	63968,162	2,5922E-05	-1,8610E-05	-31137,317	-0,2350202
	63968,162	89099,725	-1,8610E-05	2,4584E-05	-30741,759	-0,1762963
3	68551,979	52766,860	3,2214E-05	-2,2900E-05	-1423,350	-0,0147496
	52766,860	74229,510	-2,2900E-05	2,9750E-05	-1358,202	-0,0078124
4	67740,576	52221,498	3,2605E-05	-2,3145E-05	-6,303725	-0,0000713
	52221,498	73564,752	-2,3145E-05	3,0024E-05	-5,801283	-0,0000283
5	67736,858	52219,109	3,2607E-05	-2,3147E-05	-0,010747	-1,2745E-07
	52219,109	73562,024	-2,3147E-05	3,0025E-05	-0,009633	-4,0480E-08

8. Valores finais obtidos da iteração 5

i	$f_i = P_i$	x_{1i}	u_{1i}	u_{2i}	γ_{1i}	γ_{2i}	g_i
1	521,97	0,0000	0,9617416	0,0000000	2,616249	1,000000	521,96583
2	559,32	0,0434	0,8904349	0,0015871	2,436189	1,001588	557,47451
3	589,17	0,0878	0,8193337	0,0065849	2,268988	1,006607	587,37711
4	620,08	0,1472	0,7273724	0,0188446	2,069635	1,019023	618,90205
5	645,88	0,2156	0,6263513	0,0412561	1,870772	1,042119	645,52420
6	668,38	0,3100	0,4963894	0,0876599	1,642779	1,091617	669,47553
7	682,33	0,4120	0,3696785	0,1593529	1,447269	1,172752	683,47194
8	687,58	0,5126	0,2602387	0,2535698	1,297240	1,288617	688,63887
9	685,93	0,6103	0,1702357	0,3689341	1,185584	1,446192	686,77123
10	676,18	0,7059	0,0991144	0,5059973	1,104193	1,658639	677,54332
11	657,80	0,7987	0,0474148	0,6632267	1,048557	1,941045	658,36270
12	637,18	0,8633	0,0221807	0,7874112	1,022428	2,197700	635,74010
13	611,45	0,9152	0,0086329	0,8962734	1,008670	2,450454	609,35213
14	583,02	0,9579	0,0021475	0,9920799	1,002150	2,696838	580,13146
15	542,59	1,0000	0,0000000	1,0921839	1,000000	2,980777	542,59496

9. Valores finais obtidos da iteração 5

- Resíduos: $\varepsilon_i = f_i - g_i$
- Valores quadráticos residuais: $S_{Ri} = \left(f_i - g_i\right)^2$
- Valores quadráticos experimentais: $S_{Ti} = f_i^2$
- Valores quadráticos totais corrigidos: $S_{TCi} = \left(f_i - \overline{f}\right)^2$
- Valores quadráticos do modelo: $S_{\mathrm{Re}i} = g_i^2$

i	g_i	ε_i	S_{Ri}	S_{Ti}	S_{Rei}	S_{TCi}
1	521,965835	0,004165	0,000017	272452,68	272448,3327	10531,00123
2	557,474509	1,845491	3,405838	312838,86	310777,8278	4260,259927
3	587,377107	1,792893	3,214465	347121,29	345011,8658	1254,623627
4	618,902053	1,177947	1,387559	384499,21	383039,7515	20,34611378
5	645,524203	0,355797	0,126592	417160,97	416701,4964	453,2357138
6	669,475535	-1,095535	1,200196	446731,82	448197,4916	1917,505714
7	683,471940	-1,141940	1,304027	465574,23	467133,8926	3333,830614
8	688,638866	-1,058866	1,121197	472766,26	474223,4878	3967,656114
9	686,771234	-0,841234	0,707674	470499,96	471654,7272	3762,513814
10	677,543316	-1,363316	1,858629	457219,39	459064,9445	2661,459314
11	658,362704	-0,562704	0,316635	432700,84	433441,4494	1102,85982
12	635,740096	1,439904	2,073323	405998,35	404165,4700	158,4913138
13	609,352125	2,097875	4,401078	373871,10	371310,0126	172,6771204
14	580,131459	2,888541	8,343666	339912,32	336552,5103	1728,120327
15	542,594960	-0,004960	0,000025	294403,91	294409,2905	6724,109334

- Soma quadrática dos resíduos: $S_R = \sum_{i=1}^{m}\left(f_i - g_i\right)^2 = 29,4609$
- Cálculo da soma quadrática total: $S_T = \sum_{i=1}^{m} f_i^2 = 5893751,2034$
- Soma quadrática em torno da média: $S_{TCi} = \sum_{i=1}^{m}\left(f_i - \overline{f}\right)^2 = 42048,6901$
- Cálculo da soma quadrática do modelo: $S_{\mathrm{Re}} = \sum_{i=1}^{m} g_i^2 = 5888132,5504$
- Graus de liberdade dos resíduos: $G_L^R = m - 2 = 13$

- Graus de liberdade da regressão: $G_L^{Re} = 2$
- Graus de liberdade total: $G_L^T = m = 15$
- Graus de liberdade total corrigido: $G_L^{TC} = m - 1 = 14$
- Proporção da variância explicada: $R^2 = 1 - S_R/S_T = 0{,}999995001$
- Proporção da variância explicada corrigida: $R_C^2 = 1 - S_R/S_{TC} = 0{,}999299362$
- Média quadrática residual: $M_R = S_R/G_L^R = 2{,}266224794$
- Média quadrática devido à regressão: $M_{Re} = S_{Re}/G_L^{Re} = 2944066{,}275$
- Média quadrática total corrigida: $M_{TC} = S_{TC}/G_L^{TC} = 3003{,}477864$
- Variância populacional: $s^2 = M_R = 2{,}266224794$
- Erro padrão da estimativa: $s = \sqrt{M_R} = 1{,}50539855$
- Matriz de covariância $\mathbf{V} = \mathbf{B}s^2 = \begin{bmatrix} B_{11} & B_{12} \\ B_{21} & B_{22} \end{bmatrix} s^2$: A iteração cinco dos resultados da regressão não linear fornece a matriz B final:

$$\mathbf{V} = \begin{bmatrix} \text{3,2607E-05} & \text{-2,3147E-05} \\ \text{-2,3147E-05} & \text{3,0025E-05} \end{bmatrix} \times 2{,}266224794$$
$$= \begin{bmatrix} \text{7,3895E-05} & \text{-5,24552E-05} \\ \text{-5,24552E-05} & \text{6,80431E-05} \end{bmatrix}$$

Portanto,

- Variância do coeficiente θ_1: Var(θ_1) = 7,38946E-05
- Variância do coeficiente θ_2: Var(θ_2) = 6,80431E-05
- Covariância entre θ_1 e θ_2: Cov(θ_1, θ_2) = -5,24552E-05

- Erro padrão do coeficiente θ_1: $E_{\theta 1} = \sqrt{\text{Var}(\theta_1)} = 0{,}008596197$
- Erro padrão do coeficiente θ_2: $E_{\theta 2} = \sqrt{\text{Var}(\theta_2)} = 0{,}008248824$
- Inferência sobre os coeficientes do modelo:
  - Especificação do nível de confiança: $NC = 95$ %
  - Cálculo do nível de significância: $\alpha = 1 - NC/100 = 0{,}05$

- Cálculo da probabilidade acumulada: $\phi = 1 - \alpha/2 = 0{,}975$
- Cálculo do valor crítico da distribuição t de Student:

  $t = \text{INVT}(\alpha;\ G_L^R) \longrightarrow t = \text{INVT}(0{,}05;\ 13) \longrightarrow t = 2{,}160368652$
- Cálculo da estatística do coeficiente θ_1: $t_{Estat}|_{\theta 1} = \theta_1/E_{\theta 1} = 111{,}8798926$
- Cálculo da estatística do coeficiente θ_2: $t_{Estat}|_{\theta 2} = \theta_2/E_{\theta 2} = 132{,}4047923$
- Teste de hipótese para o coeficiente θ_1:

  $(t_{Estat}|_{\theta 1} > t)? \longrightarrow (111{,}8798926 > 2{,}160368652)?$ Sim; portanto, o coeficiente θ_1 é estatisticamente significativo.
- Teste de hipótese para o coeficiente θ_2:

  $(t_{Estat}|_{\theta 2} > t)? \longrightarrow (132{,}4047923 > 2{,}160368652)?$ Sim; portanto, o coeficiente θ_2 é estatisticamente significativo.
- Cálculo da distribuição t de Student para o coeficiente θ_1:

  $\text{valor-p}|_{\theta 1} = \text{DISTT}(t_{Estat}|_{\theta 1};\ G_L^R;\ 2) \longrightarrow \text{valor-p}|_{\theta 1} = 8{,}72459\text{E-}21$
- Cálculo da distribuição t de Student para o coeficiente θ_2:

  $\text{valor-p}|_{\theta 2} = \text{DISTT}(t_{Estat}|_{\theta 2};\ G_L^R;\ 2) \longrightarrow \text{valor-p}|_{\theta 2} = 9{,}78488\text{E-}22$
- Teste de hipótese sobre o coeficiente θ_1:

  $(\text{valor-p}|_{\theta 1} < \alpha)? \longrightarrow (8{,}72459\text{E-}21 < 0{,}05)?$ Sim; portanto, o coeficiente θ_1 é estatisticamente significativo.
- Teste de hipótese sobre o coeficiente θ_2:

  $(\text{valor-p}|_{\theta 2} < \alpha)? \longrightarrow (9{,}78488\text{E-}22 < 0{,}05)?$ Sim; portanto, o coeficiente θ_2 é estatisticamente significativo.

▶ Inferência sobre o modelo:

TESTE ESTATÍSTICO 1

- Cálculo do valor crítico da distribuição F:

  $F = \text{INVF}(\alpha;\ G_L^{Re};\ G_L^R) \longrightarrow F = \text{INVF}(0{,}05;\ 2;\ 13) \longrightarrow F = 3{,}805565253$
- Cálculo da estatística de teste de hipótese: $F_{Estat} = M_{Re}/M_R = 1299106{,}021$

- Teste de hipótese:

  $(F_{Estat} > F)? \longrightarrow (1299106{,}021 > 3{,}982297957)?$ Sim; portanto, o modelo proposto é estatisticamente significativo.

- Cálculo da distribuição F:

  $F_{significância} = \text{DISTF}(F_{Estat}; G_L^{Re}; G_L^{R}) \longrightarrow F_{significância} = 3{,}5094\text{E-}35$

- Teste de hipótese:

  $(F_{significância} < \alpha)? \longrightarrow (3{,}5094\text{E-}35 < 0{,}05)?$ Sim; portanto, o modelo proposto é estatisticamente significativo.

TESTE ESTATÍSTICO 2

- Cálculo do valor crítico da distribuição corrigida $F|_{TC}$:

  $F|_{TC} = \text{INVF}(\alpha; G_L^{Re}; G_L^{TC}) \longrightarrow F|_{TC} = \text{INVF}(0{,}05; 2; 14) \longrightarrow F|_{TC} = 3{,}73889183$

- Cálculo da estatística de teste de hipótese: $F_{Estat}|_{TC} = M_{Re}/M_{TC} = 980{,}2190689$

- Cálculo da distribuição F:

  $F_{sig}|_{TC} = \text{DISTF}(F_{Estat}; G_L^{Re}; G_L^{TC}) \longrightarrow F_{sig}|_{TC} = 9{,}01138\text{E-}16$

- Teste de hipótese:

  $(F_{Estat}|_{TC} > F|_{TC})? \longrightarrow (980{,}2190689 > 3{,}738891832)?$ Sim; portanto, o modelo proposto é estatisticamente significativo.

- Teste de hipótese:

  $(F_{sig}|_{TC} < \alpha)? \longrightarrow (9{,}01138\text{E-}16 < 0{,}05)?$ Sim; portanto, o modelo proposto é estatisticamente significativo.

▶ Intervalos de confiança para o coeficiente θ_1:

Intervalo: $\Delta_{\theta 1} = tE_{\theta 1} = 0{,}018570955$

Inferior: $\theta_1 - \Delta_{\theta 1} = 0{,}943170661$

Central: $\theta_1 = 0{,}961741616$

Superior: $\theta_1 + \Delta_{\theta 1} = 0{,}980312571$

▶ Intervalos de confiança para o coeficiente θ_2:

Intervalo: $\Delta_{\theta 2} = tE_{\theta 2} = 0{,}017820502$

Inferior: $\theta_2 - \Delta_{\theta 2} = 1{,}074363382$

Central: θ_2 = 1,092183883

Superior: $\theta_2 + \Delta_{\theta 2}$ = 1,110004385

COMPARAÇÃO COM O STATISTICA PARA A EQUAÇÃO DE MARGULES

As medidas estatísticas e os valores dos parâmetros binários calculados no Tópico 9.3.1 são comparados com os fornecidos pelo Statistica 5.0. A comparação é apresentada na Tabela 9.5.

TABELA 9.5 - VALORES DOS PARÂMETROS BINÁRIOS DO SISTEMA ETANOL(1)-ACETONITRILA(2)

	A_{12}		A_{21}	
	Tópico 9.3.1	Statistica	Tópico 9.3.1	Statistica
Valor	0,961742	0,961741	1,092184	1,092184
Erro Padrão	0,008596	0,008596	0,008249	0,008249
Estatística t	111,8799	111,8799	132,4048	132,4048
Valor-p	8,7246E-21	0,00000	9,7849E-22	0,00000
Limite Inferior	0,943171	0,943171	1,074363	1,074363
Limite Superior	0,980313	0,980312	1,110004	1,110004

Gmehling et al. (1982) reportam os seguintes valores para os parâmetros binários do sistema etanol(1)-acetonitrila(2) para a equação de Margules 3 sufixos:

- Parâmetro A_{12}: A_{12} = 0,9618
- Parâmetro A_{12}: A_{21} = 1,0920

EQUAÇÃO DE MARGULES TRÊS SUFIXOS - DIFERENÇAS FINITAS

A função g_i, para $\theta_1 = A_{12}$ e $\theta_2 = A_{21}$, é definida por:

- Função escolhida - Tabela 9.3:

$$g_i = x_{1i}\gamma_{1i}P_1^{sat} + x_{2i}\gamma_{2i}P_2^{sat} \tag{9.50}$$

- Coeficientes de atividade - Tabela 9.4:

$$\gamma_1 = \exp\left\{\left[A_{12} + 2\left(A_{21} - A_{12}\right)x_1\right]x_2^2\right\} = \exp\left(u_1\right) \tag{9.51}$$

e

$$\gamma_2 = \exp\left(\left[A_{21} + 2\left(A_{12} - A_{21}\right)x_2\right]x_1^2\right) = \exp\left(u_2\right) \tag{9.52}$$

em que $u_1 = \left[A_{12} + 2\left(A_{21} - A_{12}\right)x_1\right]x_2^2$ e $u_2 = \left[A_{21} + 2\left(A_{12} - A_{21}\right)x_2\right]x_1^2$.

A dependência funcional da Equação (9.50), para $A_{12} = \theta_1$ e $A_{12} = \theta_2$, é dada por: $g_i = g_i\left(\theta_1, \theta_2\right)$. As derivadas parciais dessa função podem ser aproximadas por diferenças finitas:

$$\left(\frac{\partial g_i}{\partial \theta_1}\right)_{\theta_2} = \frac{g_i\big|_{\theta_1+h,\theta_2} - g_i\big|_{\theta_1,\theta_2}}{h} = z_{i1} \tag{9.53}$$

e

$$\left(\frac{\partial g_i}{\partial \theta_2}\right)_{\theta_1} = \frac{g_i\big|_{\theta_1,\theta_2+h} - g_i\big|_{\theta_1,\theta_2}}{h} = z_{i2} \tag{9.54}$$

O valor de h é, normalmente, tomado como 1% do valor de θ_1 e de θ_2. Portanto, as Equações (9.53) e (9.54) tornam-se, respectivamente:

- Equações e Derivada parcial z_{i1}:

$$z_{i1} = \frac{g_i\big|_{\theta_1+0{,}01\theta_1,\theta_2} - g_i\big|_{\theta_1,\theta_2}}{0{,}01\theta_1} = \frac{g_i\big|_{1{,}01\theta_1,\theta_2} - g_i\big|_{\theta_1,\theta_2}}{0{,}01\theta_1} \tag{9.55}$$

ou

$$z_{i1} = \frac{g_i\big|_{\theta_1^*,\theta_2} - g_i\big|_{\theta_1,\theta_2}}{0{,}01\theta_1} \tag{9.56}$$

Conforme a Equação (9.56), a função g_i é avaliada nos seguintes pares de pontos:

- Par de pontos (θ_1, θ_2): $g_i\big|_{\theta_1,\theta_2} = x_{1i}P_1^{sat}\gamma_{1i}\big|_{\theta_1,\theta_2} + x_{2i}P_2^{sat}\gamma_{2i}\big|_{\theta_1,\theta_2}$
- Par de pontos (1,01θ_1, θ_2): $g_i\big|_{\theta_1^*,\theta_2} = x_{1i}P_1^{sat}\gamma_{1i}\big|_{\theta_1^*,\theta_2} + x_{2i}P_2^{sat}\gamma_{2i}\big|_{\theta_1^*,\theta_2}$

A diferença entre as funções é dada por:

$$\begin{aligned} g_i\big|_{\theta_1^*,\theta_2} - g_i\big|_{\theta_1,\theta_2} &= x_{1i}P_1^{sat}\gamma_{1i}\big|_{\theta_1^*,\theta_2} + x_{2i}P_2^{sat}\gamma_{2i}\big|_{\theta_1^*,\theta_2} - x_{1i}P_1^{sat}\gamma_{1i}\big|_{\theta_1,\theta_2} + x_{2i}P_2^{sat}\gamma_{2i}\big|_{\theta_1,\theta_2} \\ &= x_{1i}P_1^{sat}\left(\gamma_{1i}\big|_{\theta_1^*,\theta_2} - \gamma_{1i}\big|_{\theta_1,\theta_2}\right) + x_{2i}P_2^{sat}\left(\gamma_{2i}\big|_{\theta_1^*,\theta_2} - \gamma_{2i}\big|_{\theta_1,\theta_2}\right) \end{aligned} \tag{9.57}$$

A substituição da Equação (9.57) na Equação (9.55) fornece:

$$z_{i1} = \frac{g_i\big|_{\theta_1^*,\theta_2} - g_i\big|_{\theta_1,\theta_2}}{0,01\theta_1} = \frac{x_{1i}P_1^{sat}\left(\gamma_{1i}\big|_{\theta_1^*,\theta_2} - \gamma_{1i}\big|_{\theta_1,\theta_2}\right) + x_{2i}P_2^{sat}\left(\gamma_{2i}\big|_{\theta_1^*,\theta_2} - \gamma_{2i}\big|_{\theta_1,\theta_2}\right)}{0,01\theta_1} \tag{9.58}$$

Definindo funções auxiliares, tais que: $G_{1i}^* = \frac{\gamma_{1i}\big|_{\theta_1^*,\theta_2} - \gamma_{1i}\big|_{\theta_1,\theta_2}}{0,01\theta_1}$ e $G_{2i}^* = \frac{\gamma_{2i}\big|_{\theta_1^*,\theta_2} - \gamma_{2i}\big|_{\theta_1,\theta_2}}{0,01\theta_1}$, a Equação (9.58) pode ser escrita como:

$$z_{i1} = x_{1i}P_1^{sat}G_{1i}^* + x_{2i}P_2^{sat}G_{2i}^* \tag{9.59}$$

- Derivada parcial z_{i2}:

$$z_{i2} = \frac{g_i\big|_{\theta_1,1,01\theta_2} - g_i\big|_{\theta_1,\theta_2}}{0,01\theta_2} = \frac{g_i\big|_{\theta_1,\theta_2^*} - g_i\big|_{\theta_1,\theta_2}}{0,01\theta_2} \tag{9.60}$$

Conforme a Equação (9.60), a função g_i é avaliada nos seguintes pares de pontos:

- Par de pontos (θ_1, θ_2): $g_i\big|_{\theta_1,\theta_2} = x_{1i}P_1^{sat}\,\gamma_{1i}\big|_{\theta_1,\theta_2} + x_{2i}P_2^{sat}\,\gamma_{2i}\big|_{\theta_1,\theta_2}$
- Par de pontos (θ_1, 1,01θ_2): $g_i\big|_{\theta_1,\,\theta_2^*} = x_{1i}P_1^{sat}\,\gamma_{1i}\big|_{\theta_1,\,\theta_2^*} + x_{2i}P_2^{sat}\,\gamma_{2i}\big|_{\theta_1,\,\theta_2^*}$

A diferença entre as funções é dada por:

$$\begin{aligned} g_i\big|_{\theta_1,\,\theta_2^*} - g_i\big|_{\theta_1,\theta_2} &= x_{1i}P_1^{sat}\,\gamma_{1i}\big|_{\theta_1,\theta_2^*} + x_{2i}P_2^{sat}\,\gamma_{2i}\big|_{\theta_1,\theta_2^*} - x_{1i}P_1^{sat}\,\gamma_{1i}\big|_{\theta_1,\theta_2} + x_{2i}P_2^{sat}\,\gamma_{2i}\big|_{\theta_1,\theta_2} \\ &= x_{1i}P_1^{sat}\left(\gamma_{1i}\big|_{\theta_1,\theta_2^*} - \gamma_{1i}\big|_{\theta_1,\theta_2}\right) + x_{2i}P_2^{sat}\left(\gamma_{2i}\big|_{\theta_1,\theta_2^*} - \gamma_{2i}\big|_{\theta_1,\theta_2}\right) \end{aligned} \tag{9.61}$$

A substituição da Equação (9.61) na Equação (9.60) fornece:

$$z_{i2} = \frac{g_i\big|_{\theta_1,\theta_2^*} - g_i\big|_{\theta_1,\theta_2}}{0,01\theta_2} = \frac{x_{1i}P_1^{sat}\left(\gamma_{1i}\big|_{\theta_1,\theta_2^*} - \gamma_{1i}\big|_{\theta_1,\theta_2}\right) + x_{2i}P_2^{sat}\left(\gamma_{2i}\big|_{\theta_1,\theta_2^*} - \gamma_{2i}\big|_{\theta_1,\theta_2}\right)}{0,01\theta_2} \tag{9.62}$$

Definindo funções auxiliares, tais que $G_{1i}^{**} = \frac{\gamma_{1i}\big|_{\theta_1,\theta_2^*} - \gamma_{1i}\big|_{\theta_1,\theta_2}}{0,01\theta_2}$ e $G_{2i}^{**} = \frac{\gamma_{2i}\big|_{\theta_1,\theta_2^*} - \gamma_{2i}\big|_{\theta_1,\theta_2}}{0,01\theta_2}$, a Equação (9.62) pode ser escrita como:

$$z_{i2} = x_{1i}P_1^{sat}G_{1i}^{**} + x_{2i}P_2^{sat}G_{2i}^{**} \tag{9.63}$$

O resumo das expressões resultantes da modelagem matemática com a derivada aproximada por diferenças finitas para a equação de Margules três sufixos é apresentado na Tabela 9.6.

TABELA 9.6 - RESUMO DA EQUAÇÃO DE MARGULES TRÊS SUFIXOS POR DIFERENÇAS FINITAS

$$g_i\big|_{\theta_1,\theta_2} = x_{1i}P_1^{sat}\,\gamma_{1i}\big|_{\theta_1,\theta_2} + x_{2i}P_2^{sat}\,\gamma_{2i}\big|_{\theta_1,\theta_2}$$

$$g_i\big|_{\theta_1^*,\theta_2} = x_{1i}P_1^{sat}\,\gamma_{1i}\big|_{\theta_1^*,\theta_2} + x_{2i}P_2^{sat}\,\gamma_{2i}\big|_{\theta_1^*,\theta_2}$$

$$g_i\big|_{\theta_1,\theta_2^*} = x_{1i}P_1^{sat}\,\gamma_{1i}\big|_{\theta_1,\theta_2^*} + x_{2i}P_2^{sat}\,\gamma_{2i}\big|_{\theta_1,\theta_2^*}$$

$$z_{i1} = \left(\frac{\partial g_i}{\partial \theta_1}\right)_{\theta_2} = \frac{g_i\big|_{\theta_1^*,\theta_2} - g_i\big|_{\theta_1,\theta_2}}{0,01\theta_1} = x_{1i}P_1^{sat}G_{1i}^* + x_{2i}P_2^{sat}G_{2i}^*$$

$$z_{i2} = \frac{g_i\big|_{\theta_1,\theta_2^*} - g_i\big|_{\theta_1,\theta_2}}{0,01\theta_2} = x_{1i}P_1^{sat}G_{1i}^{**} + x_{2i}P_2^{sat}G_{2i}^{**}$$

$$G_{1i}^* = \frac{\gamma_{1i}\big|_{\theta_1^*,\theta_2} - \gamma_{1i}\big|_{\theta_1,\theta_2}}{0,01\theta_1} \text{ e } G_{2i}^* = \frac{\gamma_{2i}\big|_{\theta_1^*,\theta_2} - \gamma_{2i}\big|_{\theta_1,\theta_2}}{0,01\theta_1}$$

$$G_{1i}^{**} = \frac{\gamma_{1i}\big|_{\theta_1,\theta_2^*} - \gamma_{1i}\big|_{\theta_1,\theta_2}}{0,01\theta_2} \text{ e } G_{2i}^{**} = \frac{\gamma_{2i}\big|_{\theta_1,\theta_2^*} - \gamma_{2i}\big|_{\theta_1,\theta_2}}{0,01\theta_2}$$

$$\gamma_1\big|_{\theta_1,\theta_2} = \exp\left(u_1\big|_{\theta_1,\theta_2}\right),\ \gamma_2\big|_{\theta_1,\theta_2} = \exp\left(u_2\big|_{\theta_1,\theta_2}\right)$$

$$\gamma_1\big|_{\theta_1^*,\theta_2} = \exp\left(u_1\big|_{\theta_1^*,\theta_2}\right),\ \gamma_2\big|_{\theta_1^*,\theta_2} = \exp\left(u_2\big|_{\theta_1^*,\theta_2}\right)$$

$$\gamma_1\big|_{\theta_1,\theta_2^*} = \exp\left(u_1\big|_{\theta_1,\theta_2^*}\right),\ \gamma_2\big|_{\theta_1,\theta_2^*} = \exp\left(u_2\big|_{\theta_1,\theta_2^*}\right)$$

$$u_1\big|_{\theta_1,\theta_2} = \left[\theta_1 + 2(\theta_2 - \theta_1)x_1\right]x_2^2 \text{ e } u_2\big|_{\theta_1,\theta_2} = \left[\theta_2 + 2(\theta_1 - \theta_2)x_2\right]x_1^2$$

$$u_1\big|_{\theta_1^*,\theta_2} = \left[\theta_1^* + 2\left(\theta_2 - \theta_1^*\right)x_1\right]x_2^2 \text{ e } u_2\big|_{\theta_1^*,\theta_2} = \left[\theta_2 + 2\left(\theta_1^* - \theta_2\right)x_2\right]x_1^2$$

$$u_1\big|_{\theta_1,\theta_2^*} = \left[\theta_1 + 2\left(\theta_2^* - \theta_1\right)x_1\right]x_2^2 \text{ e } u_2\big|_{\theta_1,\theta_2^*} = \left[\theta_2^* + 2\left(\theta_1 - \theta_2^*\right)x_2\right]x_1^2$$

Sistema etanol(1)-acetonitrila(2)

Roteiro de cálculo – Tabela 7.3 do Tópico 7.3.1

1. Entrada de dados: $m = 15$, $f_i = P_i$, x_{1i} e x_{2i} para $i = 1, 2, ..., 15$
2. Para $T = 50$ °C, $P_1^{sat} = 542{,}59496$ mmHg e $P_2^{sat} = 521{,}965835$ mmHg
3. Cálculo da média de f: $\bar{f} = 624{,}59$
4. Informações do procedimento iterativo: Tol = $1\text{x}10^{-5}$ e Itemax = 50
5. Estimativa inicial dos parâmetros: $\theta_1 = A_{12}^{(1)} = 2$ e $\theta_2 = A_{21}^{(1)} = 2$
6. Inicialização do contador de iteração: $k = 1$
7. Método de Gauss-Newton

   Faça

   ▶ Para $i = 1, 2, ..., 15$, calcular as funções:

$$\theta_1 = A_{12}^{(k)} \text{ e } \theta_2 = A_{21}^{(k)},\ \theta_1^* = 1{,}01\theta_1 = 2{,}02 \text{ e } \theta_2^* = 1{,}01\theta_2 = 2{,}02$$

$$u_{1i} = \left[\theta_1 + 2(\theta_2 - \theta_1)x_{1i}\right]x_{2i}^2 \text{ e } u_{2i} = \left[\theta_2 + 2(\theta_1 - \theta_2)x_{2i}\right]x_{1i}^2$$

$$u_{1i}\big|_{\theta_1^*,\theta_2} = \left[\theta_1^* + 2(\theta_2 - \theta_1^*)x_{1i}\right]x_{2i}^2 \text{ e } u_{2i}\big|_{\theta_1^*,\theta_2} = \left[\theta_2 + 2(\theta_1^* - \theta_2)x_{2i}\right]x_{1i}^2$$

$$u_{1i}\big|_{\theta_1,\theta_2^*} = \left[\theta_1 + 2(\theta_2^* - \theta_1)x_{1i}\right]x_{2i}^2 \text{ e } u_{2i}\big|_{\theta_1,\theta_2^*} = \left[\theta_2^* + 2(\theta_1 - \theta_2^*)x_{2i}\right]x_{1i}^2$$

$$\gamma_{1i}\big|_{\theta_1,\theta_2} = \exp\left(u_{1i}\big|_{\theta_1,\theta_2}\right) \text{ e } \gamma_{2i}\big|_{\theta_1,\theta_2} = \exp\left(u_{2i}\big|_{\theta_1,\theta_2}\right)$$

$$\gamma_{1i}\big|_{\theta_1^*,\theta_2} = \exp\left(u_{1i}\big|_{\theta_1^*,\theta_2}\right) \text{ e } \gamma_{2i}\big|_{\theta_1^*,\theta_2} = \exp\left(u_{2i}\big|_{\theta_1^*,\theta_2}\right)$$

$$\gamma_{1i}\big|_{\theta_1,\theta_2^*} = \exp\left(u_{1i}\big|_{\theta_1,\theta_2^*}\right) \text{ e } \gamma_{2}\big|_{\theta_1,\theta_2^*} = \exp\left(u_{2}\big|_{\theta_1,\theta_2^*}\right)$$

$$G_{1i}^* = \frac{\gamma_{1i}\big|_{\theta_1^*,\theta_2} - \gamma_{1i}\big|_{\theta_1,\theta_2}}{0{,}01\theta_1} \text{ e } G_{2i}^* = \frac{\gamma_{2i}\big|_{\theta_1^*,\theta_2} - \gamma_{2i}\big|_{\theta_1,\theta_2}}{0{,}01\theta_1}$$

$$G_{1i}^{**} = \frac{\gamma_{1i}\big|_{\theta_1,\theta_2^*} - \gamma_{1i}\big|_{\theta_1,\theta_2}}{0{,}01\theta_2} \text{ e } G_{2i}^{**} = \frac{\gamma_{2i}\big|_{\theta_1,\theta_2^*} - \gamma_{2i}\big|_{\theta_1,\theta_2}}{0{,}01\theta_2}$$

$$g_i\big|_{\theta_1,\theta_2} = x_{1i}P_1^{sat}\,\gamma_{1i}\big|_{\theta_1,\theta_2} + x_{2i}P_2^{sat}\,\gamma_{2i}\big|_{\theta_1,\theta_2} \text{ e } h_i = y_i - g_i\big|_{\theta_1,\theta_2}$$

$$z_{i1} = x_{1i}P_1^{sat}G_{1i}^* + x_{2i}P_2^{sat}G_{2i}^* \text{ e } z_{i2} = x_{1i}P_1^{sat}G_{1i}^{**} + x_{2i}P_2^{sat}G_{2i}^{**}$$

▶ Os valores calculados:

i	$f_i = P_i$	x_{1i}	$u_{1i}\big\|_{\theta_1,\theta_2}$	$u_{2i}\big\|_{\theta_1,\theta_2}$	$u_{1i}\big\|_{\theta_1^*,\theta_2}$	$u_{2i}\big\|_{\theta_1^*,\theta_2}$
1	521,97	0,0000	2,0000000	0,0000000	2,0200000	0,0000000
2	559,32	0,0434	1,8301671	0,0037671	1,8468802	0,0038392
3	589,17	0,0878	1,6642177	0,0154177	1,6779375	0,0156990
4	620,08	0,1472	1,4545357	0,0433357	1,4647989	0,0440748
5	645,88	0,2156	1,2305667	0,0929667	1,2375662	0,0944252
6	668,38	0,3100	0,9522000	0,1922000	0,9558184	0,1948524
7	682,33	0,4120	0,6914880	0,3394880	0,6927050	0,3434804
8	687,58	0,5126	0,4751175	0,5255175	0,4749978	0,5306403
9	685,93	0,6103	0,3037322	0,7449322	0,3030621	0,7507382
10	676,18	0,7059	0,1729896	0,9965896	0,1722772	1,0024516
11	657,80	0,7987	0,0810434	1,2758434	0,0805592	1,2809799
12	637,18	0,8633	0,0373738	1,4905738	0,0371022	1,4946490
13	611,45	0,9152	0,0143821	1,6751821	0,0142627	1,6780232
14	583,02	0,9579	0,0035448	1,8351448	0,0035124	1,8366900
15	542,59	1,0000	0,0000000	2,0000000	0,0000000	2,0000000

- Valores adicionais 1

i	$u_{1i}\big\|_{\theta_1,\theta_2^*}$	$u_{2i}\big\|_{\theta_1,\theta_2^*}$	$\gamma_{1i}\big\|_{\theta_1,\theta_2}$	$\gamma_{2i}\big\|_{\theta_1,\theta_2}$	$\gamma_{1i}\big\|_{\theta_1^*,\theta_2}$
1	2,0000000	0,0000000	7,389056	1,000000	7,538325
2	1,8317557	0,0037327	6,234929	1,003774	6,340009
3	1,6671400	0,0152906	5,281540	1,015537	5,354501
4	1,4588178	0,0430299	4,282495	1,044288	4,326673
5	1,2358729	0,0924379	3,423169	1,097425	3,447213
6	0,9581036	0,1914696	2,591404	1,211913	2,600798
7	0,6971859	0,3388905	1,996684	1,404228	1,999116
8	0,4799884	0,5256500	1,608203	1,691334	1,608011
9	0,3074395	0,7465755	1,354906	2,106299	1,353999
10	0,1754319	1,0006936	1,188854	2,709027	1,188007

i	$u_{1i}\|_{\theta_1,\theta_2^*}$	$u_{2i}\|_{\theta_1,\theta_2^*}$	$\gamma_{1i}\|_{\theta_1,\theta_2}$	$\gamma_{2i}\|_{\theta_1,\theta_2}$	$\gamma_{1i}\|_{\theta_1^*,\theta_2}$
11	0,0823380	1,2834653	1,084418	3,581721	1,083893
12	0,0380191	1,5014043	1,038081	4,439642	1,037799
13	0,0146453	1,6890928	1,014486	5,339767	1,014365
14	0,0036127	1,8519511	1,003551	6,266042	1,003519
15	0,0000000	2,0200000	1,000000	7,389056	1,000000

- Valores adicionais 2

i	$\gamma_{2i}\|_{\theta_1^*,\theta_2}$	$\gamma_{1i}\|_{\theta_1,\theta_2^*}$	$\gamma_{2}\|_{\theta_1,\theta_2^*}$	G_{1i}^*	G_{2i}^*
1	1,000000	7,389056	1,000000	7,463442	0,000000
2	1,003847	6,244841	1,003740	5,254028	0,003617
3	1,015823	5,296997	1,015408	3,648054	0,014285
4	1,045061	4,300872	1,043969	2,208922	0,038608
5	1,099027	3,441381	1,096845	1,202220	0,080086
6	1,215132	2,606748	1,211028	0,469681	0,160935
7	1,409846	2,008094	1,403390	0,121574	0,280871
8	1,700020	1,616056	1,691558	-0,009627	0,434325
9	2,118563	1,359939	2,109763	-0,045376	0,613237
10	2,724954	1,191761	2,720168	-0,042330	0,796340
11	3,600166	1,085823	3,609125	-0,026245	0,922250
12	4,457772	1,038751	4,487987	-0,014093	0,906474
13	5,354960	1,014753	5,414566	-0,006058	0,759622
14	6,275731	1,003619	6,372240	-0,001629	0,484486
15	7,389056	1,000000	7,538325	0,000000	0,000000

- Valores adicionais 3

i	G_{1i}^{**}	G_{2i}^{**}	$g_i\|_{\theta_1,\theta_2}$	h_i	z_{i1}
1	0,000000	0,000000	521,965835	0,00417	0
2	0,495629	-0,001727	648,021006	-88,70101	125,5313104
3	0,772858	-0,006453	735,146745	-145,97674	180,5941132

i	G_{1i}^{**}	G_{2i}^{**}	$g_i\|_{\theta_1,\theta_2}$	h_i	z_{i1}
4	0,918881	-0,015964	806,889407	-186,80941	193,6120561
5	0,910615	-0,029008	849,773001	-203,89300	173,4294773
6	0,767198	-0,044240	872,363943	-203,98394	136,9641194
7	0,570465	-0,041939	877,337096	-195,00710	113,3815294
8	0,392626	0,011200	877,582015	-190,00202	107,8174104
9	0,251622	0,173208	877,113722	-191,18372	109,7124175
10	0,145352	0,557029	871,215316	-195,03532	106,0329917
11	0,070239	1,370189	846,292430	-188,49243	85,52866135
12	0,033504	2,417246	803,040785	-165,86079	58,07787615
13	0,013355	3,739951	740,128941	-128,67894	30,6148131
14	0,003408	5,309930	659,292177	-76,27218	9,799836524
15	0,000000	7,463442	542,594960	-0,00496	0

- Valores adicionais 4

i	z_{i2}	z_{i1}^2	$z_{i1}z_{i2}$	$h_i z_{i1}$	$h_i z_{i2}$
1	0	0,00000	0,00000	0,00000	0,00000
2	10,80930874	15758,10988	116,84116	-11134,75353	-958,79656
3	33,74609832	32614,23372	1138,79915	-26362,54076	-4926,14558
4	66,28511879	37485,62828	4393,71697	-36168,55344	-12382,68375
5	94,65022374	30077,78358	8958,66485	-35361,05658	-19298,51816
6	113,1126769	18759,17001	12794,47767	-27938,48117	-23073,16987
7	114,6553341	12855,37120	13145,84564	-22110,20283	-22358,60380
8	112,0519538	11624,59399	12555,64034	-20485,52527	-21290,09703
9	118,5559029	12036,81456	14055,50212	-20975,22829	-22665,95874
10	141,1820959	11242,99532	19932,38422	-20680,17808	-27535,49475
11	174,4076793	7315,15191	30418,03861	-16121,50518	-32874,52723
12	188,1712161	3373,03970	35408,40658	-9632,84214	-31210,22565
13	172,1721435	937,26678	29643,24701	-3939,48174	-22154,92914
14	118,4556341	96,03680	14031,73725	-747,45486	-9034,86906
15	0	0,00000	0,00000	0,00000	0,00000

▶ Cálculos dos somatórios Z^TZ: $\mathbf{Z}^T\mathbf{Z} = \begin{bmatrix} \sum_{i=1}^{m} z_{i1}^2 & \sum_{i=1}^{m} z_{i1}z_{i2} \\ \sum_{i=1}^{m} z_{i2}z_{i1} & \sum_{i=1}^{m} z_{i2}^2 \end{bmatrix}$

$$\sum_{i=1}^{m} z_{i1}^2 = 194176{,}1957,\ \sum_{i=1}^{m} z_{i2}^2 = 196593{,}3015666 \text{ e } \sum_{i=1}^{m} z_{i1}z_{i2} = 137527{,}6356627$$

Portanto,

$$\mathbf{Z}^T\mathbf{Z} = \begin{bmatrix} 194176{,}1957442 & 137527{,}6356627 \\ 137527{,}6356627 & 196593{,}3015666 \end{bmatrix}$$

▶ Calcular a matriz inversa **B** = $[\boldsymbol{Z}^T\boldsymbol{Z}]^{-1}$: O procedimento empregado nos capítulos anteriores para a inversão matricial fornece:

$$\mathbf{B} = \left(\mathbf{Z}^T\mathbf{Z}\right)^{-1} = \begin{bmatrix} 1{,}02074\text{E-}05 & -7{,}14062\text{E-}06 \\ -7{,}14062\text{E-}06 & 1{,}00819\text{E-}05 \end{bmatrix}$$

▶ Efetuar a multiplicação $\mathbf{Z}^T\mathbf{h}$: $\boldsymbol{\beta} = \mathbf{Z}^T\mathbf{h} = \begin{bmatrix} \sum_{i=1}^{m} h_i z_{i1} \\ \sum_{i=1}^{m} h_i z_{i2} \end{bmatrix}$

$$\sum_{i=1}^{m} h_i z_{i1} = -251657{,}8038814 \text{ e } \sum_{i=1}^{m} h_i z_{i2} = -249764{,}0193357$$

Portanto,

$$\boldsymbol{\beta} = \mathbf{Z}^T\mathbf{h} = \begin{bmatrix} -251657{,}8038814 \\ -249764{,}0193357 \end{bmatrix}$$

▶ Efetuar a multiplicação $\Delta\theta = \mathbf{B}\boldsymbol{\beta} = \begin{bmatrix} \Delta\theta_1 \\ \Delta\theta_2 \end{bmatrix}$

$$\begin{bmatrix} \Delta\theta_1 \\ \Delta\theta_2 \end{bmatrix} = \begin{bmatrix} 1{,}02074\text{E-}05 & -7{,}14062\text{E-}06 \\ -7{,}14062\text{E-}06 & 1{,}00819\text{E-}05 \end{bmatrix} \begin{bmatrix} -251657{,}8038814 \\ -249764{,}0193357 \end{bmatrix} = \begin{bmatrix} -0{,}785299625 \\ -0{,}721100961 \end{bmatrix}$$

▶ Calcular o valor máximo: max_valor = máximo($|\Delta\theta_1|$, $|\Delta\theta_2|$) = 0,785299625

▶ Verificação da convergência

L1 = (k > itemax)? ⟶ L1 = (1 > 50)? ⟶ L1 = Falso

L2 = (max_valor < Tol)? ⟶ L2 = (0,785299625 < $1\text{x}10^{-5}$)? ⟶ L2 = Falso

L1 OU L2 ⟶ (Falso OU Falso) ⟶ Falso (continuar os cálculos)

▶ Atualizações os coeficientes

$\theta_1 \leftarrow \theta_1 + \Delta\theta_1 \longrightarrow \theta_1 = 1{,}214700375$

$\theta_2 \leftarrow \theta_2 + \Delta\theta_2 \longrightarrow \theta_2 = 1{,}278899039$

▶ Atualização do contador de iterações: $k \leftarrow k + 1 \longrightarrow k = 2$

Retorne para o Faça no início da etapa 7 e repita o procedimento até que uma das condições de convergência seja verdadeira. O procedimento converge com cinco iterações. Os resultados finais são mostrados nas tabelas seguintes.

▶ Valores dos parâmetros em cada iteração:

k	$\theta_1^{(k)}$	$\theta_2^{(k)}$	$\Delta\theta_1^{(k)}$	$\Delta\theta_2^{(k)}$	max_valor	L1 ou L2
1	2	2	-0,785299625	-0,721100961	0,78529963	F
2	1,214700375	1,278899039	-0,237267152	-0,178303704	0,23726715	F
3	0,977433223	1,100595335	-0,015590575	-0,008351486	0,01559057	F
4	0,961842648	1,092243849	-0,000104408	-4,36277E-05	0,00010441	F
5	0,96173824	1,092200222	-3,5974E-07	-1,23458E-07	3,5974E-07	V

▶ Os valores das matrizes em cada iteração são dados por:

k	Z^TZ		$B = (Z^TZ)^{-1}$		β	Δθ
1	194176,196	137527,636	1,0207E-05	-7,1406E-06	-251657,804	-0,78529963
	137527,636	196593,302	-7,1406E-06	1,0082E-05	-249764,019	-0,72110096
2	85111,1061	64370,4634	2,5683E-05	-1,8424E-05	-31671,5618	-0,23726715
	64370,4634	89735,0194	-1,8424E-05	2,436E-05	-31273,0829	-0,17830370
3	68825,9573	52957,7679	3,2046E-05	-2,2765E-05	-1515,31229	-0,01559057
	52957,7679	74548,1613	-2,2765E-05	2,9586E-05	-1448,22997	-0,00835149
4	67959,1344	52375,2559	3,2461E-05	-2,3026E-05	-9,38049879	-0,00010441
	52375,2559	73835,3643	-2,3026E-05	2,9877E-05	-8,68966889	-4,3628E-05
5	67953,6007	52371,6797	3,2463E-05	-2,3028E-05	-0,03091133	-3,5974E-07
	52371,6797	73831,2298	-2,3028E-05	2,9879E-05	-0,02795523	-1,2346E-07

8. Valores finais obtidos da iteração 5

i	$f_i = P_i$	x_{1i}	u_{1i}	u_{2i}	γ_{1i}	γ_{2i}	g_i
1	521,97	0,0000	0,9617382	0,0000000	2,616240	1,000000	521,96583
2	559,32	0,0434	0,8904334	0,0015871	2,436185	1,001588	557,47440
3	589,17	0,0878	0,8193338	0,0065848	2,268988	1,006607	587,37704
4	620,08	0,1472	0,7273742	0,0188442	2,069639	1,019023	618,90218
5	645,88	0,2156	0,6263544	0,0412554	1,870778	1,042118	645,52460
6	668,38	0,3100	0,4963936	0,0876588	1,642786	1,091616	669,47629
7	682,33	0,4120	0,3696829	0,1593518	1,447276	1,172750	683,47296
8	687,58	0,5126	0,2602427	0,2535690	1,297245	1,288616	688,64006
9	685,93	0,6103	0,1702389	0,3689344	1,185588	1,446193	686,77257
10	676,18	0,7059	0,0991165	0,5059997	1,104195	1,658643	677,54481
11	657,80	0,7987	0,0474160	0,6632320	1,048558	1,941056	658,36431
12	637,18	0,8633	0,0221812	0,7874194	1,022429	2,197718	635,74165
13	611,45	0,9152	0,0086331	0,8962843	1,008670	2,450481	609,35342
14	583,02	0,9579	0,0021476	0,9920933	1,002150	2,696874	580,13229
15	542,59	1,0000	0,0000000	1,0922002	1,000000	2,980825	542,59496

9. Valores finais obtidos da iteração 5

- Resíduos: $\varepsilon_i = f_i - g_i$
- Valores quadráticos residuais: $S_{Ri} = (f_i - g_i)^2$
- Valores quadráticos totais corrigidos: $S_{TCi} = \left(f_i - \overline{f}\right)^2$

i	g_i	ε_i	S_{Ri}	$S_{Ti} = f_i^2$	$S_{\text{Re}i} = g_i^2$	$S_{\text{TC}i}$
1	521,965835	0,004165	0,000017	272452,68	272448,3327	10531,00123
2	557,474401	1,845599	3,406235	312838,86	310777,7079	4260,259927
3	587,377042	1,792958	3,214698	347121,29	345011,7897	1254,623627
4	618,902175	1,177825	1,387271	384499,21	383039,9024	20,34611378
5	645,524603	0,355397	0,126307	417160,97	416702,0137	453,2357138
6	669,476288	-1,096288	1,201847	446731,82	448198,5002	1917,505714
7	683,472961	-1,142961	1,306360	465574,23	467135,2886	3333,830614
8	688,640061	-1,060061	1,123729	472766,26	474225,1336	3967,656114
9	686,772574	-0,842574	0,709930	470499,96	471656,5678	3762,513814
10	677,544812	-1,364812	1,862711	457219,39	459066,9721	2661,459314
11	658,364314	-0,564314	0,318451	432700,84	433443,5703	1102,85982
12	635,741650	1,438350	2,068850	405998,35	404167,4458	158,4913138
13	609,353424	2,096576	4,395632	373871,10	371311,5949	172,6771204
14	580,132289	2,887711	8,338873	339912,32	336553,4732	1728,120327
15	542,594960	-0,004960	0,000025	294403,91	294409,2905	6724,109334

- Soma dos resíduos: $S_\varepsilon = \sum_{i=1}^{m} \varepsilon_i = 5,5226$
- Soma quadrática dos resíduos: $S_R = \sum_{i=1}^{m} (f_i - g_i)^2 = 29,4609$
- Cálculo da soma quadrática total: $S_T = \sum_{i=1}^{m} f_i^2 = 5893751,2034$
- Soma quadrática em torno da média: $S_{TCi} = \sum_{i=1}^{m} \left(f_i - \overline{f}\right)^2 = 42048,6901$
- Cálculo da soma quadrática do modelo: $S_{\text{Re}} = \sum_{i=1}^{m} g_i^2 = 5888147,5833$
- Graus de liberdade dos resíduos: $G_L^R = m - 2 = 13$

- Graus de liberdade da regressão: $G_L^{Re} = 2$
- Graus de liberdade total: $G_L^T = m = 15$
- Graus de liberdade total corrigido: $G_L^{TC} = m - 1 = 14$
- Proporção da variância explicada: $R^2 = 1 - S_R/S_T = 0{,}999995001$
- Proporção da variância explicada corrigida: $R_C^2 = 1 - S_R/S_{TC} = 0{,}999299361$
- Média quadrática residual: $M_R = S_R/G_L^R = 2{,}266225936$
- Média quadrática devido à regressão: $M_{Re} = S_{Re}/G_L^{Re} = 2944073{,}792$
- Média quadrática total corrigida: $M_{TC} = S_{TC}/G_L^{TC} = 3003{,}477864$
- Variância populacional: $s^2 = M_R = 2{,}266225936$
- Erro padrão da estimativa: $s = \sqrt{M_R} = 1{,}505398929$
- Matriz de covariância $\mathbf{V} = \mathbf{B}s^2 = \begin{bmatrix} B_{11} & B_{12} \\ B_{21} & B_{22} \end{bmatrix} s^2$: A iteração cinco dos resultados da regressão não linear fornece a matriz B final:

$$\mathbf{V} = \begin{bmatrix} 3{,}24632\text{E-05} & -2{,}30276\text{E-05} \\ -2{,}30276\text{E-05} & 2{,}98788\text{E-05} \end{bmatrix} \times 2{,}266225936 = \begin{bmatrix} 7{,}3569\text{E-05} & -5{,}21856\text{E-05} \\ -5{,}21856\text{E-05} & 6{,}77122\text{E-05} \end{bmatrix}$$

Portanto,

- Variância do coeficiente θ_1: $\text{Var}(\theta_1) = 7{,}3569\text{E-05}$
- Variância do coeficiente θ_2: $\text{Var}(\theta_2) = 6{,}77122\text{E-05}$
- Covariância entre θ_1 e θ_2: $\text{Cov}(\theta_1, \theta_2) = -5{,}21856\text{E-05}$

- Erro padrão do coeficiente θ_1: $E_{\theta 1} = \sqrt{\text{Var}(\theta_1)} = 0{,}008577235$
- Erro padrão do coeficiente θ_2: $E_{\theta 2} = \sqrt{\text{Var}(\theta_2)} = 0{,}008228743$
- Inferência sobre os coeficientes do modelo:
  - Especificação do nível de confiança: $NC = 95\ \%$
  - Cálculo do nível de significância: $\alpha = 1 - NC/100 = 0{,}05$
  - Cálculo da probabilidade acumulada: $\phi = 1 - \alpha/2 = 0{,}975$

- Cálculo do valor crítico da distribuição t de Student:

  t = INVT(α; G_L^R) ⟶ t = INVT(0,05; 13) ⟶ t = 2,160368652

- Cálculo da estatística do coeficiente θ_1: $t_{Estat}|_{\theta 1} = \theta_1/E_{\theta 1}$= 112,1268419

- Cálculo da estatística do coeficiente θ_2: $t_{Estat}|_{\theta 2} = \theta_2/E_{\theta 2}$= 132,729904

- Teste de hipótese para o coeficiente θ_1:

  ($t_{Estat}|_{\theta 1} > t$)? ⟶ (112,1268419 > 2,160368652)? Sim; portanto, o coeficiente θ_1 é estatisticamente significativo.

- Teste de hipótese para o coeficiente θ_2:

  ($t_{Estat}|_{\theta 2} > t$)? ⟶ (132,729904 > 2,160368652)? Sim; portanto, o coeficiente θ_2 é estatisticamente significativo.

- Cálculo da distribuição t de Student para o coeficiente θ_1:

  valor-p$|_{\theta 1}$ = DISTT($t_{Estat}|_{\theta 1}$; G_L^R; 2) ⟶ valor-p$|_{\theta 1}$ = 8,4783E-21

- Cálculo da distribuição t de Student para o coeficiente θ_2:

  valor-p$|_{\theta 2}$ = DISTT($t_{Estat}|_{\theta 2}$; G_L^R; 2) ⟶ valor-p$|_{\theta 2}$ = 9,47805E-22

- Teste de hipótese sobre o coeficiente θ_1:

  (valor-p$|_{\theta 1}$ < α)? ⟶ (8,4783E-21 < 0,05)? Sim; portanto, o coeficiente θ_1 é estatisticamente significativo.

- Teste de hipótese sobre o coeficiente θ_2:

  (valor-p$|_{\theta 2}$ < α)? ⟶ (9,47805E-22 < 0,05)? Sim; portanto, o coeficiente θ_2 é estatisticamente significativo.

▶ Inferência sobre o modelo:

TESTE ESTATÍSTICO 1

- Cálculo do valor crítico da distribuição F:

  F = INVF(α; G_L^{Re}; G_L^R) ⟶ F = INVF(0,05; 2; 13) ⟶ F = 3,805565253

- Cálculo da estatística de teste de hipótese: $F_{Estat} = M_{Re}/M_R$ = 1299108,683

- Teste de hipótese:

  ($F_{Estat} > F$)? ⟶ (1299108,683 > 3,805565253)? Sim; portanto, o modelo proposto é estatisticamente significativo.

- Cálculo da distribuição F:

  $F_{significância}$ = DISTF(F_{Estat}; G_L^{Re}; G_L^{R}) ⟶ $F_{significância}$ = 3,50935E-35

- Teste de hipótese:

  ($F_{significância}$ < α)? ⟶ (3,50935E-35 < 0,05)? Sim; portanto, o modelo proposto é estatisticamente significativo.

TESTE ESTATÍSTICO 2

- Cálculo do valor crítico da distribuição corrigida $F|_{TC}$:

  $F|_{TC}$= INVF(α; G_L^{Re}; G_L^{TC}) ⟶ $F|_{TC}$ = INVF(0,05; 2; 14) ⟶ $F|_{TC}$ = 3,73889183

- Cálculo da estatística de teste de hipótese: $F_{Estat}|_{TC} = M_{Re}/M_{TC}$ = 980,2215715

- Cálculo da distribuição F:

  $F_{sig}|_{TC}$ = DISTF(F_{Estat}; G_L^{Re}; G_L^{TC}) ⟶ $F_{sig}|_{TC}$ = 9,01122E-16

- Teste de hipótese:

  ($F_{Estat}|_{TC} > F|_{TC}$)? ⟶ (980,2215715 > 3,73889183)? Sim; portanto, o modelo proposto é estatisticamente significativo.

- Teste de hipótese:

  ($F_{sig}|_{TC}$ < α)? ⟶ (9,01122E-16 < 0,05)? Sim; portanto, o modelo proposto é estatisticamente significativo.

▶ Intervalos de confiança para o coeficiente θ_1:

Intervalo: $\Delta_{\theta 1} = tE_{\theta 1}$ = 0,018529989

Inferior: $\theta_1 - \Delta_{\theta 1}$ = 0,943208251

Central: θ_1 = 0,96173824

Superior: $\theta_1 + \Delta_{\theta 1}$ = 0,980268229

▶ Intervalos de confiança para o coeficiente θ_2:

Intervalo: $\Delta_{\theta 2} = tE_{\theta 2}$ = 0,017777118

Inferior: $\theta_2 - \Delta_{\theta 2}$ = 1,074423104

Central: θ_2 = 1,092200222

Superior: $\theta_2 + \Delta_{\theta 2}$ = 1,109977339

Equação de van Laar - Derivadas Analíticas

Os coeficientes de atividade da equação de van Laar são dados por:

- Coeficiente de atividade da espécie 1:

$$\ln \gamma_1 = A_{12}\left(\frac{A_{21}x_2}{A_{12}x_1 + A_{21}x_2}\right)^2 = A_{12}\left(\frac{A_{21}x_2}{S}\right)^2 \tag{9.64}$$

- Coeficiente de atividade da espécie 2:

$$\ln \gamma_2 = A_{21}\left(\frac{A_{12}x_1}{A_{12}x_1 + A_{21}x_2}\right)^2 = A_{21}\left(\frac{A_{12}x_1}{S}\right)^2 \tag{9.65}$$

em que $S = A_{12}x_1 + A_{21}x_2$

As derivadas parciais do coeficiente de atividade do componente 1 em relação ao parâmetro A_{jl}, mantendo A_{lj} constante, são dadas por:

- Derivada parcial do coeficiente de atividade da espécie 1 com relação ao parâmetro A_{12}:

$$\left(\frac{\partial \ln \gamma_1}{\partial A_{12}}\right)_{A_{21}} = \frac{\partial}{\partial A_{12}}\left[A_{12}\left(\frac{A_{21}x_2}{S}\right)^2\right]_{A_{21}} = \left(A_{21}x_2\right)^2\left[\frac{\partial\left(A_{12}S^{-2}\right)}{\partial A_{12}}\right]_{A_{21}} \tag{9.66}$$

Desenvolvendo a Equação (9.66),

$$\begin{aligned}\left(\frac{\partial \ln \gamma_1}{\partial A_{12}}\right)_{A_{21}} &= A_{21}x_2)^2\left[S^{-2}\left(\frac{\partial A_{12}}{\partial A_{12}}\right)_{A_{21}} + A_{12}\left(\frac{\partial S^{-2}}{\partial A_{12}}\right)_{A_{21}}\right] \\ &= \left(A_{21}x_2\right)^2\left[S^{-2} - 2S^{-3}A_{12}\left(\frac{\partial S}{\partial A_{12}}\right)_{A_{21}}\right]\end{aligned} \tag{9.67}$$

Simplificando,

$$\left(\frac{\partial \ln \gamma_1}{\partial A_{12}}\right)_{A_{21}} = A_{12}\left(\frac{A_{21}x_2}{S}\right)^2\left[\frac{1}{A_{12}} - \frac{2}{S}\left(\frac{\partial S}{\partial A_{12}}\right)_{A_{21}}\right] \tag{9.68}$$

Sabendo-se que $\left(\frac{\partial \ln \gamma_1}{\partial A_{12}}\right)_{A_{21}} = \left(\frac{1}{\gamma_1}\right)\left(\frac{\partial \gamma_1}{\partial A_{12}}\right)_{A_{21}}$ e que $\left(\frac{\partial S}{\partial A_{12}}\right)_{A_{21}} = x_1$, a Equação (9.67) pode ser escrita como:

$$\left(\frac{\partial \ln \gamma_1}{\partial A_{12}}\right)_{A_{21}} = \gamma_1 \ln \gamma_1 \left(\frac{1}{A_{12}} - \frac{2x_1}{S}\right) \tag{9.69}$$

- Derivada parcial do coeficiente de atividade da espécie 1 com relação ao parâmetro A_{21}:

$$\left(\frac{\partial \ln \gamma_1}{\partial A_{21}}\right)_{A_{12}} = \frac{\partial}{\partial A_{21}}\left[A_{12}\left(\frac{A_{21}x_2}{S}\right)^2\right]_{A_{12}} = A_{12}x_2^2\left[\frac{\partial\left(A_{21}^2 S^{-2}\right)}{\partial A_{21}}\right]_{A_{12}} \tag{9.70}$$

Desenvolvendo a Equação (9.70),

$$\begin{aligned}\left(\frac{\partial \ln \gamma_1}{\partial A_{21}}\right)_{A_{12}} &= A_{12}x_2^2\left[S^{-2}\left(\frac{\partial A_{21}^2}{\partial A_{21}}\right)_{A_{12}} + A_{21}^2\left(\frac{\partial S^{-2}}{\partial A_{21}}\right)_{A_{12}}\right] \\ &= A_{12}x_2^2\left[2S^{-2}A_{21}\left(\frac{\partial A_{21}}{\partial A_{21}}\right)_{A_{12}} - 2S^{-3}A_{21}^2\left(\frac{\partial S}{\partial A_{21}}\right)_{A_{12}}\right]\end{aligned} \tag{9.71}$$

Simplificando,

$$\left(\frac{\partial \ln \gamma_1}{\partial A_{21}}\right)_{A_{12}} = A_{12}\left(\frac{A_{21}x_2}{S}\right)^2\left[\frac{2}{A_{21}} - \frac{2}{S}\left(\frac{\partial S}{\partial A_{21}}\right)_{A_{12}}\right] \tag{9.72}$$

Sabendo-se que $\left(\frac{\partial \ln \gamma_1}{\partial A_{21}}\right)_{A_{12}} = \left(\frac{1}{\gamma_1}\right)\left(\frac{\partial \gamma_1}{\partial A_{21}}\right)_{A_{12}}$ e que $\left(\frac{\partial S}{\partial A_{21}}\right)_{A_{12}} = x_2$, a Equação (9.72) pode ser escrita como:

$$\left(\frac{\partial \gamma_1}{\partial A_{21}}\right)_{A_{12}} = 2\gamma_1 \ln \gamma_1 \left(\frac{1}{A_{21}} - \frac{x_2}{S}\right) \tag{9.73}$$

As derivadas parciais do coeficiente de atividade do componente 2 em relação ao parâmetro A_{ji}, mantendo A_{ij} constante, são dadas por:

▶ Derivada parcial do coeficiente de atividade da espécie 2 com relação ao parâmetro A_{12}:

$$\left(\frac{\partial \ln \gamma_2}{\partial A_{12}}\right)_{A_{21}} = \frac{\partial}{\partial A_{12}}\left[A_{21}\left(\frac{A_{12}x_1}{S}\right)^2\right]_{A_{21}} = A_{21}x_1^2\frac{\partial\left(S^{-2}A_{12}^2\right)_{A_{21}}}{\partial A_{12}} \tag{9.74}$$

Desenvolvendo a Equação (9.74),

$$\begin{aligned}\left(\frac{\partial \ln \gamma_2}{\partial A_{12}}\right)_{A_{21}} &= A_{21}x_1^2\left[S^{-2}\left(\frac{\partial A_{12}^2}{\partial A_{12}}\right)_{A_{21}} + A_{12}^2\left(\frac{\partial S^{-2}}{\partial A_{12}}\right)_{A_{21}}\right] \\ &= A_{21}x_1^2\left[\frac{2A_{12}}{S^2}\left(\frac{\partial A_{12}}{\partial A_{12}}\right)_{A_{21}} - 2S^{-3}A_{12}^2\left(\frac{\partial S}{\partial A_{12}}\right)_{A_{21}}\right]\end{aligned} \tag{9.75}$$

Simplificando,

$$\left(\frac{\partial \ln \gamma_2}{\partial A_{12}}\right)_{A_{21}} = 2\frac{A_{21}x_1^2A_{12}^2}{S^2}\left[\frac{1}{A_{12}} - \frac{1}{S}\left(\frac{\partial S}{\partial A_{12}}\right)_{A_{21}}\right] \tag{9.76}$$

Sabendo-se que $\left(\frac{\partial \ln \gamma_2}{\partial A_{12}}\right)_{A_{21}} = \left(\frac{1}{\gamma_2}\right)\left(\frac{\partial \gamma_2}{\partial A_{12}}\right)_{A_{21}}$ e que $\left(\frac{\partial S}{\partial A_{12}}\right)_{A_{21}} = x_1$, a Equação (9.75) pode ser escrita como:

$$\left(\frac{\partial \gamma_2}{\partial A_{12}}\right)_{A_{21}} = 2\gamma_2A_{21}\left(\frac{x_1A_{12}}{S}\right)^2\left(\frac{1}{A_{12}} - \frac{x_1}{S}\right) = 2\gamma_2\ln\gamma_2\left(\frac{1}{A_{12}} - \frac{x_1}{S}\right) \tag{9.77}$$

▶ Derivada parcial do coeficiente de atividade da espécie 2 com relação ao parâmetro A_{12}:

$$\left(\frac{\partial \ln \gamma_2}{\partial A_{21}}\right)_{A_{12}} = \frac{\partial}{\partial A_{21}}\left[A_{21}\left(\frac{A_{12}x_1}{S}\right)^2\right]_{A_{12}} = A_{12}^2x_1^2\frac{\partial\left(A_{21}S^{-2}\right)_{A_{12}}}{\partial A_{21}} \tag{9.78}$$

Desenvolvendo a Equação (9.78),

$$\begin{aligned}\left(\frac{\partial \ln \gamma_2}{\partial A_{21}}\right)_{A_{12}} &= A_{12}^2x_1^2\left[S^{-2}\left(\frac{\partial A_{21}}{\partial A_{21}}\right)_{A_{12}} + A_{21}\left(\frac{\partial S^{-2}}{\partial A_{21}}\right)_{A_{12}}\right] \\ &= A_{12}^2x_1^2\left[\frac{1}{S^2} - 2S^{-3}A_{21}\left(\frac{\partial S}{\partial A_{21}}\right)_{A_{12}}\right]\end{aligned} \tag{9.79}$$

Simplificando,

$$\left(\frac{\partial \ln \gamma_2}{\partial A_{21}}\right)_{A_{12}} = A_{12}^2 x_1^2 \left[\frac{1}{S^2} - \frac{2A_{21}}{S^3}\left(\frac{\partial S}{\partial A_{21}}\right)_{A_{12}}\right] \tag{9.80}$$

Sabendo-se que $\left(\frac{\partial \ln \gamma_2}{\partial A_{21}}\right)_{A_{12}} = \left(\frac{1}{\gamma_2}\right)\left(\frac{\partial \gamma_2}{\partial A_{21}}\right)_{A_{12}}$ e que $\left(\frac{\partial S}{\partial A_{21}}\right)_{A_{12}} = x_2$, a Equação (9.79) pode ser escrita como:

$$\left(\frac{\partial \gamma_2}{\partial A_{21}}\right)_{A_{12}} = \gamma_2 A_{21}\left(\frac{A_{12}x_1}{S}\right)^2\left(\frac{1}{A_{21}} - \frac{2x_2}{S}\right) = \gamma_2 \ln \gamma_2 \left(\frac{1}{A_{21}} - \frac{2x_2}{S}\right) \tag{9.81}$$

O resumo da modelagem matemática para a equação de van Laar é apresentado na Tabela 9.7.

TABELA 9.7 - RESUMO DA MODELAGEM PARA A EQUAÇÃO DE VAN LAAR TRÊS SUFIXOS.

$g_i = x_{1i}\gamma_{1i}P_1^{sat} + x_{2i}\gamma_{2i}P_2^{sat}$	$S = A_{12}x_1 + A_{21}x_2$
$\left(\frac{\partial g_i}{\partial A_{12}}\right)_{A_{21}} = x_{1i}P_1^{sat}\left(\frac{\partial \gamma_{1i}}{\partial A_{12}}\right)_{A_{21}} + x_{2i}P_2^{sat}\left(\frac{\partial \gamma_{2i}}{\partial A_{12}}\right)_{A_{21}}$	$\left(\frac{\partial g_i}{\partial A_{21}}\right)_{A_{12}} = x_{1i}P_1^{sat}\left(\frac{\partial \gamma_{1i}}{\partial A_{21}}\right)_{A_{12}} + x_{2i}P_2^{sat}\left(\frac{\partial \gamma_{2i}}{\partial A_{21}}\right)_{A_{12}}$
$\gamma_1 = \exp\left[A_{12}\left(\frac{A_{21}x_2}{S}\right)^2\right]$	$\gamma_2 = \exp\left[A_{21}\left(\frac{A_{12}x_1}{S}\right)^2\right]$
$\left(\frac{\partial \gamma_1}{\partial A_{12}}\right)_{A_{21}} = \gamma_1 \ln \gamma_1 \left(\frac{1}{A_{12}} - \frac{2x_1}{S}\right)$	$\left(\frac{\partial \gamma_1}{\partial A_{21}}\right)_{A_{12}} = 2\gamma_1 \ln \gamma_1 \left(\frac{1}{A_{21}} - \frac{x_2}{S}\right)$
$\left(\frac{\partial \gamma_2}{\partial A_{12}}\right)_{A_{21}} = 2\gamma_2 \ln \gamma_2 \left(\frac{1}{A_{12}} - \frac{x_1}{S}\right)$	$\left(\frac{\partial \gamma_2}{\partial A_{21}}\right)_{A_{12}} = \gamma_2 \ln \gamma_2 \left(\frac{1}{A_{21}} - \frac{2x_2}{S}\right)$

A função g_i e suas derivadas parciais, para $\theta_1 = A_{12}$ e $\theta_2 = A_{21}$, são dadas por:

- Derivada parcial da função g_i com relação ao parâmetro θ_1, mantendo θ_2 constante:

$$\left(\frac{\partial g_i}{\partial \theta_1}\right)_{\theta_2} = z_{i1} = x_{1i}P_1^{sat}\left(\frac{\partial \gamma_{1i}}{\partial \theta_1}\right)_{\theta_2} + x_{2i}P_2^{sat}\left(\frac{\partial \gamma_{2i}}{\partial \theta_1}\right)_{\theta_2} \tag{9.82}$$

▶ Derivada parcial da função g_i com relação ao parâmetro θ_2, mantendo θ_1 constante:

$$\left(\frac{\partial g_i}{\partial \theta_2}\right)_{\theta_1} = z_{i2} = x_{1i}P_1^{sat}\left(\frac{\partial \gamma_{1i}}{\partial \theta_2}\right)_{\theta_1} + x_{2i}P_2^{sat}\left(\frac{\partial \gamma_{2i}}{\partial \theta_2}\right)_{\theta_1} \quad (9.83)$$

Roteiro de cálculo – Tabela 7.3 do Tópico 7.3.1

1. Entrada de dados: $m = 15, f_i = P_i, x_{1i}$ e x_{2i} para $i = 1, 2, ..., 15$
2. Para $T = 70$ °C, $P_1^{sat} = 542{,}59496$ mmHg e $P_2^{sat} = 521{,}965835$ mmHg
3. Cálculo da média da pressão experimental: $\bar{f} = 624{,}59$
4. Informações do procedimento iterativo: Tol = $1\text{x}10^{-5}$, Itemax = 50
5. Estimativa inicial dos parâmetros: $\theta_1 = A_{12}^{(1)} = 2$ e $\theta_2 = A_{21}^{(1)} = 2$
6. Os valores iniciais de S_i são: $S_1 = S_2 = ... = S_{15} = 2{,}0$
7. Inicialização do contador de iteração: $k = 1$
8. Método de Gauss-Newton

   Faça

   ▶ Para $i = 1, 2, ..., 15$, calcular as funções:

$$S_i = \theta_1 x_{1i} + \theta_2 x_{2i}\text{, } \gamma_{1i} = \exp\left[\theta_1\left(\frac{\theta_2 x_{2i}}{S_i}\right)^2\right] \text{ e } \gamma_{2i} = \exp\left[\theta_2\left(\frac{\theta_1 x_{1i}}{S_i}\right)^2\right]$$

$$\ln\gamma_{1i} = \theta_1\left(\frac{\theta_2 x_{2i}}{S_i}\right)^2 \text{ e } \ln\gamma_{2i} = \theta_2\left(\frac{\theta_1 x_{1i}}{S_i}\right)^2$$

$$g_i = x_{1i}\gamma_{1i}P_1^{sat} + x_{2i}\gamma_{2i}P_2^{sat} \text{ e } h_i = y_i - g_i$$

$$\left(\frac{\partial \gamma_{1i}}{\partial \theta_1}\right)_{\theta_2} = \gamma_{1i}\ln\gamma_{1i}\left(\frac{1}{\theta_1} - \frac{2x_{1i}}{S_i}\right) \text{ e } \left(\frac{\partial \gamma_{1i}}{\partial \theta_2}\right)_{\theta_1} = 2\gamma_{1i}\ln\gamma_{1i}\left(\frac{1}{\theta_2} - \frac{x_{2i}}{S_i}\right)$$

$$\left(\frac{\partial \gamma_{2i}}{\partial \theta_1}\right)_{\theta_2} = 2\gamma_{2i}\ln\gamma_{2i}\left(\frac{1}{\theta_1} - \frac{x_{1i}}{S_i}\right) \text{ e } \left(\frac{\partial \gamma_{2i}}{\partial \theta_2}\right)_{\theta_1} = \gamma_{2i}\ln\gamma_{2i}\left(\frac{1}{\theta_2} - \frac{2x_{2i}}{S_i}\right)$$

$$z_{i1} = x_{1i}P_1^{sat}\left(\frac{\partial \gamma_{1i}}{\partial \theta_1}\right)_{\theta_2} + x_{2i}P_2^{sat}\left(\frac{\partial \gamma_{2i}}{\partial \theta_1}\right)_{\theta_2} \text{ e } z_{i2} = x_{1i}P_1^{sat}\left(\frac{\partial \gamma_{1i}}{\partial \theta_2}\right)_{\theta_1} + x_{2i}P_2^{sat}\left(\frac{\partial \gamma_{2i}}{\partial \theta_2}\right)_{\theta_1}$$

▶ Os valores adicionais:

i	$f_i = P_i$	x_{1i}	$\ln(\gamma_{1i})$	$\ln(\gamma_{2i})$	γ_{1i}	γ_{2i}	g_i
1	521,97	0,0000	2,000000	0,000000	7,389056	1,000000	521,96583
2	559,32	0,0434	1,830167	0,003767	6,234929	1,003774	648,02101
3	589,17	0,0878	1,664218	0,015418	5,281540	1,015537	735,14674
4	620,08	0,1472	1,454536	0,043336	4,282495	1,044288	806,88941
5	645,88	0,2156	1,230567	0,092967	3,423169	1,097425	849,77300
6	668,38	0,3100	0,952200	0,192200	2,591404	1,211913	872,36394
7	682,33	0,4120	0,691488	0,339488	1,996684	1,404228	877,33710
8	687,58	0,5126	0,475118	0,525518	1,608203	1,691334	877,58202
9	685,93	0,6103	0,303732	0,744932	1,354906	2,106299	877,11372
10	676,18	0,7059	0,172990	0,996590	1,188854	2,709027	871,21532
11	657,80	0,7987	0,081043	1,275843	1,084418	3,581721	846,29243
12	637,18	0,8633	0,037374	1,490574	1,038081	4,439642	803,04079
13	611,45	0,9152	0,014382	1,675182	1,014486	5,339767	740,12894
14	583,02	0,9579	0,003545	1,835145	1,003551	6,266042	659,29218
15	542,59	1,0000	0,000000	2,000000	1,000000	7,389056	542,59496

- Os valores adicionais:

i	$\partial\gamma_{1i}/\partial\gamma_1$	$\partial\gamma_{1i}/\vartheta\gamma_2$	$\partial\gamma_{2i}/\partial\gamma_1$	$\partial\gamma_{2i}/\partial\gamma_2$	z_{i1}	z_{i2}
1	7,389056	0,000000	0,000000	0,000000	0,00000	0,00000
2	5,210245	0,495236	0,003617	-0,001727	124,50021	10,80003
3	3,623086	0,771730	0,014283	-0,006454	179,40368	33,69213
4	2,197606	0,916915	0,038593	-0,015966	192,70190	66,12701
5	1,198017	0,908202	0,080028	-0,029016	172,91394	94,36471
6	0,468832	0,764936	0,160721	-0,044257	136,74444	112,72631
7	0,121500	0,568842	0,280311	-0,041951	113,19303	114,28852
8	-0,009627	0,391670	0,433214	0,011199	107,53447	111,78602
9	-0,045392	0,251156	0,611459	0,173066	109,34562	118,37260
10	-0,042345	0,145175	0,794008	0,555886	105,66927	140,93880
11	-0,026251	0,070194	0,919084	1,364974	85,27725	173,84002
12	-0,014095	0,033493	0,904628	2,404179	57,94528	187,23383

i	$\partial\gamma_{1i}/\partial\gamma_1$	$\partial\gamma_{1i}/\vartheta\gamma_2$	$\partial\gamma_{2i}/\partial\gamma_1$	$\partial\gamma_{2i}/\partial\gamma_2$	z_{i1}	z_{i2}
13	-0,006058	0,013353	0,758543	3,713998	30,56689	171,02255
14	-0,001629	0,003408	0,484112	5,265435	9,79160	117,47781
15	0,000000	0,000000	0,000000	7,389056	0,00000	0,00000

- Os valores adicionais:

i	z_{i1}^2	z_{i2}^2	$z_{i1}z_{i2}$	h	hz_{i1}	hz_{i2}
1	0,00000	0,00000	0,00000	0,00417	0,000	0,000
2	15500,30253	116,64056	1344,60550	-88,70101	-11043,294	-957,973
3	32185,68084	1135,15963	6044,49218	-145,9767	-26188,765	-4918,267
4	37134,02368	4372,78129	12742,80047	-186,8094	-35998,528	-12353,147
5	29899,23213	8904,69781	16316,97358	-203,8930	-35255,943	-19240,303
6	18699,04252	12707,22126	15414,69658	-203,9839	-27893,671	-22994,357
7	12812,66210	13061,86530	12936,66366	-195,0071	-22073,444	-22287,072
8	11563,66288	12496,11499	12020,85109	-190,0020	-20431,767	-21239,570
9	11956,46397	14012,07297	12943,52524	-191,1837	-20905,102	-22630,915
10	11165,99381	19863,74430	14892,89918	-195,0353	-20609,239	-27488,043
11	7272,20920	30220,35352	14824,59891	-188,4924	-16074,116	-32767,528
12	3357,65520	35056,50774	10849,31637	-165,8608	-9610,849	-31054,750
13	934,33494	29248,71200	5227,62792	-128,6789	-3933,315	-22007,000
14	95,87542	13801,03491	1150,29562	-76,27218	-746,827	-8960,288
15	0,00000	0,00000	0,00000	-0,00496	0,000	0,000

▶ Cálculos dos somatórios Z^TZ: $\mathbf{Z}^{\mathrm{T}}\mathbf{Z} = \begin{bmatrix} \sum_{i=1}^{m} z_{i1}^2 & \sum_{i=1}^{m} z_{i1}z_{i2} \\ \sum_{i=1}^{m} z_{i2}z_{i1} & \sum_{i=1}^{m} z_{i2}^2 \end{bmatrix}$

$$\sum_{i=1}^{m} z_{i1}^2 = 192577{,}1392379,\ \sum_{i=1}^{m} z_{i2}^2 = 194996{,}9062723 \text{ e } \sum_{i=1}^{m} z_{i1}z_{i2} = 136709{,}3463043$$

Portanto,

$$\mathbf{Z}^{\mathrm{T}}\mathbf{Z} = \begin{bmatrix} 192577,1392379 & 136709,3463043 \\ 136709,3463043 & 194996,9062723 \end{bmatrix}$$

▶ Calcular a matriz inversa $\mathbf{B} = [\boldsymbol{Z}^T\boldsymbol{Z}]^{-1}$: O procedimento empregado nos capítulos anteriores para a inversão matricial fornece:

$$\mathbf{B} = \left(\mathbf{Z}^T\mathbf{Z}\right)^{-1} = \begin{bmatrix} 1{,}03378\text{E-}05 & -7{,}24768\text{E-}06 \\ -7{,}24768\text{E-}06 & 1{,}02095\text{E-}05 \end{bmatrix}$$

▶ Efetuar a multiplicação $\mathbf{Z}^{\mathrm{T}}\mathbf{h}$: $\boldsymbol{\beta} = \mathbf{Z}^T\mathbf{h} = \begin{bmatrix} \sum_{i=1}^{m} h_i z_{i1} \\ \sum_{i=1}^{m} h_i z_{i2} \end{bmatrix}$

$$\sum_{i=1}^{m} h_i z_{i1} = -250764,8600194 \text{ e } \sum_{i=1}^{m} h_i z_{i2} = -248899,2147221$$

$$\boldsymbol{\beta} = \mathbf{Z}^T\mathbf{h} = \begin{bmatrix} -250764,8600194 \\ -248899,2147221 \end{bmatrix}$$

▶ Efetuar a multiplicação $\Delta\theta = \mathbf{B}\boldsymbol{\beta} = \begin{bmatrix} \Delta\theta_1 \\ \Delta\theta_2 \end{bmatrix}$

$$\begin{bmatrix} \Delta\theta_1 \\ \Delta\theta_2 \end{bmatrix} = \begin{bmatrix} 1{,}03378\text{E-}05 & -7{,}24768\text{E-}06 \\ -7{,}24768\text{E-}06 & 1{,}02095\text{E-}05 \end{bmatrix} \begin{bmatrix} -250764,8600194 \\ -248899,2147221 \end{bmatrix} = \begin{bmatrix} -0,788417345 \\ -0,723679147 \end{bmatrix}$$

▶ Calcular o valor máximo: max_valor = máximo($|\Delta\theta_1|$, $|\Delta\theta_2|$) = 0,788417345

▶ Verificação da convergência

L1 = (k > itermax)? ⟶ L1 = (1 > 50)? ⟶ L1 = Falso

L2 = (max_valor < Tol)? ⟶ L2 = (0,788417345 < $1\text{x}10^{-5}$)? ⟶ L2 = Falso

L1 OU L2 ⟶ (Falso OU Falso) ⟶ Falso (continuar os cálculos)

▶ Atualizações os coeficientes

$\theta_1 \leftarrow \theta_1 + \Delta\theta_1 \rightarrow \theta_1 = 1{,}211582655$

$\theta_2 \leftarrow \theta_2 + \Delta\theta_2 \rightarrow \theta_2 = 1{,}276320853$

▶ Atualização do contador de iterações: $k \leftarrow k + 1 \rightarrow k = 2$

Retorne para o início da etapa 8 e repita o procedimento até que uma das condições de convergência seja verdadeira. O procedimento converge com cinco iterações. Os resultados finais são mostrados nas tabelas seguintes.

▶ Valores dos parâmetros em cada iteração:

k	$\theta_1^{(k)}$	$\theta_2^{(k)}$	$\Delta\theta_1^{(k)}$	$\Delta\theta_2^{(k)}$	max_valor	L1 ou L2
1	2	2	-0,788417345	-0,723679147	0,78841734	F
2	1,211582655	1,276320853	-0,233761083	-0,173298975	0,23376108	F
3	0,977821571	1,103021878	-0,013861722	-0,005589092	0,01386172	F
4	0,96395985	1,097432786	-0,000146485	0,0001245	0,00014648	F
5	0,963813365	1,097557285	-3,51178E-06	4,14264E-06	4,1426E-06	V

▶ Os valores das matrizes em cada iteração são dadas por:

k	Z^TZ		$B = (Z^TZ)^{-1}$		β	$\Delta\theta$
1	192577,139	136709,346	1,0338E-05	-7,2477E-06	-250764,86	-0,78841734
	136709,346	194996,906	-7,2477E-06	1,0210E-05	-248899,215	-0,72367915
2	91405,5632	63960,0356	2,3971E-05	-1,8622E-05	-32451,2721	-0,23376108
	63960,0356	82330,5069	-1,8622E-05	2,6613E-05	-29219,1597	-0,17329897
3	82138,4233	52746,5754	2,6897E-05	-2,2925E-05	-1433,3854	-0,01386172
	52746,5754	61883,1859	-2,2925E-05	3,5700E-05	-1077,0292	-0,00558909
4	82352,6979	52250,5965	2,6830E-05	-2,3149E-05	-5,558212	-0,00014648
	52250,5965	60560,2269	-2,3149E-05	3,6485E-05	-0,114173	0,0001245
5	82379,1330	52249,2997	2,6821E-05	-2,3149E-05	-0,072848	-3,5118E-06
	52249,2997	60537,8142	-2,3149E-05	3,6498E-05	0,067298	4,14264E-06

9. Valores finais obtidos na iteração 5 (convergência)

i	S_i	$\ln(\gamma_{1i})$	$\ln(\gamma_{2i})$	γ_{1i}	γ_{2i}	g_i
1	1,0975573	0,963813	0,000000	2,621675	1,000000	521,965835
2	1,0917528	0,891373	0,001611	2,438475	1,001612	557,540380
3	1,0858146	0,819438	0,006666	2,269224	1,006689	587,427435
4	1,0778702	0,726790	0,019015	2,068430	1,019197	618,883076
5	1,0687221	0,625450	0,041494	1,869088	1,042366	645,428487
6	1,0560967	0,495608	0,087847	1,641496	1,091822	669,333408
7	1,0424548	0,369392	0,159255	1,446855	1,172637	683,344033
8	1,0290002	0,260488	0,253011	1,297563	1,287897	688,545640
9	1,0159334	0,170835	0,367934	1,186295	1,444746	686,712532
10	1,0031475	0,099795	0,504859	1,104944	1,656752	677,541431
11	0,9907360	0,047931	0,662620	1,049099	1,939868	658,473754
12	0,9820962	0,022494	0,787823	1,022749	2,198604	635,954983
13	0,9751548	0,008780	0,898045	1,008819	2,454798	609,618090
14	0,9694440	0,002190	0,995424	1,002192	2,705871	580,351874
15	0,9638134	0,000000	1,097557	1,000000	2,996837	542,594960

10. Valores finais obtidos na iteração 6

- Resíduos: $\varepsilon_i = f_i - g_i$
- Valores quadráticos residuais: $S_{Ri} = \left(f_i - g_i\right)^2$
- Valores quadráticos totais corrigidos: $S_{TCi} = f_i - \overline{f})^2$

i	g_i	ε_i	S_{Ri}	$S_{Ti} = f_i^2$	$S_{\text{Re}i} = g_i^2$	$S_{\text{TC}i}$
1	521,965835	0,004165	0,000017	272452,68	272448,3327	10531,00123
2	557,540380	1,779620	3,167048	312838,86	310851,2751	4260,25993
3	587,427435	1,742565	3,036533	347121,29	345070,9915	1254,62363
4	618,883076	1,196924	1,432626	384499,21	383016,2621	20,34611
5	645,428487	0,451513	0,203864	417160,97	416577,9318	453,23571
6	669,333408	-0,953408	0,908988	446731,82	448007,2116	1917,50571
7	683,344033	1,014033	1,028263	465571,23	466959,0675	3333,83061

i	g_i	ε_i	S_{Ri}	$S_{Ti} = f_i^2$	$S_{\text{Re}i} = g_i^2$	$S_{\text{TC}i}$
8	688,545640	-0,965640	0,932460	472766,26	474095,0977	3967,65611
9	686,712532	-0,782532	0,612356	470499,96	471574,1014	3762,51381
10	677,541431	-1,361431	1,853495	457219,39	459062,3908	2661,45931
11	658,473754	-0,673754	0,453945	432700,84	433587,6851	1102,85982
12	635,954983	1,225017	1,500667	405998,35	404438,7402	158,49131
13	609,618090	1,831910	3,355894	373871,10	371634,2157	172,67712
14	580,351874	2,668126	7,118898	339912,32	336808,2974	1728,12033
15	542,594960	-0,004960	0,000025	294403,91	294409,2905	6724,10933

- Soma dos resíduos: $S_\varepsilon = \sum_{i=1}^{m} \varepsilon_i = 5{,}144082$
- Soma quadrática dos resíduos: $S_R = \sum_{i=1}^{m} f_i - g_i\;^{2} = 25{,}605077$
- Cálculo da soma quadrática total: $S_T = \sum_{i=1}^{m} f_i^2 = 5893751{,}203400$
- Soma quadrática em torno da média: $S_{TCi} = \sum_{i=1}^{m} f_i - \overline{f}\;^{2} = 42048{,}690093$
- Cálculo da soma quadrática do modelo: $S_{\text{Re}} = \sum_{i=1}^{m} g_i^2 = 5888540{,}891117$
- Graus de liberdade dos resíduos: $G_L^{R} = m - 2 = 13$
- Graus de liberdade da regressão: $G_L^{Re} = 2$
- Graus de liberdade total: $G_L^{T} = m = 15$
- Graus de liberdade total corrigido: $G_L^{TC} = m - 1 = 14$
- Proporção da variância explicada: $R^2 = 1 - S_R/S_T = 0{,}999995656$
- Proporção da variância explicada corrigida: $R_C^2 = 1 - S_R/S_{TC} = 0{,}999391061$
- Média quadrática residual: $M_R = S_R/G_L^{R} = 1{,}969621345$
- Média quadrática devido à regressão: $M_{Re} = S_{Re}/G_L^{\text{Re}} = 2944270{,}446$
- Média quadrática total corrigida: $M_{TC} = S_{TC}/G_L^{TC} = 3003{,}477864$
- Variância populacional: $s^2 = M_R = 1{,}969621345$
- Erro padrão da estimativa: $s = \sqrt{M_R} = 1{,}403431988$

▶ Matriz de covariância $\mathbf{V} = \mathbf{B}s^2 = \begin{bmatrix} B_{11} & B_{12} \\ B_{21} & B_{22} \end{bmatrix} s^2$: A iteração cinco dos resultados da regressão não linear fornece a matriz B final:

$$\mathbf{V} = \begin{bmatrix} 2{,}6821\text{E-}05 & \text{-}2{,}3149\text{E-}05 \\ \text{-}2{,}3149\text{E-}05 & 3{,}6498\text{E-}05 \end{bmatrix} \times 1{,}969621345$$
$$= \begin{bmatrix} 5{,}2828\text{E-}05 & \text{-}4{,}5595\text{E-}05 \\ \text{-}4{,}5595\text{E-}05 & 7{,}1888\text{E-}05 \end{bmatrix}$$

Portanto,

- Variância do coeficiente θ_1: Var(θ_1) = 5,2828E-05
- Variância do coeficiente θ_2: Var(θ_2) = 7,1888E-05
- Covariância entre θ_1 e θ_2: Cov(θ_1, θ_2) = -4,55952E-05

▶ Erro padrão do coeficiente θ_1: $E_{\theta 1} = \sqrt{\text{Var}(\theta_1)} = 0{,}007268$

▶ Erro padrão do coeficiente θ_2: $E_{\theta 2} = \sqrt{\text{Var}(\theta_2)} = 0{,}008479$

▶ Inferência sobre os coeficientes do modelo:

- Especificação do nível de confiança: NC = 95 %
- Cálculo do nível de significância: $\alpha = 1 - NC/100 = 0{,}05$
- Cálculo da probabilidade acumulada: $\phi = 1 - \alpha/2 = 0{,}975$
- Cálculo do valor crítico da distribuição t de Student:

  t = INVT(α; G_L^R) ⟶ t = INVT(0,05; 13) ⟶ t = 2,160368652

- Cálculo da estatística do coeficiente θ_1: $t_{Estat}|_{\theta 1} = \theta_1/E_{\theta 1}$ = 132,605054
- Cálculo da estatística do coeficiente θ_2: $t_{Estat}|_{\theta 2} = \theta_2/E_{\theta 2}$ = 129,449116
- Teste de hipótese para o coeficiente θ_1:

  ($t_{Estat}|_{\theta 1} > t$)? ⟶ (132,605054 > 2,160368652)? Sim; portanto, o coeficiente θ_1 é estatisticamente significativo.

- Teste de hipótese para o coeficiente θ_2:

  ($t_{Estat}|_{\theta 2} > t$)? ⟶ (129,449116 > 2,160368652)? Sim; portanto, o coeficiente θ_2 é estatisticamente significativo.

- Cálculo da distribuição *t* de Student para o coeficiente θ_1:

  $valor\text{-}p|_{\theta 1}$ = DISTT($t_{Estat}|_{\theta 1}$; G_L^R; 2) ⟶ $valor\text{-}p|_{\theta 1}$ = 9,59463E-22

- Cálculo da distribuição *t* de Student para o coeficiente θ_2:

  $valor\text{-}p|_{\theta 2}$ = DISTT($t_{Estat}|_{\theta 2}$; G_L^R; 2) ⟶ $valor\text{-}p|_{\theta 2}$ = 1,31197E-21

- Teste de hipótese sobre o coeficiente θ_1:

  ($valor\text{-}p|_{\theta 1} < \alpha$)? ⟶ (9,59463E-22 < 0,05)? Sim; portanto, o coeficiente θ_1 é estatisticamente significativo.

- Teste de hipótese sobre o coeficiente θ_2:

  ($valor\text{-}p|_{\theta 2} < \theta$)? ⟶ (1,31197E-21 < 0,05)? Sim; portanto, o coeficiente θ_2 é estatisticamente significativo.

▶ Inferência sobre o modelo:

TESTE ESTATÍSTICO 1

- Cálculo do valor crítico da distribuição *F*:

  F = INVF(α; G_L^{Re}; G_L^R) ⟶ F = INVF(0,05; 2; 13) ⟶ F = 3,805565253

- Cálculo da estatística de teste de hipótese: $F_{Estat} = M_{Re}/M_R$ = 1494840,85

- Teste de hipótese:

  ($F_{Estat} > F$)? ⟶ (1494840,85 > 3,805565253)? Sim; portanto, o modelo proposto é estatisticamente significativo.

- Cálculo da distribuição *F*:

  $F_{significância}$ = DISTF(F_{Estat}; G_L^{Re}; G_L^R) ⟶ $F_{significância}$ = 1,40947E-35

- Teste de hipótese:

  ($F_{significância} < \alpha$)? ⟶ (1,40947E-35 < 0,05)? Sim; portanto, o modelo proposto é estatisticamente significativo.

TESTE ESTATÍSTICO 2

- Cálculo do valor crítico da distribuição corrigida $F|_{TC}$:

  $F|_{TC}$= INVF(α; G_L^{Re}; G_L^{TC}) ⟶ $F|_{TC}$ = INVF(0,05; 2; 14) ⟶ $F|_{TC}$ = 3,73889183

- Cálculo da estatística de teste de hipótese: $F_{Estat}|_{TC} = M_{Re}/M_{TC}$ = 980,2870469

- Cálculo da distribuição F:

  $F_{sig}|_{TC}$ = DISTF(F_{Estat}; G_L^{Re}; G_L^{TC}) ⟶ $F_{sig}|_{TC}$ = 9,00704E-16

- Teste de hipótese:

  ($F_{Estat}|_{TC} > F|_{TC}$)? ⟶ (980,2870469 > 3,73889183)? Sim; portanto, o modelo proposto é estatisticamente significativo.

- Teste de hipótese:

  ($F_{sig}|_{TC} < \alpha$)? ⟶ (9,00704E-16 < 0,05)? Sim; portanto, o modelo proposto é estatisticamente significativo.

▶ Intervalos de confiança para o coeficiente θ_1:

Intervalo: $\Delta_{\theta1} = tE_{\theta1}$ = 0,015702208

Inferior: $\theta_1 - \Delta_{\theta1}$ = 0,948111

Central: θ_1 = 0,963813

Superior: $\theta_1 + \Delta_{\theta1}$ = 0,979516

▶ Intervalos de confiança para o coeficiente θ_2:

Intervalo: $\Delta_{\theta2} = tE_{\theta2}$ = 0,018317069

Inferior: $\theta_2 - \Delta_{\theta2}$ = 1,079240

Central: θ_2 = 1,097557

Superior: $\theta_2 + \Delta_{\theta2}$ = 1,115874

Comparação com o Statistica para a equação de van Laar

As medidas estatísticas e os valores dos parâmetros binários calculados no Tópico 9.3.4 são comparados com os fornecidos pelo Statistica 5.0. A comparação é apresentada na Tabela 9.8.

Tabela 9.8 - Valores dos parâmetros binários do sistemas etanol(1)-acetonitrila(2)

	A_{12}		A_{21}	
	Tópico 9.3.4	Statistica	Tópico 9.3.4	Statistica
Valor	0,963813	0,963810	1,097557	1,097561
Erro Padrão	0,007268	0,007268	0,008479	0,008479
Estatística t	132,60505	132,6046	129,449116	129,4496
Valor-p	9,59463E-22	0,0000	1,31197E-21	0,0000

- Cálculo da distribuição t de Student para o coeficiente θ_1:

  valor-p$|_{\theta 1}$ = DISTT($t_{Estat}|_{\theta 1}$; G_L^R; 2) ⟶ valor-p$|_{\theta 1}$ = 9,59463E-22

- Cálculo da distribuição t de Student para o coeficiente θ_2:

  valor-p$|_{\theta 2}$ = DISTT($t_{Estat}|_{\theta 2}$; G_L^R; 2) ⟶ valor-p$|_{\theta 2}$ = 1,31197E-21

- Teste de hipótese sobre o coeficiente θ_1:

  (valor-p$|_{\theta 1}$ < α)? ⟶ (9,59463E-22 < 0,05)? Sim; portanto, o coeficiente θ_1 é estatisticamente significativo.

- Teste de hipótese sobre o coeficiente θ_2:

  (valor-p$|_{\theta 2}$ < θ)? ⟶ (1,31197E-21 < 0,05)? Sim; portanto, o coeficiente θ_2 é estatisticamente significativo.

▶ Inferência sobre o modelo:

TESTE ESTATÍSTICO 1

- Cálculo do valor crítico da distribuição F:

  F = INVF(α; G_L^{Re}; G_L^R) ⟶ F = INVF(0,05; 2; 13) ⟶ F = 3,805565253

- Cálculo da estatística de teste de hipótese: $F_{Estat} = M_{Re}/M_R$ = 1494840,85

- Teste de hipótese:

  ($F_{Estat} > F$)? ⟶ (1494840,85 > 3,805565253)? Sim; portanto, o modelo proposto é estatisticamente significativo.

- Cálculo da distribuição F:

  $F_{significância}$ = DISTF(F_{Estat}; G_L^{Re}; G_L^R) ⟶ $F_{significância}$ = 1,40947E-35

- Teste de hipótese:

  ($F_{significância}$ < α)? ⟶ (1,40947E-35 < 0,05)? Sim; portanto, o modelo proposto é estatisticamente significativo.

TESTE ESTATÍSTICO 2

- Cálculo do valor crítico da distribuição corrigida $F|_{TC}$:

  $F|_{TC}$= INVF(α; G_L^{Re}; G_L^{TC}) ⟶ $F|_{TC}$ = INVF(0,05; 2; 14) ⟶ $F|_{TC}$ = 3,73889183

- Cálculo da estatística de teste de hipótese: $F_{Estat}|_{TC} = M_{Re}/M_{TC}$ = 980,2870469

- Cálculo da distribuição F:

  $F_{sig}|_{\text{TC}} = \text{DISTF}(F_{Estat}; G_L^{Re}; G_L^{TC}) \longrightarrow F_{sig}|_{\text{TC}} = 9{,}00704\text{E-}16$

- Teste de hipótese:

  $(F_{Estat}|_{\text{TC}} > F|_{\text{TC}})? \longrightarrow (980{,}2870469 > 3{,}73889183)?$ Sim; portanto, o modelo proposto é estatisticamente significativo.

- Teste de hipótese:

  $(F_{sig}|_{\text{TC}} < \alpha)? \longrightarrow (9{,}00704\text{E-}16 < 0{,}05)?$ Sim; portanto, o modelo proposto é estatisticamente significativo.

▶ Intervalos de confiança para o coeficiente θ_1:

Intervalo: $\Delta_{\theta 1} = tE_{\theta 1} = 0{,}015702208$

Inferior: $\theta_1 - \Delta_{\theta 1} = 0{,}948111$

Central: $\theta_1 = 0{,}963813$

Superior: $\theta_1 + \Delta_{\theta 1} = 0{,}979516$

▶ Intervalos de confiança para o coeficiente θ_2:

Intervalo: $\Delta_{\theta 2} = tE_{\theta 2} = 0{,}018317069$

Inferior: $\theta_2 - \Delta_{\theta 2} = 1{,}079240$

Central: $\theta_2 = 1{,}097557$

Superior: $\theta_2 + \Delta_{\theta 2} = 1{,}115874$

COMPARAÇÃO COM O STATISTICA PARA A EQUAÇÃO DE VAN LAAR

As medidas estatísticas e os valores dos parâmetros binários calculados no Tópico 9.3.4 são comparados com os fornecidos pelo Statistica 5.0. A comparação é apresentada na Tabela 9.8.

TABELA 9.8 - VALORES DOS PARÂMETROS BINÁRIOS DO SISTEMAS ETANOL(1)-ACETONITRILA(2)

	A_{12}		A_{21}	
	Tópico 9.3.4	Statistica	Tópico 9.3.4	Statistica
Valor	0,963813	0,963810	1,097557	1,097561
Erro Padrão	0,007268	0,007268	0,008479	0,008479
Estatística t	132,60505	132,6046	129,449116	129,4496
Valor-p	9,59463E-22	0,0000	1,31197E-21	0,0000

Tabela 9.8 - Valores dos parâmetros binários do sistemas etanol(1)-acetonitrila(2)

	A_{12}		A_{21}	
	Tópico 9.3.4	Statistica	Tópico 9.3.4	Statistica
Limite Inferior	0,948111	0,948108	1,079240	1,079244
Limite Superior	0,979516	0,979512	1,115874	1,115878

Gmehling et al. (1982) reportam os seguintes valores dos parâmetros binários para o sistema etanol(1)-acetonitrila(2) para a equação de van Laar:

- Parâmetro A_{12}: A_{12} = 0,9638
- Parâmetro A_{12}: A_{21} = 1,0976

Equação de Wilson - Derivadas Analíticas

Os coeficientes de atividade da equação de Wilson são dados por:

- Coeficiente de atividade da espécie 1:

$$\ln \gamma_1 = -\ln\ S_1\ + x_2 S \tag{9.84}$$

- Coeficiente de atividade da espécie 2:

$$\ln \gamma_2 = -\ln\ S_2\ - x_1 S \tag{9.85}$$

em que $\Lambda_{12} = \left(\frac{V_2^L}{V_1^L}\right)\exp\left(-\frac{A_{12}}{RT}\right)$, $\Lambda_{21} = \left(\frac{V_1^L}{V_2^L}\right)\exp\left(-\frac{A_{21}}{RT}\right)$, $S_1 = x_1 + \Lambda_{12}x_2$, $S_2 = \Lambda_{21}x_1 + x_2$, $S = \Lambda_{12}/S_1 - \Lambda_{21}/S_2$ e V_k^L é o volume molar da espécie química k no estado de líquido saturado.

As derivadas parciais do coeficiente de atividade do componente *k* em relação ao parâmetro A_{ji}, mantendo A_{ij} constante, são dadas por:

- Derivada parcial do coeficiente de atividade da espécie 1 com relação ao parâmetro A_{12}:

$$\left(\frac{\partial \ln \gamma_1}{\partial A_{12}}\right)_{A_{21}} = -\left(\frac{\partial \ln S_1}{\partial A_{12}}\right)_{A_{21}} + x_2\left(\frac{\partial S}{\partial A_{12}}\right)_{A_{21}} = -\left(\frac{1}{S_1}\right)\left(\frac{\partial S_1}{\partial A_{12}}\right)_{A_{21}} + x_2\left(\frac{\partial S}{\partial A_{12}}\right)_{A_{21}} \tag{9.86}$$

- Derivada parcial do coeficiente de atividade da espécie 1 com relação ao parâmetro A_{21}:

$$\left(\frac{\partial \ln \gamma_1}{\partial A_{21}}\right)_{A_{12}} = -\left(\frac{\partial \ln S_1}{\partial A_{21}}\right)_{A_{12}} + x_2\left(\frac{\partial S}{\partial A_{21}}\right)_{A_{12}} = -\left(\frac{1}{S_1}\right)\left(\frac{\partial S_1}{\partial A_{21}}\right)_{A_{12}} + x_2\left(\frac{\partial S}{\partial A_{21}}\right)_{A_{12}} \tag{9.87}$$

- Derivada parcial do coeficiente de atividade da espécie 2 com relação ao parâmetro A_{12}:

$$\left(\frac{\partial \ln \gamma_2}{\partial A_{12}}\right)_{A_{21}} = -\left(\frac{\partial \ln S_2}{\partial A_{12}}\right)_{A_{21}} - x_1\left(\frac{\partial S}{\partial A_{12}}\right)_{A_{21}} = -\left(\frac{1}{S_2}\right)\left(\frac{\partial S_2}{\partial A_{12}}\right)_{A_{21}} - x_1\left(\frac{\partial S}{\partial A_{12}}\right)_{A_{21}} \tag{9.88}$$

- Derivada parcial do coeficiente de atividade da espécie 2 com relação ao parâmetro A_{21}:

$$\left(\frac{\partial \ln \gamma_2}{\partial A_{21}}\right)_{A_{12}} = -\left(\frac{\partial \ln S_2}{\partial A_{21}}\right)_{A_{12}} - x_1\left(\frac{\partial S}{\partial A_{21}}\right)_{A_{12}} = -\left(\frac{1}{S_2}\right)\left(\frac{\partial S_2}{\partial A_{21}}\right)_{A_{12}} - x_1\left(\frac{\partial S}{\partial A_{21}}\right)_{A_{12}} \tag{9.89}$$

As derivadas parciais dos parâmetros em relação ao parâmetro A_{jk}, mantendo A_{kj} constante, são dadas por:

- Parâmetros Λ_{12} em relação ao parâmetro A_{12}:

$$\left(\frac{\partial \Lambda_{12}}{\partial A_{12}}\right)_{A_{21}} = \left(\frac{V_2^L}{V_1^L}\right)\left[\frac{\partial \exp\ u_1}{\partial A_{12}}\right]_{A_{12}} = \left(\frac{V_2^L}{V_1^L}\right)\exp\ u_1 \left(\frac{\partial u_1}{\partial A_{12}}\right)_{A_{21}} = -\frac{\Lambda_{12}}{RT} \tag{9.90}$$

- Parâmetros Λ_{12} em relação ao parâmetro A_{21}:

$$\left(\frac{\partial \Lambda_{12}}{\partial A_{21}}\right)_{A_{12}} = \left(\frac{V_2^L}{V_1^L}\right)\left[\frac{\partial \exp(u_1}{\partial A_{21}}\right]_{A_{12}} = \left(\frac{V_2^L}{V_1^L}\right)\exp\ u_1 \overbrace{\left(\frac{\partial u_1}{\partial A_{21}}\right)_{A_{12}}}^{=0} = 0 \tag{9.91}$$

sendo que $u_1 = -A_{12}/(RT)$, $\left(\frac{\partial u_1}{\partial A_{12}}\right)_{A_{21}} = -\frac{1}{RT}$ e $\left(\frac{\partial u_1}{\partial A_{21}}\right)_{A_{12}} = 0$.

- Parâmetros Λ_{21} em relação ao parâmetro A_{12}:

$$\left(\frac{\partial \Lambda_{21}}{\partial A_{12}}\right)_{A_{21}} = \left(\frac{V_1^L}{V_2^L}\right)\left[\frac{\partial \exp\ u_2}{\partial A_{12}}\right]_{A_{21}} = \left(\frac{V_1^L}{V_2^L}\right)\exp\ u_2 \overbrace{\left(\frac{\partial u_2}{\partial A_{12}}\right)_{A_{21}}}^{=0} = 0 \tag{9.92}$$

▶ Parâmetros Λ_{21} em relação ao parâmetro A_{21}:

$$\left(\frac{\partial \Lambda_{21}}{\partial A_{21}}\right)_{A_{12}} = \left(\frac{V_1^L}{V_2^L}\right)\left[\frac{\partial \exp\ u_2)}{\partial A_{21}}\right]_{A_{12}} = \left(\frac{V_1^L}{V_2^L}\right)\exp(u_2)\left(\frac{\partial u_2}{\partial A_{21}}\right)_{A_{12}} = -\frac{\Lambda_{21}}{RT} \quad (9.93)$$

sendo que $u_2 = -A_{21}/(RT)$, $\left(\frac{\partial u_2}{\partial A_{12}}\right)_{A_{21}} = 0$ e $\left(\frac{\partial u_2}{\partial A_{21}}\right)_{A_{12}} = -\frac{1}{RT}$.

▶ Parâmetros S_1 em relação ao parâmetro A_{12}:

$$\left(\frac{\partial S_1}{\partial A_{12}}\right)_{A_{21}} = \left[\frac{\partial\ x_1 + \Lambda_{12}x_2)}{\partial A_{12}}\right]_{A_{21}} = x_2\left(\frac{\partial \Lambda_{12}}{\partial A_{12}}\right)_{A_{21}} = -\frac{\Lambda_{12}x_2}{RT} \quad (9.94)$$

▶ Parâmetros S_2 em relação ao parâmetro A_{12}:

$$\left(\frac{\partial S_2}{\partial A_{12}}\right)_{A_{21}} = \left[\frac{\partial\ \Lambda_{21}x_1 + x_2)}{\partial A_{12}}\right]_{A_{21}} = x_1\left(\frac{\partial \Lambda_{21}}{\partial A_{12}}\right)_{A_{21}}^{=0} = 0 \quad (9.95)$$

▶ Parâmetros S_1 em relação ao parâmetro A_{21}:

$$\left(\frac{\partial S_1}{\partial A_{21}}\right)_{A_{12}} = \left[\frac{\partial\ x_1 + \Lambda_{12}x_2)}{\partial A_{21}}\right]_{A_{12}} = x_2\left(\frac{\partial \Lambda_{12}}{\partial A_{21}}\right)_{A_{12}}^{=0} = 0 \quad (9.96)$$

▶ Parâmetros S_2 em relação ao parâmetro A_{21}:

$$\left(\frac{\partial S_2}{\partial A_{21}}\right)_{A_{12}} = \left[\frac{\partial\ \Lambda_{21}x_1 + x_2)}{\partial A_{21}}\right]_{A_{12}} = x_1\left(\frac{\partial \Lambda_{21}}{\partial A_{21}}\right)_{A_{12}} = -\frac{x_1\Lambda_{21}}{RT} \quad (9.97)$$

▶ Parâmetros S em relação ao parâmetro A_{12}:

$$\left(\frac{\partial S}{\partial A_{12}}\right)_{A_{21}} = \frac{\partial}{\partial A_{12}}\left(\frac{\Lambda_{12}}{S_1} - \frac{\Lambda_{21}}{S_2}\right)_{A_{21}} = \frac{\partial}{\partial A_{12}}\left(\frac{\Lambda_{12}}{S_1}\right)_{A_{21}} - \frac{\partial}{\partial A_{12}}\left(\frac{\Lambda_{21}}{S_2}\right)_{A_{21}} \quad (9.98)$$

Desenvolvendo as derivadas parciais,

$$\left(\frac{\partial S}{\partial A_{12}}\right)_{A_{21}} = \frac{S_1\left(\frac{\partial \Lambda_{12}}{\partial A_{12}}\right)_{A_{21}} - \Lambda_{12}\left(\frac{\partial S_1}{\partial A_{12}}\right)_{A_{21}}}{S_1^2} - \frac{S_2\left(\frac{\partial \Lambda_{21}}{\partial A_{12}}\right)_{A_{21}} - \Lambda_{21}\left(\frac{\partial S_2}{\partial A_{12}}\right)_{A_{21}}}{S_2^2}$$

$$= \frac{S_1\left(-\frac{\Lambda_{12}}{RT}\right) - \Lambda_{12}\left(-\frac{\Lambda_{12}x_2}{RT}\right)}{S_1^2} - \frac{S_2\overbrace{\left(\frac{\partial \Lambda_{21}}{\partial A_{12}}\right)_{A_{21}}}^{=0} - \Lambda_{21}\overbrace{\left(\frac{\partial S_2}{\partial A_{12}}\right)_{A_{21}}}^{=0}}{S_2^2} \tag{9.99}$$

$$= \left(\frac{1}{RT}\right)\left(\frac{-S_1\Lambda_{12} + \Lambda_{12}^2 x_2}{S_1^2}\right)$$

- Parâmetros S em relação ao parâmetro A_{21}:

$$\left(\frac{\partial S}{\partial A_{21}}\right)_{A_{12}} = \frac{\partial}{\partial A_{21}}\left(\frac{\Lambda_{12}}{S_1} - \frac{\Lambda_{21}}{S_2}\right)_{A_{12}} = \frac{\partial}{\partial A_{21}}\left(\frac{\Lambda_{12}}{S_1}\right)_{A_{12}} - \frac{\partial}{\partial A_{21}}\left(\frac{\Lambda_{21}}{S_2}\right)_{A_{12}} \tag{9.100}$$

Desenvolvendo as derivadas parciais,

$$\left(\frac{\partial S}{\partial A_{21}}\right)_{A_{12}} = \frac{S_1\left(\frac{\partial \Lambda_{12}}{\partial A_{21}}\right)_{A_{12}} - \Lambda_{12}\left(\frac{\partial S_1}{\partial A_{21}}\right)_{A_{12}}}{S_1^2} - \frac{S_2\left(\frac{\partial \Lambda_{21}}{\partial A_{21}}\right)_{A_{12}} - \Lambda_{21}\left(\frac{\partial S_2}{\partial A_{21}}\right)_{A_{12}}}{S_2^2}$$

$$= \frac{S_1\overbrace{\left(\frac{\partial \Lambda_{12}}{\partial A_{21}}\right)_{A_{12}}}^{=0} - \Lambda_{12}\overbrace{\left(\frac{\partial S_1}{\partial A_{21}}\right)_{A_{12}}}^{=0}}{S_1^2} - \frac{S_2\left(-\frac{\Lambda_{21}}{RT}\right) - \Lambda_{21}\left(-\frac{x_1\Lambda_{21}}{RT}\right)}{S_2^2} \tag{9.101}$$

$$= \left(\frac{1}{RT}\right)\left(\frac{S_2\Lambda_{21} - \Lambda_{21}^2 x_1}{S_2^2}\right)$$

As expressões das derivadas parciais dos logaritmos dos coeficientes de atividade do componente *k* em relação aos parâmetros binários são dadas por:

- Derivada parcial do logaritmo do coeficiente de atividade da espécie 1 com relação ao parâmetro A_{12}:

Substituindo as Equações (9.94) e (9.99) na Equação (9.86), obtém-se:

$$\left(\frac{\partial \ln \gamma_1}{\partial A_{12}}\right)_{A_{21}} = -\left(\frac{1}{S_1}\right)\left(-\frac{\Lambda_{12}x_2}{RT}\right) + x_2\left(\frac{1}{RT}\right)\left(\frac{-S_1\Lambda_{12} + \Lambda_{12}^2 x_2}{S_1^2}\right)$$
$$= \left(\frac{\Lambda_{12}x_2}{RTS_1}\right) - \left(\frac{x_2}{RTS_1^2}\right)\left(S_1\Lambda_{12} - \Lambda_{12}^2 x_2\right) \quad (9.102)$$

Colocando os termos comuns em evidência,

$$\left(\frac{\partial \ln \gamma_1}{\partial A_{12}}\right)_{A_{21}} = \left(\frac{x_2}{RT}\right)\left[\left(\frac{\Lambda_{12}}{S_1}\right) - \left(\frac{S_1\Lambda_{12} - \Lambda_{12}^2 x_2}{S_1^2}\right)\right] \quad (9.103)$$

- Derivada parcial do logaritmo do coeficiente de atividade da espécie 1 com relação ao parâmetro A_{21}:

Substituindo as Equações (9.96) e (9.101) na Equação (9.87), obtém-se:

$$\left(\frac{\partial \ln \gamma_1}{\partial A_{21}}\right)_{A_{12}} = x_2\left[\left(\frac{1}{RT}\right)\left(\frac{S_2\Lambda_{21} - \Lambda_{21}^2 x_1}{S_2^2}\right)\right] = \left(\frac{x_2}{RT}\right)\left(\frac{S_2\Lambda_{21} - \Lambda_{21}^2 x_1}{S_2^2}\right) \quad (9.104)$$

- Derivada parcial do logaritmo do coeficiente de atividade da espécie 2 com relação ao parâmetro A_{12}:

Substituindo as Equações (9.95) e (9.99) na Equação (9.88), obtém-se:

$$\left(\frac{\partial \ln \gamma_2}{\partial A_{12}}\right)_{A_{21}} = -\left(\frac{1}{S_2}\right)\underbrace{\left(\frac{\partial S_2}{\partial A_{12}}\right)_{A_{21}}}_{=0} - x_1\left[\left(\frac{1}{RT}\right)\left(\frac{-S_1\Lambda_{12} + \Lambda_{12}^2 x_2}{S_1^2}\right)\right]$$
$$= \left(\frac{x_1}{RT}\right)\left(\frac{S_1\Lambda_{12} - \Lambda_{12}^2 x_2}{S_1^2}\right) \quad (9.105)$$

- Derivada parcial do logaritmo do coeficiente de atividade da espécie 2 com relação ao parâmetro A_{21}:

Substituindo as Equações (9.97) e (9.101) na Equação (9.89), obtém-se:

$$\begin{aligned}\left(\frac{\partial \ln \gamma_2}{\partial A_{21}}\right)_{A_{12}} &= -\left(\frac{1}{S_2}\right)\left(-\frac{x_1\Lambda_{21}}{RT}\right) - x_1\left[-\left(\frac{1}{RT}\right)\left(\frac{-S_2\Lambda_{21}+\Lambda_{21}^2x_1}{S_2^2}\right)\right] \\ &= \frac{x_1\Lambda_{21}}{S_2RT} - \left(\frac{x_1}{RT}\right)\left(\frac{S_2\Lambda_{21}-\Lambda_{21}^2x_1}{S_2^2}\right) \\ &= \left(\frac{x_1}{RT}\right)\left[\frac{\Lambda_{21}}{S_2} - \left(\frac{S_2\Lambda_{21}-\Lambda_{21}^2x_1}{S_2^2}\right)\right]\end{aligned} \quad (9.106)$$

Sabendo-se que $\left(\frac{\partial \ln Y}{\partial X}\right)_Z = \left(\frac{1}{Y}\right)\left(\frac{\partial Y}{\partial X}\right)_Z$, as Equações (9.103), (9.104), (9.105) e (9.106) podem ser escritas, respectivamente, como:

- Derivada parcial $(\partial\gamma_1/\partial A_{12})_{A_{21}}$ do coeficiente de atividade da espécie 1 com relação ao parâmetro A_{12}:

$$\left(\frac{\partial \gamma_1}{\partial A_{12}}\right)_{A_{21}} = \left(\frac{\gamma_1 x_2}{RT}\right)\left[\left(\frac{\Lambda_{12}}{S_1}\right) - \left(\frac{S_1\Lambda_{12}-\Lambda_{12}^2x_2}{S_1^2}\right)\right] \quad (9.107)$$

- Derivada parcial $(\partial\gamma_1/\partial A_{21})_{A_{12}}$:

$$\left(\frac{\partial \gamma_1}{\partial A_{21}}\right)_{A_{12}} = \left(\frac{\gamma_1 x_2}{RT}\right)\left(\frac{S_2\Lambda_{21}-\Lambda_{21}^2x_1}{S_2^2}\right) \quad (9.108)$$

- Derivada parcial $(\partial\gamma_2/\partial A_{12})_{A_{21}}$:

$$\left(\frac{\partial \gamma_2}{\partial A_{12}}\right)_{A_{21}} = \left(\frac{\gamma_2 x_1}{RT}\right)\left(\frac{S_1\Lambda_{12}-\Lambda_{12}^2x_2}{S_1^2}\right) \quad (9.109)$$

▶ Derivada parcial $\partial\gamma_2/\partial A_{21})_{A_{12}}$:

$$\left(\frac{\partial\gamma_2}{\partial A_{21}}\right)_{A_{12}} = \left(\frac{x_1\gamma_2}{RT}\right)\left[\frac{\Lambda_{21}}{S_2} - \left(\frac{S_2\Lambda_{21} - \Lambda_{21}^2 x_1}{S_2^2}\right)\right] \tag{9.110}$$

O resumo das expressões resultantes da modelagem matemática para a equação de Wilson é apresentado na Tabela 9.9.

TABELA 9.9 - RESUMO DA MODELAGEM PARA A EQUAÇÃO DE WILSON

$g_i = x_{1i}\gamma_{1i}P_1^{sat} + x_{2i}\gamma_{2i}P_2^{sat}$	$S = \dfrac{\Lambda_{12}}{S_1} - \dfrac{\Lambda_{21}}{S_2}$
$S_1 = x_1 + \Lambda_{12}x_2$	$S_2 = \Lambda_{21}x_1 + x_2$
$\left(\dfrac{\partial g_i}{\partial A_{12}}\right)_{A_{21}} = x_{1i}P_1^{sat}\left(\dfrac{\partial\gamma_{1i}}{\partial A_{12}}\right)_{A_{21}} + x_{2i}P_2^{sat}\left(\dfrac{\partial\gamma_{2i}}{\partial A_{12}}\right)_{A_{21}}$	$\Lambda_{12} = \dfrac{V_2^L}{V_1^L}\exp\left(-\dfrac{A_{12}}{RT}\right)$
$\left(\dfrac{\partial g_i}{\partial A_{21}}\right)_{A_{12}} = x_{1i}P_1^{sat}\left(\dfrac{\partial\gamma_{1i}}{\partial A_{21}}\right)_{A_{12}} + x_{2i}P_2^{sat}\left(\dfrac{\partial\gamma_{2i}}{\partial A_{21}}\right)_{A_{12}}$	$\Lambda_{21} = \dfrac{V_1^L}{V_2^L}\exp\left(-\dfrac{A_{21}}{RT}\right)$
$\ln\gamma_1 = -\ln\ S_1) + x_2 S$	$\ln\gamma_2 = -\ln(S_2) - x_1 S$
$\left(\dfrac{\partial\gamma_1}{\partial A_{12}}\right)_{A_{21}} = \left(\dfrac{\gamma_1 x_2}{RT}\right)\left[\left(\dfrac{\Lambda_{12}}{S_1}\right) - \left(\dfrac{S_1\Lambda_{12} - \Lambda_{12}^2 x_2}{S_1^2}\right)\right]$	$\left(\dfrac{\partial\gamma_1}{\partial A_{21}}\right)_{A_{12}} = \left(\dfrac{\gamma_1 x_2}{RT}\right)\left(\dfrac{S_2\Lambda_{21} - \Lambda_{21}^2 x_1}{S_2^2}\right)$
$\left(\dfrac{\partial\gamma_2}{\partial A_{21}}\right)_{A_{12}} = \left(\dfrac{x_1\gamma_2}{RT}\right)\left[\dfrac{\Lambda_{21}}{S_2} - \left(\dfrac{S_2\Lambda_{21} - \Lambda_{21}^2 x_1}{S_2^2}\right)\right]$	$\left(\dfrac{\partial\gamma_2}{\partial A_{12}}\right)_{A_{21}} = \left(\dfrac{\gamma_2 x_1}{RT}\right)\left(\dfrac{S_1\Lambda_{12} - \Lambda_{12}^2 x_2}{S_1^2}\right)$

A função g_i e suas derivadas parciais, para $\theta_1 = A_{12}$ e $\theta_2 = A_{21}$, são dadas por:

▶ Função escolhida: $g_i = x_{1i}\gamma_{1i}P_1^{sat} + x_{2i}\gamma_{2i}P_2^{sat}$

▶ Derivada parcial $(\partial g_i/\partial\theta_1)_{\theta_2}$: $z_{i1} = x_{1i}P_1^{sat}\left(\dfrac{\partial\gamma_{1i}}{\partial\theta_1}\right)_{\theta_2} + x_{2i}P_2^{sat}\left(\dfrac{\partial\gamma_{2i}}{\partial\theta_1}\right)_{\theta_2}$

▶ Derivada parcial $(\partial g_i/\partial\theta_2)_{\theta_1}$: $z_{i2} = x_{1i}P_1^{sat}\left(\dfrac{\partial\gamma_{1i}}{\partial\theta_2}\right)_{\theta_1} + x_{2i}P_2^{sat}\left(\dfrac{\partial\gamma_{2i}}{\partial\theta_2}\right)_{\theta_1}$

Sistema etanol(1)-acetonitrila(2)

Roteiro de cálculo – Tabela 7.3 do Tópico 7.3.1

1. Entrada de dados: $m = 15$, $f_i = P_i$, x_{1i} e x_{2i} para $i = 1, 2, ..., 15$

2. Para $T = 70$ °C, $P_1^{sat} = 542{,}59496$ mmHg e $P_2^{sat} = 521{,}965835$ mmHg

3. Volumes molares dos líquidos saturados: $V_1 = 58{,}69$ cm³/mol e $V_2 = 52{,}86$ cm³/mol

4. Constante Universal dos gases: $R = 1{,}98721$ cal/mol.K

5. Cálculo da média de f: $\bar{f} = 624{,}59$

6. Informações do procedimento iterativo: Tol = $1\text{x}10^{-5}$ e itemax = 50

7. Estimativa inicial dos parâmetros: $\theta_1 = A_1^{(1)} = 500$ e $\theta_2 = A_2^{(1)} = 1000$

8. Os valores dos parâmetros binários para a primeira iteração:

$$\Lambda_{12} = \frac{V_2^L}{V_1^L}\exp\left(-\frac{A_{12}}{RT}\right) = 0{,}4326372 \text{ e } \Lambda_{21} = \frac{V_1^L}{V_2^L}\exp\left(-\frac{A_{21}}{RT}\right) = 0{,}2561878$$

9. Inicialização do contador de iteração: $k = 1$

10. Método de Gauss-Newton

    Faça

    ▶ Para $i = 1, 2, ..., 15$, calcular as funções:

$$S_{1i} = x_{1i} + \Lambda_{12}x_{2i},\ S_{2i} = \Lambda_{21}x_{1i} + x_{2i} \text{ e } S_i = \frac{\Lambda_{12}}{S_{1i}} - \frac{\Lambda_{21}}{S_{2i}}$$

$$\gamma_{1i} = \exp\left[-\ln\left(S_{1i}\ + x_{2i}S\right]\right. \text{ e } \gamma_{2i} = \exp\left[-\ln\ S_{2i}\ - x_{1i}S_i\right]$$

$$g_i = x_{1i}\gamma_{1i}P_1^{sat} + x_{2i}\gamma_{2i}P_2^{sat} \text{ e } h_i = y_i - g_i\big|_{\theta_1,\theta_2}$$

$$\left(\frac{\partial\gamma_{1i}}{\partial A_{12}}\right)_{A_{21}} = \left(\frac{\gamma_{1i}x_{2i}}{RT}\right)\left[\left(\frac{\Lambda_{12}}{S_{1i}}\right) - \left(\frac{S_{1i}\Lambda_{12} - \Lambda_{12}^2x_{2i}}{S_{1i}^2}\right)\right]$$

$$\left(\frac{\partial\gamma_{1i}}{\partial A_{21}}\right)_{A_{12}} = \left(\frac{\gamma_{1i}x_{2i}}{RT}\right)\left(\frac{S_{2i}\Lambda_{21} - \Lambda_{21}^2x_{1i}}{S_{2i}^2}\right)$$

$$\left(\frac{\partial \gamma_{2i}}{\partial A_{12}}\right)_{A_{21}} = \left(\frac{x_{1i}\gamma_{2i}}{RT}\right)\left(\frac{S_{1i}\Lambda_{12} - \Lambda_{12}^2 x_{2i}}{S_{1i}^2}\right)$$

$$\left(\frac{\partial \gamma_{2i}}{\partial A_{21}}\right)_{A_{12}} = \left(\frac{x_{1i}\gamma_{2i}}{RT}\right)\left[\frac{\Lambda_{21}}{S_{2i}} - \left(\frac{S_{2i}\Lambda_{21} - \Lambda_{21}^2 x_{1i}}{S_{2i}^2}\right)\right]$$

$$z_{i1} = x_{1i}P_1^{sat}\left(\frac{\partial \gamma_{1i}}{\partial \theta_1}\right)_{\theta_2} + x_{2i}P_2^{sat}\left(\frac{\partial \gamma_{2i}}{\partial \theta_1}\right)_{\theta_2}$$

$$z_{i2} = x_{1i}P_1^{sat}\left(\frac{\partial \gamma_{1i}}{\partial \theta_2}\right)_{\theta_1} + x_{2i}P_2^{sat}\left(\frac{\partial \gamma_{2i}}{\partial \theta_2}\right)_{\theta_1}$$

▶ Valores adicionais 1:

i	$f_i = P_i$	x_{1i}	x_{2i}	S_{1i}	S_{2i}
1	521,97	0,0000	1,0000	0,4326372	1,000000
2	559,32	0,0434	0,9566	0,4572607	0,967719
3	589,17	0,0878	0,9122	0,4824516	0,934693
4	620,08	0,1472	0,8528	0,5161530	0,890511
5	645,88	0,2156	0,7844	0,5549606	0,839634
6	668,38	0,3100	0,6900	0,6085196	0,769418
7	682,33	0,4120	0,5880	0,6663907	0,693549
8	687,58	0,5126	0,4874	0,7234674	0,618722
9	685,93	0,6103	0,3897	0,7788987	0,546051
10	676,18	0,7059	0,2941	0,8331386	0,474943
11	657,80	0,7987	0,2013	0,8857899	0,405917
12	637,18	0,8633	0,1367	0,9224415	0,357867
13	611,45	0,9152	0,0848	0,9518876	0,319263
14	583,02	0,9579	0,0421	0,9761140	0,287502
15	542,59	1,0000	0,0000	1,0000000	0,256188

▶ Valores adicionais 2:

i	$f_i = P_i$	S_i	γ_{1i}	γ_{2i}	g_i
1	521,97	0,743812	4,863061	1,000000	521,96583
2	559,32	0,681416	4,196892	1,003246	599,76419
3	589,17	0,622660	3,657811	1,012950	656,56093
4	620,08	0,550509	3,098216	1,035542	708,40782
5	645,88	0,474463	2,614381	1,075187	746,05322
6	668,38	0,378004	2,133041	1,155970	775,11681
7	682,33	0,279838	1,769017	1,284847	789,80212
8	687,58	0,183945	1,511881	1,470804	794,68739
9	685,93	0,086283	1,327767	1,737389	793,08692
10	676,18	-0,020122	1,193198	2,135636	784,85799
11	657,80	-0,142714	1,096965	2,760996	765,49494
12	637,18	-0,246861	1,048107	3,458066	737,69890
13	611,45	-0,347930	1,020001	4,306673	697,14012
14	583,02	-0,447857	1,005335	5,341606	639,90526
15	542,59	-0,567363	1,000000	6,884050	542,59496

▶ Valores adicionais 3:

i	$\partial\theta_{1i}/\partial\theta_1$	$\partial\theta_{1i}/\partial\theta_2$	$\partial\theta_{2i}/\partial\theta_1$	$\partial\theta_{2i}/\partial\theta_2$	z_{i1}	z_{i2}
1	0,007132	0,001827	0,000000	0,000000	0,00000	0,00000
2	0,005042	0,001541	0,000006	0,000000	0,12159	0,03638
3	0,003589	0,001309	0,000021	0,000001	0,18113	0,06276
4	0,002322	0,001067	0,000053	0,000003	0,20920	0,08647
5	0,001434	0,000857	0,000103	0,000007	0,20987	0,10307
6	0,000753	0,000644	0,000190	0,000018	0,19517	0,11491
7	0,000378	0,000478	0,000312	0,000044	0,18014	0,12018
8	0,000188	0,000352	0,000468	0,000097	0,17157	0,12275
9	0,000091	0,000254	0,000677	0,000209	0,16787	0,12662
10	0,000041	0,000172	0,000973	0,000454	0,16495	0,13554
11	0,000016	0,000101	0,001424	0,001029	0,15638	0,15203
12	0,000006	0,000057	0,001922	0,001937	0,14007	0,16512

i	$\partial\theta_{1i}/\partial\theta_1$	$\partial\theta_{1i}/\partial\theta_2$	$\partial\theta_{2i}/\partial\theta_1$	$\partial\theta_{2i}/\partial\theta_2$	z_{i1}	z_{i2}
13	0,000002	0,000027	0,002526	0,003406	0,11290	0,16419
14	0,000001	0,000008	0,003264	0,005707	0,07199	0,12962
15	0,000000	0,000000	0,004368	0,010095	0,00000	0,00000

▶ Valores adicionais 4:

i	z_{i1}^2	z_{i2}^2	$z_{i1}z_{i2}$	h	hz_{i1}	hz_{i2}
1	0,00000	0,00000	0,00000	0,00417	0,0000	0,0000
2	0,01478	0,00132	0,00442	-40,44419	-4,9176	-1,4713
3	0,03281	0,00394	0,01137	-67,39093	-12,2065	-4,2297
4	0,04377	0,00748	0,01809	-88,32782	-18,4785	-7,6378
5	0,04404	0,01062	0,02163	-100,17322	-21,0229	-10,3253
6	0,03809	0,01320	0,02243	-106,73681	-20,8319	-12,2649
7	0,03245	0,01444	0,02165	-107,47212	-19,3605	-12,9165
8	0,02943	0,01507	0,02106	-107,10739	-18,3759	-13,1479
9	0,02818	0,01603	0,02126	-107,15692	-17,9879	-13,5684
10	0,02721	0,01837	0,02236	-108,67799	-17,9264	-14,7303
11	0,02446	0,02311	0,02377	-107,69494	-16,8415	-16,3723
12	0,01962	0,02726	0,02313	-100,51890	-14,0802	-16,5972
13	0,01275	0,02696	0,01854	-85,69012	-9,6746	-14,0696
14	0,00518	0,01680	0,00933	-56,88526	-4,0949	-7,3736
15	0,00000	0,00000	0,00000	-0,00496	0,0000	0,0000

▶ Cálculos dos somatórios $\mathbf{Z}^T\mathbf{Z}$: $\mathbf{Z}^T\mathbf{Z} = \begin{bmatrix} \sum_{i=1}^{m} z_{i1}^2 & \sum_{i=1}^{m} z_{i1}z_{i2} \\ \sum_{i=1}^{m} z_{i2}z_{i1} & \sum_{i=1}^{m} z_{i2}^2 \end{bmatrix}$

$$\sum_{i=1}^{m} z_{i1}^2 = 0,352772019,\ \sum_{i=1}^{m} z_{i2}^2 = 0,194621094 \text{ e } \sum_{i=1}^{m} z_{i1}z_{i2} = 0,23903496$$

Portanto,

$$\mathbf{Z}^{\mathrm{T}}\mathbf{Z} = \begin{bmatrix} 0,352772019 & 0,23903496 \\ 0,23903496 & 0,194621094 \end{bmatrix}$$

▶ Calcular a matriz inversa $\mathbf{B} = [\mathbf{Z}^T\mathbf{Z}]^{-1}$: O procedimento empregado nos capítulos anteriores para a inversão matricial fornece:

$$\mathbf{B} = \left(\mathbf{Z}^T\mathbf{Z}\right)^{-1} = \begin{bmatrix} 16,89541833 & -20,75106851 \\ -20,75106851 & 30,62479364 \end{bmatrix}$$

▶ Efetuar a multiplicação $\mathbf{Z}^{\mathrm{T}}\mathbf{h}$: $\boldsymbol{\beta} = \mathbf{Z}^T\mathbf{h} = \begin{bmatrix} \sum_{i=1}^{m} h_i z_{i1} \\ \sum_{i=1}^{m} h_i z_{i2} \end{bmatrix}$

$$\sum_{i=1}^{m} h_i z_{i1} = -195,7993055 \text{ e } \sum_{i=1}^{m} h_i z_{i2} = -144,7049265$$

$$\boldsymbol{\beta} = \mathbf{Z}^T\mathbf{h} = \begin{bmatrix} -195,7993055 \\ -144,7049265 \end{bmatrix}$$

▶ Efetuar a multiplicação $\Delta\theta = \mathbf{B}\boldsymbol{\beta} = \begin{bmatrix} \Delta\theta_1 \\ \Delta\theta_2 \end{bmatrix}$

$$\begin{bmatrix} \Delta\theta_1 \\ \Delta\theta_2 \end{bmatrix} = \begin{bmatrix} 16,89541833 & -20,75106851 \\ -20,75106851 & 30,62479364 \end{bmatrix} \begin{bmatrix} -195,7993055 \\ -144,7049265 \end{bmatrix} = \begin{bmatrix} -305,3293343 \\ -368,5137087 \end{bmatrix}$$

▶ Valor máximo: max_valor = máximo($|\Delta\theta_1|$, $|\Delta\theta_2|$) = 368,5137087

▶ Verificação da convergência

L1 = (k > itemax)? ⟶ L1 = (1 > 50)? ⟶ L1 = Falso

L2 = (max_valor < Tol)? ⟶ L2 = (368,5137087 < $1\text{x}10^{-5}$)? ⟶ L2 = Falso

L1 OU L2 ⟶ (Falso OU Falso) ⟶ Falso (continuar os cálculos)

▶ Atualizações os coeficientes

$\theta_1 \leftarrow \theta_1 + \Delta\theta_1 \rightarrow \theta_1 = 194{,}6706657$

$\theta_2 \leftarrow \theta_2 + \Delta\theta_2 \rightarrow \theta_2 = 631{,}4862913$

▶ Atualização do contador de iterações: $k \leftarrow k + 1 \rightarrow k = 2$

▶ Atualizações dos parâmetros binários:

$$\Lambda_{12} = \frac{V_2^L}{V_1^L}\exp\left(-\frac{\theta_1}{RT}\right) \text{ e } \Lambda_{21} = \frac{V_1^L}{V_2^L}\exp\left(-\frac{\theta_2}{RT}\right)$$

Retorne para o faça no início da etapa 10 e repita o procedimento até que uma das condições de convergência seja verdadeira. O procedimento converge com seis iterações. Os resultados finais são mostrados nas tabelas seguintes.

▶ Valores dos parâmetros em cada iteração:

k	$\theta_1^{(k)}$	$\theta_2^{(k)}$	$\Delta\theta_1^{(k)}$	$\Delta\theta_2^{(k)}$	max_valor	L1 ou L2
1	500	1000	-305,3293343	-368,5137087	368,513709	F
2	194,6706657	631,4862913	42,40722975	-41,1997268	42,4072298	F
3	237,0778955	590,2865645	0,845864032	0,61919185	0,84586403	F
4	237,9237595	590,9057563	-0,001234035	0,002989058	0,00298906	F
5	237,9225255	590,9087454	-3,29104E-05	4,07749E-05	4,0775E-05	F
6	237,9224926	590,9087861	-5,32984E-07	6,38354E-07	6,3835E-07	V

▶ Os valores das matrizes e dos vetores em cada iteração são dados na tabela abaixo:

k	$\mathbf{Z^TZ}$		$\mathbf{B = (Z^TZ)^{-1}}$		$\boldsymbol{\beta}$	$\Delta\theta$
1	0,352772	0,239035	16,89542	-20,75107	-195,79931	-305,329334
	0,239035	0,194621	-20,75107	30,62479	-144,70493	-368,513709
2	0,340766	0,262122	55,98268	-68,96413	3,65160	42,4072298
	0,262122	0,212781	-68,96413	89,65542	2,34933	-41,1997268
3	0,321322	0,264646	59,14083	-68,02760	0,43566	0,84586403
	0,264646	0,230074	-68,02760	82,59616	0,36631	0,61919185

k	Z^TZ		$B = (Z^TZ)^{-1}$		β	Δθ
4	0,321321	0,264665	58,93882	-67,77737	0,00039458	-0,00123404
	0,264665	0,230151	-67,77737	82,28635	0,00036133	0,002989058
5	0,321322	0,264665	58,93839	-67,77711	2,1682E-07	-3,2910E-05
	0,264665	0,230150	-67,77711	82,28632	6,7411E-07	4,07749E-05
6	0,321322	0,264665	58,93838	-67,77710	-2,3097E-09	-5,3298E-07
	0,264665	0,230150	-67,77710	82,28632	5,8553E-09	6,38354E-07

11. Valores finais obtidos na convergência

i	S_{1i}	S_{2i}	S_i	γ_{1i}	γ_{2i}	g_i
1	0,6353826	1,000000	0,533233	2,682532	1,000000	521,96583
2	0,6512070	0,976858	0,497875	2,472414	1,001808	558,43730
3	0,6673960	0,953182	0,462339	2,284432	1,007383	588,48255
4	0,6890543	0,921508	0,415583	2,068543	1,020783	619,59812
5	0,7139941	0,885035	0,362500	1,861207	1,044954	645,56616
6	0,7484140	0,834698	0,289768	1,631890	1,095113	668,90312
7	0,7856050	0,780308	0,210599	1,440706	1,175038	682,70623
8	0,8222855	0,726665	0,130362	1,295901	1,287197	687,90503
9	0,8579086	0,674568	0,048669	1,187944	1,439046	686,09903
10	0,8927660	0,623591	-0,036813	1,108052	1,645835	677,05614
11	0,9266025	0,574107	-0,127319	1,051903	1,928283	658,47202
12	0,9501568	0,539660	-0,196214	1,024604	2,195058	636,57044
13	0,9690804	0,511985	-0,256025	1,009744	2,468905	610,70194
14	0,9846496	0,489216	-0,308824	1,002471	2,747727	581,41665
15	1,0000000	0,466767	-0,364617	1,000000	3,084973	542,59496

12. Valores finais obtidos na convergência

- Modelo: $g_i = x_{1i}\gamma_{1i}P_1^{sat} + x_{2i}\gamma_{2i}P_2^{sat}$
- Valores quadráticos residuais: $S_{Ri} = \left(f_i - g_i\right)^2$
- Valores quadráticos totais corrigidos: $S_{TCi} = \left(f_i - \overline{f}\right)^2$

i	g_i	$\varepsilon_i = f_i - g_i$	S_{Ri}	$S_{Ti} = f_i^2$	$S_{\text{Re}i} = g_i^2$	$S_{\text{TC}i}$
1	521,965835	0,004165	0,000017	272452,68	272448,3327	10531,00123
2	558,437301	0,882699	0,779158	312838,86	311852,2190	4260,25993
3	588,482548	0,687452	0,472590	347121,29	346311,7098	1254,62363
4	619,598121	0,481879	0,232207	384499,21	383901,8318	20,34611
5	645,566165	0,313835	0,098493	417160,97	416755,6731	453,23571
6	668,903117	-0,523117	0,273652	446731,82	447431,3801	1917,50571
7	682,706233	-0,376233	0,141551	465574,23	466087,8008	3333,83061
8	687,905029	-0,325029	0,105644	472766,26	473213,3287	3967,65611
9	686,099030	-0,169030	0,028571	470499,96	470731,8797	3762,51381
10	677,056144	-0,876144	0,767628	457219,39	458405,0218	2661,45931
11	658,472016	-0,672016	0,451606	432700,84	433585,3965	1102,85982
12	636,570439	0,609561	0,371565	405998,35	405221,9234	158,49131
13	610,701935	0,748065	0,559601	373871,10	372956,8538	172,67712
14	581,416654	1,603346	2,570718	339912,32	338045,3255	1728,12033
15	542,594960	-0,004960	0,000025	294403,91	294409,2905	6724,10933

- Soma dos resíduos: $S_\varepsilon = \sum_{i=1}^{m} \varepsilon_i = 2,384472$
- Soma quadrática dos resíduos: $S_R = \sum_{i=1}^{m} \left(f_i - g_i\right)^2 = 6,853025$
- Cálculo da soma quadrática total: $S_T = \sum_{i=1}^{m} f_i^2 = 5893751,203400$
- Soma quadrática em torno da média: $S_{TCi} = \sum_{i=1}^{m} \left(f_i - \overline{f}\right)^2 = 42048,690093$
- Cálculo da soma quadrática do modelo: $S_{\text{Re}} = \sum_{i=1}^{m} g_i^2 = 5891357,967226$
- Graus de liberdade dos resíduos: $G_L^R = m - 2 = 13$
- Graus de liberdade da regressão: $G_L^{Re} = 2$
- Graus de liberdade total: $G_L^T = m = 15$
- Graus de liberdade total corrigido: $G_L^{TC} = m - 1 = 14$
- Proporção da variância explicada: $R^2 = 1 - S_R/S_T = 0,999998837$

- Proporção da variância explicada corrigida: $R_C^2 = 1 - S_R/S_{TC} = 0{,}999837022$
- Média quadrática residual: $M_R = S_R/G_L^R = 0{,}527155797$
- Média quadrática devido à regressão: $M_{Re} = S_{Re}/G_L^{Re} = 2945678{,}984$
- Média quadrática total corrigida: $M_{TC} = S_{TC}/G_L^{TC} = 3003{,}477864$
- Variância populacional: $s^2 = M_R = 0{,}527155797$
- Erro padrão da estimativa: $s = \sqrt{M_R} = 0{,}726055$
- Matriz de covariância $\mathbf{V} = \mathbf{B}s^2 = \begin{bmatrix} B_{11} & B_{12} \\ B_{21} & B_{22} \end{bmatrix} s^2$: A iteração seis dos resultados da regressão

não linear fornece a matriz B final:

$$\mathbf{V} = \begin{bmatrix} 58{,}93838 & -67{,}77710 \\ -67{,}77710 & 82{,}28632 \end{bmatrix} \times 0{,}527155797 = \begin{bmatrix} 31{,}06970938 & -35{,}729094 \\ -35{,}729094 & 43{,}377712 \end{bmatrix}$$

Portanto,

- Variância do coeficiente θ_1: $\text{Var}(\theta_1) = 31{,}06970938$
- Variância do coeficiente θ_2: $\text{Var}(\theta_2) = 43{,}37771176$
- Covariância entre θ_1 e θ_2: $\text{Cov}(\theta_1, \theta_2) = -35{,}7290936$

- Erro padrão do coeficiente θ_1: $E_{\theta 1} = \sqrt{\text{Var}(\theta_1)} = 5{,}574021$
- Erro padrão do coeficiente θ_2: $E_{\theta 2} = \sqrt{\text{Var}(\theta_2)} = 6{,}586176$
- Inferência sobre os coeficientes do modelo:
  - Especificação do nível de confiança: $NC = 95$ %
  - Cálculo do nível de significância: $\alpha = 1 - NC/100 = 0{,}05$
  - Cálculo da probabilidade acumulada: $\phi = 1 - \alpha/2 = 0{,}975$
  - Cálculo do valor crítico da distribuição t de Student:

    $t = \text{INVT}(\alpha;\ G_L^R) \longrightarrow t = \text{INVT}(0{,}05;\ 13) \longrightarrow t = 2{,}160368652$
  - Cálculo da estatística do coeficiente θ_1: $t_{Estat}|_{\theta 1} = \theta_1/E_{\theta 1} = 42{,}684176$
  - Cálculo da estatística do coeficiente θ_2: $t_{Estat}|_{\theta 2} = \theta_2/E_{\theta 2} = 89{,}719559$

- Teste de hipótese para o coeficiente θ_1:

  $(t_{Estat}|_{\theta 1} > t)? \longrightarrow (42{,}684176 > 2{,}160368652)?$ Sim; portanto, o coeficiente θ_1 é estatisticamente significativo.

- Teste de hipótese para o coeficiente θ_2:

  $(t_{Estat}|_{\theta 2} > t)? \longrightarrow (89{,}719559 > 2{,}160368652)?$ Sim; portanto, o coeficiente θ_2 é estatisticamente significativo.

- Cálculo da distribuição *t* de Student para o coeficiente θ_1:

  $\text{valor-p}|_{\theta 1} = \text{DISTT}(t_{Estat}|_{\theta 1}; G_L^R; 2) \longrightarrow \text{valor-p}|_{\theta 1} = 2{,}31768\text{E-}15$

- Cálculo da distribuição *t* de Student para o coeficiente θ_2:

  $\text{valor-p}|_{\theta 2} = \text{DISTT}(t_{Estat}|_{\theta 2}; G_L^R; 2) \longrightarrow \text{valor-p}|_{\theta 2} = 1{,}53275\text{E-}19$

- Teste de hipótese sobre o coeficiente θ_1:

  $(\text{valor-p}|_{\theta 1} < \alpha)? \longrightarrow (2{,}31768\text{E-}15 < 0{,}05)?$ Sim; portanto, o coeficiente θ_1 é estatisticamente significativo.

- Teste de hipótese sobre o coeficiente θ_2:

  $(\text{valor-p}|_{\theta 2} < \alpha)? \longrightarrow (1{,}53275\text{E-}19 < 0{,}05)?$ Sim; portanto, o coeficiente θ_2 é estatisticamente significativo.

▶ Inferência sobre o modelo:

TESTE ESTATÍSTICO 1

- Cálculo do valor crítico da distribuição *F*:

  $F = \text{INVF}(\alpha; G_L^{Re}; G_L^R) \longrightarrow F = \text{INVF}(0{,}05; 2; 13) \longrightarrow F = 3{,}805565253$

- Cálculo da estatística de teste de hipótese: $F_{Estat} = M_{Re}/M_R = 5587871{,}748089$

- Teste de hipótese:

  $(F_{Estat} > F)? \longrightarrow (116342{,}3392 > 3{,}982297957)?$ Sim; portanto, o modelo proposto é estatisticamente significativo.

- Cálculo da distribuição *F*:

  $F_{significância} = \text{DISTF}(F_{Estat}; G_L^{Re}; G_L^R) \longrightarrow F_{significância} = 2{,}67197\text{E-}39$

- Teste de hipótese:

  $(F_{significância} < \alpha)? \longrightarrow (2{,}67197\text{E-}39 < 0{,}05)?$ Sim; portanto, o modelo proposto é estatisticamente significativo.

TESTE ESTATÍSTICO 2

- Cálculo do valor crítico da distribuição corrigida $F|_{TC}$:

  $F|_{TC}$= INVF(α; G_L^{Re}; G_L^{TC}) ⟶ $F|_{TC}$ = INVF(0,05; 2; 14) ⟶ $F|_{TC}$ = 3,73889183

- Cálculo da estatística de teste de hipótese: $F_{Estat}|_{TC} = M_{Re}/M_{TC}$ = 980,756016

- Cálculo da distribuição F:

  $F_{sig}|_{TC}$ = DISTF(F_{Estat}; G_L^{Re}; G_L^{TC}) ⟶ $F_{sig}|_{TC}$ = 8,97715E-16

- Teste de hipótese:

  ($F_{Estat}|_{TC} > F|_{TC}$)? ⟶ (980,756016 > 3,73889183)? Sim; portanto, o modelo proposto é estatisticamente significativo.

- Teste de hipótese:

  ($F_{sig}|_{TC} < \alpha$)? ⟶ (8,97715E-16 < 0,05)? Sim; portanto, o modelo proposto é estatisticamente significativo.

▶ Intervalo de confiança para o coeficiente θ_1:

Intervalo: $\Delta_{\theta 1} = tE_{\theta 1}$ = 12,0419401

Inferior: $\theta_1 - \Delta_{\theta 1}$ = 225,880552

Central: θ_1 = 237,922493

Superior: $\theta_1 + \Delta_{\theta 1}$ = 249,964433

▶ Intervalo de confiança para o coeficiente θ_2:

Intervalo: $\Delta_{\theta 2} = tE_{\theta 2}$ = 14,22856775

Inferior: $\theta_2 - \Delta_{\theta 2}$ = 576,680218

Central: θ_2 = 590,908786

Superior: $\theta_2 + \Delta_{\theta 2}$ = 605,137354

COMPARAÇÃO COM O STATISTICA PARA A EQUAÇÃO DE WILSON

As medidas estatísticas e os valores dos parâmetros binários do sistema etanol(1)-acetonitrila(2) calculados no Tópico 9.3.6 são comparados com os fornecidos pelo Statistica 5.0. A comparação é apresentada na Tabela 9.10.

Tabela 9.10 - Valores dos parâmetros binários da equação de Wilson

	A_{12}		A_{21}	
	Tópico 9.3.6	Statistica	Tópico 9.3.6	Statistica
Valor	237,922493	237,9225	590,908786	590,9087
Erro Padrão	5,574021	5,574041	6,586176	6,586176
Estatística t	42,684176	42,68403	89,719559	89,71955
Valor-p	2,31768E-15	0,000000	1,53275E-19	0,000000
Limite Inferior	225,880552	225,8805	576,680218	576,6802
Limite Superior	249,964433	249,9645	605,137354	605,1373

Gmehling et al. (1982) reportam os seguintes valores para os parâmetros binários do sistema etanol(1)-acetonitrila(2) da equação de Wilson:

- Parâmetro A_{12}: A_{12} = 237,5140
- Parâmetro A_{12}: A_{21} = 591,3747

Equação NRTL - Derivadas Analíticas

Os coeficientes de atividade da equação NRTL (Non-Random Two-Liquid) são dados por:

- Coeficiente de atividade da espécie 1:

$$\ln\gamma_1 = x_2^2\left[\tau_{21}\left(\frac{G_{21}}{S_1}\right)^2 + \frac{\tau_{12}G_{12}}{S_2^2}\right] = x_2^2\left(\tau_{21}u_1^2 + \tau_{12}u_2\right) \quad (9.111)$$

- Coeficiente de atividade da espécie 2:

$$\ln\gamma_2 = x_1^2\left[\tau_{12}\left(\frac{G_{12}}{S_2}\right)^2 + \frac{\tau_{21}G_{21}}{S_1^2}\right] = x_1^2\ \tau_{12}u_3^2 + \tau_{21}u_4) \quad (9.112)$$

em que $\tau_{12} = A_{12}/(RT)$, $\tau_{21} = A_{21}/\ RT)$, $G_{12} = \exp(-\alpha\tau_{12})$, $G_{21} = \exp\ -\alpha\tau_{21})$, $S_1 = x_1 + x_2G_{21}$, $S_2 = x_2 + x_1G_{12}$, $u_1 = G_{21}/S_1$, $u_2 = G_{12}/S_2^2$, $u_3 = G_{12}/S_2$ e $u_4 = G_{21}/S_1^2$.

As derivadas parciais do coeficiente de atividade do componente k em relação ao parâmetro A_{jl}, mantendo A_{ij} constante, são dadas por:

- Derivada parcial do logaritmo do coeficiente de atividade da espécie 1 com relação ao parâmetro A_{12}:

$$\left(\frac{\partial \ln \gamma_1}{\partial A_{12}}\right)_{A_{21},\alpha} = x_2^2 \frac{\partial\left(\tau_{21}u_1^2 + \tau_{12}u_2\right)_{A_{21},\alpha}}{\partial A_{12}}$$
$$= x_2^2\left[u_1^2\left(\frac{\partial \tau_{21}}{\partial A_{12}}\right) + \tau_{21}\left(\frac{\partial u_1^2}{\partial A_{12}}\right) + u_2\left(\frac{\partial \tau_{12}}{\partial A_{12}}\right) + \tau_{12}\left(\frac{\partial u_2}{\partial A_{12}}\right)\right] \quad (9.113)$$

Observe que G_{21}, S_1, τ_{21} e u_1 não dependem do parâmetro A_{12}; logo, as derivadas parciais com relação a A_{12} são iguais a zero.

$$\left(\frac{\partial \ln \gamma_1}{\partial A_{12}}\right)_{A_{21},\alpha} = x_2^2\left[u_2\left(\frac{\partial \tau_{12}}{\partial A_{12}}\right) + \tau_{12}\left(\frac{\partial u_2}{\partial A_{12}}\right)\right] \quad (9.114)$$

- Derivada parcial do logaritmo do coeficiente de atividade da espécie 1 com relação ao parâmetro A_{21}:

$$\left(\frac{\partial \ln \gamma_1}{\partial A_{21}}\right)_{A_{12},\alpha} = x_2^2 \frac{\partial\left(\tau_{21}u_1^2 + \tau_{12}u_2\right)_{A_{12},\alpha}}{\partial A_{21}}$$
$$= x_2^2\left[u_1^2\left(\frac{\partial \tau_{21}}{\partial A_{21}}\right) + \tau_{21}\left(\frac{\partial u_1^2}{\partial A_{21}}\right) + u_2\left(\frac{\partial \tau_{12}}{\partial A_{21}}\right) + \tau_{12}\left(\frac{\partial u_2}{\partial A_{21}}\right)\right] \quad (9.115)$$

Observe que G_{12}, S_2, τ_{12} e u_2 não dependem do parâmetro A_{21}; logo, as derivadas parciais com relação a A_{21} são iguais a zero.

A Equação (9.115) pode ser escrita como:

$$\left(\frac{\partial \ln \gamma_1}{\partial A_{21}}\right)_{A_{12},\alpha} = x_2^2\left[u_1^2\left(\frac{\partial \tau_{21}}{\partial A_{21}}\right) + \tau_{21}\left(\frac{\partial u_1^2}{\partial A_{21}}\right)\right] = x_2^2\left[u_1^2\left(\frac{\partial \tau_{21}}{\partial A_{21}}\right) + 2u_1\tau_{21}\left(\frac{\partial u_1}{\partial A_{21}}\right)\right] \quad (9.116)$$

- Derivada parcial do logaritmo do coeficiente de atividade da espécie 1 com relação ao parâmetro α:

$$\left(\frac{\partial \ln \gamma_1}{\partial \alpha}\right)_{A_{12},A_{21}} = x_2^2 \frac{\partial \left(\tau_{21} u_1^2 + \tau_{12} u_2\right._{A_{12},A_{21}}}{\partial \alpha}$$
$$= x_2^2 \left[u_1^2 \left(\frac{\partial \tau_{21}}{\partial \alpha}\right) + \tau_{21} \left(\frac{\partial u_1^2}{\partial \alpha}\right) + u_2 \left(\frac{\partial \tau_{12}}{\partial \alpha}\right) + \tau_{12} \left(\frac{\partial u_2}{\partial \alpha}\right) \right] \quad (9.117)$$

Observe que τ_{21} e τ_{12} não dependem do parâmetro α. Portanto, as derivadas parciais com relação a α são iguais a zero. Assim:

$$\left(\frac{\partial \ln \gamma_1}{\partial \alpha}\right)_{A_{12},A_{21}} = x_2^2 \left[\tau_{21} \left(\frac{\partial u_1^2}{\partial \alpha}\right) + \tau_{12} \left(\frac{\partial u_2}{\partial \alpha}\right) \right] = x_2^2 \left[2u_1 \tau_{21} \left(\frac{\partial u_1}{\partial \alpha}\right) + \tau_{12} \left(\frac{\partial u_2}{\partial \alpha}\right) \right] \quad (9.118)$$

- Derivada parcial do logaritmo do coeficiente de atividade da espécie 2 com relação ao parâmetro A_{12}:

$$\left(\frac{\partial \ln \gamma_2}{\partial A_{12}}\right)_{A_{21},\alpha} = x_1^2 \frac{\partial \left(\tau_{12} u_3^2 + \tau_{21} u_4\right._{A_{21},\alpha}}{\partial A_{12}}$$
$$= x_1^2 \left(\tau_{12} \frac{\partial u_3^2}{\partial A_{12}} + u_3^2 \frac{\partial \tau_{12}}{\partial A_{12}} + \tau_{21} \frac{\partial u_4}{\partial A_{12}} + u_4 \frac{\partial \tau_{21}}{\partial A_{12}} \right) \quad (9.119)$$

Observe que G_{21}, S_1, τ_{21} e u_4 não dependem do parâmetro A_{12}; logo, as derivadas parciais com relação a A_{12} são iguais a zero. Assim:

$$\left(\frac{\partial \ln \gamma_2}{\partial A_{12}}\right)_{A_{21},\alpha} = x_1^2 \left(\tau_{12} \frac{\partial u_3^2}{\partial A_{12}} + u_3^2 \frac{\partial \tau_{12}}{\partial A_{12}} \right) = x_1^2 \left(2u_3 \tau_{12} \frac{\partial u_3}{\partial A_{12}} + u_3^2 \frac{\partial \tau_{12}}{\partial A_{12}} \right) \quad (9.120)$$

- Derivada parcial do logaritmo do coeficiente de atividade da espécie 2 com relação ao parâmetro A_{21}:

$$\left(\frac{\partial \ln \gamma_2}{\partial A_{21}}\right)_{A_{12},\alpha} = x_1^2 \frac{\partial \left(\tau_{12} u_3^2 + \tau_{21} u_4\right)_{A_{12},\alpha}}{\partial A_{21}}$$
$$= x_1^2 \left(\tau_{12} \frac{\partial u_3^2}{\partial A_{21}} + u_3^2 \frac{\partial \tau_{12}}{\partial A_{21}} + \tau_{21} \frac{\partial u_4}{\partial A_{21}} + u_4 \frac{\partial \tau_{21}}{\partial A_{21}} \right) \quad (9.121)$$

Observe que G_{12}, S_2, τ_{12} e u_3 não dependem do parâmetro A_{21}. Portanto, as derivadas parciais com relação a A_{21} são iguais a zero. Assim:

$$\left(\frac{\partial \ln \gamma_2}{\partial A_{21}}\right)_{A_{12},\alpha} = x_1^2\left(\tau_{21}\frac{\partial u_4}{\partial A_{21}} + u_4\frac{\partial \tau_{21}}{\partial A_{21}}\right) \tag{9.122}$$

- Derivada parcial do logaritmo do coeficiente de atividade da espécie 2 com relação ao parâmetro α:

$$\begin{aligned}\left(\frac{\partial \ln \gamma_2}{\partial \alpha}\right)_{A_{12},A_{21}} &= x_1^2\frac{\partial\left(\tau_{12}u_3^2 + \tau_{21}u_4\right)}{\partial \alpha}\\ &= x_1^2\left[\tau_{12}\frac{\partial u_3^2}{\partial \alpha} + u_3^2\frac{\partial \tau_{12}}{\partial \alpha} + \tau_{21}\frac{\partial u_4}{\partial \alpha} + u_4\frac{\partial \tau_{21}}{\partial \alpha}\right]\end{aligned} \tag{9.123}$$

Observe que τ_{21} e τ_{12} não dependem do parâmetro α. Portanto, as derivadas parciais com relação a α são iguais a zero. Assim:

$$\left(\frac{\partial \ln \gamma_2}{\partial \alpha}\right)_{A_{12},A_{21}} = x_1^2\left(\tau_{12}\frac{\partial u_3^2}{\partial \alpha} + \tau_{21}\frac{\partial u_4}{\partial \alpha}\right) = x_1^2\left(2u_3\tau_{12}\frac{\partial u_3}{\partial \alpha} + \tau_{21}\frac{\partial u_4}{\partial \alpha}\right) \tag{9.124}$$

As derivadas parciais dos parâmetros auxiliares em relação ao parâmetro A_{jk}, mantendo A_{kj} e α constantes, são dadas por:

- Derivada do parâmetro τ_{12} em relação ao parâmetro A_{12}:

$$\left(\frac{\partial \tau_{12}}{\partial A_{12}}\right)_{A_{21},\alpha} = \frac{1}{RT} \tag{9.125}$$

- Derivada do parâmetro τ_{21} em relação ao parâmetro A_{21}:

$$\left(\frac{\partial \tau_{21}}{\partial A_{21}}\right)_{A_{12},\alpha} = \frac{1}{RT} \tag{9.126}$$

▶ Derivada do parâmetro G_{12} em relação ao parâmetro A_{12}:

$$\left(\frac{\partial G_{12}}{\partial A_{12}}\right)_{A_{21},\alpha} = -\alpha \exp\ -\alpha\tau_{12})\left(\frac{\partial \tau_{12}}{\partial A_{12}}\right) = -\frac{\alpha G_{12}}{RT} \tag{9.127}$$

▶ Derivada do parâmetro G_{21} em relação ao parâmetro A_{21}:

$$\left(\frac{\partial G_{21}}{\partial A_{21}}\right)_{A_{12},\alpha} = -\alpha \exp(-\alpha\tau_{21})\left(\frac{\partial \tau_{21}}{\partial A_{21}}\right) = -\frac{\alpha G_{21}}{RT} \tag{9.128}$$

▶ Derivada do parâmetro G_{12} em relação ao parâmetro α:

$$\left(\frac{\partial G_{12}}{\partial \alpha}\right)_{A_{21},A_{12}} = -\tau_{12} \exp\ -\alpha\tau_{12}) = -\tau_{12}G_{12} \tag{9.129}$$

▶ Derivada do parâmetro G_{21} em relação ao parâmetro α:

$$\left(\frac{\partial G_{21}}{\partial \alpha}\right)_{A_{21},A_{12}} = -\tau_{21} \exp(-\alpha\tau_{21}) = -\tau_{21}G_{21} \tag{9.130}$$

▶ Derivada do parâmetro S_1 em relação ao parâmetro A_{21}:

$$\left(\frac{\partial S_1}{\partial A_{21}}\right)_{A_{12},\alpha} = \frac{\partial}{\partial A_{21}}\ x_1 + x_2G_{21})_{A_{21},\alpha} = x_2\frac{\partial G_{21}}{\partial A_{21}} = -\frac{x_2\alpha G_{21}}{RT} \tag{9.131}$$

▶ Derivada do parâmetro S_1 em relação ao parâmetro α:

$$\left(\frac{\partial S_1}{\partial \alpha}\right)_{A_{12},A_{21}} = \frac{\partial}{\partial \alpha}(x_1 + x_2G_{21}) = x_2\frac{\partial G_{21}}{\partial \alpha} = -x_2\tau_{21}G_{21} \tag{9.132}$$

▶ Derivada do parâmetro S_2 em relação ao parâmetro A_{12}:

$$\left(\frac{\partial S_2}{\partial A_{12}}\right)_{A_{21},\alpha} = \frac{\partial}{\partial A_{12}}\ x_2 + x_1G_{12})_{A_{21},\alpha} = x_1\frac{\partial G_{12}}{\partial A_{12}} = -\frac{x_1\alpha G_{12}}{RT} \tag{9.133}$$

- Derivada do parâmetro S_2 em relação ao parâmetro α:

$$\left(\frac{\partial S_2}{\partial \alpha}\right)_{A_{12},A_{21}} = \frac{\partial}{\partial \alpha}\left(x_2 + x_1 G_{12}\right) = x_1 \frac{\partial G_{12}}{\partial \alpha} = -x_1 \tau_{12} G_{12} \tag{9.134}$$

- Derivada do parâmetro u_1 em relação ao parâmetro A_{21}:

$$\left(\frac{\partial u_1}{\partial A_{21}}\right)_{A_{12},\alpha} = \frac{\partial\left(G_{21}/S_1\right)}{\partial A_{21}} = \frac{S_1 \frac{\partial G_{21}}{\partial A_{21}} - G_{21}\frac{\partial S_1}{\partial A_{21}}}{S_1^2} = \frac{S_1\left(-\frac{\alpha G_{21}}{RT}\right) - G_{21}\left(-\frac{x_2 \alpha G_{21}}{RT}\right)}{S_1^2} \tag{9.135}$$

Colocando os termos comuns em evidência,

$$\left(\frac{\partial u_1}{\partial A_{21}}\right)_{A_{12},\alpha} = -\left(\frac{\alpha G_{21}}{RT}\right)\left(\frac{S_1 - x_2 G_{21}}{S_1^2}\right) \tag{9.136}$$

Desde que $S_1 = x_1 + x_2 G_{21}$, a Equação (9.136) pode ser escrita como:

$$\left(\frac{\partial u_1}{\partial A_{21}}\right)_{A_{12},\alpha} = -\left(\frac{\alpha G_{21}}{RT}\right)\left(\frac{x_1 + x_2 G_{21} - x_2 G_{21}}{S_1^2}\right) = -\frac{x_1 \alpha G_{21}}{RTS_1^2} \tag{9.137}$$

- Derivada do parâmetro u_2 em relação ao parâmetro A_{12}:

$$\left(\frac{\partial u_2}{\partial A_{12}}\right)_{A_{21},\alpha} = \frac{\partial\left(G_{12}/S_2^2\right)}{\partial A_{12}} = \frac{S_2^2 \frac{\partial G_{12}}{\partial A_{12}} - G_{12}\frac{\partial S_2^2}{\partial A_{12}}}{S_2^4} \tag{9.138}$$

Desenvolvendo,

$$\left(\frac{\partial u_2}{\partial A_{12}}\right)_{A_{21},\alpha} = \frac{S_2^2 \frac{\partial G_{12}}{\partial A_{12}} - 2S_2 G_{12}\frac{\partial S_2}{\partial A_{12}}}{S_2^4} = \frac{S_2^2\left(-\frac{\alpha G_{12}}{RT}\right) - 2S_2 G_{12}\left(-\frac{x_1 \alpha G_{12}}{RT}\right)}{S_2^4} \tag{9.139}$$

Colocando os termos comuns em evidência,

$$\left(\frac{\partial u_2}{\partial A_{12}}\right)_{A_{21},\alpha}=\frac{S_2\left(-\frac{\alpha G_{12}}{RT}\right)-2G_{12}\left(-\frac{x_1\alpha G_{12}}{RT}\right)}{S_2^3}=-\left(\frac{\alpha G_{12}}{RT}\right)\frac{(S_2-2x_1G_{12})}{S_2^3} \quad (9.140)$$

Desde que $S_2=x_2+x_1G_{12}$, a Equação (9.140) pode ser escrita como:

$$\left(\frac{\partial u_2}{\partial A_{12}}\right)_{A_{21},\alpha}=-\left(\frac{\alpha G_{12}}{RT}\right)\frac{(x_2+x_1G_{12}-2x_1G_{12})}{S_2^3}=-\left(\frac{\alpha G_{12}}{RT}\right)\left(\frac{x_2-x_1G_{12}}{S_2^3}\right) \quad (9.141)$$

- Parâmetros u_3 em relação ao parâmetro A_{12}:

$$\left(\frac{\partial u_3}{\partial A_{12}}\right)_{A_{21},\alpha}=\frac{\partial\ G_{12}/S_2)}{\partial A_{12}}=\frac{S_2\frac{\partial G_{12}}{\partial A_{12}}-G_{12}\frac{\partial S_2}{\partial A_{12}}}{S_2^2} \quad (9.142)$$

Colocando os termos comuns em evidência,

$$\left(\frac{\partial u_3}{\partial A_{12}}\right)_{A_{21},\alpha}=\frac{S_2\left(-\frac{\alpha G_{12}}{RT}\right)-G_{12}\left(-\frac{x_1\alpha G_{12}}{RT}\right)}{S_2^2}=\left(-\frac{\alpha G_{12}}{RT}\right)\left(\frac{S_2-x_1G_{12}}{S_2^2}\right) \quad (9.143)$$

Desde que $S_2=x_2+x_1G_{12}$, a Equação (9.143) pode ser escrita como:

$$\left(\frac{\partial u_3}{\partial A_{12}}\right)_{A_{21},\alpha}=\left(-\frac{\alpha G_{12}}{RT}\right)\left(\frac{x_2+x_1G_{12}-x_1G_{12}}{S_2^2}\right)=-\frac{x_2\alpha G_{12}}{RTS_2^2} \quad (9.144)$$

- Derivada parcial do parâmetro u_4 em relação ao parâmetro A_{21}:

$$\left(\frac{\partial u_4}{\partial A_{21}}\right)_{A_{12},\alpha}=\frac{\partial\ G_{21}/S_1^2)}{\partial A_{21}}=\frac{S_1^2\frac{\partial G_{21}}{\partial A_{21}}-2S_1G_{21}\frac{\partial S_1}{\partial A_{21}}}{S_1^4} \quad (9.145)$$

Substituindo as Equações (9.128) e (9.131) na Equação (9.145), obtém-se:

$$\left(\frac{\partial u_4}{\partial A_{21}}\right)_{A_{12},\alpha}=\frac{S_1^2\left(-\dfrac{\alpha G_{21}}{RT}\right)-2S_1G_{21}\left(-\dfrac{x_2\alpha G_{21}}{RT}\right)}{S_1^4}=\left(-\frac{\alpha G_{21}}{RT}\right)\left(\frac{S_1-2x_2G_{21}}{S_1^3}\right) \quad (9.146)$$

Desde que $S_1=x_1+x_2G_{21}$, a Equação (9.146) pode ser escrita como:

$$\left(\frac{\partial u_4}{\partial A_{21}}\right)_{A_{12},\alpha}=\left(-\frac{\alpha G_{21}}{RT}\right)\left(\frac{x_1+x_2G_{21}-2x_2G_{21}}{S_1^3}\right)=\left(-\frac{\alpha G_{21}}{RT}\right)\left(\frac{x_1-x_2G_{21}}{S_1^3}\right) \quad (9.147)$$

- Derivada parcial do parâmetro u_1 em relação ao parâmetro α:

$$\left(\frac{\partial u_1}{\partial \alpha}\right)_{A_{12},A_{21}}=\frac{\partial\left(\dfrac{G_{21}}{S_1}\right)}{\partial \alpha}=\frac{S_1\dfrac{\partial G_{21}}{\partial\alpha}-G_{21}\dfrac{\partial S_1}{\partial\alpha}}{S_1^2}=\frac{S_1\ -\tau_{21}G_{21}\ -G_{21}\ -x_2\tau_{21}G_{21}}{S_1^2} \quad (9.148)$$

Colocando os termos comuns em evidência,

$$\left(\frac{\partial u_1}{\partial \alpha}\right)_{A_{12},A_{21}}=\left(-\frac{\tau_{21}G_{21}}{S_1^2}\right)\left(S_1-x_2G_{21}\right. \quad (9.149)$$

Desde que $S_1=x_1+x_2G_{21}$, a Equação (9.149) pode ser escrita como:

$$\left(\frac{\partial u_1}{\partial \alpha}\right)_{A_{12},A_{21}}=\left(-\frac{\tau_{21}G_{21}}{S_1^2}\right)\left(x_1+x_2G_{21}-x_2G_{21}\right.=-\frac{x_1\tau_{21}G_{21}}{S_1^2} \quad (9.150)$$

- Derivada parcial do parâmetro u_2 em relação ao parâmetro α:

$$\left(\frac{\partial u_2}{\partial \alpha}\right)_{A_{12},A_{21}}=\frac{\partial}{\partial\alpha}\left(\frac{G_{12}}{S_2^2}\right)=\frac{S_2^2\dfrac{\partial G_{12}}{\partial\alpha}-2S_2G_{12}\dfrac{\partial S_2}{\partial\alpha}}{S_2^4} \quad (9.151)$$

Substituindo as Equações (9.129) e (9.134) na Equação (9.151), obtém-se:

$$\left(\frac{\partial u_2}{\partial \alpha}\right)_{A_{12},A_{21}} = \frac{S_2 \dfrac{\partial G_{12}}{\partial \alpha} - 2G_{12}\dfrac{\partial S_2}{\partial \alpha}}{S_2^3} = \frac{S_2\ -\tau_{12}G_{12}) - 2G_{12}\left(-x_1\tau_{12}G_{12}\right)}{S_2^3} \tag{9.152}$$

Colocando os termos comuns em evidência,

$$\left(\frac{\partial u_2}{\partial \alpha}\right)_{A_{12},A_{21}} = \left(-\frac{\tau_{12}G_{12}}{S_2^2}\right)\left(\frac{S_2 - 2x_1G_{12}}{S_2}\right) \tag{9.153}$$

Desde que $S_2 = x_2 + x_1G_{12}$, a Equação (9.153) pode ser escrita como:

$$\left(\frac{\partial u_2}{\partial \alpha}\right)_{A_{12},A_{21}} = \left(-\frac{\tau_{12}G_{12}}{S_2^2}\right)\left(\frac{x_2 + x_1G_{12} - 2x_1G_{12}}{S_2}\right) = \left(-\frac{\tau_{12}G_{12}}{S_2^2}\right)\left(\frac{x_2 - x_1G_{12}}{S_2}\right) \tag{9.154}$$

- Derivada parcial do parâmetro u_3 em relação ao parâmetro α:

$$\left(\frac{\partial u_3}{\partial \alpha}\right)_{A_{12},A_{21}} = \frac{\partial\ G_{12}/S_2)}{\partial \alpha} = \frac{S_2 \dfrac{\partial G_{12}}{\partial \alpha} - G_{12}\dfrac{\partial S_2}{\partial \alpha}}{S_2^2} \tag{9.155}$$

Desenvolvendo,

$$\left(\frac{\partial u_3}{\partial \alpha}\right)_{A_{12},A_{21}} = \frac{S_2\ -\tau_{12}G_{12}) - G_{12}\left(-x_1\tau_{12}G_{12}\right)}{S_2^2} = -\left(\frac{\tau_{12}G_{12}}{S_2^2}\right)\left(S_2 - x_1G_{12}\right) \tag{9.156}$$

Desde que $S_2 = x_2 + x_1G_{12}$, a Equação (9.156) pode ser escrita como:

$$\left(\frac{\partial u_3}{\partial \alpha}\right)_{A_{12},A_{21}} = \left(-\frac{\tau_{12}G_{12}}{S_2^2}\right)\ x_2 + x_1G_{12} - x_1G_{12}) = -\frac{x_2\tau_{12}G_{12}}{S_2^2} \tag{9.157}$$

- Derivada parcial do parâmetro u_4 em relação ao parâmetro α:

$$\left(\frac{\partial u_4}{\partial \alpha}\right)_{A_{12},A_{21}} = \frac{\partial\ G_{21}/S_1^2)}{\partial \alpha} = \frac{S_1^2 \dfrac{\partial G_{21}}{\partial \alpha} - 2S_1G_{21}\dfrac{\partial S_1}{\partial \alpha}}{S_1^4} \tag{9.158}$$

Substituindo as Equações (9.130) e (9.132) na Equação (9.158),

$$\begin{aligned}\left(\frac{\partial u_4}{\partial \alpha}\right)_{A_{12},A_{21}} &= \frac{S_1^2\left(-\tau_{21}G_{21} \; -2S_1G_{21} \; -x_2\tau_{21}G_{21}\right.}{S_1^4} \\ &= -\tau_{21}G_{21}\left(\frac{S_1-2x_2G_{21}}{S_1^3}\right)\end{aligned} \tag{9.159}$$

Desde que $S_1 = x_1 + x_2G_{21}$, a Equação (9.159) pode ser escrita como:

$$\begin{aligned}\left(\frac{\partial u_4}{\partial \alpha}\right)_{A_{12},A_{21}} &= \left(\frac{-\tau_{21}G_{21}}{S_1^2}\right)\left(\frac{x_1+x_2G_{21}-2x_2G_{21}}{S_1}\right) \\ &= \left(\frac{-\tau_{21}G_{21}}{S_1^2}\right)\left(\frac{x_1-x_2G_{21}}{S_1}\right)\end{aligned} \tag{9.160}$$

As expressões para as derivadas parciais dos logaritmos dos coeficientes de atividade do componente k em relação aos parâmetros binários são dadas por:

- Derivada parcial do logaritmo do coeficiente de atividade da espécie 1 com relação ao parâmetro A_{12}:

  Substituindo as Equações (9.125) e (9.141) na Equação (9.114), obtém-se:

$$\begin{aligned}\left(\frac{\partial \ln\gamma_1}{\partial A_{12}}\right)_{A_{21},\alpha} &= x_2^2\left[u_2\left(\frac{\partial \tau_{12}}{\partial A_{12}}\right)+\tau_{12}\left(\frac{\partial u_2}{\partial A_{12}}\right)\right] \\ &= x_2^2\left\{\frac{u_2}{RT}+\tau_{12}\left[-\left(\frac{\alpha G_{12}}{RT}\right)\left(\frac{x_2-x_1G_{12}}{S_2^3}\right)\right]\right\}\end{aligned} \tag{9.161}$$

A substituição do parâmetro u_2 na Equação (9.161) fornece:

$$\begin{aligned}\left(\frac{\partial \ln\gamma_1}{\partial A_{12}}\right)_{A_{21},\alpha} &= x_2^2\left\{\left(\frac{1}{RT}\right)\left(\frac{G_{12}}{S_2^2}\right)+\tau_{12}\left[-\left(\frac{\alpha G_{12}}{RT}\right)\left(\frac{x_2-x_1G_{12}}{S_2^3}\right)\right]\right\} \\ &= \left(\frac{x_2^2G_{12}}{RTS_2^2}\right)\left[1-\tau_{12}\alpha\left(\frac{x_2-x_1G_{12}}{S_2}\right)\right]\end{aligned} \tag{9.162}$$

- Derivada parcial do logaritmo do coeficiente de atividade da espécie 1 com relação ao parâmetro A_{21}:

Substituindo as Equações (9.126) e (9.137) na Equação (9.116), obtém-se:

$$\left(\frac{\partial \ln \gamma_1}{\partial A_{21}}\right)_{A_{12},\alpha} = x_2^2\left[u_1^2\left(\frac{\partial \tau_{21}}{\partial A_{21}}\right) + 2u_1\tau_{21}\left(\frac{\partial u_1}{\partial A_{21}}\right)\right] = x_2^2\left[\frac{u_1^2}{RT} + 2u_1\tau_{21}\left(-\frac{x_1\alpha G_{21}}{RTS_1^2}\right)\right] \tag{9.163}$$

ou

$$\left(\frac{\partial \ln \gamma_1}{\partial A_{21}}\right)_{A_{12},\alpha} = x_2^2\left[\frac{1}{RT}\left(\frac{G_{21}}{S_1}\right)^2 + 2\tau_{21}\left(\frac{G_{21}}{S_1}\right)\left(-\frac{x_1\alpha G_{21}}{RTS_1^2}\right)\right] \tag{9.164}$$

Colocando os termos comuns em evidência,

$$\begin{aligned}\left(\frac{\partial \ln \gamma_1}{\partial A_{21}}\right)_{A_{12},\alpha} &= x_2^2\left[\frac{1}{RT}\left(\frac{G_{21}}{S_1}\right)^2 + 2\tau_{21}\left(\frac{G_{21}}{S_1}\right)\left(-\frac{x_1\alpha G_{21}}{RTS_1^2}\right)\right] \\ &= \left(\frac{x_2^2}{RT}\right)\left(\frac{G_{21}}{S_1}\right)^2\left(1-\frac{2\tau_{21}x_1\alpha}{S_1}\right)\end{aligned} \tag{9.165}$$

- Derivada parcial do logaritmo do coeficiente de atividade da espécie 1 com relação ao parâmetro α:

Substituindo as Equações (9.150) e (9.154) na Equação (9.118), obtém-se:

$$\begin{aligned}\left(\frac{\partial \ln \gamma_1}{\partial \alpha}\right)_{A_{12},A_{21}} &= x_2^2\left[2u_1\tau_{21}\left(\frac{\partial u_1}{\partial \alpha}\right) + \tau_{12}\left(\frac{\partial u_2}{\partial \alpha}\right)\right] \\ &= x_2^2\left[2u_1\tau_{21}\left(-\frac{x_1\tau_{21}G_{21}}{S_1^2}\right) + \tau_{12}\left(-\frac{\tau_{12}G_{12}}{S_2^2}\right)\left(\frac{x_2 - x_1G_{12}}{S_2}\right)\right] \\ &= x_2^2\left[-2\left(\frac{G_{21}}{S_1}\right)\left(\frac{x_1\tau_{21}^2G_{21}}{S_1^2}\right) - \left(\frac{\tau_{12}^2G_{12}}{S_2^2}\right)\left(\frac{x_2 - x_1G_{12}}{S_2}\right)\right]\end{aligned} \tag{9.166}$$

Desenvolvendo,

$$\left(\frac{\partial \ln \gamma_1}{\partial \alpha}\right)_{A_{12},A_{21}} = -x_2^2\left[\frac{2x_1\tau_{21}^2 G_{21}^2}{S_1^3} + \frac{\tau_{12}^2 G_{12}\left(x_2 - x_1 G_{12}\right)}{S_2^3}\right] \tag{9.167}$$

- Derivada parcial do logaritmo do coeficiente de atividade da espécie 2 com relação ao parâmetro A_{12}:

  Substituindo as Equações (9.125) e (9.144) na Equação (9.120), obtém-se:

$$\left(\frac{\partial \ln \gamma_2}{\partial A_{12}}\right)_{A_{21},\alpha} = x_1^2\left(2u_3\tau_{12}\frac{\partial u_3}{\partial A_{12}} + u_3^2\frac{\partial \tau_{12}}{\partial A_{12}}\right) = x_1^2\left[2u_3\tau_{12}\left(-\frac{x_2\alpha G_{12}}{RTS_2^2}\right) + \frac{u_3^2}{RT}\right] \tag{9.168}$$

O parâmetro u_3 é definido por $u_3 = G_{12}/S_2$. Assim, a Equação (9.168) pode ser escrita como:

$$\left(\frac{\partial \ln \gamma_2}{\partial A_{12}}\right)_{A_{21},\alpha} = x_1^2\left[2\left(\frac{G_{12}}{S_2}\right)\tau_{12}\left(-\frac{x_2\alpha G_{12}}{RTS_2^2}\right) + \left(\frac{1}{RT}\right)\left(\frac{G_{12}}{S_2}\right)^2\right] \tag{9.169}$$

Colocando os termos comuns em evidência,

$$\left(\frac{\partial \ln \gamma_2}{\partial A_{12}}\right)_{A_{21},\alpha} = \left(\frac{x_1^2}{RT}\right)\left(\frac{G_{12}}{S_2}\right)^2\left(1 - \frac{2x_2\alpha\tau_{12}}{S_2}\right) \tag{9.170}$$

- Derivada parcial do logaritmo do coeficiente de atividade da espécie 2 com relação ao parâmetro A_{21}:

  Substituindo as Equações (9.126) e (9.147) na Equação (9.122), obtém-se:

$$\left(\frac{\partial \ln \gamma_2}{\partial A_{21}}\right)_{A_{12},\alpha} = x_1^2\left(\tau_{21}\frac{\partial u_4}{\partial A_{21}} + u_4\frac{\partial \tau_{21}}{\partial A_{21}}\right) = x_1^2\left\{\tau_{21}\left[\left(-\frac{\alpha G_{21}}{RT}\right)\left(\frac{x_1 - x_2 G_{21}}{S_1^3}\right)\right] + \frac{u_4}{RT}\right\} \tag{9.171}$$

O parâmetro u_4 é definido por $u_4 = G_{21}/S_1^2$. Assim, a Equação (9.171) pode ser escrita como:

$$\left(\frac{\partial \ln \gamma_2}{\partial A_{21}}\right)_{A_{12},\alpha} = x_1^2\left\{\tau_{21}\left[\left(-\frac{\alpha G_{21}}{RT}\right)\left(\frac{x_1 - x_2 G_{21}}{S_1^3}\right)\right] + \frac{1}{RT}\left(\frac{G_{21}}{S_1^2}\right)\right\}$$
$$-\left(\frac{x_1^2}{RT}\right)\left(\frac{G_{21}}{S_1^2}\right)\left[1 - \alpha\tau_{21}\left(\frac{x_1 - x_2 G_{21}}{S_1}\right)\right] \tag{9.172}$$

- Derivada parcial do logaritmo do coeficiente de atividade da espécie 2 com relação ao parâmetro α:

 Substituindo as Equações (9.157) e (9.160) na Equação (9.124), obtém-se:

$$\begin{aligned}\left(\frac{\partial \ln \gamma_2}{\partial \alpha}\right)_{A_{12},A_{21}} &= x_1^2\left(2u_3\tau_{12}\frac{\partial u_3}{\partial \alpha}+\tau_{21}\frac{\partial u_4}{\partial \alpha}\right)\\ &= x_1^2\left[2u_3\tau_{12}\left(-\frac{x_2\tau_{12}G_{12}}{S_2^2}\right)+\tau_{21}\left(\frac{-\tau_{21}G_{21}}{S_1^2}\right)\left(\frac{x_1-x_2G_{21}}{S_1}\right)\right]\\ &= x_1^2\left[-2\left(\frac{G_{12}}{S_2}\right)\tau_{12}\left(\frac{x_2\tau_{12}G_{12}}{S_2^2}\right)-\tau_{21}\left(\frac{\tau_{21}G_{21}}{S_1^2}\right)\left(\frac{x_1-x_2G_{21}}{S_1}\right)\right]\end{aligned} \tag{9.173}$$

Colocando os termos comuns em evidência,

$$\left(\frac{\partial \ln \gamma_2}{\partial \alpha}\right)_{A_{12},A_{21}} = -x_1^2\left[\frac{2x_2\tau_{12}^2G_{12}^2}{S_2^3}+\frac{\tau_{21}^2G_{21}\left(x_1-x_2G_{21}\right)}{S_1^3}\right] \tag{9.174}$$

Sabendo-se que $\left(\frac{\partial \ln Y}{\partial X}\right)_Z = \left(\frac{1}{Y}\right)\left(\frac{\partial Y}{\partial X}\right)_Z$, as Equações (9.162), (9.165), (9.167), (9.170), (9.172) e (9.174) podem ser escritas, respectivamente, como:

- Derivada parcial $\left(\partial\gamma_1/\partial A_{12}\right)_{A_{21},\alpha}$:

$$\left(\frac{\partial \gamma_1}{\partial A_{12}}\right)_{A_{21},\alpha} = \left(\frac{\gamma_1 x_2^2}{RT}\right)\left(\frac{G_{12}}{S_2^2}\right)\left[1-\tau_{12}\alpha\left(\frac{x_2-x_1G_{12}}{S_2}\right)\right] \tag{9.175}$$

- Derivada parcial $\left(\partial\gamma_1/\partial A_{21}\right)_{A_{12},\alpha}$:

$$\left(\frac{\partial \gamma_1}{\partial A_{21}}\right)_{A_{12},\alpha} = \left(\frac{\gamma_1 x_2^2}{RT}\right)\left(\frac{G_{21}}{S_1}\right)^2\left(1-\frac{2\tau_{21}x_1\alpha}{S_1}\right) \tag{9.176}$$

- Derivada parcial $\left(\partial\gamma_1/\partial \alpha\right)_{A_{12},A_{21}}$:

$$\left(\frac{\partial \gamma_1}{\partial \alpha}\right)_{A_{12},A_{21}} = -\gamma_1 x_2^2\left[\frac{2x_1\tau_{21}^2G_{21}^2}{S_1^3}+\frac{\tau_{12}^2G_{12}\left(x_2-x_1G_{12}\right)}{S_2^3}\right] \tag{9.177}$$

- Derivada parcial $(\partial\gamma_2/\partial A_{12}\ {}_{A_{21},\alpha}$:

$$\left(\frac{\partial\gamma_2}{\partial A_{12}}\right)_{A_{21},\alpha}=\left(\frac{\gamma_2 x_1^2}{RT}\right)\left(\frac{G_{12}}{S_2}\right)^2\left(1-\frac{2x_2\alpha\tau_{12}}{S_2}\right) \qquad (9.178)$$

- Derivada parcial $(\partial\gamma_2/\partial A_{21})_{A_{12},\alpha}$:

$$\left(\frac{\partial\gamma_2}{\partial A_{21}}\right)_{A_{12},\alpha}=\left(\frac{\gamma_2 x_1^2}{RT}\right)\left(\frac{G_{21}}{S_1^2}\right)\left[1-\alpha\tau_{21}\left(\frac{x_1-x_2G_{21}}{S_1}\right)\right] \qquad (9.179)$$

- Derivada parcial $(\partial\gamma_2/\partial\alpha)_{A_{12},A_{21}}$:

$$\left(\frac{\partial\gamma_2}{\partial\alpha}\right)_{A_{12},A_{21}}=-\gamma_2 x_1^2\left[\frac{2x_2\tau_{12}^2G_{12}^2}{S_2^3}+\frac{\tau_{21}^2G_{21}\left(x_1-x_2G_{21}\right)}{S_1^3}\right] \qquad (9.180)$$

O resumo das expressões resultantes da modelagem matemática para a equação NRTL é apresentado na Tabela 9.11.

Tabela 9.11 - Resumo da modelagem para a equação NRTL

$g_i=x_{1i}\gamma_{1i}P_1^{sat}+x_{2i}\gamma_{2i}P_2^{sat}$	$\frac{\partial g_i}{\partial A_{12}}=x_{1i}P_1^{sat}\frac{\partial\gamma_{1i}}{\partial A_{12}}+x_{2i}P_2^{sat}\frac{\partial\gamma_{2i}}{\partial A_{12}}$
$\frac{\partial g_i}{\partial A_{21}}=x_{1i}P_1^{sat}\frac{\partial\gamma_{1i}}{\partial A_{21}}+x_{2i}P_2^{sat}\frac{\partial\gamma_{2i}}{\partial A_{21}}$	$\frac{\partial g_i}{\partial\alpha}=x_{1i}P_1^{sat}\frac{\partial\gamma_{1i}}{\partial\alpha}+x_{2i}P_2^{sat}\frac{\partial\gamma_{2i}}{\partial\alpha}$
$\frac{\partial\gamma_1}{\partial A_{12}}=\left(\frac{\gamma_1x_2^2}{RT}\right)\left(\frac{G_{12}}{S_2^2}\right)\left[1-\tau_{12}\alpha\left(\frac{x_2-x_1G_{12}}{S_2}\right)\right]$	$\frac{\partial\gamma_1}{\partial A_{21}}=\left(\frac{\gamma_1x_2^2}{RT}\right)\left(\frac{G_{21}}{S_1}\right)^2\left(1-\frac{2\tau_{21}x_1\alpha}{S_1}\right)$
$\frac{\partial\gamma_1}{\partial\alpha}=-\gamma_1x_2^2\left[\frac{2x_1\tau_{21}^2G_{21}^2}{S_1^3}+\frac{\tau_{12}^2G_{12}\left(x_2-x_1G_{12}\right)}{S_2^3}\right]$	$\frac{\partial\gamma_2}{\partial A_{12}}=\left(\frac{\gamma_2x_1^2}{RT}\right)\left(\frac{G_{12}}{S_2}\right)^2\left(1-\frac{2x_2\alpha\tau_{12}}{S_2}\right)$
$\frac{\partial\gamma_2}{\partial A_{21}}=\left(\frac{\gamma_2x_1^2}{RT}\right)\left(\frac{G_{21}}{S_1^2}\right)\left[1-\alpha\tau_{21}\left(\frac{x_1-x_2G_{21}}{S_1}\right)\right]$	$\frac{\partial\gamma_2}{\partial\alpha}=-\gamma_2x_1^2\left[\frac{2x_2\tau_{12}^2G_{12}^2}{S_2^3}+\frac{\tau_{21}^2G_{21}\left(x_1-x_2G_{21}\right)}{S_1^3}\right]$

TABELA 9.11 - RESUMO DA MODELAGEM PARA A EQUAÇÃO NRTL

$\ln\gamma_1 = x_2^2\left[\tau_{21}\left(\dfrac{G_{21}}{S_1}\right)^2 + \dfrac{\tau_{12}G_{12}}{S_2^2}\right]$	$\ln\gamma_2 = x_1^2\left[\tau_{12}\left(\dfrac{G_{12}}{S_2}\right)^2 + \dfrac{\tau_{21}G_{21}}{S_1^2}\right]$
$\tau_{12} = A_{12}/(RT$ e $G_{12} = \exp(-\alpha\tau_{12}$	$\tau_{21} = A_{21}/(RT$ e $G_{21} = \exp(-\alpha\tau_{21}$
$S_1 = x_1 + x_2G_{21}$	$S_2 = x_2 + x_1G_{12}$

A função g_i e suas derivadas parciais, para $\theta_1 = A_{12}$, $\theta_2 = A_{21}$ e $\theta_3 = \alpha$, são dadas por:

- Função escolhida: $g_i = x_{1i}\gamma_{1i}P_1^{sat} + x_{2i}\gamma_{2i}P_2^{sat}$
- Derivada parcial $(\partial g_i/\partial\theta_1 \;_{\theta_2,\theta_3}$:

$$\left(\frac{\partial g_i}{\partial\theta_1}\right)_{\theta_2,\theta_3} = z_{i1} = x_{1i}P_1^{sat}\left(\frac{\partial\gamma_{1i}}{\partial\theta_1}\right)_{\theta_2,\theta_3} + x_{2i}P_2^{sat}\left(\frac{\partial\gamma_{2i}}{\partial\theta_1}\right)_{\theta_2,\theta_3} \tag{9.181}$$

- Derivada parcial $(\partial g_i/\partial\theta_2 \;_{\theta_1,\theta_3}$:

$$\left(\frac{\partial g_i}{\partial\theta_2}\right)_{\theta_1,\theta_3} = z_{i2} = x_{1i}P_1^{sat}\left(\frac{\partial\gamma_{1i}}{\partial\theta_2}\right)_{\theta_1,\theta_3} + x_{2i}P_2^{sat}\left(\frac{\partial\gamma_{2i}}{\partial\theta_2}\right)_{\theta_1,\theta_3} \tag{9.182}$$

- Derivada parcial $(\partial g_i/\partial\theta_3 \;_{\theta_1,\theta_2}$:

$$\left(\frac{\partial g_i}{\partial\theta_3}\right)_{\theta_1,\theta_2} = z_{i3} = x_{1i}P_1^{sat}\left(\frac{\partial\gamma_{1i}}{\partial\theta_3}\right)_{\theta_1,\theta_2} + x_{2i}P_2^{sat}\left(\frac{\partial\gamma_{2i}}{\partial\theta_3}\right)_{\theta_1,\theta_2} \tag{9.183}$$

Sistema etanol(1)-acetonitrila(2)

Roteiro de cálculo – Tabela 7.4 do Tópico 7.4.1

1. Entrada de dados: m = 15, $f_i = P_i$, x_{1i} e x_{2i} para i = 1, 2, ..., 15
2. Para T = 70 °C = 343,15 K: P_1^{sat} = 542,59 mmHg e P_2^{sat} = 521,97 mmHg
3. Constante Universal dos gases: R = 1,98721 cal/mol.K
4. Cálculo da média de f: $\overline{f} = 624,59$ mmHg
5. Informações do procedimento iterativo: Tol = $1\text{x}10^{-5}$ e Itemax = 50

6. Estimativa inicial dos parâmetros: $\theta_1 = A_{12}^{(1)} = 500$, $\theta_2 = A_{21}^{(1)} = 500$ e $\theta_3 = 0{,}3$

7. Valores para a primeira iteração

$$\tau_{12} = \theta_1/(RT) = 0{,}7332334 \text{ e } \tau_{21} = \theta_2/(RT) = 0{,}7332334$$

$$G_{12} = \exp(-\theta_3\tau_{12}) = 0{,}8025429 \text{ e } G_{21} = \exp(-\theta_3\tau_{21}) = 0{,}8025429$$

8. Inicialização do contador de iteração: $k = 1$

9. Método de Gauss-Newton

▶ Para $i = 1, 2, \ldots, 15$, calcular as funções:

$$S_{1i} = x_{1i} + x_{2i}G_{21} \text{ e } S_{2i} = x_{2i} + x_{1i}G_{12}$$

$$\gamma_{1i} = \exp\left\{x_{2i}^2\left[\tau_{21}\left(\frac{G_{21}}{S_{1i}}\right)^2 + \frac{\tau_{12}G_{12}}{S_{2i}^2}\right]\right\} \text{ e } \gamma_{2i} = \exp\left\{x_{1i}^2\left[\tau_{12}\left(\frac{G_{12}}{S_{2i}}\right)^2 + \frac{\tau_{21}G_{21}}{S_{1i}^2}\right]\right\}$$

$$g_i = x_{1i}\gamma_{1i}P_1^{sat} + x_{2i}\gamma_{2i}P_2^{sat} \text{ e } h_i = P_i - g_i$$

$$\frac{\partial\gamma_{1i}}{\partial\theta_1} = \left(\frac{\gamma_{1i}x_{2i}^2}{RT}\right)\left(\frac{G_{12}}{S_{2i}^2}\right)\left[1 - \tau_{12}\alpha\left(\frac{x_{2i} - x_{1i}G_{12}}{S_{2i}}\right)\right]$$

$$\frac{\partial\gamma_{1i}}{\partial\theta_2} = \left(\frac{\gamma_{1i}x_{2i}^2}{RT}\right)\left(\frac{G_{21}}{S_{1i}}\right)^2\left(1 - \frac{2\tau_{21}x_{1i}\alpha}{S_{1i}}\right)$$

$$\frac{\partial\gamma_{1i}}{\partial\theta_3} = -\gamma_{1i}x_{2i}^2\left[\frac{2x_{1i}\tau_{21}^2G_{21}^2}{S_{1i}^3} + \frac{\tau_{12}^2G_{12}(x_{2i} - x_{1i}G_{12})}{S_{2i}^3}\right]$$

$$\frac{\partial\gamma_{2i}}{\partial\theta_1} = \left(\frac{\gamma_{2i}x_{1i}^2}{RT}\right)\left(\frac{G_{12}}{S_{2i}}\right)^2\left(1 - \frac{2x_{2i}\alpha\tau_{12}}{S_{2i}}\right)$$

$$\frac{\partial\gamma_{2i}}{\partial\theta_2} = \left(\frac{\gamma_{2i}x_{1i}^2}{RT}\right)\left(\frac{G_{21}}{S_{1i}^2}\right)\left[1 - \alpha\tau_{21}\left(\frac{x_{1i} - x_{2i}G_{21}}{S_{1i}}\right)\right]$$

$$\frac{\partial\gamma_{2i}}{\partial\theta_3} = -\gamma_{2i}x_{1i}^2\left[\frac{2x_{2i}\tau_{12}^2G_{12}^2}{S_{2i}^3} + \frac{\tau_{21}^2G_{21}(x_{1i} - x_{2i}G_{21})}{S_{1i}^3}\right]$$

$$z_{i1} = x_{1i}P_1^{sat}\left(\frac{\partial\gamma_{1i}}{\partial\theta_1}\right) + x_{2i}P_2^{sat}\left(\frac{\partial\gamma_{2i}}{\partial\theta_1}\right) \text{ e } z_{i2} = x_{1i}P_1^{sat}\left(\frac{\partial\gamma_{1i}}{\partial\theta_2}\right) + x_{2i}P_2^{sat}\left(\frac{\partial\gamma_{2i}}{\partial\theta_2}\right)$$

$$z_{i3} = x_{1i} P_1^{sat} \left(\frac{\partial \gamma_{1i}}{\partial \theta_3} \right) + x_{2i} P_2^{sat} \left(\frac{\partial \gamma_{2i}}{\partial \theta_3} \right)$$

▶ Os valores adicionais 1:

i	$f_i = P_i$	x_{1i}	S_{1i}	S_{2i}	γ_{1i}	γ_{2i}
1	521,97	0,0000	0,8025429	1,000000	3,749733	1,000000
2	559,32	0,0434	0,8111125	0,991430	3,335751	1,002593
3	589,17	0,0878	0,8198796	0,982663	2,979291	1,010574
4	620,08	0,1472	0,8316086	0,970934	2,587263	1,029725
5	645,88	0,2156	0,8451146	0,957428	2,229589	1,064224
6	668,38	0,3100	0,8637546	0,938788	1,857543	1,135749
7	682,33	0,4120	0,8838952	0,918648	1,568432	1,249621
8	687,58	0,5126	0,9037594	0,898783	1,363977	1,409052
9	685,93	0,6103	0,9230510	0,879492	1,221048	1,623607
10	676,18	0,7059	0,9419279	0,860615	1,121604	1,912124
11	657,80	0,7987	0,9602519	0,842291	1,055869	2,297328
12	637,18	0,8633	0,9730076	0,829535	1,025624	2,650424
13	611,45	0,9152	0,9832556	0,819287	1,009865	3,001506
14	583,02	0,9579	0,9916871	0,810856	1,002440	3,347143
15	542,59	1,0000	1,0000000	0,802543	1,000000	3,749733

▶ Os valores adicionais 2:

i	g_i	h_i	$\partial\gamma_{1i}/\partial\theta_1$	$\partial\gamma_{1i}/\partial\theta_2$	$\partial\gamma_{1i}/\partial\theta_3$	$\partial\gamma_{2i}/\partial\theta_1$
1	521,97000	0,00000	0,003442	0,005499	-1,617905	0,000000
2	579,16288	-19,84288	0,002907	0,004279	-1,417715	0,000001
3	623,10740	-33,93740	0,002452	0,003319	-1,222392	0,000005
4	665,01031	-44,93031	0,001958	0,002370	-0,985172	0,000014
5	696,55134	-50,67134	0,001514	0,001611	-0,751679	0,000033
6	721,49474	-53,11474	0,001059	0,000943	-0,498117	0,000079
7	734,14996	-51,81996	0,000710	0,000521	-0,301731	0,000171
8	737,83956	-50,25956	0,000463	0,000281	-0,170467	0,000330

i	g_i	h_i	$\partial\gamma_{1i}/\partial\theta_1$	$\partial\gamma_{1i}/\partial\theta_2$	$\partial\gamma_{1i}/\partial\theta_3$	$\partial\gamma_{2i}/\partial\theta_1$
9	734,60175	-48,67175	0,000289	0,000146	-0,087886	0,000594
10	723,12304	-46,94304	0,000165	0,000069	-0,038862	0,001032
11	698,96457	-41,16457	0,000079	0,000028	-0,013145	0,001746
12	669,53732	-32,35732	0,000038	0,000012	-0,004382	0,002515
13	634,33304	-22,88304	0,000015	0,000004	-0,001140	0,003377
14	594,56862	-11,54862	0,000004	0,000001	-0,000164	0,004311
15	542,59000	0,00000	0,000000	0,000000	0,000000	0,005499

▶ Os valores adicionais 3:

i	$\partial\gamma_{2i}/\partial\theta_2$	$\partial\gamma_{2i}/\partial\theta_3$	z_{i1}	z_{i2}	z_{i3}
1	0,000000	0,000000	0,00000	0,00000	0,00000
2	0,000004	-0,000178	0,06899	0,10278	-33,47372
3	0,000016	-0,001257	0,11897	0,16575	-58,83260
4	0,000043	-0,005404	0,16250	0,20857	-81,09060
5	0,000090	-0,015983	0,19045	0,22538	-94,47707
6	0,000183	-0,045225	0,20661	0,22445	-100,07287
7	0,000324	-0,103480	0,21098	0,21603	-99,21089
8	0,000518	-0,198411	0,21271	0,20992	-97,88956
9	0,000776	-0,338632	0,21669	0,20614	-97,98444
10	0,001125	-0,535597	0,22164	0,19925	-97,10486
11	0,001598	-0,796917	0,21774	0,17990	-89,43079
12	0,002037	-1,024843	0,19705	0,15082	-75,17874
13	0,002480	-1,235157	0,15688	0,11187	-55,23804
14	0,002922	-1,423614	0,09672	0,06472	-31,36889
15	0,003442	-1,617905	0,00000	0,00000	0,00000

▶ Os valores adicionais 4:

i	$z_{i1}z_{i1}$	$z_{i2}z_{i2}$	$z_{i3}z_{i3}$	$z_{i1}z_{i2}$	$z_{i1}z_{i3}$
1	0,00000	0,00000	0,00000	0,00000	0,00000
2	0,00476	0,01056	1120,48976	0,00709	-2,30921
3	0,01415	0,02747	3461,27505	0,01972	-6,99915

i	$z_{i1}z_{i1}$	$z_{i2}z_{i2}$	$z_{i3}z_{i3}$	$z_{i1}z_{i2}$	$z_{i1}z_{i3}$
4	0,02641	0,04350	6575,68618	0,03389	-13,17693
5	0,03627	0,05080	8925,91759	0,04292	-17,99270
6	0,04269	0,05038	10014,58002	0,04637	-20,67646
7	0,04451	0,04667	9842,80166	0,04558	-20,93190
8	0,04525	0,04407	9582,36640	0,04465	-20,82237
9	0,04696	0,04249	9600,95058	0,04467	-21,23269
10	0,04912	0,03970	9429,35362	0,04416	-21,52185
11	0,04741	0,03236	7997,86632	0,03917	-19,47276
12	0,03883	0,02275	5651,84245	0,02972	-14,81423
13	0,02461	0,01251	3051,24146	0,01755	-8,66575
14	0,00935	0,00419	984,00743	0,00626	-3,03393
15	0,00000	0,00000	0,00000	0,00000	0,00000

▶ Os valores adicionais 5:

i	h_i	$z_{i2}z_{i3}$	hz_{i1}	hz_{i2}	hz_{i3}
1	0,00000	0,00000	0,0000	0,0000	0,0000
2	-19,84288	-3,44059	-1,3689	-2,0395	664,2150
3	-33,93740	-9,75122	-4,0374	-5,6250	1996,6257
4	-44,93031	-16,91316	-7,3010	-9,3712	3643,4258
5	-50,67134	-21,29300	-9,6501	-11,4202	4787,2802
6	-53,11474	-22,46089	-10,9742	-11,9214	5315,3442
7	-51,81996	-21,43274	-10,9332	-11,1948	5141,1049
8	-50,25956	-20,54907	-10,6909	-10,5505	4919,8863
9	-48,67175	-20,19832	-10,5469	-10,0331	4769,0740
10	-46,94304	-19,34771	-10,4042	-9,3532	4558,3970
11	-41,16457	-16,08829	-8,9632	-7,4054	3681,3796
12	-32,35732	-11,33855	-6,3761	-4,8802	2432,5825
13	-22,88304	-6,17950	-3,5899	-2,5599	1264,0142
14	-11,54862	-2,03023	-1,1170	-0,7474	362,2674
15	0,00000	0,00000	0,0000	0,0000	0,0000

▶ Cálculos dos somatórios Z^TZ: $\mathbf{Z}^\mathrm{T}\mathbf{Z} = \begin{bmatrix} \sum_{i=1}^{m} z_{i1}^2 & \sum_{i=1}^{m} z_{i1}z_{i2} & \sum_{i=1}^{m} z_{i1}z_{i3} \\ \sum_{i=1}^{m} z_{i2}z_{i1} & \sum_{i=1}^{m} z_{i2}^2 & \sum_{i=1}^{m} z_{i2}z_{i3} \\ \sum_{i=1}^{m} z_{i3}z_{i1} & \sum_{i=1}^{m} z_{i3}z_{i2} & \sum_{i=1}^{m} z_{i3}^2 \end{bmatrix}$

$$\sum_{i=1}^{m} z_{i1}^2 = 0{,}4303226,\ \sum_{i=1}^{m} z_{i2}^2 = 0{,}4274508,\ \sum_{i=1}^{m} z_{i3}^2 = 86238{,}3785319,$$

$$\sum_{i=1}^{m} z_{i1}z_{i2} = 0{,}4217582,\ \sum_{i=1}^{m} z_{i1}z_{i3} = -191{,}6499338,\ \sum_{i=1}^{m} z_{i2}z_{i3} = -191{,}0232769$$

Portanto,

$$\mathbf{Z}^\mathrm{T}\mathbf{Z} = \begin{bmatrix} 0{,}4303226 & 0{,}4217582 & -191{,}6499338 \\ 0{,}4217582 & 0{,}4274508 & -191{,}0232769 \\ -191{,}6499338 & -191{,}0232769 & 86238{,}3785319 \end{bmatrix}$$

▶ Calcular a matriz inversa $\mathbf{B} = [\mathbf{Z}^T\mathbf{Z}]^{-1}$: O procedimento empregado nos capítulos anteriores para a inversão matricial fornece:

$$\mathbf{B} = \left(\mathbf{Z}^T\mathbf{Z}\right)^{-1} = \begin{bmatrix} 376{,}81777 & 240{,}43507 & 1{,}36999091 \\ 240{,}43507 & 384{,}75761 & 1{,}386587117 \\ 1{,}36999091 & 1{,}386587117 & 0{,}00612754 \end{bmatrix}$$

▶ Efetuar a multiplicação $\mathbf{Z}^\mathrm{T}\mathbf{h}$: $\boldsymbol{\beta} = \mathbf{Z}^T\mathbf{h} = \begin{bmatrix} \sum_{i=1}^{m} h_i z_{i1} & \sum_{i=1}^{m} h_i z_{i2} & \sum_{i=1}^{m} h_i z_{i3} \end{bmatrix}^T$

$$\sum_{i=1}^{m} h_i z_{i1} = -95{,}9530404,\ \sum_{i=1}^{m} h_i z_{i2} = -97{,}1017159 \text{ e } \sum_{i=1}^{m} h_i z_{i3} = 43535{,}5968597$$

$$\boldsymbol{\beta} = \mathbf{Z}^T\mathbf{h} = \begin{bmatrix} -95{,}9530404 \\ -97{,}1017159 \\ 43535{,}5968597 \end{bmatrix}$$

- Efetuar a multiplicação $\Delta\theta = \mathbf{B\beta} = \left[\Delta\theta_1 \quad \Delta\theta_2 \quad \Delta\theta_3\right]^T$

$$\begin{bmatrix}\Delta\theta_1\\ \Delta\theta_2\\ \Delta\theta_3\end{bmatrix} = \begin{bmatrix}376,81777 & 240,43507 & 1,36999091\\ 240,43507 & 384,75761 & 1,386587117\\ 1,36999091 & 1,386587117 & 0,00612754\end{bmatrix}\begin{bmatrix}-95,9530404\\ -97,1017159\\ 43535,5968597\end{bmatrix} = \begin{bmatrix}139,9038659\\ -65,20236719\\ 0,671313569\end{bmatrix}$$

- Valor máximo: max_valor = máximo($|\Delta\theta_1|$, $|\Delta\theta_2|$, $|\Delta\theta_3|$) = 139,9038659
- Verificação da convergência

  L1 = (k > itemax)? ⟶ L1 = (1 > 50)? ⟶ L1 = Falso

  L2 = (max_valor < Tol)? ⟶ L2 = (139,9038659 < 1x10^{-5})? ⟶ L2 = Falso

  L1 OU L2 ⟶ (Falso OU Falso) ⟶ Falso (continuar os cálculos)

- Atualizações os coeficientes

  $\theta_1 \leftarrow \theta_1 + \Delta\theta_1 \longrightarrow \theta_1 = 639{,}9038659$

  $\theta_2 \leftarrow \theta_2 + \Delta\theta_2 \longrightarrow \theta_2 = 434{,}7976328$

  $\theta_3 \leftarrow \theta_3 + \Delta\theta_3 \longrightarrow \theta_3 = 0{,}971313569$

- Atualização do contador de iterações: $k \leftarrow k + 1 \longrightarrow k = 2$
- Valores dos parâmetros binários para a iteração k

$$\tau_{12} = \theta_1/(RT) = 0,7332334 \text{ e } \tau_{21} = \theta_2/\ RT) = 0,7332334$$

$$G_{12} = \exp(-\theta_3\tau_{12}) = 0,8025429 \text{ e } G_{21} = \exp\ -\theta_3\tau_{21}) = 0,8025429$$

Retorne para o faça no início da etapa 9 e repita o procedimento até que uma das condições de convergência seja verdadeira. O procedimento converge com sete iterações. Os resultados finais são mostrados nas tabelas seguintes.

- Valores dos parâmetros em cada iteração:

k	$\theta_1^{(k)}$	$\theta_2^{(k)}$	$\theta_3^{(k)}$	max_valor	L1 ou L2
1	500	500	0,3	139,9038659	F
2	639,9038659	434,7976328	0,971313569	117,4925652	F
3	522,4113007	398,011769	0,802518006	13,6034812	F
4	524,5242864	384,4082878	0,7046753	2,234151238	F

k	$\theta_1^{(k)}$	$\theta_2^{(k)}$	$\theta_3^{(k)}$	max_valor	L1 ou L2
5	525,0226453	382,1741366	0,699950886	0,011758972	F
6	525,0344043	382,1742472	0,699952951	0,000129928	F
7	525,0345007	382,1743772	0,69995342	8,21892E-07	V

▶ Valores das matrizes e dos vetores em cada iteração 1:

k	Z^TZ			β
1	0,430323	0,421758	-191,6499338	-95,9530404
	0,421758	0,427451	-191,0232769	-97,1017159
	-191,649934	-191,023277	86238,3785319	43535,5968597
2	0,042884	0,045199	-43,5466334	0,6491952
	0,045199	0,104080	-76,9658900	3,8522508
	-43,546633	-76,965890	63656,9824298	-2797,3537505
3	0,114275	0,120301	-63,2068615	4,7892844
	0,120301	0,165447	-79,2551278	5,7580774
	-63,206861	-79,255128	39656,3373891	-2935,4929185
4	0,145715	0,158202	-73,3759479	0,0658296
	0,158202	0,206932	-90,8963546	0,0459559
	-73,375948	-90,896355	40913,1843491	-26,7821982
5	0,147105	0,160332	-73,6103781	0,0015955
	0,160332	0,209724	-91,4017930	0,0017197
	-73,610378	-91,401793	40770,2988423	-0,7914746
6	0,147100	0,160329	-73,6112108	0,0000006
	0,160329	0,209724	-91,4046405	-0,0000001
	-73,611211	-91,404640	40772,7264941	0,0001157
7	0,147100	0,160329	-73,6111830	8,1883E-09
	0,160329	0,209724	-91,4046194	-5,9138E-10
	-73,611183	-91,404619	40772,7548602	7,5093E-08

▶ Valores das matrizes e dos vetores em cada iteração 2:

k	$B = (Z^TZ)^{-1}$			Δθ
1	376,81777	240,43507	1,36999091	139,9038659
	240,43507	384,75761	1,386587117	-65,20236719
	1,36999	1,38659	0,00612754	0,671313569
2	124,11405	83,90725	0,186354191	-117,4925652
	83,90725	147,45009	0,235677298	-36,78586377
	0,18635	0,23568	0,000428142	-0,168795562
3	119,19362	101,78119	0,393393261	2,112985646
	101,78119	228,72547	0,619344536	-13,6034812
	0,39339	0,61934	0,001890023	-0,097842706
4	105,60817	101,96083	0,415928702	0,498358933
	101,96083	298,89265	0,846908542	-2,234151238
	0,41593	0,84691	0,002651958	-0,004724415
5	103,89261	101,31037	0,414701993	0,011758972
	101,31037	306,57877	0,870225263	0,000110639
	0,41470	0,87023	0,002724202	2,06573E-06
6	103,88768	101,30582	0,414667382	9,64521E-05
	101,30582	306,57498	0,870180202	0,000129928
	0,41467	0,87018	0,002723945	4,68245E-07
7	103,88775	101,30581	0,41466707	8,21892E-07
	101,30581	306,57436	0,870177963	7,13565E-07
	0,41467	0,87018	0,002723937	3,08536E-09

10. Valores finais obtidos na iteração 7

i	$f_i = P_i$	S_{1i}	S_{2i}	γ_{1i}	γ_{2i}	g_i
1	521,97	0,6755108	1,000000	2,744538	1,000000	521,97000
2	559,32	0,6895936	0,981918	2,505339	1,002013	559,31859
3	589,17	0,7040010	0,963420	2,298017	1,008097	589,47271
4	620,08	0,7232756	0,938673	2,067377	1,022371	620,21417
5	645,88	0,7454707	0,910176	1,852900	1,047461	645,62228
6	668,38	0,7761025	0,870846	1,622756	1,098127	668,45304

i	$f_i = P_i$	S_{1i}	S_{2i}	γ_{1i}	γ_{2i}	g_i
7	682,33	0,8092004	0,828350	1,435279	1,176992	682,09296
8	687,58	0,8418440	0,786438	1,294661	1,286195	687,30463
9	685,93	0,8735466	0,745733	1,189527	1,433745	685,54371
10	676,18	0,9045677	0,705904	1,110711	1,636536	676,64495
11	657,80	0,9346803	0,667241	1,054160	1,919180	658,49070
12	637,18	0,9556423	0,640327	1,026037	2,192957	637,08896
13	611,45	0,9724833	0,618704	1,010437	2,480974	611,57642
14	583,02	0,9863390	0,600914	1,002674	2,781279	582,25528
15	542,59	1,0000000	0,583374	1,000000	3,153563	542,59000

11. Valores finais obtidos na iteração 6

- Modelo: $g_i = x_{1i}\gamma_{1i}P_1^{sat} + x_{2i}\gamma_{2i}P_2^{sat}$
- Valores quadráticos residuais: $S_{Ri} = \left(f_i - g_i\right)^2$
- Valores quadráticos totais corrigidos: $S_{TCi} = \left(f_i - \overline{f}\right)^2$

i	g_i	$\varepsilon_i = f_i - g_i$	S_{Ri}	$S_{Ti} = f_i^2$	$S_{\mathrm{Re}i} = g_i^2$	$S_{\mathrm{TC}i}$
1	521,970000	0,000000	0,000000	272452,68	272452,6809	10531,00123
2	559,318587	0,001413	0,000002	312838,86	312837,2816	4260,25993
3	589,472710	-0,302710	0,091633	347121,29	347478,0753	1254,62363
4	620,214175	-0,134175	0,018003	384499,21	384665,6225	20,34611
5	645,622282	0,257718	0,066419	417160,97	416828,1306	453,23571
6	668,453042	-0,073042	0,005335	446731,82	446829,4690	1917,50571
7	682,092957	0,237043	0,056190	465574,23	465250,8016	3333,83061
8	687,304625	0,275375	0,075831	472766,26	472387,6480	3967,65611
9	685,543708	0,386292	0,149222	470499,96	469970,1753	3762,51381
10	676,644952	-0,464952	0,216180	457219,39	457848,3905	2661,45931
11	658,490701	-0,690701	0,477068	432700,84	433610,0030	1102,85982
12	637,088960	0,091040	0,008288	405998,35	405882,3435	158,49131
13	611,576423	-0,126423	0,015983	373871,10	374025,7210	172,67712
14	582,255277	0,764723	0,584801	339912,32	339021,2080	1728,12033
15	542,590000	0,000000	0,000000	294403,91	294403,9081	6724,10933

- Soma dos resíduos: $S_\varepsilon = \sum_{i=1}^{m} \varepsilon_i = 0,221603$
- Soma quadrática dos resíduos: $S_R = \sum_{i=1}^{m} (f_i - g_i)^2 = 1,764953$
- Cálculo da soma quadrática total: $S_T = \sum_{i=1}^{m} f_i^2 = 5893751,203400$
- Soma quadrática em torno da média: $S_{TCi} = \sum_{i=1}^{m} (f_i - \overline{f})^2 = 42048,690093$
- Cálculo da soma quadrática do modelo: $S_{\mathrm{Re}} = \sum_{i=1}^{m} g_i^2 = 5893491,458955$
- Graus de liberdade dos resíduos: $G_L^R = m - 3 = 12$
- Graus de liberdade da regressão: $G_L^{Re} = 3$
- Graus de liberdade total: $G_L^T = m = 15$
- Graus de liberdade total corrigido: $G_L^{TC} = m - 1 = 14$
- Proporção da variância explicada: $R^2 = 1 - S_R/S_T = 0,999999701$
- Proporção da variância explicada corrigida: $R_C^2 = 1 - S_R/S_{TC} = 0,999958026$
- Média quadrática residual: $M_R = S_R/G_L^R = 0,147079448$
- Média quadrática devido à regressão: $M_{Re} = S_{Re}/G_L^{\mathrm{Re}} = 1964497,153$
- Média quadrática total corrigida: $M_{TC} = S_{TC}/G_L^{TC} = 3003,477864$
- Variância populacional: $s^2 = M_R = 0,147079448$
- Erro padrão da estimativa: $s = \sqrt{M_R} = 0,383509$
- Matriz de covariância $\mathbf{V} = \mathbf{B}s^2 = \begin{bmatrix} B_{11} & B_{12} & B_{13} \\ B_{21} & B_{22} & B_{23} \\ B_{31} & B_{32} & B_{33} \end{bmatrix} s^2$: A iteração 7 fornece o resultado final da matriz B:

$$\mathbf{V} = \begin{bmatrix} 103,88775 & 101,30581 & 0,41466707 \\ 101,30581 & 306,57436 & 0,870177963 \\ 0,41466707 & 0,870177963 & 0,002723937 \end{bmatrix} \times 0,147079448$$

$$= \begin{bmatrix} 15,27975251 & 14,90000237 & 0,060989004 \\ 14,90000237 & 45,09078725 & 0,127985295 \\ 0,060989004 & 0,127985295 & 0,000400635 \end{bmatrix}$$

Portanto,

- Variância do coeficiente θ_1: Var(θ_1) = 15,27975251
- Variância do coeficiente θ_2: Var(θ_2) = 45,09078725
- Variância do coeficiente θ_3: Var(θ_3) = 0,000400635
- Covariância entre θ_1 e θ_2: Cov(θ_1, θ_2) = 14,900002
- Covariância entre θ_1 e θ_3: Cov(θ_1, θ_3) = 0,060989
- Covariância entre θ_2 e θ_3: Cov(θ_2, θ_3) = 0,127985295

▶ Erro padrão do coeficiente θ_1: $E_{\theta 1} = \sqrt{\text{Var}(\theta_1)} = 3,908932401$

▶ Erro padrão do coeficiente θ_2: $E_{\theta 2} = \sqrt{\text{Var}(\theta_2)} = 6,714967405$

▶ Erro padrão do coeficiente θ_3: $E_{\theta 3} = \sqrt{\text{Var}(\theta_3)} = 0,020015873$

▶ Inferência sobre os coeficientes do modelo:

- Especificação do nível de confiança: NC = 95 %
- Cálculo do nível de significância: $\alpha = 1 - NC/100 = 0,05$
- Cálculo da probabilidade acumulada: $\phi = 1 - \alpha/2 = 0,975$
- Cálculo do valor crítico da distribuição t de Student:

  t = INVT(α; G_L^R) ⟶ t = INVT(0,05; 12) ⟶ t = 2,178812827

- Cálculo da estatística do coeficiente θ_1: $t_{Estat}|_{\theta 1} = \theta_1/E_{\theta 1}$= 134,316598
- Cálculo da estatística do coeficiente θ_2: $t_{Estat}|_{\theta 2} = \theta_2/E_{\theta 2}$= 56,913810
- Cálculo da estatística do coeficiente θ_3: $t_{Estat}|_{\theta 3} = \theta_3/E_{\theta 3}$= 34,969917
- Teste de hipótese para o coeficiente θ_1:

  ($t_{Estat}|_{\theta 1} > t$)? ⟶ (134,316598 > 2,178812827)? Sim; portanto, o coeficiente θ_1 é estatisticamente significativo.

- Teste de hipótese para o coeficiente θ_2:

  ($t_{Estat}|_{\theta 2} > t$)? ⟶ (56,913810 > 2,178812827)? Sim; portanto, o coeficiente θ_2 é estatisticamente significativo.

- Teste de hipótese para o coeficiente θ_3:

  ($t_{Estat}|_{\theta 3} > t$)? ⟶ (34,969917 > 2,178812827)? Sim; portanto, o coeficiente θ_3 é estatisticamente significativo.

- Cálculo da distribuição t de Student para o coeficiente θ_1:

  $\text{valor-p}|_{\theta 1} = \text{DISTT}(t_{Estat}|_{\theta 1}; G_L^R; 2) \longrightarrow \text{valor-p}|_{\theta 1} = 1{,}94641\text{E-}20$

- Cálculo da distribuição t de Student para o coeficiente θ_2:

  $\text{valor-p}|_{\theta 2} = \text{DISTT}(t_{Estat}|_{\theta 2}; G_L^R; 2) \longrightarrow \text{valor-p}|_{\theta 2} = 5{,}71268\text{E-}16$

- Cálculo da distribuição t de Student para o coeficiente θ_3:

  $\text{valor-p}|_{\theta 3} = \text{DISTT}(t_{Estat}|_{\theta 3}; G_L^R; 2) \longrightarrow \text{valor-p}|_{\theta 3} = 1{,}90737\text{E-}13$

- Teste de hipótese sobre o coeficiente θ_1:

  $(\text{valor-p}|_{\theta 1} < \alpha)? \longrightarrow (1{,}94641\text{E-}20 < 0{,}05)?$ Sim; portanto, o coeficiente θ_1 é estatisticamente significativo.

- Teste de hipótese sobre o coeficiente θ_2:

  $(\text{valor-p}|_{\theta 2} < \alpha)? \longrightarrow (5{,}71268\text{E-}16 < 0{,}05)?$ Sim; portanto, o coeficiente θ_2 é estatisticamente significativo.

- Teste de hipótese sobre o coeficiente θ_3:

  $(\text{valor-p}|_{\theta 3} < \alpha)? \longrightarrow (1{,}90737\text{E-}13 < 0{,}05)?$ Sim; portanto, o coeficiente θ_3 é estatisticamente significativo.

▶ Inferência sobre o modelo:

TESTE ESTATÍSTICO 1

- Cálculo do valor crítico da distribuição F:

  $F = \text{INVF}(\alpha; G_L^{Re}; G_L^R) \longrightarrow F = \text{INVF}(0{,}05; 3; 12) \longrightarrow F = 3{,}490294821$

- Cálculo da estatística de teste de hipótese: $F_{Estat} = M_{Re}/M_R = 13356707{,}382281$

- Teste de hipótese:

  $(F_{Estat} > F)? \longrightarrow (13356707{,}382281 > 3{,}490294821)?$ Sim; portanto, o modelo proposto é estatisticamente significativo.

- Cálculo da distribuição F:

  $F_{significância} = \text{DISTF}(F_{Estat}; G_L^{Re}; G_L^R) \longrightarrow F_{significância} = 2{,}11552\text{E-}39$

- Teste de hipótese:

  $(F_{significância} < \alpha)? \longrightarrow (2{,}11552\text{E-}39 < 0{,}05)?$ Sim; portanto, o modelo proposto é estatisticamente significativo.

- Teste Estatístico 2
- Cálculo do valor crítico da distribuição corrigida $F|_{TC}$:

  $F|_{TC}$= INVF(α; G_L^{Re}; G_L^{TC}) ⟶ $F|_{TC}$ = INVF(0,05; 3; 14) ⟶ $F|_{TC}$ = 3,34388868

- Cálculo da estatística de teste de hipótese: $F_{Estat}|_{TC} = M_{Re}/M_{TC}$ = 654,074124
- Cálculo da distribuição F:

  $F_{sig}|_{TC}$ = DISTF(F_{Estat}; G_L^{Re}; G_L^{TC}) ⟶ $F_{sig}|_{TC}$ = 2,80488E-15

- Teste de hipótese:

  ($F_{Estat}|_{TC} > F|_{TC}$)? ⟶ (654,074124 > 3,34388868)? Sim; portanto, o modelo proposto é estatisticamente significativo.

- Teste de hipótese:

  ($F_{sig}|_{TC} < \alpha$)? ⟶ (2,80488E-15 < 0,05)? Sim; portanto, o modelo proposto é estatisticamente significativo.

▶ Intervalos de confiança para o coeficiente θ_1:

Intervalo: $\Delta_{\theta 1} = tE_{\theta 1}$ = 8,516832055

Inferior: $\theta_1 - \Delta_{\theta 1}$ = 516,517669

Central: θ_1 = 525,034501

Superior: $\theta_1 + \Delta_{\theta 1}$ = 533,551333

▶ Intervalos de confiança para o coeficiente θ_2:

Intervalo: $\Delta_{\theta 2} = tE_{\theta 2}$ = 14,63065712

Inferior: $\theta_2 - \Delta_{\theta 2}$ = 367,543720

Central: θ_2 = 382,174377

Superior: $\theta_2 + \Delta_{\theta 2}$ = 396,805034

▶ Intervalos de confiança para o coeficiente θ_3:

Intervalo: $\Delta_{\theta 3} = tE_{\theta 3}$ = 0,04361084

Inferior: $\theta_3 - \Delta_{\theta 3}$ = 0,656343

Central: θ_3 = 0,699953

Superior: $\theta_3 + \Delta_{\theta 3}$ = 0,743564

Comparação com o Statistica para a equação NRTL

As medidas estatísticas e os valores dos parâmetros binários do sistema etanol(1)-acetonitrila(2) calculados no Tópico 9.3.8 (T9.3.8) são comparados com os fornecidos pelo Statistica 5.0. A comparação é apresentada na Tabela 9.12.

Tabela 9.12 - Valores dos parâmetros binários da equação NRTL

	A_{12}		A_{21}		α	
	T9.3.8	Statistica	T9.3.8	Statistica	T9.3.8	Statistica
Valor	525,0345	525,0344	382,1744	382,1742	0,699953	0,699953
Erro Padrão	3,908932	3,909022	6,714967	6,715013	0,020016	0,020017
Estatística t	134,3166	134,3135	56,9138	56,9134	34,9699	34,9682
Valor-p	1,946E-20	0,000000	5,713E-16	6,661E-16	1,907E-13	1,910E-13
Limite Inferior	516,5177	516,5174	367,5437	367,5435	0,656343	0,656340
Limite Superior	533,5513	533,5514	396,8050	396,8050	0,743564	0,743566

Gmehling et al. (1982) reportam os seguintes valores para os parâmetros binários:

- Parâmetro A_{12}: A_{12} = 541,7563
- Parâmetro A_{21}: A_{21} = 232,5812
- Parâmetro α: α = 0,2956

Os valores da soma quadrática dos resíduos e o desvio máximo dos parâmetros da equação NRTL calculados no Tópico 9.3.8, no Statistica 5.0 e reportado por Gmehling et al. (1982) são apresentados na Tabela 9.13. O valor da soma quadrática dos resíduos para os parâmetros reportados por Gmehling et al. (1982) mostra que os mesmos não fornecem um ponto de mínimo do modelo de equilíbrio.

Tabela 9.13 - Soma quadrática dos resíduos e desvio máximo

	Tópico 9.3.8	Statistica	Gmehling
Soma quadrática dos resíduos	1,764953	1,764953	20,444587
Desvio máximo	0,764723	0,764728	2,478228

Equação UNIQUAC - Derivadas Analíticas

Os coeficientes de atividade do componente *k* da equação UNIQUAC (Universal Quase-Chemical) são representados por duas contribuições:

$$\ln\gamma_k = \ln\gamma_k^C + \ln\gamma_k^R \tag{9.184}$$

A contribuição combinatorial (parte entrópica) leva em conta a não idealidade da fase líquida devido às diferenças nos tamanhos e formas das moléculas. Os logaritmos dos coeficientes de atividade da parte combinatorial são dados por:

$$\begin{aligned}\ln\gamma_1^C &= \ln\left(\frac{\phi_1}{x_1}\right)+\frac{Z}{2}q_1\ln\left(\frac{\theta_1}{\phi_1}\right)+\phi_2\left(L_1-\frac{r_1}{r_2}L_2\right)\\ &= \ln\left(\frac{r_1}{S_R}\right)+\frac{Z}{2}q_1\ln\left(\frac{q_1 S_R}{r_1 S_Q}\right)+\phi_2\left(L_1-\frac{r_1}{r_2}L_2\right)\end{aligned} \tag{9.185}$$

e

$$\begin{aligned}\ln\gamma_2^C &= \ln\left(\frac{\phi_2}{x_2}\right)+\frac{Z}{2}q_2\ln\left(\frac{\theta_2}{\phi_2}\right)+\phi_1\left(L_2-\frac{r_2}{r_1}L_1\right)\\ &= \ln\left(\frac{r_2}{S_R}\right)+\frac{Z}{2}q_1\ln\left(\frac{q_2 S_R}{r_2 S_Q}\right)+\phi_1\left(L_2-\frac{r_2}{r_1}L_1\right)\end{aligned} \tag{9.186}$$

em que $\phi_k = r_k x_k / S_R$ e $\theta_k = q_k x_k / S_Q$ são, respectivamente, as frações de área molecular e de volume molecular da espécie química k. Os dados adicionais são definidos por $S_R = \sum_j r_j x_j$, $S_Q = \sum_j q_j x_j$ e $L_k = 5(r_k - q_k) - (r_k - 1)$. As constantes características r_k e q_k são determinadas pela estrutura molecular dos componentes puros, levando em conta o tamanho e a área superficial externa da molécula. Observe que a parte combinatorial é independente dos parâmetros binários A_{12} e A_{21}.

As razões envolvidas nas Equações (9.185) e (9.186) podem ser escritas como:

- Razão ϕ_k/x_k: $\dfrac{\phi_k}{x_k} = \dfrac{r_k}{S_R}$.
- Razão θ_k/ϕ_k: $\dfrac{\theta_k}{\phi_k} = \dfrac{q_k S_R}{r_k S_Q}$

A contribuição residual (parte entálpica) leva em conta a não idealidade da fase líquida devido às interações moleculares. Os logaritmos dos coeficientes de atividade da parte residual são dados por:

$$\begin{aligned}\ln \gamma_1^R &= -q_1 \ln\left(\theta_1 + \theta_2\tau_{21}\right) + \theta_2 q_1\left(\frac{\tau_{21}}{\theta_1 + \theta_2\tau_{21}} - \frac{\tau_{12}}{\theta_1\tau_{12} + \theta_2}\right) \\ &= -q_1 \ln\left(S_1\right) + \theta_2 q_1\left(\frac{\tau_{21}}{S_1} - \frac{\tau_{12}}{S_2}\right)\end{aligned} \tag{9.187}$$

e

$$\begin{aligned}\ln \gamma_2^R &= -q_2 \ln\left(\theta_1\tau_{12} + \theta_2\right) + \theta_1 q_2\left(\frac{\tau_{12}}{\theta_1\tau_{12} + \theta_2} - \frac{\tau_{21}}{\theta_1 + \theta_2\tau_{21}}\right) \\ &= -q_2 \ln\left(S_2\right) + \theta_1 q_2\left(\frac{\tau_{12}}{S_2} - \frac{\tau_{21}}{S_1}\right)\end{aligned} \tag{9.188}$$

em que $S_1 = \theta_1 + \theta_2\tau_{21}$, $S_2 = \theta_1\tau_{12} + \theta_2$, $\tau_{12} = \exp\left(-\dfrac{A_{12}}{RT}\right)$ e $\tau_{21} = \exp\left(-\dfrac{A_{21}}{RT}\right)$.

As derivadas parciais dos logaritmos dos coeficientes de atividade da espécie k com relação ao parâmetro A_{ji}, mantendo A_{ij} constante, são dadas por:

$$\left(\frac{\partial \ln \gamma_k}{\partial A_{12}}\right)_{A_{21}} = \frac{\partial}{\partial A_{12}}\left(\ln \gamma_k^C + \ln \gamma_k^R\right)_{A_{21}} = \left(\frac{\partial \ln \gamma_k^C}{\partial A_{12}}\right)_{A_{21}} + \left(\frac{\partial \ln \gamma_k^R}{\partial A_{12}}\right)_{A_{21}} = \left(\frac{\partial \ln \gamma_k^R}{\partial A_{12}}\right)_{A_{21}} \tag{9.189}$$

e

$$\left(\frac{\partial \ln \gamma_k}{\partial A_{21}}\right)_{A_{12}} = \frac{\partial}{\partial A_{21}}\left(\ln \gamma_k^C + \ln \gamma_k^R\right)_{A_{12}} = \left(\frac{\partial \ln \gamma_k^C}{\partial A_{21}}\right)_{A_{12}} + \left(\frac{\partial \ln \gamma_k^R}{\partial A_{21}}\right)_{A_{12}} = \left(\frac{\partial \ln \gamma_k^R}{\partial A_{21}}\right)_{A_{12}} \tag{9.190}$$

As derivadas parciais dos logaritmos dos coeficientes de atividade residuais das espécies 1 e 2 com relação ao parâmetro A_{12}, mantendo A_{21}, são dadas por:

- Componente 1

$$\left(\frac{\partial \ln \gamma_1^R}{\partial A_{12}}\right)_{A_{21}} = \frac{\partial}{\partial A_{12}}\left[-q_1 \ln S_1 + \theta_2 q_1\left(\frac{\tau_{21}}{S_1} - \frac{\tau_{12}}{S_2}\right)\right]_{A_{21}}$$
$$= -q_1\left(\frac{\partial \ln S_1}{\partial A_{12}}\right)_{A_{21}} + \theta_2 q_1 \frac{\partial}{\partial A_{12}}\left(\frac{\tau_{21}}{S_1} - \frac{\tau_{12}}{S_2}\right)_{A_{21}} \qquad (9.191)$$
$$= -\frac{q_1}{S_1}\left(\frac{\partial S_1}{\partial A_{12}}\right)_{A_{21}} + \theta_2 q_1\left[\frac{\partial}{\partial A_{12}}\left(\frac{\tau_{21}}{S_1}\right)_{A_{21}} - \frac{\partial}{\partial A_{12}}\left(\frac{\tau_{12}}{S_2}\right)_{A_{21}}\right]$$

- Componente 2

$$\left(\frac{\partial \ln \gamma_2^R}{\partial A_{12}}\right)_{A_{21}} = \frac{\partial}{\partial A_{12}}\left[-q_2 \ln S_2 + \theta_1 q_2\left(\frac{\tau_{12}}{S_2} - \frac{\tau_{21}}{S_1}\right)\right]_{A_{21}}$$
$$= -q_2\left(\frac{\partial \ln S_2}{\partial A_{12}}\right)_{A_{21}} + \theta_1 q_2 \frac{\partial}{\partial A_{12}}\left(\frac{\tau_{12}}{S_2} - \frac{\tau_{21}}{S_1}\right)_{A_{21}} \qquad (9.192)$$
$$= -\frac{q_2}{S_2}\left(\frac{\partial S_2}{\partial A_{12}}\right)_{A_{21}} + \theta_1 q_2\left[\frac{\partial}{\partial A_{12}}\left(\frac{\tau_{12}}{S_2}\right)_{A_{21}} - \frac{\partial}{\partial A_{12}}\left(\frac{\tau_{21}}{S_1}\right)_{A_{21}}\right]$$

Observe que S_1 e τ_{21} são independentes do parâmetro A_{12}; logo, as derivadas parciais com relação a A_{12} são iguais a zero. Portanto, as Equações (9.191) e (9.192) podem ser escritas como:

$$\left(\frac{\partial \ln \gamma_1^R}{\partial A_{12}}\right)_{A_{21}} = -\theta_2 q_1 \frac{\partial}{\partial A_{12}}\left(\frac{\tau_{12}}{S_2}\right)_{A_{21}} = -\frac{\theta_2 q_1}{S_2^2}\left[S_2\left(\frac{\partial \tau_{12}}{\partial A_{12}}\right)_{A_{21}} - \tau_{12}\left(\frac{\partial S_2}{\partial A_{12}}\right)_{A_{21}}\right] \qquad (9.193)$$

e

$$\left(\frac{\partial \ln \gamma_2^R}{\partial A_{12}}\right)_{A_{21}} = -\frac{q_2}{S_2}\left(\frac{\partial S_2}{\partial A_{12}}\right)_{A_{21}} + \theta_1 q_2\left[\frac{\partial}{\partial A_{12}}\left(\frac{\tau_{12}}{S_2}\right)_{A_{21}}\right]$$
$$= -\frac{q_2}{S_2}\left(\frac{\partial S_2}{\partial A_{12}}\right)_{A_{21}} + \frac{\theta_1 q_2}{S_2^2}\left[S_2\left(\frac{\partial \tau_{12}}{\partial A_{12}}\right)_{A_{21}} - \tau_{12}\left(\frac{\partial S_2}{\partial A_{12}}\right)_{A_{21}}\right] \qquad (9.194)$$

As derivadas parciais dos logaritmos dos coeficientes de atividade das espécies 1 e 2 com relação ao parâmetro A_{21}, mantendo A_{12}, são dadas por:

- Componente 1

$$\begin{aligned}\left(\frac{\partial \ln \gamma_1^R}{\partial A_{21}}\right)_{A_{12}} &= \frac{\partial}{\partial A_{21}}\left[-q_1 \ln(S_1 + \theta_2 q_1\left(\frac{\tau_{21}}{S_1}-\frac{\tau_{12}}{S_2}\right)\right]_{A_{12}} \\ &= -q_1 \frac{\partial}{\partial A_{21}} \ln S_1{}_{A_{12}} + \theta_2 q_1 \frac{\partial}{\partial A_{21}}\left(\frac{\tau_{21}}{S_1}-\frac{\tau_{12}}{S_2}\right)_{A_{12}} \\ &= -\frac{q_1}{S_1}\left(\frac{\partial S_1}{\partial A_{21}}\right)_{A_{12}} + \theta_2 q_1\left[\frac{\partial}{\partial A_{21}}\left(\frac{\tau_{21}}{S_1}\right)_{A_{12}} - \frac{\partial}{\partial A_{21}}\left(\frac{\tau_{12}}{S_2}\right)_{A_{12}}\right]\end{aligned} \tag{9.195}$$

- Componente 2

$$\left(\frac{\partial \ln \gamma_2^R}{\partial A_{21}}\right)_{A_{12}} = \frac{\partial}{\partial A_{21}}\left[-q_2 \ln S_2 + \theta_1 q_2\left(\frac{\tau_{12}}{S_2}-\frac{\tau_{21}}{S_1}\right)\right]_{A_{12}} \tag{9.196}$$

Desenvolvendo as derivadas parciais,

$$\begin{aligned}\left(\frac{\partial \ln \gamma_2^R}{\partial A_{21}}\right)_{A_{12}} &= -q_2\left(\frac{\partial \ln S_2}{\partial A_{21}}\right)_{A_{12}} + \theta_1 q_2 \frac{\partial}{\partial A_{21}}\left(\frac{\tau_{12}}{S_2}-\frac{\tau_{21}}{S_1}\right)_{A_{12}} \\ &= -\frac{q_1}{S_2}\left(\frac{\partial S_2}{\partial A_{21}}\right)_{A_{12}} + \theta_1 q_2\left[\frac{\partial}{\partial A_{21}}\left(\frac{\tau_{12}}{S_2}\right)_{A_{12}} - \frac{\partial}{\partial A_{21}}\left(\frac{\tau_{21}}{S_1}\right)_{A_{12}}\right]\end{aligned} \tag{9.197}$$

Observe que S_2 e τ_{12} são independentes do parâmetro A_{21}; logo, as derivadas parciais com relação a A_{21} são iguais a zero. Portanto, as Equações (9.195) e (9.197) podem ser escritas como:

$$\begin{aligned}\left(\frac{\partial \ln \gamma_1^R}{\partial A_{21}}\right)_{A_{12}} &= -\frac{q_1}{S_1}\left(\frac{\partial S_1}{\partial A_{21}}\right)_{A_{12}} + \theta_2 q_1\left[\frac{\partial}{\partial A_{21}}\left(\frac{\tau_{21}}{S_1}\right)_{A_{12}}\right] \\ &= -\frac{q_1}{S_1}\left(\frac{\partial S_1}{\partial A_{21}}\right)_{A_{12}} + \frac{\theta_2 q_1}{S_1^2}\left[S_1\left(\frac{\partial \tau_{21}}{\partial A_{21}}\right)_{A_{12}} - \tau_{21}\left(\frac{\partial S_1}{\partial A_{21}}\right)_{A_{12}}\right]\end{aligned} \tag{9.198}$$

e

$$\left(\frac{\partial \ln \gamma_2^R}{\partial A_{21}}\right)_{A_{12}} = -\theta_1 q_2 \frac{\partial}{\partial A_{21}}\left(\frac{\tau_{21}}{S_1}\right) = -\frac{\theta_1 q_2}{S_1^2}\left[S_1\left(\frac{\partial \tau_{21}}{\partial A_{21}}\right)_{A_{12}} - \tau_{21}\left(\frac{\partial S_1}{\partial A_{21}}\right)_{A_{12}}\right] \quad (9.199)$$

As derivadas parciais dos parâmetros auxiliares em relação aos parâmetros binários são dadas por:

- Derivadas parciais em relação a A_{12}:

$$\left(\frac{\partial \tau_{12}}{\partial A_{12}}\right)_{A_{21}} = e^{u_1}\left(\frac{\partial u_1}{\partial A_{12}}\right)_{A_{21}} = \left(-\frac{\tau_{12}}{RT}\right)\left(\frac{\partial A_{12}}{\partial A_{12}}\right)_{A_{21}} = -\frac{\tau_{12}}{RT} \quad (9.200)$$

e

$$\left(\frac{\partial S_2}{\partial A_{12}}\right)_{A_{21}} = \left[\frac{\partial\left(\theta_1 \tau_{12} + \theta_2\right)}{\partial A_{12}}\right]_{A_{21}} = \theta_1\left(\frac{\partial \tau_{12}}{\partial A_{12}}\right)_{A_{21}} = -\frac{\theta_1 \tau_{12}}{RT} \quad (9.201)$$

em que $u_1 = -A_{12}/RT$.

- Derivadas parciais em relação a A_{21}:

$$\left(\frac{\partial \tau_{21}}{\partial A_{21}}\right)_{A_{12}} = e^{u_2}\left(\frac{\partial u_2}{\partial A_{21}}\right)_{A_{12}} = -\frac{\tau_{21}}{RT} \quad (9.202)$$

e

$$\left(\frac{\partial S_1}{\partial A_{21}}\right)_{A_{12}} = \left[\frac{\partial\left(\theta_1 + \theta_2 \tau_{21}\right)}{\partial A_{21}}\right]_{A_{12}} = \theta_2\left(\frac{\partial \tau_{21}}{\partial A_{21}}\right)_{A_{12}} = -\frac{\theta_2 \tau_{21}}{RT} \quad (9.203)$$

em que $u_2 = -A_{21}/RT$.

As expressões finais para as derivadas parciais da parte residual dos componentes são obtidas por meio das substituições das Equações (9.200) a (9.203) nas Equações (9.193), (9.194), (9.198) e (9.199). Assim:

- Derivada parcial $\left(\partial \ln \gamma_1^R / \partial A_{12}\right)_{A_{21}}$

$$\left(\frac{\partial \ln \gamma_1^R}{\partial A_{12}}\right)_{A_{21}} = -\frac{\theta_2 q_1}{S_2^2}\left[S_2\left(-\frac{\tau_{12}}{RT}\right) - \tau_{12}\left(-\frac{\theta_1\tau_{12}}{RT}\right)\right] = \frac{\theta_2 q_1 \tau_{12}}{RTS_2^2}\left(S_2 - \theta_1\tau_{12}\right) \tag{9.204}$$

Sabendo-se que $\theta_2 = S_2 - \theta_1\tau_{12}$, a Equação (9.204) pode ser escrita como:

$$\left(\frac{\partial \ln \gamma_1^R}{\partial A_{12}}\right)_{A_{21}} = \frac{\theta_2^2 q_1 \tau_{12}}{RTS_2^2} = \left(\frac{q_1\tau_{12}}{RT}\right)\left(\frac{\theta_2}{S_2}\right)^2 \tag{9.205}$$

- Derivada parcial $\left(\partial \ln \gamma_2^R / \partial A_{12}\right)_{A_{21}}$

$$\begin{aligned}\left(\frac{\partial \ln \gamma_2^R}{\partial A_{12}}\right)_{A_{21}} &= -\frac{q_2}{S_2}\left(-\frac{\theta_1\tau_{12}}{RT}\right) + \frac{\theta_1 q_2}{S_2^2}\left[S_2\left(-\frac{\tau_{12}}{RT}\right) - \tau_{12}\left(-\frac{\theta_1\tau_{12}}{RT}\right)\right] \\ &= \frac{q_2\theta_1\tau_{12}}{RTS_2} - \left(\frac{\tau_{12}}{RT}\right)\left(\frac{\theta_1 q_2}{S_2^2}\right)\left(S_2 - \tau_{12}\theta_1\right)\end{aligned} \tag{9.206}$$

ou

$$\left(\frac{\partial \ln \gamma_2^R}{\partial A_{12}}\right)_{A_{21}} = \frac{q_2\theta_1\tau_{12}}{RTS_2} - \left(\frac{\tau_{12}}{RT}\right)\frac{\theta_1 q_2 \theta_2}{S_2^2} = \left(\frac{\tau_{12}}{RTS_2}\right) q_2\theta_1\left(1 - \frac{\theta_2}{S_2}\right) \tag{9.207}$$

- Derivada parcial $\left(\partial \ln \gamma_1^R / \partial A_{21}\right)_{A_{12}}$

$$\begin{aligned}\left(\frac{\partial \ln \gamma_1^R}{\partial A_{21}}\right)_{A_{12}} &= -\frac{q_1}{S_1}\left(-\frac{\theta_2\tau_{21}}{RT}\right) + \frac{\theta_2 q_1}{S_1^2}\left[S_1\left(-\frac{\tau_{21}}{RT}\right) - \tau_{21}\left(-\frac{\theta_2\tau_{21}}{RT}\right)\right] \\ &= \frac{q_1\theta_2\tau_{21}}{S_1 RT} - \left(\frac{q_1\tau_{21}}{RT}\right)\left(\frac{\theta_2}{S_1^2}\right)\left(S_1 - \tau_{21}\theta_2\right)\end{aligned} \tag{9.208}$$

Sabendo-se que $\theta_1 = S_1 - \theta_2\tau_{21}$, a Equação (9.208) pode ser escrita como:

$$\left(\frac{\partial \ln \gamma_1^R}{\partial A_{21}}\right)_{A_{12}} = \frac{q_1\theta_2\tau_{21}}{S_1 RT} - \left(\frac{\tau_{21}}{RT}\right)\left(\frac{\theta_2 q_1}{S_1^2}\right)\theta_1 = \frac{q_1\theta_2\tau_{21}}{S_1 RT}\left(1 - \frac{\theta_1}{S_1}\right) \tag{9.209}$$

- Derivada parcial $\left(\partial \ln \gamma_2^R / \partial A_{21}\right)_{A_{12}}$

$$\left(\frac{\partial \ln \gamma_2^R}{\partial A_{21}}\right)_{A_{12}} = -\frac{\theta_1 q_2}{S_1^2}\left[S_1\left(-\frac{\tau_{21}}{RT}\right)-\tau_{21}\left(-\frac{\theta_2\tau_{21}}{RT}\right)\right]=\left(\frac{\tau_{21}}{RT}\right)\left(\frac{\theta_1 q_2}{S_1^2}\right)(S_1-\tau_{21}\theta_2) \quad (9.210)$$

A substituição de $\theta_1 = S_1 - \theta_2\tau_{21}$ na Equação (9.210) fornece:

$$\left(\frac{\partial \ln \gamma_2^R}{\partial A_{21}}\right)_{A_{12}} = \left(\frac{\tau_{21}}{RT}\right)\left(\frac{\theta_1^2 q_2}{S_1^2}\right)=\left(\frac{\tau_{21} q_2}{RT}\right)\left(\frac{\theta_1}{S_1}\right)^2 \quad (9.211)$$

O resumo das expressões resultantes da modelagem matemática para a equação UNIQUAC para o ponto experimental *i* é apresentado na Tabela 9.14.

Tabela 9.14 - Resumo da modelagem para a equação UNIQUAC

$g_i = x_{1i}\gamma_{1i}P_1^{sat} + x_{2i}\gamma_{2i}P_2^{sat}$	$\ln\gamma_{1i} = \ln\gamma_{1i}^C + \ln\gamma_{1i}^R$ e $\ln\gamma_{2i} = \ln\gamma_{2i}^C + \ln\gamma_{2i}^R$
$\ln\gamma_{1i}^C = \ln\left(\frac{r_1}{S_{Ri}}\right) + 5q_1\ln\left(\frac{q_1 S_{Ri}}{r_1 S_{Qi}}\right) + \phi_{2i}\left(L_1 - \frac{r_1}{r_2}L_2\right)$	$\ln\gamma_{2i}^C = \ln\left(\frac{r_2}{S_{Ri}}\right) + 5q_2\ln\left(\frac{q_2 S_{Ri}}{r_2 S_{Qi}}\right) + \phi_{1i}\left(L_2 - \frac{r_2}{r_1}L_1\right)$
$\phi_{1i} = \frac{r_1 x_{1i}}{S_{Ri}}$ e $\theta_{1i} = \frac{q_1 x_{1i}}{S_{Qi}}$	$\phi_{2i} = \frac{r_2 x_{2i}}{S_{Ri}}$ e $\theta_{2i} = \frac{q_2 x_{2i}}{S_{Qi}}$
$\frac{\phi_{1i}}{x_{1i}} = \frac{r_1}{S_{Ri}}$ e $\frac{\theta_{1i}}{x_{1i}} = \frac{q_1}{S_{Qi}}$	$\frac{\phi_{2i}}{x_{2i}} = \frac{r_2}{S_{Ri}}$ e $\frac{\theta_{2i}}{x_{2i}} = \frac{q_2}{S_{Qi}}$
$S_{Ri} = r_1 x_{1i} + r_2 x_{2i}$ e $L_1 = 5(r_1 - q_1) - (r_1 - 1)$	$S_{Qi} = q_1 x_{1i} + q_2 x_{2i}$ e $L_2 = 5(r_2 - q_2) - (r_2 - 1)$
$\ln\gamma_{1i}^R = -q_1\ln(S_{1i}) - \theta_{2i}q_1\left(\frac{\tau_{12}}{S_{2i}} - \frac{\tau_{21}}{S_{1i}}\right)$	$\ln\gamma_{2i}^R = -q_2\ln(S_{2i}) + \theta_{1i}q_2\left(\frac{\tau_{12}}{S_{2i}} - \frac{\tau_{21}}{S_{1i}}\right)$
$\tau_{12} = \exp\left(-\frac{A_{12}}{RT}\right)$ e $S_{1i} = \theta_{1i} + \theta_{2i}\tau_{21}$	$\tau_{21} = \exp\left(-\frac{A_{21}}{RT}\right)$ e $S_{2i} = \theta_{1i}\tau_{12} + \theta_{2i}$
$\left(\frac{\partial g_i}{\partial A_{12}}\right)_{A_{21}} = x_{1i}P_1^{sat}\left(\frac{\partial\gamma_{1i}}{\partial A_{12}}\right) + x_{2i}P_2^{sat}\left(\frac{\partial\gamma_{2i}}{\partial A_{12}}\right)$	$\left(\frac{\partial g_i}{\partial A_{21}}\right)_{A_{12}} = x_{1i}P_1^{sat}\left(\frac{\partial\gamma_{1i}}{\partial A_{21}}\right) + x_{2i}P_2^{sat}\left(\frac{\partial\gamma_{2i}}{\partial A_{21}}\right)$
$\left(\frac{\partial\ln\gamma_{1i}}{\partial A_{12}}\right)_{A_{21}} = \left(\frac{q_1\tau_{12}}{RT}\right)\left(\frac{\theta_{2i}}{S_{2i}}\right)^2$	$\left(\frac{\partial\ln\gamma_{1i}}{\partial A_{21}}\right)_{A_{12}} = \left(\frac{\tau_{21}}{RTS_{1i}}\right)(q_1\theta_{2i}\left(1 - \frac{\theta_{1i}}{S_{1i}}\right)$

Tabela 9.14 - Resumo da modelagem para a equação UNIQUAC	
$\left(\dfrac{\partial \ln \gamma_{2i}}{\partial A_{12}}\right)_{A_{21}} = \left(\dfrac{\tau_{12}}{RTS_{2i}}\right) q_2\theta_{1i}\left(1-\dfrac{\theta_{2i}}{S_{2i}}\right)$	$\left(\dfrac{\partial \ln \gamma_{2i}}{\partial A_{21}}\right)_{A_{12}} = \left(\dfrac{q_2\tau_{21}}{RT}\right)\left(\dfrac{\theta_{1i}}{S_{1i}}\right)^2$

A função g_i e suas derivadas parciais são dadas por:

- Função escolhida: $g_i = x_{1i}\gamma_{1i}P_1^{sat} + x_{2i}\gamma_{2i}P_2^{sat}$
- Derivada parcial $(\partial g_i/\partial A_{12}\ _{A_{21}}$:

$$z_{i1} = x_{1i}P_1^{sat}\left(\frac{\partial \gamma_{1i}}{\partial A_{12}}\right) + x_{2i}P_2^{sat}\left(\frac{\partial \gamma_{2i}}{\partial A_{12}}\right) \quad (9.212)$$

- Derivada parcial $(\partial g_i/\partial A_{21}\ _{A_{12}}$:

$$z_{i2} = x_{1i}P_1^{sat}\left(\frac{\partial \gamma_{1i}}{\partial A_{21}}\right) + x_{2i}P_2^{sat}\left(\frac{\partial \gamma_{2i}}{\partial A_{21}}\right) \quad (9.213)$$

Sistema etanol(1)-acetonitrila(2)

Roteiro de cálculo – Tabela 7.3 do Tópico 7.3.1:

1. Entrada de dados: m = 15, $f_i = P_i$, x_{1i} e x_{2i} para i = 1, 2, ..., 15
2. Para T = 70 °C, $P_1^{sat} = 542{,}59496$ mmHg e $P_2^{sat} = 521{,}965835$ mmHg
3. Parâmetros de volume e de área de van der Waals:

   r_1 = 2,1055; r_2 = 1,8701; q_1 = 1,972 e q_2 = 1,724
4. Cálculos dos parâmetros auxiliares L_1 e L_2

   $L_1 = 5(r_1 - q_1\ -\ r_1 - 1$ = -0,438 e $L_2 = 5\ r_2 - q_2\ -\ r_2 - 1$ = -0,1396
5. Constante Universal dos gases: R = 1,98721 cal/mol.K
6. Cálculo da média de f: $\overline{f} = 624{,}59$
7. Informações do procedimento iterativo: Tol = 1x10^{-5} e itemax = 50
8. Estimativa inicial dos parâmetros: $A_{12}^{(1)}$ = 500 e $A_{21}^{(1)}$ = 100
9. Inicialização do contador de iteração: k = 1

- Parte combinatorial:

Para i = 1, 2, ..., 15, calcular as funções:

$$S_{Ri} = r_1 x_{1i} + r_2 x_{2i} \text{ e } S_{Qi} = q_1 x_{1i} + q_2 x_{2i}$$

$$\phi_{1i} = \frac{r_1 x_{1i}}{S_{Ri}},\ \phi_{2i} = \frac{r_2 x_{2i}}{S_{Ri}},\ \theta_{1i} = \frac{q_1 x_{1i}}{S_{Qi}} \text{ e } \theta_{2i} = \frac{q_2 x_{2i}}{S_{Qi}}$$

$$\frac{\phi_{1i}}{x_{1i}} = \frac{r_1}{S_{Ri}} \text{ e } \frac{\phi_{2i}}{x_{2i}} = \frac{r_2}{S_{Ri}}$$

$$\ln \gamma_{1i}^C = \ln\left(\frac{r_1}{S_{Ri}}\right) + 5q_1 \ln\left(\frac{q_1 S_{Ri}}{r_1 S_{Qi}}\right) + \phi_{2i}\left(L_1 - \frac{r_1}{r_2} L_2\right)$$

$$\ln \gamma_{2i}^C = \ln\left(\frac{r_2}{S_{Ri}}\right) + 5q_2 \ln\left(\frac{q_2 S_{Ri}}{r_2 S_{Qi}}\right) + \phi_{1i}\left(L_2 - \frac{r_2}{r_1} L_1\right)$$

Os valores necessários para determinar os logaritmos dos coeficientes de atividade da parte combinatorial são apresentados abaixo.

- Valores 1 para avaliar a parte combinatorial

i	x_{1i}	x_{2i}	S_{Ri}	S_{Qi}	ϕ_{1i}	ϕ_{2i}
1	0,0000	1,0000	1,8701000	1,7240000	0,0000000	1,0000000
2	0,0434	0,9566	1,8803164	1,7347632	0,0485975	0,9514025
3	0,0878	0,9122	1,8907681	1,7457744	0,0977713	0,9022287
4	0,1472	0,8528	1,9047509	1,7605056	0,1627140	0,8372860
5	0,2156	0,7844	1,9208522	1,7774688	0,2363252	0,7636748
6	0,3100	0,6900	1,9430740	1,8008800	0,3359136	0,6640864
7	0,4120	0,5880	1,9670848	1,8261760	0,4409906	0,5590094
8	0,5126	0,4874	1,9907660	1,8511248	0,5421427	0,4578573
9	0,6103	0,3897	2,0137646	1,8753544	0,6381017	0,3618983
10	0,7059	0,2941	2,0362689	1,8990632	0,7298999	0,2701001
11	0,7987	0,2013	2,0581140	1,9220776	0,8170893	0,1829107
12	0,8633	0,1367	2,0733208	1,9380984	0,8766989	0,1233011
13	0,9152	0,0848	2,0855381	1,9509696	0,9239599	0,0760401
14	0,9579	0,0421	2,0955897	1,9615592	0,9624300	0,0375700

i	x_{1i}	x_{2i}	S_{Ri}	S_{Qi}	ϕ_{1i}	ϕ_{2i}
15	1,0000	0,0000	2,1055000	1,9720000	1,0000000	0,0000000

▶ Valores 2 para avaliar a parte combinatorial

i	θ_1	θ_2	$\phi_1/x_1 = r_1/S_R$	$\phi_2/x_2 = r_2/S_R$	$\ln \gamma_1^C$	$\ln \gamma_2^C$
1	0,0000000	1,0000000	1,1258756	1,0000000	-0,006084	0,000000
2	0,0493351	0,9506649	1,1197584	0,9945667	-0,005532	-0,000012
3	0,0991775	0,9008225	1,1135686	0,9890689	-0,004998	-0,000050
4	0,1648835	0,8351165	1,1053939	0,9818082	-0,004331	-0,000138
5	0,2391959	0,7608041	1,0961280	0,9735783	-0,003628	-0,000294
6	0,3394563	0,6605437	1,0835923	0,9624440	-0,002770	-0,000600
7	0,4448991	0,5551009	1,0703656	0,9506962	-0,001983	-0,001044
8	0,5460719	0,4539281	1,0576331	0,9393871	-0,001343	-0,001594
9	0,6417516	0,3582484	1,0455542	0,9286587	-0,000847	-0,002228
10	0,7330113	0,2669887	1,0339990	0,9183954	-0,000476	-0,002942
11	0,8194448	0,1805552	1,0230240	0,9086474	-0,000220	-0,003718
12	0,8784010	0,1215990	1,0155206	0,9019829	-0,000101	-0,004306
13	0,9250654	0,0749346	1,0095716	0,8966990	-0,000038	-0,004805
14	0,9629986	0,0370014	1,0047291	0,8923980	-0,000009	-0,005234
15	1,0000000	0,0000000	1,0000000	0,8881976	0,000000	-0,005672

10. Cálculo do parâmetro binário para $A_{12} = 500$ e $A_{21} = 100$

$$\tau_{12} = \exp\left(-\frac{A_{12}}{RT}\right) = 0,480353 \text{ e } \tau_{21} = \exp\left(-\frac{A_{21}}{RT}\right) = 0,863599$$

11. Método de Gauss-Newton

▶ Parte residual:

Para i = 1, 2, ..., 15, calcular as funções:

$$S_{1i} = \theta_{1i} + \theta_{2i}\tau_{21} \text{ e } S_{2i} = \theta_{1i}\tau_{12} + \theta_{2i}$$

$$\ln \gamma_{1i}^{R} = -q_1 \ln\ S_{1i}) - \theta_{2i} q_1 \left(\frac{\tau_{12}}{S_{2i}} - \frac{\tau_{21}}{S_{1i}} \right)$$

$$\ln \gamma_{2i}^{R} = -q_2 \ln\left(S_{2i}\right) + \theta_{1i} q_2 \left(\frac{\tau_{12}}{S_{2i}} - \frac{\tau_{21}}{S_{1i}} \right)$$

$$\gamma_{1i} = \exp\ \ln \gamma_{1i}^{C} + \ln \gamma_{1i}^{R} \big) \text{ e } \gamma_{2i} = \exp\left(\ln \gamma_{2i}^{C} + \ln \gamma_{2i}^{R} \right)$$

$$g_i = x_{1i} \gamma_{1i} P_1^{sat} + x_{2i} \gamma_{2i} P_2^{sat} \text{ e } h_i = y_i - g_i \big|_{\theta_1, \theta_2}$$

$$\left(\frac{\partial \gamma_{1i}}{\partial A_{12}} \right)_{A_{21}} = \gamma_{1i} \left(\frac{q_1 \tau_{12}}{RT} \right) \left(\frac{\theta_{2i}}{S_{2i}} \right)^2$$

$$\left(\frac{\partial \gamma_{1i}}{\partial A_{21}} \right)_{A_{12}} = \gamma_{1i} \left(\frac{q_1 \tau_{21}}{RT} \right) \left(\frac{\theta_{2i}}{S_{1i}} \right) \left(1 - \frac{\theta_{1i}}{S_{1i}} \right)$$

$$\left(\frac{\partial \gamma_{2i}}{\partial A_{12}} \right)_{A_{21}} = \gamma_{2i} \left(\frac{q_2 \tau_{12}}{RT} \right) \left(\frac{\theta_{1i}}{S_{2i}} \right) \left(1 - \frac{\theta_{2i}}{S_{2i}} \right)$$

$$\left(\frac{\partial \gamma_{2i}}{\partial A_{21}} \right)_{A_{12}} = \gamma_{2i} \left(\frac{q_2 \tau_{21}}{RT} \right) \left(\frac{\theta_{1i}}{S_{1i}} \right)^2$$

$$z_{i1} = x_{1i} P_1^{sat}\ \partial \gamma_{1i} / \partial A_{12} \big)_{A_{21}} + x_{2i} P_2^{sat} \left(\partial \gamma_{2i} / \partial A_{12} \right)_{A_{21}}$$

$$z_{i2} = x_{1i} P_1^{sat} \left(\partial \gamma_{1i} / \partial A_{21} \right)_{A_{12}} + x_{2i} P_2^{sat} \left(\partial \gamma_{2i} / \partial A_{21} \right)_{A_{12}}$$

▶ Valores 1

i	$f_i = P_i$	x_{1i}	x_{2i}	S_{1i}	S_{2i}
1	521,97	0,0000	1,0000	0,863599	1,000000
2	559,32	0,0434	0,9566	0,870328	0,974363
3	589,17	0,0878	0,9122	0,877127	0,948463
4	620,08	0,1472	0,8528	0,886089	0,914319
5	645,88	0,2156	0,7844	0,896226	0,875703
6	668,38	0,3100	0,6900	0,909901	0,823603
7	682,33	0,4120	0,5880	0,924284	0,768810
8	687,58	0,5126	0,4074	0,938081	0,716236
9	685,93	0,6103	0,3897	0,951135	0,666516

i	$f_i = P_i$	x_{1i}	x_{2i}	S_{1i}	S_{2i}
10	676,18	0,7059	0,2941	0,963582	0,619093
11	657,80	0,7987	0,2013	0,975372	0,574178
12	637,18	0,8633	0,1367	0,983414	0,543542
13	611,45	0,9152	0,0848	0,989779	0,519293
14	583,02	0,9579	0,0421	0,994953	0,499581
15	542,59	1,0000	0,0000	1,000000	0,480353

▶ Valores 2

i	$\ln \gamma_{1i}^R$	$\ln \gamma_{2i}^R$	γ_{1i}	γ_{2i}	g_i
1	1,313931	0,000000	3,698201	1,000000	521,97000
2	1,209879	0,002309	3,334579	1,002299	578,98868
3	1,107883	0,009471	3,012846	1,009466	624,17842
4	0,978338	0,026725	2,648535	1,026943	668,66597
5	0,838777	0,057664	2,305156	1,059048	703,27201
6	0,662786	0,120451	1,934823	1,127329	731,46086
7	0,494112	0,215839	1,635795	1,239607	746,13545
8	0,349771	0,340082	1,416838	1,402826	750,95795
9	0,231100	0,492215	1,258918	1,632295	748,90930
10	0,136515	0,674583	1,145726	1,957447	739,31981
11	0,066554	0,887544	1,068583	2,420140	717,37871
12	0,031644	1,059488	1,032046	2,872498	688,39095
13	0,012502	1,213438	1,012542	3,348904	651,03909
14	0,003153	1,351715	1,003149	3,843877	605,85242
15	0,000000	1,499250	1,000000	4,453000	542,59000

▶ Valores 3

i	h_i	$\partial\gamma_{1i}/\partial A_{12}$	$\partial\gamma_{1i}/\partial A_{21}$	$\partial\gamma_{2i}/\partial A_{12}$	$\partial\gamma_{2i}/\partial A_{21}$	z_{i1}
1	0,00000	0,005137	0,010695	0,000000	0,000000	0,00000
2	-19,66868	0,004410	0,008581	0,000001	0,000007	0,10459
3	-35,00842	0,003775	0,006854	0,000006	0,000028	0,18292

i	h_i	$\partial\gamma_{1i}/\partial A_{12}$	$\partial\gamma_{1i}/\partial A_{21}$	$\partial\gamma_{2i}/\partial A_{12}$	$\partial\gamma_{2i}/\partial A_{21}$	z_{i1}
4	-48,58597	0,003069	0,005074	0,000019	0,000078	0,25382
5	-57,39201	0,002417	0,003583	0,000046	0,000165	0,30162
6	-63,08086	0,001729	0,002199	0,000112	0,000343	0,33103
7	-63,80545	0,001185	0,001273	0,000242	0,000627	0,33914
8	-63,37795	0,000791	0,000716	0,000476	0,001038	0,34089
9	-62,97930	0,000505	0,000385	0,000883	0,001622	0,34687
10	-63,13981	0,000296	0,000190	0,001601	0,002473	0,35911
11	-59,57871	0,000147	0,000079	0,002876	0,003730	0,36575
12	-51,21095	0,000072	0,000034	0,004376	0,005004	0,34588
13	-39,58909	0,000029	0,000013	0,006199	0,006387	0,28895
14	-22,83242	0,000008	0,000003	0,008332	0,007862	0,18706
15	0,00000	0,000000	0,000000	0,011258	0,009722	0,00000

▶ Valores 4

i	z_{i2}	z_{i1}^2	z_{i2}^2	$z_{i1}z_{i2}$	hz_{i1}	hz_{i2}
1	0,00000	0,00000	0,00000	0,00000	0,0000	0,0000
2	0,20558	0,01094	0,04226	0,02150	-2,0571	-4,0434
3	0,33993	0,03346	0,11555	0,06218	-6,4037	-11,9004
4	0,43981	0,06442	0,19344	0,11163	-12,3320	-21,3688
5	0,48655	0,09097	0,23673	0,14675	-17,3104	-27,9243
6	0,49329	0,10958	0,24333	0,16329	-20,8815	-31,1170
7	0,47693	0,11502	0,22746	0,16175	-21,6389	-30,4307
8	0,46305	0,11621	0,21441	0,15785	-21,6051	-29,3470
9	0,45758	0,12032	0,20938	0,15872	-21,8453	-28,8181
10	0,45232	0,12896	0,20460	0,16243	-22,6742	-28,5596
11	0,42610	0,13377	0,18156	0,15585	-21,7909	-25,3866
12	0,37297	0,11963	0,13911	0,12900	-17,7126	-19,1004
13	0,28892	0,08349	0,08348	0,08348	-11,4393	-11,4381
14	0,17432	0,03499	0,03039	0,03261	-4,2711	-3,9802
15	0,00000	0,00000	0,00000	0,00000	0,0000	0,0000

▶ Cálculos dos somatórios $\mathbf{Z^TZ}$: $\mathbf{Z}^{\mathrm{T}}\mathbf{Z}=\begin{bmatrix}\sum_{i=1}^{m} z_{i1}^2 & \sum_{i=1}^{m} z_{i1}z_{i2} \\ \sum_{i=1}^{m} z_{i2}z_{i1} & \sum_{i=1}^{m} z_{i2}^2\end{bmatrix}$

$$\sum_{i=1}^{m} z_{i1}^2 = 1{,}161760237,\ \sum_{i=1}^{m} z_{i2}^2 = 2{,}121704661 \text{ e } \sum_{i=1}^{m} z_{i1}z_{i2} = 1{,}547047819$$

Portanto,

$$\mathbf{Z}^{\mathrm{T}}\mathbf{Z}=\begin{bmatrix}1{,}161760237 & 1{,}547047819 \\ 1{,}547047819 & 2{,}121704661\end{bmatrix}$$

▶ Calcular a matriz inversa $\mathbf{B} = [\mathbf{Z}^T\mathbf{Z}]^{-1}$: O procedimento empregado nos capítulos anteriores para a inversão matricial fornece:

$$\mathbf{B}=\left(\mathbf{Z}^T\mathbf{Z}\right)^{-1}=\begin{bmatrix}29{,}651318 & -21{,}62035446 \\ -21{,}62035446 & 16{,}23587055\end{bmatrix}$$

▶ Efetuar a multiplicação $\mathbf{Z^Th}$: $\boldsymbol{\beta}=\mathbf{Z}^T\mathbf{h}=\begin{bmatrix}\sum_{i=1}^{m} h_i z_{i1} \\ \sum_{i=1}^{m} h_i z_{i2}\end{bmatrix}$

$$\sum_{i=1}^{m} h_i z_{i1} = -201{,}962086 \text{ e } \sum_{i=1}^{m} h_i z_{i2} = -273{,}4146141$$

$$\boldsymbol{\beta}=\mathbf{Z}^T\mathbf{h}=\begin{bmatrix}-201{,}962086 \\ -273{,}4146141\end{bmatrix}$$

▶ Efetuar a multiplicação $\Delta\theta=\mathbf{B}\boldsymbol{\beta}=\begin{bmatrix}\Delta\theta_1 \\ \Delta\theta_2\end{bmatrix}$

$$\begin{bmatrix} \Delta\theta_1 \\ \Delta\theta_2 \end{bmatrix} = \begin{bmatrix} 29,651318 & -21,62035446 \\ -21,62035446 & 16,23587055 \end{bmatrix} \begin{bmatrix} -201,962086 \\ -273,4146141 \end{bmatrix} = \begin{bmatrix} -77,12116193 \\ -72,63239391 \end{bmatrix}$$

▶ Calcular o valor máximo: max_valor = máximo($|\Delta\theta_1|$, $|\Delta\theta_2|$) = 77,12116193

▶ Verificação da convergência

L1 = (k > itemax)? ⟶ L1 = (1 > 50)? ⟶ L1 = Falso

L2 = (max_valor < Tol)? ⟶ L2 = (77,12116193 < $1\text{x}10^{-5}$)? ⟶ L2 = Falso

L1 OU L2 ⟶ (Falso OU Falso) ⟶ Falso (continuar os cálculos)

▶ Atualizações os coeficientes

$\theta_1 \leftarrow \theta_1 + \Delta\theta_1 \longrightarrow \theta_1 = 422,8788381$

$\theta_2 \leftarrow \theta_2 + \Delta\theta_2 \longrightarrow \theta_2 = 27,36760609$

▶ Cálculo do parâmetro binário para A_{12} = 422,8788381 e A_{21} = 27,36760609

$$\tau_{12} = \exp\left(-\frac{A_{12}}{RT}\right) = 0,537870 \text{ e } \tau_{21} = \exp\left(-\frac{A_{21}}{RT}\right) = 0,960661$$

▶ Atualização do contador de iterações: $k \leftarrow k + 1 \longrightarrow k = 2$

Retorne para o faça no início da etapa 11 e repita o procedimento até que uma das condições de convergência seja verdadeira. O procedimento converge com seis iterações. Os resultados finais são mostrados nas tabelas seguintes.

▶ Valores dos parâmetros em cada iteração:

k	$\theta_1^{(k)}$	$\theta_2^{(k)}$	$\Delta\theta_1^{(k)}$	$\Delta\theta_2^{(k)}$	max_valor	L1 ou L2
1	500	100	-77,12116193	-72,63239391	77,1211619	F
2	422,8788381	27,36760609	-10,57158656	0,886128837	10,5715866	F
3	412,3072515	28,25373493	-0,385017074	0,282800407	0,38501707	F
4	411,9222344	28,53653534	-0,009390389	0,007084179	0,00939039	F
5	411,9128440	28,54361951	-0,000230457	0,000172293	0,00023046	F
6	411,9126136	28,54379181	-5,64633E-06	4,2179E-06	5,6463E-06	V

▶ Os valores das matrizes e dos vetores em cada iteração são dados na tabela abaixo:

k	Z^TZ		$B = (Z^TZ)^{-1}$		β	Δθ
1	1,16176024	1,54704782	29,651318	-21,620354	-201,962086	-77,1211619
	1,54704782	2,12170466	-21,620354	16,235871	-273,414614	-72,6323939
2	0,95995518	1,28103880	64,775108	-47,759053	-9,013084	-10,5715866
	1,28103880	1,73745963	-47,759053	35,788573	-12,003000	0,88612884
3	0,95983404	1,26985881	67,652376	-50,348159	-1,0436E-02	-0,38501707
	1,26985881	1,70629804	-50,348159	38,056103	-6,3755E-03	0,28280041
4	0,96040523	1,26995973	67,642900	-50,367420	-2,1957E-05	-0,00939039
	1,26995973	1,70554218	-50,367420	38,090289	1,5695E-04	0,00708418
5	0,96041959	1,26996257	67,642581	-50,367831	-2,5296E-06	-0,00023046
	1,26996257	1,70552402	-50,367831	38,091085	1,1783E-06	0,00017229
6	0,96041994	1,26996263	67,642574	-50,367842	-6,6274E-08	-5,6463E-06
	1,26996263	1,70552357	-50,367842	38,091105	2,3098E-08	4,2179E-06

12. Valores finais obtidos na iteração 6

A_{12} = 411,9126136 e A_{21} = 28,54379181

$$\tau_{12} = \exp\left(-\frac{A_{12}}{RT}\right) = 0,546590 \text{ e } \tau_{21} = \exp\left(-\frac{A_{21}}{RT}\right) = 0,959005$$

i	S_{1i}	S_{2i}	$\ln \gamma_{1i}^R$	$\ln \gamma_{2i}^R$	γ_{1i}	γ_{2i}	g_i
1	0,95901	1,00000	0,97667	0,00000	2,63949	1,00000	521,9700
2	0,96103	0,97763	0,90101	0,00168	2,44851	1,00167	557,8087
3	0,96307	0,95503	0,82643	0,00692	2,27376	1,00689	587,7437
4	0,96576	0,92524	0,73113	0,01962	2,06846	1,01967	619,0972
5	0,96881	0,89155	0,62780	0,04253	1,86669	1,04314	645,4666
6	0,97292	0,84609	0,49659	0,08935	1,63857	1,09281	669,1977
7	0,97724	0,79828	0,37010	0,16090	1,44501	1,17334	683,1474
8	0,98139	0,75241	0,26148	0,25440	1,29711	1,28763	688,3516
9	0,98531	0,70902	0,17216	0,36890	1,18686	1,44293	686,5290

i	S_{1i}	S_{2i}	$\ln \gamma_{1i}^{R}$	$\ln \gamma_{2i}^{R}$	γ_{1i}	γ_{2i}	g_i
10	0,98905	0,66765	0,10117	0,50575	1,10594	1,65337	677,4005
11	0,99260	0,62846	0,04898	0,66456	1,04997	1,93643	658,4875
12	0,99502	0,60172	0,02315	0,79176	1,02332	2,19780	636,1597
13	0,99693	0,58057	0,00909	0,90476	1,00910	2,45949	609,9603
14	0,99848	0,56337	0,00228	1,00547	1,00227	2,71893	580,6776
15	1,00000	0,54659	0,00000	1,11207	1,00000	3,02344	542,5900

13. Valores finais obtidos na iteração 6

- Modelo: $g_i = x_{1i}\gamma_{1i}P_1^{sat} + x_{2i}\gamma_{2i}P_2^{sat}$
- Valores quadráticos residuais: $S_{Ri} = \left(f_i - g_i\right)^2$
- Valores quadráticos totais corrigidos: $S_{TCi} = \left(f_i - \overline{f}\right)^2$

i	g_i	$\varepsilon_i = f_i - g_i$	S_{Ri}	$S_{Ti} = f_i^2$	$S_{\text{Re}i} = g_i^2$	$S_{\text{TC}i}$
1	521,970000	0,000000	0,000000	272452,68	272452,6809	10531,00123
2	557,808743	1,511257	2,283897	312838,86	311150,5940	4260,25993
3	587,743665	1,426335	2,034431	347121,29	345442,6158	1254,62363
4	619,097185	0,982815	0,965926	384499,21	383281,3243	20,34611
5	645,466555	0,413445	0,170937	417160,97	416627,0733	453,23571
6	669,197717	-0,817717	0,668662	446731,82	447825,5851	1917,50571
7	683,147405	-0,817405	0,668150	465574,23	466690,3765	3333,83061
8	688,351593	-0,771593	0,595356	472766,26	473827,9156	3967,65611
9	686,528974	-0,598974	0,358770	470499,96	471322,0325	3762,51381
10	677,400512	-1,220512	1,489649	457219,39	458871,4534	2661,45931
11	658,487548	-0,687548	0,472723	432700,84	433605,8512	1102,85982
12	636,159725	1,020275	1,040960	405998,35	404699,1962	158,49131
13	609,960285	1,489715	2,219251	373871,10	372051,5492	172,67712
14	580,677603	2,342397	5,486823	339912,32	337186,4789	1728,12033
15	542,590000	0,000000	0,000000	294403,91	294403,9081	6724,10933

- Soma dos resíduos: $S_\varepsilon = \sum_{i=1}^{m} \varepsilon_i = 4,272489$
- Soma quadrática dos resíduos: $S_R = \sum_{i=1}^{m} \left(f_i - g_i\right)^2 = 18,455535$
- Cálculo da soma quadrática total: $S_T = \sum_{i=1}^{m} f_i^2 = 5893751,203400$
- Soma quadrática em torno da média: $S_{TCi} = \sum_{i=1}^{m} \left(f_i - \overline{f}\right)^2 = 42048,690093$
- Cálculo da soma quadrática do modelo: $S_{\mathrm{Re}} = \sum_{i=1}^{m} g_i^2 = 5889438,635072$
- Graus de liberdade dos resíduos: $G_L^R = m - 2 = 13$
- Graus de liberdade da regressão: $G_L^{Re} = 2$
- Graus de liberdade total: $G_L^T = m = 15$
- Graus de liberdade total corrigido: $G_L^{TC} = m - 1 = 14$
- Proporção da variância explicada: $R^2 = 1 - S_R/S_T = 0,999996869$
- Proporção da variância explicada corrigida: $R_C^2 = 1 - S_R/S_{TC} = 0,999561091$
- Média quadrática residual: $M_R = S_R/G_L^R = 1,419656521$
- Média quadrática devido à regressão: $M_{Re} = S_{Re}/G_L^{\mathrm{Re}} = 2944719,318$
- Média quadrática total corrigida: $M_{TC} = S_{TC}/G_L^{TC} = 3003,477864$
- Variância populacional: $s^2 = M_R = 1,419656521$
- Erro padrão da estimativa: $s = \sqrt{M_R} = 1,191493$
- Matriz de covariância $\mathbf{V} = \mathbf{B}s^2 = \begin{bmatrix} B_{11} & B_{12} \\ B_{21} & B_{22} \end{bmatrix} s^2$: A iteração seis dos resultados da regressão não linear fornece a matriz B final:

$$\mathbf{V} = \begin{bmatrix} 67,642574 & -50,367842 \\ -50,367842 & 38,091105 \end{bmatrix} \times 1,419656521 = \begin{bmatrix} 96,02922177 & -71,5050354 \\ -71,5050354 & 54,076285 \end{bmatrix}$$

Portanto,

- Variância do coeficiente θ_1: $\mathrm{Var}(\theta_1) = 96,02922177$
- Variância do coeficiente θ_2: $\mathrm{Var}(\theta_2) = 54,076285$

- Covariância entre θ_1 e θ_2: $\text{Cov}(\theta_1, \theta_2)$ = -71,5050354

▶ Erro padrão do coeficiente θ_1: $E_{\theta 1} = \sqrt{\text{Var}(\theta_1)} = 9,799450$

▶ Erro padrão do coeficienteθ_2: $E_{\theta 2} = \sqrt{\text{Var}(\theta_2)} = 7,353658$

▶ Inferência sobre os coeficientes do modelo:

- Especificação do nível de confiança: NC = 95 %
- Cálculo do nível de significância: $\alpha = 1 - NC/100 = 0{,}05$
- Cálculo da probabilidade acumulada: $\phi = 1 - \alpha/2 = 0{,}975$
- Cálculo do valor crítico da distribuição t de Student:

  t = INVT(α; G_L^R) ⟶ t = INVT(0,05; 13) ⟶ t = 2,160368652

- Cálculo da estatística do coeficiente θ_1: $t_{Estat}|_{\theta 1} = \theta_1/E_{\theta 1} = 42{,}034258$
- Cálculo da estatística do coeficiente θ_2: $t_{Estat}|_{\theta 2} = \theta_2/E_{\theta 2} = 3{,}881577$
- Teste de hipótese para o coeficiente θ_1:

  ($t_{Estat}|_{\theta 1} > t$)? ⟶ (42,034258 > 2,160368652)? Sim; portanto, o coeficiente θ_1 é estatisticamente significativo.

- Teste de hipótese para o coeficiente θ_2:

  ($t_{Estat}|_{\theta 2} > t$)? ⟶ (3,881577 > 2,160368652)? Sim; portanto, o coeficiente θ_2 é estatisticamente significativo.

- Cálculo da distribuição t de Student para o coeficiente θ_1:

  valor-p$|_{\theta 1}$ = DISTT($t_{Estat}|_{\theta 1}$; G_L^R; 2) ⟶ valor-p$|_{\theta 1}$ = 2,82552E-15

- Cálculo da distribuição t de Student para o coeficiente θ_2:

  valor-p$|_{\theta 2}$ = DISTT($t_{Estat}|_{\theta 2}$; G_L^R; 2) ⟶ valor-p$|_{\theta 2}$ = 0,001890959

- Teste de hipótese sobre o coeficiente θ_1:

  (valor-p$|_{\theta 1} < \alpha$)? ⟶ (2,82552E-15 < 0,05)? Sim; portanto, o coeficiente θ_1 é estatisticamente significativo.

- Teste de hipótese sobre o coeficiente θ_2:

  (valor-p$|_{\theta 2} < \alpha$)? ⟶ (0,001890959 < 0,05)? Sim; portanto, o coeficiente θ_2 é estatisticamente significativo.

▶ Inferência sobre o modelo:

TESTE ESTATÍSTICO 1

- Cálculo do valor crítico da distribuição F:

  F = INVF(α; G_L^{Re}; G_L^{R}) ⟶ F = INVF(0,05; 2; 13) ⟶ F = 3,805565253

- Cálculo da estatística de teste de hipótese: $F_{Estat} = M_{Re}/M_R$ = 2074247,731211

- Teste de hipótese:

  ($F_{Estat} > F$)? ⟶ (2074247,731211 > 3,805565253)? Sim; portanto, o modelo proposto é estatisticamente significativo.

- Cálculo da distribuição F:

  $F_{significância}$ = DISTF(F_{Estat}; G_L^{Re}; G_L^{R}) ⟶ $F_{significância}$ = 1,67623E-36

- Teste de hipótese:

  ($F_{significância} < \alpha$)? ⟶ (1,67623E-36 < 0,05)? Sim; portanto, o modelo proposto é estatisticamente significativo.

TESTE ESTATÍSTICO 2

- Cálculo do valor crítico da distribuição corrigida $F|_{TC}$:

  $F|_{TC}$= INVF(α; G_L^{Re}; G_L^{TC}) ⟶ $F|_{TC}$ = INVF(0,05; 2; 14) ⟶ $F|_{TC}$ = 3,73889183

- Cálculo da estatística de teste de hipótese: $F_{Estat}|_{TC} = M_{Re}/M_{TC}$ = 980,436498

- Cálculo da distribuição F:

  $F_{sig}|_{TC}$ = DISTF(F_{Estat}; G_L^{Re}; G_L^{TC}) ⟶ $F_{sig}|_{TC}$ = 8,9975E-16

- Teste de hipótese:

  ($F_{Estat}|_{TC} > F|_{TC}$)? ⟶ (980,436498 > 3,738891832)? Sim; portanto, o modelo proposto é estatisticamente significativo.

- Teste de hipótese:

  ($F_{sig}|_{TC} < \alpha$)? ⟶ (8,9975E-16 < 0,05)? Sim; portanto, o modelo proposto é estatisticamente significativo.

▶ Intervalos de confiança para o coeficiente θ_1:

Intervalo: $\Delta_{\theta 1} = tE_{\theta 1}$ = 21,17042475

Inferior: $\theta_1 - \Delta_{\theta 1}$ = 390,742189

Central: $\theta_1 = 411{,}912614$

Superior: $\theta_1 + \Delta_{\theta 1} = 433{,}083038$

- Intervalos de confiança para o coeficiente θ_2:

Intervalo: $\Delta_{\theta 2} = tE_{\theta 2} = 15{,}88661215$

Inferior: $\theta_2 - \Delta_{\theta 2} = 12{,}657180$

Central: $\theta_2 = 28{,}543792$

Superior: $\theta_2 + \Delta_{\theta 2} = 44{,}430404$

COMPARAÇÃO COM O STATISTICA PARA A EQUAÇÃO UNIQUAC

As medidas estatísticas e os valores dos parâmetros binários do sistema etanol(1)-acetonitrila(2) calculados no Tópico 9.3.10 são comparados com os fornecidos pelo Statistica 5.0. A comparação é apresentada na Tabela 9.15.

TABELA 9.15 - VALORES DOS PARÂMETROS BINÁRIOS DA EQUAÇÃO UNIQUAC

	A_{12}		A_{21}	
	Tópico 9.3.10	Statistica	Tópico 9.3.10	Statistica
Valor	411,912614	411,912773	28,543792	28,543673
Erro Padrão	9,799450	9,799493	7,353658	7,353597
Estatística t	42,034258	42,03409	3,881577	3,88159
Valor-p	2,82552E-15	2,88658E-15	0,001890959	0,001891
Limite Inferior	390,742189	390,742255	12,657180	12,657193
Limite Superior	433,083038	433,083292	44,430404	44,430154

Gmehling et al. (1982) reportam os seguintes valores para os parâmetros binários do sistema etanol(1)-acetonitrila(2) para a equação UNIQUAC:

- Parâmetro A_{12}: $A_{12} = 411{,}8729$
- Parâmetro A_{12}: $A_{21} = 28{,}5669$

REFERÊNCIA BIBLIOGRÁFICA

ABRAMS, D. S; PRAUSNITZ, J. M; ***Statistical Thermodynamics of Liquid Mixtures: A New Expression for the Excess Gibbs Energy of Partly or Completely Miscible Systems***,AIChE J., 21, 116-128 (1975).

AZEVEDO, E. G; **Termodinâmica Aplicada. 3ª edição. Escolar Editora. 2011.**

GMEHLING, J; ONKEN, U; WEIDLICH, U; **Vapor-Liquid Equilibrium Data Collection. DECHEMA Chemistry Data Series**. Vol. 1, DECHEMA 2C, 1982.

GMEHLING, J; ONKEN, U; ARLT; W; GRENZHEUSER; U; WEIDLICH, U; KOLBE , B; RAREY, J; **Vapor-Liquid Equilibrium Data Collection. DECHEMA Chemistry Data Series**. Volume I complete. 35 Parts, 22.134 pages, 1991 - 2014.

POLING, B. E; PRAUSNITZ, J. M; O´CONNELL, J. P; **Properties of Gases and Liquids**. 5th Edition. McGraw-Hill, 2001.

REID, R. C; PRAUSNITZ, J. M; POLING, B. E; **Properties of Gases and Liquids**. 4th ed; McGraw-Hill, 1987.

REID, R. C; PRAUSNITZ, J. M; SHERWOOD T. K; **The Properties of Gases and Liquids**, 3rd ed., McGraw-Hill. 1977.

RENON, H; PRAUSNITZ J. M;***Local composition in thermodynamic excess functions for liquid mixtures***.AICHE Journal, 14, 135-44, 1968.

WILSON, G. M; ***Vapor-Liquid Equilibrium.* XI. *A New Expression for the Excess Free Energy of Mixing***. J. Am. Chem. Soc. 1964, 86, 127–130.

Capítulo 10

APLICAÇÕES III

INTRODUÇÃO

Este tópico é dedicado aos modelos matemáticos utilizados para descrever as isotermas de adsorção. Estes modelos são: GAB (van der Berg, 1985), BET (Brunauer et al., 1938) e Oswin (Lomauro et al., 1985).

Os dados experimentais de adsorção de atividade de água (a_w) em função dos valores médios de umidade de equilíbrio (x_{eq}) do bagaço do pedúnculo de caju seco, na temperatura de 25 °C, reportados por Alcântara et al. (2009) são apresentados na Tabela 10.1.

Tabela 10.1 – Umidade de equilíbrio em função da atividade de água

i	a_w	x_{eq}
1	0,23	5,75
2	0,33	7,20
3	0,43	9,21
4	0,57	12,18
5	0,75	20,76
6	0,86	29,42

EXEMPLO 1 – MODELO GAB

O modelo de GAB reportado por van der Berg (1985), a relação entre a umidade de equilíbrio e a atividade de água é dada por:

$$x_{eq} = \frac{XCka_w}{(1-ka_w \quad 1-ka_w + Cka_w} \tag{10.1}$$

sendo que X, C e K são parâmetros obtidos pela regressão não linear.

Fazendo $g_i = x_{eq}$, $x_i = a_w$, $\theta_1 = X$, $\theta_2 = C$ e $\theta_3 = k$, a Equação (10.1) pode ser escrita como:

$$g_i = \frac{\theta_1\theta_2\theta_3 x_i}{(1-\theta_3 x_i \quad 1-\theta_3 x_i + \theta_2\theta_3 x_i} = \frac{\theta_1\theta_2\theta_3 x_i}{u} \tag{10.2}$$

em que $u = (1-\theta_3 x_i \quad 1-\theta_3 x_i + \theta_2\theta_3 x_i = u_1 u_2$, $u_1 = 1-\theta_3 x_i$ e $u_2 = 1-\theta_3 x_i + \theta_2\theta_3 x_i$.

As derivadas parciais da função com relação aos parâmetros do modelo são:

- Derivada parcial de g_i com relação à θ_1, mantendo θ_2 e θ_3 constantes,

$$\left(\frac{\partial g_i}{\partial \theta_1}\right)_{\theta_2,\theta_3} = \left(\frac{\theta_2\theta_3 x_i}{u}\right)\left(\frac{\partial \theta_1}{\partial \theta_1}\right)_{\theta_2,\theta_3} = \left(\frac{\theta_2\theta_3 x_i}{u}\right)\left(\frac{\theta_1}{\theta_1}\right) = \frac{g_i}{\theta_1} \tag{10.3}$$

em que o parâmetro u é independente do parâmetro θ_1.

- Derivada parcial de g_i com relação à θ_2, mantendo θ_1 e θ_3 constantes: A Equação (10.2) pode ser escrita como:

$$ug_i = \theta_1\theta_2\theta_3 x_i \tag{10.4}$$

- A derivada parcial da Equação (10.4) com relação à θ_2, mantendo θ_1 e θ_3 constantes,

$$\left(\frac{\partial ug_i}{\partial \theta_2}\right)_{\theta_1,\theta_3} = \theta_1\theta_3 x_i \left(\frac{\partial \theta_2}{\partial \theta_2}\right)_{\theta_1,\theta_3} = \theta_1\theta_3 x_i \tag{10.5}$$

- A derivada parcial do produto entre as funções u e g_i é dada por:

$$\left(\frac{\partial u g_i}{\partial \theta_2}\right)_{\theta_1,\theta_3} = u\left(\frac{\partial g_i}{\partial \theta_2}\right)_{\theta_1,\theta_3} + g_i\left(\frac{\partial u}{\partial \theta_2}\right)_{\theta_1,\theta_3} \tag{10.6}$$

- A derivada parcial da função auxiliar u é dada por:

$$\left(\frac{\partial u}{\partial \theta_2}\right)_{\theta_1,\theta_3} = \left(\frac{\partial u_1 u_2}{\partial \theta_2}\right)_{\theta_1,\theta_3} = u_2\left(\frac{\partial u_1}{\partial \theta_2}\right)_{\theta_1,\theta_3} + u_1\left(\frac{\partial u_2}{\partial \theta_2}\right)_{\theta_1,\theta_3} \tag{10.7}$$

A primeira derivada parcial da Equação (10.7) é igual a zero, pois a função u_1 independe de u_2 e a segunda derivada parcial é dada por:

$$\left(\frac{\partial u_2}{\partial \theta_2}\right)_{\theta_1,\theta_3} = \left[\frac{\partial\left(1-\theta_3 x_i + \theta_2\theta_3 x_i\right)}{\partial \theta_2}\right]_{\theta_1,\theta_3} = \theta_3 x_i \tag{10.8}$$

Substituindo na Equação (10.7), obtém-se:

$$\left(\frac{\partial u}{\partial \theta_2}\right)_{\theta_1,\theta_3} = u_1\theta_3 x_i \tag{10.9}$$

Substituindo a Equação (10.9) na Equação (10.6), encontra-se que:

$$\left(\frac{\partial u g_i}{\partial \theta_2}\right)_{\theta_1,\theta_3} = u\left(\frac{\partial g_i}{\partial \theta_2}\right)_{\theta_1,\theta_3} + g_i u_1\theta_3 x_i \tag{10.10}$$

A comparação entre as Equações (10.5) e (10.10) fornece:

$$u\left(\frac{\partial g_i}{\partial \theta_2}\right)_{\theta_1,\theta_3} + g_i u_1\theta_3 x_i = \theta_1\theta_3 x_i \tag{10.11}$$

Escrevendo a Equação (10.11) explícita na derivada parcial,

$$\left(\frac{\partial g_i}{\partial \theta_2}\right)_{\theta_1,\theta_3} = \left(\frac{\theta_1\theta_3 x_i}{u}\right)\left(\frac{\theta_2}{\theta_2}\right) - \frac{g_i u_1\theta_3 x_i}{u} = \frac{g_i}{\theta_2} - \frac{g_i u_1\theta_3 x_i}{u} \tag{10.12}$$

Derivada parcial de g_i com relação à θ_3, mantendo θ_1 e θ_2 constantes:

- A derivada parcial da Equação (10.4) com relação à θ_3, mantendo θ_1 e θ_2 constantes,

$$\left(\frac{\partial ug_i}{\partial \theta_3}\right)_{\theta_1,\theta_2} = \theta_1\theta_2 x_i \left(\frac{\partial \theta_3}{\partial \theta_3}\right)_{\theta_1,\theta_3} = \theta_1\theta_2 x_i \tag{10.13}$$

- A derivada parcial do produto entre as funções u e g_i é dada por:

$$\left(\frac{\partial ug_i}{\partial \theta_3}\right)_{\theta_1,\theta_2} = u\left(\frac{\partial g_i}{\partial \theta_3}\right)_{\theta_1,\theta_2} + g_i\left(\frac{\partial u}{\partial \theta_3}\right)_{\theta_1,\theta_3} \tag{10.14}$$

- A derivada parcial da função auxiliar u com relação à θ_3 é dada por:

$$\left(\frac{\partial u}{\partial \theta_3}\right)_{\theta_1,\theta_2} = \left(\frac{\partial u_1 u_2}{\partial \theta_3}\right)_{\theta_1,\theta_2} = u_2\left(\frac{\partial u_1}{\partial \theta_3}\right)_{\theta_1,\theta_2} + u_1\left(\frac{\partial u_2}{\partial \theta_3}\right)_{\theta_1,\theta_2} \tag{10.15}$$

- As derivadas parciais das funções u_1 e u_2 são dadas, respectivamente, por:

$$\left(\frac{\partial u_1}{\partial \theta_3}\right)_{\theta_1,\theta_2} = \left[\frac{\partial(1-\theta_3 x_i}{\partial \theta_3}\right]_{\theta_1,\theta_2} = -x_i \tag{10.16}$$

e

$$\left(\frac{\partial u_2}{\partial \theta_3}\right)_{\theta_1,\theta_2} = \left[\frac{\partial(1-\theta_3 x_i + \theta_2\theta_3 x_i}{\partial \theta_3}\right]_{\theta_1,\theta_2} = -x_i + \theta_2 x_i = x_i \;\; \theta_2 - 1 \tag{10.17}$$

Substituindo as Equações (10.16) e (10.17) na Equação (10.15), obtém-se:

$$\left(\frac{\partial u}{\partial \theta_3}\right)_{\theta_1,\theta_2} = u_1 x_i(\theta_2 - 1 \;\; - x_i u_2 \tag{10.18}$$

Substituindo a Equação (10.18) na Equação (10.14), encontra-se que:

$$\left(\frac{\partial ug_i}{\partial \theta_3}\right)_{\theta_1,\theta_2} = u\left(\frac{\partial g_i}{\partial \theta_3}\right)_{\theta_1,\theta_2} + g_i\left[u_1 x_i(\theta_2 - 1 \;\; - x_i u_2\right] \tag{10.19}$$

A comparação entre as Equações (10.13) e (10.19) fornece:

$$u\left(\frac{\partial g_i}{\partial \theta_3}\right)_{\theta_1,\theta_2} + g_i\left[u_1 x_i\ \ \theta_2 - 1\ - x_i u_2\right] = \theta_1\theta_2 x_i \tag{10.20}$$

Escrevendo a Equação (10.20) explícita na derivada parcial, obtém-se:

$$\left(\frac{\partial g_i}{\partial \theta_3}\right)_{\theta_1,\theta_2} = \left(\frac{\theta_1\theta_2 x_i}{u}\right)\left(\frac{\theta_3}{\theta_3}\right) + \frac{x_i u_2 - u_1 x_i\left(\theta_2 - 1\right.}{u} = \frac{g_i}{\theta_3} + \left(\frac{g_i}{u}\right)\left[x_i u_2 - u_1 x_i\ \ \theta_2 - 1\ \right] \tag{10.21}$$

Roteiro de cálculo – Tabela 7.4 do Tópico 7.4.1

1. Entrada de dados: $m = 6$, $y_i = (x_{eq})_i$ e $x_i = (a_w)_i$ para $i = 1, 2, ..., 6$
2. Informações do procedimento iterativo: Tol = $1\text{x}10^{-5}$ e Itemax = 50
3. Média dos valores de y: $\bar{y} = \dfrac{\sum_{i=1}^{m} y_i}{m} = 14{,}08666667$
4. Estimativa inicial dos parâmetros: $\theta_1^{(1)} = 7$, $\theta_2^{(1)} = 5$ e $\theta_3^{(1)} = 1$
5. Inicialização do contador de iteração: $k = 1$
6. Método de Gauss-Newton

   Faça

   ▶ Para $i = 1, 2, ..., m$, calcular as funções:

$$u_{1i} = 1 - \theta_3 x_i,\ u_{2i} = 1 - \theta_3 x_i + \theta_2\theta_3 x_i,\ u_i = u_{1i}u_{2i},\ g_i = \frac{\theta_1\theta_2\theta_3 x_i}{u},\ h_i = y_i - g_i$$

$$z_{i1} = \frac{g_i}{\theta_1},\ z_{i2} = \frac{g_i}{\theta_2} - \frac{g_i u_1\theta_3 x_i}{u}\ \text{e}\ z_{i3} = \frac{g_i}{\theta_3} + \left(\frac{g_i}{u}\right)\left[x_i u_2 - u_1 x_i\ \ \theta_2 - 1\ \right]$$

   ▶ Os valores obtidos são apresentados abaixo:

i	$x_i = (a_w)_i$	$y_i = (x_{eq})_i$	u_{1i}	u_{2i}	u_i	g_i
1	0,23	5,75	0,77	1,92	1,4784	5,4450758
2	0,33	7,2	0,67	2,32	1,5544	7,4305198
3	0,43	9,21	0,57	2,72	1,5504	9,7071723

i	$x_i = (a_w)_i$	$y_i = (x_{eq})_i$	u_{1i}	u_{2i}	u_i	g_i
4	0,57	12,18	0,43	3,28	1,4104	14,1449234
5	0,75	20,76	0,25	4	1	26,2500000
6	0,86	29,42	0,14	4,44	0,6216	48,4234234

▶ Os valores das derivadas parciais

i	z_{i1}	z_{i2}	z_{i3}
1	0,77786797	0,43674045	4,46242816
2	1,06150283	0,42917658	6,86261853
3	1,38673891	0,40684472	10,8917679
4	2,02070335	0,37087299	23,062724
5	3,75	0,328125	85,3125
6	6,91763192	0,30537294	308,364349

▶ Valores calculados dos produtos entre as derivadas

i	z_{i1}^2	z_{i2}^2	z_{i3}^2	$z_{i1}z_{i2}$	$z_{i1}z_{i3}$	$z_{i2}z_{i3}$
1	0,60507857	0,19074222	19,9132651	0,33972641	3,47117991	1,94892289
2	1,12678826	0,18419253	47,0955331	0,45557215	7,284689	2,94527512
3	1,92304479	0,16552263	118,630609	0,56418741	15,1040384	4,43125831
4	4,08324201	0,13754678	531,889238	0,7494243	46,6029235	8,55334145
5	14,0625	0,10766602	7278,22266	1,23046875	319,921875	27,9931641
6	47,8536313	0,09325263	95088,5717	2,1124576	2133,15106	94,166128

▶ Valores calculados de h_i e dos produtos $h_i z_{i1}$, $h_i z_{i2}$ e $h_i z_{i3}$

i	h_i	$h_i z_{i1}$	$h_i z_{i2}$	$h_i z_{i3}$
1	0,30492424	0,2371908	0,13317275	1,36070253
2	-0,2305198	-0,2446974	-0,0989337	-1,5819696
3	-0,4971723	-0,6894482	-0,2022719	-5,4150858
4	-1,9649234	-3,9705273	-0,728737	-45,316487
5	-5,49	-20,5875	-1,8014063	-468,36563
6	-19,003423	-131,45869	-5,8031313	-5859,9783

▶ Cálculos dos somatórios $\mathbf{Z^TZ}$: $$\mathbf{Z}^T\mathbf{Z}=\begin{bmatrix}\sum_{i=1}^{m} z_{i1}^2 & \sum_{i=1}^{m} z_{i1}z_{i2} & \sum_{i=1}^{m} z_{i1}z_{i3}\\ \sum_{i=1}^{m} z_{i2}z_{i1} & \sum_{i=1}^{m} z_{i2}^2 & \sum_{i=1}^{m} z_{i2}z_{i3}\\ \sum_{i=1}^{m} z_{i3}z_{i1} & \sum_{i=1}^{m} z_{i3}z_{i2} & \sum_{i=1}^{m} z_{i3}^2\end{bmatrix}$$

$$\sum_{i=1}^{m} z_{i1}^2 = 69{,}65428499,\ \sum_{i=1}^{m} z_{i2}^2 = 0{,}878922808,\ \sum_{i=1}^{m} z_{i3}^2 = 103084{,}323,\ \sum_{i=1}^{m} z_{i1}z_{i2} = 5{,}451836609,$$

$$\sum_{i=1}^{m} z_{i1}z_{i3} = 2525{,}535768 \text{ e } \sum_{i=1}^{m} z_{i2}z_{i3} = 140{,}0380898$$

Portanto,

$$\mathbf{Z}^T\mathbf{Z}=\begin{bmatrix}69{,}65428499 & 5{,}451836609 & 2525{,}535768\\ 5{,}451836609 & 0{,}878922808 & 140{,}0380898\\ 2525{,}535768 & 140{,}0380898 & 103084{,}323\end{bmatrix}$$

▶ Calcular a matriz inversa $\mathbf{B} = [\mathbf{Z^TZ}]^{-1}$: O procedimento empregado nos capítulos anteriores para a inversão matricial fornece:

$$\mathbf{B}= \left(\mathbf{Z}^T\mathbf{Z}\right)^{-1} = \begin{bmatrix}0{,}540853285 & -1{,}587135499 & -0{,}011094654\\ -1{,}587135499 & 6{,}109498963 & 0{,}030584718\\ -0{,}011094654 & 0{,}030584718 & 0{,}000239968\end{bmatrix}$$

▶ Efetuar a multiplicação $\mathbf{Z^Th}$: $$\boldsymbol{\beta}=\mathbf{Z}^T\mathbf{h}=\begin{bmatrix}\sum_{i=1}^{m} h_i z_{i1}\\ \sum_{i=1}^{m} h_i z_{i2}\\ \sum_{i=1}^{m} h_i z_{i3}\end{bmatrix}$$

$$\sum_{i=1}^{m} h_i z_{i1} = -156{,}7136706,\ \sum_{i=1}^{m} h_i z_{i2} = -8{,}501307469 \text{ e } \sum_{i=1}^{m} h_i z_{i3} = -6379{,}296755$$

Portanto,

$$\boldsymbol{\beta} = \mathbf{Z}^T\mathbf{h} = \begin{bmatrix} -156{,}7136706 \\ -8{,}501307469 \\ -6379{,}296755 \end{bmatrix}$$

▶ Efetuar a multiplicação $\Delta\theta = \mathbf{B}\boldsymbol{\beta} = \begin{bmatrix} \Delta\theta_1 \\ \Delta\theta_2 \\ \Delta\theta_3 \end{bmatrix}$

$$\begin{bmatrix} \Delta\theta_1 \\ \Delta\theta_2 \\ \Delta\theta_3 \end{bmatrix} = \begin{bmatrix} 0{,}540853285 & -1{,}587135499 & -0{,}011094654 \\ -1{,}587135499 & 6{,}109498963 & 0{,}030584718 \\ -0{,}011094654 & 0{,}030584718 & 0{,}000239968 \end{bmatrix} \begin{bmatrix} -156{,}7136706 \\ -8{,}501307469 \\ -6379{,}296755 \end{bmatrix}$$
$$= \begin{bmatrix} -0{,}490286629 \\ 1{,}678110932 \\ -0{,}05215206 \end{bmatrix}$$

▶ Valor máximo: max_valor = máximo($|\Delta\theta_1|$, $|\Delta\theta_2|$, $|\Delta\theta_3|$) = 1,67811093

▶ Verificação da convergência

L1 = (k > Itemax)? ⟶ L1 = (1 > 50)? ⟶ L1 = Falso

L2 = (max_valor < Tol)? ⟶ L2 = (1,67811093 < $1\text{x}10^{-5}$)? ⟶ L2 = Falso

L1 OU L2 ⟶ (Falso OU Falso) ⟶ Falso (continuar os cálculos)

▶ Atualizações os coeficientes

$\theta_1 \leftarrow \theta_1 + \Delta\theta_1 \rightarrow \theta_1 = 6{,}50971337$

$\theta_2 \leftarrow \theta_2 + \Delta\theta_2 \rightarrow \theta_2 = 6{,}67811093$

$\theta_3 \leftarrow \theta_3 + \Delta\theta_3 \rightarrow \theta_3 = 0{,}94784794$

▶ Atualização do contador de iterações: $k \leftarrow k + 1 \rightarrow k = 2$

Retorne para o faça no início da etapa 6 e repita o procedimento até que uma das condições de convergência seja verdadeira. O procedimento converge com sete iterações. Os resultados finais são apresentados na forma tabular a seguir.

- Valores dos parâmetros em cada iteração:

k	$\theta_1^{(k)}$	$\theta_2^{(k)}$	$\theta_3^{(k)}$	$\Delta\theta_1^{(k)}$	$\Delta\theta_2^{(k)}$	$\Delta\theta_3^{(k)}$
1	7	5	1	-0,4902866	1,67811093	-0,0521521
2	6,50971337	6,67811093	0,94784794	0,61536816	-0,8742948	-0,0461729
3	7,12508153	5,80381616	0,90167507	0,22564236	-0,1787546	-0,0128377
4	7,35072389	5,62506155	0,88883739	0,00132136	0,01729789	-0,0002177
5	7,35204525	5,64235944	0,88861969	-0,0008017	0,00211817	2,4822E-05
6	7,35124356	5,64447761	0,88864451	-2,522E-05	9,3623E-05	6,3623E-07
7	7,35121833	5,64457123	0,88864514	-1,778E-06	5,5765E-06	5,0035E-08

- Valores da matriz $\mathbf{Z}^T\mathbf{Z}$ e do vetor $\boldsymbol{\beta}$

k	$\mathbf{Z}^T\mathbf{Z}$			$\boldsymbol{\beta}$
1	69,654285	5,45183661	2525,53577	-156,713671
	5,45183661	0,87892281	140,03809	-8,50130747
	2525,53577	140,03809	103084,323	-6379,29676
2	45,5395259	2,74114485	1116,02342	-25,9029971
	2,74114485	0,31497353	47,5395415	-0,78360346
	1116,02342	47,5395415	31211,7654	-795,935042
3	32,5140117	3,42816152	726,868952	-2,60757071
	3,42816152	0,60529592	57,5714716	-0,07374498
	726,868952	57,5714716	18353,2579	-81,8919505
4	29,8808679	3,62527876	660,752291	-0,0416583
	3,62527876	0,7148802	61,1284227	0,00384805
	660,752291	61,1284227	16443,6825	-1,64944449
5	29,8587836	3,60729251	659,626075	7,6679E-05
	3,60729251	0,70852683	60,7509047	0,00011681
	659,626075	60,7509047	16401,652	0,006989
6	29,8653163	3,60496925	659,723128	3,9047E-06
	3,60496925	0,70754707	60,7030058	1,393E-05
	659,723128	60,7030058	16403,2633	-0,00052178

k	$\mathbf{Z^TZ}$			$\boldsymbol{\beta}$
7	29,8655223	3,60486856	659,725457	6,6403E-09
	3,60486856	0,70750596	60,700933	5,7259E-07
	659,725457	60,700933	16403,2811	-1,3851E-05

- Valores da matriz inversa $\mathbf{B = (Z^TZ)^{-1}}$ e do vetor $\boldsymbol{\Delta\theta}$

k	$\mathbf{B = (Z^TZ)^{-1}}$			$\boldsymbol{\Delta\theta}$
1	0,54085328	-1,5871355	-0,0110947	-0,4902866
	-1,5871355	6,10949896	0,03058472	1,67811093
	-0,0110947	0,03058472	0,00023997	-0,0521521
2	0,85889363	-3,6871142	-0,0250951	0,61536816
	-3,6871142	19,9508941	0,10145051	-0,8742948
	-0,0250951	0,10145051	0,00077483	-0,0461729
3	1,6044189	-4,3371567	-0,049937	0,22564236
	-4,3371567	14,0790376	0,12760642	-0,1787546
	-0,049937	0,12760642	0,00163192	-0,0128377
4	1,89479018	-4,5422028	-0,0592525	0,00132136
	-4,5422028	12,9392947	0,13441711	0,01729789
	-0,0592525	0,13441711	0,00194205	-0,0002177
5	1,89389573	-4,5596463	-0,0592782	-0,0008017
	-4,5596463	13,0457867	0,13505458	0,00211817
	-0,0592782	0,13505458	0,00194473	2,4822E-05
6	1,89274431	-4,5605409	-0,0592473	-2,522E-05
	-4,5605409	13,0593581	0,13509215	9,3623E-05
	-0,0592473	0,13509215	0,0019439	6,3623E-07
7	1,89270278	-4,5605906	-0,0592462	-1,778E-06
	-4,5605906	13,0599482	0,13509411	5,5765E-06
	-0,0592462	0,13509411	0,00194387	5,0035E-08

7. Valores utilizados na qualidade do ajuste

▶ Modelo proposto: $u_{1i} = 1 - \theta_3 x_i$, $u_{2i} = 1 - \theta_3 x_i + \theta_2\theta_3 x_i$, $u_i = u_{1i}u_{2i}$, $g_i = \dfrac{\theta_1\theta_2\theta_3 x_i}{u}$

- Valores quadráticos residuais e corrigidos: $S_{Ri} = (y_i - g_i)^2$ e $S_{TCi} = (y_i - \overline{y})^2$

- Valores quadráticos e do modelo: $S_{Ti} = y_i^2$ e $S_{\text{Re}i} = g_i^2$

i	g_i	S_{Ri}	S_{Ti}	S_{Rei}	S_{TCi}
1	5,46849085	0,0792474	33,0625	29,9043922	69,5000111
2	7,28924278	0,00796427	51,84	53,1330603	47,4261778
3	9,24812985	0,00145389	84,8241	85,5279057	23,7818778
4	12,7042339	0,27482114	148,3524	161,397558	3,63537778
5	20,2466306	0,26354816	430,9776	409,92605	44,5333778
6	29,5644404	0,02086303	865,5364	874,056136	235,111111

- Soma quadrática dos resíduos: $S_R = \sum_{i=1}^{m} (y_i - g_i)^2 = 0{,}647897892$

- Cálculo da soma quadrática total: $S_T = \sum_{i=1}^{m} y_i^2 = 1614{,}593$

- Soma quadrática total corrigida: $S_{TC} = \sum_{i=1}^{m} (y_i - \overline{y})^2 = 423{,}9879333$

- Cálculo da soma quadrática do modelo: $S_{\text{Re}} = \sum_{i=1}^{m} g_i^2 = 1613{,}945102$

- Graus de liberdade dos resíduos: $G_L^R = m - 3 = 3$

- Graus de liberdade da regressão: $G_L^{Re} = 3$

- Graus de liberdade total: $G_L^T = m = 6$

- Graus de liberdade total corrigido: $G_L^{TC} = m - 1 = 5$

- Proporção da variância explicada: $R^2 = 1 - S_R/S_T = 0{,}99959872$

- Proporção da variância explicada corrigida: $R_C^2 = 1 - S_R/S_{TC} = 0{,}9984719$

- Média quadrática residual: $M_R = S_R/G_L^R = 0{,}21596596$

- Média quadrática total corrigida: $M_{TC} = S_{TC}/G_L^{TC} = 84{,}7975867$

- Média quadrática devido à regressão: $M_{Re} = S_{Re}/G_L^{\text{Re}} = 537{,}981701$

- Variância populacional: $s^2 = M_R = 0{,}21596596$

- Erro padrão da estimativa: $s = \sqrt{M_R} = 0{,}46472138$

▶ Matriz de covariância $\mathbf{V} = \mathbf{B}s^2 = \begin{bmatrix} B_{11} & B_{12} & B_{13} \\ B_{21} & B_{22} & B_{23} \\ B_{31} & B_{32} & B_{33} \end{bmatrix} s^2$: A iteração sete fornece os valores finais da matriz B.

$$\mathbf{V} = \begin{bmatrix} 1{,}892702782 & -4{,}56059063 & -0{,}059246202 \\ -4{,}56059063 & 13{,}0599482 & 0{,}13509411 \\ -0{,}059246202 & 0{,}13509411 & 0{,}001943873 \end{bmatrix} \times 0{,}215965964$$

$$= \begin{bmatrix} 0{,}408759381 & -0{,}984932351 & -0{,}012795163 \\ -0{,}984932351 & 2{,}820504302 & 0{,}02917573 \\ -0{,}012795163 & 0{,}02917573 & 0{,}00041981 \end{bmatrix}$$

Portanto,

- Variância do coeficiente θ_1: Var(θ_1) = 0,408759381
- Variância do coeficiente θ_2: Var(θ_2) = 2,820504302
- Variância do coeficiente θ_3: Var(θ_3) = 0,00041981
- Covariância entre θ_1 e θ_2: Cov(θ_1, θ_2) = -0,984932351
- Covariância entre θ_1 e θ_3: Cov(θ_1, θ_3) = -0,012795163
- Covariância entre θ_2 e θ_3: Cov(θ_2, θ_3) = 0,02917573

▶ Erro padrão do coeficiente θ_1: $E_{\theta 1} = \sqrt{\mathrm{Var}(\theta_1)} = 0{,}639342929$

▶ Erro padrão do coeficiente θ_2: $E_{\theta 2} = \sqrt{\mathrm{Var}(\theta_2)} = 1{,}679435709$

▶ Erro padrão do coeficiente θ_3: $E_{\theta 3} = \sqrt{\mathrm{Var}(\theta_3)} = 0{,}020489273$

▶ Inferência sobre os coeficientes do modelo:

- Especificação do nível de confiança: NC = 95 %
- Cálculo do nível de significância: $\alpha = 1 - NC/100 = 0{,}05$
- Cálculo da probabilidade acumulada: $\phi = 1 - \alpha/2 = 0{,}975$
- Cálculo do valor crítico da distribuição t de Student:

  t = INVT(α; G_L^R) ⟶ t = INVT(0,05; 3) ⟶ t = 3,182446305
- Cálculo da estatística do coeficiente θ_1: $t_{Estat}|_{\theta 1} = \theta_1/E_{\theta 1}$ = 11,49808343
- Cálculo da estatística do coeficiente θ_2: $t_{Estat}|_{\theta 2} = \theta_2/E_{\theta 2}$ = 3,360992741

- Cálculo da estatística do coeficiente θ_3: $t_{Estat}|_{\theta 3} = \theta_3/E_{\theta 3} = 43{,}37123775$

- Teste de hipótese para o coeficiente θ_1:

  $(t_{Estat}|_{\theta 1} > t)? \longrightarrow (11{,}49808343 > 3{,}182446305)?$ Sim; portanto, o coeficiente θ_1 é estatisticamente significativo.

- Teste de hipótese para o coeficiente θ_2:

  $(t_{Estat}|_{\theta 2} > t)? \longrightarrow (3{,}360992741 > 3{,}182446305)?$ Sim; portanto, o coeficiente θ_2 é estatisticamente significativo.

- Teste de hipótese para o coeficiente θ_3:

  $(t_{Estat}|_{\theta 3} > t)? \longrightarrow (43{,}37123775 > 3{,}182446305)?$ Sim; portanto, o coeficiente θ_3 é estatisticamente significativo.

- Cálculo da distribuição t de Student para o coeficiente θ_1:

  valor-p$|_{\theta 1}$ = DISTT($t_{Estat}|_{\theta 1}$; G_L^R; 2) $\longrightarrow$ valor-p$|_{\theta 1}$ = 0,00141219

- Cálculo da distribuição t de Student para o coeficiente θ_2:

  valor-p$|_{\theta 2}$ = DISTT($t_{Estat}|_{\theta 2}$; G_L^R; 2) $\longrightarrow$ valor-p$|_{\theta 2}$ = 0,043701172

- Cálculo da distribuição t de Student para o coeficiente θ_3:

  valor-p$|_{\theta 3}$ = DISTT($t_{Estat}|_{\theta 3}$; G_L^R; 2) $\longrightarrow$ valor-p$|_{\theta 3}$ = 2,698E-05

- Teste de hipótese sobre o coeficiente θ_1:

  (valor-p$|_{\theta 1} < \alpha$)? $\longrightarrow$ (0,00141219 < 0,05)? Sim; portanto, o coeficiente θ_1 é estatisticamente significativo.

- Teste de hipótese sobre o coeficiente θ_2:

  (valor-p$|_{\theta 2} < \alpha$)? $\longrightarrow$ (0,043701172 < 0,05)? Sim; portanto, o coeficiente θ_2 é estatisticamente significativo.

- Teste de hipótese sobre o coeficiente θ_3:

  (valor-p$|_{\theta 3} < \alpha$)? $\longrightarrow$ (2,698E-05 < 0,05)? Sim; portanto, o coeficiente θ_3 é estatisticamente significativo.

▶ Inferência sobre o modelo:

TESTE ESTATÍSTICO 1

- Cálculo do valor crítico da distribuição F:

  F = INVF(α; G_L^{Re}; G_L^R) $\longrightarrow$ F = INVF(0,05; 3; 3) $\longrightarrow$ F = 9,276628154

- Cálculo da estatística de teste de hipótese: $F_{Estat} = M_{Re}/M_R = 2491{,}048548$
- Teste de hipótese:

  $(F_{Estat} > F)? \longrightarrow (2491{,}048548 > 9{,}276628154)?$ Sim; portanto, o modelo proposto é estatisticamente significativo.

- Cálculo da distribuição F:

  $F_{significância} = \text{DISTF}(F_{Estat}; G_L^{Re}; G_L^{R}) \longrightarrow F_{significância} = 1{,}36446\text{E-}05$

- Teste de hipótese:

  $(F_{significância} < \alpha)? \longrightarrow (1{,}36446\text{E-}05 < 0{,}05)?$ Sim; portanto, o modelo proposto é estatisticamente significativo.

TESTE ESTATÍSTICO 2

- Cálculo do valor crítico da distribuição F corrigido

  $F|_{TC} = \text{INVF}(\alpha; G_L^{Re}; G_L^{TC}) \longrightarrow F = \text{INVF}(0{,}05; 3; 5) \longrightarrow F = 5{,}409451318$

- Cálculo da estatística de teste de hipótese: $F_{Estat}|_{TC} = M_{Re}/M_{TC} = 6{,}344304382$
- Cálculo da distribuição $F|_{TC}$:

  $F_{sig}|_{TC} = \text{DISTF}(F_{Estat}|_{TC}; G_L^{Re}; G_L^{TC}) \longrightarrow F_{sig}|_{TC} = 0{,}037098801$

- Teste de hipótese:

  $(F_{Estat}|_{TC} > F/_{TC})? \longrightarrow (6{,}344304382 > 5{,}409451318)?$ Sim; portanto, o modelo proposto é estatisticamente significativo.

- Teste de hipótese:

  $(F_{sig}|_{TC} < \alpha)? \longrightarrow (0{,}037098801 < 0{,}05)?$ Sim; portanto, o modelo proposto é estatisticamente significativo.

▶ Intervalos de confiança para o coeficiente θ_1:

Intervalo: $\Delta_{\theta 1} = tE_{\theta 1} = 2{,}034674541$

Inferior: $\theta_1 - \Delta_{\theta 1} = 5{,}316544$

Central: $\theta_1 = 7{,}351218$

Superior: $\theta_1 + \Delta_{\theta 1} = 9{,}385893$

▶ Intervalos de confiança para o coeficiente θ_2:

Intervalo: $\Delta_{\theta 2} = tE_{\theta 2} = 5{,}344713968$

Inferior: $\theta_2 - \Delta_{\theta 2} = 0{,}299857$

Central: $\theta_2 = 5{,}644571$

Superior: $\theta_2 + \Delta_2 = 10{,}989285$

- Intervalos de confiança para o coeficiente θ_3:

Intervalo: $\Delta_{\theta 3} = tE_{\theta 3} = 0{,}065206012$

Inferior: $\theta_3 - \Delta_{\theta 3} = 0{,}823439$

Central: $\theta_3 = 0{,}888645$

Superior: $\theta_3 + \Delta_{\theta 3} = 0{,}953851$

EXEMPLO 2 – MODELO GAB – DIFERENÇAS FINITAS

Conforme o tópico anterior, o modelo de GAB é representado por:

$$x_{eq} = \frac{XCka_w}{1 - ka_w)(1 - ka_w + Cka_w)} \quad (10.22)$$

em que *X*, *C* e *K* são parâmetros obtidos pela regressão não linear.

Fazendo $g_i = x_{eq}$, $x_i = a_w$, $\theta_1 = X$, $\theta_2 = C$ e $\theta_3 = k$, a Equação (10.22) pode ser escrita como:

$$g_i = \frac{\theta_1\theta_2\theta_3 x_i}{(1 - \theta_3 x_i)(1 - \theta_3 x_i + \theta_2\theta_3 x_i)} \quad (10.23)$$

A dependência funcional da Equação (10.23) é dada por $g_i = g_i(\theta_1, \theta_2, \theta_3)$; logo, as derivadas parciais podem ser aproximadas por diferenças finitas:

$$\left(\frac{\partial g_i}{\partial \theta_1}\right)_{\theta_2,\theta_3} = \frac{g_i|_{\theta_1+h,\theta_2,\theta_3} - g_i|_{\theta_1,\theta_2,\theta_3}}{h} = z_{i1} \quad (10.24)$$

$$\left(\frac{\partial g_i}{\partial \theta_2}\right)_{\theta_1,\theta_3} = \frac{g_i|_{\theta_1,\theta_2+h,\theta_3} - g_i|_{\theta_1,\theta_2,\theta_3}}{h} = z_{i2} \quad (10.25)$$

e

$$\left(\frac{\partial g_i}{\partial \theta_3}\right)_{\theta_1,\theta_2} = \frac{g_i\big|_{\theta_1,\theta_2,\theta_3+h} - g_i\big|_{\theta_1,\theta_2,\theta_3}}{h} = z_{i3} \tag{10.26}$$

O valor de h é, normalmente, tomado como 1% do valor de θ_1, do valor θ_2 e do valor θ_3. Portanto, as Equações (10.24), (10.25) e (10.26) tornam-se, respectivamente:

$$z_{i1} = \frac{g_i\big|_{\theta_1+0{,}01\theta_1,\theta_2,\theta_3} - g_i\big|_{\theta_1,\theta_2,\theta_3}}{0{,}01\theta_1} = \frac{g_i\big|_{1{,}01\theta_1,\theta_2,\theta_3} - g_i\big|_{\theta_1,\theta_2,\theta_3}}{0{,}01\theta_1} \tag{10.27}$$

$$z_{i2} = \frac{g_i\big|_{\theta_1,1{,}01\theta_2,\theta_3} - g_i\big|_{\theta_1,\theta_2,\theta_3}}{0{,}01\theta_2} \tag{10.28}$$

e

$$z_{i3} = \frac{g_i\big|_{\theta_1,\theta_2,1{,}01\theta_3} - g_i\big|_{\theta_1,\theta_2,\theta_3}}{0{,}01\theta_3} \tag{10.29}$$

Conforme as Equações (10.27), (10.28) e (10.29), a função g_i é avaliada nos seguintes trio de pontos:

- Trio de pontos (θ_1, θ_2, θ_3): $g_i\big|_{\theta_1,\theta_2,\theta_3} = \dfrac{\theta_1\theta_2\theta_3 x_i}{(1-\theta_3 x_i)(1-\theta_3 x_i+\theta_2\theta_3 x_i)}$

- Trio de pontos (1,01 θ_1, θ_2, θ_3):

$$g_i\big|_{1{,}01\theta_1,\theta_2,\theta_3} = \frac{1{,}01\theta_1\theta_2\theta_3 x_i}{(1-\theta_3 x_i)(1-\theta_3 x_i+\theta_2\theta_3 x_i)} = \frac{\theta_1^*\theta_2\theta_3 x_i}{(1-\theta_3 x_i)(1-\theta_3 x_i+\theta_2\theta_3 x_i)} \tag{10.30}$$

em que $\theta_1^* = 1{,}01\theta_1$.

- Trio de pontos (θ_1, 1,01 θ_2, θ_3):

$$g_i\big|_{\theta_1,1{,}01\theta_2,\theta_3} = \frac{1{,}01\theta_1\theta_2\theta_3 x_i}{(1-\theta_3 x_i)(1-\theta_3 x_i+1{,}01\theta_2\theta_3 x_i)} = \frac{\theta_1\theta_2^*\theta_3 x_i}{(1-\theta_3 x_i)(1-\theta_3 x_i+\theta_2^*\theta_3 x_i)} \tag{10.31}$$

em que $\theta_2^* = 1,01\theta_2$.

▶ Trio de pontos (θ_1, θ_2, 1,01 θ_3):

$$g_i\big|_{\theta_1,\theta_2,1,01\theta_3} = \frac{1,01\theta_1\theta_2\theta_3 x_i}{(1-1,01\theta_3 x_i)(1-1,01\theta_3 x_i + 1,01\theta_2\theta_3 x_i)} = \frac{\theta_1\theta_2\theta_3^* x_i}{(1-\theta_3^* x_i)(1-\theta_3^* x_i + \theta_2\theta_3^* x_i)} \quad (10.32)$$

em que $\theta_3^* = 1,01\theta_3$.

Roteiro de cálculo - Tabela 7.4 do Tópico 7.4.1

1. Entrada de dados: $m = 6$, $y_i = (x_{eq})_i$ e $x_i = (a_w)_i$ para $i = 1, 2, ..., 6$
2. Informações do procedimento iterativo: Tol = $1\text{x}10^{-5}$ e Itemax = 50
3. Média dos valores de y: $\bar{y} = 14{,}08666667$
4. Estimativa inicial dos parâmetros: $\theta_1^{(1)} = 7$, $\theta_2^{(1)} = 5$ e $\theta_3^{(1)} = 1$
5. Inicialização do contador de iteração: $k = 1$
6. Método de Gauss-Newton

$\theta_1^* = 1,01\theta_1$, $\theta_2^* = 1,01\theta_2$ e $\theta_3^* = 1,01\theta_3$

Faça

▶ Para $i = 1, 2, ..., m$, calcular as funções:

$$g_i\big|_{\theta_1,\theta_2,\theta_3} = \frac{\theta_1\theta_2\theta_3 x_i}{(1-\theta_3 x_i)(1-\theta_3 x_i+\theta_2\theta_3 x_i)}, \quad g_i\big|_{\theta_1^*,\theta_2,\theta_3} = \frac{\theta_1^*\theta_2\theta_3 x_i}{(1-\theta_3 x_i)(1-\theta_3 x_i+\theta_2\theta_3 x_i)}$$

$$g_i\big|_{\theta_1,\theta_2^*,\theta_3} = \frac{\theta_1\theta_2^*\theta_3 x_i}{(1-\theta_3 x_i)(1-\theta_3 x_i+\theta_2^*\theta_3 x_i)}, \quad g_i\big|_{\theta_1,\theta_2,\theta_3^*} = \frac{\theta_1\theta_2\theta_3^* x_i}{(1-\theta_3^* x_i)(1-\theta_3^* x_i+\theta_2\theta_3^* x_i)}$$

$$h_i = y_i - g_i, \quad z_{i1} = \frac{g_i\big|_{\theta_1^*,\theta_2,\theta_3} - g_i\big|_{\theta_1,\theta_2,\theta_3}}{0,01\theta_1}, \quad z_{i2} = \frac{g_i\big|_{\theta_1,\theta_2^*,\theta_3} - g_i\big|_{\theta_1,\theta_2,\theta_3}}{0,01\theta_2} \quad z_{i3} = \frac{g_i\big|_{\theta_1,\theta_2,\theta_3^*} - g_i\big|_{\theta_1,\theta_2,\theta_3}}{0,01\theta_3}$$

▶ Os valores obtidos são apresentados abaixo:

i	$x_i = (a_w)_i$	$y_i = (x_{eq})_i$	$g_i\big\|_{\theta_1,\theta_2,\theta_3}$	$g_i\big\|_{\theta_1^*,\theta_2,\theta_3}$	$g_i\big\|_{\theta_1,\theta_2^*,\theta_3}$	$g_i\big\|_{\theta_1,\theta_2,\theta_3^*}$
1	0,23	5,75	5,4450758	5,4995265	5,4667828	5,4896981
2	0,33	7,2	7,4305198	7,5048250	7,4518271	7,4993036

i	$x_i = (a_w)_i$	$y_i = (x_{eq})_i$	$g_i\|_{\theta_1,\theta_2,\theta_3}$	$g_i\|_{\theta_1^*,\theta_2,\theta_3}$	$g_i\|_{\theta_1,\theta_2^*,\theta_3}$	$g_i\|_{\theta_1,\theta_2,\theta_3^*}$
3	0,43	9,21	9,7071723	9,8042441	9,7273550	9,8166920
4	0,57	12,18	14,1449234	14,2863727	14,1633073	14,3783472
5	0,75	20,76	26,2500000	26,5125000	26,2662539	27,1290067
6	0,86	29,42	48,4234234	48,9076577	48,4385456	51,7079950

▶ Os valores das derivadas parciais

i	z_{i1}	z_{i2}	z_{i3}
1	0,777867965	0,434140133	4,462232652
2	1,061502831	0,426145797	6,878377316
3	1,386738906	0,403654075	10,95196232
4	2,020703347	0,367678227	23,34237615
5	3,75	0,325077399	87,90066767
6	6,917631918	0,302443867	328,457154

▶ Valores calculados dos produtos entre as derivadas

i	z_{i1}^2	z_{i2}^2	z_{i3}^2	$z_{i1}z_{i2}$	$z_{i1}z_{i3}$	$z_{i2}z_{i3}$
1	0,605079	0,188478	19,911520	0,337704	3,471028	1,937234
2	1,126788	0,181600	47,312075	0,452355	7,301417	2,931192
3	1,923045	0,162937	119,945479	0,559763	15,187512	4,420804
4	4,083242	0,135187	544,866524	0,742969	47,168018	8,582483
5	14,062500	0,105675	7726,52738	1,219040	329,627504	28,574520
6	47,853631	0,091472	107884,102	2,092195	2272,14569	99,339852

▶ Valores calculados de h_i e dos produtos h_iz_{i1}, h_iz_{i2} e h_iz_{i3}

i	h_i	h_iz_{i1}	h_iz_{i2}	h_iz_{i3}
1	0,3049242	0,2371908	0,132379851	1,360642911
2	-0,2305198	-0,24469744	-0,09823505	-1,58560226
3	-0,4971723	-0,68944823	-0,20068564	-5,44501276
4	-1,9649234	-3,97052734	-0,72245956	-45,8659817
5	-5,4900000	-20,5875	-1,78467492	-482,574666

i	h_i	$h_i z_{i1}$	$h_i z_{i2}$	$h_i z_{i3}$
6	-19,0034234	-131,458688	-5,74746887	-6241,81037

▶ Cálculos dos somatórios Z^TZ: $\mathbf{Z}^T\mathbf{Z} = \begin{bmatrix} \sum_{i=1}^{m} z_{i1}^2 & \sum_{i=1}^{m} z_{i1}z_{i2} & \sum_{i=1}^{m} z_{i1}z_{i3} \\ \sum_{i=1}^{m} z_{i2}z_{i1} & \sum_{i=1}^{m} z_{i2}^2 & \sum_{i=1}^{m} z_{i2}z_{i3} \\ \sum_{i=1}^{m} z_{i3}z_{i1} & \sum_{i=1}^{m} z_{i3}z_{i2} & \sum_{i=1}^{m} z_{i3}^2 \end{bmatrix}$

$$\sum_{i=1}^{m} z_{i1}^2 = 69{,}65428499,\ \sum_{i=1}^{m} z_{i2}^2 = 0{,}865349395,\ \sum_{i=1}^{m} z_{i3}^2 = 116342{,}665,\ \sum_{i=1}^{m} z_{i1}z_{i2} = 5{,}404025702,$$

$$\sum_{i=1}^{m} z_{i1}z_{i3} = 2674{,}90117 \text{ e } \sum_{i=1}^{m} z_{i2}z_{i3} = 145{,}7860858$$

Portanto,

$$\mathbf{Z}^T\mathbf{Z} = \begin{bmatrix} 69{,}65428499 & 5{,}404025702 & 2674{,}90117 \\ 5{,}404025702 & 0{,}865349395 & 145{,}7860858 \\ 2674{,}90117 & 145{,}7860858 & 116342{,}665 \end{bmatrix}$$

▶ Calcular a matriz inversa $\mathbf{B} = [\mathbf{Z}^T\mathbf{Z}]^{-1}$: O procedimento empregado nos capítulos anteriores para a inversão matricial fornece:

$$\mathbf{B} = \left(\mathbf{Z}^T\mathbf{Z}\right)^{-1} = \begin{bmatrix} 0{,}503768116 & -1{,}514380386 & -0{,}00968479 \\ -1{,}514380386 & 6{,}017227883 & 0{,}027277953 \\ -0{,}00968479 & 0{,}027277953 & 0{,}000197083 \end{bmatrix}$$

▶ Efetuar a multiplicação $\mathbf{Z}^T\mathbf{h}$: $\boldsymbol{\beta} = \mathbf{Z}^T\mathbf{h} = \begin{bmatrix} \sum_{i=1}^{m} h_i z_{i1} \\ \sum_{i=1}^{m} h_i z_{i2} \\ \sum_{i=1}^{m} h_i z_{i3} \end{bmatrix}$

$$\sum_{i=1}^{m} h_i z_{i1} = -156{,}7136706\,,\ \sum_{i=1}^{m} h_i z_{i2} = -8{,}421144192 \text{ e } \sum_{i=1}^{m} h_i z_{i3} = -6775{,}920993$$

Portanto,

$$\boldsymbol{\beta} = \mathbf{Z}^T\mathbf{h} = \begin{bmatrix} -156{,}7136706 \\ -8{,}421144192 \\ -6775{,}920993 \end{bmatrix}$$

▶ Efetuar a multiplicação $\Delta\theta = \mathbf{B}\boldsymbol{\beta} = \begin{bmatrix} \Delta\theta_1 \\ \Delta\theta_2 \\ \Delta\theta_3 \end{bmatrix}$

$$\begin{bmatrix} \Delta\theta_1 \\ \Delta\theta_2 \\ \Delta\theta_3 \end{bmatrix} = \begin{bmatrix} 0{,}503768116 & -1{,}514380386 & -0{,}00968479 \\ -1{,}514380386 & 6{,}017227883 & 0{,}027277953 \\ -0{,}00968479 & 0{,}027277953 & 0{,}000197083 \end{bmatrix} \begin{bmatrix} -156{,}7136706 \\ -8{,}421144192 \\ -6775{,}920993 \end{bmatrix}$$

$$= \begin{bmatrix} -0{,}571159885 \\ 1{,}818909873 \\ -0{,}047388432 \end{bmatrix}$$

▶ Valor máximo: max_valor = máximo($|\Delta\theta_1|$, $|\Delta\theta_2|$, $|\Delta\theta_3|$) = 1,818909873

▶ Verificação da convergência

L1 = (k > Itemax)? ⟶ L1 = (1 > 50)? ⟶ L1 = Falso

L2 = (max_valor < Tol)? ⟶ L2 = (1,818909873 < $1\text{x}10^{-5}$)? ⟶ L2 = Falso

L1 OU L2 ⟶ (Falso OU Falso) ⟶ Falso (continuar os cálculos)

▶ Atualizações os coeficientes

$\theta_1 \leftarrow \theta_1 + \Delta\theta_1 \longrightarrow \theta_1 = 6{,}428840115$

$\theta_2 \leftarrow \theta_2 + \Delta\theta_2 \longrightarrow \theta_2 = 6{,}818909873$

$\theta_3 \leftarrow \theta_3 + \Delta\theta_3 \longrightarrow \theta_3 = 0{,}952611568$

▶ Atualização do contador de iterações: $k \leftarrow k + 1 \longrightarrow k = 2$

Retorne para o faça no início da etapa 6 e repita o procedimento até que uma das condições de convergência seja verdadeira. O procedimento converge com oito iterações. Os resultados finais são apresentados na forma tabular a seguir.

▶ Valores dos parâmetros em cada iteração:

k	$\theta_1^{(k)}$	$\theta_2^{(k)}$	$\theta_3^{(k)}$	$\Delta\theta_1^{(k)}$	$\Delta\theta_2^{(k)}$	$\Delta\theta_3^{(k)}$
1	7	5	1	-0,57115988	1,818909873	-0,04738843
2	6,428840115	6,818909873	0,952611568	0,614408287	-0,88305415	-0,04541842
3	7,043248403	5,935855728	0,90719315	0,28910608	-0,30994831	-0,01694037
4	7,332354483	5,625907418	0,890252781	0,026450472	-9,9269E-06	-0,00179435
5	7,358804956	5,625897491	0,888458432	-0,00101457	0,003870007	-2,8636E-05
6	7,357790381	5,629767498	0,888429796	-0,0001328	0,000363151	2,9785E-06
7	7,357657579	5,630130649	0,888432774	-8,3874E-06	2,05907E-05	3,2457E-07
8	7,357649192	5,63015124	0,888433099	-3,6326E-07	8,00453E-07	1,96139E-08

▶ Valores da matriz $\mathbf{Z}^T\mathbf{Z}$ e do vetor $\boldsymbol{\beta}$

k	$\mathbf{Z}^T\mathbf{Z}$			$\boldsymbol{\beta}$
1	69,65428499	5,404025702	2674,90117	-156,713671
	5,404025702	0,865349395	145,7860858	-8,42114419
	2674,90117	145,7860858	116342,665	-6775,92099
2	47,34025922	2,619204825	1219,390829	-28,6094535
	2,619204825	0,281801	47,06547643	-0,77722384
	1219,390829	47,06547643	36069,08293	-930,558191
3	33,79788718	3,277206821	784,1941169	-4,529128
	3,277206821	0,541296635	56,35251313	-0,17494594
	784,1941169	56,35251313	20682,51746	-141,120563
4	30,13787724	3,594333418	686,8034989	-0,43524004
	3,594333418	0,699627295	62,05706488	-0,01628719
	686,8034989	62,05706488	17693,70911	-13,5830355
5	29,81368446	3,595372139	677,4552664	-0,03573383
	3,595372139	0,705435481	61,98850712	-0,00269285
	677,4552664	61,98850712	17396,66792	-0,94560731

k	$\mathbf{Z}^T\mathbf{Z}$			$\boldsymbol{\beta}$
6	29,81236685	3,590862989	677,2021533	-0,00063807
	3,590862989	0,703766836	61,8858128	-3,6974E-05
	677,2021533	61,8858128	17384,94106	-0,01567894
7	29,81325775	3,590459376	677,2118042	4,36785E-05
	3,590459376	0,703600954	61,87717064	4,45667E-06
	677,2118042	61,87717064	17384,98274	0,001236728
8	29,81333614	3,590437103	677,2132854	5,32675E-06
	3,590437103	0,703591321	61,87671065	4,72571E-07
	677,2132854	61,87671065	17385,0173	0,000144512

▶ Valores da matriz inversa $\mathbf{B} = (\mathbf{Z}^T\mathbf{Z})^{-1}$ e do vetor $\boldsymbol{\Delta\theta}$

k	$\mathbf{B} = (\mathbf{Z}^T\mathbf{Z})^{-1}$			$\boldsymbol{\Delta\theta}$
1	0,503768116	-1,51438039	-0,00968479	-0,57115988
	-1,51438039	6,017227883	0,027277953	1,818909873
	-0,00968479	0,027277953	0,000197083	-0,04738843
2	0,757275023	-3,53253045	-0,02099177	0,614408287
	-3,53253045	21,01599949	0,09200143	-0,88305415
	-0,02099177	0,09200143	0,000617345	-0,04541842
3	1,409088629	-4,14473239	-0,04213379	0,28910608
	-4,14473239	14,7703719	0,116906812	-0,30994831
	-0,04213379	0,116906812	0,001327357	-0,01694037
4	1,777003956	-4,37088612	-0,05364665	0,026450472
	-4,37088612	12,82583986	0,124677415	-9,9269E-06
	-0,05364665	0,124677415	0,001701599	-0,00179435
5	1,811969644	-4,41791806	-0,05481902	-0,00101457
	-4,41791806	12,83545056	0,126305305	0,003870007
	-0,05481902	0,126305305	0,00174217	-2,8636E-05
6	1,81140799	-4,42184265	-0,05481986	-0,0001328
	-4,42184265	12,86257795	0,12645831	0,000363151
	-0,05481986	0,12645831	0,001712701	2,9705E-06

k	$B = (Z^TZ)^{-1}$			$\Delta\theta$
7	1,811244114	-4,42203435	-0,05481587	-8,3874E-06
	-4,42203435	12,86493491	0,126465934	2,05907E-05
	-0,05481587	0,126465934	0,001742688	3,2457E-07
8	1,811231766	-4,42204026	-0,05481553	-3,6326E-07
	-4,42204026	12,8650627	0,126466175	8,00453E-07
	-0,05481553	0,126466175	0,001742678	1,96139E-08

7. Valores utilizados na qualidade do ajuste

- Modelo proposto: $u_{1i} = 1 - \theta_3 x_i$, $u_{2i} = 1 - \theta_3 x_i + \theta_2\theta_3 x_i$, $u_i = u_{1i}u_{2i}$, $g_i = \dfrac{\theta_1\theta_2\theta_3 x_i}{u}$
- Valores quadráticos residuais e corrigidos: $S_{Ri} = (y_i - g_i)^2$ e $S_{TCi} = (y_i - \bar{y})^2$
- Valores quadráticos e do modelo: $S_{Ti} = y_i^2$ e $S_{\mathrm{Re}i} = g_i^2$

i	g_i	S_{Ri}	S_{Ti}	S_{Rei}	S_{TCi}
1	5,466553623	0,080341848	33,0625	29,88320852	69,50001111
2	7,288573248	0,00784522	51,84	53,12329999	47,42617778
3	9,248782012	0,001504044	84,8241	85,53996871	23,78187778
4	12,70653687	0,277241072	148,3524	161,4560792	3,635377778
5	20,24927766	0,260837306	430,9776	410,0332459	44,53337778
6	29,56195526	0,020151295	865,5364	873,9091986	235,1111111

- Soma quadrática dos resíduos: $S_R = \sum_{i=1}^{m}(y_i - g_i)^2 = 0,647920786$
- Cálculo da soma quadrática total: $S_T = \sum_{i=1}^{m} y_i^2 = 1614,593$
- Soma quadrática total corrigida: $S_{TC} = \sum_{i=1}^{m}(y_i - \bar{y})^2 = 423,9879333$
- Cálculo da soma quadrática do modelo: $S_{\mathrm{Re}} = \sum_{i=1}^{m} g_i^2 = 1613,945001$
- Graus de liberdade dos resíduos: $G_L^R = m - 3 = 3$
- Graus de liberdade da regressão: $G_L^{Re} = 3$
- Graus de liberdade total: $G_L^T = m = 6$

- Graus de liberdade total corrigido: $G_L^{TC} = m - 1 = 5$
- Proporção da variância explicada: $R^2 = 1 - S_R/S_T = 0{,}99959871$
- Proporção da variância explicada corrigida: $R_C^2 = 1 - S_R/S_{TC} = 0{,}998471841$
- Média quadrática residual: $M_R = S_R/G_L^R = 0{,}215973595$
- Média quadrática total corrigida: $M_{TC} = S_{TC}/G_L^{TC} = 84{,}79758667$
- Média quadrática devido à regressão: $M_{Re} = S_{Re}/G_L^{Re} = 537{,}9816669$
- Variância populacional: $s^2 = M_R = 0{,}215973595$
- Erro padrão da estimativa: $s = \sqrt{M_R} = 0{,}464729594$
- Matriz de covariância $\mathbf{V} = \mathbf{B}s^2 = \begin{bmatrix} B_{11} & B_{12} & B_{13} \\ B_{21} & B_{22} & B_{23} \\ B_{31} & B_{32} & B_{33} \end{bmatrix} s^2$: A iteração oito fornece os valores finais da matriz B.

$$\mathbf{V} = \begin{bmatrix} 1{,}811231766 & -4{,}42204026 & -0{,}05481553 \\ -4{,}42204026 & 12{,}8650627 & 0{,}126466175 \\ -0{,}05481553 & 0{,}126466175 & 0{,}001742678 \end{bmatrix} \times 0{,}215973595$$
$$= \begin{bmatrix} 0{,}391178237 & -0{,}95504393 & -0{,}01183871 \\ -0{,}95504393 & 2{,}778513847 & 0{,}027313355 \\ -0{,}01183871 & 0{,}027313355 & 0{,}000376373 \end{bmatrix}$$

Portanto,

- Variância do coeficiente θ_1: $\text{Var}(\theta_1) = 0{,}391178237$
- Variância do coeficiente θ_2: $\text{Var}(\theta_2) = 2{,}778513847$
- Variância do coeficiente θ_3: $\text{Var}(\theta_3) = 0{,}000376373$
- Covariância entre θ_1 e θ_2: $\text{Cov}(\theta_1, \theta_2) = -0{,}95504393$
- Covariância entre θ_1 e θ_3: $\text{Cov}(\theta_1, \theta_3) = -0{,}01183871$
- Covariância entre θ_2 e θ_3: $\text{Cov}(\theta_2, \theta_3) = 0{,}027313355$

- Erro padrão do coeficiente θ_1: $E_{\theta 1} = \sqrt{\text{Var}(\theta_1)} = 0{,}625442433$
- Erro padrão do coeficiente θ_2: $E_{\theta 2} = \sqrt{\text{Var}(\theta_2)} = 1{,}666887473$
- Erro padrão do coeficiente θ_3: $E_{\theta 3} = \sqrt{\text{Var}(\theta_3)} = 0{,}019400322$

- Inferência sobre os coeficientes do modelo:
  - Especificação do nível de confiança: $NC = 95$ %
  - Cálculo do nível de significância: $\alpha = 1 - NC/100 = 0{,}05$
  - Cálculo da probabilidade acumulada: $\phi = 1 - \alpha/2 = 0{,}975$
  - Cálculo do valor crítico da distribuição t de Student:

    $t = \text{INVT}(\alpha; G_L^R) \longrightarrow t = \text{INVT}(0{,}05; 3) \longrightarrow t = 3{,}182446305$
  - Cálculo da estatística do coeficiente θ_1: $t_{Estat}|_{\theta 1} = \theta_1/E_{\theta 1} = 11{,}76391112$
  - Cálculo da estatística do coeficiente θ_2: $t_{Estat}|_{\theta 2} = \theta_2/E_{\theta 2} = 3{,}377643261$
  - Cálculo da estatística do coeficiente θ_3: $t_{Estat}|_{\theta 3} = \theta_3/E_{\theta 3} = 45{,}79475963$
  - Teste de hipótese para o coeficiente θ_1:

    $(t_{Estat}|_{\theta 1} > t)? \longrightarrow (11{,}76391112 > 3{,}182446305)?$ Sim; portanto, o coeficiente θ_1 é estatisticamente significativo.
  - Teste de hipótese para o coeficiente θ_2:

    $(t_{Estat}|_{\theta 2} > t)? \longrightarrow (3{,}377643261 > 3{,}182446305)?$ Sim; portanto, o coeficiente θ_2 é estatisticamente significativo.
  - Teste de hipótese para o coeficiente θ_3:

    $(t_{Estat}|_{\theta 3} > t)? \longrightarrow (45{,}79475963 > 3{,}182446305)?$ Sim; portanto, o coeficiente θ_3 é estatisticamente significativo.
  - Cálculo da distribuição t de Student para o coeficiente θ_1:

    $\text{valor-p}|_{\theta 1} = \text{DISTT}(t_{Estat}|_{\theta 1}; G_L^R; 2) \longrightarrow \text{valor-p}|_{\theta 1} = 0{,}001320176$
  - Cálculo da distribuição t de Student para o coeficiente θ_2:

    $\text{valor-p}|_{\theta 2} = \text{DISTT}(t_{Estat}|_{\theta 2}; G_L^R; 2) \longrightarrow \text{valor-p}|_{\theta 2} = 0{,}043166384$
  - Cálculo da distribuição t de Student para o coeficiente θ_3:

    $\text{valor-p}|_{\theta 3} = \text{DISTT}(t_{Estat}|_{\theta 3}; G_L^R; 2) \longrightarrow \text{valor-p}|_{\theta 3} = 2{,}29234\text{E-}05$
  - Teste de hipótese sobre o coeficiente θ_1:

    $(\text{valor-p}|_{\theta 1} < \alpha)? \longrightarrow (0{,}001320176 < 0{,}05)?$ Sim; portanto, o coeficiente θ_1 é estatisticamente significativo.

- Teste de hipótese sobre o coeficiente θ_2:

  $(\text{valor-p}|_{\theta 2} < \alpha)? \longrightarrow (0{,}043166384 < 0{,}05)?$ Sim; portanto, o coeficiente θ_2 é estatisticamente significativo.

- Teste de hipótese sobre o coeficiente θ_3:

  $(\text{valor-p}|_{\theta 3} < \alpha)? \longrightarrow (2{,}29234\text{E-}05 < 0{,}05)?$ Sim; portanto, o coeficiente θ_3 é estatisticamente significativo.

▶ Inferência sobre o modelo:

TESTE ESTATÍSTICO 1

- Cálculo do valor crítico da distribuição F:

  $F = \text{INVF}(\alpha; G_L^{Re}; G_L^{R}) \longrightarrow F = \text{INVF}(0{,}05; 3; 3) \longrightarrow F = 9{,}276628154$

- Cálculo da estatística de teste de hipótese: $F_{Estat} = M_{Re}/M_R = 2490{,}960369$

- Teste de hipótese:

  $(F_{Estat} > F)? \longrightarrow (2490{,}960369 > 9{,}276628154)?$ Sim; portanto, o modelo proposto é estatisticamente significativo.

- Cálculo da distribuição F:

  $F_{significância} = \text{DISTF}(F_{Estat}; G_L^{Re}; G_L^{R}) \longrightarrow F_{significância} = 1{,}36454\text{E-}05$

- Teste de hipótese:

  $(F_{significância} < \alpha)? \longrightarrow (1{,}36454\text{E-}05 < 0{,}05)?$ Sim; portanto, o modelo proposto é estatisticamente significativo.

TESTE ESTATÍSTICO 2

- Cálculo do valor crítico da distribuição F corrigido

  $F|_{TC} = \text{INVF}(\alpha; G_L^{Re}; G_L^{TC}) \longrightarrow F = \text{INVF}(0{,}05; 3; 5) \longrightarrow F = 5{,}409451318$

- Cálculo da estatística de teste de hipótese: $F_{Estat}|_{TC} = M_{Re}/M_{TC} = 6{,}344303984$

- Cálculo da distribuição $F|_{TC}$:

  $F_{sig}|_{TC} = \text{DISTF}(F_{Estat}|_{TC}; G_L^{Re}; G_L^{TC}) \longrightarrow F_{sig}|_{TC} = 0{,}037098805$

- Teste de hipótese:

  $(F_{Estat}|_{TC} > F/_{TC})? \longrightarrow (6{,}344303984 > 5{,}409451318)?$ Sim; portanto, o modelo proposto é estatisticamente significativo.

- Teste de hipótese:

  $(F_{sig}|_{TC} < \alpha)$? → (0,037098805 < 0,05)? Sim; portanto, o modelo proposto é estatisticamente significativo.

▶ Intervalos de confiança para o coeficiente θ_1:

Intervalo: $\Delta_{\theta 1} = tE_{\theta 1}$ = 1,990436959

Inferior: $\theta_1 - \Delta_{\theta 1}$ = 5,367212

Central: θ_1 = 7,357649

Superior: $\theta_1 + \Delta_{\theta 1}$ = 9,348086

▶ Intervalos de confiança para o coeficiente θ_2:

Intervalo: $\Delta_{\theta 2} = tE_{\theta 2}$ = 5,304779878

Inferior: $\theta_2 - \Delta_{\theta 2}$ = 0,325371

Central: θ_2 = 5,630151

Superior: $\theta_2 + \Delta_{\theta 2}$ = 10,934931

▶ Intervalos de confiança para o coeficiente θ_3:

Intervalo: $\Delta_{\theta 3} = tE_{\theta 3}$ = 0,061740484

Inferior: $\theta_3 - \Delta_{\theta 3}$ = 0,826693

Central: θ_3 = 0,888433

Superior: $\theta_3 + \Delta_{\theta 3}$ = 0,950174

EXEMPLO 3 – MODELO OSWIN

No modelo de OSWIN reportado por Lomauro et al., (1985), a relação entre a umidade de equilíbrio e a atividade de água é dada por:

$$x_{eq} = a\left(\frac{a_w}{1-a_w}\right)^b \tag{10.33}$$

em que a e b são parâmetros obtidos pela regressão não linear.

Fazendo $g_i = x_{eq}$, $x_i = a_w$, $\theta_1 = a$ e $\theta_2 = b$, a Equação (10.33) pode ser escrita como:

$$g_i = \theta_1 \left(\frac{x_i}{1 - x_i} \right)^{\theta_2} = \theta_1 u_i^{\theta_2} \tag{10.34}$$

em que $u_i = \left(\dfrac{x_i}{1 - x_i} \right)$.

As derivadas parciais da função g_i com relação aos parâmetros do modelo são:

- Derivada parcial de g_i com relação à θ_1, mantendo θ_2 constante.

$$\left(\frac{\partial g_i}{\partial \theta_1} \right)_{\theta_2} = \left[\frac{\partial \left(\theta_1 u_i^{\theta_2} \right)}{\partial \theta_1} \right]_{\theta_2} = u_i^{\theta_2} \left(\frac{\partial \theta_1}{\partial \theta_1} \right)_{\theta_2} = u_i^{\theta_2} \tag{10.35}$$

em que u_i é independente do parâmetro θ_1.

Multiplicando e dividindo ambos os membros da Equação (10.35) por θ_1, obtém-se:

$$\left(\frac{\partial g_i}{\partial \theta_1} \right)_{\theta_2} = u_i^{\theta_2} \left(\frac{\theta_1}{\theta_1} \right) = \frac{g_i}{\theta_1} \tag{10.36}$$

- Derivada parcial de g_i com relação à θ_2, mantendo θ_1 constante: A Equação (10.34) pode ser escrita como:

$$g_i = \theta_1 \, \mathrm{e}^{\ln u_i^{\theta_2}} = \theta_1 \, \mathrm{e}^{w} \tag{10.37}$$

em que $w = \ln u_i^{\theta_2} = \theta_2 \ln u_i$.

- A derivada parcial da Equação (10.37) com relação à θ_2, mantendo θ_1 constante,

$$\left(\frac{\partial g_i}{\partial \theta_2} \right)_{\theta_1} = \left(\frac{\partial \theta_1 \, \mathrm{e}^{w}}{\partial \theta_2} \right)_{\theta_1} = \theta_1 \left(\frac{\partial \, \mathrm{e}^{w}}{\partial \theta_2} \right)_{\theta_1} = \theta_1 \, \mathrm{e}^{w} \left(\frac{\partial w}{\partial \theta_2} \right)_{\theta_1} \tag{10.38}$$

ou

$$\left(\frac{\partial g_i}{\partial \theta_2} \right)_{\theta_1} = \theta_1 \, \mathrm{e}^{\ln u_i^{\theta_2}} \left(\frac{\partial w}{\partial \theta_2} \right)_{\theta_1} = \theta_1 u_i^{\theta_2} \left(\frac{\partial w}{\partial \theta_2} \right)_{\theta_1} \tag{10.39}$$

▶ A derivada parcial de w com relação à θ_2, mantendo θ_1 constante é dada por:

$$\left(\frac{\partial w}{\partial \theta_2}\right)_{\theta_1} = \left[\frac{\partial(\theta_2 \ln u_i)}{\partial \theta_2}\right]_{\theta_1} = \ln u_i \qquad (10.40)$$

Substituindo a Equação (10.40) na Equação (10.39), encontra-se que:

$$\left(\frac{\partial g_i}{\partial \theta_2}\right)_{\theta_1} = \theta_1 u_i^{\theta_2} \ln u_i = g_i \ln u_i \qquad (10.41)$$

Roteiro de cálculo – Tabela 7.3 do Tópico 7.3.1:

1. Entrada de dados: $m = 6, y_i = (x_{eq})_i$ e $x_i = (a_w)_i$ para $i = 1, 2, ..., 6$
2. Informações do procedimento iterativo: Tol = $1x10^{-5}$ e Itemax = 50
3. Média dos valores de y: $\bar{y} = \frac{\sum_{i=1}^{m} y_i}{m} = 14{,}08666667$
4. Estimativa inicial dos parâmetros: $\theta_1^{(1)} = 5$, e $\theta_2^{(1)} = 1$
5. Inicialização do contador de iteração: $k = 1$
6. Método de Gauss-Newton

   Faça

   ▶ Para $i = 1, 2, ..., 6$, calcular as funções:

$$u_i = \left(\frac{x_i}{1-x_i}\right),\ g_i = \theta_1 u_i^{\theta_2},\ h_i = y_i - g_i,\ z_{i1} = \frac{g_i}{\theta_1}\ \text{e}\ z_{i2} = g_i \ln u_i$$

   ▶ Os valores obtidos são apresentados abaixo:

i	y_i	x_i	u_i	g_i	z_{i1}	z_{i2}
1	5,75	0,23	0,298701299	1,493506494	0,298701299	-1,80462063
2	7,2	0,33	0,492537313	2,462686567	0,492537313	-1,74403783
3	9,21	0,43	0,754385965	3,771929825	0,754385965	-1,06312277
4	12,18	0,57	1,325581395	6,627906977	1,325581395	1,868083218

i	y_i	x_i	u_i	g_i	z_{i1}	z_{i2}
5	20,76	0,75	3	15	3	16,47918433
6	29,42	0,86	6,142857143	30,71428571	6,142857143	55,75533469

▶ Outros valores calculados

i	z_{i1}^2	z_{i2}^2	$z_{i1}z_{i2}$	h	hz_{i1}	hz_{i2}
1	0,0892225	3,2566556	-0,5390425	4,2564935	1,2714201	-7,6813560
2	0,2425930	3,0416679	-0,8590037	4,7373134	2,3333036	-8,2620538
3	0,5690982	1,1302300	-0,8020049	5,4380702	4,1024038	-5,7813362
4	1,7571660	3,4897349	2,4762964	5,5520930	7,3597512	10,3717718
5	9,0000000	271,563516	49,4375530	5,7600000	17,2800000	94,9201017
6	37,7347	3108,6573	342,4971	-1,2942857	-7,9506122	-72,163333

▶ Cálculos dos somatórios Z^TZ: $\mathbf{Z^TZ} = \begin{bmatrix} \sum_{i=1}^{m} z_{i1}^2 & \sum_{i=1}^{m} z_{i1}z_{i2} \\ \sum_{i=1}^{m} z_{i2}z_{i1} & \sum_{i=1}^{m} z_{i2}^2 \end{bmatrix}$

$$\sum_{i=1}^{m} z_{i1}^2 = 49,39277357\,,\ \sum_{i=1}^{m} z_{i2}^2 = 3391,139151 \text{ e } \sum_{i=1}^{m} z_{i1}z_{i2} = 392,2108542$$

Portanto,

$$\mathbf{Z^TZ} = \begin{bmatrix} 49,39277357 & 392,2108542 \\ 392,2108542 & 3391,139151 \end{bmatrix}$$

▶ Calcular a matriz inversa $\mathbf{B} = [\mathbf{Z^TZ}]^{-1}$: O procedimento empregado nos capítulos anteriores para a inversão matricial fornece:

$$\mathbf{B} = \left(\mathbf{Z}^T\mathbf{Z}\right)^{-1} = \begin{bmatrix} 0,248100411 & -0,028694686 \\ -0,028694686 & 0,003613643 \end{bmatrix}$$

- Efetuar a multiplicação $\mathbf{Z}^T\mathbf{h}$: $\boldsymbol{\beta} = \mathbf{Z}^T\mathbf{h} = \begin{bmatrix} \sum_{i=1}^{m} h_i z_{i1} \\ \sum_{i=1}^{m} h_i z_{i2} \end{bmatrix}$

$$\sum_{i=1}^{m} h_i z_{i1} = 24,39626656 \text{ e } \sum_{i=1}^{m} h_i z_{i2} = 11,40379431$$

Portanto,

$$\boldsymbol{\beta} = \mathbf{Z}^T\mathbf{h} = \begin{bmatrix} 24,39626656 \\ 11,40379431 \end{bmatrix}$$

- Efetuar a multiplicação $\Delta\theta = \mathbf{B}\boldsymbol{\beta} = \begin{bmatrix} \Delta\theta_1 \\ \Delta\theta_2 \end{bmatrix}$

$$\begin{bmatrix} \Delta\theta_1 \\ \Delta\theta_2 \end{bmatrix} = \begin{bmatrix} 0,248100411 & -0,028694686 \\ -0,028694686 & 0,003613643 \end{bmatrix} \begin{bmatrix} 24,39626656 \\ 11,40379431 \end{bmatrix} = \begin{bmatrix} 5,725495453 \\ -0,658833969 \end{bmatrix}$$

- Calcular o valor máximo: max_valor = máximo($|\Delta\theta_1|$, $|\Delta\theta_2|$) = 5,725495453
- Verificação da convergência

  L1 = (k > Itemax)? ⟶ L1 = (1 > 50)? ⟶ L1 = Falso

  L2 = (max_valor < Tol)? ⟶ L2 = (5,725495453 < $1\text{x}10^{-5}$)? ⟶ L2 = Falso

  L1 OU L2 ⟶ (Falso OU Falso) ⟶ Falso (continuar os cálculos)
- Atualizações os coeficientes

  $\theta_1 \leftarrow \theta_1 + \Delta\theta_1 \longrightarrow \theta_1 = 10,72549545$

  $\theta_2 \leftarrow \theta_2 + \Delta\theta_2 \longrightarrow \theta_2 = 0,341166031$
- Atualização do contador de iterações: $k \leftarrow k + 1 \longrightarrow k = 2$

Retorne para o faça no início da etapa 6 e repita o procedimento até que uma das condições de convergência seja verdadeira. O procedimento converge com seis iterações. Os resultados finais são mostrados nas tabelas seguintes.

▶ Valores dos parâmetros em cada iteração:

k	$\theta_1^{(k)}$	$\theta_2^{(k)}$	$\Delta\theta_1^{(k)}$	$\Delta\theta_2^{(k)}$	max_valor	L1 ou L2
1	5	1	5,725495453	-0,65883397	5,725495453	Falso
2	10,72549545	0,341166031	0,314738535	0,247049877	0,314738535	Falso
3	11,04023399	0,588215908	-0,16779597	-0,03320456	0,16779597	Falso
4	10,87243802	0,555011348	-0,00610280	-0,00109190	0,00610280	Falso
5	10,86633522	0,553919451	-0,00011678	7,07215E-06	0,000116776	Falso
6	10,86621844	0,553926523	7,36874E-07	-5,50896E-8	7,36874E-07	Verdadeiro

▶ Os valores das matrizes em cada iteração:

k	Z^TZ		$B = (Z^TZ)^{-1}$		β	$\Delta\theta$
1	49,39277	392,21085	0,248100	-0,028695	24,39626656	5,725495453
	392,21085	3391,13915	-0,028695	0,003614	11,40379431	-0,65883397
2	8,65944	82,92630	0,213493	-0,010235	23,21239062	0,314738535
	82,92630	1729,81100	-0,010235	0,001069	453,4496958	0,247049877
3	14,89049	209,23825	0,249273	-0,012960	-9,44622799	-0,16779597
	209,23825	4024,39055	-0,012960	0,000922	-168,737452	-0,03320456
4	13,70209	183,48388	0,245456	-0,012880	-0,28396663	-0,00610280
	183,48388	3496,69663	-0,012880	0,000962	-4,93779865	-0,0010919
5	13,66530	182,68021	0,245323	-0,012877	-0,00030384	-0,00011678
	182,68021	3480,22649	-0,012877	0,000963	0,003280019	7,07215E-06
6	13,66554	182,68278	0,245324	-0,012877	5,85612E-09	7,36874E-07
	182,68278	3480,23279	-0,012877	0,000963	-5,71105E-5	-5,50896E-8

7. Valores utilizados na qualidade do ajuste

▶ Modelo proposto: $u_i = \left(\dfrac{x_i}{1-x_i}\right)$, $g_i = \theta_1 u_i^{\theta_2}$

▶ Valores quadráticos residuais: $S_{Ri} = \left(y_i - g_i\right)^2$

▶ Valores quadráticos experimentais: $S_{Ti} = y_i^2$

- Valores quadráticos totais corrigidos: $S_{TCi} = \left(y_i - \bar{y}\right)^2$
- Valores quadráticos do modelo: $S_{\text{Re}i} = g_i^2$

i	g_i	S_{Ri}	S_{Ti}	S_{Rei}	$S_{\text{TC}i}$
1	5,564143843	0,034542511	33,0625	30,9596967	69,50001111
2	7,34027468	0,019676986	51,84	53,87963238	47,42617778
3	9,295532629	0,007315831	84,8241	86,40692685	23,78187778
4	12,70230635	0,272803927	148,3524	161,3485867	3,635377778
5	19,96956243	0,624791547	430,9776	398,7834238	44,53337778
6	29,70145428	0,07921651	865,5364	882,1763862	235,1111111

- Soma quadrática dos resíduos: $S_R = \sum_{i=1}^{m} \left(y_i - g_i\right)^2 = 1{,}038347311$
- Cálculo da soma quadrática total: $S_T = \sum_{i=1}^{m} y_i^2 = 1614{,}593$
- Soma quadrática dos resíduos: $S_{TCi} = \sum_{i=1}^{m} \left(y_i - \bar{y}\right)^2 = 423{,}9879333$
- Cálculo da soma quadrática do modelo: $S_{\text{Re}} = \sum_{i=1}^{m} g_i^2 = 1613{,}554653$
- Graus de liberdade dos resíduos: $G_L^{R} = m - 2 = 4$
- Graus de liberdade da regressão: $G_L^{Re} = 2$
- Graus de liberdade total: $G_L^{T} = m = 6$
- Graus de liberdade total corrigido: $G_L^{TC} = m - 1 = 5$
- Proporção da variância explicada: $R^2 = 1 - S_R/S_T = 0{,}999356898$
- Proporção da variância explicada corrigida: $R_C^2 = 1 - S_R/S_{TC} = 0{,}997550998$
- Média quadrática residual: $M_R = S_R/G_L^{R} = 0{,}259586828$
- Média quadrática devido à regressão: $M_{Re} = S_{Re}/G_L^{\text{Re}} = 806{,}7773263$
- Média quadrática total corrigida: $M_{TC} = S_{TC}/G_L^{TC} = 84{,}79758667$
- Variância populacional: $s^2 = M_R = 0{,}259586828$
- Erro padrão da estimativa: $s = \sqrt{M_R} = 0{,}509496642$

▶ Matriz de covariância $\mathbf{V} = \mathbf{B}s^2 = \begin{bmatrix} B_{11} & B_{12} \\ B_{21} & B_{22} \end{bmatrix} s^2$: A iteração seis fornece os valores finais da matriz B:

$$\mathbf{V} = \begin{bmatrix} 0,245324 & -0,012877 \\ -0,012877 & 0,000963 \end{bmatrix} \times 0,259586828$$
$$= \begin{bmatrix} 0,063682911 & -0,003342814 \\ -0,003342814 & 0,000250058 \end{bmatrix}$$

Portanto,

- Variância do coeficiente θ_1: Var(θ_1) = 0,063682911
- Variância do coeficiente θ_2: Var(θ_2) = 0,000250058
- Covariância entre θ_1 e θ_2: Cov(θ_1, θ_2) = -0,003342814

▶ Erro padrão do coeficiente θ_1: $E_{\theta 1} = \sqrt{\text{Var}(\theta_1)} = 0,252354733$

▶ Erro padrão do coeficiente θ_2: $E_{\theta 2} = \sqrt{\text{Var}(\theta_2)} = 0,015813235$

▶ Inferência sobre os coeficientes do modelo:

- Especificação do nível de confiança: NC = 95 %
- Cálculo do nível de significância: $\alpha = 1 - NC/100 = 0,05$
- Cálculo da probabilidade acumulada: $\phi = 1 - \alpha/2 = 0,975$
- Cálculo do valor crítico da distribuição t de Student:

  t = INVT(α; G_L^R) ⟶ t = INVT(0,05; 4) ⟶ t = 2,776445105
- Cálculo da estatística do coeficiente θ_1: $t_{Estat}|_{\theta 1} = \theta_1/E_{\theta 1}$= 43,05930109
- Cálculo da estatística do coeficiente θ_2: $t_{Estat}|_{\theta 2} = \theta_2/E_{\theta 2}$= 35,0292988
- Teste de hipótese para o coeficiente θ_1:

  ($t_{Estat}|_{\theta 1} > t$)? ⟶ (43,05930109 > 2,776445105)? Sim; portanto, o coeficiente θ_1 é estatisticamente significativo.
- Teste de hipótese para o coeficiente θ_2:

  ($t_{Estat}|_{\theta 2} > t$)? ⟶ (35,0292988 > 2,776445105)? Sim; portanto, o coeficiente θ_2 é estatisticamente significativo.

- Cálculo da distribuição t de Student para o coeficiente θ_1:

  valor-p$|_{\theta 1}$ = DISTT($t_{Estat}|_{\theta 1}$; G_L^R; 2) ⟶ valor-p$|_{\theta 1}$ = 1,7391E-06

- Cálculo da distribuição t de Student para o coeficiente θ_2:

  valor-p$|_{\theta 2}$ = DISTT($t_{Estat}|_{\theta 2}$; G_L^R; 2) ⟶ valor-p$|_{\theta 2}$ = 3,96342E-06

- Teste de hipótese sobre o coeficiente θ_1:

  (valor-p$|_{\theta 1}$ < α)? ⟶ (1,7391E-06 < 0,05)? Sim; portanto, o coeficiente θ_1 é estatisticamente significativo.

- Teste de hipótese sobre o coeficiente θ_2:

  (valor-p$|_{\theta 2}$ < α)? ⟶ (3,96342E-06 < 0,05)? Sim; portanto, o coeficiente θ_2 é estatisticamente significativo.

▶ Inferência sobre o modelo:

TESTE ESTATÍSTICO 1

- Cálculo do valor crítico da distribuição F:

  F = INVF(α; G_L^{Re}; G_L^R) ⟶ F = INVF(0,05; 2; 4) ⟶ F = 6,94427191

- Cálculo da estatística de teste de hipótese: $F_{Estat} = M_{Re}/M_R$ = 3107,928599

- Teste de hipótese:

  ($F_{Estat} > F$)? ⟶ (3107,928599 > 6,94427191)? Sim; portanto, o modelo proposto é estatisticamente significativo.

- Cálculo da distribuição F:

  $F_{significância}$ = DISTF(F_{Estat}; G_L^{Re}; G_L^R) ⟶ $F_{significância}$ = 4,1358E-07

- Teste de hipótese:

  ($F_{significância}$ < α)? ⟶ (4,1358E-07 < 0,05)? Sim; portanto, o modelo proposto é estatisticamente significativo.

TESTE ESTATÍSTICO 2

- Cálculo do valor crítico da distribuição corrigida $F|_{TC}$:

  $F|_{TC}$= INVF(α; G_L^{Re}; G_L^{TC}) ⟶ $F|_{TC}$ = INVF(0,05; 2; 5) ⟶ $F|_{TC}$ = 5,786135043

- Cálculo da estatística de teste de hipótese: $F_{Estat}|_{TC} = M_{Re}/M_{TC}$ = 9,514154329

- Cálculo da distribuição F:

  $F_{sig}|_{TC}$ = DISTF(F_{Estat}; G_L^{Re}; G_L^{TC}) ⟶ $F_{sig}|_{TC}$ = 0,01975227

- Teste de hipótese:

  ($F_{Estat}|_{TC} > F|_{TC}$)? ⟶ (9,514154329 > 5,786135043)? Sim; portanto, o modelo proposto é estatisticamente significativo.

- Teste de hipótese:

  ($F_{sig}|_{TC} < \alpha$)? ⟶ (0,01975227 < 0,05)? Sim; portanto, o modelo proposto é estatisticamente significativo.

▶ Intervalos de confiança para o coeficiente θ_1:

Intervalo: $\Delta_{\theta 1} = tE_{\theta 1}$ = 0,700649064

Inferior: $\theta_1 - \Delta_{\theta 1}$ = 10,16556938

Central: θ_1 = 10,86621844

Superior: $\theta_1 + \Delta_{\theta 1}$ = 11,5668675

▶ Intervalos de confiança para o coeficiente θ_2:

Intervalo: $\Delta_{\theta 2} = tE_{\theta 2}$ = 0,043904578

Inferior: $\theta_2 - \Delta_{\theta 2}$ = 0,510021945

Central: θ_2 = 0,553926523

Superior: $\theta_2 + \Delta_{\theta 2}$ = 0,597831101

EXEMPLO 4 – MODELO OSWIN - DIFERENÇAS FINITAS

Conforme o tópico anterior, o modelo de Oswin é representado por:

$$x_{eq} = a\left(\frac{a_w}{1-a_w}\right)^b \tag{10.42}$$

Fazendo $g_i = x_{eq}$, $x_i = a_w$, $\theta_1 = a$ e $\theta_2 = b$, a Equação (10.42) pode ser escrita como:

$$g_i = \theta_1\left(\frac{x_i}{1-x_i}\right)^{\theta_2} = \theta_1 u_i^{\theta_2} \tag{10.43}$$

em que $u_i = \left(\dfrac{x_i}{1 - x_i} \right)$.

A dependência funcional da Equação (10.43) é dada por $g_i = g_i(\theta_1, \theta_2)$; logo, as derivadas parciais podem ser aproximadas por diferenças finitas:

$$\left(\frac{\partial g_i}{\partial \theta_1} \right)_{\theta_2} = \frac{g_i|_{\theta_1 + h, \theta_2} - g_i|_{\theta_1, \theta_2}}{h} = z_{i1} \quad (10.44)$$

e

$$\left(\frac{\partial g_i}{\partial \theta_2} \right)_{\theta_1} = \frac{g_i|_{\theta_1, \theta_2 + h} - g_i|_{\theta_1, \theta_2}}{h} = z_{i2} \quad (10.45)$$

O valor de h é, normalmente, tomado como 1% do valor de θ_1 e do valor θ_2. Portanto, as Equações (10.44) e (10.45) tornam-se, respectivamente:

$$z_{i1} = \frac{g_i|_{\theta_1 + 0{,}01\theta_1, \theta_2} - g_i|_{\theta_1, \theta_2}}{0{,}01\theta_1} = \frac{g_i|_{1{,}01\theta_1, \theta_2} - g_i|_{\theta_1, \theta_2}}{0{,}01\theta_1} \quad (10.46)$$

e

$$z_{i2} = \frac{g_i|_{\theta_1, 1{,}01\theta_2} - g_i|_{\theta_1, \theta_2}}{0{,}01\theta_2} \quad (10.47)$$

Conforme as Equações (10.46) e (10.47), a função gi é avaliada nos seguintes pares de pontos:

- Par de pontos (θ_1, θ_2): $g_i|_{\theta_1, \theta_2} = \theta_1 \left(\dfrac{x_i}{1 - x_i} \right)^{\theta_2}$
- Par de pontos $(1{,}01\ \theta_1, \theta_2)$: $g_i|_{1{,}01\theta_1, \theta_2} = 1{,}01\theta_1 \left(\dfrac{x_i}{1 - x_i} \right)^{\theta_2} = \theta_1^* \left(\dfrac{x_i}{1 - x_i} \right)^{\theta_2}$, sendo $\theta_1^* = 1{,}01\theta_1$.
- Par de pontos $(\theta_1, 1{,}01\ \theta_2)$: $g_i|_{\theta_1, 1{,}01\theta_2} = \theta_1 \left(\dfrac{x_i}{1 - x_i} \right)^{1{,}01\theta_2} = \theta_1 \left(\dfrac{x_i}{1 - x_i} \right)^{\theta_2^*}$, sendo $\theta_2^* = 1{,}01\theta_2$.

Roteiro de cálculo – Tabela 7.3 do Tópico 7.3.1

1. Entrada de dados: $m = 6$, $y_i = (x_{eq})_i$ e $x_i = (a_w)_i$ para $i = 1, 2, ..., 6$
2. Informações do procedimento iterativo: Tol = $1 \text{x} 10^{-5}$ e Itemax = 50

3. Média dos valores de y: $\overline{y} = 14{,}08666667$

4. Estimativa inicial dos parâmetros: $\theta_1^{(1)} = 5$, e $\theta_2^{(1)} = 1$

5. Inicialização do contador de iteração: $k = 1$

6. Método de Gauss-Newton

$\theta_1^* = 1{,}01\theta_1$ e $\theta_2^* = 1{,}01\theta_2$

Faça

▶ Para $i = 1, 2, ..., 6$, calcular as funções:

$$u_i = \left(\frac{x_i}{1-x_i}\right),\ g_i = \theta_1 u_i^{\theta_2},\ h_i = y_i - g_i,\ g_i^* = \theta_1^* u_i^{\theta_2},\ g_i^{**} = \theta_1 u_i^{\theta_2^*},\ z_{i1} = \frac{g_i^* - g_i}{0{,}01\theta_1} \text{ e } z_{i2} = \frac{g_i^{**} - g_i}{0{,}01\theta_2}$$

▶ Os valores obtidos são apresentados abaixo:

i	y_i	x_i	u_i	g_i	g_i^*	g_i^{**}
1	5,75	0,23	0,298701299	1,493506494	1,508441558	1,475568877
2	7,2	0,33	0,492537313	2,462686567	2,487313433	2,445307798
3	9,21	0,43	0,754385965	3,771929825	3,809649123	3,761313565
4	12,18	0,57	1,325581395	6,627906977	6,694186047	6,64661416
5	20,76	0,75	3	15	15,15	15,16570038
6	29,42	0,86	6,142857143	30,71428571	31,02142857	31,27693043

▶ Valores das derivadas parciais

i	z_{i1}	z_{i2}	z_{i1}^2	z_{i2}^2	$z_{i1}z_{i2}$
1	0,298701299	-1,793761696	0,0892225	3,2175810	-0,5357989
2	0,492537313	-1,737876874	0,2425930	3,0202160	-0,8559692
3	0,754385965	-1,061625962	0,5690982	1,1270497	-0,8008757
4	1,325581395	1,8707183	1,7571660	3,4995870	2,4797894
5	3	16,57003791	9,0000000	274,5661562	49,7101137
6	6,142857143	56,26447129	37,7347	3165,6907	345,6246

▶ Outros valores calculados

i	h	hz_{i1}	hz_{i2}
1	4,2564935	1,2714201	-7,6351350
2	4,7373134	2,3333036	-8,2328675
3	5,4380702	4,1024038	-5,7731965
4	5,5520930	7,3597512	10,3864020
5	5,7600000	17,2800000	95,4434183
6	-1,2942857	-7,9506122	-72,8223014

▶ Cálculos dos somatórios Z^TZ: $\mathbf{Z}^T\mathbf{Z} = \begin{bmatrix} \sum_{i=1}^{m} z_{i1}^2 & \sum_{i=1}^{m} z_{i1}z_{i2} \\ \sum_{i=1}^{m} z_{i2}z_{i1} & \sum_{i=1}^{m} z_{i2}^2 \end{bmatrix}$

$$\sum_{i=1}^{m} z_{i1}^2 = 49,3927736,\ \sum_{i=1}^{m} z_{i2}^2 = 3451,1213195 \text{ e } \sum_{i=1}^{m} z_{i1}z_{i2} = 395,6218686$$

Portanto,

$$\mathbf{Z}^T\mathbf{Z} = \begin{bmatrix} 49,3927736 & 395,6218686 \\ 395,6218686 & 3451,12132 \end{bmatrix}$$

▶ Calcular a matriz inversa **B** = $[\mathbf{Z}^T\mathbf{Z}]^{-1}$: O procedimento empregado nos capítulos anteriores para a inversão matricial fornece:

$$\mathbf{B} = \left(\mathbf{Z}^T\mathbf{Z}\right)^{-1} = \begin{bmatrix} 0,24750237 & -0,028372619 \\ -0,028372619 & 0,003542277 \end{bmatrix}$$

▶ Efetuar a multiplicação $\mathbf{Z}^T\mathbf{h}$: $\boldsymbol{\beta} = \mathbf{Z}^T\mathbf{h} = \begin{bmatrix} \sum_{i=1}^{m} h_i z_{i1} \\ \sum_{i=1}^{m} h_i z_{i2} \end{bmatrix}$

$$\sum_{i=1}^{m} h_i z_{i1} = 24,39626656 \text{ e } \sum_{i=1}^{m} h_i z_{i2} = 11,36632$$

Portanto,

$$\boldsymbol{\beta} = \mathbf{Z}^T \mathbf{h} = \begin{bmatrix} 24,39626656 \\ 11,36632 \end{bmatrix}$$

▶ Efetuar a multiplicação $\Delta\theta = \mathbf{B}\boldsymbol{\beta} = \begin{bmatrix} \Delta\theta_1 \\ \Delta\theta_2 \end{bmatrix}$

$$\begin{bmatrix} \Delta\theta_1 \\ \Delta\theta_2 \end{bmatrix} = \begin{bmatrix} 0,24750237 & -0,028372619 \\ -0,028372619 & 0,003542277 \end{bmatrix} \begin{bmatrix} 24,39626656 \\ 11,36632 \end{bmatrix} = \begin{bmatrix} 5,715641526 \\ -0,651923318 \end{bmatrix}$$

▶ Calcular o valor máximo: max_valor = máximo($|\Delta\theta_1|$, $|\Delta\theta_2|$) = 5,715641526

▶ Verificação da convergência

L1 = (k > Itemax)? ⟶ L1 = (1 > 50)? ⟶ L1 = Falso

L2 = (max_valor < Tol)? ⟶ L2 = (5,715641526 < $1\text{x}10^{-5}$)? ⟶ L2 = Falso

L1 OU L2 ⟶ (Falso OU Falso) ⟶ Falso (continuar os cálculos)

▶ Atualizações os coeficientes

$\theta_1 \leftarrow \theta_1 + \Delta\theta_1 \longrightarrow \theta_1 = 10,71564153$

$\theta_2 \leftarrow \theta_2 + \Delta\theta_2 \longrightarrow \theta_2 = 0,348076682$

▶ Atualização do contador de iterações: $k \leftarrow k + 1 \longrightarrow k = 2$

Retorne para o faça no início da etapa 6 e repita o procedimento até que uma das condições de convergência seja verdadeira. O procedimento converge com seis iterações. Os resultados finais são mostrados nas tabelas seguintes.

▶ Valores dos parâmetros em cada iteração:

k	$\theta_1^{(k)}$	$\theta_2^{(k)}$	$\Delta\theta_1^{(k)}$	$\Delta\theta_2^{(k)}$	max_valor	L1 ou L2
1	5	1	5,715641526	-0,65192332	5,715641526	Falso
2	10,71564153	0,348076682	0,307005143	0,237928733	0,307005143	Falso

k	$\theta_1^{(k)}$	$\theta_2^{(k)}$	$\Delta\theta_1^{(k)}$	$\Delta\theta_2^{(k)}$	max_valor	L1 ou L2
3	11,02264667	0,586005415	-0,15004711	-0,03105378	0,150047106	Falso
4	10,87259956	0,554951633	-0,00596626	-0,00104945	0,005966263	Falso
5	10,8666333	0,55390218	-0,00012720	2,81108E-06	0,000127204	Falso
6	10,8665061	0,553904991	3,33399E-07	-1,1137E-08	3,33399E-07	Verdadeiro

▶ Os valores das matrizes em cada iteração:

k	Z^TZ		$B = (Z^TZ)^{-1}$		β	Δθ
1	49,392774	395,621869	0,2475024	-0,0283726	24,39626656	5,715641526
	395,6219	3451,1213	-0,0283726	0,0035423	11,36632	-0,65192332
2	8,767748	85,387151	0,2149063	-0,0103557	23,00780037	0,307005143
	85,387151	1771,99311	-0,0103557	0,0010633	447,822369	0,237928733
3	14,807023	208,363841	0,2493499	-0,0129203	-8,6922362	-0,15004711
	208,363841	4021,22104	-0,0129203	0,0009182	-156,138511	-0,03105378
4	13,700071	184,343159	0,2457840	-0,0128416	-0,27519776	-0,00596626
	184,343159	3528,27195	-0,0128416	0,0009544	-4,80259629	-0,00104945
5	13,664722	183,563849	0,2456566	-0,0128393	-0,0012222	-0,00012720
	183,563849	3512,1626	-0,0128393	0,0009558	-0,01347713	2,81108E-06
6	13,664817	183,563514	0,2456570	-0,0128395	2,51155E-06	3,33399E-07
	183,563514	3512,11309	-0,0128395	0,0009558	2,20867E-05	-1,1137E-08

7. Valores utilizados na qualidade do ajuste

▶ Modelo proposto: $u_i = \left(\dfrac{x_i}{1-x_i}\right)$, $g_i = \theta_1 u_i^{\theta_2}$

▶ Valores quadráticos residuais: $S_{Ri} = (y_i - g_i)^2$

▶ Valores quadráticos totais corrigidos: $S_{TCi} = (y_i - \bar{y})^2$

i	g_i	S_{Ri}	$S_{Ti} = y_i^2$	$S_{\text{Re}i} = g_i^2$	$S_{\text{TC}i}$
1	5,564435909	0,034434032	33,0625	30,96294699	69,50001111
2	7,340580929	0,019762998	51,84	53,88412837	47,42617778
3	9,29583512	0,007367668	84,8241	86,41255058	23,78187778

i	g_i	S_{Ri}	$S_{Ti} = y_i^2$	$S_{\text{Re}i} = g_i^2$	$S_{\text{TC}i}$
4	12,70256553	0,27307473	148,3524	161,355171	3,635377778
5	19,96961869	0,624702618	430,9776	398,7856705	44,53337778
6	29,70107961	0,079005749	865,5364	882,1541302	235,1111111

- Soma quadrática dos resíduos: $S_R = \sum_{i=1}^{m} (y_i - g_i)^2 = 1{,}038347794$
- Cálculo da soma quadrática total: $S_T = \sum_{i=1}^{m} y_i^2 = 1614{,}593$
- Cálculo da soma quadrática do modelo: $S_{\text{Re}} = \sum_{i=1}^{m} g_i^2 = 1613{,}554598$
- Soma quadrática dos resíduos: $S_{TCi} = \sum_{i=1}^{m} (y_i - \overline{y})^2 = 423{,}9879333$
- Graus de liberdade dos resíduos: $G_L^R = m - 2 = 4$
- Graus de liberdade da regressão: $G_L^{Re} = 2$
- Graus de liberdade total: $G_L^T = m = 6$
- Graus de liberdade total corrigido: $G_L^{TC} = m - 1 = 5$
- Proporção da variância explicada: $R^2 = 1 - S_R/S_T = 0{,}999356898$
- Proporção da variância explicada corrigida: $R_C^2 = 1 - S_R/S_{TC} = 0{,}997550997$
- Média quadrática residual: $M_R = S_R/G_L^R = 0{,}25958695$
- Média quadrática devido à regressão: $M_{Re} = S_{Re}/G_L^{\text{Re}} = 806{,}7772988$
- Média quadrática total corrigida: $M_{TC} = S_{TC}/G_L^{TC} = 84{,}79758667$
- Variância populacional: $s^2 = M_R = 0{,}259586949$
- Erro padrão da estimativa: $s = \sqrt{M_R} = 0{,}50949676$
- Matriz de covariância $\mathbf{V} = \mathbf{B}s^2 = \begin{bmatrix} B_{11} & B_{12} \\ B_{21} & B_{22} \end{bmatrix} s^2$: A iteração seis fornece os valores finais da matriz B:

$$\mathbf{V} = \begin{bmatrix} 0{,}2456570 & -0{,}0128395 \\ -0{,}0128395 & 0{,}0009558 \end{bmatrix} \times 0{,}259586949 = \begin{bmatrix} 0{,}063769346 & -0{,}003332958 \\ -0{,}003332958 & 0{,}000248112 \end{bmatrix}$$

Portanto,

- Variância do coeficiente θ_1: $\text{Var}(\theta_1) = 0{,}06376935$
- Variância do coeficiente θ_2: $\text{Var}(\theta_2) = 0{,}000248112$
- Covariância entre θ_1 e θ_2: $\text{Cov}(\theta_1, \theta_2) = -0{,}003332958$

▶ Erro padrão do coeficiente θ_1: $E_{\theta 1} = \sqrt{\text{Var}(\theta_1)} = 0{,}25252593$

▶ Erro padrão do coeficiente θ_2: $E_{\theta 2} = \sqrt{\text{Var}(\theta_2)} = 0{,}015751562$

▶ Inferência sobre os coeficientes do modelo:

- Especificação do nível de confiança: $NC = 95\ \%$
- Cálculo do nível de significância: $\alpha = 1 - NC/100 = 0{,}05$
- Cálculo da probabilidade acumulada: $\phi = 1 - \alpha/2 = 0{,}975$
- Cálculo do valor crítico da distribuição t de Student:

  $t = \text{INVT}(\alpha;\ G_L^R) \longrightarrow t = \text{INVT}(0{,}05;\ 4) \longrightarrow t = 2{,}776445105$

- Cálculo da estatística do coeficiente θ_1: $t_{Estat}|_{\theta 1} = \theta_1/E_{\theta 1} = 43{,}03124855$
- Cálculo da estatística do coeficiente θ_2: $t_{Estat}|_{\theta 2} = \theta_2/E_{\theta 2} = 35{,}16508237$
- Teste de hipótese para o coeficiente θ_1:

  $(t_{Estat}|_{\theta 1} > t)? \longrightarrow (43{,}03124855 > 2{,}776445105)?$ Sim; portanto, o coeficiente θ_1 é estatisticamente significativo.

- Teste de hipótese para o coeficiente θ_2:

  $(t_{Estat}|_{\theta 2} > t)? \longrightarrow (35{,}16508237 > 2{,}776445105)?$ Sim; portanto, o coeficiente θ_2 é estatisticamente significativo.

- Cálculo da distribuição t de Student para o coeficiente θ_1:

  $\text{valor-p}|_{\theta 1} = \text{DISTT}(t_{Estat}|_{\theta 1};\ G_L^R;\ 2) \longrightarrow \text{valor-p}|_{\theta 1} = 1{,}74363\text{E-}06$

- Cálculo da distribuição t de Student para o coeficiente θ_2:

  $\text{valor-p}|_{\theta 2} = \text{DISTT}(t_{Estat}|_{\theta 2};\ G_L^R;\ 2) \longrightarrow \text{valor-p}|_{\theta 2} = 3{,}90272\text{E-}06$

- Teste de hipótese sobre o coeficiente θ_1:

  $(\text{valor-p}|_{\theta 1} < \alpha)? \longrightarrow (1{,}74363\text{E-}06 < 0{,}05)?$ Sim; portanto, o coeficiente θ_1 é estatisticamente significativo.

- Teste de hipótese sobre o coeficiente θ_2:

  $(\text{valor-p}|_{\theta 2} < \alpha)$? ⟶ (3,90272E-06 < 0,05)? Sim; portanto, o coeficiente θ_2 é estatisticamente significativo.

▶ Inferência sobre o modelo:

TESTE ESTATÍSTICO 1

- Cálculo do valor crítico da distribuição F:

  $F = \text{INVF}(\alpha; G_L^{Re}; G_L^{R}) \longrightarrow F = \text{INVF}(0{,}05; 2; 4) \longrightarrow F = 6{,}94427191$

- Cálculo da estatística de teste de hipótese: $F_{Estat} = M_{Re}/M_R = 3107{,}927049$

- Teste de hipótese:

  $(F_{Estat} > F)$? ⟶ (3107,927049 > 6,94427191)? Sim; portanto, o modelo proposto é estatisticamente significativo.

- Cálculo da distribuição F:

  $F_{significância} = \text{DISTF}(F_{Estat}; G_L^{Re}; G_L^{R}) \longrightarrow F_{significância} = 4{,}1358\text{E-}07$

  Teste de hipótese:

  $(F_{significância} < \alpha)$? ⟶ (4,1358E-07 < 0,05)? Sim; portanto, o modelo proposto é estatisticamente significativo.

TESTE ESTATÍSTICO 2

- Cálculo do valor crítico da distribuição corrigida $F|_{TC}$:

  $F|_{TC} = \text{INVF}(\alpha; G_L^{Re}; G_L^{TC}) \longrightarrow F|_{TC} = \text{INVF}(0{,}05; 2; 5) \longrightarrow F|_{TC} = 5{,}786135043$

- Cálculo da estatística de teste de hipótese: $F_{Estat}|_{TC} = M_{Re}/M_{TC} = 9{,}514154005$

- Cálculo da distribuição F:

  $F_{sig}|_{TC} = \text{DISTF}(F_{Estat}; G_L^{Re}; G_L^{TC}) \longrightarrow F_{sig}|_{TC} = 0{,}019752271$

- Teste de hipótese:

  $(F_{Estat}|_{TC} > F|_{TC})$? ⟶ (9,514154005 > 5,786135043)? Sim; portanto, o modelo proposto é estatisticamente significativo.

- Teste de hipótese:

  $(F_{sig}|_{TC} < \alpha)$? ⟶ (0,019752271 < 0,05)? Sim; portanto, o modelo proposto é estatisticamente significativo.

- Intervalos de confiança para o coeficiente θ_1:

Intervalo: $\Delta_{\theta 1} = tE_{\theta 1} = 0{,}701124385$

Inferior: $\theta_1 - \Delta_{\theta 1} = 10{,}16538171$

Central: $\theta_1 = 10{,}8665061$

Superior: $\theta_1 + \Delta_{\theta 1} = 11{,}56763048$

- Intervalos de confiança para o coeficiente θ_2:

Intervalo: $\Delta_{\theta 2} = tE_{\theta 2} = 0{,}043733348$

Inferior: $\theta_2 - \Delta_{\theta 2} = 0{,}510171642$

Central: $\theta_2 = 0{,}553904991$

Superior: $\theta_2 + \Delta_{\theta 2} = 0{,}597638339$

EXEMPLO 5 – MODELO BET

No modelo de BET reportado por Brunauer et al., (1938), a relação entre a umidade de equilíbrio e a atividade de água é dada por:

$$x_{eq} = \frac{X_m C a_w u_1}{1 - a_w) u_2} \tag{10.48}$$

em que $u_1 = 1 - (n+1) a_w^n + n a_w^{n+1}$ e $u_2 = 1 - \; 1 - C) a_w - C a_w^{n+1}$. X_m, C e n são parâmetros obtidos pela regressão não linear.

Fazendo $g_i = x_{eq}$, $x_i = a_w$, $\theta_1 = X_m$, $\theta_2 = C$ e $\theta_3 = n$, a Equação (10.48) pode ser escrita como:

$$g_i = \frac{\theta_1 \theta_2 x_i u_1}{(1 - x_i) u_2} = \frac{\theta_1 \theta_2 x_i u_1}{u} \tag{10.49}$$

em que $u_1 = 1 - \; \theta_3 + 1) x_i^{\theta_3} + \theta_3 x_i^{\theta_3 + 1}$, $u_2 = 1 - (1 - \theta_2) x_i - \theta_2 x_i^{\theta_3 + 1}$ e $u = \; 1 - x_i) u_2$

As derivadas parciais das funções auxiliares u_1, u_2 e u com relação aos parâmetros são dadas por:

- Derivadas parciais da função u_1:

Por definição, $u_1 = 1-(\theta_3+1\ x_i^{\theta_3} + \theta_3 x_i^{\theta_3+1}$; logo, as derivadas parciais são:

- Derivada parcial $\partial u_1/\partial\theta_1\ _{\theta_2,\theta_3}$: $\left(\dfrac{\partial u_1}{\partial\theta_1}\right)_{\theta_2,\theta_3} = 0$

- Derivada parcial $\partial u_1/\partial\theta_2\ _{\theta_1,\theta_3}$: $\left(\dfrac{\partial u_1}{\partial\theta_2}\right)_{\theta_1,\theta_3} = 0$

- Derivada parcial $\partial u_1/\partial\theta_2\ _{\theta_1,\theta_3}$:

$$\left(\frac{\partial u_1}{\partial\theta_3}\right)_{\theta_1,\theta_2} = \left[\frac{\partial\ 1-(\theta_3+1\ x_i^{\theta_3} + \theta_3 x_i^{\theta_3+1}}{\partial\theta_3}\right]_{\theta_1,\theta_2} = -\left[\frac{\partial\ \theta_3+1\ x_i^{\theta_3}}{\partial\theta_3}\right]_{\theta_1,\theta_2} + \left[\frac{\partial\ \theta_3 x_i^{\theta_3+1}}{\partial\theta_3}\right]_{\theta_1,\theta_2} \tag{10.50}$$

O desenvolvimento das derivadas parciais da Equação (10.50) fornece:

$$\left(\frac{\partial u_1}{\partial\theta_3}\right)_{\theta_1,\theta_2} = -\ \theta_3+1\left(\frac{\partial x_i^{\theta_3}}{\partial\theta_3}\right) - x_i^{\theta_3}\left[\frac{\partial\ \theta_3+1}{\partial\theta_3}\right]_{\theta_1,\theta_2} + \theta_3\left(\frac{\partial x_i^{\theta_3+1}}{\partial\theta_3}\right)_{\theta_1,\theta_2} + x_i^{\theta_3+1}\left(\frac{\partial\theta_3}{\partial\theta_3}\right)_{\theta_1,\theta_2} \tag{10.51}$$

O desenvolvimento da Equação (10.51) fornece:

$$\left(\frac{\partial u_1}{\partial\theta_3}\right)_{\theta_1,\theta_2} = -(\theta_3+1\left(\frac{\partial x_i^{\theta_3}}{\partial\theta_3}\right) - x_i^{\theta_3} + \theta_3\left(\frac{\partial x_i^{\theta_3+1}}{\partial\theta_3}\right)_{\theta_1,\theta_2} + x_i^{\theta_3+1} \tag{10.52}$$

ou

$$\left(\frac{\partial u_1}{\partial\theta_3}\right)_{\theta_1,\theta_2} = -\ \theta_3+1\left(\frac{\partial e^{\ln x_i^{\theta_3}}}{\partial\theta_3}\right) - x_i^{\theta_3} + \theta_3\left(\frac{\partial e^{\ln x_i^{\theta_3+1}}}{\partial\theta_3}\right)_{\theta_1,\theta_2} + x_i^{\theta_3+1} \tag{10.53}$$

As derivadas parciais envolvidas no membro direito da igualdade da Equação (10.53) são dadas, respectivamente, por:

$$\left(\frac{\partial e^{\ln x_i^{\theta_3}}}{\partial\theta_3}\right)_{\theta_1,\theta_2} = \left(\frac{\partial e^{w}}{\partial\theta_3}\right)_{\theta_1,\theta_2} = e^{\ln x_i^{\theta_3}}\left[\frac{\partial(\theta_3\ln x_i}{\partial\theta_3}\right]_{\theta_1,\theta_2} = x_i^{\theta_3}\ln x_i\left(\frac{\partial\theta_3}{\partial\theta_3}\right)_{\theta_1,\theta_2} = x_i^{\theta_3}\ln x_i \tag{10.54}$$

e

$$\left(\frac{\partial e^{\ln x_i^{\theta_3+1}}}{\partial \theta_3}\right)_{\theta_1,\theta_2} = \left[\frac{\partial e^{\,\theta_3+1)\ln x_i}}{\partial \theta_3}\right]_{\theta_1,\theta_2} = e^{\ln x_i^{\theta_3+1}}\left[\frac{\partial(\theta_3+1)\ln x_i}{\partial \theta_3}\right]_{\theta_1,\theta_2} = x_i^{\theta_3+1}\ln x_i \qquad (10.55)$$

Substituindo as Equações (10.54) e (10.55) na Equação (10.53), obtém-se:

$$\begin{aligned}\left(\frac{\partial u_1}{\partial \theta_3}\right)_{\theta_1,\theta_2} &= -(\theta_3+1)x_i^{\theta_3}\ln x_i - x_i^{\theta_3} + x_i^{\theta_3+1} + \theta_3 x_i^{\theta_3+1}\ln x_i \\ &= -\left[(\theta_3+1)\ln x_i + 1\right]x_i^{\theta_3} + (\theta_3 \ln x_i + 1)x_i^{\theta_3+1}\end{aligned} \qquad (10.56)$$

- Derivadas parciais da função u_2: Por definição, $u_2 = 1 - \ 1-\theta_2)x_i - \theta_2 x_i^{\theta_3+1}$; logo, as derivadas parciais são:
  - Derivada parcial $(\partial u_2/\partial\theta_1)_{\theta_2,\theta_3}$: $\left(\frac{\partial u_2}{\partial \theta_1}\right)_{\theta_2,\theta_3} = 0$
  - Derivada parcial $(\partial u_2/\partial\theta_2)_{\theta_1,\theta_3}$: A derivada parcial da função u_2 com relação à θ_2, mantendo θ_1 e θ_3, é dada por:

$$\left(\frac{\partial u_2}{\partial \theta_2}\right)_{\theta_1,\theta_3} = \left[\frac{\partial\left(1-\ 1-\theta_2)x_i - \theta_2 x_i^{\theta_3+1}\right)}{\partial \theta_2}\right]_{\theta_1,\theta_3} = x_i - x_i^{\theta_3+1} \qquad (10.57)$$

  - Derivada parcial $(\partial u_2/\partial\theta_3)_{\theta_1,\theta_2}$: A derivada parcial da função u_2 com relação à θ_3, mantendo θ_1 e θ_2, é dada por:

$$\left(\frac{\partial u_2}{\partial \theta_3}\right)_{\theta_1,\theta_2} = \left[\frac{\partial\left(1-\ 1-\theta_2)x_i - \theta_2 x_i^{\theta_3+1}\right)}{\partial \theta_3}\right]_{\theta_1,\theta_2} = -\theta_2\left(\frac{\partial x_i^{\theta_3+1}}{\partial \theta_3}\right)_{\theta_1,\theta_2} = -\theta_2\left(\frac{\partial e^{\ln x_i^{\theta_3+1}}}{\partial \theta_3}\right)_{\theta_1,\theta_2} \qquad (10.58)$$

O desenvolvimento da Equação (10.58) fornece:

$$\left(\frac{\partial u_2}{\partial \theta_3}\right)_{\theta_1,\theta_2} = -\theta_2 e^{\ln x_i^{\theta_3+1}}\left[\frac{\partial(\theta_3+1)\ln x_i}{\partial \theta_3}\right]_{\theta_1,\theta_2} = -\theta_2 x_i^{\theta_3+1}\ln x_i \qquad (10.59)$$

- Derivadas parciais da função u: Por definição, $u = \ 1 - x_i)u_2$; logo, as derivadas parciais são:
  - Derivada parcial $(\partial u/\partial\theta_1)_{\theta_2,\theta_3}$: $\left(\frac{\partial u}{\partial \theta_1}\right)_{\theta_2,\theta_3} = 0$
  - Derivada parcial $(\partial u/\partial\theta_2)_{\theta_1,\theta_3}$: A derivada parcial de a função auxiliar u com relação à θ_2, mantendo θ_1 e θ_3, é dada por dada por:

$$\left(\frac{\partial u}{\partial \theta_2}\right)_{\theta_1,\theta_3} = (1-x_i)\left(\frac{\partial u_2}{\partial \theta_2}\right)_{\theta_1,\theta_3} = (1-x_i)x_i\left(1-x_i^{\theta_3}\right) \tag{10.60}$$

- Derivada parcial $(\partial u/\partial \theta_3)_{\theta_1,\theta_2}$: A derivada parcial da função auxiliar u com relação à θ_3, mantendo θ_1 e θ_2, é dada por dada por:

$$\left(\frac{\partial u}{\partial \theta_3}\right)_{\theta_1,\theta_2} = (1-x_i)\left(\frac{\partial u_2}{\partial \theta_3}\right)_{\theta_1,\theta_2} = -(1-x_i)\theta_2 x_i^{\theta_3+1}\ln x_i \tag{10.61}$$

As derivadas parciais do modelo com relação aos seus parâmetros são:

- Derivada parcial de g_i com relação à θ_1, mantendo θ_2 e θ_3 constantes

$$\left(\frac{\partial g_i}{\partial \theta_1}\right)_{\theta_2,\theta_3} = \left(\frac{\theta_2 x_i u_1}{u}\right)\left(\frac{\partial \theta_1}{\partial \theta_1}\right)_{\theta_2,\theta_3} = \left(\frac{\theta_2 x_i u_1}{u}\right)\left(\frac{\theta_1}{\theta_1}\right) = \frac{g_i}{\theta_1} \tag{10.62}$$

em que u_1 e u_2 são independentes do parâmetro θ_1.

- Derivada parcial de g_i com relação à θ_2, mantendo θ_1 e θ_3 constantes: A Equação (10.49) pode ser escrita como:

$$ug_i = \theta_1\theta_2 x_i u_1 \tag{10.63}$$

A derivada parcial da Equação (10.63) com relação à θ_2, mantendo θ_1 e θ_3 constantes,

$$\left(\frac{\partial ug_i}{\partial \theta_2}\right)_{\theta_1,\theta_3} = \theta_1 x_i u_1\left(\frac{\partial \theta_2}{\partial \theta_2}\right)_{\theta_1,\theta_3} = \theta_1 x_i u_1 \tag{10.64}$$

A derivada parcial do produto entre as funções u e g_i é dada por:

$$\left(\frac{\partial ug_i}{\partial \theta_2}\right)_{\theta_1,\theta_3} = u\left(\frac{\partial g_i}{\partial \theta_2}\right)_{\theta_1,\theta_3} + g_i\left(\frac{\partial u}{\partial \theta_2}\right)_{\theta_1,\theta_3} \tag{10.65}$$

Substituindo a Equação (10.65) na Equação (10.64),

$$u\left(\frac{\partial g_i}{\partial \theta_2}\right)_{\theta_1,\theta_3} + g_i\left(\frac{\partial u}{\partial \theta_2}\right)_{\theta_1,\theta_3} = \theta_1 x_i u_1 \tag{10.66}$$

Escrevendo a Equação (10.66) explícita na derivada parcial do modelo,

$$\left(\frac{\partial g_i}{\partial \theta_2}\right)_{\theta_1,\theta_3} = \frac{\theta_1 x_i u_1}{u} - \left(\frac{g_i}{u}\right)\left(\frac{\partial u}{\partial \theta_2}\right)_{\theta_1,\theta_3} = \left(\frac{\theta_1 x_i u_1}{u}\right)\left(\frac{\theta_2}{\theta_2}\right) - \left(\frac{g_i}{u}\right)\left(\frac{\partial u}{\partial \theta_2}\right)_{\theta_1,\theta_3} \tag{10.67}$$

ou

$$\left(\frac{\partial g_i}{\partial \theta_2}\right)_{\theta_1,\theta_3} = \frac{g_i}{\theta_2} - \left(\frac{g_i}{u}\right)\left(\frac{\partial u}{\partial \theta_2}\right)_{\theta_1,\theta_3} = \frac{g_i}{\theta_2} - \left(\frac{g_i}{u}\right)(1 - x_i \quad x_i - x_i^{\theta_3+1} \tag{10.68}$$

- Derivada parcial de g_i com relação à θ_3, mantendo θ_1 e θ_2 constantes: A derivada parcial da Equação (10.63) com relação à θ_3, mantendo θ_1 e θ_2 constantes,

$$\left(\frac{\partial u g_i}{\partial \theta_3}\right)_{\theta_1,\theta_2} = \theta_1 \theta_2 x_i \left(\frac{\partial u_1}{\partial \theta_3}\right)_{\theta_1,\theta_2} \tag{10.69}$$

A derivada parcial do produto entre as funções u e g_i é dada por:

$$\left(\frac{\partial u g_i}{\partial \theta_3}\right)_{\theta_1,\theta_2} = u\left(\frac{\partial g_i}{\partial \theta_3}\right)_{\theta_1,\theta_2} + g_i\left(\frac{\partial u}{\partial \theta_3}\right)_{\theta_1,\theta_3} \tag{10.70}$$

Substituindo a Equação (10.70) na Equação (10.69), obtém-se:

$$u\left(\frac{\partial g_i}{\partial \theta_3}\right)_{\theta_1,\theta_2} + g_i\left(\frac{\partial u}{\partial \theta_3}\right)_{\theta_1,\theta_3} = \theta_1 \theta_2 x_i \left(\frac{\partial u_1}{\partial \theta_3}\right)_{\theta_1,\theta_2} \tag{10.71}$$

Escrevendo a Equação (10.71) explícita na derivada parcial do modelo,

$$\left(\frac{\partial g_i}{\partial \theta_3}\right)_{\theta_1,\theta_2} = \left(\frac{\theta_1 \theta_2 x_i}{u}\right)\left(\frac{\partial u_1}{\partial \theta_3}\right)_{\theta_1,\theta_2} - \left(\frac{g_i}{u}\right)\left(\frac{\partial u}{\partial \theta_3}\right)_{\theta_1,\theta_3} \tag{10.72}$$

O desenvolvimento da Equação (10.72) fornece:

$$\begin{aligned}\left(\frac{\partial g_i}{\partial \theta_3}\right)_{\theta_1,\theta_2} &= \left(\frac{\theta_1 \theta_2 x_i}{u}\right)\left(\frac{u_1}{u_1}\right)\left(\frac{\partial u_1}{\partial \theta_3}\right)_{\theta_1,\theta_2} - \left(\frac{g_i}{u}\right)\left(\frac{\partial u}{\partial \theta_3}\right)_{\theta_1,\theta_3} \\ &= \left(\frac{g_i}{u_1}\right)\left(\frac{\partial u_1}{\partial \theta_3}\right)_{\theta_1,\theta_2} - \left(\frac{g_i}{u}\right)\left(\frac{\partial u}{\partial \theta_3}\right)_{\theta_1,\theta_3}\end{aligned} \tag{10.73}$$

O resumo das derivadas parciais do modelo com relação aos seus parâmetros é apresentado na Tabela 10.2.

TABELA 10.2 – RESUMO DO MODELO E SUAS DERIVADAS

- Modelo: $g_i = \dfrac{\theta_1\theta_2 x_i u_1}{u}$

- Derivadas parciais:

$$\left(\frac{\partial g_i}{\partial \theta_1}\right)_{\theta_2,\theta_3} = \frac{g_i}{\theta_1},\ \left(\frac{\partial g_i}{\partial \theta_2}\right)_{\theta_1,\theta_3} = \frac{g_i}{\theta_2} - \left(\frac{g_i}{u}\right)\left(\frac{\partial u}{\partial \theta_2}\right)_{\theta_1,\theta_3}$$

$$\left(\frac{\partial g_i}{\partial \theta_3}\right)_{\theta_1,\theta_2} = \left(\frac{g_i}{u_1}\right)\left(\frac{\partial u_1}{\partial \theta_3}\right)_{\theta_1,\theta_2} - \left(\frac{g_i}{u}\right)\left(\frac{\partial u}{\partial \theta_3}\right)_{\theta_1,\theta_3}$$

- Função auxiliar u_1: $u_1 = 1 - \ \theta_3 + 1)x_i^{\theta_3} + \theta_3 x_i^{\theta_3+1}$

$$\left(\frac{\partial u_1}{\partial \theta_1}\right)_{\theta_2,\theta_3} = 0,\ \left(\frac{\partial u_1}{\partial \theta_2}\right)_{\theta_1,\theta_3} = 0 \text{ e } \left(\frac{\partial u_1}{\partial \theta_3}\right)_{\theta_1,\theta_2} = -\left[(\theta_3+1)\ln x_i + 1\right]x_i^{\theta_3} + (\theta_3 \ln x_i + 1)x_i^{\theta_3+1}$$

- Função auxiliar u_2: $u_2 = 1 - \ 1 - \theta_2)x_i - \theta_2 x_i^{\theta_3+1}$

$$\left(\frac{\partial u_2}{\partial \theta_1}\right)_{\theta_2,\theta_3} = 0,\ \left(\frac{\partial u_2}{\partial \theta_2}\right)_{\theta_1,\theta_3} = x_i - x_i^{\theta_3+1} \text{ e } \left(\frac{\partial u_2}{\partial \theta_3}\right)_{\theta_1,\theta_2} = -\theta_2 x_i^{\theta_3+1}\ln x_i$$

- Função auxiliar u: $u = \ 1 - x_i)u_2$

$$\left(\frac{\partial u}{\partial \theta_1}\right)_{\theta_2,\theta_3} = 0,\ \left(\frac{\partial u}{\partial \theta_2}\right)_{\theta_1,\theta_3} = \ 1 - x_i)(x_i - x_i^{\theta_3+1}) \text{ e } \left(\frac{\partial u}{\partial \theta_3}\right)_{\theta_1,\theta_2} = -(1 - x_i)\theta_2 x_i^{\theta_3+1}\ln x_i$$

Roteiro de cálculo - Tabela 7.4 do Tópico 7.4.1

1. Entrada de dados: $m = 6$, $y_i = (x_{eq})_i$ e $x_i = (a_w)_i$ para $i = 1, 2, ..., 6$
2. Informações do procedimento iterativo: Tol = $1\text{x}10^{-5}$ e Itemax = 50
3. Média dos valores de y: $\bar{y} = 14{,}08666667$
4. Estimativa inicial dos parâmetros: $\theta_1^{(1)} = 7$, $\theta_2^{(1)} = 5$ e $\theta_3^{(1)} = 1$
5. Inicialização do contador de iteração: $k = 1$
6. Método de Gauss-Newton

Faça

▶ Para i = 1, 2, 3, 4, 5, 6; calcular as funções:

$$u_{1i} = 1-\left(\theta_3+1\ \ x_i^{\theta_3}+\theta_3 x_i^{\theta_3+1},\ u_{2i}=1-\ \ 1-\theta_2\ \ x_i-\theta_2 x_i^{\theta_3+1},\ u_i=\left(1-x_i\ \ u_{2i},\right.\right.$$

$$g_i=\frac{\theta_1\theta_2 x_i u_1}{u},\ h_i=y_i-g_i,\ \left(\frac{\partial u}{\partial \theta_2}\right)_{\theta_1,\theta_3}=\ 1-x_i\ \ \ x_i-x_i^{\theta_3+1}\ ,$$

$$\left(\frac{\partial u_1}{\partial \theta_3}\right)_{\theta_1,\theta_2}=-\left[\left(\theta_3+1\ \ \ln x_i+1\right]x_i^{\theta_3}+\ \theta_3\ln x_i+1\ \ x_i^{\theta_3+1}\right.$$

$$\left(\frac{\partial u}{\partial \theta_3}\right)_{\theta_1,\theta_2}=-\ \ 1-x_i\ \ \theta_2 x_i^{\theta_3+1}\ln x_i,\ z_{i1}=\frac{g_i}{\theta_1},\ z_{i2}=\frac{g_i}{\theta_2}-\left(\frac{g_i}{u}\right)\left(\frac{\partial u}{\partial \theta_2}\right)_{\theta_1,\theta_3}$$

$$z_{i3}=\left(\frac{g_i}{u_1}\right)\left(\frac{\partial u_1}{\partial \theta_3}\right)_{\theta_1,\theta_2}-\left(\frac{g_i}{u}\right)\left(\frac{\partial u}{\partial \theta_3}\right)_{\theta_1,\theta_3}$$

▶ Os valores obtidos são apresentados abaixo:

i	$x_i = (a_w)_i$	$y_i = (x_{eq})_i$	u_{1i}	u_{2i}	u_i	g_i
1	0,23	5,75	0,999782432	1,919960845	1,47836985	3,8885729
2	0,33	7,2	0,997575011	2,319296796	1,553928853	5,2962488
3	0,43	9,21	0,986436251	2,7141559	1,547068863	6,8543747
4	0,57	12,18	0,921608611	3,224285421	1,386442731	9,4723874
5	0,75	20,76	0,632919312	3,499435425	0,874858856	13,5647448
6	0,86	29,42	0,311102912	2,943910364	0,412147451	16,2289312

▶ Os valores das derivadas parciais $\partial u/\partial\theta_2$

i	$(\partial u/\partial\theta_2)$	$(\partial u_1/\partial\theta_3)$	$(\partial u/\partial\theta_3)$	z_{i1}	z_{i2}	z_{i3}
1	0,1770940	0,0002935	0,0000443	0,777714586	0,311902315	0,001025142
2	0,2210058	0,0024030	0,0005223	1,059249762	0,305996775	0,010977267
3	0,2444338	0,0098980	0,0028114	1,370874944	0,287897507	0,056321727
4	0,2403085	0,0356592	0,0134668	1,894477486	0,25265298	0,274501688
5	0,1624718	0,0722316	0,0360009	2,712948953	0,193813332	0,989873105
6	0,0785095	0,0551916	0,0315902	3,245786231	0,154355947	1,635197815

▶ Valores calculados dos produtos entre as derivadas

i	z_{i1}^2	z_{i2}^2	z_{i3}^2	$z_{i1}z_{i2}$	$z_{i1}z_{i3}$	$z_{i2}z_{i3}$
1	0,60483998	0,0972831	1,0509E-06	0,2425710	0,0007973	0,0003197
2	1,12201006	0,0936340	0,0001205	0,3241270	0,0116277	0,0033590
3	1,87929811	0,0828850	0,0031721	0,3946715	0,0772100	0,0162149
4	3,58904495	0,0638335	0,0753512	0,4786454	0,5200373	0,0693537
5	7,36009202	0,0375636	0,9798488	0,5258057	2,6854752	0,1918506
6	10,535128	0,0238258	2,6738719	0,5010064	5,3075026	0,2524025

▶ Valores calculados de h_i e dos produtos $h_i z_{i1}$, $h_i z_{i2}$ e $h_i z_{i3}$

i	h_i	$h_i z_{i1}$	$h_i z_{i2}$	$h_i z_{i3}$
1	1,8614271	1,447658983	0,580583411	0,001908226
2	1,903751191	2,016547996	0,582541725	0,020897985
3	2,355625282	3,229267675	0,678178647	0,132672885
4	2,70761257	5,129511054	0,684086384	0,743244221
5	7,195255234	19,52036015	1,394536388	7,122389642
6	13,19106885	42,81538963	2,036119924	21,57000695

▶ Cálculos dos somatórios $\mathbf{Z}^T\mathbf{Z}$: $$\mathbf{Z}^T\mathbf{Z} = \begin{bmatrix} \sum_{i=1}^{m} z_{i1}^2 & \sum_{i=1}^{m} z_{i1}z_{i2} & \sum_{i=1}^{m} z_{i1}z_{i3} \\ \sum_{i=1}^{m} z_{i2}z_{i1} & \sum_{i=1}^{m} z_{i2}^2 & \sum_{i=1}^{m} z_{i2}z_{i3} \\ \sum_{i=1}^{m} z_{i3}z_{i1} & \sum_{i=1}^{m} z_{i3}z_{i2} & \sum_{i=1}^{m} z_{i3}^2 \end{bmatrix}$$

$$\sum_{i=1}^{m} z_{i1}^2 = 25{,}09041337,\ \sum_{i=1}^{m} z_{i2}^2 = 0{,}399024949,\ \sum_{i=1}^{m} z_{i3}^2 = 3{,}732365523$$

$$\sum_{i=1}^{m} z_{i1}z_{i2} = 2{,}466826934,\ \sum_{i=1}^{m} z_{i1}z_{i3} = 8{,}602650005 \text{ e } \sum_{i=1}^{m} z_{i2}z_{i3} = 0{,}533500418$$

Portanto,

$$\mathbf{Z}^{\mathrm{T}}\mathbf{Z} = \begin{bmatrix} 25{,}09041337 & 2{,}466826934 & 8{,}602650005 \\ 2{,}466826934 & 0{,}399024949 & 0{,}533500418 \\ 8{,}602650005 & 0{,}533500418 & 3{,}732365523 \end{bmatrix}$$

▶ Calcular a matriz inversa **B** = [$\mathbf{Z}^T\mathbf{Z}$]$^{-1}$: O procedimento empregado nos capítulos anteriores para a inversão matricial fornece:

$$\mathbf{B} = \left[\mathbf{Z}^{\mathrm{T}}\mathbf{Z}\right]^{-1} = \begin{bmatrix} 1{,}922208035 & -7{,}367867487 & -3{,}377301204 \\ -7{,}367867487 & 31{,}33941564 & 12{,}50241801 \\ -3{,}377301204 & 12{,}50241801 & 6{,}265113864 \end{bmatrix}$$

▶ Efetuar a multiplicação $\mathbf{Z}^{\mathrm{T}}\mathbf{h}$: $\boldsymbol{\beta} = \mathbf{Z}^T\mathbf{h} = \left[\sum_{i=1}^{m} h_i z_{i1} \quad \sum_{i=1}^{m} h_i z_{i2} \quad \sum_{i=1}^{m} h_i z_{i3}\right]^T$

$$\sum_{i=1}^{m} h_i z_{i1} = 74{,}15873549,\ \sum_{i=1}^{m} h_i z_{i2} = 5{,}956046479 \text{ e } \sum_{i=1}^{m} h_i z_{i3} = 29{,}59111991$$

Portanto,

$$\boldsymbol{\beta} = \mathbf{Z}^T\mathbf{h} = \begin{bmatrix} 74{,}15873549 \\ 5{,}956046479 \\ 29{,}59111991 \end{bmatrix}$$

▶ Efetuar a multiplicação $\Delta\theta = \mathbf{B}\boldsymbol{\beta} = \left[\Delta\theta_1 \quad \Delta\theta_2 \quad \Delta\theta_3\right]^T$

$$\begin{bmatrix} \Delta\theta_1 \\ \Delta\theta_2 \\ \Delta\theta_3 \end{bmatrix} = \begin{bmatrix} 1{,}922208035 & -7{,}367867487 & -3{,}377301204 \\ -7{,}367867487 & 31{,}33941564 & 12{,}50241801 \\ -3{,}377301204 & 12{,}50241801 & 6{,}265113864 \end{bmatrix} \begin{bmatrix} 74{,}15873549 \\ 5{,}956046479 \\ 29{,}59111991 \end{bmatrix}$$

$$= \begin{bmatrix} -1{,}272968876 \\ 10{,}22783042 \\ 9{,}400331664 \end{bmatrix}$$

- Valor máximo: max_valor = máximo($|\Delta\theta_1|$, $|\Delta\theta_2|$, $|\Delta\theta_3|$) = 10,22783042
- Verificação da convergência

  L1 = (k > Itemax)? ⟶ L1 = (1 > 50)? ⟶ L1 = Falso

  L2 = (max_valor < Tol)? ⟶ L2 = (10,22783042 < $1x10^{-5}$)? ⟶ L2 = Falso

  L1 OU L2 ⟶ (Falso OU Falso) ⟶ Falso (continuar os cálculos)

  Atualizações os coeficientes

  $\theta_1 \leftarrow \theta_1 + \Delta\theta_1 \rightarrow \theta_1 = 3{,}727031124$

  $\theta_2 \leftarrow \theta_2 + \Delta\theta_2 \rightarrow \theta_2 = 15{,}22783042$

  $\theta_3 \leftarrow \theta_3 + \Delta\theta_3 \rightarrow \theta_3 = 16{,}40033166$

- Atualização do contador de iterações: $k \leftarrow k + 1 \rightarrow k = 2$

Retorne para o faça no início da etapa 6 e repita o procedimento até que uma das condições de convergência seja verdadeira. O procedimento converge com seis iterações. Os resultados finais são apresentados na forma tabular a seguir.

- Valores dos parâmetros em cada iteração:

k	$\theta_1^{(k)}$	$\theta_2^{(k)}$	$\theta_3^{(k)}$	$\Delta\theta_1^{(k)}$	$\Delta\theta_2^{(k)}$	$\Delta\theta_3^{(k)}$
1	5	5	7	-1,27296888	10,22783042	9,400331664
2	3,727031124	15,22783042	16,40033166	1,900394293	-4,10297188	-3,18089966
3	5,627425417	11,12485854	13,219432	0,00530213	1,493478389	1,168986657
4	5,632727546	12,61833693	14,38841866	0,013032647	-0,03545283	0,003534749
5	5,645760193	12,5828841	14,39195341	-5,8262E-06	0,0003778	1,37501E-05
6	5,645754367	12,5832619	14,39196716	1,1749E-07	-3,2731E-06	-5,2536E-07

- Valores da matriz $\mathbf{Z}^T\mathbf{Z}$ e do vetor $\boldsymbol{\beta}$

k	$\mathbf{Z}^T\mathbf{Z}$			$\boldsymbol{\beta}$
1	25,09041337	2,466826934	8,602650005	74,15873549
	2,466826934	0,399024949	0,533500418	5,956046479
	8,602650005	0,533500418	3,732365523	29,59111991
2	55,586319	0,370332988	3,705990243	92,32807443
	0,370332988	0,006913024	0,011679899	0,64224205
	3,705990243	0,011679899	0,352100499	5,874924049

k	Z^TZ			β
3	47,38111564	0,926922913	7,083082467	9,915589046
	0,926922913	0,040017694	0,069425069	0,145837206
	7,083082467	0,069425069	1,460462743	1,848501721
4	50,65264746	0,759816787	6,530102086	0,656282677
	0,759816787	0,026087585	0,047889467	0,009146822
	6,530102086	0,047889467	1,175848584	0,087563026
5	50,65125304	0,765420922	6,543009479	8,40368E-05
	0,765420922	0,026465548	0,048358007	6,20409E-06
	6,543009479	0,048358007	1,180457648	-3,62007E-06
6	50,65138734	0,765379663	6,54300088	8,44676E-09
	0,765379663	0,026462741	0,048354998	-2,2094E-08
	6,54300088	0,048354998	1,18045267	-9,69589E-09

▶ Valores da matriz inversa $\mathbf{B} = (\mathbf{Z}^T\mathbf{Z})^{-1}$ e do vetor $\Delta\boldsymbol{\theta}$

k	$B = (Z^TZ)^{-1}$			$\Delta\theta$
1	1,922208035	-7,367867487	-3,377301204	-1,272968876
	-7,367867487	31,33941564	12,50241801	10,22783042
	-3,377301204	12,50241801	6,265113864	9,400331664
2	0,179778086	-8,00576987	-1,626664122	1,900394293
	-8,00576987	536,5074203	66,46668381	-4,10297188
	-1,626664122	66,46668381	17,75651334	-3,18089966
3	0,282373221	-4,539038289	-1,153709517	0,00530213
	-4,539038289	100,1982371	17,2507742	1,493478389
	-1,153709517	17,2507742	5,460038949	1,168986657
4	0,233488936	-4,777330455	-1,102117053	0,013032647
	-4,777330455	139,1770751	20,86266883	-0,035452829
	-1,102117053	20,86266883	6,121395964	0,003534749
5	0,233596062	-4,745313435	-1,100376071	-5,82624E-06
	-4,745313435	137,2392713	20,68012623	0,0003778
	-1,100376071	20,68012623	6,099093339	1,37501E-05

k	$\mathbf{B} = (\mathbf{Z}^T\mathbf{Z})^{-1}$			$\Delta\theta$
	0,233593503	-4,745517414	-1,100368567	1,1749E-07
6	-4,745517414	137,2529005	20,68110099	-3,27308E-06
	-1,100368567	20,68110099	6,099082233	-5,25359E-07

7. Valores utilizados na qualidade do ajuste

▶ Modelo proposto: $u_{1i} = 1-(\theta_3+1)x_i^{\theta_3} + \theta_3 x_i^{\theta_3+1}$, $u_{2i} = 1-(1-\theta_2)x_i - \theta_2 x_i^{\theta_3+1}$, $u_i = (1-x_i)u_{2i}$ e $g_i = \dfrac{\theta_1\theta_2 x_i u_{1i}}{u_i}$

i	u_{1i}	u_{2i}	u_i	g_i
1	0,999999992	3,664150236	2,821395682	5,791339839
2	0,999998748	4,82247594	3,23105888	7,255773867
3	0,999951153	5,980773901	3,409041123	8,960458152
4	0,997796059	7,600260276	3,268111919	12,36331499
5	0,926809621	9,537222087	2,384305522	20,71119259
6	0,655988287	9,726808285	1,36175316	29,4314297

▶ Valores quadráticos residuais: $S_{Ri} = (y_i - g_i)^2$

▶ Valores quadráticos corrigidos: $S_{TCi} = (y_i - \bar{y})^2$

▶ Valores quadráticos dos dados experimentais: $S_{Ti} = y_i^2$

▶ Valores quadráticos do modelo: $S_{\text{Re}i} = g_i^2$

i	$\varepsilon_i = y_i - g_i$	S_{Ri}	S_{Ti}	S_{Rei}	S_{TCi}
1	-0,041339839	0,001708982	33,0625	33,53961714	69,50001111
2	-0,055773867	0,003110724	51,84	52,6462544	47,42617778
3	0,249541848	0,062271134	84,8241	80,28981029	23,78187778
4	-0,183314986	0,033604384	148,3524	152,8515575	3,635377778
5	0,048807405	0,002382163	430,9776	428,9534987	44,53337778
6	-0,011429695	0,000130638	865,5364	866,2090539	235,1111111

▶ Soma quadrática dos resíduos: $S_R = \sum_{i=1}^{m}(y_i - g_i)^2 = 0{,}103208025$

▶ Cálculo da soma quadrática total: $S_T = \sum_{i=1}^{m} y_i^2 = 1614{,}593$

- Soma quadrática total corrigida: $S_{TC} = \sum_{i=1}^{m} (y_i - \overline{y})^2 = 423{,}9879333$
- Cálculo da soma quadrática do modelo: $S_{\text{Re}} = \sum_{i=1}^{m} g_i^2 = 1614{,}489792$
- Graus de liberdade dos resíduos: $G_L^R = m - 3 = 3$
- Graus de liberdade da regressão: $G_L^{Re} = 3$
- Graus de liberdade total: $G_L^T = m = 6$
- Graus de liberdade total corrigido: $G_L^{TC} = m - 1 = 5$
- Proporção da variância explicada: $R^2 = 1 - S_R/S_T = 0{,}999936078$
- Proporção da variância explicada corrigida: $R_C^2 = 1 - S_R/S_{TC} = 0{,}999756578$
- Média quadrática residual: $M_R = S_R/G_L^R = 0{,}034402675$
- Média quadrática total corrigida: $M_{TC} = S_{TC}/G_L^{TC} = 84{,}79758667$
- Média quadrática devido à regressão: $M_{Re} = S_{Re}/G_L^{\text{Re}} = 538{,}163264$
- Variância populacional: $s^2 = M_R = 0{,}034402675$
- Erro padrão da estimativa: $s = \sqrt{M_R} = 0{,}185479581$
- Matriz de covariância $\mathbf{V} = \mathbf{B}s^2 = \begin{bmatrix} B_{11} & B_{12} & B_{13} \\ B_{21} & B_{22} & B_{23} \\ B_{31} & B_{32} & B_{33} \end{bmatrix} s^2$: A iteração seis fornece os valores finais da matriz B.

$$\mathbf{V} = \begin{bmatrix} 0{,}233593503 & -4{,}745517414 & -1{,}100368567 \\ -4{,}745517414 & 137{,}2529005 & 20{,}68110099 \\ -1{,}100368567 & 20{,}68110099 & 6{,}099082233 \end{bmatrix} \times 0{,}034402675$$

$$= \begin{bmatrix} 0{,}008036241 & -0{,}163258494 & -0{,}037855622 \\ -0{,}163258494 & 4{,}721866948 & 0{,}711485199 \\ -0{,}037855622 & 0{,}711485199 & 0{,}209824745 \end{bmatrix}$$

Portanto,

- Variância do coeficiente θ_1: $\text{Var}(\theta_1) = 0{,}008036241$
- Variância do coeficiente θ_2: $\text{Var}(\theta_2) = 4{,}721866948$
- Variância do coeficiente θ_3: $\text{Var}(\theta_3) = 0{,}209824745$

- Covariância entre θ_1 e θ_2: Cov(θ_1, θ_2) = -0,163258494
- Covariância entre θ_1 e θ_3: Cov(θ_1, θ_3) = -0,037855622
- Covariância entre θ_2 e θ_3: Cov(θ_2, θ_3) = 0,711485199

▶ Erro padrão do coeficiente θ_1: $E_{\theta 1} = \sqrt{\text{Var}(\theta_1)} = 0{,}089645086$

▶ Erro padrão do coeficiente θ_2: $E_{\theta 2} = \sqrt{\text{Var}(\theta_2)} = 2{,}172985722$

▶ Erro padrão do coeficiente θ_3: $E_{\theta 3} = \sqrt{\text{Var}(\theta_3)} = 0{,}45806631$

▶ Inferência sobre os coeficientes do modelo:

- Especificação do nível de confiança: NC = 95 %
- Cálculo do nível de significância: $\alpha = 1 - NC/100 = 0{,}05$
- Cálculo da probabilidade acumulada: $\phi = 1 - \alpha/2 = 0{,}975$
- Cálculo do valor crítico da distribuição t de Student:

  t = INVT(α; G_L^R) ⟶ t = INVT(0,05; 3) ⟶ t = 3,182446305
- Cálculo da estatística do coeficiente θ_1: $t_{Estat}|_{\theta 1} = \theta_1/E_{\theta 1}$= 62,97896102
- Cálculo da estatística do coeficiente θ_2: $t_{Estat}|_{\theta 2} = \theta_2/E\theta_2$= 5,790770632
- Cálculo da estatística do coeficiente θ_3: $t_{Estat}|_{\theta 3} = \theta_3/E_{\theta 3}$= 31,41896016
- Teste de hipótese para o coeficiente θ_1:

  ($t_{Estat}|_{\theta 1} > t$)? ⟶ (62,97896102 > 3,182446305)? Sim; portanto, o coeficiente θ_1 é estatisticamente significativo.
- Teste de hipótese para o coeficiente θ_2:

  ($t_{Estat}|_{\theta 2} > t$)? ⟶ (5,790770632 > 3,182446305)? Sim; portanto, o coeficiente θ_2 é estatisticamente significativo.
- Teste de hipótese para o coeficiente θ_3:

  ($t_{Estat}|_{\theta 3} > t$)? ⟶ (31,41896016 > 3,182446305)? Sim; portanto, o coeficiente θ_3 é estatisticamente significativo.
- Cálculo da distribuição t de Student para o coeficiente θ_1:

  valor-p$|_{\theta 1}$ = DISTT($t_{Estat}|_{\theta 1}$; G_L^R; 2) ⟶ valor-p$|_{\theta 1}$ = 8,82044E-06
- Cálculo da distribuição t de Student para o coeficiente θ_2:

  valor-p$|_{\theta 2}$ = DISTT($t_{Estat}|_{\theta 2}$; G_L^R; 2) ⟶ valor-p$|_{\theta 2}$ = 0,010244639

- Cálculo da distribuição t de Student para o coeficiente θ_3:

  valor-p$|_{\theta 3}$ = DISTT($t_{Estat}|_{\theta 3}$; G_L^R; 2) ⟶ valor-p$|_{\theta 3}$ = 7,08457E-05

- Teste de hipótese sobre o coeficiente θ_1:

  (valor-p$|_{\theta 1}$ < α)? ⟶ (8,82044E-06 < 0,05)? Sim; portanto, o coeficiente θ_1 é estatisticamente significativo.

- Teste de hipótese sobre o coeficiente θ_2:

  (valor-p$|_{\theta 2}$ < α)? ⟶ (0,010244639 < 0,05)? Sim; portanto, o coeficiente θ_2 é estatisticamente significativo.

- Teste de hipótese sobre o coeficiente θ_3:

  (valor-p$|_{\theta 3}$ < α)? ⟶ (7,08457E-05 < 0,05)? Sim; portanto, o coeficiente θ_3 é estatisticamente significativo.

▶ Inferência sobre o modelo:

TESTE ESTATÍSTICO 1

- Cálculo do valor crítico da distribuição F:

  F = INVF(α; G_L^{Re}; G_L^R) ⟶ F = INVF(0,05; 3; 3) ⟶ F = 9,276628154

- Cálculo da estatística de teste de hipótese: $F_{Estat} = M_{Re}/M_R$ = 15643,06443

- Teste de hipótese:

  ($F_{Estat} > F$)? ⟶ (15643,06443 > 9,276628154)? Sim; portanto, o modelo proposto é estatisticamente significativo.

- Cálculo da distribuição F:

  $F_{significância}$ = DISTF(F_{Estat}; G_L^{Re}; G_L^R) ⟶ $F_{significância}$ = 8,67593E-07

- Teste de hipótese:

  ($F_{significância}$ < α)? ⟶ (8,67593E-07 < 0,05)? Sim; portanto, o modelo proposto é estatisticamente significativo.

TESTE ESTATÍSTICO 2

- Cálculo do valor crítico da distribuição F corrigido

  $F|_{TC}$ = INVF(α; G_L^{Re}; G_L^{TC}) ⟶ $F|_{TC}$ = INVF(0,05; 3; 5) ⟶ $F|_{TC}$ = 5,40945132

- Cálculo da estatística de teste de hipótese: $F_{Estat}|_{TC} = M_{Re}/M_{TC}$ = 6,346445519

- Cálculo da distribuição $F|_{TC}$:

  $F_{sig}|_{TC}$ = DISTF($F_{Estat}|_{TC}$; G_L^{Re}; G_L^{TC}) ⟶ $F_{sig}|_{TC}$ = 0,037074896

- Teste de hipótese:

  ($F_{Estat}|_{TC} > F/_{TC}$)? ⟶ (6,346445519 > 5,40945132)? Sim; portanto, o modelo proposto é estatisticamente significativo.

- Teste de hipótese:

  ($F_{sig}|_{TC} < \alpha$)? ⟶ (0,037074896 < 0,05)? Sim; portanto, o modelo proposto é estatisticamente significativo.

▶ Intervalos de confiança para o coeficiente θ_1:

Intervalo: $\Delta_{\theta 1} = tE_{\theta 1}$ = 0,285290672

Inferior: $\theta_1 - \Delta_{\theta 1}$ = 5,360464

Central: θ_1 = 5,645754

Superior: $\theta_1 + \Delta_{\theta 1}$ = 5,931045

▶ Intervalos de confiança para o coeficiente θ_2:

Intervalo: $\Delta_{\theta 2} = tE_{\theta 2}$ = 6,915410381

Inferior: $\theta_2 - \Delta_{\theta 2}$ = 5,667852

Central: θ_2 = 12,583262

Superior: $\theta_2 + \Delta_{\theta 2}$ = 19,498672

▶ Intervalos de confiança para o coeficiente θ_3:

Intervalo: $\Delta_{\theta 3} = tE_{\theta 3}$ = 1,457771437

Inferior: $\theta_3 - \Delta_{\theta 3}$ = 12,934196

Central: θ_3 = 14,391967

Superior: $\theta_3 + \Delta_{\theta 3}$ = 15,849739

EXEMPLO 6 – MODELO BET – DIFERENÇAS FINITAS

Conforme o tópico anterior, o modelo de BET é representado por:

$$x_{eq} = \frac{X_m C a_w u_1}{(1-a_w)u_2} \qquad (10.74)$$

em que $u_1 = 1-(n+1)a_w^n + n a_w^{n+1}$ e $u_2 = 1-(1-C)a_w - C a_w^{n+1}$. X_m, C e n são parâmetros obtidos pela regressão não linear.

Fazendo $g_i = x_{eq}$, $x_i = a_w$, $\theta_1 = X_m$, $\theta_2 = C$ e $\theta_3 = n$, a Equação (10.74) pode ser escrita como:

$$g_i = \frac{\theta_1\theta_2 x_i u_1}{(1-x_i)u_2} = \frac{\theta_1\theta_2 x_i u_1}{u} \qquad (10.75)$$

em que $u_1 = 1-(\theta_3+1)x_i^{\theta_3} + \theta_3 x_i^{\theta_3+1}$, $u_2 = 1-(1-\theta_2)x_i - \theta_2 x_i^{\theta_3+1}$ e $u = (1-x_i)u_2$

A dependência funcional da Equação (10.75) é dada por $g_i = g_i(\theta_1, \theta_2, \theta_3)$; logo, as derivadas parciais podem ser aproximadas por diferenças finitas:

$$\left(\frac{\partial g_i}{\partial \theta_1}\right)_{\theta_2,\theta_3} = \frac{g_i\big|_{\theta_1+h,\theta_2,\theta_3} - g_i\big|_{\theta_1,\theta_2,\theta_3}}{h} = z_{i1} \qquad (10.76)$$

$$\left(\frac{\partial g_i}{\partial \theta_2}\right)_{\theta_1,\theta_3} = \frac{g_i\big|_{\theta_1,\theta_2+h,\theta_3} - g_i\big|_{\theta_1,\theta_2,\theta_3}}{h} = z_{i2} \qquad (10.77)$$

e

$$\left(\frac{\partial g_i}{\partial \theta_3}\right)_{\theta_1,\theta_2} = \frac{g_i\big|_{\theta_1,\theta_2,\theta_3+h} - g_i\big|_{\theta_1,\theta_2,\theta_3}}{h} = z_{i3} \qquad (10.78)$$

O valor de h é, normalmente, tomado como 1% do valor de θ_1, do valor θ_2 e do valor θ_3. Portanto, as Equações (10.24), (10.25) e (10.26) tornam-se, respectivamente:

$$z_{i1} = \frac{g_i\big|_{\theta_1+0,01\theta_1,\theta_2,\theta_3} - g_i\big|_{\theta_1,\theta_2,\theta_3}}{0,01\theta_1} = \frac{g_i\big|_{1,01\theta_1,\theta_2,\theta_3} - g_i\big|_{\theta_1,\theta_2,\theta_3}}{0,01\theta_1} = \frac{g_i^*\big|_{\theta_1^*,\theta_2,\theta_3} - g_i\big|_{\theta_1,\theta_2,\theta_3}}{0,01\theta_1} \qquad (10.79)$$

$$z_{i2} = \frac{g_i\big|_{\theta_1,1,01\theta_2,\theta_3} - g_i\big|_{\theta_1,\theta_2,\theta_3}}{0,01\theta_2} = \frac{g_i^{**}\big|_{\theta_1,\theta_2^*,\theta_3} - g_i\big|_{\theta_1,\theta_2,\theta_3}}{0,01\theta_2} \qquad (10.80)$$

e

$$z_{i3} = \frac{g_i\big|_{\theta_1,\theta_2,1,01\theta_3} - g_i\big|_{\theta_1,\theta_2,\theta_3}}{0,01\theta_3} = \frac{g_i^{***}\big|_{\theta_1,\theta_2,\theta_3^*} - g_i\big|_{\theta_1,\theta_2,\theta_3}}{0,01\theta_3} \quad (10.81)$$

em que $\theta_1^* = 1,01\theta_1$, $\theta_2^* = 1,01\theta_2$ e $\theta_3^* = 1,01\theta_3$.

Conforme as Equações (10.79), (10.80) e (10.81), a função g_i é avaliada nos seguintes trio de pontos:

- Trio de pontos $(\theta_1, \theta_2, \theta_3)$: $g_i = \frac{\theta_1\theta_2 x_i u_1}{u}$, em que $u_1 = 1-(\theta_3+1)x_i^{\theta_3} + \theta_3 x_i^{\theta_3+1}$, $u_2 = 1- 1-\theta_2)x_i - \theta_2 x_i^{\theta_3+1}$ e $u = (1-x_i)u_2$.

- Trio de pontos $(\theta_1^*, \theta_2, \theta_3)$: $g_i^* = \frac{\theta_1^*\theta_2 x_i u_1}{u}$, em que $u_1 = 1-(\theta_3+1)x_i^{\theta_3} + \theta_3 x_i^{\theta_3+1}$, $u_2 = 1- 1-\theta_2)x_i - \theta_2 x_i^{\theta_3+1}$ e $u = (1-x_i)u_2$.

- Trio de pontos $(\theta_1, \theta_2^*, \theta_3)$: $g_i^{**} = \frac{\theta_1\theta_2^* x_i u_1}{u^{**}}$, em que $u_1 = 1-(\theta_3+1)x_i^{\theta_3} + \theta_3 x_i^{\theta_3+1}$, $u_2^{**} = 1- 1-\theta_2^*)x_i - \theta_2^* x_i^{\theta_3+1}$ e $u^{**} = (1-x_i)u_2^{**}$

- Trio de pontos $(\theta_1, \theta_2, \theta_3^*)$: $g_i^{***} = \frac{\theta_1\theta_2 x_i u_1^{***}}{u^{***}}$, em que $u_1^{***} = 1-(\theta_3^*+1)x_i^{\theta_3^*} + \theta_3^* x_i^{\theta_3^*+1}$, $u_2^{***} = 1- 1-\theta_2)x_i - \theta_2 x_i^{\theta_3^*+1}$ e $u^{***} = (1-x_i)u_2^{***}$.

Roteiro de cálculo – Tabela 7.2 do Capítulo 7:

1. Entrada de dados: $m = 6$, $y_i = (x_{eq})_i$ e $x_i = (a_w)_i$ para $i = 1, 2, ..., 6$
2. Informações do procedimento iterativo: Tol = $1\text{x}10^{-5}$ e Itemax = 50
3. Média dos valores de y: $\overline{y} = 14,08666667$
4. Estimativa inicial dos parâmetros: $\theta_1 = 5$, $\theta_2 = 5$ e $\theta_3 = 7$
5. Inicialização do contador de iteração: $k = 1$
6. Método de Gauss-Newton

   $\theta_1^* = 1,01\theta_1$, $\theta_2^* = 1,01\theta_2$ e $\theta_3^* = 1,01\theta_3$

   Faça

   - Para $i = 1, 2, 3, 4, 5, 6$; calcular as funções:

$$u_{1i} = 1-(\theta_3+1)x_i^{\theta_3} + \theta_3 x_i^{\theta_3+1},\ u_{2i} = 1-(1-\theta_2)x_i - \theta_2 x_i^{\theta_3+1},\ u_i = (1-x_i)u_{2i}$$

$$g_i = \frac{\theta_1 \theta_2 x_i u_1}{u},\ \ g_i^* = \frac{\theta_1^* \theta_2 x_i u_1}{u},\ u_2^{**} = 1 - \ 1 - \theta_2^*)x_i - \theta_2^* x_i^{\theta_3+1},\ \ u^{**} = \ 1 - x_i)u_2^{**}$$

$$g_i^{**} = \frac{\theta_1 \theta_2^* x_i u_1}{u^{**}},\ \ u_1^{***} = 1 - \ \theta_3^* + 1)x_i^{\theta_3^*} + \theta_3^* x_i^{\theta_3^*+1},\ u_2^{***} = 1 - \ 1 - \theta_2)x_i - \theta_2 x_i^{\theta_3^*+1}$$

$$u^{***} = \ 1 - x_i)u_2^{***},\ g_i^{***} = \frac{\theta_1 \theta_2 x_i u_1^{***}}{u^{***}},\ \ z_{i1} = \frac{g_i^* - g_i}{0{,}01\theta_1},\ z_{i2} = \frac{g_i^{**} - g_i}{0{,}01\theta_2} \text{ e } z_{i3} = \frac{g_i^{***} - g_i}{0{,}01\theta_3}$$

▶ Os valores obtidos são apresentados abaixo:

i	$x_i = (a_w)_i$	$y_i = (x_{eq})_i$	g_i	g_i^*	g_i^{**}	g_i^{***}
1	0,23	5,75	3,8885729	3,9274587	3,9040752	3,8886415
2	0,33	7,2	5,2962488	5,3492113	5,3114406	5,2969921
3	0,43	9,21	6,8543747	6,9229185	6,8686568	6,8582240
4	0,57	12,18	9,4723874	9,5671113	9,4849115	9,4913327
5	0,75	20,76	13,5647448	13,7003922	13,5743463	13,6336438
6	0,86	29,42	16,2289312	16,3912205	16,2365761	16,3431158

▶ Os valores das derivadas parciais

i	z_{i1}	z_{i2}	z_{i3}
1	0,777714586	0,310045298	0,000979069
2	1,059249762	0,303836138	0,010617751
3	1,370874944	0,285640972	0,054989297
4	1,894477486	0,250482208	0,270646671
5	2,712948953	0,192030216	0,984271279
6	3,245786231	0,152899663	1,631209597

▶ Valores calculados dos produtos entre as derivadas

i	z_{i1}^2	z_{i2}^2	z_{i3}^2	$z_{i1}z_{i2}$	$z_{i1}z_{i3}$	$z_{i2}z_{i3}$
1	0,60483998	0,0961281	9,5858E-07	0,2411268	0,0007614	0,0003036
2	1,12201006	0,0923164	0,0001127	0,3218384	0,0112468	0,0032261
3	1,87929811	0,0815908	0,0030238	0,3915781	0,0753835	0,0157072
4	3,58904495	0,0627413	0,0732496	0,4745329	0,5127340	0,0677922

i	z_{i1}^2	z_{i2}^2	z_{i3}^2	$z_{i1}z_{i2}$	$z_{i1}z_{i3}$	$z_{i2}z_{i3}$
5	7,36009202	0,0368756	0,9687900	0,5209682	2,6702777	0,1890098
6	10,535128	0,0233783	2,6608448	0,4962796	5,2945577	0,2494114

▶ Valores calculados de h_i e dos produtos $h_i z_{i1}$, $h_i z_{i2}$ e $h_i z_{i3}$

i	h_i	$h_i z_{i1}$	$h_i z_{i2}$	$h_i z_{i3}$
1	1,8614271	1,447658983	0,57712671	0,001822466
2	1,9037512	2,016547996	0,578428409	0,020213555
3	2,3556253	3,229267675	0,672863096	0,129534179
4	2,7076126	5,129511054	0,678208775	0,732806327
5	7,1952552	19,52036015	1,381706417	7,082083073
6	13,1910688	42,81538963	2,016909982	21,5173981

▶ Cálculos dos somatórios $\mathbf{Z}^T\mathbf{Z}$: $\mathbf{Z}^T\mathbf{Z} = \begin{bmatrix} \sum_{i=1}^{m} z_{i1}^2 & \sum_{i=1}^{m} z_{i1}z_{i2} & \sum_{i=1}^{m} z_{i1}z_{i3} \\ \sum_{i=1}^{m} z_{i2}z_{i1} & \sum_{i=1}^{m} z_{i2}^2 & \sum_{i=1}^{m} z_{i2}z_{i3} \\ \sum_{i=1}^{m} z_{i3}z_{i1} & \sum_{i=1}^{m} z_{i3}z_{i2} & \sum_{i=1}^{m} z_{i3}^2 \end{bmatrix}$

$$\sum_{i=1}^{m} z_{i1}^2 = 25{,}09041337,\ \sum_{i=1}^{m} z_{i2}^2 = 0{,}393030498,\ \sum_{i=1}^{m} z_{i3}^2 = 3{,}70602184,\ \sum_{i=1}^{m} z_{i1}z_{i2} = 2{,}446323857,$$

$$\sum_{i=1}^{m} z_{i1}z_{i3} = 8{,}564961148 \text{ e } \sum_{i=1}^{m} z_{i2}z_{i3} = 0{,}525450208$$

Portanto,

$$\mathbf{Z}^T\mathbf{Z} = \begin{bmatrix} 25{,}09041337 & 2{,}446323857 & 8{,}564961148 \\ 2{,}446323857 & 0{,}393030498 & 0{,}525450208 \\ 8{,}564961148 & 0{,}525450208 & 3{,}70602184 \end{bmatrix}$$

▶ Calcular a matriz inversa $\mathbf{B} = [\mathbf{Z}^T\mathbf{Z}]^{-1}$: O procedimento empregado nos capítulos anteriores para a inversão matricial fornece:

$$\mathbf{B} = \left(\mathbf{Z}^\mathrm{T}\mathbf{Z}\right)^{-1} = \begin{bmatrix} 1{,}882441204 & -7{,}280590277 & -3{,}318234114 \\ -7{,}280590277 & 31{,}29806057 & 12{,}38859413 \\ -3{,}318234114 & 12{,}38859413 & 6{,}182089013 \end{bmatrix}$$

▶ Efetuar a multiplicação $\mathbf{Z}^\mathrm{T}\mathbf{h}$: $\boldsymbol{\beta} = \mathbf{Z}^T\mathbf{h} = \begin{bmatrix} \sum_{i=1}^{m} h_i z_{i1} & \sum_{i=1}^{m} h_i z_{i2} & \sum_{i=1}^{m} h_i z_{i3} \end{bmatrix}^T$

$$\sum_{i=1}^{m} h_i z_{i1} = 74{,}15873549,\ \sum_{i=1}^{m} h_i z_{i2} = 5{,}905243388 \text{ e } \sum_{i=1}^{m} h_i z_{i3} = 29{,}4838577$$

Portanto,

$$\boldsymbol{\beta} = \mathbf{Z}^T\mathbf{h} = \begin{bmatrix} 74{,}15873549 \\ 5{,}905243388 \\ 29{,}4838577 \end{bmatrix}$$

▶ Efetuar a multiplicação $\Delta\theta = \mathbf{B}\boldsymbol{\beta} = \begin{bmatrix} \Delta\theta_1 \\ \Delta\theta_2 \\ \Delta\theta_3 \end{bmatrix}$

$$\begin{bmatrix} \Delta\theta_1 \\ \Delta\theta_2 \\ \Delta\theta_3 \end{bmatrix} = \begin{bmatrix} 1{,}882441204 & -7{,}280590277 & -3{,}318234114 \\ -7{,}280590277 & 31{,}29806057 & 12{,}38859413 \\ -3{,}318234114 & 12{,}38859413 & 6{,}182089013 \end{bmatrix} \begin{bmatrix} 74{,}15873549 \\ 5{,}905243388 \\ 29{,}4838577 \end{bmatrix}$$

$$= \begin{bmatrix} -1{,}228540714 \\ 10{,}16684308 \\ 9{,}353450374 \end{bmatrix}$$

▶ Valor máximo: max_valor = máximo($|\Delta\theta_1|$, $|\Delta\theta_2|$, $|\Delta\theta_3|$) = 10,16684308

- Verificação da convergência

L1 = (k > Itemax)? ⟶ L1 = (1 > 50)? ⟶ L1 = Falso

L2 = (max_valor < Tol)? ⟶ L2 = (10,16684308 < 1x10^{-5})? ⟶ L2 = Falso

L1 OU L2 ⟶ (Falso OU Falso) ⟶ Falso (continuar os cálculos)

- Atualizações os coeficientes

$\theta_1 \longleftarrow \theta_1 + \Delta\theta_1 \longrightarrow \theta_1 = 3{,}771459286$

$\theta_2 \longleftarrow \theta_2 + \Delta\theta_2 \longrightarrow \theta_2 = 15{,}16684308$

$\theta_3 \longleftarrow \theta_3 + \Delta\theta_3 \longrightarrow \theta_3 = 16{,}35345037$

- Atualização do contador de iterações: $k \longleftarrow k + 1 \longrightarrow k = 2$

Retorne para o faça no início da etapa 6 e repita o procedimento até que uma das condições de convergência seja verdadeira. O procedimento converge com sete iterações. Os resultados finais são apresentados na forma tabular a seguir.

- Valores dos parâmetros em cada iteração:

k	$\theta_1^{(k)}$	$\theta_2^{(k)}$	$\theta_3^{(k)}$	$\Delta\theta_1^{(k)}$	$\Delta\theta_2^{(k)}$	$\Delta\theta_3^{(k)}$
1	5	5	7	-1,2285407	10,1668431	9,35345037
2	3,771459286	15,16684308	16,3534504	1,85541583	-3,9511465	-3,0786705
3	5,62687512	11,21569657	13,2747799	0,00850764	1,39875224	1,11538330
4	5,635382757	12,61444882	14,3901632	0,01046753	-0,0336746	0,00131211
5	5,64585029	12,58077417	14,3914753	-7,379E-06	0,00065755	2,1433E-05
6	5,64584291	12,58143172	14,3914967	1,5427E-07	-1,042E-05	-8,565E-07
7	5,645843064	12,5814213	14,3914959	-2,473E-09	1,6742E-07	1,7593E-08

- Valores da matriz $\mathbf{Z}^T\mathbf{Z}$ e do vetor $\boldsymbol{\beta}$

k	$\mathbf{Z}^T\mathbf{Z}$			$\boldsymbol{\beta}$
1	25,09041337	2,446323857	8,564961148	74,15873549
	2,446323857	0,393030498	0,525450208	5,905243388
	8,564961148	0,525450208	3,70602184	29,4838577
2	55,48075151	0,373743962	3,731482591	89,97514233
	0,373743962	0,006064258	0,011880476	0,68291362
	3,731482591	0,011880476	0,35813343	5,773935559

k	Z^TZ			β
3	47,54991695	0,906485622	7,005927994	9,486781284
	0,906485622	0,038263826	0,066692652	0,135621533
	7,005927994	0,066692652	1,427259271	1,744831538
4	50,65564279	0,753655686	6,482140006	0,513365789
	0,753655686	0,025693023	0,047070908	0,007085474
	6,482140006	0,047070908	1,160680551	0,067789858
5	50,64957262	0,758652487	6,493100548	0,000264249
	0,758652487	0,026028821	0,047486592	1,25345E-05
	6,493100548	0,047486592	1,164659679	8,27094E-06
6	50,64980063	0,758581621	6,49309002	-5,6543E-06
	0,758581621	0,026024038	0,047481507	-1,94884E-07
	6,49309002	0,047481507	1,164652796	-4,90761E-07
7	50,64979582	0,758582742	6,493090484	1,15972E-07
	0,758582742	0,026024114	0,047481591	3,31627E-09
	6,493090484	0,047481591	1,164653035	1,23808E-08

- Valores da matriz inversa $\mathbf{B} = (\mathbf{Z}^T\mathbf{Z})^{-1}$ e do vetor $\mathbf{\Delta\theta}$

k	$B = (Z^TZ)^{-1}$			$\Delta\theta$
1	1,882441204	-7,280590277	-3,318234114	-1,228540714
	-7,280590277	31,29806057	12,38859413	10,16684308
	-3,318234114	12,38859413	6,182089013	9,353450374
2	0,179130507	-7,896652887	-1,604447737	1,855415834
	-7,896652887	524,472419	64,87872607	-3,951146513
	-1,604447737	64,87872607	17,35715832	-3,078670496
3	0,276372081	-4,553704421	-1,143831615	0,008507637
	-4,553704421	103,4816816	17,51710989	1,398752244
	-1,143831615	17,51710989	5,496786445	1,115383296
4	0,23108605	-4,76837038	-1,097184412	0,010467532
	-4,76837038	140,4383873	20,93485753	-0,033674643
	-1,097184412	20,93485753	6,140087559	0,001312113

k	$\mathbf{B = (Z^TZ)^{-1}}$			$\Delta\theta$
5	0,231241093	-4,740541624	-1,095907694	-7,37943E-06
	-4,740541624	138,6895661	20,77423905	0,000657547
	-1,095907694	20,77423905	6,121394227	2,14326E-05
6	0,231236782	-4,740896074	-1,095894293	1,54265E-07
	-4,740896074	138,713458	20,77592653	-1,04226E-05
	-1,095894293	20,77592653	6,121367684	-8,56508E-07
7	0,231236865	-4,740890668	-1,095894498	-2,47317E-09
	-4,740890668	138,7130816	20,77589937	1,67423E-07
	-1,095894498	20,77589937	6,12136762	1,75931E-08

7. Valores utilizados na qualidade do ajuste

- Modelo proposto: $u_{1i} = 1 - \ \theta_3 + 1)x_i^{\theta_3} + \theta_3 x_i^{\theta_3+1}$, $u_{2i} = 1-(1-\theta_2)x_i - \theta_2 x_i^{\theta_3+1}$, $u_i = \ 1 - x_i)u_{2i}$ e $g_i = \dfrac{\theta_1\theta_2 x_i u_1}{u}$
- Valores quadráticos residuais: $S_{Ri} = \ y_i - g_i)^2$
- Valores quadráticos corrigidos: $S_{TCi} = (y_i - \bar{y})^2$
- Valores quadráticos dos dados experimentais: $S_{Ti} = y_i^2$
- Valores quadráticos do modelo: $S_{\text{Re}i} = g_i^2$

i	g_i	S_{Ri}	S_{Ti}	S_{Rei}	S_{TCi}
1	5,791252783	-0,041252783	0,001701792	33,0625	33,5386088
2	7,25574038	-0,05574038	0,00310699	51,84	52,64576846
3	8,960473848	0,249526152	0,062263301	84,8241	80,29009157
4	12,36340137	-0,183401371	0,033636063	148,3524	152,8536935
5	20,71130293	0,048697068	0,002371404	430,9776	428,9580692
6	29,43133635	-0,011336347	0,000128513	865,5364	866,2035592

- Soma quadrática dos resíduos: $S_R = \sum_{i=1}^{m} \ y_i - g_i)^2 = 0{,}103208063$
- Cálculo da soma quadrática total: $S_T = \sum_{i=1}^{m} y_i^2 = 1614{,}593$
- Soma quadrática total corrigida: $S_{TC} = \sum_{i=1}^{m} \ y_i - \bar{y})^2 = 423{,}9879333$

- Cálculo da soma quadrática do modelo: $S_{\mathrm{Re}} = \sum_{i=1}^{m} g_i^2 = 1614{,}489791$
- Graus de liberdade dos resíduos: $G_L^R = m - 3 = 3$
- Graus de liberdade da regressão: $G_L^{Re} = 3$
- Graus de liberdade total: $G_L^T = m = 6$
- Graus de liberdade total corrigido: $G_L^{TC} = m - 1 = 5$
- Proporção da variância explicada: $R^2 = 1 - S_R/S_T = 0{,}999936078$
- Proporção da variância explicada corrigida: $R_C^2 = 1 - S_R/S_{TC} = 0{,}999756578$
- Média quadrática residual: $M_R = S_R/G_L^R = 0{,}034402688$
- Média quadrática total corrigida: $M_{TC} = S_{TC}/G_L^{TC} = 84{,}79758667$
- Média quadrática devido à regressão: $M_{Re} = S_{Re}/G_L^{Re} = 538{,}1632635$
- Variância populacional: $s^2 = M_R = 0{,}034402688$
- Erro padrão da estimativa: $s = \sqrt{M_R} = 0{,}185479615$
- Matriz de covariância $\mathbf{V} = \mathbf{B}s^2 = \begin{bmatrix} B_{11} & B_{12} & B_{13} \\ B_{21} & B_{22} & B_{23} \\ B_{31} & B_{32} & B_{33} \end{bmatrix} s^2$: A iteração sete fornece os valores finais da matriz B.

$$\mathbf{V} = \begin{bmatrix} 0{,}231236865 & -4{,}740890668 & -1{,}095894498 \\ -4{,}740890668 & 138{,}7130816 & 20{,}77589937 \\ -1{,}095894498 & 20{,}77589937 & 6{,}12136762 \end{bmatrix} \times 0{,}034402688$$

$$= \begin{bmatrix} 0{,}00795517 & -0{,}163099381 & -0{,}037701716 \\ -0{,}163099381 & 4{,}772102823 & 0{,}714746777 \\ -0{,}037701716 & 0{,}714746777 & 0{,}210591498 \end{bmatrix}$$

Portanto,

- Variância do coeficiente θ_1: $\mathrm{Var}(\theta_1) = 0{,}00795517$
- Variância do coeficiente θ_2: $\mathrm{Var}(\theta_2) = 4{,}772102823$
- Variância do coeficiente θ_3: $\mathrm{Var}(\theta_3) = 0{,}210591498$
- Covariância entre θ_1 e θ_2: $\mathrm{Cov}(\theta_1, \theta_2) = -0{,}163099381$
- Covariância entre θ_1 e θ_3: $\mathrm{Cov}(\theta_1, \theta_3) = -0{,}037701716$

- Covariância entre θ_2 e θ_3: $Cov(\theta_2, \theta_3) = 0{,}714746777$

▶ Erro padrão do coeficiente θ_1: $E_{\theta 1} = \sqrt{\mathrm{Var}(\theta_1)} = 0{,}089191758$

▶ Erro padrão do coeficiente θ_2: $E_{\theta 2} = \sqrt{\mathrm{Var}(\theta_2)} = 2{,}184514322$

▶ Erro padrão do coeficiente θ_3: $E_{\theta 3} = \sqrt{\mathrm{Var}(\theta_3)} = 0{,}458902493$

▶ Inferência sobre os coeficientes do modelo:

- Especificação do nível de confiança: $NC = 95\ \%$
- Cálculo do nível de significância: $\alpha = 1 - NC/100 = 0{,}05$
- Cálculo da probabilidade acumulada: $\phi = 1 - \alpha/2 = 0{,}975$
- Cálculo do valor crítico da distribuição t de Student:

  $t = \mathrm{INVT}(\alpha; G_L^R) \longrightarrow t = \mathrm{INVT}(0{,}05; 3) \longrightarrow t = 3{,}182446305$

- Cálculo da estatística do coeficiente θ_1: $t_{Estat}|_{\theta 1} = \theta_1/E_{\theta 1} = 63{,}30005388$
- Cálculo da estatística do coeficiente θ_2: $t_{Estat}|_{\theta 2} = \theta_2/E_{\theta 2} = 5{,}759367732$
- Cálculo da estatística do coeficiente θ_3: $t_{Estat}|_{\theta 3} = \theta_3/E_{\theta 3} = 31{,}36068353$
- Teste de hipótese para o coeficiente θ_1:

  $(t_{Estat}|_{\theta 1} > t)? \longrightarrow (63{,}30005388 > 3{,}182446305)?$ Sim; portanto, o coeficiente θ_1 é estatisticamente significativo.

- Teste de hipótese para o coeficiente θ_2:

  $(t_{Estat}|_{\theta 2} > t)? \longrightarrow (5{,}759367732 > 3{,}182446305)?$ Sim; portanto, o coeficiente θ_2 é estatisticamente significativo.

- Teste de hipótese para o coeficiente θ_3:

  $(t_{Estat}|_{\theta 3} > t)? \longrightarrow (31{,}36068353 > 3{,}182446305)?$ Sim; portanto, o coeficiente θ_3 é estatisticamente significativo.

- Cálculo da distribuição t de Student para o coeficiente θ_1:

  $\text{valor-p}|_{\theta 1} = \mathrm{DISTT}(t_{Estat}|_{\theta 1}; G_L^R; 2) \longrightarrow \text{valor-p}|_{\theta 1} = 8{,}68697\text{E-}06$

- Cálculo da distribuição t de Student para o coeficiente θ_2:

  $\text{valor-p}|_{\theta 2} = \mathrm{DISTT}(t_{Estat}|_{\theta 2}; G_L^R; 2) \longrightarrow \text{valor-p}|_{\theta 2} = 0{,}010401866$

- Cálculo da distribuição t de Student para o coeficiente θ_3:

  $\text{valor-p}|_{\theta 3} = \mathrm{DISTT}(t_{Estat}|_{\theta 3}; G_L^R; 2) \longrightarrow \text{valor-p}|_{\theta 3} = 7{,}12405\text{E-}05$

- Teste de hipótese sobre o coeficiente θ_1:

  (valor-p$|_{\theta 1}$ < α)? ⟶ (8,68697E-06 < 0,05)? Sim; portanto, o coeficiente θ_1 é estatisticamente significativo.

- Teste de hipótese sobre o coeficiente θ_2:

  (valor-p$|_{\theta 2}$ < α)? ⟶ (0,010401866 < 0,05)? Sim; portanto, o coeficiente θ_2 é estatisticamente significativo.

- Teste de hipótese sobre o coeficiente θ_3:

  (valor-p$|_{\theta 3}$ < α)? ⟶ (7,12405E-05 < 0,05)? Sim; portanto, o coeficiente θ_3 é estatisticamente significativo.

▶ Inferência sobre o modelo:

TESTE ESTATÍSTICO 1

- Cálculo do valor crítico da distribuição F:

  $F = \text{INVF}(\alpha; G_L^{Re}; G_L^{R}) \longrightarrow F = \text{INVF}(0{,}05; 3; 3) \longrightarrow F = 9{,}276628154$

- Cálculo da estatística de teste de hipótese: $F_{Estat} = M_{Re}/M_R = 15643{,}05872$

- Teste de hipótese:

  $(F_{Estat} > F)$? ⟶ (15643,05872 > 9,276628154)? Sim; portanto, o modelo proposto é estatisticamente significativo.

- Cálculo da distribuição F:

  $F_{significância} = \text{DISTF}(F_{Estat}; G_L^{Re}; G_L^{R}) \longrightarrow F_{significância} = 8{,}67594\text{E-}07$

- Teste de hipótese:

  $(F_{significância} < \alpha)$? ⟶ (8,67594E-07 < 0,05)? Sim; portanto, o modelo proposto é estatisticamente significativo.

TESTE ESTATÍSTICO 2

- Cálculo do valor crítico da distribuição F corrigido

  $F|_{TC} = \text{INVF}(\alpha; G_L^{Re}; G_L^{TC}) \longrightarrow F|_{TC} = \text{INVF}(0{,}05; 3; 5) \longrightarrow F|_{TC} = 5{,}40945132$

- Cálculo da estatística de teste de hipótese: $F_{Estat}|_{TC} = M_{Re}/M_{TC} = 6{,}346445515$

- Cálculo da distribuição $F|_{TC}$:

  $F_{sig}|_{TC} = \text{DISTF}(F_{Estat}|_{TC}; G_L^{Re}; G_L^{TC}) \longrightarrow F_{sig}|_{TC} = 0{,}037074896$

- Teste de hipótese:

  $(F_{Estat}|_{TC} > F|_{TC})$? ⟶ (6,346445515 > 5,40945132)? Sim; portanto, o modelo proposto é estatisticamente significativo.

- Teste de hipótese:

  $(F_{sig}|_{TC} < \alpha)$? ⟶ (0,037074896 < 0,05)? Sim; portanto, o modelo proposto é estatisticamente significativo.

▶ Intervalos de confiança para o coeficiente θ_1:

Intervalo: $\Delta_{\theta 1} = tE_{\theta 1} = 0{,}28384798$

Inferior: $\theta_1 - \Delta_{\theta 1} = 5{,}361995$

Central: $\theta_1 = 5{,}645843$

Superior: $\theta_1 + \Delta_{\theta 1} = 5{,}929691$

▶ Intervalos de confiança para o coeficiente θ_2:

Intervalo: $\Delta_{\theta 2} = tE_{\theta 2} = 6{,}952099532$

Inferior: $\theta_2 - \Delta_{\theta 2} = 5{,}629322$

Central: $\theta_2 = 12{,}581421$

Superior: $\theta_2 + \Delta_{\theta 2} = 19{,}533521$

▶ Intervalos de confiança para o coeficiente θ_3:

Intervalo: $\Delta_{\theta 3} = tE_{\theta 3} = 1{,}460432544$

Inferior: $\theta_3 - \Delta_{\theta 3} = 12{,}931063$

Central: $\theta_3 = 14{,}391496$

Superior: $\theta_3 + \Delta_{\theta 3} = 15{,}851928$

REFERÊNCIA BIBLIOGRÁFICA

ALCÂNTARA, S. R., SILVA, F. L. H., ALMEIDA, F. A. C., Produção de pectinases por fermentação semi--sólida com bagaço do pedúnculo do caju: Influência da atividade de água e fonte de nitrogênio. Dissertação em Pós-Graduação Em Engenharia Agrícola. Universidade Federal de Campina Grande. 2008.

BRUNAUER, S.; EMMETT, P.; TELLER, E. Adsorption of gases in multimolecular layers. **Journal of American Chemical Society**. v. 60, p. 309-319, 1938.

LOMAURO, C. J.; BAKSHI, A. S.; LABUZA, T. P. Evaluation of food moisture sorption isotherm equations. Part I: Fruit, vegetable and meat products. **Lebensmittel - Wissenschaft & Techonologie**. v. 18, 111-117, 1985.

VAN DEN BERG, C. Development of B.E.T. like models for sorption of water of foods: theory and relevance. In: SIMATOS, D.; MILTON, J. L. **Properties of water foods**. Dordrecht: Mastinua Nyhoff Publishers, 1985.

ANEXO I

VALORES CRÍTICOS DA DISTRIBUIÇÃO T DE STUDENT

ROTEIRO DE CÁLCULO

Os valores críticos da distribuição t de Student podem ser obtidos por meio do procedimento computacional descrito por Hill (1970a, 1970b), Kennedy Jr e Gentle (1980) e adaptado por Bratley *et al.* (1987). O pseudocódigo para os valores críticos da distribuição Student é apresentado na Tabela A.1. Os dados de entrada são: grau de liberdade (n) e probabilidade acumulada (ϕ). O valor calculado é o valor crítico da distribuição t de Student (t).

TABELA A.1 – ROTEIRO DE CÁLCULO PARA A ESTIMATIVA DO VALOR CRÍTICO DA DISTRIBUIÇÃO T

1. Especificações:
   - Primeiro tipo: Grau de liberdade (n) e probabilidade acumulada (ϕ)
   - Segundo tipo: Grau de liberdade (n) e nível de confiança (NC)
     - Cálculo do nível de significância: $\alpha = 1 - NC/100$
     - Cálculo da probabilidade acumulada: $\phi = 1 - \phi/2$

TABELA A.1 – ROTEIRO DE CÁLCULO PARA A ESTIMATIVA DO VALOR CRÍTICO DA DISTRIBUIÇÃO T

▶ Terceiro tipo: Grau de liberdade (n) e nível de significância (α)

- Cálculo da probabilidade acumulada: $\phi = 1 - \alpha/2$

2. Verificação dos valores n e ϕ

L1 = $\phi \geq 0{,}0$ e $\theta \leq 1{,}0$

L2 = $n > 0$

L3 = L1 e L2

3. Cálculos

SE (L3) ENTÃO

π = 4arcotangente(1,0)

ESCOLHA de n

CASO 1

$A = \pi(1{,}0 - \phi)$

$t = \mathrm{COS}(A)\,/\mathrm{SEN}(A)$

CASO 2

$A = 2(1 - \phi)$

$$B = \frac{2}{A\ 2 - A)}$$

$$t = \sqrt{B-2}$$

OUTROS CASOS

$\phi_2 = 2\phi$

SE ($\phi_2 < 2 - \phi_2$) ENTÃO

$\phi_{2T} = \phi_2$

SENÃO

$\phi_{2T} = 2 - \phi_2$

FIM SE

$A = 1 / (n - 0{,}5)$

$B = 48 / A^2$

$$C = \frac{20700A^3}{B} - 98A^2 - 16A + 96{,}36$$

TABELA A.1 – ROTEIRO DE CÁLCULO PARA A ESTIMATIVA DO VALOR CRÍTICO DA DISTRIBUIÇÃO T

$$D=n\left(\sqrt{\frac{A\pi}{2}}\right)\left[1-\frac{3}{B}+\frac{94,5}{B(B+C)}\right]$$

$X = D\phi_{2T}$

$Y=\sqrt[n]{X^2}$

SE ($Y > 0,05 + A$) ENTÃO

$\phi_{05} = 0,5\phi_{2T}$

Dist_Normal(ϕ_{05}, Erro, X) – Roteiro Tabela A.2

SE (Erro) ENTÃO Parar o procedimento

$Y = X^2$

SE ($n < 5$) ENTÃO $C = C + 0,3(n - 4,5)(X + 0,6)$

$$U=10B\left(B+C-2X-7X^2-5X^3+0,05DX^4\right)$$

$$Y=X-\frac{X^3+3X}{B}+\frac{4X^7+63X^5+360X^3+945X}{U}$$

$Y = AY^2$

SE ($Y > 0,002$) ENTÃO

$Y = e^Y - 1$

SENÃO

$Y = 0,5Y^2 + Y$

FIM SE

SENÃO

$$Y=\frac{1}{Y}+\left(\frac{n+1}{n+2}\right)\left[-1+\frac{Y}{2(n+4)}+\frac{Y}{3(n+2)\left(\frac{n+6}{nY}-0,089D-0,822\right)}\right]$$

FIM SE

$t=\sqrt{nY}$

FIM ESCOLHA

FIM SE

O procedimento computacional para a inversa da distribuição normal padronizada é apresentado na Tabela A.2.

TABELA A.2 – ROTEIRO DE CÁLCULO PARA A INVERSA DA DISTRIBUIÇÃO NORMAL PADRÃO

1. Dist_Normal(ϕ_N, Erro, Inv_Normal)
2. Valores iniciais:

   $P(0)$ = -0,322232431088 $Q(0)$ = 0,099348462606

   $P(1)$ = -1 $Q(1)$ = 0,588581570495

   $P(2)$ = -0,342242088547 $Q(2)$ = 0,531103462366

   $P(3)$ = -0,0204231210245 $Q(3)$ = 0,10353775285

   $P(4)$ = -4,53642210148x10^{-05} $Q(4)$ = 0,0038560700634
3. Cálculos:

   Erro = ϕ_N < 0,000000000000001

   SENÃO Erro ENTÃO

   SE (ϕ_N > 0,5) ENTÃO ϕ_N = 1 - ϕ_N

   $$Y = \sqrt{-\ln\left(\phi_N^2\right)}$$

   SN = 0; SD = 0

   FAÇA i = 4 até 0 variação -1

   SN = SN + $P(i) \times Y^i$

   SD = SD + $Q(i) \times Y^i$

   FIM FAÇA

   Inv_Normal = Y + SN / SD

   SE (ϕ_N < 0,5) ENTÃO Inv_Normal = -Inv_Normal

   FIM SE

APLICAÇÕES

Exemplo A.1

Determine o valor crítico da distribuição Student para uma probabilidade acumulada de 97,5 % e grau de liberdade igual a um.

Solução

1. Especificações: $n = 1$ e $\phi = 0{,}975$

2. Verificação dos valores n e ϕ

   L1 = $\phi \geq 0{,}0$? e $\phi \leq 1{,}0$? ⟶ Verdadeiro e Verdadeiro ⟶ Verdadeiro

   L2 = $n > 0$? ⟶ Verdadeiro

   L3 = L1 e L2 = (Verdadeiro e Verdadeiro) ⟶ Verdadeiro

   π = 4arcotangente(1,0) = 3,14159265

3. Escolha do caso: Para $n = 1$ ⟶ CASO 1

   $A = \pi(1{,}0 - \phi) = 7{,}853981634\text{x}10^{-2}$

   $t = \cos(A) / \text{sen}(A) = 12{,}70620474$

4. **Observação:** Esse resultado indica que existe 97,5% de probabilidade de que uma variável aleatória V, com um grau de liberdade igual a um, seja menor que o valor crítico da distribuição t igual a 12,70620474; ou seja, $Pr(V < 12{,}70620474) = 0{,}975$

Exemplo A.2

Determine o valor crítico da distribuição Student para uma probabilidade acumulada de 97,5% e grau de liberdade igual a dois.

Solução

1. Especificações: $n = 2$ e $\phi = 0{,}975$

2. Verificação dos valores n e ϕ

   L1 = $\phi \geq 0{,}0$? e $\phi \leq 1{,}0$? ⟶ Verdadeiro e Verdadeiro ⟶ Verdadeiro

   L2 = $n > 0$? ⟶ Verdadeiro

L3 = L1 e L2 = (Verdadeiro e Verdadeiro) ⟶ Verdadeiro

π = 4arcotangente(1,0) = 3,14159265

3. Escolha do caso: Para $n = 2$ ⟶ CASO 2

$A = 2(1 - \phi) = 0{,}05$

$$B = \frac{2}{A(2-S)} = 20{,}51282051$$

$$t = \sqrt{B-2} = 4{,}30265273$$

4. **Observação:** Esse resultado indica que existe 97,5% de probabilidade de que uma variável aleatória *V*, com um grau de liberdade igual a 2, seja menor que o valor crítico da distribuição *t* igual a 4,30265273; ou seja, $Pr(V < 4{,}30265273) = 0{,}975$.

Exemplo A.3

Determine o valor crítico da distribuição Student para uma probabilidade acumulada de 97,5% e grau de liberdade igual a três.

Solução

1. Especificações: $n = 3$ e $\phi = 0{,}975$

2. Verificação dos valores n e ϕ

L1 = $\phi \geq 0{,}0$? e $\phi \leq 1{,}0$? ⟶ Verdadeiro e Verdadeiro ⟶ Verdadeiro

L2 = $n > 0$? ⟶ Verdadeiro

L3 = L1 e L2 = (Verdadeiro e Verdadeiro) ⟶ Verdadeiro

π = 4arcotangente(1,0) = 3,14159265

3. Escolha do caso: Para $n = 3$ ⟶ OUTROS CASOS

$\phi_2 = 2\phi = 1{,}95$

$(\phi_2 < 2 - \phi_2)$? ⟶ $(1{,}95 < 2 - 1{,}95)$? ⟶ $(1{,}95 < 0{,}05)$? ⟶ Falso

$\phi_{2T} = 2 - \phi_2 = 0{,}05$

$A = 1 / (n - 0{,}5) = 0{,}4$

$B = 48 / A^2 - 300$

$$C = \frac{20700A^3}{B} - 98A^2 - 16A + 96{,}36 = 78{,}696$$

$$D = n\left(\sqrt{\frac{A\pi}{2}}\right)\left[1 - \frac{3}{B} + \frac{94{,}5}{B\left(B+C\right)}\right] = 2{,}35619444$$

$$X = D\phi_{2T} = 0{,}11780972$$

$$Y = \sqrt[3]{X^2} = 0{,}24031862$$

$(Y > 0{,}05 + A)$? ⟶ $(0{,}24031862 > 0{,}05 + 0{,}4)$? ⟶ $(0{,}24031862 > 0{,}45)$? ⟶ Falso

$$Y \leftarrow \frac{1}{Y} + \left(\frac{n+1}{n+2}\right)\left[-1 + \frac{Y}{2(n+4} + \frac{Y}{3\ n+2\ \left(\frac{n+6}{nY} - 0{,}089D - 0{,}822\right)}\right] = 3{,}37599413$$

$$t = \sqrt{nY} = 3{,}18244912$$

4. **Observação:** Esse resultado indica que existe 97,5% de probabilidade de que uma variável aleatória V, com um grau de liberdade igual a 3, seja menor que o valor crítico da distribuição t igual a 3,18244912; ou seja, $Pr(V < 3{,}18244912) = 0{,}975$.

Exemplo A.4

Determine o valor crítico da distribuição Student para uma probabilidade acumulada de 97,5% e grau de liberdade igual a quatro.

Solução

1. Especificações: $n = 4$ e $\phi = 0{,}975$
2. Verificação dos valores n e ϕ

   L1 = $\phi \geq 0{,}0$? e $\phi \leq 1{,}0$? ⟶ Verdadeiro e Verdadeiro ⟶ Verdadeiro

   L2 = $n > 0$? ⟶ Verdadeiro

   L3 = L1 e L2 = (Verdadeiro e Verdadeiro) → Verdadeiro

   π = 4arcotangente(1,0) = 3,14159265

3. Escolha do caso: Para $n = 4 \longrightarrow$ OUTROS CASOS

$\phi_2 = 2\phi = 1{,}95$

$(\phi_2 < 2 - \phi_2)? \longrightarrow (1{,}95 < 2 - 1{,}95)? \longrightarrow (1{,}95 < 0{,}05)? \longrightarrow$ Falso

$\phi_{2T} = 2 - \phi_2 = 0{,}05$

$A = 1 / (n - 0{,}5) = 0{,}28571429$

$B = 48 / A^2 = 588$

$$C = \frac{20700A^3}{B} - 98A^2 - 16A + 96{,}36 = 84{,}60965788$$

$$D = n\left(\sqrt{\frac{A\pi}{2}}\right)\left[1 - \frac{3}{B} + \frac{94{,}5}{B(B+C)}\right] = 2{,}66666670$$

$X = D\phi_{2T} = 0{,}13333334$

$$Y = \sqrt[3]{X^2} = 0{,}36514837$$

$(Y > 0{,}05 + A)? \longrightarrow (0{,}36514837 > 0{,}33571429)? \longrightarrow$ Verdadeiro

$\phi_{05} = 0{,}5\phi_{2T} = 0{,}025$

▶ Roteiro de cálculo para a inversa da distribuição normal:

- Entrada: $\phi_N = \phi_{05} = 0{,}025$
- Valores iniciais:

$P(0) = -0{,}322232431088$	$Q(0) = 0{,}099348462606$
$P(1) = -1$	$Q(1) = 0{,}588581570495$
$P(2) = -0{,}342242088547$	$Q(2) = 0{,}531103462366$
$P(3) = -0{,}0204231210245$	$Q(3) = 0{,}10353775285$
$P(4) = -4{,}53642210148 \times 10^{-05}$	$Q(4) = 0{,}0038560700634$

- Cálculos

$(\phi_N > 0{,}5)? \longrightarrow (0{,}025 > 0{,}5)? \longrightarrow$ Falso

Erro $= \phi_N < 0{,}000000000000001? \longrightarrow$ Falso

$$Y = \sqrt{-\ln\ \phi_N^2)} = 2{,}71620303$$

SN = -5,97515327; SD = 7,90114370

Inv_Normal = Y + SN / SD = 1,95996400

(ϕ_N < 0,5)? ⟶ (0,025 < 0,5)? ⟶ Verdadeiro

Inv_Normal = -1,95996400

▶ Retorno: Erro = Falso, X = Inv_Normal = -1,95996400

$Y = X^2 = 3{,}84145888$

(n < 5)? ⟶ (4 < 5)? → Verdadeiro

$C \longleftarrow C + 0{,}3(n - 4{,}5)\ (X + 0{,}6) = 84{,}81365248$

$$U = 10B\left(B + C - 2X - 7X^2 - 5X^3 + 0{,}05DX^4\right) = 4054004{,}50248104$$

$$Y = X - \frac{X^3 + 3X}{B} + \frac{4X^7 + 63X^5 + 360X^3 + 945X}{U} = -1{,}93884411$$

$Y \longleftarrow AY^2 = 1{,}074033285$

(Y > 0,002)? ⟶ (1,074033285 > 0,002)? ⟶ Verdadeiro

$Y \longleftarrow e^Y - 1 = 1{,}92716180043062$

$$t = \sqrt{nY} = 2{,}77644507$$

4. **Observação:** Esse resultado indica que existe 97,5% de probabilidade de que uma variável aleatória V, com um grau de liberdade igual a 4, seja menor que o valor crítico da distribuição t igual a 2,77644507; ou seja, $Pr(V < 2{,}77644507) = 0{,}975$

Exemplo A.5

Determine o valor crítico da distribuição Student para uma probabilidade acumulada de 97,5% e grau de liberdade igual a 100.

Solução

1. Especificações: $n = 100$ e $\phi = 0{,}975$

2. Verificação dos valores n e ϕ

   $L1 = \phi \geq 0{,}0?$ e $\phi \leq 1{,}0? \longrightarrow$ Verdadeiro e Verdadeiro $\longrightarrow$ Verdadeiro

   $L2 = n > 0? \longrightarrow$ Verdadeiro

   L3 = L1 e L2 = (Verdadeiro e Verdadeiro) $\longrightarrow$ Verdadeiro

   π = 4arcotangente(1,0) = 3,14159265

3. Escolha do caso: Para $n = 100 \longrightarrow$ OUTROS CASOS

   $\phi_2 = 2\phi = 1{,}95$

   $(\phi_2 < 2 - \phi_2)? \longrightarrow (1{,}95 < 2 - 1{,}95)? \longrightarrow (1{,}95 < 0{,}05)? \longrightarrow$ Falso

   $\phi_{2T} = 2 - \phi_2 = 0{,}05$

   $A = 1 / (n - 0{,}5) = 1{,}00502513\text{x}10^{-2}$

   $B = 48 / A^2 = 475212$

   $$C = \frac{20700A^3}{B} - 98A^2 - 16A + 96{,}36 = 96{,}18929728$$

   $$D = n\left(\sqrt{\frac{A\pi}{2}}\right)\left[1 - \frac{3}{B} + \frac{94{,}5}{B(B+C)}\right] = 12{,}56451290$$

   $X = D\phi_{2T} = 0{,}62822565$

   $$Y = \sqrt[n]{X^2} = 0{,}99074597$$

   $(Y > 0{,}05 + A)? \longrightarrow (0{,}99074597 > 0{,}05 + 1{,}00502513\text{x}10^{-2})? \longrightarrow$ Verdadeiro

   $\phi_{05} = 0{,}5\phi_{2T} = 0{,}025$

▶ Roteiro de cálculo para a distribuição normal:

- Entrada: $\phi_N = \phi_{05} = 0{,}025$
- Valores iniciais:

$P(0) = -0{,}322232431088$	$Q(0) = 0{,}099348462606$
$P(1) = -1$	$Q(1) = 0{,}588581570495$
$P(2) = -0{,}342242088547$	$Q(2) = 0{,}531103462366$
$P(3) = -0{,}0204231210245$	$Q(3) = 0{,}10353775285$
$P(4) = -4{,}53642210148\text{x}10^{-05}$	$Q(4) = 0{,}0038560700634$

- Cálculos

$(\phi_N > 0{,}5)? \longrightarrow (0{,}025 > 0{,}5)? \longrightarrow$ Falso

Erro = $\phi_N \geq 0{,}000000000000001? \leq$ Falso

$$Y = \sqrt{-\ln\left(\phi_N^2\right)} = 2{,}71620303$$

SN = -5,97515327; SD = 7,90114370

Inv_Normal = 1,95996400

$(\phi_N < 0{,}5)? \longrightarrow (0{,}025 < 0{,}5)? \longrightarrow$ Verdadeiro

Inv_Normal = -1,95996400

- Retorno: Erro = Falso, X = Inv_Normal = -1,95996400

$Y = X^2 = 3{,}84145888$

$(n < 5) \longrightarrow (100 < 5) \longrightarrow$ Falso

$$U = 10B\left(B + C - 2X - 7X^2 - 5X^3 + 0{,}05DX^4\right) = 2258835346434{,}97$$

$$Y = X - \frac{X^3 + 3X}{B} + \frac{4X^7 + 63X^5 + 360X^3 + 945X}{U} = -1{,}95993578$$

$Y \longleftarrow AY^2 = 3{,}86065154\text{x}10^{-2}$

$(Y > 0{,}002)? \longrightarrow (3{,}86065154\text{x}10^{-2} > 0{,}002)? \longrightarrow$ Verdadeiro

$$Y = e^Y - 1 = 3{,}93614304\text{x}10^{-2}$$

$$t = \sqrt{nY} = 1{,}98397153$$

4. **Observação:** Esse resultado indica que existe 97,5% de probabilidade acumulada de que uma variável aleatória *V*, com um grau de liberdade igual a 100, seja menor que o valor crítico da distribuição *t* igual a 1,98397153; $Pr(V < 1{,}98397153) = 0{,}975$

A comparação entre os valores críticos da distribuição reportados por Levine et al. (2012) e os cálculos por meio do roteiro de cálculo é apresentada na Tabela A.3:

TABELA A.3 – COMPARAÇÃO ENTRE OS VALORES CRÍTICOS DA DISTRIBUIÇÃO T

n	Probabilidades acumuladas					
	0,95		0,975		0,990	
	Levine	**Roteiro**	Levine	**Roteiro**	Levine	**Roteiro**
1	6,3138	**6,3138**	12,7062	**12,7062**	31,8207	**31,8205**
2	2,9200	**2,9200**	4,3027	**4,3027**	6,9646	**6,9646**
3	2,3534	**2,3534**	3,1824	**3,1824**	4,5407	**4,5407**
4	2,1318	**2,1318**	2,7764	**2,7764**	3,7469	**3,7470**
5	2,0150	**2,0150**	2,5706	**2,5706**	3,3649	**3,3649**
10	1,8125	**1,8125**	2,2281	**2,2281**	2,7638	**2,7638**
15	1,7531	**1,7531**	2,1315	**2,1314**	2,6025	**2,6025**
20	1,7247	**1,7247**	2,0860	**2,0860**	2,5280	**2,5280**
25	1,7081	**1,7081**	2,0595	**2,0595**	2,4851	**2,4851**
30	1,6973	**1,6973**	2,0423	**2,0423**	2,4573	**2,4573**
40	1,6839	**1,6839**	2,0211	**2,0211**	2,4233	**2,4233**
50	1,6759	**1,6759**	2,0086	**2,0086**	2,4033	**2,4033**
60	1,6706	**1,6706**	2,0003	**2,0003**	2,3901	**2,3901**
70	1,6669	**1,6669**	1,9944	**1,9944**	2,3808	**2,3808**
80	1,6641	**1,6641**	1,9901	**1,9901**	2,3739	**2,3739**
90	1,6620	**1,6620**	1,9867	**1,9867**	2,3685	**2,3685**
100	1,6602	**1,6602**	1,9840	**1,9840**	2,3642	**2,3642**

REFERÊNCIA BIBLIOGRÁFICA

BRATLEY, P., FOX, B. L., SCHRAGE, L. E. **A Guide to Simulation**. Second Edition. Springer-Verlag New York Inc., 1987.

HILL, G. W. Algorithm 395 - Student's t-distribution. **Comunication of the ACM**, v. 13, n.10, p. 617-619, October, 1970a.

HILL, G. W. Algorithm 396 - Student's t-Quantiles. **Comunication of the ACM**, v.13, n.10, p. 619-620, October, 1970b.

LEVINE, D. M., STEPHAN, D. F., KREHBIEL, T. C., BERENSON, M. L. **Estatística - Teoria e Aplicações - Usando o Microsoft Excel em Português**. Sexta edição, Editora LTC, 2012.

KENNEDY, Jr. W. J., GENTLE, J. E. **Statistical Computing**. Marcel Dekker, Inc. 1980.

Impressão e acabamento
Gráfica da Editora Ciência Moderna Ltda.
Tel: (21) 2201 - 6662